, 호리 겐 지음

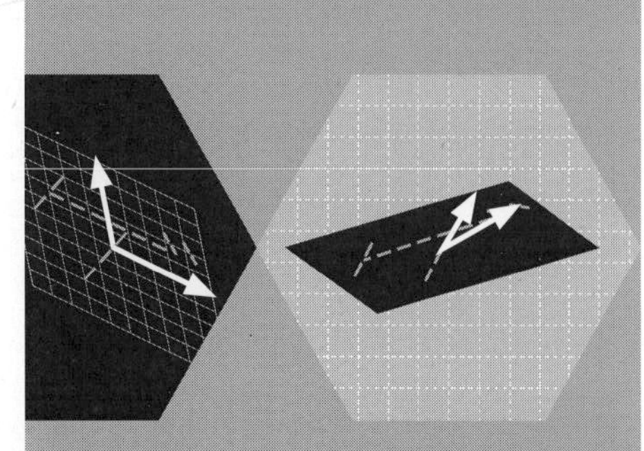

프로그래머를 위한 선형대수

LINEAR
ALGEBRA
FOR
PROGRAMMER

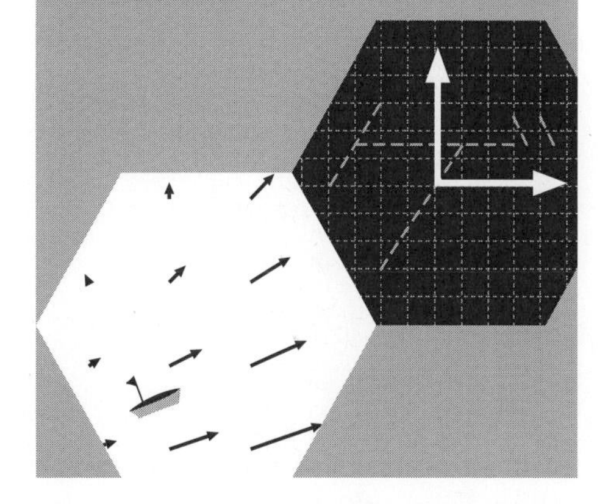

프로그래머를 위한 선형대수
Linear Algebra For Programmer

초판 발행 • 2017년 3월 10일
초판 10쇄 발행 • 2024년 1월 10일

지은이 • 히라오카 카즈유키, 호리 겐
옮긴이 • 이창신
발행인 • 이종원
발행처 • (주)도서출판 길벗
출판사 등록일 • 1990년 12월 24일
주소 • 서울시 마포구 월드컵로 10길 56(서교동)
대표 전화 • 02)332-0931 | **팩스** • 02)323-0586
홈페이지 • www.gilbut.co.kr | **이메일** • gilbut@gilbut.co.kr

기획 및 책임 편집 • 이원휘(wh@gilbut.co.kr) | **디자인** • 박상희 | **제작** • 이준호, 손일순, 이진혁, 김우식
마케팅 • 임태호, 전선하, 차명환, 박민영, 지운집, 박성용 | **영업관리** • 김명자 | **독자지원** • 윤정아

교정교열 • 이순옥 | **전산편집** • 박진희 | **출력 및 인쇄** • 예림인쇄 | **제본** • 예림바인딩

ISBN 979-11-6050-130-8 93560
(길벗 도서번호 006802)

정가 32,000원

『프로그래머를 위한 선형대수』라는 제목을 보고, 많은 사람이 가지각색의 인상을 받으리라 생각합니다. 가지각색인 이 책의 첫인상에 따라 서문을 안내하겠습니다.

- '또 OO을 위한 수학 책이구나'라고 생각한 사람 → (a)로
- '수식이 많고, 이론뿐이어서 읽기 힘들 것 같아'라고 생각한 사람 → (b)로
- '정성껏 알기 쉽게 설명하지만 내용은 얕을거야'라고 생각한 사람 → (c)로
- '대체 어떤 놈들이야'라고 생각한 사람 → (d)로
- '프로그래밍은 안 하잖아'라고 생각한 사람 → (e)로

(a) '또 00을 위한 수학 책이구나'라고 생각한 사람을 위한 서문

이 책은 전공 · 비전공을 불문하고 컴퓨터와 관련된 분들을 주요 독자로 삼고, 주요 독자가 특히 이해하기 쉬울 것 같은 표현과 비유로 설명하고자 노력한 선형대수 참고서입니다. 수학 전문가가 아닌 독자에게 선형대수의 핵심을 이야기하는 것이 목표입니다. 그저 '선형대수 프로그램 작성법'을 해설하는 책은 아닙니다. '서문'의 (c) 부분을 읽어보시면 이 책의 흐름을 살짝 엿볼 수 있습니다. 이 책은 이런 분들에게 추천하고 싶습니다.

- 연구나 업무에서 신호 처리, 데이터 분석 등을 하려고 그 분야의 책을 읽었더니 선형대수가 나왔다. 아무리 봐도 잘 모르겠어서 다시 공부하고 싶은데 증명뿐인 수학 교과서나 알겠다는 기분만 드는 입문서밖에 없어서 곤란하다.

- 수업에서 선형대수를 배우고 있다. 모처럼 공부하는거니까 '시험만 통과한다면'이 아니라, 장래에 도움이 되도록 제대로 익히고 싶다.

수학 전문가가 아닌 분이 대상이므로 수학을 위한 수학이 아니라 "어떻게 도움이 되는가"에도 신경을 썼습니다. 공학에는 다양한 분야가 있고 다루는 대상도 다릅니다만, 공통된 수학 문제가 여기저기 나타납니다. 그러한 문제를 우선 제시하고, 문제에 도전하는 과정을 통해 선형대수의 개념을 이해해 나가는 것이 이 책의 스타일입니다. 이 스타일에는 이론을 배우기 위한 동기 부여뿐만 아니라, 선형대수의 '사용법'까지 배운다는 목표를 담고 있습니다.

(b) '수식이 많고, 이론뿐이어서 읽기 힘들 것 같아'라고 생각한 사람을 위한 서문

이 책은 직관적인 그림이나 표를 사용하여 선형대수의 의미를 납득할 수 있도록 설명하려고 노력합니다. "행렬식 계산은 할 수 있지만, 행렬식 의미는 모른다"라면 이 공부가 무슨 도움이 되겠습니까? 손으로 계산하든, 컴퓨터로 계산하든, 뜻도 모르고 답을 구하는 것이 무슨 의미가 있겠습니까? 그런 헛된 공부가 되지 않게 이 책에는 이론을 확실히 담았습니다.

단, 완벽하고 치밀하게 이론을 담아도 번잡하고 성가신 데 비해 얻는 것이 적은 경우도 있습니다(수학 아마추어라면). '쉬운 입문서'보다 높은 레벨을 배우려 하다 '본론이 아닌 어려운 곳'에서 포기하는 분도 많을 것입니다. 이 책은 정말 중요한 부분에 초점을 맞춰 간단한 계산 과정 이상의 레벨까지 도달할 수 있도록 길을 안내할 것입니다. 수식도 물론 필요한 만큼 사용합니다만, 불필요한 공포심을 주는 위압적인 기술은 가능한 한 피했습니다.[1]

또한, 목표 레벨에 따라 다음과 같이 건너 뛰어 읽을 수 있도록 구성되어 있습니다(자세한 목차 구성은 목차를 참고해 주세요).

레벨 1

신호 처리나 데이터 분석 등 선형대수를 도구로 사용하는 책의 수식을 따라가고 싶다.
→ 1장을 읽는다(▽나 ▽▽가 붙은 절은 건너뛴다[2]).

레벨 2

선형대수를 도구로 사용하는 책의 의미를 알고 싶다.
→ 전체를 읽는다(▽나 ▽▽가 붙은 절은 건너뛴다)

레벨 3

스스로 계산하고 싶다.
→ 전체를 읽는다(▽▽가 붙은 절은 건너뛰고 읽는다)

---

1 $\sum_{i=1}^{10} a_i$ 가 아니라 $a_1 + \cdots + a_{10}$으로 씁니다. 첨자와 변수 투성이인 일반적인 표기보다 특징이 더 잘 나타나도록 구체적으로 씁니다.

2 ▽는 손으로 계산(또는 그런 지식을 필요로 함)하는 항목, ▽▽는 컴퓨터에서 계산하는 항목입니다. 지금까지 선형대수를 무심코 배우기만 한 사람이라면 1장에서도 여러 가지를 발견 · 재인식할 수 있을 것입니다.

레벨 4

대규모 행렬 계산의 세계에 발을 들여 놓고 싶다.

→ ▽▽를 포함하여 전부 읽는다.

수학 '전문가'를 목표로 하지 않는 독자라면 레벨 2를 눈앞의 목표로 삼는 것은 어떨까요? '역행렬을 손으로 계산하는 방법'을 배울 여유가 있다면 "사상이 납작하면 역행렬은 존재하지 않는다"라는 본질적인 특성을 기억하는 편이 유익합니다. 계산도 손으로 계산하는 기술이나 알고리즘을 암기하는 것보다 문자식에서 "xx^T는 행렬, x^Tx는 수로 분간할 수 있다" "$Ax + b$를 블록 행렬로 표현할 수 있다"라는 기술[3]이 나중에도 쭉 도움이 됩니다. 이것이 이 책의 지론입니다.

(c) '정성껏 알기 쉽게 설명하지만, 내용은 얕을거야'라고 생각한 사람에게 보내는 서문

훌륭한 수학책은 주석이 적은 소스 코드에 비유합니다. 놀라울 정도로 효율이 좋은 우아한 프로그램입니다만, '이해'하려면 코드에서 의미를 읽어내는 노력 · 소양 · 센스(과장하면 리버스 엔지니어링)가 필요합니다. 반면 쉬운 입문서는 방심하면 "주석뿐이고 코드가 없다", "부분 코드는 있어도 동작하는 전체 프로그램은 없다"처럼 될 위험이 있습니다. 이 책의 스타일은 "완전히 동작하는 코드[4]에 주석을 충분히 단다"입니다. 그 주석도

```
# p를 1 늘린다.
p = p + 1
```

로는 소용 없고,

```
# 서론은 이제 됐으니까 다음 페이지로
p = p + 1
```

처럼 '의도'를 담은 설명이야말로 가치가 있습니다. 이 책의 포인트는 "코드에 드러나지 않는 마음의 움직임을 당당히 주석으로 달면서 잘 정리된 의미를 지닌 코드를 써냈다"입니다.

---

3 각각 1.2.13절과 1.2.9절에서 설명합니다.

4 아무래도 번잡한 처리에서는 '기존 라이브러리'에 의지하여 블랙 박스 취급한 곳도 조금 있습니다만…….

'잘 정리된 의미를 지닌다'의 목표는 단순히 '시험 문제를 풀 수 있다'가 아니라 새로운 '견해(시각 · 시야)를 지닐 수 있다'는 것입니다. '결과에서 원인을 확인할 수 있을지 없을지는 랭크라는 개념으로 보면 깔끔하게 이해하기 쉬움", "폭주의 위험이 있나 없나는, 고윳값 · 고윳값 벡터라는 개념으로 보면 알기 쉬움"처럼 멀리 내다보이는 탁 트이는 듯한 상쾌함을 맛본다면 성공입니다. 그러기 위해서는 "랭크란 무엇인가를 알기 쉽게 나타낸다", "랭크의 계산법을 알기 쉽게 제시한다"만으로는 부족합니다. "랭크란… 였으므로… 처럼 생각할 수 있고, 따라서 랭크가 부족하면 역행렬이 존재하지 않는 것은 당연하다"처럼

- '이왕 하는 거 여기까지 하지 않으면 의미가 없다'라는 부분까지 한다.
- 그 결과가 당연한 것임을 납득할 수 있는 절차를 알기 쉽게 설명한다.

가 필요하다고 생각합니다.

최종 레벨은 결코 낮지 않습니다. 오히려 '수학'으로서 배우는 선형대수에서는 간과하기 쉬운 수치 해석까지 파고 듭니다. 목차나 찾아보기를 눈여겨 봐 주세요.

또한, 이 책은 기초편으로 계량에 의존하지 않는 범위를 중심으로 합니다. 기회가 된다면 계량을 포함한 응용편도 어떠한 형태로든 공개하고 싶습니다.

(d) '대체 어떤 놈들이야'라고 생각한 사람에게 보내는 서문

이 책은 수리 공학의 연구자들이 썼습니다. 이 책에 쓴 내용을 '상식'으로 삼아 패턴 인식 · 뉴럴 네트워크 · 비선형 역학계 · 통계적 데이터 분석 등의 분야에서 매일 일하고 있습니다. 비선형 이론을 건드릴 때도 선형대수는 기초 도구로 빠질 수 없습니다. 이론과 응용, 양쪽을 견제하면서 수학이 도움이 됨을 실감할 수 있는 입장을 살려 "선형대수를 사용하기 위해서는 이 부분을 파악해두지 않으면 안 된다"라는 소재(주제)의 선택이나 주안점의 배치 등에 신경쓰고 있습니다.

(e) '프로그래밍은 안 하잖아'라고 생각한 사람에게 보내는 서문

(a) 부분을 읽어 보면 알겠지만 이 책의 목적은 '선형대수의 프로그래밍' 자체가 아닙니다. 이 책의 목적은 컴퓨터와 관련된 분이 각 분야에서의 응용을 눈여겨보고, 다양한 분야에서 응용의

결과를 보여 주는 선형대수의 '의미'를 이해하는 것입니다. 따라서 '프로그래밍' '컴퓨터와 관련된 분을 위한 응용을 눈여겨 봄'이란 미음을 담은 프레이즈(문구)로 '~를 위한 선형대수'라는 타이틀을 붙였습니다.

3장 '컴퓨터에서 계산'에서는 실제로 행렬 계산을 실행하는 샘플 코드도 넣었습니다.

또한, 컴퓨터를 사용하여 행렬이 사상을 나타내는 것을 애니메이션으로 실감할 수 있도록 간단한 프로그램도 준비했습니다. 이 책에 소스 코드를 넣지는 않았습니다만, 다음 경로에서 내려받을 수 있으므로 꼭 체험해보기 바랍니다.

참고 예제 소스 코드 다운로드 경로

http://www.ohmsha.co.jp/data/link/4-274-06578-2/
www.gilbut.co.kr
www.github.com/gilbutITbook/006802

샘플 코드는 프로그래밍 언어 Ruby를 이용합니다. '알고리즘 자체와 관계 없는 번잡한 기술'을 피할 수 있는 고급 언어로서 문법이 비교적 자연스럽고, 장황하지 않고, 유사 코드가 아닌 실제로 작동하는 코드를 넣고 싶어서 Ruby를 사용했습니다. 그런 의미에서

Ruby로 선형대수를 프로그래밍하는 책이라고 상상한 분:

죄송합니다. 아닙니다. 코드도, Ruby스러운 서식도 아닌, 누구나 유사 코드로 이해할 수 있도록 한 서식입니다.

Ruby라는 것을 듣고 책을 덮으려고 생각한 분:

위에서 언급했듯이 여러 프로그래밍 언어를 다뤄보았다면 특별히 Ruby 지식이 없어도 문제 없이 샘플 코드를 읽을 수 있을 것입니다.

단지 진짜 Ruby가 이런 융통성 없는 언어라고 오해하지 말아주시기 바랍니다.

이 책을 집필하면서 사이타마대학의 시게히라 티카오미 교수님께 아이디어, 토론, 조언, 실수의 지적, 격려까지 많은 것을 받았습니다. 또한, 주식회사 옴사 개발부는 우리를 능숙하게 이끌어 동기를 유지하게 해주었고, 원고를 읽기 쉽도록 다듬어 출판하도록 도와주었습니다. 이 책이 완성될 수 있었던 것은 이러한 분들 덕분입니다. 감사합니다.

이 책의 그림이나 테스트에는 프로그래밍 언어 Ruby, 그래프 그림 툴 Gnuplot, 수식 처리 시스템 Maxima, 통계 처리 환경 xlispstat 등의 소프트웨어를 활용하였습니다. 훌륭한 작품을 공개해 주신 여러분께 감사합니다.

더 이상 책 번역을 하지 않겠다고 다짐한 것이 2009년이니 어느덧 7년이 흘렀습니다. 그 이후에도 간간이 집필을 하긴 했시만, 한 권의 책을 번역하는 일은 극구 피해왔습니다. 그러던 2015년의 어느 날, "이 책은 컴퓨터책이 아니라 수학책이다"라는 말에 '번역 절필'의 봉인을 해제했고, 두 해가 지나 그 결실을 맺게 되었습니다.

이 책을 번역하면서 저자의 철학에 깊이 동의했지만, 동시에 평범하지 않은 용어로 인해 저는 무척 괴로웠습니다. '납작해진다', '폭주한다'와 같은 말을 반복적으로 쓰는 선형대수책은 이 책 말고는 이 세상 어디에도 없습니다. 출판사를 대표하여 이 책을 담당한 편집자는 저에게 "정말 이 말이 맞냐"고 수차례 물었고, 저는 시중의 선형대수책을 살펴보며 한숨을 쉴 수밖에 없었습니다.

받아들이죠.

저자가 왜 그랬는지 저는 이해합니다. 대학에서 수학을 전공했던 저였지만, 실제로 보이지도 만져지지도 않는 추상의 세계에 대한 실망으로 어렸을 때 했던 컴퓨터를 다시 시작했는지도 모릅니다. 지금도 저에게 여전히 수학은 매력적이지만, 시각화나 실행화 없이는 스스로에게도 남에게도 호소력이 부족하다는 생각을 합니다.

저자는 그 점을 집요하게 파고듭니다. 눈으로 볼 수 있고, 현실에서 체험할 수 있는 "개념"을 들이댑니다. 영화 〈인사이드 아웃〉을 보면 3D의 세상이 2D의 세상, 또 심지어 1D의 세상으로 변하는 것을 기발하게 시각화한 장면이 나오는데, 이 책의 저자가 가장 좋아했을 만한 장면이 아닐까 싶습니다. 또 우리가 게임이나 시뮬레이션을 개발할 때 어떤 가상의 시스템을 설계하는데, 과연 이 시스템이 안정적으로 돌아갈지 아니면 폭주할지를 꼭 다 만들어서 무수한 테스트로 돌려봐야만 안다면 얼마나 고생일지 짐작할 만합니다.

선형대수는 컴퓨터 소프트웨어 프로그래머에게 점점 더 중요합니다. 컴퓨터 그래픽을 많이 활용하는 게임과 다량의 수치를 다루어야 하는 데이터 과학 등의 분야로 프로그래밍이 확장하고 있기 때문입니다. 물론 전공처럼 공부할 필요는 없습니다. 이 책이 끈질기게 주장하듯, 독자의 시선으로 납득할 수 있으면 그만입니다. 다만, 그 납득이 잘못된 방향으로 가지 않도록 저자는 무수히 조언하고 있습니다.

저는 그 조언을 지지합니다. 본문보다도 많을 듯한 그 조언을 지지합니다. 저도 첫 번역서에 제 얘기를 많이 썼다가 팬과 안티를 함께 만들었던 기억이 있습니다. 이 책이 마음에 들지 않는 분도 분명 있으실 겁니다. 하지만 자기 책을 읽을 사람에게 쏟는 그 정성을 보노라면, '나는 과연 누구에게 이토록 열정적이었던 적이 있던가'를 돌아보게 됩니다.

이 책의 번역은 저 혼자의 힘으로 이루어지지 않았습니다. 초벌 번역을 맡아준 손재원 님과 손글씨 초벌을 컴퓨터로 입력해준 윤상은 님에게 무한한 감사를 드립니다. 1년이 넘어가는 장기 프로젝트를 이끌어주신 길벗 출판사 이원휘 님, 고맙고 건강하세요.

이창신

애니메이션으로 보는 선형대수

계산 방법보다 우선 의미를 파악합시다.

이 책의 총정리로 주요 내용을 짧게 정리합니다. '본문을 한 번 읽고 나서 여기로 돌아와 머릿속을 정리'하는 방법을 추천합니다.

행렬은 단순한 '숫자의 표'가 아닙니다. $m \times n$ 행렬 A에는 n차원 공간에서 m차원 공간으로 '사상(map)'이란 의미가 있습니다. 구체적으로는 n차원 공간의 점 $\boldsymbol{x}$(n차원 종벡터)를 m차원 공간의 점(m차원 종벡터) $A\boldsymbol{x}$에 옮기는 사상입니다. 이 사상을 관찰하여 랭크 · 행렬식 · 고윳값 · 대각화 등의 의미를 명확히 한 것이 여기에 정리한 애니메이션 프로그램의 실험 결과입니다. 애니메이션 프로그램의 사용법이나 표시를 보는 방법은 부록 F를 참고하십시오.

사전 연습 : 대각행렬 관찰

우선은 전형적인 대각행렬

다음 형렬 A에 따라 공간이 어떻게 변하는지, 애니메이션 프로그램에서 살펴봅시다.

$$A = \begin{pmatrix} 1.5 & 0 \\ 0 & 0.5 \end{pmatrix}$$

다음 명령을 실행하면 행렬 A에 따라 공간이 변해가는 일련의 애니메이션을 관찰할 수 있습니다.

```
ruby mat_anim.rb -s=0 | gnuplot
```

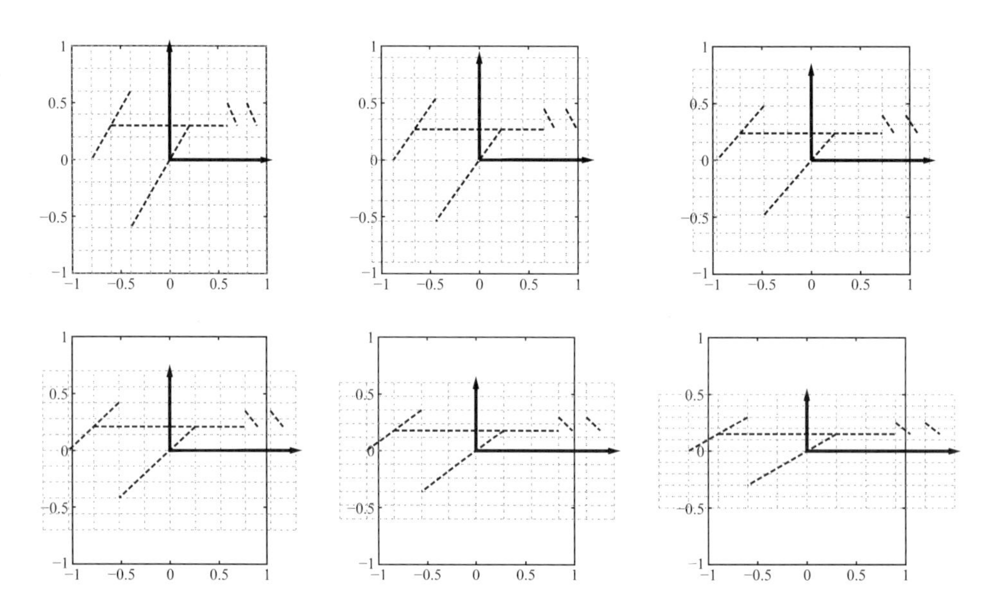

관찰 포인트

- 가로세로로 늘어나고 줄어듬
- 가로 방향은 확대(1.5배), 세로 방향은 축소(0.5배)
- 각 면적은 1.5×0.5 = 0.75배다. 이 면적 확대율 0.75가 det A. 그러므로 대각행렬의 행렬식 = 대각성분의 곱

대각성분에 0이 있으면

다음 행렬 A처럼 대각성분에 0이 있으면 어떻게 변할까요?

$$A = \begin{pmatrix} 0 & 0 \\ 0 & 0.5 \end{pmatrix}$$

다음 명령을 실행하면 행렬 A에 따라 공간이 변해가는 일련의 애니메이션을 관찰할 수 있습니다.

```
ruby mat_anim.rb -s=1 | gnuplot
```

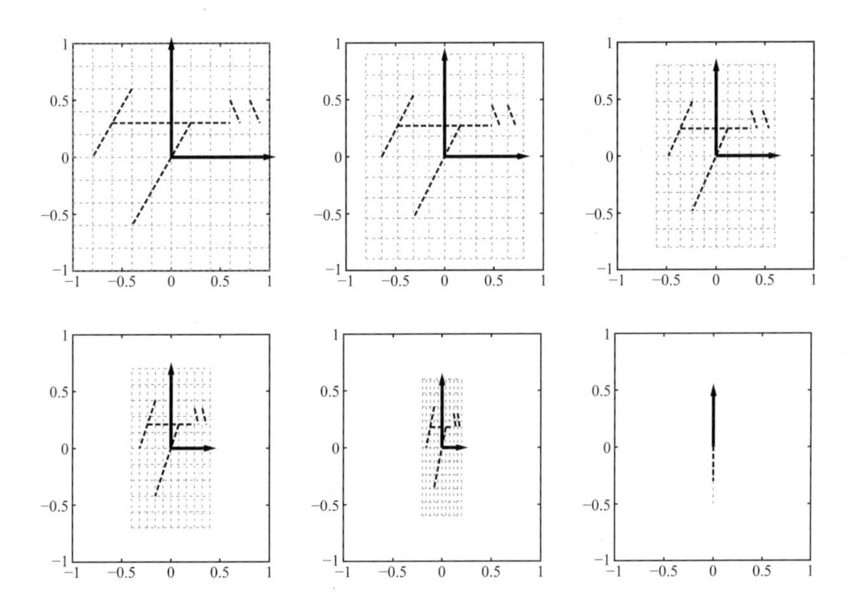

관찰 포인트

- 가로가 0배(→ 눌려 납작해지다)
- 면적 확대율 $\det A = 0$

더욱이 음수까지 가면

다음 행렬 A에서는 대각성분에 음수 값이 있습니다.

$$A = \begin{pmatrix} 1.5 & 0 \\ 0 & -0.5 \end{pmatrix}$$

다음 명령을 실행하여 행렬 A에 따른 변화를 애니메이션으로 보면 다음과 같습니다.

```
ruby mat_anim.rb -s=2 | gnuplot
```

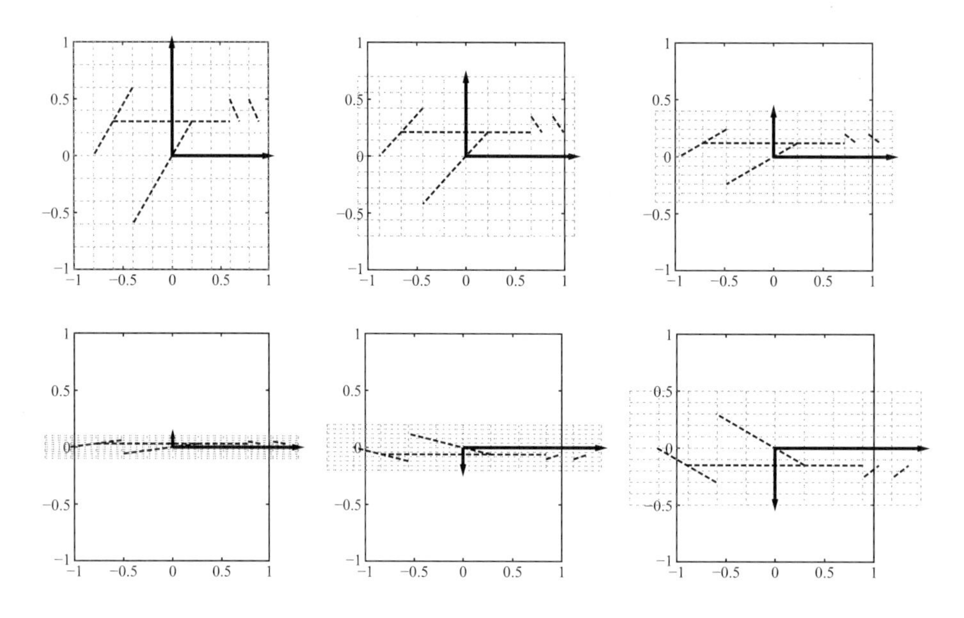

관찰 포인트

- 세로가 −0.5배 → 뒤집힘
- 이런 경우가 $\det A < 0$

고윳값 · 고유벡터와 대각화의 관찰

대각행렬이 아닌 일반 행렬이면 이런 식으로 비틀어진다.

대각행렬이 아닌 다음 행렬 A와 같은 경우도 살펴봅시다.

$$A = \begin{pmatrix} 1 & -0.3 \\ -0.7 & 0.6 \end{pmatrix}$$

행렬 A에서는 이런 식으로 공간이 비틀어집니다.

```
ruby mat_anim.rb -s=3 | gnuplot
```

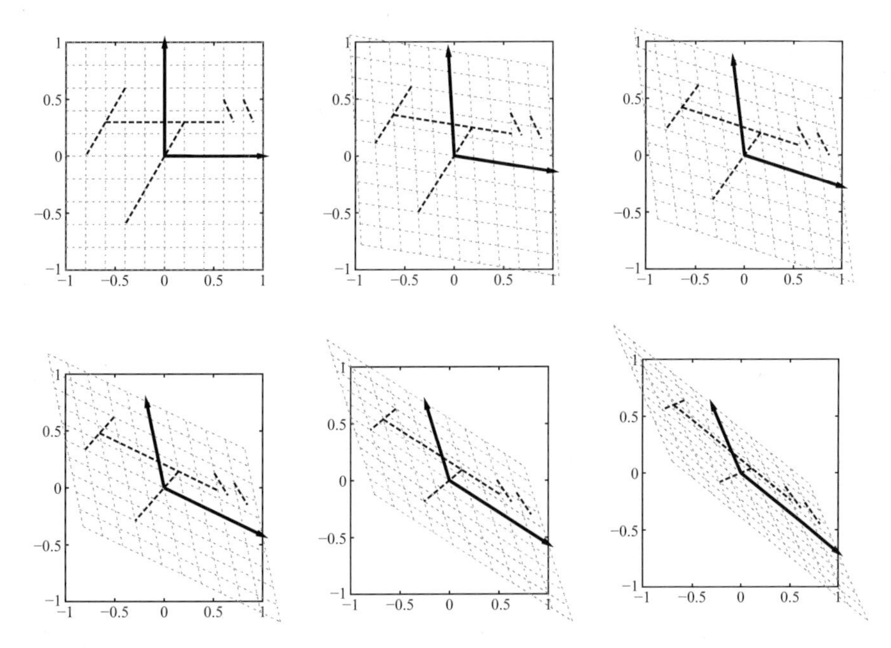

관찰 포인트

- 비틀어짐
- 그렇지만 구부러지는 것이 아니라 직선은 직선, 평행은 평행인 채 그대로
- A의 1열 $\begin{pmatrix} 1 \\ -0.7 \end{pmatrix}$이 $\begin{pmatrix} 1 \\ 0 \end{pmatrix}$의 목적지, A의 2열 $\begin{pmatrix} -0.3 \\ 0.6 \end{pmatrix}$이 $\begin{pmatrix} 0 \\ 1 \end{pmatrix}$의 목적지
- 이 두 점의 목적지를 알면 전체의 이동 상태도 짐작 가능

고유벡터를 그리면

고유벡터가 공간의 변화와 함께 어떻게 변형되는지 살펴봅시다. 행렬은 변하지 않았으므로 공간의 변화 자체는 좀 전과 같습니다.

$$A = \begin{pmatrix} 1 & -0.3 \\ -0.7 & 0.6 \end{pmatrix}$$

```
ruby mat_anim.rb -s=4 | gnuplot
```

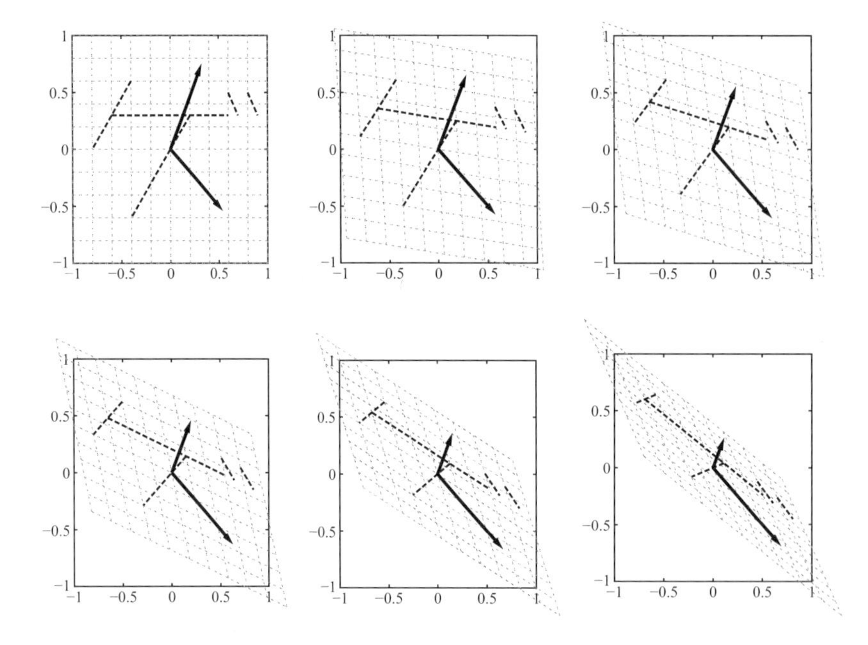

관찰 포인트

- 화살표는 늘어나기도 하고 줄어들기도 하지만, 방향은 변하지 않는다. 이것이 **고유벡터**
- 늘고 주는 정도가 **고윳값**. 늘어난 쪽은 고윳값 1.3 줄어든 쪽은 고윳값 0.3

고유벡터의 방향으로 기울인 좌표(사교좌표)를 잡으면

고유벡터와 같은 방향에 좌표층을 잡고, 다시 같은 행렬에 따른 공간의 변화를 살펴봅시다.

$$A = \begin{pmatrix} 1 & -0.3 \\ -0.7 & 0.6 \end{pmatrix}$$

```
ruby mat_anim.rb -s=5 ¦ gnuplot
```

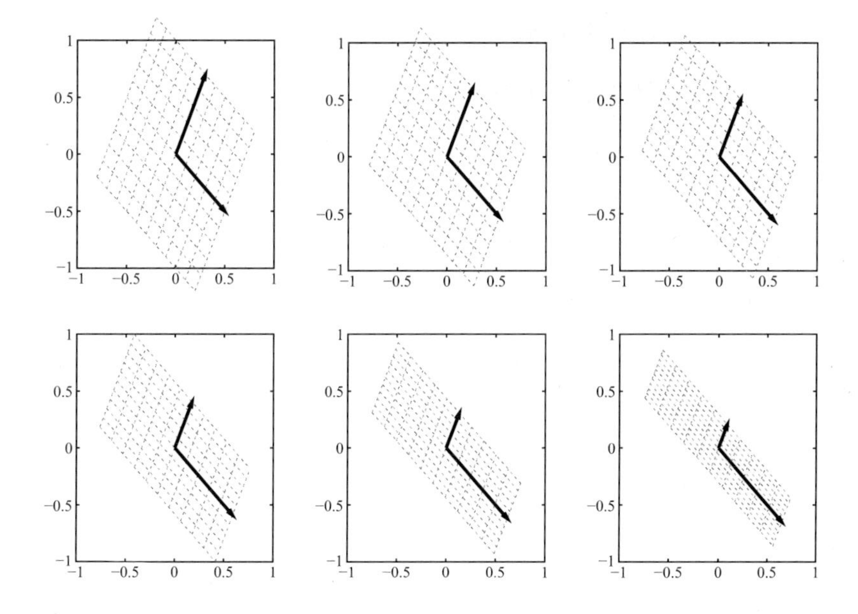

관찰 포인트

- 늘고 주는 것은 격자 모양에 따른다.
- 즉, 이러한 좌표를 잘 잡으면 대각행렬과 똑같은 상황이 된다. 이것이 **대각화**
- 각 칸의 면적은 $1.3 \times 0.3 = 0.39$배, 그러므로 면적 확대율 $\det A = 0.39 =$ 모든 고윳값의 곱

랭크와 행렬의 정규성 관찰

행렬에 따라서는 공간이 납작하게 찌그러지는 경우도 있다.

다음 행렬 A에 대해 공간이 변화하는 모습을 살펴봅시다.

$$A = \begin{pmatrix} 0.8 & -0.6 \\ 0.4 & -0.3 \end{pmatrix}$$

다음 명령을 실행하면 행렬 A에 따라 공간이 납작하게 찌그러지는 것을 볼 수 있습니다.

```
ruby mat_anim.rb -s=6 | gnuplot
```

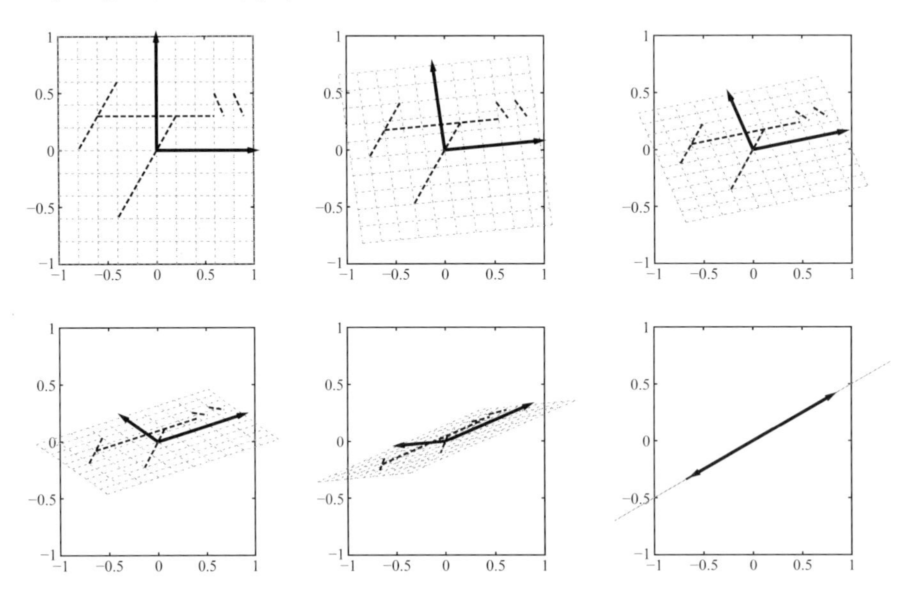

관찰 포인트

- 이동하는 곳은 납작(일직선). 이 직선이 A의 상(Im A)
- 이동하는 곳(Im A)의 차원 수를 랭크라고 한다. 이 예에서는 직선이므로 1차원(rank $A = 1$)
- 찌그러진다는 것은 이동한 곳의 차원이 원래보다 줄어든다는 것(rank $A < 2$). 이것이 **특이행렬**. 만약 찌그러지지 않는다면 rank $A = 2$일 것이고, 이것이 **정규행렬**

- 찌그러진다면 면적 확대율 det $A = 0$
- $\begin{pmatrix}1\\0\end{pmatrix}$이 이동한 곳($A$의 1열)과 $\begin{pmatrix}0\\1\end{pmatrix}$이 이동한 곳($A$의 2열)은 서로 다른 방향이 아니다(즉, 같은 방향이다).

고유벡터를 또 그리면……

같은 행렬에 의한 변환으로 고유벡터가 공간의 변화와 함께 어떻게 변하는지 살펴봅시다.

$$A = \begin{pmatrix} 0.8 & -0.6 \\ 0.4 & -0.3 \end{pmatrix}$$

```
ruby mat_anim.rb -s=7 ¦ gnuplot
```

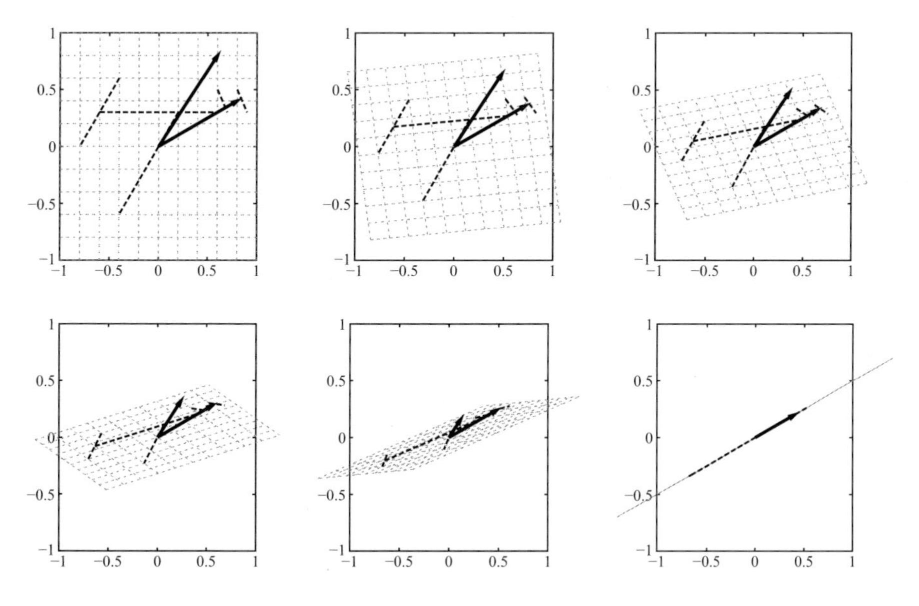

관찰 포인트

- 화살표가 고유벡터. 찌그러진다 = 고윳값 0

고유벡터의 방향에 또 사교(기울어진)좌표를 잡으면

같은 행렬 A에 대해 고유벡터와 같은 방향에 좌표를 잡고, 공간이 변화하는 모습을 한 번 더 살펴봅시다.

$$A = \begin{pmatrix} 0.8 & -0.6 \\ 0.4 & -0.3 \end{pmatrix}$$

```
ruby mat_anim.rb -s=8 | gnuplot
```

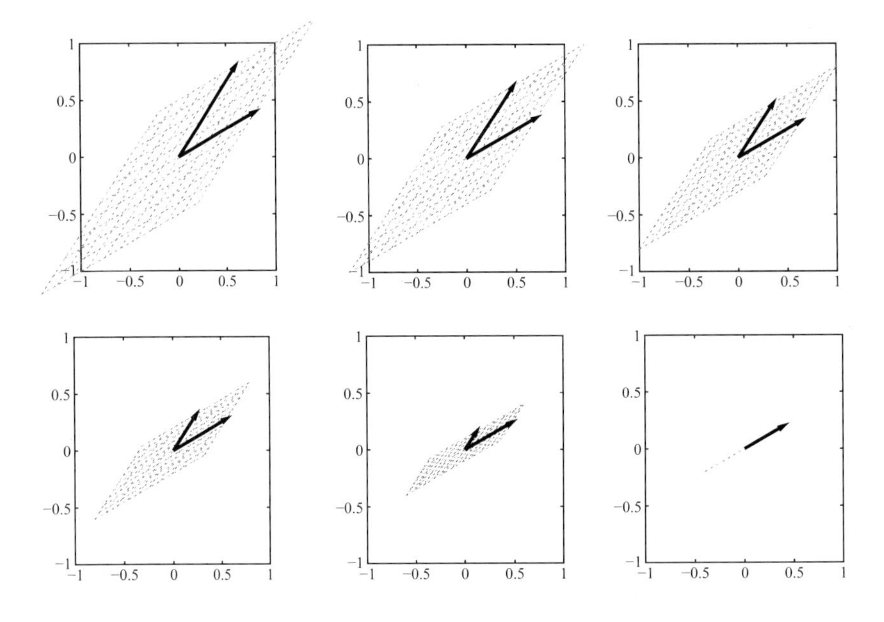

관찰 포인트

- 고윳값 0의 고유벡터 $\boldsymbol{p}$에 따른 직선의 점은 모두 원점으로 이동해 버린다. 이 직선이 A의 핵(Ker A)
- $\boldsymbol{p}$와 평행한 직선의 점은 모두 한 점에 이동해 버린다.
- 이동된 곳을 알아도 원래 있던 곳이 어딘지 특정 지을 수 없다. 역행렬이 존재하지 않는다는 의미
- '원래의 차원 수(평면이므로 2차원)' – '차원 수(Ker A는 직선이므로 1차원)' = '남은 차원 수(Im A도 직선이므로 1차원)'. 이것이 **차원 정리**

행렬식의 교대성 관찰

역의 예

17페이지의 행렬에서 1열과 2열을 바꾸면 어떻게 될까요?

$$A = \begin{pmatrix} -0.3 & 1 \\ 0.6 & -0.7 \end{pmatrix}$$

행렬 A에서는 다음과 같이 공간이 틀어집니다.

```
ruby mat_anim.rb -s=9 | gnuplot
```

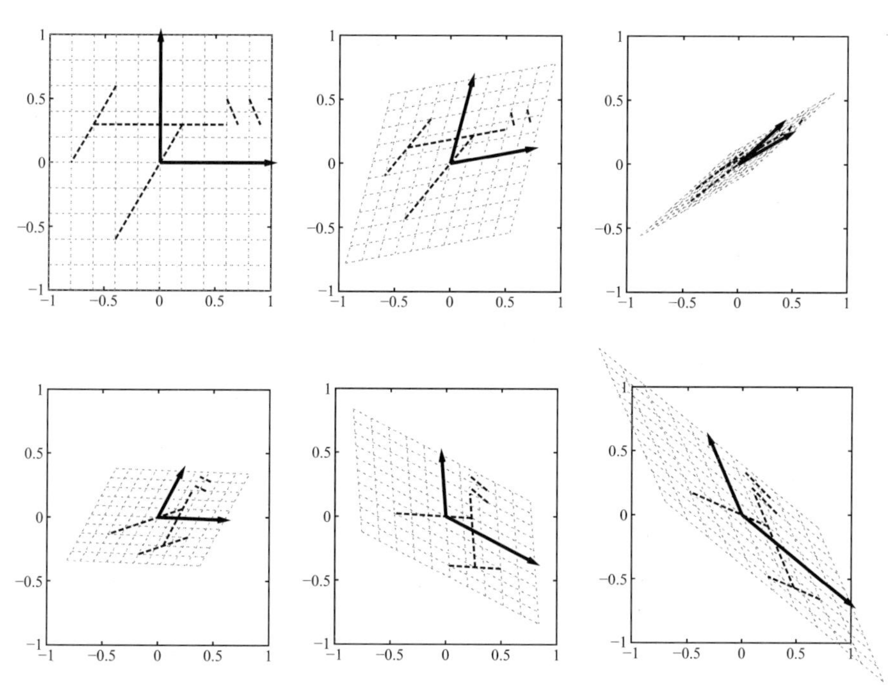

관찰 포인트

- 역이 된다. 이런 경우 면적 확대율은 $\det A < 0$
- 13페이지와 비교하면 테두리의 평행사변형은 같지만, 알맹이가 역(반대)이다. 그러므로

$$\det\begin{pmatrix} -0.3 & 1 \\ 0.6 & -0.7 \end{pmatrix} = -\det\begin{pmatrix} 1 & -0.3 \\ -0.7 & 0.6 \end{pmatrix}$$

행렬식의 **교대성**이란 이런 것이다.

0장

왜 선형대수를 배워야 하는가?

0.1 공간이라고 생각하면 직관이 먹힌다

우리는 3차원 공간에 살고 있습니다. 3차원 세계의 일을 다루기 위해서는 '공간'을 잘 기술할 수 있는 용어가 필요합니다. 컴퓨터 그래픽스, 자동차 네비게이션, 게임 등이 대표적인 예일 것입니다. 선형대수의 무대가 되는 벡터 공간은 현실 공간의 성질을 특정 수준에서 추상화한 것입니다. 따라서 선형대수는 공간을 설명하는 데 편리한 용어나 개념을 제공해줍니다. 예를 들어 "2차원 평면에 3차원 물체를 어떻게 그릴 것인가"를 궁리한다면 "3차원 공간 중 이곳에 이런 물체가 있을 때 시점을 이런 식으로 이동 · 회전시키면 눈에는 어떤 2차원 화상이 나타날까"라는 문제가 발생합니다. 이러한 문제에서도 선형대수 용어는 기초적인 역할을 담당합니다.

그러나 오직 현실 공간의 문제를 해결하기 위해 선형대수를 배우는 것은 아닙니다.

무슨 일을 해도 단일 수치가 아닌, 다수의 수치를 조합한 데이터를 다루고 싶은 경우가 나타날 것입니다. 이 경우는 '공간'과 직접적인 관계가 없으므로 일부러 공간을 의식하지 않고 다룰 수 있습니다. 그렇지만 이 데이터를 '고차원 공간 내의 점'이라고 해석하면 '공간'에 대한 우리의 직관을 활용하는 것도 가능합니다.

▼ 그림 0-1 산더미 같은 수치 데이터를 보고만 있으면 도통 영문을 알 수 없지만, 3차원 공간 내의 점이라고 간주하여 점을 찍으면 실은 직선상에 놓여 있다.

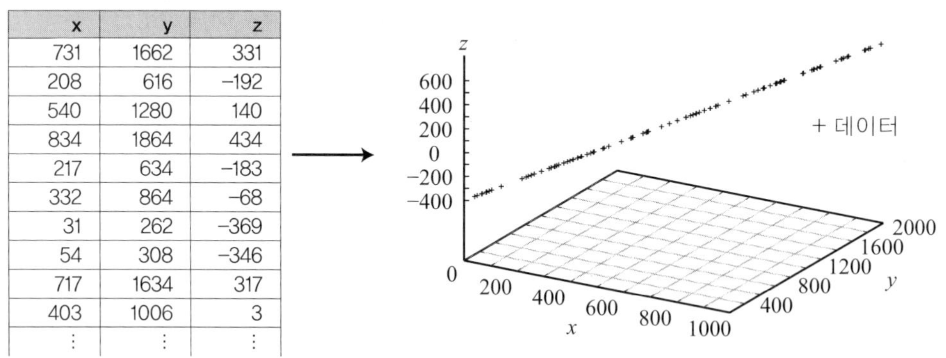

x	y	z
731	1662	331
208	616	−192
540	1280	140
834	1864	434
217	634	−183
332	864	−68
31	262	−369
54	308	−346
717	1634	317
403	1006	3
⋮	⋮	⋮

우리는 3차원 공간만 인식할 수 있지만, 3차원 공간으로부터 유추하여 직관적으로 이해할 수 있는 '일반의 n차원에서 성립하는 현상'도 많습니다. 실제로 이러한 해석은 데이터 분석의 수단으로 효과가 있습니다(그림 0-1). 그리고 '공간'의 문제가 되면 선형대수가 나설 차례입니다. 주성분 분석이나 최소제곱법 등이 고전적이고 대표적인 예입니다. 이 책에서는 이러한 방향으로의 응용도 염두에 두고 설명할 것입니다.

0.2 근사 수단으로 사용하기 편리하다

LINEAR ALGEBRA

선형대수가 다루는 대상은 선형적, 즉 직선이나 평면처럼 '곧은 것'입니다. 곧은 대상이므로 다루기 쉽고, 예측하기 좋으며, 명쾌한 결과를 얻을 수 있습니다.

"쉬운 문제만 다룬다는 것인가? 쉬운 문제를 잘 풀 수 있다고 해도 전혀 훌륭하지 않아"라고 생각해도 당연합니다. '곧은 것'만 다뤄서는 대단히 궁색하죠. 곡면을 그리고 싶을 수도 있고요. 그래프를 그리면 곡선이 되는 현상 또한 있을 것입니다.

그래도 선형대수는 유효합니다. 왜냐하면 대상의 대부분이 줌업(zoom up, 확대)하면 거의 다 곧기 때문입니다. 질이 나쁜 들쭉날쭉한 예를 제외하면 곡선이라도, 곡면이라도, 충분히 확대해보면 곧게 보입니다(그림 0-2).

▼ 그림 0-2 곡선 · 곡면이라도 접사해보면 직선이다.

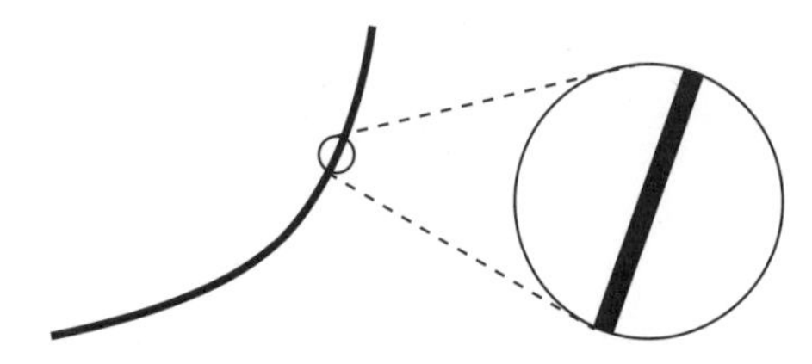

이 경우 작은 범위를 생각하는 한, '곧다'라고 근사해도 그 나름대로 도움이 되는 결과를 얻을 수 있습니다. 곡면을 그릴 때도 '작은 평면의 조립'으로 근사 표현합니다. 그래프가 곡선이어도 단기 예측이라면 직선으로 근사하여 연장합니다(그림 0-3).

▼ 그림 0-3 (좌)곡선을 꺾은 선에 근사, (우)그래프를 직선으로 연장

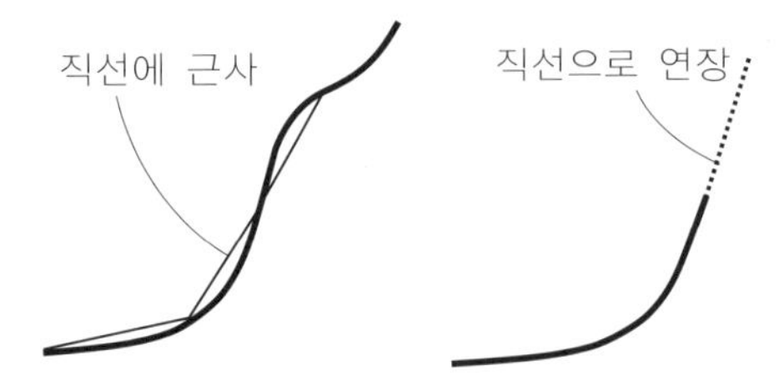

이러한 방법이 어느 정도 유효한지는 무엇을 하고 싶은지에 따라 다릅니다.[1] '우와, 조잡하다'라고 생각할지도 모르지만, 이와 비슷한 접근법은 의외로 많이 사용하고 있습니다. 진지하게 식을 세우기 어렵고 힘들 때, '우선 곧은 것으로 근사해보자'라는 방법은 공학에서는 상투적인 방법입니다. '이정도로 만족'인지 '다른 좋은 방법이 없다'인지는 한마디로 말하기 힘듭니다.[2]

이 책을 읽으면서 '문제 선정이 너무 한정적이다. 이런 방법이 사용되는 경우는 거의 없겠지'라고 느낀다면 이 이야기를 떠올려 주십시오.

---

1 '작은 범위로 하는 한'이란 것이 어느 정도의 범위까지 타당한지는 곡선 · 곡면의 굽어진 상태와 허용오차 나름입니다.

2 근사해서 못 보게 되는 일도 물론 있습니다. 그런 사례에 관심을 두는 학문도 있으며, 활발히 연구 및 활용되고 있습니다. '비선형○○'이라는 제목을 보게 되면 그런 학문이라고 생각해 주세요.

1장

벡터 · 행렬 · 행렬식

—'공간'에서 생각하자

0.1절에서 설명했듯이 무언가를 하려고 할 때 많은 수치를 묶은 데이터를 다루고 싶은 경우가 생길 것입니다. 그러한 데이터를 단순히 '수치의 조합'으로 다루는 것이 아니라, '공간 안의 점'으로 간주하여 직관을 활용하자는 것이 이 책 전체의 주제입니다.

그 중심이 되는 개념인 '벡터'와 '행렬', 그리고 쓸만한 보조역인 '행렬식'을 이 장에서 설명합니다. 선형대수를 아무 생각 없이 공부하면 무의식 중에 문자 배열에만 눈이 가기 쉽습니다. 그래서는 직관을 활용할 수 없습니다. '공간'이라는 생각을 잊지 마세요.

	문자 배열(표면상)	의미
벡터	숫자를 일렬로 늘어 놓은 것	화살표, 또는 공간 안의 점
행렬	숫자를 직사각형으로 늘어 놓은 것	공간에서 공간으로의 직교 사상
행렬식	뭔가 귀찮은 계산	위의 사상에 따른 부피 확대율

이 장은 기술적인 측면에서 사칙연산을 정복하는 것이 목표입니다. 구체적으로 말하면 수치가 주어진 벡터 · 행렬뿐만 아니라 문자식에 대해서도 '실제의 모습'을 의식하여 계산할 수 있는 것이 중요합니다(1.2.16절 크기에 구애되라). 신호 처리나 데이터 분석 등 '선형대수를 도구로 사용하는 응용 분야'에서는 문자식을 제대로 다루지 않으면 따라갈 수 없기 때문입니다.

1.1 벡터와 공간

LINEAR ALGEBRA

그럼 바로 벡터부터 시작합니다. 어떤 분야에서라도 '몇 개의 수치를 한 곳에 모아 한 덩어리로 다루고 싶다'라고 생각할 것입니다. 예를 들어 센서 열 개를 탑재한 로봇이라면 거기에서 얻을 수 있는 관측치 열 개를 한 덩어리로 다루고 싶을 것입니다.

1.1.1 우선적인 정의: 수치의 조합을 정리하여 나타내는 기법

수를 나열한 것을 벡터라고 부릅니다.[1] 예를 들면 다음과 같습니다.

$$\begin{pmatrix} 2 \\ 5 \end{pmatrix} \text{ 또는 } \begin{pmatrix} 6 \\ 3 \\ 3 \end{pmatrix} \text{ 또는 } \begin{pmatrix} 2.9 \\ -0.3 \\ 1/7 \\ \sqrt{\pi} \\ 42 \end{pmatrix}$$

성분수를 명시하고 싶을 때는 각각 2차원 벡터, 3차원 벡터, 5차원 벡터라고 부릅니다.

벡터라고 하면 특별히 미리 말하지 않는 한 이처럼 세로로 늘어선 '종벡터'라고 약속합니다. (2, 3, 5, 8)처럼 가로로 늘어선 '횡벡터'도 있지만, 이 책에서는 종벡터를 기본으로 합니다. 단, 종벡터를 정말로 세로로 표기하면 공간만 차지하므로 다음과 같이 표기하겠습니다.

$$(2, 3, 5, 8)^T = \begin{pmatrix} 2 \\ 3 \\ 5 \\ 8 \end{pmatrix} \text{ 또는 } \begin{pmatrix} 2 \\ 3 \\ 5 \\ 8 \end{pmatrix}^T = (2, 3, 5, 8)$$

T는 전치를 뜻하는 Transpose의 T입니다.

1.1 왜 그렇게 종벡터를 좋아하나요?[2]

'변수 x에 함수 f를 적용하다'라는 작업을 일반적으로 $f(x)$라고 씁니다. 이와 같은 어순으로 '벡터 $\boldsymbol{x}$에 행렬 A(로 나타내지는 함수)를 적용하다'라는 작업을 행렬의 곱으로 $A\boldsymbol{x}$라 쓰기 위해서 입니다(1.2.1절). 만약 $\boldsymbol{x}$가 횡벡터라면 $\boldsymbol{x}A$처럼 '대상 → 작업'이라는 어순이 되어 버립니다. 단, 객체지향에 익숙한 사람에게는 $f(x)$보다는 $x.f$ 쪽이 자연스러울지도 모르겠습니다.

---

1 수학파 여러분, 화내지 마세요. 어려운 경우도 나중에 소개합니다.

2 이 책에서는 본론에서 벗어난 소박한 질문이나 다른 견해(관점), 본론에서 벗어난 주제 등을 이렇게 주석 형식으로 따로 떼어 설명합니다. 아직 설명하지 않은 부분에 대해서도 조금씩 언급합니다. 처음 읽을 때는 가볍게 읽어 넘기고, 한 장을 다 읽으면 다시 돌아와 읽어 보는 방법을 권합니다.

1.2 '수'란?

이 책에서는 '실수' 또는 '복소수'로 읽어주세요. 실수인지 복소수인지에 따라 이야기가 달라지는 경우에는 정확히 명시해두었습니다. 또한, 성분이 실수인 것을 명시하지 않았다면 '실벡터'나 '실행렬'로 부르고, 성분이 복소수인 것을 명시하지 않았다면 '복소벡터'나 '복소행렬'로 부릅니다. 만약을 대비해 용어를 확인해 둡시다.[3]

자연수	0, 1, 2, 3, ...
정 수	... , −2, −1, 0, 1, 2, ...
유리수	(정수)/(정수)로 표현되는 수
실 수	3.14159265⋯ 처럼 (무한) 소수로 표현되는 수
복소수	허수 단위 $i(i^2 = -1)$를 사용하여 (실수) + (실수)i로 표현되는 수

i라는 기호는 허수 단위 이외에 단순한 변수명으로도 사용됩니다. 물론 문맥상 분명하므로 헷갈릴까 걱정하지 않아도 됩니다.

'데이터 구조'를 정의했으면 그에 대한 연산도 정의합시다. 벡터의 덧셈과 정수배[4]를 다음과 같이 정의합니다.

덧셈 같은 차원의 벡터에 대해

$$\begin{pmatrix} x_1 \\ \vdots \\ x_n \end{pmatrix} + \begin{pmatrix} y_1 \\ \vdots \\ y_n \end{pmatrix} = \begin{pmatrix} x_1 + y_1 \\ \vdots \\ x_n + y_n \end{pmatrix} \qquad \text{예)} \begin{pmatrix} 2 \\ 9 \\ 4 \end{pmatrix} + \begin{pmatrix} 7 \\ 5 \\ 3 \end{pmatrix} = \begin{pmatrix} 9 \\ 14 \\ 7 \end{pmatrix} \tag{1.1}$$

정수배 임의의 수 c에 대해

$$c\begin{pmatrix} x_1 \\ \vdots \\ x_n \end{pmatrix} = \begin{pmatrix} cx_1 \\ \vdots \\ cx_n \end{pmatrix} \qquad \text{예)}\ 3\begin{pmatrix} 2 \\ 9 \\ 4 \end{pmatrix} = \begin{pmatrix} 6 \\ 27 \\ 12 \end{pmatrix} \tag{1.2}$$

3 자연수에 대해서는 0을 포함하는 파와 포함하지 않는 파가 있습니다. 이 책은 포함하는 파입니다. 또한, 실수에 대해 '정수 7도 7.000⋯이라고 쓸 수 있으므로 7은 실수다'에 주의해 주십시오. 이런 '××도 ○○의 특별한 경우'라는 생각을 하면 복잡한 생각을 덜 할 수 있습니다. 특히 IT계에서는 필수 감각이라고 할 수 있죠. 물론 컴퓨터 계산에서 정수와 실수는 매우 다릅니다. 3장처럼 수치 계산에서는 이 차이를 인식하지 않으면 함정에 빠집니다.

4 여기에서는 '임의의 j에 대해 정수 c를 가지고 $x_j \to cx_j$'라는 의미에서 '정수배'라고 부릅니다. 사실 '스칼라배'나 적어도 '수치배'라고 하는 편이 적절합니다만, 듣기 익숙하지 않은 언어 때문에 책을 덮으면 어쩌나 싶어서⋯⋯.

덧붙여서 말하자면 횡벡터의 덧셈과 정수배도 똑같이 정의합니다.

1.3 이런 것도 당연히 가능하죠? 그런데 우리 선생님은 화를 냅니다. 왜죠?

$$\times \begin{pmatrix} x_1 \\ \vdots \\ x_n \end{pmatrix}\begin{pmatrix} y_1 \\ \vdots \\ y_n \end{pmatrix} = \begin{pmatrix} x_1 y_1 \\ \vdots \\ x_n y_n \end{pmatrix}, \quad \begin{pmatrix} x_1 \\ \vdots \\ x_n \end{pmatrix} \Big/ \begin{pmatrix} y_1 \\ \vdots \\ y_n \end{pmatrix} = \begin{pmatrix} x_1 / y_1 \\ \vdots \\ x_n / y_n \end{pmatrix}$$

벡터를 '단지' 숫자의 열로 다룬다면 그것도 편리합니다. 실제로 행렬 작업에 특화된 프로그래밍 언어는 그러한 연산을 할 수 있는 경우도 많은 것 같습니다. 그래도 선형대수 입장에서 보면 이는 올바르지 못한 방법입니다. 그 이유는 좌표 변환(1.2.11절)과 성격이 맞지 않기 때문입니다. 다음 도식을 살펴보겠습니다.

어떤 좌표계	$\mathbf{x} + \mathbf{y} = \mathbf{z}$	어떤 좌표계	$\mathbf{x} \quad \mathbf{y} = \mathbf{z}$
	$\Updownarrow \quad \Updownarrow \quad \Updownarrow$		$\Updownarrow \quad \Updownarrow \quad \Updownarrow$
다른 좌표계	$\mathbf{x}' + \mathbf{y}' = \mathbf{z}'$	다른 좌표계	$\mathbf{x}' \quad \mathbf{y}' \neq \mathbf{z}'$

지금 어떤 좌표계에서 $\mathbf{x} + \mathbf{y} = \mathbf{z}$ 였다고 합시다. 그리고 $\mathbf{x}, \mathbf{y}, \mathbf{z}$를 다른 좌표계에 표현하니 $\mathbf{x}', \mathbf{y}', \mathbf{z}'$로 변했다고 합시다. 각 벡터의 외관이 변해도 언제나 $\mathbf{x}' + \mathbf{y}' = \mathbf{z}'$는 성립합니다. 정수배에 대해서도 같습니다. 덧셈이나 정수배가 정통 연산인 까닭입니다. 질문에서 제안한 '성분끼리의 곱셈'이라면 어떨까요. 어떤 좌표계에서 $\mathbf{xy} = \mathbf{z}$라고 해도 다른 좌표계로 이동하면 $\mathbf{x}'\mathbf{y}' \neq \mathbf{z}'$가 됩니다. 선형대수 입장에서 보면 위의 곱셈 $\mathbf{xy}$는 '대상 그 자체의 성질'이 아닌 '특정 좌표계에서 외관에 관한 성질'에 불과한 것입니다.

벡터는 $\mathbf{x}$, $\mathbf{v}$, $\mathbf{e}$처럼 두꺼운 글씨로 쓴다고 약속합니다. 그냥 숫자와 벡터를 확실히 구별하고 의식하도록 습관을 들이기 위해서입니다. 스스로 노트에 정리할 때도 생략하지 말고 $\mathbf{x}$, $\mathbf{v}$, $\mathbf{e}$처럼 꼭 두꺼운 글자로 쓰도록 합니다. 특히 영벡터(모든 성분이 0인 벡터)를 $\mathbf{o} = (0, \ldots, 0)^T$라는 기호로 씁니다. 또한, $(-1)\mathbf{x}$는 $-\mathbf{x}$로 줄여 쓰고, $\mathbf{x} + (-\mathbf{y})$를 $\mathbf{x} - \mathbf{y}$라고 줄여 씁니다. $2\mathbf{x} + 3\mathbf{y}$라고 쓰면 $(2\mathbf{x}) + (3\mathbf{y})$처럼 정수배를 먼저 계산합니다.

수 c, c'와 벡터 $\mathbf{x}$, $\mathbf{y}$에 대한 다음과 같은 성질은 '한눈에' 알 수 있을 것입니다.

- $(cc')\mathbf{x} = c(c'\mathbf{x})$ 예) $(2 \cdot 3)\begin{pmatrix} 1 \\ 5 \end{pmatrix} = \begin{pmatrix} 6 \\ 30 \end{pmatrix} = 2\left(3\begin{pmatrix} 1 \\ 5 \end{pmatrix}\right)$
- $1\mathbf{x} = \mathbf{x}$ 예) $1\begin{pmatrix} 2 \\ 3 \end{pmatrix} = \begin{pmatrix} 2 \\ 3 \end{pmatrix}$

- $\boldsymbol{x} + \boldsymbol{y} = \boldsymbol{y} + \boldsymbol{x}$ 예) $\begin{pmatrix}2\\3\end{pmatrix}+\begin{pmatrix}1\\5\end{pmatrix}=\begin{pmatrix}3\\8\end{pmatrix}=\begin{pmatrix}1\\5\end{pmatrix}+\begin{pmatrix}2\\3\end{pmatrix}$
- $(\boldsymbol{x} + \boldsymbol{y}) + \boldsymbol{z} = \boldsymbol{x} + (\boldsymbol{y} + \boldsymbol{z})$ 예) $\left(\begin{pmatrix}2\\3\end{pmatrix}+\begin{pmatrix}1\\5\end{pmatrix}\right)+\begin{pmatrix}10\\20\end{pmatrix}=\begin{pmatrix}13\\28\end{pmatrix}=\begin{pmatrix}2\\3\end{pmatrix}+\left(\begin{pmatrix}1\\5\end{pmatrix}+\begin{pmatrix}10\\20\end{pmatrix}\right)$
- $\boldsymbol{x} + \boldsymbol{o} = \boldsymbol{x}$ 예) $\begin{pmatrix}2\\3\end{pmatrix}+\begin{pmatrix}0\\0\end{pmatrix}=\begin{pmatrix}2\\3\end{pmatrix}$
- $\boldsymbol{x} + (-\boldsymbol{x}) = \boldsymbol{o}$ 예) $\begin{pmatrix}2\\3\end{pmatrix}+\begin{pmatrix}-2\\-3\end{pmatrix}=\begin{pmatrix}0\\0\end{pmatrix}$
- $c(\boldsymbol{x} + \boldsymbol{y}) = c\boldsymbol{x} + c\boldsymbol{y}$ 예) $10\left(\begin{pmatrix}2\\3\end{pmatrix}+\begin{pmatrix}6\\4\end{pmatrix}\right)=\begin{pmatrix}80\\70\end{pmatrix}=10\begin{pmatrix}2\\3\end{pmatrix}+10\begin{pmatrix}6\\4\end{pmatrix}$
- $(c + c')\boldsymbol{x} = c\boldsymbol{x} + c'\boldsymbol{x}$ 예) $(4+5)\begin{pmatrix}2\\3\end{pmatrix}=\begin{pmatrix}18\\27\end{pmatrix}=4\begin{pmatrix}2\\3\end{pmatrix}+5\begin{pmatrix}2\\3\end{pmatrix}$

1.4 이런 당연한 것을 왜 일부러 나열해서 보여주나요?

이 책의 범주를 넘어버립니다만……. 여기에 쓴 성질이야말로 실은 '벡터'의 본질을 나타내고 있으며 벡터 이야기는 모두 이 성질에서 유래되어 나옵니다. 이는 대단한 것으로 '벡터란 무엇인가'(현재 단계에서는 '수를 나열한 것')라는 것은 잊어도, '벡터에는 위에 설명한 성질이 있다'라는 것을 인정하면 모든 이야기가 가능합니다. 수학에서는 그런 스타일을 선호합니다(적어도 표면적으로는). 좋은 점은 우선 '○○은 무엇인가'라는 철학적인 논쟁에 휩쓸리지 않아도 됩니다. '직선이란 무엇인가', '0이란 무엇인가', '확률이란 무엇인가'라는 질문에 비유가 아닌 정확한 답을 말할 수 있습니까? 이런 문제를 논의하기 시작하면 끝이 없기 때문에 '무엇인가'는 보류하고, '어떤 성질을 지니고 있는가'만 합의한 후에 이야기를 진행하는 것입니다. 또한, 적용 범위가 넓어진다는 장점도 있습니다. 처음에는 벡터로 보이지 않는 대상이어도 위의 성질이 확인되면 기존의 벡터 관련 정리를 모두 적용할 수 있습니다. '미분 방정식의 해'나 '양자역학에서의 상태'도 벡터로 보면 깔끔하게 예측할 수 있습니다. 구현을 상세하게 파고들지 않고, 인터페이스의 사양만을 근거로 한 프로그램을 작성하면 이식성이 높아지는 것과 같습니다.

1.1.2 '공간'의 이미지

2차원 벡터는 모눈종이 위에 점으로 찍을 수 있습니다(그림 1-1). $(3, 5)^T$라면 '가로축 3, 세로축 5'의 위치에, $(-2.2, 1.5)^T$라면 '가로축 −2.2, 세로축 1.5'의 위치에, 영벡터 $\boldsymbol{o} = (0, 0)^T$는 원점 0과 같은 상태입니다. 이와 같이 3차원 벡터도 3차원 공간 안 어딘가에 한 점으로 나타낼 수 있습니다.

▼ 그림 1-1 벡터를 공간에 그리기

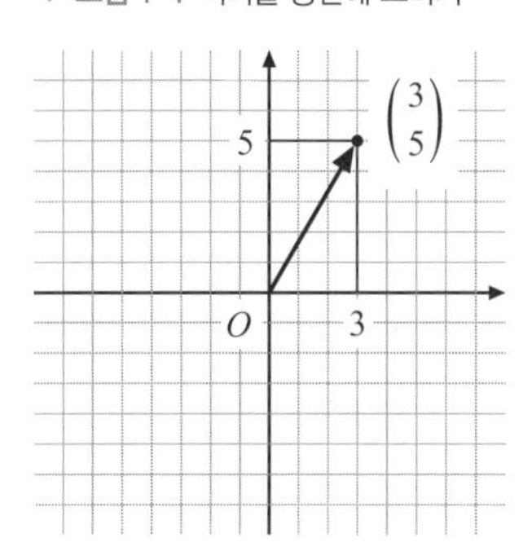

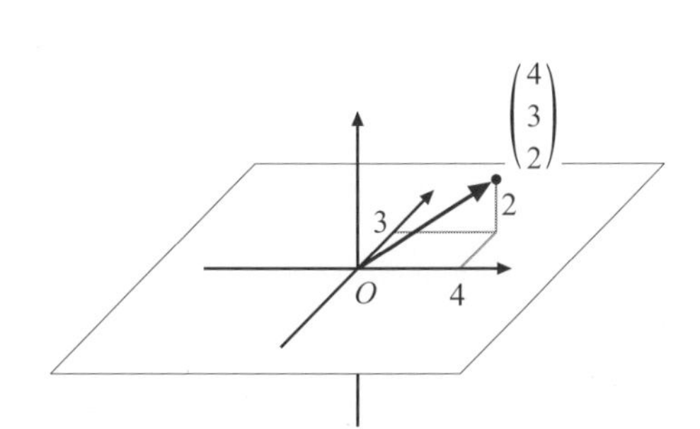

이런 식으로 위치에 대응시키는 것을 강조할 때는 '위치 벡터'라고 부르기도 합니다.

위치라는 해석 외에 원점 0에서 그 위치를 향하는 '화살표'라는 해석도 있습니다. 덧셈과 정수배를 도형으로 해석하려면 화살표 쪽이 더 잘 어울립니다. 덧셈은 화살표의 이어 붙임, 정수배는 길이를 늘이고 줄입니다(그림 1-2). '−3배'라면, 물론 '반대 방향으로 원래 길의이 3배'가 됩니다.

▼ 그림 1-2 화살표라는 해석에서 덧셈은 '화살표의 이어 붙임', 정수배는 '길이를 늘이고 줄임'이다. $\boldsymbol{a} + \boldsymbol{b} = \boldsymbol{b} + \boldsymbol{a}$라는 덧셈의 성질은 $\boldsymbol{a}$ 다음 $\boldsymbol{b}$를 덧붙여도, $\boldsymbol{b}$ 다음 $\boldsymbol{a}$를 덧붙여도 가는 곳은 같다는 것이다.

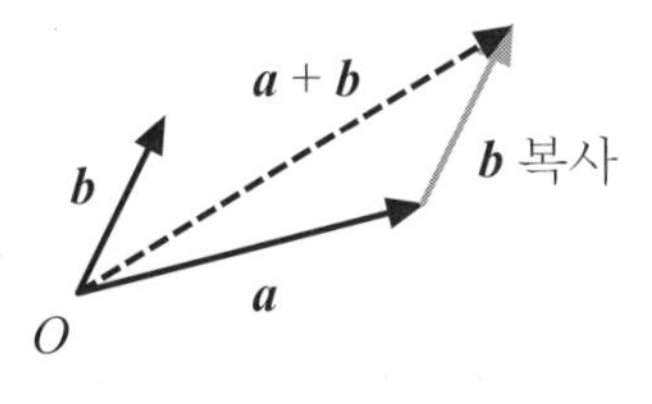

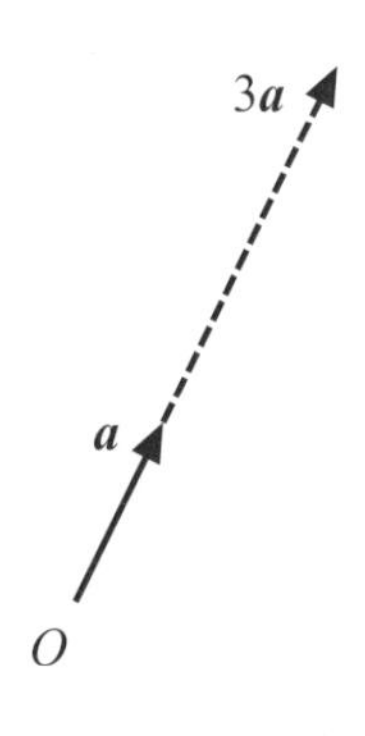

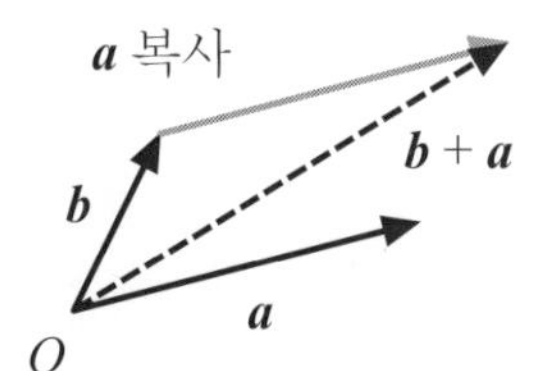

1.5 일차원 벡터란 그냥 숫자인가요?

일차원 벡터 (a)와 수 a를 동일시하는 것은 자연스러운 현상이라고 생각합니다. 둘 모두 직선상의 한 점으로 나타나니까요. 단, 단위를 취하는 방법에 따라 값이 변하는 것에는 주의합시다. 다음 절에서 설명할 '기저'와 관계된 문제입니다. 1.11, 1.20도 참고하세요. 또한, 대부분의 프로그래밍 언어에서는 '크기 1인 배열'과 '수치'는 다른 것이므로 명시적인 변환 작업이 필요할 것입니다.

1.6 사차원은 시간, 오차원은 영혼이라고 들었는데요?

이는 수학의 수비 범위가 아닙니다. 1.4에서도 서술했듯이, '○○란 무엇인가?'는 보류하고 성질을 논의하는 것이 수학의 입장입니다. 수학적으로는 단순히 수를 네 개 나열하면 무엇이든 4차원 벡터로 볼 수 있습니다(조금 헷갈리는 말입니다만). 그것을 '좌우 · 앞뒤 · 상하 · 시각'에 대응할 것인가 말것인가는 해석하기 나름입니다. 프로그램 속의 변수 x가 현실의 무엇을 나타내는지는 인간의 문제입니다. 컴퓨터는 그런 것과 관계 없이 계산만 할 뿐입니다.

1.1.3 기저

우주에는 위도 없고 오른쪽도 없다

앞 절에서 2차원 벡터를 평면 위의 점이라고 해석했습니다. 앞에서는 평면에 모눈종이 눈금이 그려져 있었습니다만, 본래 우주에는 위라든지 오른쪽이라든지 특별한 방향이란 게 없을 것입니다. 여기서 마음껏 눈금을 지워봅시다(그림 1–3).

▼ 그림 1-3 눈금을 지워버린 평면

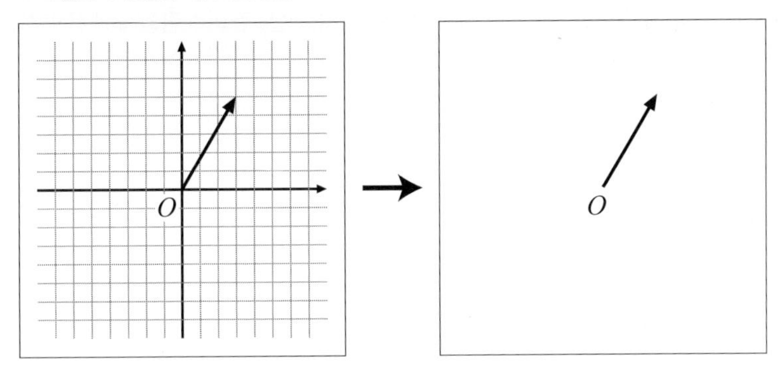

눈금도 특별한 방향도 없는 오로지 평평한 평면입니다. 표식이 되는 것은 원점 O 하나뿐입니다. 처음에는 조금 불안하지만, 이런 세계에서도 잘 해나갈 수 있습니다. 즉, '덧셈'도 '정수배'도, '화살표 해석'을 하면 수행 가능합니다. 없어도 해나갈 수 있는 것은 없는 채로 생각하는 것이 스마트하지요.[5] 이처럼 '덧셈'과 '정수배'가 정의된 세계를 **선형 공간**이라 부릅니다.[6] **벡터 공간**이라고 부르는 사람도 있습니다.

이 스마트한 세계에서의 벡터는 화살표 해석을 강조하여 $\vec{x}$, $\vec{v}$, $\vec{e}$처럼 표기합니다. 숫자의 나열로서의 벡터는 $\boldsymbol{x}$, 화살표로서의 벡터는 $\vec{x}$로 구분해서 쓰는 것은 이 책에서만 사용하는 약속입니다.

선형 공간은 우리가 사는 현실 공간의 어느 측면을 어느 수준에서 추상화한 것입니다. 완전한 복제가 아닌 '기능 축소판'이므로 오해하지 말아 주십시오. 이 세계에서는 영벡터만 특별하고, 그 외에는 어느 화살표도 대등합니다. 적용되는 것은 덧셈과 정수배뿐입니다. 뭐든지 직선형입니다.

여기서 이 세계에는 '길이'나 '각도'가 정의되어 있지 않다는 것에 주의해 주십시오. 다른 방향의 벡터끼리 대소를 비교하는 방법은 없습니다. '회전(=길이를 유지하며 방향을 바꾸다)'이라는 작업도 정의할 수 없습니다. '본래의' 선형 공간에 이런 기능은 없습니다.[7]

---

5 스마트한 것이 뛰어난 것인지 어떤지는 다른 문제입니다. 여러 가지 스타일을 자유로이 가려서 쓰는 것이 가장 좋습니다. …… 수학파 여러분, 화내지 마세요. '인간의 직관에 의지하는 것은 조금도 스마트하지 않다'라는 불평도 충분히 알고 있습니다. 그런 사람은 '○○의 공리를 만족할 것'에 의해 정의되는 추상적인 선형 공간의 이야기에 맞게 해석해 주십시오.

6 정식으로는 '40쪽에 나열한 성질을 만족할 것'이라는 조건이 붙습니다. 이런 문학적 정의가 아닌 딱 들어맞는 정의가 알고 싶다면 좀 더 본격적인 교과서(참고문헌 [1][3] 등)를 참고해 주십시오.

7 '길이'나 '각도'가 정의되어 있는 것은 내적 공간이라는 '확장판의' 선형 공간입니다(부록 E.1.3절).

1.7 눈금이 있으면 '$\boldsymbol{x} = (x_1, x_2)^T$의 길이를 $\sqrt{x_1^2 + x_2^2}$'라는 공식으로 계산했을 텐데 눈금을 없애서 불편해지는 것은 아닌가요?

이런 질문처럼 무심결에 '구현'에 파고 드는 것이 눈금의 폐해입니다. 선형 공간의 '스펙'은 덧셈과 정수배가 정의되어 있어 앞 페이지에서 나열한 벡터의 성질을 만족하는 것입니다. 스펙을 결정하여 그것에 따르는 것의 의의는 1.4나 1.9를 참고하세요.

실제로 그 소박한 공식에서는 좌표를 취하는 법(나중에 설명합니다)에 따라서 값이 변해버리는 것이 문제입니다. 그렇다면 어떻게 할 것인지는 부록 E를 참고해 주십시오.

1.8 내적이나 외적은 설명하지 않나요? 내적을 설명하면 '길이'나 '각도'도 계산이 될텐데요?

내적은 기본 개념으로 유용합니다만, 실은 조금 독특합니다. 고등학교에서 배우는 '$\boldsymbol{x} = (x_1, x_2)^T$와 $\boldsymbol{y} = (y_1, y_2)^T$의 내적은 $\boldsymbol{x} \cdot \boldsymbol{y} = x_1 y_1 + x_2 y_2$'라는 정의는 좌표가 변하면 내적도 변해 버려서 좋지 않습니다. 이후에 할 것처럼 '좌표란 임시로 붙인 번지에 불과하다. 그런 인위적인 것과는 관계 없다. 공간 자체의 성질에 흥미 있다'라는 것이 선형대수의 입장입니다. 좌표에 의존하지 않도록 내적을 정하고자 한다면 이 장의 사양(합과 정수배)만으로 할 수 없으므로, 새로운 사양을 추가해야 합니다. 그러므로 뒤로 미룹니다(부록 E). 당분간은 본래의 선형 공간만으로 가능한 이야기를 하겠습니다.

외적(벡터곱) $\boldsymbol{x} \times \boldsymbol{y}$도 3차원 공간을 다루는 만큼 확실히 편리한 개념입니다.[8] 그렇지만 너무나도 3차원에 특화된 개념입니다. 이 책에서는 3차원에 구애되고 싶지 않습니다. 외적 자체는 일반의 n차원에도 확장할 수 있습니다만, 그 결과는 '대부분의 독자가 아직 모르는 재미있는 것'이 됩니다. 2차원 벡터의 외적은 수, 3차원 벡터의 외적은 벡터, 그럼 4차원 벡터의 외적은 무엇인가? 그 설명은 이 책의 범주를 벗어납니다(참고문헌 [6]의 p-vector).

실은 외적도 확장 사양과 밀접하게 얽혀 있다는 사정이 있습니다. 무릇 처음에 외적을 배울 때 "3차원 벡터 $\boldsymbol{x}, \boldsymbol{y}$에 대해, 외적 벡터 $\boldsymbol{x} \times \boldsymbol{y}$의 길이는 '$\boldsymbol{x}, \boldsymbol{y}$를 변으로 하는 평행사변형의 면적'과 같다"라고 배웠겠지요. 이상하다고 생각하지 않았나요? '길이'와 '면적'이 같다니 무슨 소리일까요? 1m와 1m^{2}는 같나? cm로 고치면 100cm와 10,000cm^{2}가 되는데 괜찮나? 관심이 있는 사람은 참고문헌 [6]을 읽으면 눈이 번쩍 뜨일 것입니다.

8 3차원 벡터 $\boldsymbol{x} = (x_1, x_2, x_3)^T$와 $\boldsymbol{y} = (y_1, y_2, y_3)^T$의 외적은 $\boldsymbol{x} \times \boldsymbol{y} = ((x_2 y_3 - x_3 y_2), (x_3 y_1 - x_1 y_3), (x_1 y_2 - x_2 y_1))^T$로 정의됩니다.

1.9 우주에는 특별한 장소가 없으니까 원점도 지워버리면요?

그렇게 하면 화살표 해석이 막혀 덧셈과 정수배도 정의할 수 없게 됩니다. 즉, 선형 공간으로서는 다룰 수 없습니다. '선형 공간 이외의 것은 전혀 안 된다. 의미 없어. 돌아가!'라고 말하는 것은 아닙니다. 이 책이 다루는 범위가 아니라는 것뿐입니다. 실제로 선형 공간에서 원점을 지워버린 세계는 **아핀 공간**이란 이름이 붙어 있으며 이는 이대로 유용한 체계입니다.

일반적으로 '사양(원점이라든지 덧셈이라든지 길이라든지)'을 많이 추가할수록 다루는 대상을 한정하는 것이 됩니다. 그 사양에 호환되는 구현이 적어지기 때문입니다. 대상을 한정할수록 강한 주장(반드시 ○○이 성립한다)이 가능한 것은 당연합니다. 그러나 풍부함은 또 다른 이야기입니다. 사양이 느슨하면 대단한 것은 아무것도 못해라거나, 사양이 너무 엄격하니까 무엇을 해도 '뭐, 그렇게 되도록 되어 있으니까'라고 느끼게 됩니다. '이런 간단한 사양에서 이렇게 풍부한 결과를 낳을 수 있다니'라는 감격을 맛보려면 역시나 밸런스가 중요한지도 모르겠습니다.

기준을 정하며 번지를 매기자

자, 스마트해진 것은 좋습니다만, 이 상태로는 특정 벡터 $\vec{v}$를 지정하는데 '여기'라고 손가락으로 가리킬 수밖에 없습니다. 역시 조금 불편합니다. 말로도 위치를 전할 수 있도록 이 세계에 '번지(좌표)'를 매겨줍시다.

우선 기준이 되는 벡터 $\vec{e}_1$, $\vec{e}_2$가 무엇인지 정합니다. 예를 들어 그림 1-4처럼요. 기준을 정하면 '$\vec{e}_1$를 3보, $\vec{e}_2$를 2보'처럼 말하여 벡터 $\vec{v}$의 위치를 지정할 수 있습니다.

▼ 그림 1-4 기준이 되는 벡터 $\vec{e}_1$, $\vec{e}_2$를 정해 '$\vec{e}_1$를 3보, $\vec{e}_2$를 2보'처럼 위치 지정

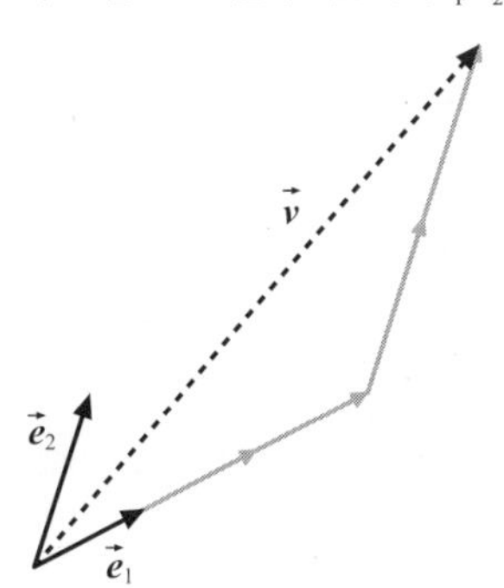

즉, 다음과 같이 말하는 것입니다.

$$\vec{v} = 3\vec{e}_1 + 2\vec{e}_2$$

이런 '기준이 되는 한 쌍의 벡터'를 기저, '각 기준에서 몇 보 나아가는가'를 좌표라고 합니다. 위의 예라면 '기저 $(\vec{e}_1, \vec{e}_2)$에 대한 벡터 $\vec{v}$의 좌표는 $\boldsymbol{v} = (3, 2)^T$'입니다.[9] 또한, '기저'라고 하면 팀 $(\vec{e}_1, \vec{e}_2)$를 말하며, 팀의 멤버인 $\vec{e}_1$나 $\vec{e}_2$는 기저 벡터라고 부릅니다.

기준을 잡는 방법은 여러 가지로 생각할 수 있습니다. 특히 그림 1-5처럼 잡으면 제일 처음에 생각한 모눈종이 눈금과 일치하네요.

▼ 그림 1-5 모눈종이 눈금에 대응하는 기저

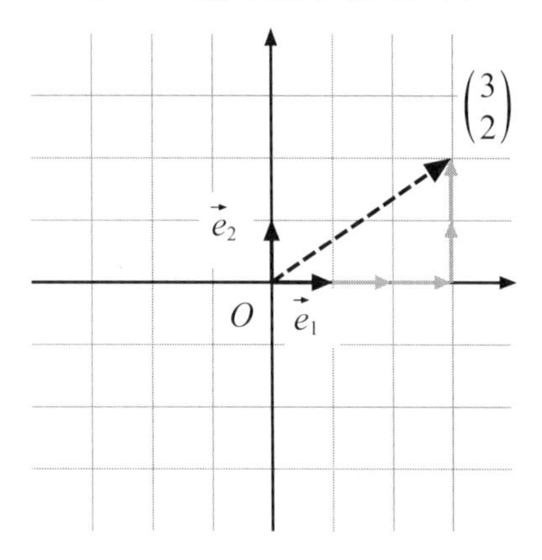

단, 벡터를 몇 개쯤 가져와서 묶는다고 뭐든 기저가 되는 것은 아닙니다. 다음 절에서는 기저라고 부를 수 있는 자격에 대해 이야기하겠습니다.

1.10 1.1.1절부터 읽어보면 '숫자의 나열 $\boldsymbol{v}$ → 화살표 $\vec{v}$ → 숫자의 나열 $\boldsymbol{v}$'로 결국 원래대로 돌아오는 것이 아닌가요? 뭘 하고 싶었던 건지 모르겠어요.

'외관에 얽매이지 마라'가 이 책의 중요한 모토입니다. 처음에 '숫자의 나열'로 벡터 $\boldsymbol{v}$를 정의했을 때는 그 숫자에 무언가 절대적인 의미가 있는 것처럼 보였습니다. 그러나 지금은 기저란 몇 개라도 취할 수 있음을 잘 알고 있습니다. 그 어느 것이든지 '기저'라는 의미로는 대등한 자격을 지니고 있습니다. 절대적으로 보였던 $\boldsymbol{v}$도, 허다한 기저 중 하나를 사용해 표현한 좌표에 지나지 않는다는 것을 알았습니다. 말하자면 지구는 우주의 중심이 아니었다는 것과 같습니다. 기저를 바꾸면 좌표 $\boldsymbol{v} = (v_1,$

9 좌표도 수를 세로로 나열하여 표시합니다.

$v_2)^T$의 성분값 v_1, v_2 같은 것은 마구 바뀝니다. 이렇게 표현을 바꾸는 것만으로 바뀌어버리는 것은 외관에 관한 성질에 불과합니다. 부질없는 성질보다 표현에 의존하지 않는 성질이 더 본질적이라고 생각할 수 있습니다.

결국 '어느 기저를 취할지에 의존하지 않는 개념이야말로 대상의 본래 성질을 지닌다'라는 입장에 이르게 됩니다. 이처럼 '기저를 취하는 방법에 의존하지 않는 실체'를 나타낸 것이 화살표 $\vec{v}$입니다.[10]

이 장에서는 이야기의 순서로 우선 '수가 늘어선 것이 벡터다'라는 의미로 시작합니다. 그러나 물론 이것은 본심이 아닙니다. '화살표'야말로 벡터의 실제이고, '수의 나열'은 그것을 표현한 방법이라고 이해해 주십시오. 이 책의 방식을 정리하면 다음과 같습니다.

- 너무 추상적이서 손대기 힘든 화살표보다 구체적으로 계산되고 친해지기 쉬운 좌표로 이야기한다.
- 그러나 '특정한 기저에 대한 성질이 아닌 어느 기저에서도 성립하는 성질이야말로 흥미가 있다'라는 입장은 언제나 마음에 새겨둔다.

실제로 이후에 나오는 정칙, 랭크, 고윳값 등은 기저에 의존하지 않습니다.[11]

또한, 무언가 문제를 풀 때는 그 문제에 알맞는 기저를 맘대로 취하여 생각하는 것이 정석입니다. 1.2.11절의 서론을 참고해 주십시오.

1.11 혼란스러워요. 결국 벡터란 숫자를 늘어 놓은 것이라 생각해도 되는 건가요, 안 되는 건가요?

그렇게 생각하는 게 편하다면 그렇게 생각해도 상관없습니다. 단, 그 숫자는 '임시적인 수'임을 머릿속에 넣어 두십시오. 즉 일대일 대응이 이루어진다는 의미에서 추상적인 화살표 '벡터' $\vec{v}$와 좌표 '숫자의 나열' $\boldsymbol{v}$를 동일시할 수 있습니다. 단, 일대일 대응 방식은 여러 가지(기저를 취하는 방법 나름)이므로 어떤 대응에서 동일시하고 있는지 주의해야 합니다. 또한, '무한 차원에서는 추상적인 벡터 $\vec{v}$는 정의되어도, 숫자의 나열 $\boldsymbol{v}$에서는 표현할 수 없는 경우도 있다'는 사실도 알아 두세요.

---

10 이때 그렇다면 처음부터 '좌표' $\boldsymbol{v}$라는 거 쓰지 말고 추상적인 벡터 $\vec{v}$만으로 토론하자'라는 것이 스마트한 수학의 방식입니다. 이 책의 방식은 다릅니다.

11 '고유 벡터'는 벡터이므로 그 좌표 $\boldsymbol{p}$는 기저에 따라 바뀝니다. 그러나 화살표로서의 고유 벡터 $\vec{p}$는 기저를 잡는 법에 의존하지 않습니다.

1.12 극좌표 같은 것은 다루지 않나요?

이 책에서는 그림 1-6의 왼쪽 그림처럼 굽은 좌표는 다루지 않습니다. 이 책에서 '좌표'라고 하면 '기저'에 기인한 것, 즉 오른쪽 그림처럼 곧은 것이라고 약속합니다. 비스듬한 것은 상관없지만, 굽은 것은 금지입니다. '좌표 변환'도 '기저(기준)'의 교환에 따른 좌표(번지)의 바꿈'이란 의미로 제한합니다.

▼ 그림 1-6 굽은 좌표(왼쪽)와 곧은 좌표(오른쪽)

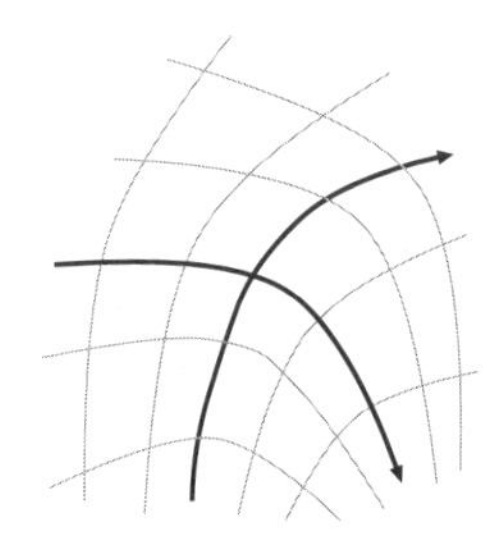

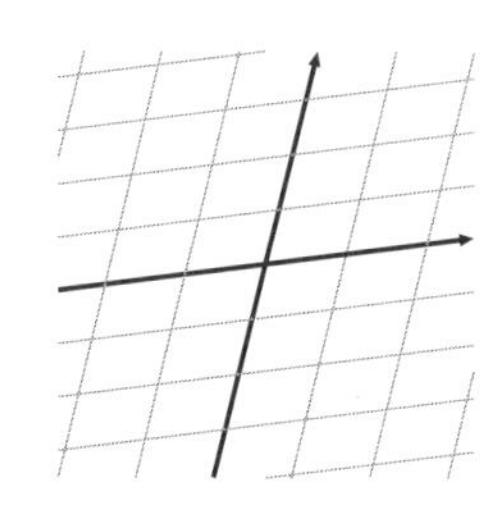

[이 책의 범위를 뛰어넘는 발돋움]

1. 굽은 좌표가 편리한 경우도 있습니다. 회전 대칭인 문제 설정에 극좌표를 사용하는 방법은 정석입니다. 태양의 주위를 도는 행성의 운동, 관절을 지닌 매니퓰레이터(매직 핸드)의 제어, 노이즈 분석[12] 등입니다. 이런 이야기를 하려면 선형대수를 파악해 두어야 합니다. 굽은 좌표 위에서 미분이나 적분 등을 분석하려면 선형대수 용어가 얼굴을 내밀기 때문입니다. 실제로 다중 적분에서 변수 변환을 할 때는 야코비안(Jacobian)이란 행렬식이 나타납니다.
2. 더욱이 처음부터 공간 자체가 굽은 상황을 다루고 싶을 때도 있습니다. 예를 들어 세계 지도입니다. 지구는 평평하지 않으므로 구면이란 굽어진 세계 위에서의 기하학이 필요합니다. 이런 굽어진 세계를 추상화한 다면체란 개념이 있으며 여기서도 역시나 좌표 변환은 중요한 부분입니다.

12 다차원 정규분포를 말합니다. 이는 통계학에서 가장 기본적인 분포입니다.

1.1.4 기저가 되기 위한 조건

벡터의 조합 $(\vec{e}_1, \ldots, \vec{e}_n)$을 기저라 부르는 것은 다음 두 가지 조건을 만족시켰을 때뿐입니다.

1. (지금 생각하고 있는 공간 안의) 어떤 벡터 $\vec{v}$라도
   $$\vec{v} = x_1\vec{e}_1 + \cdots + x_n\vec{e}_n$$
   라는 형태로 나타낼 수 있다. ($x_1, \ldots, x_n$은 임의의 수) → 모든 토지에 번지가 붙어 있다.

2. 게다가 나타내는 방법은 한 가지뿐이다. → 토지 하나에 번지는 하나뿐이다.

조건 1은 당연한 요청입니다. 좌표로 이야기하고 싶은데 나타낼 수 없는 것이 있으면 곤란합니다.

조건 2도 성가심을 피하기 위해서 꼭 요청하고 싶은 부분입니다. 그렇지 않으면 서로 다른 좌표 $\boldsymbol{x} = (x_1, \ldots, x_n)^T$, $\boldsymbol{y} = (y_1, \ldots, y_n)^T$를 보게 되었을 때, 대응하는 실체 $\vec{x}$, $\vec{y}$가 정말로 다른 것인지, 같은 것인데 두 가지 표기법으로 되어 있는 것인지, 일일이 고민하게 됩니다.

그림 1-7에 기저의 예와 기저가 아닌 예를 나타냈습니다.

▼ 그림 1-7 기저의 예와 기저가 아닌 예(위: 2차원, 아래 3차원). 개수가 모자라거나 남는 것은 ×. 개수가 딱 맞아도 겹쳐 있으면 ×

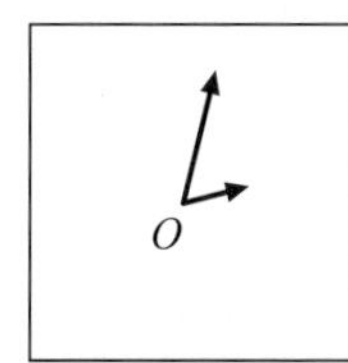

○ 2개가 독립된 방향을 향하고 있다.

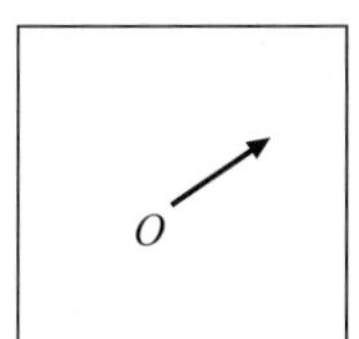

× 1개로는 무리(그 방향밖에 나타나지 않음)

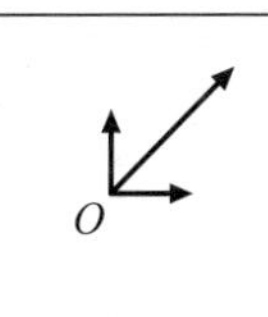

× 3개는 지나침(2개로 남은 1개를 나타냄 → 같은 토지에 다른 번지)

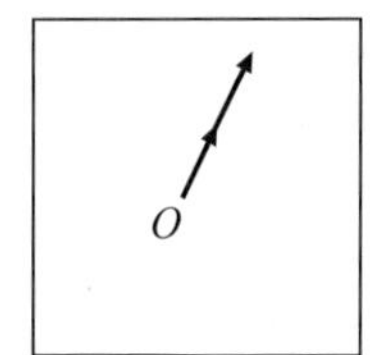

× 2개가 같은 방향(그 방향밖에 표시하지 못함)

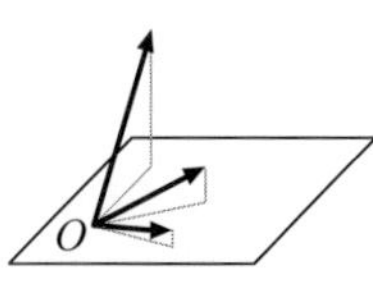

○ 3개가 '독립된 방향'을 향하고 있음

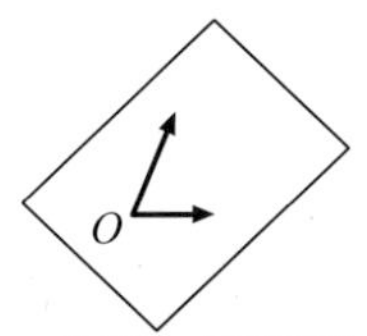

× 2개로는 무리(평면 위밖에 표시하지 못함)

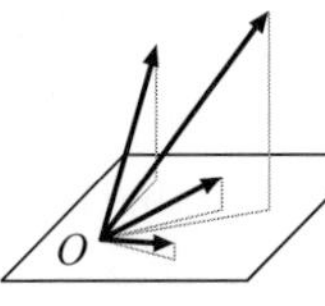

× 4개는 지나침(3개로 남은1개를 나타냄 → 같은토지에 다른 번지)

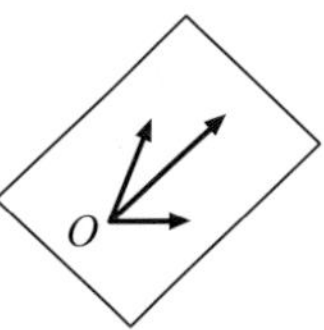

× 3개가 같은 평면(평면 위밖에 표시하지 못함)

또한, 조건 2를 알기 쉽게 말하면 다음과 같습니다.

- $(x_1, \ldots, x_n)^T \neq (x'_1, \ldots, x'_n)^T$라면

  $x_1\vec{e}_1 + \cdots + x_n\vec{e}_n \neq x'_1\vec{e}_1 + \cdots + x'_n\vec{e}_n$ → 번지가 다르면 다른 토지

같은 말입니다만, 다음과도 같습니다.[13]

- $x_1\vec{e}_1 + \cdots + x_n\vec{e}_n = x'_1\vec{e}_1 + \cdots + x'_n\vec{e}_n$라면

  $(x_1, \ldots, x_n)^T = (x'_1, \ldots, x'_n)^T$ → 같은 토지면 번지도 같음

덧붙이자면 수학에서는 더욱 스마트한 표현을 선호합니다. 일반적인 교과서에는 분명 조건이 나와 있을 것입니다.[14]

- $u_1\vec{e}_1 + \cdots + u_n\vec{e}_n = \vec{o}$이면 $u_1 = \cdots = u_n = 0$

이것도 같은 뜻입니다. 왜냐하면, $x_1\vec{e}_1 + \cdots + x_n\vec{e}_n = x'_1\vec{e}_1 + \cdots + x'_n\vec{e}_n$의 우변을 이항하여 정리하면 $(x_1 - x'_1)\vec{e}_1 + \cdots + (x_n - x'_n)\vec{e}_n = \vec{o}$이므로 $u_1 = x_1 - x'_1$, $u_2 = x_2 - x'_2$라는 상태로 치환하면 같은 것이 되기 때문입니다.

$u_1\vec{e}_1 + \cdots + u_n\vec{e}_n$ 같은 모양은 자주 나오므로 이름이 붙어 있습니다. 주어진 벡터 $\vec{e}_1, \ldots, \vec{e}_n$에 대해 무언가 수 $u_1, \ldots, u_n$을 가져와서 생기는 벡터는 다음과 같습니다.

$$u_1\vec{e}_1 + \cdots + u_n\vec{e}_n$$

이를 $\vec{e}_1, \ldots, \vec{e}_n$의 **선형결합**이라고 합니다.[15] 이를 사용하면 '$\vec{e}_1, \ldots, \vec{e}_n$의 선형결합으로 임의의 벡터 $\vec{x}$가 나타나고, 거기다 그 표현법이 유일할 때 $(\vec{e}_1, \ldots, \vec{e}_n)$을 기저라고 부른다'고 할 수 있습니다.

1.1.5 차원

앞 절에서 n차원이면 기저 벡터는 딱 n개인 것을 관찰했습니다. 그러나 공식적으로는 반대로 기저 벡터의 개수를 가지고 그 공간의 **차원**을 정의합니다.

---

13 **대우**라는 것입니다. 'A가 아니면 B가 아니다'와 'B라면 A다'는 같습니다.

14 이 조건을 만족할 때 $\vec{e}_1, \ldots, \vec{e}_n$은 선형독립이라고 합니다. 자세한 내용은 2.3.4절 "'납작하게'를 식으로 나타내다"를 참고합니다.

15 일차결합이라고도 합니다. 수 $u_1, \ldots, u_n$쪽은 선형결합의 **랭크**라고 합니다.

차원 = 기저 벡터의 개수 = 좌표의 성분수

이 방법이라면 직관이나 만약의 경우에 기대지 않고 차원을 정의할 수 있습니다.

이 정의에 의문이 생긴 독자도 있겠지요. 의문을 떠올린 독자는 예리합니다. 그래요. 기저란 취하는 방법이 얼마든지 여러 가지가 있었습니다. 어느 기저에 대해 개수를 세면 좋은가요? 사실 어느 기저를 취해도 기저 벡터의 개수는 일정하다는 것을 증명할 수 있습니다(부록 C '기저에 관한 보충'). 안심하세요.

1.13 무한 차원의 경우는?

본문에서는 공간이 **유한 차원**일 것, 즉 유한의 개수로 모든 공간을 채울 수 있는 기저 벡터의 조합이 존재함을 암묵적으로 가정하고 있습니다. 그렇지만 그런 것이 불가능한 선형 공간도 생각해볼 수 있습니다.

예를 들어 다음과 같은 무한 수열과

$$\boldsymbol{x} = (x_1, x_2, x_3, \ldots)$$

$$\boldsymbol{y} = (y_1, y_2, y_3, \ldots)$$

수 c에 대해 생기는 새로운 무한 수열을

$$\boldsymbol{u} = (x_1 + y_1, x_2 + y_2, x_3 + y_3, \ldots)$$

$$\boldsymbol{v} = (cx_1, cx_2, cx_3, \ldots)$$

$\boldsymbol{u} = \boldsymbol{x} + \boldsymbol{y}$와 $\boldsymbol{v} = c\boldsymbol{x}$로 나타내기로 하면 이런 무한 수열의 세계도 선형 공간이라고 간주할 수 있습니다. 또한, '함수 전체'도 마찬가지로 무한 차원의 선형 공간이라 간주할 수 있습니다(D.1 참고).

단, 주의해 주세요. **무한 차원**은 무서운 존재입니다. 비수학자가 직관만으로 논의한다면 언젠가 다칠 수도 있습니다. '무한'에는 직관이 통하기 어려운 함정이 있기 때문입니다. 특히 무한 개의 성분을 지닌 벡터의 결말을 이야기하고자 하면, 유한 개 때와는 사정이 달라지므로 주의해야 합니다. 이후 이 책에서는 유한 차원의 경우만 다루겠습니다.

1.1.6 좌표에서의 표현

사실 좌표에 '기저'를 지정하지 않으면 의미가 없습니다. 이는 당연한 것으로 "후지산의 높이는 3776이다"라고 하면 무슨 뜻인지 알 수 없습니다. "3776m다"라고 단위를 붙이고 나서야 의미를 지니는 것과 같습니다. 이때 값 '3776'이 좌표, 단위 'm'가 기저에 해당합니다.

그렇다고 해도 매번 기저를 쓰는 것은 귀찮고 위압적인 느낌이 듭니다. 다음 절 이후부터는 기저를 생략하고 좌표 $\boldsymbol{v}$만 표시하도록 합니다. 어떤 기저를 정하여 계속 고정시켜 두므로 일일이 쓰지 않는다는 입장입니다. 평소에는 좌표 $\boldsymbol{v}$를 '벡터'라고 생각해도 상관없습니다만, 마음에 여유가 생겼을 때는 배후에 있는 기저를 의식하고 봐 주십시오.

좌표만으로 이야기하려면 "덧셈과 정수배를 좌표로 말하면 어찌되는가"를 확인해 두어야 합니다. 결과는 별 것 없어서 "어떤 기저를 취하여 좌표를 표시해도 덧셈과 정수배는 식 (1.1)과 식 (1.2)처럼 좌표 성분마다 덧셈과 정수배가 된다"입니다. 실제로 벡터 $\vec{x} = x_1\vec{e}_1 + \cdots x_n\vec{e}_n$, $y = y_1\vec{e}_1 + \cdots y_n\vec{e}_n$과 수 c에 대해 다음 내용을 바로 확인할 수 있습니다.

$$
\begin{aligned}
\vec{x} + \vec{y} &= (x_1 + y_1)\vec{e}_1 + \cdots + (x_n + y_n)\vec{e}_n \\
c\vec{x} &= (cx_1)\vec{e}_1 + \cdots + (cx_n)\vec{e}_n
\end{aligned}
$$

또한, 두 가지 이상의 기저가 등장하는 경우도 가끔 있습니다. 그 경우에도 물론 기저를 명시합니다. 두 기저에 대해 한 쪽의 좌표에서 다른 쪽의 좌표를 구하는 '좌표 변환' 이야기는 '행렬'을 도입한 후 1.2.11절에서 설명합니다.

1.2 행렬과 사상

벡터라는 '대상'을 알았으니 다음 관심은 대상 간의 '관계'입니다. 이 관계를 나타내기 위해 행렬이 등장합니다.

1.2.1 우선적인 정의: 순수한 관계를 나타내는 편리한 기법

수를 직사각형 형태로 나열한 것을 행렬이라고 부릅니다.[16] 예를 들면 다음과 같습니다.

$$\begin{pmatrix} 2 & 0 \\ 0 & 3 \end{pmatrix} \text{이나} \begin{pmatrix} 2.2 & -9 & 1/7 \\ \sqrt{7} & \pi & 42 \end{pmatrix} \text{이나} \begin{pmatrix} 3 & 1 & 4 \\ 1 & 5 & 9 \\ 2 & 6 & 5 \\ 3 & 5 & 8 \\ 9 & 7 & 9 \end{pmatrix}$$

크기를 명시하고 싶은 경우에는 각각 2×2 행렬, 2×3 행렬, 5×3 행렬처럼 부릅니다. '행렬'이므로 '행'과 '열'의 순으로 표기한다고 기억해 주십시오. 특히 행 수와 열 수가 같은 행렬을 **정방행렬**이라고 부릅니다. 크기를 명시하고 싶은 경우는 2×2 또는 2차 정방행렬, 3×3 또는 3차 정방행렬이라 부릅니다.

행렬 A의 i행과 j열의 값을 A의 (i, j) 성분이라고 합니다. 예를 들어 앞에서 제시한 세 행렬 중 중앙의 행렬에서 (2, 1) 성분은 $\sqrt{7}$이고, (1, 3) 성분은 1/7입니다. (i, j) 성분이라 할 때의 순서도 '행', '열'입니다. 또한 다음과 같이 쓸 때 첨자 순서도 일반적으로 '행', '열'입니다.

$$A = \begin{pmatrix} a_{11} & a_{12} & a_{13} & a_{14} \\ a_{21} & a_{22} & a_{23} & a_{24} \\ a_{31} & a_{32} & a_{33} & a_{34} \end{pmatrix}$$

귀찮아서 이를 '3×4 행렬 $A=(a_{ij})$' 등으로 줄여 쓰는 경우도 있습니다. 일반적으로 행렬은 알파벳 대문자[17]로, 성분은 소문자로 씁니다.

16 벡터일 때와 마찬가지로 '우선'입니다. 이 이미지를 알기 쉽게 하는 것이 이 책의 목표입니다.

17 '두꺼운 대문자(볼드체)'가 아니라 '단순한 대문자'가 일반적입니다.

1.14 어디가 행이고, 어디가 열인지 못 외우겠어요

컴퓨터 계통에서 일하는 사람이라면 'row와 column'이 이해하기 쉬울까요? '2행째의 4컬럼'처럼 일본식과 서양식의 절충이 (컴퓨터 계통의 사람들) 일상 회화에서 자주 들릴지 모릅니다. 이와 관련하여 다음 그림과 같은 기억법은 어떨까요? '행'의 가로 막대기 두 개, '열'의 세로 막대기 두 개로부터 다음 그림을 연상해 주십시오.

▼ 그림 1-7 행과 열의 기억법. '행'은 가로줄이 두 개, '열'은 세로줄이 두 개이므로 다음 그림을 연상

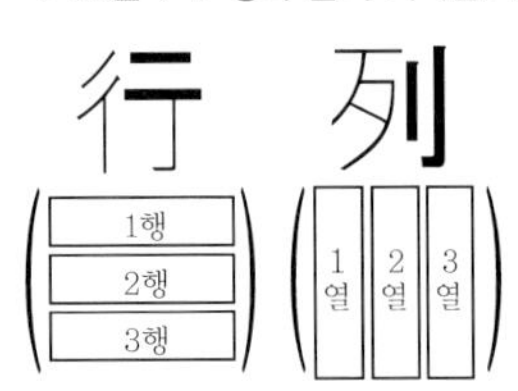

행렬의 덧셈과 정수배를 다음과 같이 정의합니다.

덧셈 같은 크기의 행렬에 대해

$$\begin{pmatrix} a_{11} & \cdots & a_{1n} \\ \vdots & & \vdots \\ a_{m1} & \cdots & a_{mn} \end{pmatrix} + \begin{pmatrix} b_{11} & \cdots & b_{1n} \\ \vdots & & \vdots \\ b_{m1} & \cdots & b_{mn} \end{pmatrix} = \begin{pmatrix} a_{11}+b_{11} & \cdots & a_{1n}+b_{1n} \\ \vdots & & \vdots \\ a_{m1}+b_{m1} & \cdots & a_{mn}+b_{mn} \end{pmatrix} \tag{1.3}$$

예: $\begin{pmatrix} 2 & 9 & 4 \\ 7 & 5 & 3 \end{pmatrix} + \begin{pmatrix} 1 & 2 & 3 \\ 4 & 5 & 6 \end{pmatrix} = \begin{pmatrix} 3 & 11 & 7 \\ 11 & 10 & 9 \end{pmatrix}$

정수배 임의의 수 c에 대해

$$c\begin{pmatrix} a_{11} & \cdots & a_{1n} \\ \vdots & & \vdots \\ a_{m1} & \cdots & a_{mn} \end{pmatrix} = \begin{pmatrix} ca_{11} & \cdots & ca_{1n} \\ \vdots & & \vdots \\ ca_{m1} & \cdots & ca_{mn} \end{pmatrix} \tag{1.4}$$

예: $3\begin{pmatrix} 2 & 9 & 4 \\ 7 & 5 & 3 \end{pmatrix} = \begin{pmatrix} 6 & 27 & 12 \\ 21 & 15 & 9 \end{pmatrix}$

다음과 같은 표기법 약속은 벡터의 경우와 같습니다.

- $-A = (-1)A$
- $A - B = A + (-B)$
- $2A + 3B = (2A) + (3B)$

또한, 행렬과 벡터의 곱을 정의하겠습니다. 그 전에 잠시 다음과 같은 산수 문제를 생각해 주십시오.

> 고기를 $x_{고}$그램, 콩을 $x_{콩}$그램, 쌀을 $x_{쌀}$그램 샀습니다. 합계는 얼마일까요? 또한, 총 몇 칼로리일까요?

각각의 답인 $y_{돈}$, $y_{칼}$은 다음과 같습니다.

$$y_{돈} = a_{돈고}\, x_{고} + a_{돈콩}\, x_{콩} + a_{돈쌀}\, x_{쌀} \tag{1.5}$$
$$y_{칼} = a_{칼고}\, x_{고} + a_{칼콩}\, x_{콩} + a_{칼쌀}\, x_{쌀} \tag{1.6}$$

식에서 $a_{돈고}$는 고기 1그램당 가격, $a_{칼고}$는 고기 1그램당 칼로리입니다.

이 식들을 정리하면 다음과 같이 쓸 수 있습니다.

$$\begin{pmatrix} y_{돈} \\ y_{칼} \end{pmatrix} = \begin{pmatrix} a_{돈고} & a_{돈콩} & a_{돈쌀} \\ a_{칼고} & a_{칼콩} & a_{칼쌀} \end{pmatrix} \begin{pmatrix} x_{고} \\ x_{콩} \\ x_{쌀} \end{pmatrix} \tag{1.7}$$

'요인'인 $x_{고}$, $x_{콩}$, $x_{쌀}$과 '요소'인 $a_{\bigcirc\times}$가 각각 하나에 정리되어 깔끔하게 보기 좋아집니다. 이것이 '행렬과 벡터의 곱'입니다.

곱 $m \times n$ 행렬과 n차원 벡터에 대해

$$\begin{pmatrix} a_{11} & \cdots & a_{1n} \\ \vdots & & \vdots \\ a_{m1} & \cdots & a_{mn} \end{pmatrix} \begin{pmatrix} x_1 \\ \vdots \\ x_n \end{pmatrix} = \begin{pmatrix} a_{11}x_1 + \cdots + a_{1n}x_n \\ \vdots \\ a_{m1}x_1 + \cdots + a_{mn}x_n \end{pmatrix} \tag{1.8}$$

$$\text{예:} \begin{pmatrix} 2 & 7 \\ 9 & 5 \\ 4 & 3 \end{pmatrix} \begin{pmatrix} 1 \\ 2 \end{pmatrix} = \begin{pmatrix} 2 \cdot 1 + 7 \cdot 2 \\ 9 \cdot 1 + 5 \cdot 2 \\ 4 \cdot 1 + 3 \cdot 2 \end{pmatrix} = \begin{pmatrix} 16 \\ 19 \\ 10 \end{pmatrix}$$

곱에 대해서는 다음 사항을 주의합니다.

- 행렬과 벡터의 곱은 벡터
- 행렬의 열 수(가로폭)가 '입력'의 차원 수, 행 수(높이)가 '출력'의 차원 수
- 입력의 종벡터를 가로로 넘겨 딱딱 계산하는 느낌

자, 식 (1.5)와 식 (1.6)을 다시 새겨둡시다. 이 식들이 나타내는 것은 요인 $x_{고}$, $x_{콩}$, $x_{쌀}$에서 결과 $y_{돈}$, $y_{칼}$이 결정될 때 상승 효과(세트 할인)나 규모에 의한 변화(대량 매수 할인) 등이 없는 '순수'한 관계입니다. 그 덕분에 $a_{돈고}\, x_{고} + a_{돈콩}\, x_{콩} + a_{돈쌀}\, x_{쌀}$과 같은 형태의 식은 다루기 쉽고, 예측하기

도 좋아 깔끔하게 논의할 수 있습니다.[18] 이 '순수함'을 멋있게 바꿔 말하면 "정의한 '벡터의 덧셈과 정수배'를 제대로 유지하다"라고 표현됩니다. 이는 행렬 A에 대해 '$\mathbf{x} + \mathbf{y} = \mathbf{z}$에서 $A\mathbf{x} + A\mathbf{y} = A\mathbf{z}$', '$c\mathbf{x} = \mathbf{y}$에서 $c(A\mathbf{x}) = A\mathbf{y}$'라는 의미입니다.[19]

$$\begin{array}{llllll} (\text{입력}) & \mathbf{x} + \mathbf{y} = \mathbf{z} & \qquad & (\text{입력}) & c\mathbf{x} = \mathbf{y} \\ & \Downarrow \quad \Downarrow \quad \Downarrow & & & \Downarrow \quad \Downarrow \\ (\text{출력}) & A\mathbf{x} + A\mathbf{y} = A\mathbf{z} & & (\text{출력}) & c(A\mathbf{x}) = A\mathbf{y} \end{array}$$

정리하면 행렬이란 순수한 관계를 나타내는 편리한 기법입니다.[20]

1.15 행렬이 '순수한 관계'라는 것을 알았습니다. 반대로 '순수한 관계'는 모두 행렬이라 생각해도 될까요?

일반적으로 $\boldsymbol{f}(\mathbf{x}+\mathbf{y}) = \boldsymbol{f}(\mathbf{x}) + \boldsymbol{f}(\mathbf{y})$, $\boldsymbol{f}(c\mathbf{x}) = c\boldsymbol{f}(\mathbf{x})$라는 성질을 지닌 사상 $\boldsymbol{f}$를 선형 사상이라고 합니다($\mathbf{x}$, $\mathbf{y}$는 같은 크기의 벡터, c는 수, $\boldsymbol{f}(\mathbf{x})$의 값은 벡터라고 합니다). 즉, 본문을 고쳐 말하면 '행렬 A를 곱한다는 사상은 선형 사상이다'라는 것입니다. 그 반대도 말할 수 있어서 임의의 선형 사상 $\boldsymbol{f}$는 '행렬을 곱한다'는 형태로 반드시 쓸 수 있습니다. 실제로 $\boldsymbol{e}_1 = (1, 0, 0, ..., 0)^T$, $\boldsymbol{e}_2 = (0, 1, 0, ..., 0)^T$……를 각각 입력한 때의 출력을 $\boldsymbol{a}_i = \boldsymbol{f}(\boldsymbol{e}_i)$로 두면 입력 $\mathbf{x} = (x_1, ..., x_n)^T$에 대한 출력은 $\boldsymbol{f}(\mathbf{x}) = x_1\boldsymbol{a}_1 + \cdots + x_n\boldsymbol{a}_n$이 됩니다. 종벡터 $\boldsymbol{a}_1, ..., \boldsymbol{a}_n$을 나열한 행렬 $A = (\boldsymbol{a}_1, ..., \boldsymbol{a}_n)$를 사용하면 이것은 $\boldsymbol{f}(\mathbf{x}) = A\mathbf{x}$로 쓸 수 있습니다(1.2.9절 '블록행렬'). 멋있게 말하면 행렬이란 '선형 사상을 좌표 성분으로 표시한 것'입니다.

18 0.2절도 떠올려 주십시오.

19 연습 문제: 이는 본문의 쇼핑을 예로 들어 이야기하면 각각 어떠한 의미가 될까요?

20 순수한 '함수'라고 부르는 것이 적절합니다만, '함수'는 직감적으로 이해하기 어려운 부분이 있습니다. 이런 서론에 얽매이지 않도록 일부러 일상어로 '관계'라고 하겠습니다. 실은 '관계'라는 말도 수학 용어라 엄밀한 정의가 있습니다만, 여기에서는 생략합니다.

1.16 일부러 '가로로 쓰러트려…….'처럼 이상한 규칙을 쓸 정도라면 처음부터 언제나 횡벡터를 사용하여 다음처럼 정의하는 것이 보기 쉽지 않나요?

$$\times \begin{pmatrix} 2 & 7 \\ 9 & 5 \\ 4 & 3 \end{pmatrix} \begin{pmatrix} 1 & 2 \end{pmatrix} = \begin{pmatrix} 2\cdot 1+7\cdot 2 \\ 9\cdot 1+5\cdot 2 \\ 4\cdot 1+3\cdot 2 \end{pmatrix} = \begin{pmatrix} 16 \\ 19 \\ 10 \end{pmatrix}$$

횡벡터를 쓴다고 선언했는데 곱의 결과(우변)는 종벡터가 되어 있습니다. 괜찮나요? 아니면 "결과도 가로로 쓰러트려 횡벡터로 할거야"라고 한다면 '쓰러트리는 부자연스러움'은 마찬가지입니다. 이것이 첫 번째 지적입니다. 조금 이야기가 비약됩니다만, 하나 더 지적하겠습니다.

$n \times 1$ 행렬과 n차원 종벡터를 쓰면 어느 것도 $\begin{pmatrix} 3 \\ 1 \\ 4 \end{pmatrix}$ 같은 모양으로 구별되지 않습니다. 그런 엉터리같은 것으로 괜찮을까요? 실은 잘 되어 있어서 양쪽을 구별하지 않아도 곤란하지 않도록 되어 있습니다(1.2.9절 '블록행렬'). 덧셈과 정수배에 대해서는 $n \times 1$ 행렬일 작정으로 계산해도, n차원 종벡터일 작정으로 계산해도, 분명히 답은 같습니다. 더욱이 '$m \times n$ 행렬과 n차원 벡터의 곱'을 '$m \times n$ 행렬과 $n \times 1$ 행렬의 곱'인 셈으로 계산해도 역시나 답은 같습니다(행렬과 행렬의 곱은 1.2.4절에서 설명합니다). 이런 장점도 있으므로 식 (1.8)의 정의를 받아들여 주세요.

게다가 식 (1.8)의 암기법으로 다음과 같은 그림을 상상하는 것도 좋을지 모르겠습니다.

❤ 그림 1-9 출력 i 성분에 대한 입력 j 성분의 기능 상태

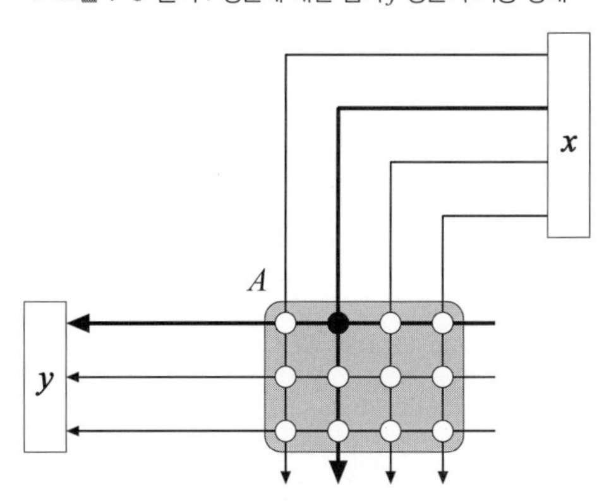

그림이 나타낸 것은 행렬과 벡터의 곱 $\boldsymbol{y} = A\boldsymbol{x}$입니다. 행렬의 (i, j) 성분은 '출력 i 성분에 대한 입력 j 성분의 기능 상태'로 봐주십시오.

1.2.2 여러 가지 관계를 행렬로 나타내다 (1)

앞 절에서 설명했듯이 "행렬을 곱하다"는 '순수한 관계'를 나타냅니다. "상승 효과나 규모 효과가 없고, 단순히 각 요인의 합계다"라는 순수한 관계는 여기저기서 맞딱드리게 됩니다. 대상 자체가 곧은 경우도 있고, 복잡한 것에 대한 근사 모델로 가정된 경우도 있는 것은 0.2절 '근사 수단으로 사용하기 편리하다'에 서술한 대로입니다.

학 거북이 계산

학이 $x_{학}$마리, 거북이가 $x_{거북}$마리 있다면 머리의 개수 $y_{머리}$와 다리의 개수 $y_{다리}$는 다음과 같습니다.

$$y_{머리} = a_{학머리}x_{학} + a_{거북머리}x_{거북} = x_{학} + x_{거북}$$
$$y_{다리} = a_{학다리}x_{학} + a_{거북다리}x_{거북} = 2x_{학} + 4x_{거북}$$

$a_{학머리} = 1$은 학 한 마리의 머리 개수, $a_{거북다리} = 4$는 거북이 한 마리의 다리 개수라는 형태입니다. 이를 행렬로 쓰면 다음과 같습니다.

$$\begin{pmatrix} y_{머리} \\ y_{다리} \end{pmatrix} = \begin{pmatrix} a_{학머리} & a_{거북머리} \\ a_{학다리} & a_{거북다리} \end{pmatrix} \begin{pmatrix} x_{학} \\ x_{거북} \end{pmatrix} = \begin{pmatrix} 1 & 1 \\ 2 & 4 \end{pmatrix} \begin{pmatrix} x_{학} \\ x_{거북} \end{pmatrix}$$

이것도 상승 효과나 규모 효과가 없는 순수한 관계네요. 학 열 마리의 다리 개수는 학 한 마리의 다리 개수를 단순히 10배하면 됩니다. 집단 A와 집단 B를 합쳐 놓은 머리의 총 개수는 A의 머리 개수와 B의 머리 개수를 단순히 더하면 됩니다.

$a_{○×}$가 '결과 ○에 대한 요인 ×의 기능 상태'로 되어 있는 것을 새겨두십시오. 그러한 기능 상태를 표로 만든 것이 행렬입니다.

제품과 필요 원료

다음과 같은 예도 생각할 수 있습니다.

- 제품 1을 한 개 만드는 데는 원료 1, 2, 3이 각각 a_{11}, a_{21}, a_{31} 그램씩 필요
- 제품 2를 한 개 만드는 데는 원료 1, 2, 3이 각각 a_{12}, a_{22}, a_{32} 그램씩 필요

지금 제품 1, 2를 각각 x_1, x_2개 만든다면 원료 1, 2, 3의 필요량 y_1, y_2, y_3은 다음과 같이 구할 수 있습니다.

$$\begin{pmatrix} y_1 \\ y_2 \\ y_3 \end{pmatrix} = \begin{pmatrix} a_{11} & a_{12} \\ a_{21} & a_{22} \\ a_{31} & a_{32} \end{pmatrix} \begin{pmatrix} x_1 \\ x_2 \end{pmatrix}$$

역시 '순수한 관계'임을 확인해 주십시오. 만약에 "한 개 만드는 데는 원료 20그램이 필요하지만, 천 개를 만든다면 양산 효과로 18,000그램으로 해결된다"라면 이는 이미 '순수하지 않은 관계'입니다. 순수하지 않은 관계는 '행렬을 곱하다'의 모양으로는 나타낼 수 없습니다.

그 외 여러 가지

그 외에도 다양한 경우에서 $\boldsymbol{y} = A\boldsymbol{x}$ 형태의 관계를 만나게 됩니다. 자세히 설명하려면 각 분야의 전문 지식이 필요하므로 여기서는 예만 들어 보겠습니다. 다음과 같은 것이 있습니다.

- 회로망 이론(LCR 회로의 전류와 전압)
- 신호 처리(선형 필터, 푸리에 변환, 웨이블릿 변환)
- 제어 이론(선형 시스템)
- 통계 분석(선형 모델)

$\boldsymbol{y} = A\boldsymbol{x}$라는 형태로 노골적으로 쓰진 않아도 그렇게 해석 가능한 경우도 있습니다.

1.2.3 행렬은 사상이다

n차원 벡터 $\boldsymbol{x}$에 $m \times n$ 행렬 A를 곱하면 m차원 벡터 $\boldsymbol{y} = A\boldsymbol{x}$가 얻어집니다. 즉, 행렬 A를 지정하면 벡터를 다른 벡터에 옮기는 사상[21]이 결정됩니다. 사실 이것이야말로 행렬의 가장 중요한 기능입니다. 지금부터는 행렬을 보면 단순히 '수가 나열되어 있다'라고 생각하지 말고, '사상이 주어졌다'고 생각해 주십시오. 계속해서 강조하겠습니다.

행렬은 사상이다.

행렬은 사상이다.

행렬은 사상이다.

21 **사상**이라는 언어는 조금 위압감이 있을지도 모릅니다. 일반적으로 쓰이는 '변환'이란 말도 있지만, 수학 용어로서의 **변환**에는 '대등한 것에 이동한다'라는 의미가 있습니다. n차원 공간에서 m차원 공간이라는 다른 세계에 옮기는 것을 변환이라고 부를 수 없으므로 사상이라는 조금 더 넓은 언어를 사용했습니다.

자, 이 설명만으로는 아직 '점을 점으로 옮긴다'는 이미지겠지요. 여기서 조금 더 힘을 내 '공간 전체가 어떻게 변하는가'를 떠올릴 수 있다면 선형대수가 매우 알기 쉬워질 것입니다. 백문이 불여일견. 이 장에서는 이 변형을 애니메이션 프로그램으로 실제로 관찰해 봅시다. 그림 1-10은 "행렬 $A=\begin{pmatrix} 1 & -0.3 \\ -0.7 & 0.6 \end{pmatrix}$에 의해 공간이 어떻게 변하는가"를 나타낸 것입니다. 구체적으로는 많은 점 $\boldsymbol{x}$에 대해 Ruby[22] 스크립트로 $A\boldsymbol{x}$를 계산하여 계산 결과를 Gnuplot[23]으로 연속적으로 표시한 것(의 일부)입니다. 애니메이션 프로그램의 사용 방법은 부록 F를 참고해 주십시오.

▼ 그림 1-10 행렬 $A=\begin{pmatrix} 1 & -0.3 \\ -0.7 & 0.6 \end{pmatrix}$에 의한 선형 사상의 애니메이션. "원래 공간의 각 점 $\boldsymbol{x}$가 A에 의해 어디로 이동하는가"를 많은 점 $\boldsymbol{x}$에 대해 계산하여 표시한 것이다.

```
ruby mat_anim.rb | gnuplot
```

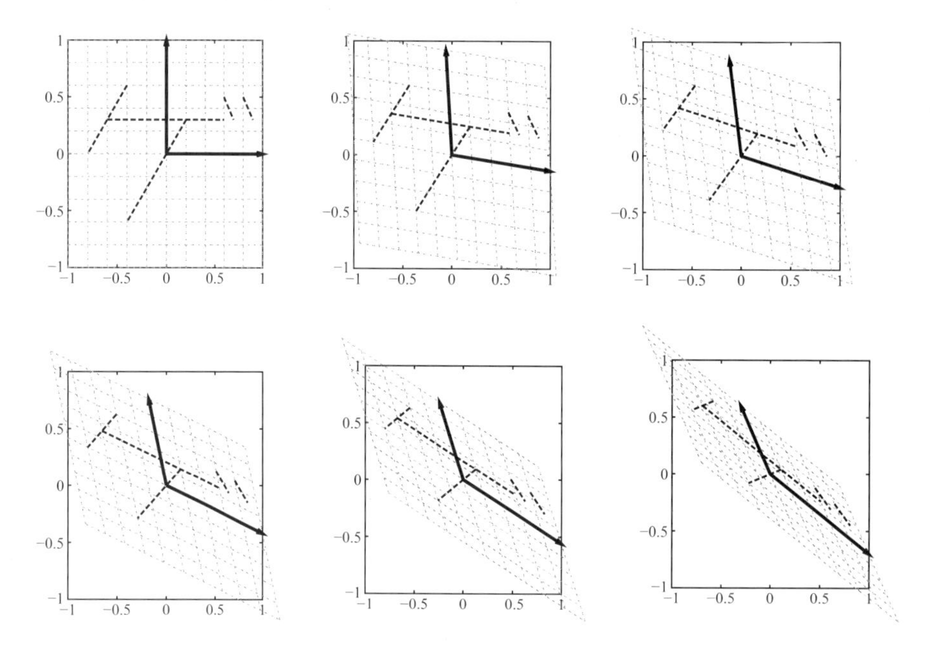

애니메이션을 보고, 다음을 눈치채셨나요?

- 원점 O는 원점 O 그대로
- 직선은 직선에 이동한다.[24]
- 평행선은 평행선에 이동한다.

22 http://www.ruby-lang.org/

23 http://gnuplot.info/

24 경우에 따라서는 직선이 눌려(찌그러져) 한 점으로 이동하는 경우도 있습니다.

이와 같다고 해도 행렬을 볼 때마다 일일이 컴퓨터로 애니메이션을 표시하여 확인하려면 어렵습니다. 다음 내용을 깨달았다면 사상을 상상하는 것이 편해질 것입니다. 예를 들어 좀 전의 행렬 A를 봅시다.

$$e_1 = \begin{pmatrix} 1 \\ 0 \end{pmatrix}\text{을} \begin{pmatrix} 1 \\ -0.7 \end{pmatrix}\text{에 } e_2 = \begin{pmatrix} 0 \\ 1 \end{pmatrix}\text{를} \begin{pmatrix} -0.3 \\ 0.6 \end{pmatrix}\text{에 이동시킨다.}$$

즉, A의 1열은 e_1의 목적지, 2열은 e_2의 목적지를 나타냅니다. e_1, e_2가 어디로 이동하는지만 알면 사상의 형태도 상상할 수 있겠지요.

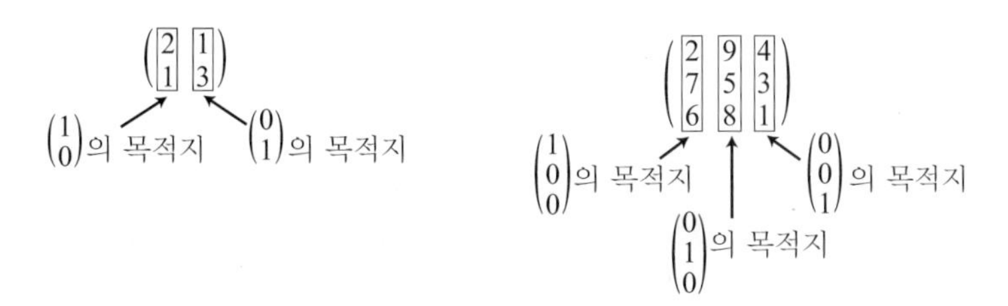

정리하면 $m \times n$ 행렬 A는 n차원 공간을 m차원 공간에 옮기는 사상을 나타냅니다. A의 1열은 $e_1 = (1, 0, 0, \dots)^T$의 목적지, A의 2열은 $e_2 = (0, 1, 0, \dots)^T$의 목적지와 같은 형태가 됩니다(그림 1-11).

▼ 그림 1-11 e_1, e_2, ...의 목적지와 사상 전체의 모양(2차원의 경우)

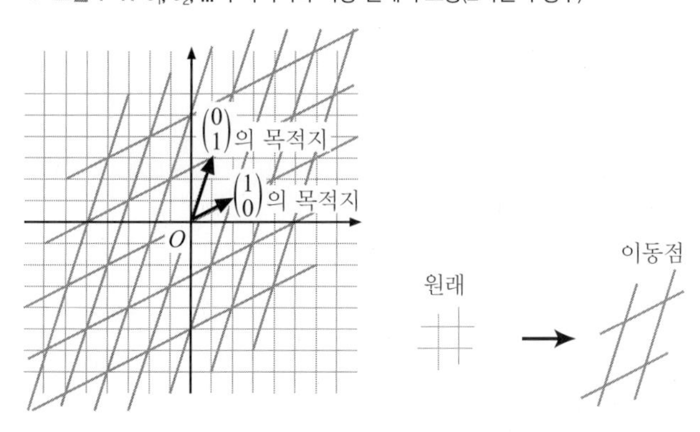

마지막으로 당연하지만 중요한 사항을 하나 지적하겠습니다. '사상이 같다면 행렬도 같다'라는 사실입니다. 즉, 같은 크기의 행렬 A, B가 임의의 벡터 $\boldsymbol{x}$에 대해 항상 $A\boldsymbol{x} = B\boldsymbol{x}$라면 $A = B$입니다.[25]

---

25 이유는 앞의 설명을 떠올려 주십시오. $Ae_1 = Be_1$이므로 A의 1열과 B의 1열은 같습니다. $Ae_2 = Be_2$이므로 A의 2열과 B의 2열이 같습니다. 나머지는 이하동문. 물론 특별한 $\boldsymbol{x}$에 대해서만으로는 안 됩니다. 예를 들어 $A = \begin{pmatrix} 2 & 0 \\ 1 & 3 \end{pmatrix}$에서도 $B = \begin{pmatrix} 77 & 0 \\ 66 & 3 \end{pmatrix}$에서도, $\boldsymbol{x} = (0, 1)^T$에 대해서라면 $A\boldsymbol{x} = B\boldsymbol{x} = (0, 3)^T$이지만, A와 B는 같지 않습니다.

1.2.4 행렬의 곱 = 사상의 합성

행렬끼리의 곱을 다음과 같이 정의합니다.

곱 $k \times m$ 행렬 $B = (b_{ij})$와 $m \times n$ 행렬 $A = (a_{jp})$에 대해

$$\begin{pmatrix} b_{11} & \cdots & b_{1m} \\ \vdots & & \vdots \\ b_{k1} & \cdots & b_{km} \end{pmatrix}\begin{pmatrix} a_{11} & \cdots & a_{1n} \\ \vdots & & \vdots \\ a_{m1} & \cdots & a_{mn} \end{pmatrix}$$

$$= \begin{pmatrix} (b_{11}a_{11} + \cdots + b_{1m}a_{m1}) & \cdots & (b_{11}a_{1n} + \cdots + b_{1m}a_{mn}) \\ \vdots & & \vdots \\ (b_{k1}a_{11} + \cdots + b_{km}a_{m1}) & \cdots & (b_{k1}a_{1n} + \cdots + b_{km}a_{mn}) \end{pmatrix} \tag{1.9}$$

예: $\begin{pmatrix} 2 & 7 \\ 9 & 5 \\ 4 & 3 \end{pmatrix}\begin{pmatrix} 1 & 3 \\ 2 & -1 \end{pmatrix} = \begin{pmatrix} (2\cdot 1 + 7\cdot 2) & (2\cdot 3 - 7\cdot 1) \\ (9\cdot 1 + 5\cdot 2) & (9\cdot 3 - 5\cdot 1) \\ (4\cdot 1 + 3\cdot 2) & (4\cdot 3 - 3\cdot 1) \end{pmatrix} = \begin{pmatrix} 16 & -1 \\ 19 & 22 \\ 10 & 9 \end{pmatrix}$

각 행렬의 크기에 주의합니다. $k \times m$ 행렬과 $m \times n$ 행렬의 곱이 $k \times n$입니다.

계산은 다음 방법을 추천합니다.

1. 오른쪽 행렬을 세로 단락으로 분해한다.
2. 분해한 각각에 왼쪽 행렬을 곱한다(행렬과 벡터의 곱으로서).
3. 결과를 접착

구체적으로는 다음과 같은 요령입니다.

$$B\left(\begin{array}{c|c|c} a_{11} & \cdots & a_{1n} \\ \vdots & & \vdots \\ a_{m1} & \cdots & a_{mn} \end{array}\right) \to B\begin{pmatrix} a_{11} \\ \vdots \\ a_{m1} \end{pmatrix}, \quad \cdots, \quad B\begin{pmatrix} a_{1n} \\ \vdots \\ a_{mn} \end{pmatrix}$$

$$\to \begin{pmatrix} b_{11}a_{11} + \cdots + b_{1m}a_{m1} \\ \vdots \\ b_{k1}a_{11} + \cdots + b_{km}a_{m1} \end{pmatrix}, \quad \cdots, \quad \begin{pmatrix} b_{11}a_{1n} + \cdots + b_{1m}a_{mn} \\ \vdots \\ b_{k1}a_{1n} + \cdots + b_{km}a_{mn} \end{pmatrix}$$

$$\to \begin{pmatrix} (b_{11}a_{11} + \cdots + b_{1m}a_{m1}) & \cdots & (b_{11}a_{1n} + \cdots + b_{1m}a_{mn}) \\ \vdots & & \vdots \\ (b_{k1}a_{11} + \cdots + b_{km}a_{m1}) & \cdots & (b_{k1}a_{1n} + \cdots + b_{km}a_{mn}) \end{pmatrix}$$

처음 보면 "이건 뭐야"라는 반응이 보통입니다. 이는 '사상의 합성'을 나타냅니다. 벡터 $\boldsymbol{x}$를 우선 사상 A로 날려버리고, 목적한 곳 $\boldsymbol{y} = A\boldsymbol{x}$ 역시 사상 B로 날렸다고 합시다. 최종 종착지는 $\boldsymbol{z} = B(A\boldsymbol{x})$입니다. 여기서 행렬의 곱 BA는 $\boldsymbol{x}$를 $\boldsymbol{z}$에 단숨에 날리는 사상인 것입니다.

$$\begin{array}{ccc} \boldsymbol{x} & \xrightarrow{A} & \boldsymbol{y} \\ & \searrow^{BA} & \downarrow B \\ & & \boldsymbol{z} \end{array}$$

이공계 사람이라면 그림 1-12의 쪽이 더 감이 올까요?

▼ 그림 1-12 행렬의 곱

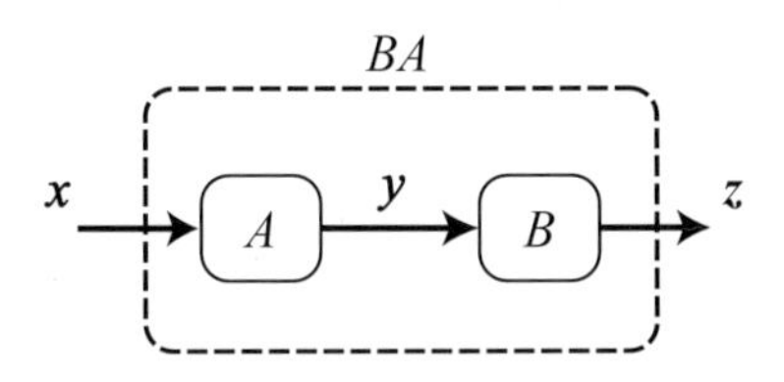

요약하면 'A하고, B한다'가 곱 BA인 것입니다. 식으로 쓰면 다음과 같습니다.

$$(BA)\boldsymbol{x} = B(A\boldsymbol{x})$$

어떠한 $\boldsymbol{x}$에도 성립합니다. 일단 이해가 되면 같은 것을 굳이 구별할 필요가 없으므로 보통은 괄호를 생략하고 $BA\boldsymbol{x}$처럼 씁니다. $(BA)\boldsymbol{x}$로 해석해도, $B(A\boldsymbol{x})$로 해석해도 답은 같습니다.

이 '의미'와 '계산법'의 관계는 그림 1-13을 보면서 이미지화 해보세요. B의 폭(열 수)과 A의 높이(행 수)가 맞지 않으면 안 되는 것도 이 그림을 보고 이해할 수 있을 것입니다.

▼ 그림 1-13 행렬의 곱 $\boldsymbol{z} = (BA)\boldsymbol{x}$ '출력 $\boldsymbol{z}$의 i 성분, 입력 $\boldsymbol{x}$의 j 성분'에 얽히는 것은 B의 i열과 A의 j열이다. 그러므로 BA의 (i, j) 성분에는 B의 i번과 A의 j번이 관여한다(이상하다고 생각된다면 그림 1-9를 참고).

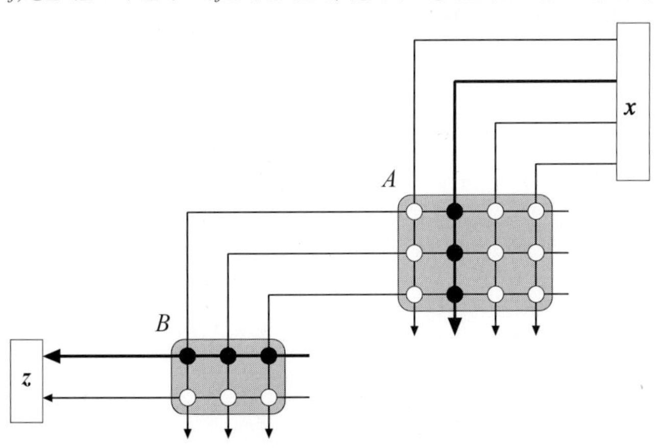

1.17 A하고, B한다면 AB가 아닌가요?

'f한 것을 g한다'는 $g(f(x))$이지요. 예를 들어 '대문자로 출력한다'라면 putchar(toupper(x))입니다. 이와 같은 의미로 $BA\mathbf{x}$가 정답입니다. 이 스타일로 쓰는 한 조작 순서와 표기 순서가 반대인 것은 어쩔 수 없습니다.

다음으로 세 행렬 A, B, C의 곱도 생각해봅시다. 예상대로 'A하고, B하고, C하는 것은 곱 CBA' 입니다. 여기서 포인트는 다음 어느 것이어도 결과가 같다는 것입니다.

- 'A하고, B한다'를 하고 나서 C를 한다.
- A를 하고 나서 'B하고, C한다'를 한다.

식으로 쓰면 다음과 같습니다.

$$C(BA) = (CB)A$$

마찬가지로 행렬이 네 개인 경우를 봅시다.

$$D(C(BA)) = D((CB)A) = (D(CB))A = ((DC)B)A = (DC)(BA)$$

어떻게 괄호를 붙여도 결국 같습니다. 그러므로 보통은 괄호따위 붙이지 않고 CBA나 $DCBA$처럼 씁니다.

그러나 BA와 AB는 같지 않습니다. 우선 A, B의 크기에 따라 처음부터 곱이 정의되지 않습니다.

$$\begin{pmatrix} * & * & * \\ * & * & * \end{pmatrix}\begin{pmatrix} * & * & * & * \\ * & * & * & * \\ * & * & * & * \end{pmatrix} = \begin{pmatrix} * & * & * & * \\ * & * & * & * \end{pmatrix}, \quad \begin{pmatrix} * & * & * & * \\ * & * & * & * \\ * & * & * & * \end{pmatrix}\begin{pmatrix} * & * & * \\ * & * & * \end{pmatrix} \to \times$$

또한, 만약 가능해도 결과는 대부분 다릅니다. 예를 들어 다음 행렬 A와 B로 시험해봅시다(그림 1-14).

$$A = \begin{pmatrix} 0 & -1 \\ 1 & 0 \end{pmatrix}$$

$$B = \begin{pmatrix} 2 & 0 \\ 0 & 1 \end{pmatrix}$$

사실 행렬 A는 공간을 '돌리다', 행렬 B는 공간을 '가로로 넓히다'라는 효과가 있습니다.[26] A와 B의 곱은 BA라면 돌려서 가로로 늘리고, AB라면 가로로 넓혀서 돌리는 것이 됩니다. 결과는 서로 다릅니다(그림 1-14).

$$BA = \begin{pmatrix} 0 & -2 \\ 1 & 0 \end{pmatrix}$$

$$AB = \begin{pmatrix} 0 & -1 \\ 2 & 0 \end{pmatrix}$$

▼ 그림 1-14 돌려서 넓히다 ≠ 넓혀서 돌리다

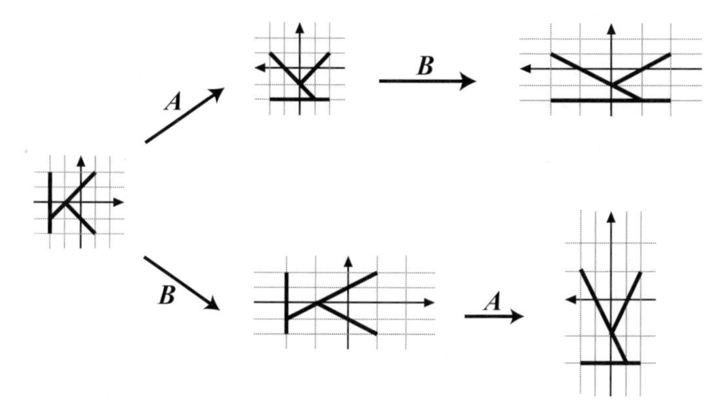

1.18 곱의 정의식 (1.9)의 어디를 어떻게 보면 '이것은 사상의 합성이다'라고 알 수 있나요?

행렬의 각 열은 각 축 방향의 단위 벡터 $\boldsymbol{e}_1, \ldots, \boldsymbol{e}_m$의 목적지가 된다는 지적을 우선 떠올려주세요(1.2.3절 '행렬은 사상이다'). 지금 'A하고, B한다'에 대응하는 행렬을 C라고 합시다. C의 1열인 $\boldsymbol{c}_1$을 알기 위해서는 $\boldsymbol{e}_1 = (1, 0, \ldots, 0)^T$가 C에서 어디로 갈지를 알아보면 됩니다. 즉, $\boldsymbol{e}_1$에 A를 곱하여 거기에 더욱이 B를 곱한 어느 곳에 가는가 입니다.[27]

1스텝의 Ae_1은 물론 A의 1열 $\boldsymbol{a}_1$이 됩니다. 그러므로 2스텝의 목적지는 $\boldsymbol{c}_1 = B\boldsymbol{a}_1$입니다. 다른 것도 같으므로 C의 i열은 A의 i열 $\boldsymbol{a}_i$에 B를 곱한 것이 됩니다. 다시 말해 곱 $C = BA$를 구하기 위해서는 행렬과 벡터의 곱 $B\boldsymbol{a}_1, \ldots, B\boldsymbol{a}_m$을 계산해두고, 그 결과를 나열하여 붙이면 됩니다. 이것은 좀 전에 서술한 '암기법' 그 자체입니다. 그러므로 '곱은 사상의 합성이다'라고 알 수 있습니다. 1.2.9절에서는

---

26 '돌린다'라는 표현은 사실 조금 부적절합니다. 현 단계에서는 회전의 개념이 정의되어 있지 않기 때문입니다(1.1.3절 '기저', 부록 E '내곱과 대칭행렬, 직교행렬'). 그러나 '돌린다'라고 말하는 편이 이해하기 쉬울 테니 여기서는 넘어가 주세요.

27 사실 그 전에 'A하고, B한다'가 하나의 행렬로 쓰여지는 것을 확인해주지 않으면 안 됩니다. 신경 쓰인다면 1.15를 참고해 주세요.

'열벡터'라는 언어를 사용하여 같은 내용을 한 번 더 확인합니다.

1.2.5 행렬 연산의 성질

기본적인 성질

수 c, c', 벡터 $\boldsymbol{x}$, 행렬 A, B, C에 대해 다음 성질이 성립합니다(참고문헌 [1]). 벡터나 행렬의 크기는 연산되도록 설정했습니다.

- $(cA)\boldsymbol{x} = c(A\boldsymbol{x}) = A(c\boldsymbol{x})$

$$\text{예 : } \left\{10\begin{pmatrix}2 & 9\\4 & 7\end{pmatrix}\right\}\begin{pmatrix}3\\1\end{pmatrix} = 10\left\{\begin{pmatrix}2 & 9\\4 & 7\end{pmatrix}\begin{pmatrix}3\\1\end{pmatrix}\right\} = \begin{pmatrix}2 & 9\\4 & 7\end{pmatrix}\left\{10\begin{pmatrix}3\\1\end{pmatrix}\right\}$$

$$= \begin{pmatrix}10\cdot(2\cdot3+9\cdot1)\\10\cdot(4\cdot3+7\cdot1)\end{pmatrix} = \begin{pmatrix}150\\190\end{pmatrix}$$

- $(A + B)\boldsymbol{x} = A\boldsymbol{x} + B\boldsymbol{x}$

$$\text{예 : } \left\{\begin{pmatrix}2 & 9\\4 & 7\end{pmatrix} + \begin{pmatrix}5 & 3\\6 & 8\end{pmatrix}\right\}\begin{pmatrix}1\\10\end{pmatrix} = \begin{pmatrix}2 & 9\\4 & 7\end{pmatrix}\begin{pmatrix}1\\10\end{pmatrix} + \begin{pmatrix}5 & 3\\6 & 8\end{pmatrix}\begin{pmatrix}1\\10\end{pmatrix}$$

$$= \begin{pmatrix}2\cdot1+9\cdot10+5\cdot1+3\cdot10\\4\cdot1+7\cdot10+6\cdot1+8\cdot10\end{pmatrix} = \begin{pmatrix}127\\160\end{pmatrix}$$

- $A + B = B + A$

$$\text{예 : } \begin{pmatrix}2 & 9\\4 & 7\end{pmatrix} + \begin{pmatrix}5 & 3\\6 & 8\end{pmatrix} = \begin{pmatrix}5 & 3\\6 & 8\end{pmatrix} + \begin{pmatrix}2 & 9\\4 & 7\end{pmatrix}$$

$$= \begin{pmatrix}2+5 & 9+3\\4+6 & 7+8\end{pmatrix} = \begin{pmatrix}7 & 12\\10 & 15\end{pmatrix}$$

- $(A + B) + C = A + (B + C)$

$$\text{예 : } \left\{\begin{pmatrix}2 & 9\\4 & 7\end{pmatrix} + \begin{pmatrix}5 & 3\\6 & 8\end{pmatrix}\right\} + \begin{pmatrix}10 & 20\\30 & 40\end{pmatrix} = \begin{pmatrix}2 & 9\\4 & 7\end{pmatrix} + \left\{\begin{pmatrix}5 & 3\\6 & 8\end{pmatrix} + \begin{pmatrix}10 & 20\\30 & 40\end{pmatrix}\right\}$$

$$= \begin{pmatrix}2+5+10 & 9+3+20\\4+6+30 & 7+8+40\end{pmatrix} = \begin{pmatrix}17 & 32\\40 & 55\end{pmatrix}$$

- $(c + c')A = cA + c'A$

예 : $$(2+3)\begin{pmatrix} 2 & 9 \\ 4 & 7 \end{pmatrix} = 2\begin{pmatrix} 2 & 9 \\ 4 & 7 \end{pmatrix} + 3\begin{pmatrix} 2 & 9 \\ 4 & 7 \end{pmatrix}$$

$$= \begin{pmatrix} 2\cdot 2+3\cdot 2 & 2\cdot 9+3\cdot 9 \\ 2\cdot 4+3\cdot 4 & 2\cdot 7+3\cdot 7 \end{pmatrix} = \begin{pmatrix} 10 & 45 \\ 20 & 35 \end{pmatrix}$$

- $(cc')A = c(c'A)$

예 : $$(2\cdot 3)\begin{pmatrix} 2 & 9 \\ 4 & 7 \end{pmatrix} = 2\left\{3\begin{pmatrix} 2 & 9 \\ 4 & 7 \end{pmatrix}\right\}$$

$$= \begin{pmatrix} 2\cdot 3\cdot 2 & 2\cdot 3\cdot 9 \\ 2\cdot 3\cdot 4 & 2\cdot 3\cdot 7 \end{pmatrix} = \begin{pmatrix} 12 & 54 \\ 24 & 42 \end{pmatrix}$$

- $A(B + C) = AB + AC$

예 : $$\begin{pmatrix} 2 & 3 \\ 1 & 7 \end{pmatrix}\left\{\begin{pmatrix} 1 & 4 \\ 3 & 1 \end{pmatrix} + \begin{pmatrix} 500 & 200 \\ 100 & 300 \end{pmatrix}\right\}$$

$$= \begin{pmatrix} 2 & 3 \\ 1 & 7 \end{pmatrix}\begin{pmatrix} 1 & 4 \\ 3 & 1 \end{pmatrix} + \begin{pmatrix} 2 & 3 \\ 1 & 7 \end{pmatrix}\begin{pmatrix} 500 & 200 \\ 100 & 300 \end{pmatrix}$$

$$= \begin{pmatrix} 2\cdot 1+3\cdot 3+2\cdot 500+3\cdot 100 & 2\cdot 4+3\cdot 1+2\cdot 200+3\cdot 300 \\ 1\cdot 1+7\cdot 3+1\cdot 500+7\cdot 100 & 1\cdot 4+7\cdot 1+1\cdot 200+7\cdot 300 \end{pmatrix}$$

$$= \begin{pmatrix} 1311 & 1311 \\ 1222 & 2311 \end{pmatrix}$$

- $(A + B)C = AC + BC$

예 : $$\left\{\begin{pmatrix} 1 & 4 \\ 3 & 1 \end{pmatrix} + \begin{pmatrix} 500 & 200 \\ 100 & 300 \end{pmatrix}\right\}\begin{pmatrix} 2 & 3 \\ 1 & 7 \end{pmatrix}$$

$$= \begin{pmatrix} 1 & 4 \\ 3 & 1 \end{pmatrix}\begin{pmatrix} 2 & 3 \\ 1 & 7 \end{pmatrix} + \begin{pmatrix} 500 & 200 \\ 100 & 300 \end{pmatrix}\begin{pmatrix} 2 & 3 \\ 1 & 7 \end{pmatrix}$$

$$= \begin{pmatrix} 1\cdot 2+4\cdot 1+500\cdot 2+200\cdot 1 & 1\cdot 3+4\cdot 7+500\cdot 3+200\cdot 7 \\ 3\cdot 2+1\cdot 1+100\cdot 2+300\cdot 1 & 3\cdot 3+1\cdot 7+100\cdot 3+300\cdot 7 \end{pmatrix}$$

$$= \begin{pmatrix} 1206 & 2931 \\ 507 & 2416 \end{pmatrix}$$

- $(cA)B = c(AB) = A(cB)$

예 : $$\left\{10\begin{pmatrix} 2 & 7 \\ 9 & 5 \end{pmatrix}\begin{pmatrix} 1 & 3 \\ 2 & -1 \end{pmatrix}\right\} = 10\left\{\begin{pmatrix} 2 & 7 \\ 9 & 5 \end{pmatrix}\begin{pmatrix} 1 & 3 \\ 2 & -1 \end{pmatrix}\right\}$$

$$= \begin{pmatrix} 2 & 7 \\ 9 & 5 \end{pmatrix}\left\{10\begin{pmatrix} 1 & 3 \\ 2 & -1 \end{pmatrix}\right\}$$

$$= \begin{pmatrix} 10\cdot(2\cdot 1+7\cdot 2) & 10\cdot(2\cdot 3-7\cdot 1) \\ 10\cdot(9\cdot 1+5\cdot 2) & 10\cdot(9\cdot 3-5\cdot 1) \end{pmatrix}$$

$$= \begin{pmatrix} 160 & -10 \\ 190 & 220 \end{pmatrix}$$

예를 살펴 보면 모두 한눈에 이해되지요.

벡터도 행렬의 일종?

이미 잠깐 설명했듯이 n차원 벡터를 $n \times 1$ 행렬로 간주하여 덧셈, 정수배, 곱을 계산해도 결과는 같습니다.

$$\begin{pmatrix} 2 \\ 9 \end{pmatrix} + \begin{pmatrix} 4 \\ 7 \end{pmatrix} = \begin{pmatrix} 6 \\ 16 \end{pmatrix}$$

$$10 \begin{pmatrix} 2 \\ 9 \end{pmatrix} = \begin{pmatrix} 20 \\ 90 \end{pmatrix}$$

$$\begin{pmatrix} 3 & 1 \\ 2 & 0 \end{pmatrix} \begin{pmatrix} 2 \\ 9 \end{pmatrix} = \begin{pmatrix} 15 \\ 4 \end{pmatrix}$$

위와 같이 분명히 2차원 벡터로 간주해도, 2×1 행렬로 간주해도 답은 같네요. n차원 횡벡터도 마찬가지로 $1 \times n$ 행렬로 간주해 계산해도 괜찮습니다.[28]

$$(2, 9) + (4, 7) = (6, 16)$$

$$10(2, 9) = (20, 90)$$

$$(2, 9) \begin{pmatrix} 3 & 1 \\ 2 & 0 \end{pmatrix} = (2 \cdot 3 + 9 \cdot 2,\ 2 \cdot 1 + 9 \cdot 0) = (24, 2)$$

여기서 중요한 주의사항이 하나 있습니다. '종 곱하기 횡'과 '횡 곱하기 종'을 확실히 구분해야 합니다. 두 결과는 다릅니다.

$$\begin{pmatrix} 2 \\ 9 \\ 4 \end{pmatrix} (1, 2, 3) = \begin{pmatrix} 2 \cdot 1 & 2 \cdot 2 & 2 \cdot 3 \\ 9 \cdot 1 & 9 \cdot 2 & 9 \cdot 3 \\ 4 \cdot 1 & 4 \cdot 2 & 4 \cdot 3 \end{pmatrix} = \begin{pmatrix} 2 & 4 & 6 \\ 9 & 18 & 27 \\ 4 & 8 & 12 \end{pmatrix}$$

$$(1, 2, 3) \begin{pmatrix} 2 \\ 9 \\ 4 \end{pmatrix} = 1 \cdot 2 + 2 \cdot 9 + 3 \cdot 4 = 32$$

두 번째의 답은 1×1 행렬이므로 수와 동일시합니다. 도식으로 나타내면 다음과 같습니다.

$$| \; — \Rightarrow \square, \qquad — \; | \Rightarrow \bullet$$

---

28 횡벡터와 행렬의 곱은 처음 나옵니다. 곱의 순서에 주의해 주십시오. 횡벡터가 좌측 행렬까지의 곱이라 생각하고 계산하려면 이 순서가 아니면 크기가 맞지 않습니다.

어떠한 경우에도 '행렬끼리의 곱'이라 생각하고 순순히 계산하면 문제가 없는데 혼란스러워 하는 사람이 많은 것 같습니다. 특히 문자식으로 쓰인 경우에도 $\boldsymbol{x}\boldsymbol{y}^T$와 $\boldsymbol{x}^T\boldsymbol{y}$의 차이를 항상 의식해야 합니다. 이 책에서 말하는 벡터 $\boldsymbol{x}$는 모두 종벡터입니다.

1.19 쉼표가 붙은 (2, 9)는 횡벡터이고, 쉼표가 없는 (2 9)는 1×2 행렬이고 그런가요?

아니오. 그렇지 않습니다. 적어도 이 책에서는 쉼표의 유무에 따라 특별한 의미는 없습니다.

1.20 '1×1 행렬이므로 수와 동일시'라는 말 거짓말이지요? 1.5절에서 단위가 원래 그대로라고 말했었는데요?

난처한 곳을 찔렸네요. 성분을 새로 써도, 겉으로 구별되지 않아도 의미를 생각하면 다릅니다.[29] 이 다음의 설명은 신경 쓰지 말아주세요.

'의미를 생각하다'라는 것은 구체적으로 '기저를 변환했을 때 성분이 어떻게 변하는가'라는 것입니다. 기저를 변환해도 '수'는 값이 변하지 않습니다.[30] '1차원 벡터 $\vec{v} = v_1\vec{e}_1$'는 기저($\vec{e}_1$)를 바꾸면 성분(v_1)도 변해버립니다. 그러므로 수와 1차원 벡터(v_1)를 무조건 동일시할 수는 없습니다. 수와 1×1 행렬의 동일시는 어떤가 하면 '1×1 행렬에도 여러 가지 있으므로 일괄적으로(일률적으로) 말할 수 없다'라는 답이 됩니다.[31] 지금과 같은 '횡벡터 곱하기 종벡터'라면 보통은 수와 동일시할 수 있습니다.

난처한 이유는 횡벡터를 단지 '수를 가로로 나열한 것'이라고 밖에 설명할 수 없는 탓에 '기저를 변화시켰을 때 횡벡터가 어떻게 변화하는가'가 분명하지 않기 때문입니다. 실제 수학에서는 '종벡터를 먹고 수를 뱉는 함수'[32]라고 표현하고, '횡벡터 곱하기 종벡터'를 '횡벡터'를 도입하고 '먹게 한 결과의 값'으로 정의합니다. 이는 너무 추상적이므로 이 책에서는 다루지 않습니다. 진짜로 배우려면 참고문헌 [1] 등의 교과서를 읽어 주십시오. 키워드는 **쌍대공간**입니다.

---

29 참고문헌 [6]의 11-6절에는 '3차원 벡터'도 8종류로 구별할 수 있다고 나와 있습니다.

30 '좌표 변환해도 값이 변하지 않는다'라는 것을 스칼라라고 부릅니다.

31 이 책에서는 자세히 설명하지 않습니다. 참고문헌 [6] 등의 교과서에서 **반변**, **공변**이란 키워드를 공부해 주십시오.

32 '…… 중 어느 성질을 만족시키는 것'이 진짜 정의입니다.

1.2.6 행렬의 거듭제곱 = 사상의 반복

숫자에서와 같은 방식으로 정방행렬 A에 대해 다음과 같이 씁니다(정방이 아니면 처음부터 곱 AA가 정의되지 않습니다(크기가 맞지 않습니다)).

$$AA = A^2, \quad AAA = A^3, \quad \ldots$$

사상으로서 A^2은 'A하고 한층 더 A한다', A^3은 'A하고 A하고 A한다', A^n은 'A를 n번 반복 적용한다' 입니다. 거듭제곱은 가감승제보다도 먼저 계산하는 규칙입니다.

$$5A^2 = 5(A^2) \qquad \ldots\ldots (5A)^2\text{이 아니다.}$$

$$AB^2 - C^3 = A(B^2) - (C^3) \qquad \ldots\ldots ((AB)^2 - C)^3\text{이 아니다.}$$

다음 공식은 당연하게 생각되겠지요. 숫자에서와 같은 공식입니다.

$$A^{\alpha+\beta} = A^\alpha A^\beta \qquad \ldots\ldots \text{'}(\alpha + \beta)\text{회'} = \text{'}\beta\text{회하고 }\alpha\text{회'} \tag{1.10}$$

$$(A^\alpha)^\beta = A^{(\alpha\beta)} \qquad \ldots\ldots \text{'"}\alpha\text{회"를 }\beta\text{회'} = \text{'}(\alpha\beta)\text{회'} \tag{1.11}$$

여기서 $\alpha, \beta = 1, 2, \ldots$입니다.

숫자와는 다른 예로 크기가 같은 정방행렬 A, B를 예로 들면 다음과 같습니다.

$$(A + B)^2 = A^2 + AB + BA + B^2$$
$$(A + B)(A - B) = A^2 - AB + BA - B^2$$
$$(AB)^2 = ABAB$$

각각 $A^2 + 2AB + B^2$이나 $A^2 - B^2$이나 A^2B^2과 같이 생각하기 쉽지만, 일반적으로 AB와 BA는 다르므로 주의해야 합니다. 숫자와 차이를 실감할 수 있게 구체적인 예를 하나 들어보겠습니다.

$$A = \begin{pmatrix} 1 & 0 \\ 0 & 0 \end{pmatrix}, \quad B = \begin{pmatrix} 0 & -1 \\ 1 & 0 \end{pmatrix}$$

A는 상하를 누르는(찌그러트리는) 행렬, B는 반시계 방향으로 90도 회전한 행렬입니다.[33]

$$AB = \begin{pmatrix} 0 & -1 \\ 0 & 0 \end{pmatrix}, \quad A^2 = \begin{pmatrix} 1 & 0 \\ 0 & 0 \end{pmatrix}, \quad B^2 = \begin{pmatrix} -1 & 0 \\ 0 & -1 \end{pmatrix}$$

---

33 '회전'이라는 언어에 불만이 있는 독자는 각주 26을 참고합니다.

$(AB)^2$과 A^2B^2은 다음과 같습니다.

$$(AB)^2 = \begin{pmatrix} 0 & -1 \\ 0 & 0 \end{pmatrix}\begin{pmatrix} 0 & -1 \\ 0 & 0 \end{pmatrix} = \begin{pmatrix} 0 & 0 \\ 0 & 0 \end{pmatrix}$$

$$A^2B^2 = \begin{pmatrix} 1 & 0 \\ 0 & 0 \end{pmatrix}\begin{pmatrix} -1 & 0 \\ 0 & -1 \end{pmatrix} = \begin{pmatrix} -1 & 0 \\ 0 & 0 \end{pmatrix}$$

따라서 $(AB)^2$과 A^2B^2은 다릅니다(그림 1-15).

▼ 그림 1-15 '돌려서 누름(찌그러트림)'을 2번 반복하면...

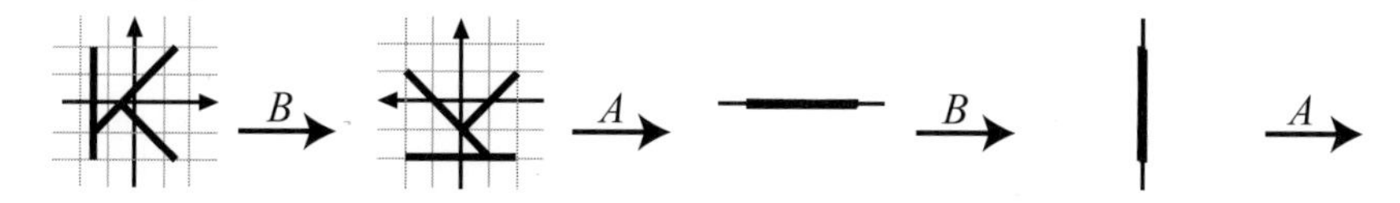

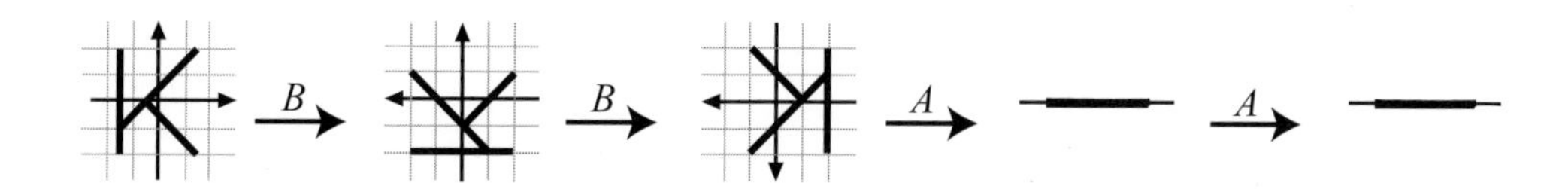

1.21 A^0는요?

$A^0 = I$라고 약속해두는 것이 자연스럽고 편리합니다. I는 단위행렬(다음 항)을 나타냅니다. 이처럼 약속하면 식 (1.10)이나 식 (1.11)은 α나 β가 0이어도 성립합니다.

하지만 일부 행렬은 그런 식으로 단정짓기는 부적절합니다. 예를 들어 영행렬(다음 항)의 경우 O^0는 미정의됩니다. 처음에 숫자에서도 0^0는 미정의였습니다($\lim_{x \to 0} x^0 = 1$이나 $\lim_{y \to +0} 0^y = 0$이 맞지 않아 어떻게 정해도 사용하기 힘들기 때문입니다). 이런 이유로 왜 그것이 거듭제곱에 얽히는지는 4.4.2절 '능숙한 변환 구하는 법'과 4.4.4절 '거듭제곱의 해석'을 참고해 주십시오.

1.2.7 영행렬, 단위행렬, 대각행렬

특별한 행렬에는 이름을 붙여 둡시다.

영행렬

모든 성분이 0인 행렬을 **영행렬**이라 하고, 기호 O로 나타냅니다. 크기를 명시하고 싶을 때는 $m \times n$ 영행렬 $O_{m,n}$이나 n차 정방영행렬 O_n처럼 쓰기도 합니다.

$$O_{2,3} = \begin{pmatrix} 0 & 0 & 0 \\ 0 & 0 & 0 \end{pmatrix}, \quad O_3 = \begin{pmatrix} 0 & 0 & 0 \\ 0 & 0 & 0 \\ 0 & 0 & 0 \end{pmatrix}$$

영행렬이 나타내는 사상은 모든 것을 원점으로 이동시키는 사상입니다. 임의의 벡터 $\boldsymbol{x}$에 대해 $O\boldsymbol{x} = \boldsymbol{o}$이기 때문입니다. 그림 1-16은 영행렬 $A = \begin{pmatrix} 0 & 0 \\ 0 & 0 \end{pmatrix}$에 의해 공간이 변하는 상태를 나타내는 애니메이션 프로그램의 실행 결과입니다.

▼ 그림 1-16 (애니메이션) 영행렬 $A = \begin{pmatrix} 0 & 0 \\ 0 & 0 \end{pmatrix}$에 의한 공간의 변환

```
ruby mat_anim.rb -a=0, 0, 0, 0 ¦ gnuplot
```

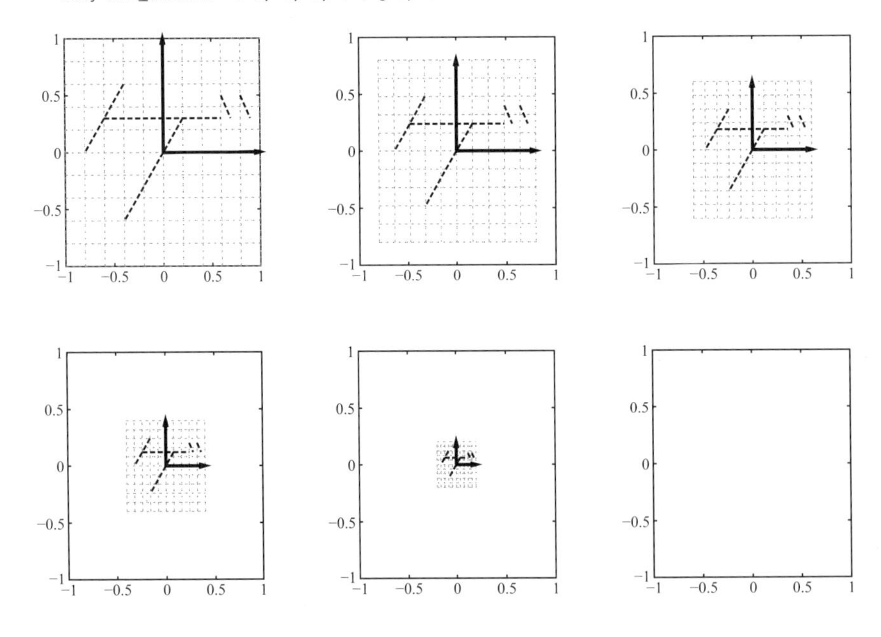

임의의 행렬 A에 대해 다음 성질은 간단히 확인됩니다.

$$A + O = O + A = A$$
$$AO = O$$
$$OA = O$$
$$0A = O$$

다음은 보통 숫자의 연산에서는 유추할 수 없는 현상이므로 알아두십시오.

- '$A \neq O$, $B \neq O$인데도 $BA = O$'가 가능하다. 예를 들어 보자. A와 B가 다음과 같을 때 $BA = O$다(그림 1-17).[34]

  $$A = \begin{pmatrix} 0 & 0 \\ 1 & 1 \end{pmatrix}, \quad B = \begin{pmatrix} 1 & 0 \\ 1 & 0 \end{pmatrix}$$

- '$A \neq O$인데도 $A^2 = O$'가 가능하다(1.2.6절 '행렬의 거듭제곱' 예를 참고).

▼ 그림 1-17 A는 세로를 누르고, B는 가로를 누른다. 'A하고 B'라면 모두를 한 점으로 누른다(일그러뜨린다).

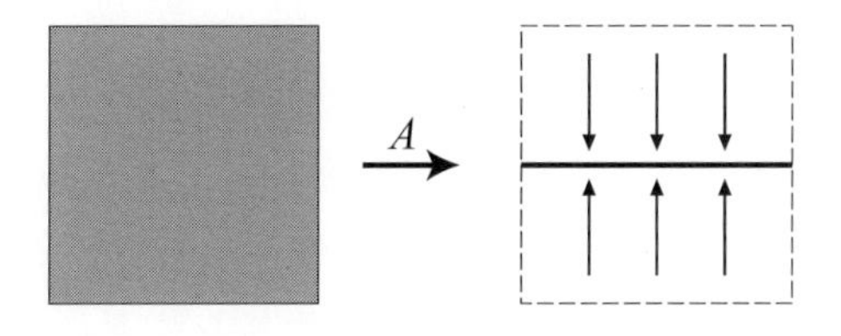

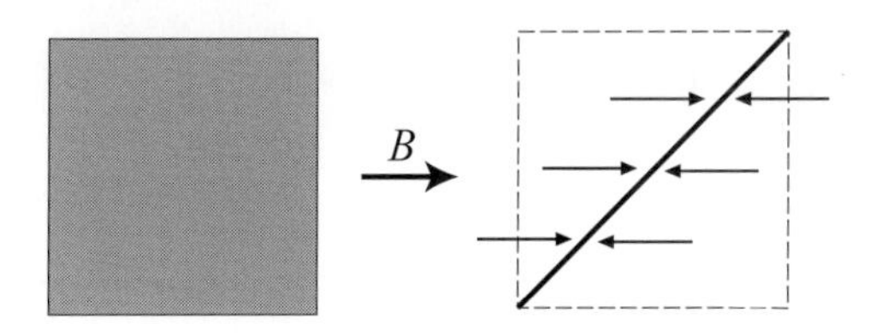

34 하는 김에 $AB \neq O$도 확인해 주십시오. 이것도 $AB \neq BA$의 예가 됩니다.

단위행렬

정방행렬에서 다음처럼 '╲' 방향의 대각선 위만 1이고 다른 것은 모두 0인 행렬을 **단위행렬**이라고 하고, 기호 I로 나타냅니다.[35] 크기를 명시하고 싶을 때는 n차 단위행렬 I_n처럼 쓰기도 합니다.

$$I_2 = \begin{pmatrix} 1 & 0 \\ 0 & 1 \end{pmatrix}, \quad I_3 = \begin{pmatrix} 1 & 0 & 0 \\ 0 & 1 & 0 \\ 0 & 0 & 1 \end{pmatrix}, \quad I_5 = \begin{pmatrix} 1 & 0 & 0 & 0 & 0 \\ 0 & 1 & 0 & 0 & 0 \\ 0 & 0 & 1 & 0 & 0 \\ 0 & 0 & 0 & 1 & 0 \\ 0 & 0 & 0 & 0 & 1 \end{pmatrix}$$

'모든 성분이 1인 행렬'은 아니므로 주의합니다. 사상으로서의 의미를 보면 이해될 것입니다. 단위행렬이 나타내는 사상은 '아무것도 하지 않는' 사상입니다. 임의의 벡터 $\boldsymbol{x}$에 대해 $I\boldsymbol{x} = \boldsymbol{x}$이므로 $\boldsymbol{x}$를 원래 $\boldsymbol{x}$ 그대로 이동한다는 것을 알 수 있습니다.[36] 그림 1-18은 단위행렬 $A = \begin{pmatrix} 1 & 0 \\ 0 & 1 \end{pmatrix}$에 따라 공간이 변하는 모습을 나타내는 애니메이션의 실행 결과입니다.

그림 1-18 (애니메이션) 단위행렬 $A = \begin{pmatrix} 1 & 0 \\ 0 & 1 \end{pmatrix}$에 의한 공간의 변환

```
ruby mat_anim.rb -a=1, 0, 0, 1 | gnuplot
```

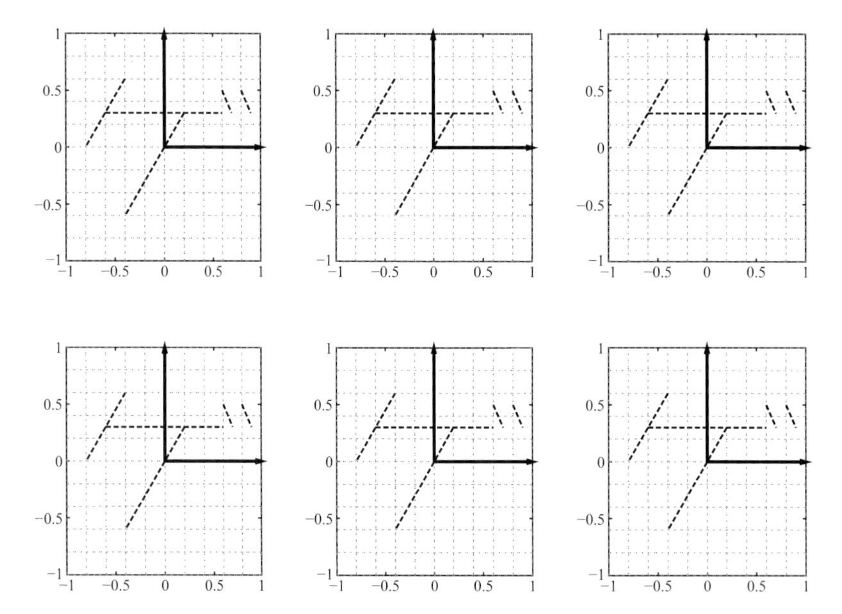

35 E라는 기호 쪽을 좋아하는 사람도 많습니다. 다른 사람에게 보여주는 자료 등을 쓸 때는 처음 나올 때 '여기에서 I는 단위행렬이다'라고 미리 양해를 구하는 것(예고하는 것)이 좋겠지요.

36 그러한 사상을 **항등사상**이라 부릅니다.

임의의 행렬 A에 대해 다음 내용을 간단히 확인할 수 있습니다.

$$AI = A$$
$$IA = A$$

대각행렬

정방행렬의 '╲' 방향의 대각선상의 값을 **대각성분**이라고 합니다. 예를 들어 다음 행렬의 대각성분은 2, 5, 1입니다.

$$\begin{pmatrix} 2 & 9 & 4 \\ 7 & 5 & 3 \\ 6 & 8 & 1 \end{pmatrix}$$

대각성분 이외의 값은 **비대각성분**이라고 합니다.

비대각성분이 모두 0인 행렬을 **대각행렬**이라 부릅니다. 예를 들면 다음과 같습니다.

$$\begin{pmatrix} 2 & 0 \\ 0 & 5 \end{pmatrix} \text{나} \begin{pmatrix} -1.3 & 0 & 0 \\ 0 & \sqrt{7} & 0 \\ 0 & 0 & 1/\pi \end{pmatrix} \text{나} \begin{pmatrix} 3 & 0 & 0 & 0 & 0 \\ 0 & 1 & 0 & 0 & 0 \\ 0 & 0 & 4 & 0 & 0 \\ 0 & 0 & 0 & 1 & 0 \\ 0 & 0 & 0 & 0 & 5 \end{pmatrix}$$

거의 대부분 0인데 지면을 소비하면 아까우므로 다음과 같이 줄여서 씁니다. diag는 diagonal(대각선)의 줄임말입니다.

$$\begin{pmatrix} a_1 & 0 & 0 & 0 & 0 \\ 0 & a_2 & 0 & 0 & 0 \\ 0 & 0 & a_3 & 0 & 0 \\ 0 & 0 & 0 & a_4 & 0 \\ 0 & 0 & 0 & 0 & a_5 \end{pmatrix} = \begin{pmatrix} a_1 & & \text{0} \\ & \ddots & \\ \text{0} & & a_5 \end{pmatrix} = \begin{pmatrix} a_1 & & \\ & \ddots & \\ & & a_5 \end{pmatrix} = \mathrm{diag}(a_1, a_2, a_3, a_4, a_5)$$

대각행렬이 나타내는 사상은 '축에 따르는 신축(늘고 줄음)이고, 대각성분이 각 축의 늘고 주는 배율이 됩니다. 따라서 대각성분 여하에 따라 공간이 변하는 모습도 다릅니다. 그림 1-19는 대각성분이 모두 양수인 행렬 $A = \begin{pmatrix} 1.5 & 0 \\ 0 & 0.5 \end{pmatrix}$에 따라 공간이 변하는 모습입니다.

❤ 그림 1-19 (애니메이션) 대각행렬 $A=\begin{pmatrix} 1.5 & 0 \\ 0 & 0.5 \end{pmatrix}$에 대한 공간의 변형

```
ruby mat_anim.rb -s=0 | gnuplot
```

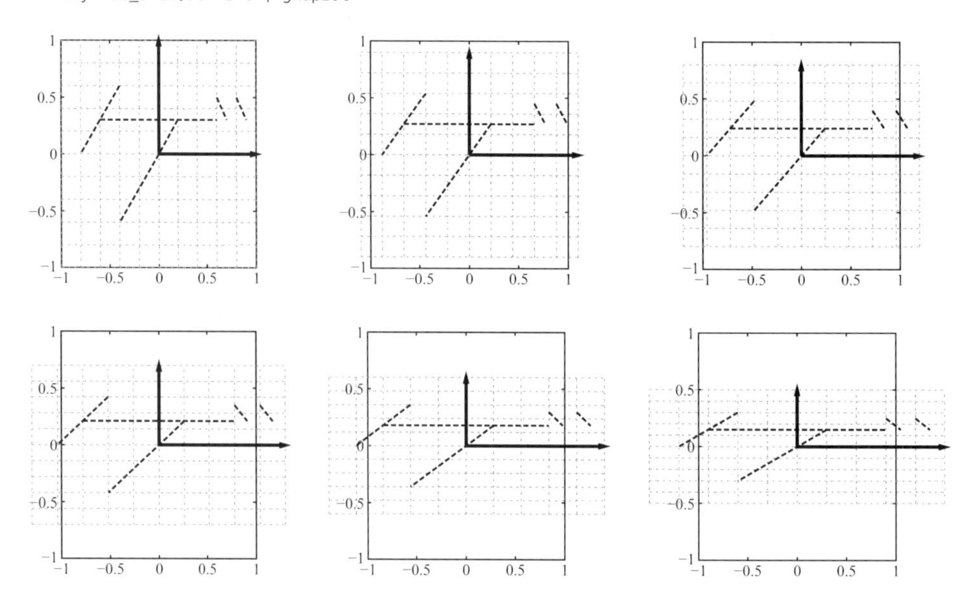

그림 1-20은 대각성분에 0이 있는 경우 ($A=\begin{pmatrix} 0 & 0 \\ 0 & 0.5 \end{pmatrix}$)입니다. 가로 방향이 눌려 납작해집니다.

❤ 그림 1-20 (애니메이션) 대각행렬 $A=\begin{pmatrix} 0 & 0 \\ 0 & 0.5 \end{pmatrix}$에서 대각성분에 0이 있는 예(납작하게)

```
ruby mat_anim.rb -s=1 | gnuplot
```

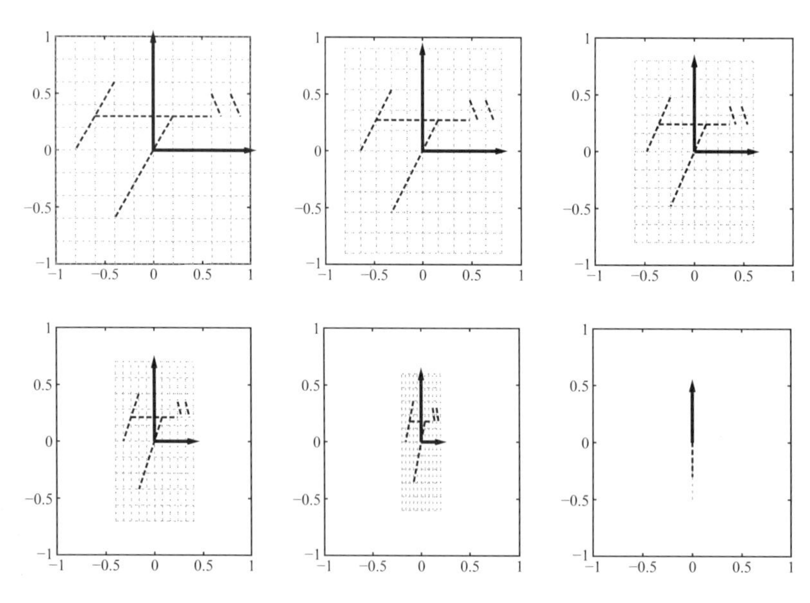

그림 1-21은 대각성분에 음수가 있는 경우 ($A=\begin{pmatrix}1.5 & 0 \\ 0 & -0.5\end{pmatrix}$)입니다. 점점 공간이 눌려(일그러져) 캡처의 4장째와 5장째 사이에서 결국 뒤집혀(거울상) 버린 것을 알 수 있습니다.

▼ 그림 1-21 (애니메이션) 대각행렬 $A=\begin{pmatrix}1.5 & 0 \\ 0 & -0.5\end{pmatrix}$에서 대각성분에 음수가 있는 예(뒤집음(거울상))

```
ruby mat_anim.rb -s=2 ¦ gnuplot
```

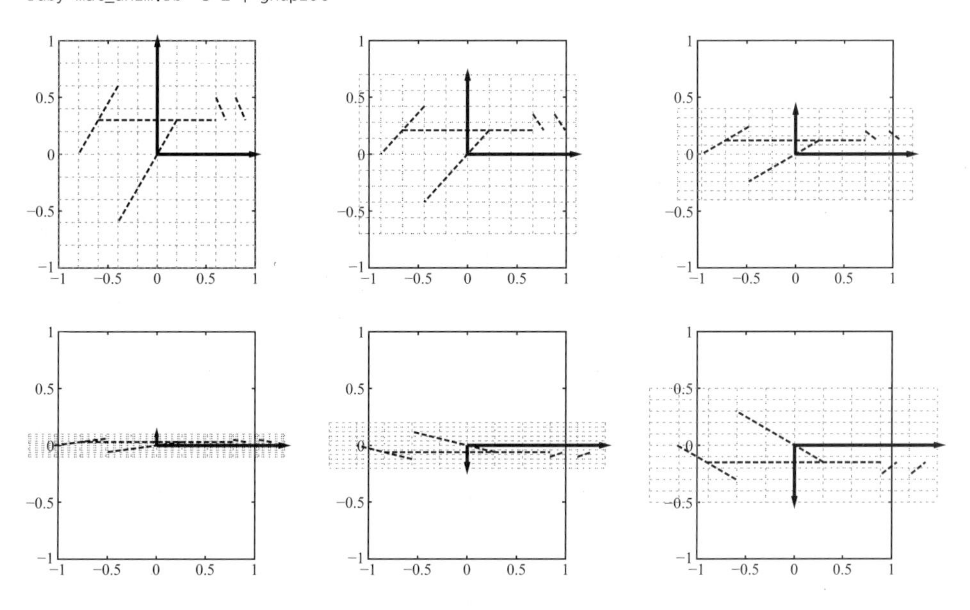

또한, 단위행렬 I도 대각행렬의 일종으로 $I = \mathrm{diag}(1, \ldots, 1)$라고 쓰기도 합니다.

대각행렬의 장점은 그림 1-22처럼 다이어그램에서 일목요연하게 보여집니다.

▼ 그림 1-22 일반 행렬(좌)과 대각행렬(우)의 다이어그램. 화살표는 입력의 어느 성분이 출력의 어느 성분에 영향을 미치는지를 나타낸다.

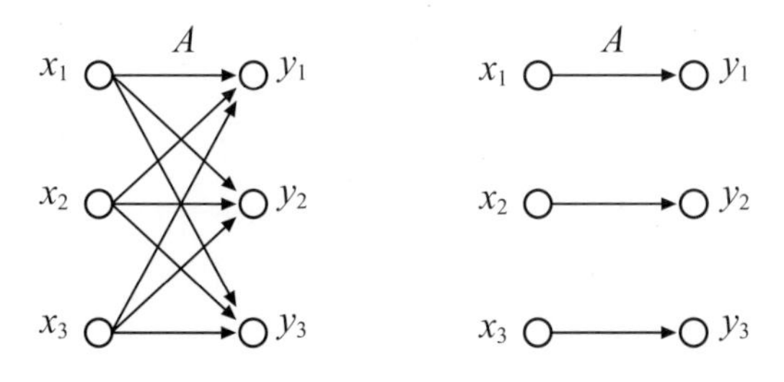

그림 1-22에서 알 수 있듯이 대각행렬에서는 $\mathbf{y} = A\mathbf{x}$가 독립된 n개의 서브시스템으로 다음과 같이 분할되어 있습니다.

$$\begin{aligned} y_1 &= a_1 x_1 \\ &\vdots \\ y_n &= a_n x_n \end{aligned}$$

즉, 외관은 n차원 문제여도 실질적으로는 1차원 문제가 n개 있는 것뿐입니다.

따라서 대각행렬끼리의 곱(식 (1.12))이나 대각행렬의 거듭제곱(식 (1.13))은 매우 간단합니다.

$$\begin{pmatrix} a_1 & & \\ & \ddots & \\ & & a_n \end{pmatrix} \begin{pmatrix} b_1 & & \\ & \ddots & \\ & & b_n \end{pmatrix} = \begin{pmatrix} a_1 b_1 & & \\ & \ddots & \\ & & a_n b_n \end{pmatrix} \tag{1.12}$$

$$\begin{pmatrix} a_1 & & \\ & \ddots & \\ & & a_n \end{pmatrix}^k = \begin{pmatrix} a_1^k & & \\ & \ddots & \\ & & a_n^k \end{pmatrix} \tag{1.13}$$

'축에 따른 신축'이라는 사상으로의 성질을 생각해보면 그림 1-22의 다이어그램에서 식 (1.12)나 식 (1.13)이 성립하는 것은 당연합니다.

1.22 대각행렬은 좌표에 의존한 개념이 아닌가요?

말 그대로 같은 선형 사상 $\vec{y} = f(\vec{x})$가 어느 좌표에서는 대각행렬 D로 $\mathbf{y} = D\mathbf{x}$라고 표현되고, 다른 좌표에서는 일반 행렬 A로 $\mathbf{y}' = A\mathbf{x}'$라고 표현되는 일이 발생합니다(1.2.11절 '좌표 변환과 행렬'). 이 경우 전자의 좌표에서는 여러 가지 계산이 보기 편하고 간단하고, 후자의 좌표에서는 엉망진창으로 복잡합니다. 같은 결과를 얻을 수 있다면 전자의 좌표를 사용하는 것이 당연히 이득입니다. 자, 전자와 같이 능숙한(훌륭한) 좌표를 취하기 위해서는 어찌하면 좋을까라는 이야기는 4장에서 합니다.

단위행렬이나 영행렬은 좌표에 의존하지 않는 개념입니다. 실제로 좌표 같은 것을 내놓지 않더라도 '항상 $f(\vec{x}) = \vec{x}$라는 사상에 대응하는 것이 단위행렬', '항상 $f(\vec{x}) = \vec{o}$이란 사상에 대응하는 것이 영행렬' 처럼 설명할 수 있습니다.

1.23 '/' 방향의 대각선은 생각하지 않나요?

생각해도 '\' 방향만큼 재미있지 않으므로 생각하지 않습니다. 이 방향의 '대각행렬'(임시적으로 '대각행렬'이라 부릅니다)을 생각해도 축에 따르는 신축(늘고 줄음)처럼 알기 쉬운 해석도 없고, 대각행렬끼리의 곱이 대각행렬이 될 리가 없습니다. 굳이 쓴다면 다음과 같거나

$$\begin{pmatrix} y_1 \\ y_2 \\ y_3 \\ y_4 \\ y_5 \\ y_6 \end{pmatrix} = \begin{pmatrix} 0 & 0 & 0 & 0 & 0 & d_1 \\ 0 & 0 & 0 & 0 & d_2 & 0 \\ 0 & 0 & 0 & d_3 & 0 & 0 \\ 0 & 0 & d_4 & 0 & 0 & 0 \\ 0 & d_5 & 0 & 0 & 0 & 0 \\ d_6 & 0 & 0 & 0 & 0 & 0 \end{pmatrix} \begin{pmatrix} x_1 \\ x_2 \\ x_3 \\ x_4 \\ x_5 \\ x_6 \end{pmatrix}$$

여기서 더 정렬하여

$$\left(\begin{array}{c} y_1 \\ y_6 \\ \hline y_2 \\ y_5 \\ \hline y_3 \\ y_4 \end{array}\right) = \left(\begin{array}{cc|cc|cc} 0 & d_1 & 0 & 0 & 0 & 0 \\ d_6 & 0 & 0 & 0 & 0 & 0 \\ \hline 0 & 0 & 0 & d_2 & 0 & 0 \\ 0 & 0 & d_5 & 0 & 0 & 0 \\ \hline 0 & 0 & 0 & 0 & 0 & d_3 \\ 0 & 0 & 0 & 0 & d_4 & 0 \end{array}\right) \left(\begin{array}{c} x_1 \\ x_6 \\ \hline x_2 \\ x_5 \\ \hline x_3 \\ x_4 \end{array}\right)$$

로 블록 대각(1.2.9절)한 쪽이 보기 쉽겠지요.

1.2.8 역행렬 = 역사상

다음은 A에 이동시킨 것을 원래대로 돌려 놓는 이야기입니다. 이 이야기는 2장에서 설명할 '결과에서 원인을 구한다'라는 주제와도 관련이 있습니다.

정의

정방행렬 A에 대해 그 역사상에 대응하는 행렬을 'A의 **역행렬**'이라고 하고, 기호 A^{-1}이라고 씁니다. 어떠한 $\boldsymbol{x}$를 가져와도 '$A\boldsymbol{x} = \boldsymbol{y}$ 또는 $A^{-1}\boldsymbol{y} = \boldsymbol{x}$'이고, 반대로 어떠한 $\boldsymbol{y}$를 가져와도 '$A^{-1}\boldsymbol{y} = \boldsymbol{x}$ 또는 $A\boldsymbol{x} = \boldsymbol{y}$'가 되는, 그런 행렬 A^{-1}입니다. 대략 '이동점 $\boldsymbol{y}$를 갖고 원래의 점 $\boldsymbol{x}$를 구하다'라는 사상에 대응하는 행렬이 A^{-1}입니다.

$$x \underset{A^{-1}}{\overset{A}{\rightleftharpoons}} y$$

다르게 표현하면 A하고 A^{-1}하면 원래대로 돌아가고, A^{-1}하고 A해도 원래대로 돌아갑니다. 즉, 다음과 같습니다.[37]

$$A^{-1}A = AA^{-1} = I$$

역행렬은 있을 수도, 없을 수도 있습니다. 직관적으로 말하면 '납작하게 눌리는' 경우는 역행렬이 존재하지 않습니다. 왜냐하면, '눌린다'는 것은 '서로 다른 두 점 $\boldsymbol{x}$, $\boldsymbol{x}'$가 A를 적용하면 같은 점 $\boldsymbol{y} = A\boldsymbol{x} = A\boldsymbol{x}'$로 이동한다'라는 것이기 때문입니다. 그렇게 되면 '이동점이 $\boldsymbol{y}$'라고 주어져도 원래가 $\boldsymbol{x}$였는지 $\boldsymbol{x}'$였는지 구별이 안 됩니다. 즉, '이동점 $\boldsymbol{y}$를 들고 원래의 점 $\boldsymbol{x}$를 답하는 사상'이라 만들 수가 없습니다. 예를 들어 그림 1-10의 A에는 역행렬이 존재합니다. 그러나 그림 1-23를 눌러 버린 행렬 $A = \begin{pmatrix} 0.8 & -0.6 \\ 0.4 & -0.3 \end{pmatrix}$에는 역행렬이 존재하지 않습니다.

▼ 그림 1-23 (애니메이션) 역행렬이 존재하지 않는다($A = \begin{pmatrix} 0.8 & -0.6 \\ 0.4 & -0.3 \end{pmatrix}$).

```
ruby mat_anim.rb -s=6 | gnuplot
```

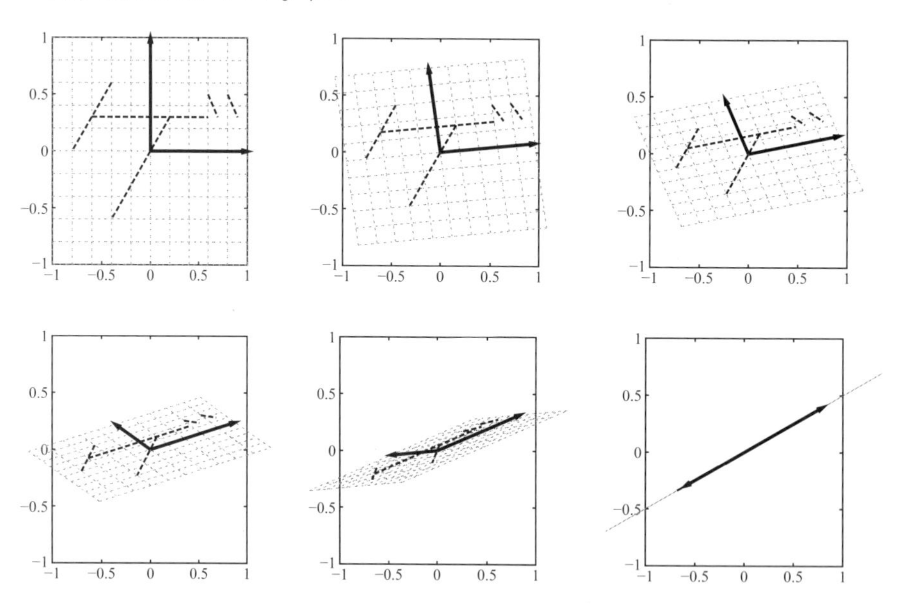

37 식 (1.10)의 $A^{\alpha+\beta} = A^{\alpha}A^{\beta}$와도 들어맞기 때문에 A^{-1}라는 기호는 위화감없이 사용할 수 있습니다. $A^{-1}A^3 = A^{-1}AAA = (A^{-1}A)AA = IAA = AA = A^2$이라는 모양입니다. 계산의 순서도 거듭제곱과 같은 모양, '가감승제보다도 먼저' 계산한다는 규칙입니다. AB^{-1}는 $(AB)^{-1}$이 아닌 $A(B^{-1})$이라는 모양입니다.

1.24 반대로 역행렬이 2개나 3개가 있는 경우도 있나요?

없습니다. 만약 A^{-1} 이외에도 하나 더 A의 역행렬 $\tilde{A}^{-1}$이 있다고 가정하고, $Z = A^{-1}A\tilde{A}^{-1}$를 생각해 보십시오. $Z = (A^{-1}A)\tilde{A}^{-1} = \tilde{A}^{-1}$일 것입니다만, $Z = A^{-1}(A\tilde{A}^{-1}) = A^{-1}$이기도 합니다. 즉, $\tilde{A}^{-1} = A^{-1}$로 결국 같습니다.

1.25 $XA = I$와 $AX = I$의 어느 한 쪽만으로 'x는 A의 역행렬'이라고 말하면 안 되나요?

A가 정방행렬이라면 $XA = I$와 $AX = I$는 같은 값[38]이므로 한 쪽만 확인하면 역행렬이라고 해도 상관없습니다. 이유는 바로 설명하기는 어렵지만, 그런 것이다 생각해 주십시오.

$XA = I$가 되기 위해서는 '$\mathbf{y} = A\mathbf{x}$에서 같은 $\mathbf{y}$로 이동해오는 $\mathbf{x}$는 하나뿐'이어야 합니다.[39] 또 한편으로 $AX = I$가 되기 위해서는 '$\mathbf{x}$를 잘 조정하면 $\mathbf{y} = A\mathbf{x}$로 어느 $\mathbf{y}$로도 이동 가능'해야 합니다.[40] 각각 다른 주장입니다만, 정방행렬 A의 경우라면 두 주장이 같은 값입니다(2.4.1절 '납작하게 눌려지는가'가 포인트).[41]

1.26 A가 정방행렬이 아니어도 $AX = XA = I$ 라면 X는 A의 역행렬이라 불러도 괜찮지 않나요?

우선 $AX = XA = I$라고 쓸 수 없습니다. 가령 AX와 XA가 양쪽 모두 단위행렬이 되었다 해도 A가 정방행렬이 아닌 이상 분명 크기가 다를 것이므로 =라고는 쓸 수 없습니다. 이 이야기는 다시 설명하고, 중심 주제는 다음과 같은 경우가 가능한지입니다.

---

38 한 쪽이 성립하면 다른 한 쪽도 자동으로 성립한다는 의미입니다.

39 가령 만약 $\mathbf{x}, \mathbf{x}'$가 같이 $\mathbf{y} = A\mathbf{x} = A\mathbf{x}'$ 라면 $XA\mathbf{x} = X\mathbf{y} = XA\mathbf{x}'$가 됩니다. 그리하여 $XA = I$는 $\mathbf{x} = \mathbf{x}'$가 아니면 안 됩니다. 즉, 같은 $\mathbf{y}$에 이동하는 것은 같은 $\mathbf{x}$뿐입니다.

40 어떠한 $\mathbf{y}$를 가져와도 $\mathbf{x} = X\mathbf{y}$로 두면 $A\mathbf{x} = A(X\mathbf{y}) = AX\mathbf{y}$가 됩니다. 따라서 $AX = I$는 $A\mathbf{x} = \mathbf{y}$입니다. 즉, 어떠한 $\mathbf{y}$에도 거기로 이동해 오는 $\mathbf{x}$가 있습니다.

41 이 설명은 구멍이 많으므로 가볍게 읽어 넘겨도 괜찮습니다.
(구멍 1) 애당초 좀 전의 이야기를 끌어내는 것은 속임수(부정, 속임).
(구멍 2) 여기서 설명하는 것은 $XA = I \rightarrow$「…」$\leftrightarrow$「…」$\leftarrow AX = I$뿐(○ → □는 '○이면 □'라는 의미입니다.) 그 반대인 $XA = I \leftarrow$「…」와「…」$\rightarrow AX = I$도 나타내어 처음으로 $XA = I \leftrightarrow AX = I$를 나타낸 것입니다. 이와 관련해서는 2.4.1절에서 조금 설명하고 있습니다.

$$\begin{pmatrix} * & * & * \\ * & * & * \end{pmatrix}\begin{pmatrix} * & * \\ * & * \\ * & * \end{pmatrix} = \begin{pmatrix} 1 & 0 \\ 0 & 1 \end{pmatrix}$$

$$\times \begin{pmatrix} * & * \\ * & * \\ * & * \end{pmatrix}\begin{pmatrix} * & * & * \\ * & * & * \end{pmatrix} = \begin{pmatrix} 1 & 0 & 0 \\ 0 & 1 & 0 \\ 0 & 0 & 1 \end{pmatrix}$$

사실 후자는 있을 수 없습니다. 아무리 잘 조정한다 해도 무리입니다. 2.3.5절에서 랭크라는 개념을 배우면 무리라는 것을 한눈에 알 수 있을 것입니다. 역행렬의 정의를 확장한 일반화 역행렬(2.5.3절)이라면 어떠한 A에도 존재합니다만, 이 책에서는 자세히 설명하지 않습니다.

기본적인 성질

다음 성질은 '의미를 생각하여 이해할 것', '반사적으로 튀어나올 정도로 익숙해질 것'이 모두 중요합니다. 특히 $(AB)^{-1}$의 순서는 주의해 주십시오.

- $(A^{-1})^{-1} = A$
  'A의 취소'를 취소하려면 A하면 된다.
- $(AB)^{-1} = B^{-1}A^{-1}$
  'B하고 A한 것'을 원래대로 돌려놓으려면 A부터 취소하고 B를 취소해야 한다. 순서에 주의한다!
- $(A^k)^{-1}=(A^{-1})^k$
  A를 k번한 것을 원래대로 돌려놓으려면 'A의 취소'를 k번, 이를 A^{-k}라고 줄여 쓴다.[42]

물론 A^{-1}이나 B^{-1}이 존재하는 것이 전제입니다. "그럼 이 성질들을 증명해 주십시오"라고 들으면 곤란한 사람은 역행렬의 '정의'를 한 번 더 읽습니다.[43] 정방행렬 X에 곱하면 단위행렬 I가 되는 행렬을 역행렬이라 부르므로 'X의 역행렬은 Y'를 증명하려면 $XY = I$를 확인해보면 됩니다. 각각 다음처럼 간단하게 증명됩니다.

- A^{-1}에 A를 곱하면 I이므로 A는 A^{-1}의 역행렬
- $(AB)(B^{-1}A^{-1}) = ABB^{-1}A^{-1} = A(BB^{-1})A^{-1} = AIA^{-1} = AA^{-1} = I$

---

42 식 (1.11) $(A^\alpha)^\beta = A^{(\alpha\beta)}$과도 맞습니다.

43 역행렬 계산법을 아직 배우지 않아서 못한다고 말하지 말아 주십시오. 계산법보다 의미가 중요합니다. 간단한 듯이 써 있는데 도무지 모르겠다면 처음부터 정의를 이해하지 못한 경우가 많습니다.

- $A^k(A^{-1})^k = A^{k-1}AA^{-1}(A^{-1})^{k-1} = A^{k-1}I(A^{-1})^{k-1} = A^{k-1}(A^{-1})^{k-1} = A^{k-2}AA^{-1}(A^{-1})^{k-2} = \cdots = AA^{-1} = I$

개수가 늘어도 다음과 같습니다. 각자 확인해 주십시오.

$$(ABCD)^{-1} = D^{-1}C^{-1}B^{-1}A^{-1}$$

대각행렬의 경우

역행렬이 존재하는지를 판단하거나 실제로 역행렬을 구하는 방법은 2장에서 설명합니다. 여기서는 대각행렬 $A = \mathrm{diag}(a_1, \ldots, a_n)$의 경우만 확인해 둡시다.

A가 나타내는 사상은 '축에 따른 신축'이었습니다(1.2.7절). 1축은 a_1배, 2축은 a_2배……. 그렇게 이동한 것을 원래대로 돌려놓고 싶으면 1축은 $1/a_1$배, 2축은 $1/a_2$배…… 하면 되는 것이죠. 즉, $B = \mathrm{diag}(1/a_1, \ldots, 1/a_n)$로 두면 $BA = I$일 것입니다. B야말로 A의 역행렬 A^{-1}입니다. 식을 보면 식 (1.12)에 따라

$$\mathrm{diag}(1/a_1, \ldots, 1/a_n)\ \mathrm{diag}(a_1, \ldots, a_n) = \mathrm{diag}(a_1/a_1, \ldots, a_n/a_n) = \mathrm{diag}(1, \ldots, 1) = I$$

단, $a_1, \ldots, a_n$에 0이 하나라도 있다면 역행렬은 만들 수 없습니다. 그러한 경우는 A가 '납작하게 눌리는' 사상이 됩니다. 그런 사상에는 역사상을 만들 수 없습니다.

1.2.9 블록행렬

'큰 문제를 작은 부분 문제로 분할하는 것'은 복잡함에 대처하는 수단으로 효과가 있습니다. 행렬 연산에도 실은 그런 분할이 가능합니다.

정의와 성질

행렬의 종횡에 단락을 넣어 각 구역을 작은 행렬로 간주한 것을 **블록행렬**이라고 합니다.

$$A = \left(\begin{array}{ccc|cc|cc} 3 & 1 & 4 & 1 & 5 & 9 & 2 \\ 6 & 5 & 3 & 5 & 8 & 9 & 7 \\ \hline 9 & 3 & 2 & 3 & 8 & 4 & 6 \\ 2 & 6 & 4 & 3 & 3 & 8 & 3 \\ 2 & 7 & 9 & 5 & 0 & 2 & 8 \end{array}\right) = \begin{pmatrix} A_{11} & A_{12} & A_{13} \\ A_{21} & A_{22} & A_{23} \end{pmatrix}$$

쉬운 선형대수 책에는 그다지 실리지 않는 소재입니다만, 응용할 때 자주 사용하는 테크닉이므로 설명해두겠습니다.

크기가 같은 블록행렬 $A = (A_{ij})$와 $B = (B_{ij})$, 수 c에 대해 다음 성질이 성립합니다.

블록행렬의 덧셈

$$\begin{pmatrix} A_{11} & \cdots & A_{1n} \\ \vdots & & \vdots \\ A_{m1} & \cdots & A_{mn} \end{pmatrix} + \begin{pmatrix} B_{11} & \cdots & B_{1n} \\ \vdots & & \vdots \\ B_{m1} & \cdots & B_{mn} \end{pmatrix} = \begin{pmatrix} A_{11}+B_{11} & \cdots & A_{1n}+B_{1n} \\ \vdots & & \vdots \\ A_{m1}+B_{m1} & \cdots & A_{mn}+B_{mn} \end{pmatrix}$$

$$\text{예 : } \left(\begin{array}{cc|cc} 1 & 0 & 0 & 0 \\ 0 & 1 & 0 & 0 \\ \hline 3 & 1 & 1 & 0 \\ 4 & 1 & 0 & 1 \end{array}\right) + \left(\begin{array}{cc|cc} 5 & 9 & 5 & 3 \\ 2 & 6 & 5 & 8 \\ \hline 0 & 0 & 1 & 0 \\ 0 & 0 & 0 & 1 \end{array}\right) = \left(\begin{array}{cc|cc} 6 & 9 & 5 & 3 \\ 2 & 7 & 5 & 8 \\ \hline 3 & 1 & 2 & 0 \\ 4 & 1 & 0 & 2 \end{array}\right)$$

블록행렬의 정수배

$$c\begin{pmatrix} A_{11} & \cdots & A_{1n} \\ \vdots & & \vdots \\ A_{m1} & \cdots & A_{mn} \end{pmatrix} = \begin{pmatrix} cA_{11} & \cdots & cA_{1n} \\ \vdots & & \vdots \\ cA_{m1} & \cdots & cA_{mn} \end{pmatrix}$$

$$\text{예 : } 10\left(\begin{array}{cc|cc} 1 & 0 & 0 & 0 \\ 0 & 1 & 0 & 0 \\ \hline 3 & 1 & 1 & 0 \\ 4 & 1 & 0 & 1 \end{array}\right) = \left(\begin{array}{cc|cc} 10 & 0 & 0 & 0 \\ 0 & 10 & 0 & 0 \\ \hline 30 & 10 & 10 & 0 \\ 40 & 10 & 0 & 10 \end{array}\right)$$

즉, A_{ij}와 B_{ij}를 숫자처럼 계산해도 된다는 것입니다. 여기까지는 당연한 결과라고 할 수 있습니다. 대단한 것은 곱도 다음과 같이 계산해도 된다는 것입니다.[44]

블록행렬의 곱

$$\begin{pmatrix} B_{11} & \cdots & B_{1n} \\ \vdots & & \vdots \\ B_{k1} & \cdots & B_{kn} \end{pmatrix}\begin{pmatrix} A_{11} & \cdots & A_{1n} \\ \vdots & & \vdots \\ A_{m1} & \cdots & A_{mn} \end{pmatrix}$$
$$= \begin{pmatrix} (B_{11}A_{11} + \cdots + B_{1m}A_{m1}) & \cdots & (B_{11}A_{1n} + \cdots + B_{1m}A_{mn}) \\ \vdots & & \vdots \\ (B_{k1}A_{11} + \cdots + B_{km}A_{m1}) & \cdots & (B_{k1}A_{1n} + \cdots + B_{km}A_{mn}) \end{pmatrix} \tag{1.14}$$

44 물론 작은 행렬끼리의 곱이 제대로 정의되도록 크기가 맞아야 한다는 게 전제입니다. 예를 들어 B_{11}의 열 수(가로폭)와 A_{11}의 행 수(높이)는 같습니다.

$$\text{예 : }\left(\begin{array}{cc|cc} 1 & 0 & 0 & 0 \\ 0 & 1 & 0 & 0 \\ \hline 3 & 1 & 1 & 0 \\ 4 & 1 & 0 & 1 \end{array}\right)\left(\begin{array}{cc|cc} 5 & 9 & 5 & 3 \\ 2 & 6 & 5 & 8 \\ \hline 0 & 0 & 1 & 0 \\ 0 & 0 & 0 & 1 \end{array}\right) = \left(\begin{array}{cc|cc} 5 & 9 & 5 & 3 \\ 2 & 6 & 5 & 8 \\ \hline 17 & 33 & 21 & 17 \\ 22 & 42 & 25 & 21 \end{array}\right)$$

위의 예라면,

$$\text{왼쪽 위 }\begin{pmatrix} 1 & 0 \\ 0 & 1 \end{pmatrix}\begin{pmatrix} 5 & 9 \\ 2 & 6 \end{pmatrix} + \begin{pmatrix} 0 & 0 \\ 0 & 0 \end{pmatrix}\begin{pmatrix} 0 & 0 \\ 0 & 0 \end{pmatrix} = \begin{pmatrix} 5 & 9 \\ 2 & 6 \end{pmatrix}$$

$$\text{왼쪽 아래 }\begin{pmatrix} 3 & 1 \\ 4 & 1 \end{pmatrix}\begin{pmatrix} 5 & 9 \\ 2 & 6 \end{pmatrix} + \begin{pmatrix} 1 & 0 \\ 0 & 1 \end{pmatrix}\begin{pmatrix} 0 & 0 \\ 0 & 0 \end{pmatrix} = \begin{pmatrix} 17 & 33 \\ 22 & 42 \end{pmatrix}$$

$$\text{오른쪽 위 }\begin{pmatrix} 1 & 0 \\ 0 & 1 \end{pmatrix}\begin{pmatrix} 5 & 3 \\ 5 & 8 \end{pmatrix} + \begin{pmatrix} 0 & 0 \\ 0 & 0 \end{pmatrix}\begin{pmatrix} 1 & 0 \\ 0 & 1 \end{pmatrix} = \begin{pmatrix} 5 & 3 \\ 5 & 8 \end{pmatrix}$$

$$\text{오른쪽 아래 }\begin{pmatrix} 3 & 1 \\ 4 & 1 \end{pmatrix}\begin{pmatrix} 5 & 3 \\ 5 & 8 \end{pmatrix} + \begin{pmatrix} 1 & 0 \\ 0 & 1 \end{pmatrix}\begin{pmatrix} 1 & 0 \\ 0 & 1 \end{pmatrix} = \begin{pmatrix} 21 & 17 \\ 25 & 21 \end{pmatrix}$$

입니다. 이렇게 계산한 결과와 '구분을 없애고 보통처럼 계산한 4×4행렬의 곱'이 일치하는 것은 스스로 확인해 주십시오.

이와 같이 블록행렬은 마치 B_{ij}와 A_{jp}가 보통의 수인 것처럼 '행렬의 곱' 모양으로 계산해도 상관없습니다. 단, 곱셈의 순서는 주의해야 합니다. 실제로는 행렬이므로 $B_{ij}A_{jp}$를 $A_{jp}B_{ij}$처럼 순서를 바꿔 넣으면 안 됩니다.

1.27 단락은 종횡, 딱 맞춰지지 않으면 안 되나요?

안 됩니다. 다음처럼 '비뚤어진 단락'은 블록행렬이라고 부를 수 없습니다.

$$\left(\begin{array}{ccc|cc|cc} 3 & 1 & 4 & 1 & 5 & 9 & 2 \\ 6 & 5 & 3 & 5 & 8 & 9 & 7 \\ \cline{1-3} 9 & 3 & 2 & 3 & 8 & 4 & 6 \\ \cline{4-7} 2 & 6 & 4 & 3 & 3 & 8 & 3 \\ 2 & 7 & 9 & 5 & 0 & 2 & 8 \end{array}\right)$$

행벡터, 열벡터

블록행렬의 특별한 경우로 다음과 같이 한 방향으로만 작게 나누는 것도 생각해 볼 수 있습니다.

$$A = \left(\begin{array}{c|c|c|c} a_{11} & a_{12} & \cdots & a_{1m} \\ \vdots & \vdots & & \vdots \\ a_{n1} & a_{n2} & \cdots & a_{nm} \end{array}\right) = (a_1, a_2, \ldots, a_m)$$

$$B = \left(\begin{array}{ccc} b_{11} & \cdots & b_{1n'} \\ \hline b_{21} & \cdots & b_{2n'} \\ \hline \vdots & & \vdots \\ \hline b_{m'1} & \cdots & b_{m'n'} \end{array}\right) = \begin{pmatrix} b_1^T \\ b_2^T \\ \vdots \\ b_{m'}^T \end{pmatrix}$$

단락지어진 각 단편의 크기가 $n \times 1$이나 $1 \times n'$이므로 각 단락을 벡터라고 간주하는 것도 가능합니다. 그런 이유로 위 행렬처럼 나타났을 때 $\boldsymbol{a}_1, \ldots, \boldsymbol{a}_m$을 '$A$의 **열벡터**'라고 하고, $\boldsymbol{b}_1^T, \ldots, \boldsymbol{b}_{m'}^T$를 '$B$의 **행벡터**'라고 합니다(1.14). '열벡터가 각 축 방향의 단위벡터 $\boldsymbol{e}_1, \ldots, \boldsymbol{e}_m$의 목적지다'라는 지적을 기억하나요(1.2.3절 '행렬은 사상이다')? 열벡터나 행벡터를 사용하면 행렬과 벡터의 곱은 다음과 같은 식으로 쓸 수 있습니다.

$$A\begin{pmatrix} c_1 \\ c_2 \\ \vdots \\ c_m \end{pmatrix} = (a_1, a_2, \cdots, a_m)\begin{pmatrix} c_1 \\ c_2 \\ \vdots \\ c_m \end{pmatrix} = c_1 a_1 + c_2 a_2 + \cdots + c_m a_m$$

$$Bd = \begin{pmatrix} b_1^T \\ b_2^T \\ \vdots \\ b_{m'}^T \end{pmatrix} d = \begin{pmatrix} b_1^T d \\ b_2^T d \\ \vdots \\ b_{m'}^T d \end{pmatrix}$$

전자가 '열벡터는 $\boldsymbol{e}_1, \ldots, \boldsymbol{e}_m$의 목적지'에 후자가 '곱의 정의'에 대응하고 있네요(1.18). 또한, 행렬끼리의 곱은 다음과 같이 씁니다.

$$AB = (a_1, a_2, \cdots, a_m)\begin{pmatrix} b_1^T \\ b_2^T \\ \vdots \\ b_m^T \end{pmatrix} = a_1 b_1^T + a_2 b_2^T + \cdots + a_m b_m^T \qquad (m = m')$$

$$\begin{aligned} BA &= B(a_1, a_2, \cdots, a_m) = (Ba_1, Ba_2, \cdots, Ba_m) \\ &= \begin{pmatrix} b_1^T \\ b_2^T \\ \vdots \\ b_{m'}^T \end{pmatrix}(a_1, a_2, \cdots, a_m) = \begin{pmatrix} b_1^T a_1 & b_1^T a_2 & \cdots & b_1^T a_m \\ b_2^T a_1 & b_2^T a_2 & \cdots & b_2^T a_m \\ \vdots & \vdots & & \vdots \\ b_{m'}^T a_1 & b_{m'}^T a_2 & \cdots & b_{m'}^T a_m \end{pmatrix} \qquad (n = n') \end{aligned}$$

후자가 곱의 정의 그 자체입니다. $\boldsymbol{a}_i\boldsymbol{b}_j^T$는 행렬, $\boldsymbol{b}_j^T\boldsymbol{a}_i$는 수라는 것을 정확히 이해하고 있습니까? 의심스럽다면 1.2.5절 '행렬에서의 성질'을 복습해 주십시오.

이런 식으로 열벡터, 행벡터를 마음대로 사용할 수 있으면 편리하게 응용할 수 있는 경우가 자주 있습니다. 예를 들어 식 (1.7)의 행렬에서 각각의 재료(고기, 콩, 쌀)에 주목하는 경우는 열벡터로, 특성(가격, 칼로리)에 주목하는 경우는 행벡터로 생각하면 예측이 쉬워집니다.

블록대각행렬

'\' 방향의 대각선상 블록이 모두 정방행렬이고, 그 외의 블록이 모두 영행렬인 것을 **블록대각행렬**이라고 합니다.

$$\begin{pmatrix} A_1 & O & O & O \\ O & A_2 & O & O \\ O & O & A_3 & O \\ O & O & O & A_4 \end{pmatrix} \equiv \mathrm{diag}(A_1, A_2, A_3, A_4)$$

대각성분에 대응하는 행렬 A_1, A_2, A_3, A_4를 **대각블록**이라고 합니다.[45]

1.28 기호 ≡는 무슨 의미인가요?

'○○를 △△라 둔다'라는 마음을 담은 =입니다. 좌변과 우변 어느 쪽이 ○○고 어느 쪽이 △△인지는 문맥을 보고 스스로 판단해 주십시오. 또한, 분야에 따라 ≡를 다른 의미로 사용할 수 있으니 주의해 주십시오(1.36도 참고).

이런 행렬은 '각 블록마다 독립적으로 변환된다'라는 형태의 사상을 나타냅니다.

$$\begin{pmatrix} y_1 \\ y_2 \\ y_3 \\ y_4 \end{pmatrix} = \begin{pmatrix} a_{11} & a_{12} & 0 & 0 \\ a_{21} & a_{22} & 0 & 0 \\ 0 & 0 & a_{33} & a_{34} \\ 0 & 0 & a_{43} & a_{44} \end{pmatrix} \begin{pmatrix} x_1 \\ x_2 \\ x_3 \\ x_4 \end{pmatrix}$$

45 물론 세로가로의 블록 수도 같다는 전제입니다. 자동으로 행렬 전체도 정방행렬이 됩니다.

예를 들어 앞의 행렬은 다음과 같이 독립된 '서브시스템(subsystem)' 두 개로 분해됩니다(그림 1-24).

$$\begin{pmatrix} y_1 \\ y_2 \end{pmatrix} = \begin{pmatrix} a_{11} & a_{12} \\ a_{21} & a_{22} \end{pmatrix} \begin{pmatrix} x_1 \\ x_2 \end{pmatrix}$$

$$\begin{pmatrix} y_3 \\ y_4 \end{pmatrix} = \begin{pmatrix} a_{33} & a_{34} \\ a_{43} & a_{44} \end{pmatrix} \begin{pmatrix} x_3 \\ x_4 \end{pmatrix}$$

❤ 그림 1-24 일반 행렬(좌)과 블록대각행렬(우). 블록대각행렬 A에서는 $\boldsymbol{y} = A\boldsymbol{x}$가 독립된 서브시스템으로 분해된다.

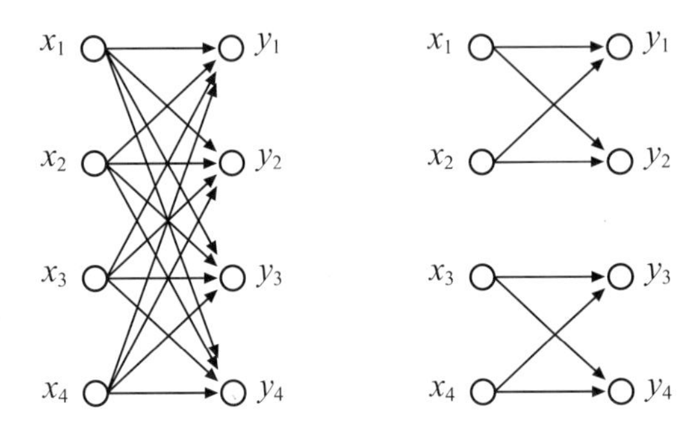

블록대각행렬의 거듭제곱이 다음과 같은 것은 블록행렬의 곱의 성질인 식 (1.14)에서 바로 알 수 있습니다.

$$\begin{pmatrix} A_1 & O & O & O \\ O & A_2 & O & O \\ O & O & A_3 & O \\ O & O & O & A_4 \end{pmatrix}^k = \begin{pmatrix} A_1^k & O & O & O \\ O & A_2^k & O & O \\ O & O & A_3^k & O \\ O & O & O & A_4^k \end{pmatrix}$$

또한, 블록대각행렬의 역행렬도 다음과 같습니다(물론 $A_1, \ldots, A_4$가 모두 역행렬이 있다는 것이 전제).

$$\begin{pmatrix} A_1 & O & O & O \\ O & A_2 & O & O \\ O & O & A_3 & O \\ O & O & O & A_4 \end{pmatrix}^{-1} = \begin{pmatrix} A_1^{-1} & O & O & O \\ O & A_2^{-1} & O & O \\ O & O & A_3^{-1} & O \\ O & O & O & A_4^{-1} \end{pmatrix}$$

의심스럽다면 diag(A_1, A_2, A_3, A_4)에 이 행렬을 곱해 단위행렬이 되는지 확인해봅니다.

또한, '대각행렬'과 함께 '블록대각행렬'도 좌표를 취하는 방법에 의존하는 개념입니다.

1.2.10 여러 가지 관계를 행렬로 나타내다 (2)

1.2.2절에서는 보기만 해도 '행렬을 곱하다'로 쓸 수 있을 것 같은 예를 제시했습니다. 여기서는 대수롭지 않은 트릭을 쓰면 '행렬을 곱하다'의 형태로 쓸 수 있는 예를 소개합니다. 처음보는 사람에게는 '트릭'이지만, 현장에서는 자주 사용되는 방법입니다. 익숙한 사람에게는 오히려 '정석'으로 생각되는 방법입니다.

고계 차분, 고계 미분

수열 $x_1, x_2, \ldots$가 다음 규칙을 만족한다고 가정합니다.

$$x_t = -0.7x_{t-1} - 0.5x_{t-2} + 0.2x_{t-3} + 0.1x_{t-4} \tag{1.15}$$

'오늘의 상태 x_t는 어제, 2일 전, 3일 전, 4일 전의 상태인 $x_{t-1}, x_{t-2}, x_{t-3}, x_{t-4}$로부터 식 (1.15)처럼 결정된다'는 것입니다. 이런 식으로 '다음 번의 상태는 최초의 상태로부터 결정된다'라는 모델은 시계열분석의 기초로 사용됩니다. 여기서,

$$\boldsymbol{x}(t) = (x_t, x_{t-1}, x_{t-2}, x_{t-3})^T$$

로 두면, 식 (1.15)는

$$\boldsymbol{x}(t) = \begin{pmatrix} x_t \\ x_{t-1} \\ x_{t-2} \\ x_{t-3} \end{pmatrix} = \begin{pmatrix} -0.7 & -0.5 & 0.2 & 0.1 \\ 1 & 0 & 0 & 0 \\ 0 & 1 & 0 & 0 \\ 0 & 0 & 1 & 0 \end{pmatrix} \begin{pmatrix} x_{t-1} \\ x_{t-2} \\ x_{t-3} \\ x_{t-4} \end{pmatrix}$$

즉,

$$\boldsymbol{x}(t) = A\boldsymbol{x}(t-1)$$

$$A = \begin{pmatrix} -0.7 & -0.5 & 0.2 & 0.1 \\ 1 & 0 & 0 & 0 \\ 0 & 1 & 0 & 0 \\ 0 & 0 & 1 & 0 \end{pmatrix}$$

처럼 '행렬을 곱하다'라는 형태로 쓸 수 있습니다.

미분 형식

$$\frac{d^4 y(t)}{dt^4} = -0.7\frac{d^3 y(t)}{dt^3} - 0.5\frac{d^2 y(t)}{dt^2} + 0.2\frac{dy(t)}{dt} + 0.1y(t)$$

에서도 마찬가지입니다.

$$\boldsymbol{y}(t) = \left(\frac{d^3 y(t)}{dt^3}, \frac{d^2 y(t)}{dt^2}, \frac{dy(t)}{dt}, y(t) \right)^T$$

로 두면,

$$\frac{d\boldsymbol{y}(t)}{dt} = \begin{pmatrix} d^4 y(t)/dt^4 \\ d^3 y(t)/dt^3 \\ d^2 y(t)/dt^2 \\ dy(t)/dt \end{pmatrix} = \begin{pmatrix} -0.7 & -0.5 & 0.2 & 0.1 \\ 1 & 0 & 0 & 0 \\ 0 & 1 & 0 & 0 \\ 0 & 0 & 1 & 0 \end{pmatrix} \begin{pmatrix} d^3 y(t)/dt^3 \\ d^2 y(t)/dt^2 \\ dy(t)/dt \\ y(t) \end{pmatrix} = A\boldsymbol{y}(t)$$

라고 쓸 수 있습니다.

이런 식으로 차분방정식이나 미분방정식으로 현상을 기술하는 방법은 공학에서 자주 사용합니다. 더 자세한 내용은 4장에서 배웁니다.

정수항의 나눗셈(제법)

$\boldsymbol{y} = A\boldsymbol{x} + \boldsymbol{b}$처럼 눈에 거슬리는 정수항 $+\boldsymbol{b}$의 탓에 아쉽게도 '행렬을 곱하다'의 형태가 되지 않는 경우가 자주 나타납니다. 이런 경우는

$$\tilde{\boldsymbol{x}} = \left(\begin{array}{c} \boldsymbol{x} \\ \hline 1 \end{array} \right), \qquad \tilde{\boldsymbol{y}} = \left(\begin{array}{c} \boldsymbol{y} \\ \hline 1 \end{array} \right)$$

로 두면,[46]

$$\tilde{\boldsymbol{y}} = \left(\begin{array}{c} \boldsymbol{y} \\ \hline 1 \end{array} \right) = \left(\begin{array}{c|c} A & \boldsymbol{b} \\ \hline \boldsymbol{o}^T & 1 \end{array} \right) \left(\begin{array}{c} \boldsymbol{x} \\ \hline 1 \end{array} \right)$$

즉, 다음과 같이 '행렬을 곱하다'라는 형태로 쓸 수 있습니다.

$$\tilde{\boldsymbol{y}} = \tilde{A}\tilde{\boldsymbol{x}}$$

$$\tilde{A} = \left(\begin{array}{c|c} A & \boldsymbol{b} \\ \hline \boldsymbol{o}^T & 1 \end{array} \right)$$

46 일종의 '블록행렬'입니다. $\boldsymbol{x} = (x_1, \ldots, x_n)^T$에 대해 $\tilde{\boldsymbol{x}} = (x_1, \ldots, x_n, 1)^T$라는 것입니다.

1.29 왜 그렇게 '행렬을 곱하다'의 형태가 중요하나요?

이런 형태로 쓸 수 있다면 선형대수의 일반론을 사용할 수 있기 때문입니다. 4장이 전형적인 예입니다.

1.2.11 좌표 변환과 행렬

좌표 변환

자, '행렬'의 개념이 준비될 때까지 미뤄두었던 이야기를 이제 정리합시다. **좌표 변환** 이야기입니다.[47] 잠시 봉인해 두었던 '기저'를 떠올려 주십시오. 같은 공간에서도 기저를 취할 수 있는 방법은 여러 가지입니다. 어떻게 기저를 취하여 좌표를 표현해도 실체로서의 벡터 자체는 같습니다. 따라서 이야기하기 쉬울 것 같은 좋은 기저를 마음먹은 대로 취하는 것이 적절합니다. 즉, 다음과 같은 상태입니다.

(원래의 기저)	문제	답
	⇕	⇕
(적절한 기저)	문제′	답′

주어진 문제에 따라 적절한 기저를 좋을대로 취합니다. 그러면 원래의 문제가 깔끔하게 알기 쉬운 문제로 변환됩니다. 이 문제를 손쉽게 풀어 답′을 구하고, 그것을 원래의 기저에 돌려주면 원하던 답을 얻을 수 있습니다.

좌표 변환의 장점을 알아 주기를 바라며 예를 하나 들겠습니다. 그림 1-25는 그림 1-10과 같은 행렬 $A = \begin{pmatrix} 1 & -0.3 \\ -0.7 & 0.6 \end{pmatrix}$에 따라 공간이 변하는 모습입니다만, 좋은 상태의 좌표를 취하면 격자에 따른 단순한 신축(늘고 줄음)이 됩니다.

이 절은 지금까지와 비교하여 조금 복잡합니다. 힘들다면 결론만 머릿속에 두고 다음으로 넘어가도 괜찮습니다.

- 좌표 변환은 '정방행렬 A를 곱한다'라는 형태로 쓸 수 있습니다. A에는 역행렬이 존재합니다.
- 반대로 역행렬을 지니는 정방행렬 A를 곱하는 것은 좌표 변환이라고 해석할 수 있습니다.

---

47 이 책에서 '좌표'는 '곧은 것'이라고 약속했습니다(1.12).

♥ 그림 1-25 (애니메이션) 좌표 변환의 장점–상단도 하단도 그림 1-10과 같은 행렬 $A = \begin{pmatrix} 1 & -0.3 \\ -0.7 & 0.6 \end{pmatrix}$에 의한 변환입니다만, 하단처럼 처음에 좋은 방향의 격자 모양을 그리면 격자에 따르는 신축이 됩니다. 즉, 이 방향을 기저로 하는 좌표를 취하면 '축을 따른 신축'이라는 단순한 모양

```
ruby mat_anim.rb -s=3 | gnuplot
```

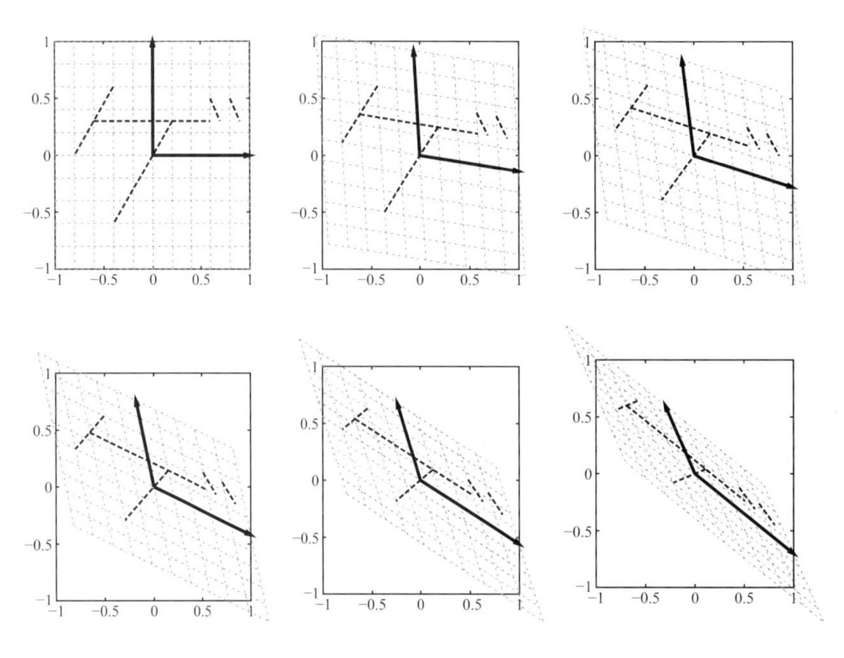

```
ruby mat_anim.rb -s=5 | gnuplot
```

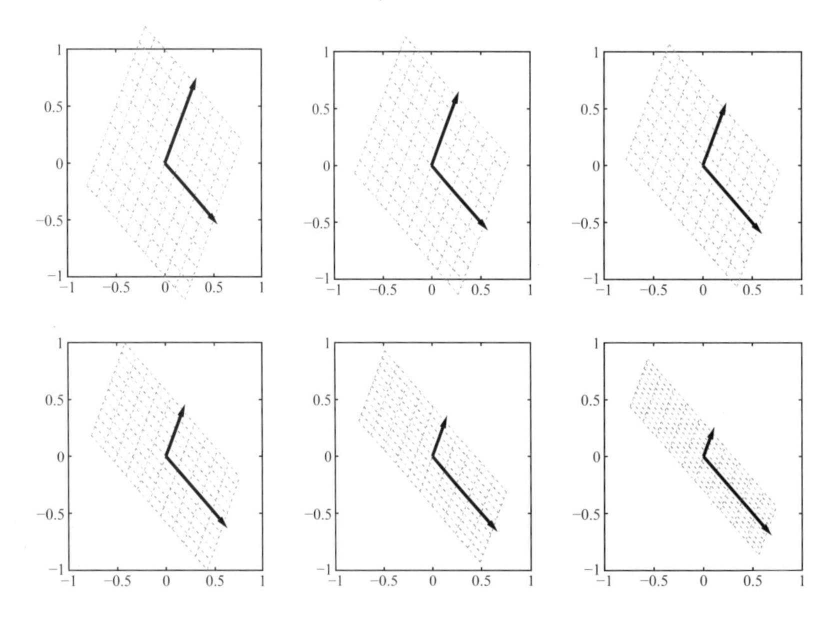

좌표 변환을 구체적으로 응용한 예는 4장을 참고해 주십시오. 여기서는 의미를 이해할 수 있도록 설명해 나가겠습니다.

먼저 이미지를 떠올리기 쉽게 2차원의 기저 변환을 생각해봅시다. 기저는 여러 가지로 취할 수 있으므로 2쌍의 기저 $(\vec{e}_x, \vec{e}_y)$, $(\vec{e}'_x, \vec{e}'_y)$를 사용하여 같은 벡터 $\vec{v}$를 다음 두 가지로 표현했다고 합니다.

$$\vec{v} = x\vec{e}_x + y\vec{e}_y = x'\vec{e}'_x + y'\vec{e}'_y \tag{1.16}$$

여기서 알고 싶은 것은 좌표 $\boldsymbol{v} = (x, y)^T$와 좌표 $\boldsymbol{v}' = (x', y')^T$과의 대응관계(한 쪽에서 다른 한 쪽을 구하는 변환 규칙)입니다. 이 변환 규칙 덕분에 문제 ⇔ 문제', 답 ⇔ 답'은 자유자재로 변환하여……라는 좀 전의 이야기가 가능해지기 때문입니다. 그 대응관계는 물론 기저 $(\vec{e}_x, \vec{e}_y)$와 기저 $(\vec{e}'_x, \vec{e}'_y)$의 관계에서 결정됩니다. 예를 들어

$$\vec{e}'_x = 3\vec{e}_x - 2\vec{e}_y \tag{1.17}$$
$$\vec{e}'_y = -\vec{e}_x + \vec{e}_y \tag{1.18}$$

였을 때,[48] $\boldsymbol{v} = (x, y)^T$와 $\boldsymbol{v}' = (x', y')^T$의 관계는 어떻게 될까요? 식 (1.17)과 식 (1.18)을 식 (1.16)에 대입하면 다음과 같습니다.

$$\vec{v} = x'\vec{e}'_x + y'\vec{e}'_y = x'(3\vec{e}_x - 2\vec{e}_y) + y'(-\vec{e}_x + \vec{e}_y) = (3x' - y')\vec{e}_x + (-2x' + y')\vec{e}_y$$

이것과 $\vec{v} = x\vec{e}_x + y\vec{e}_y$이 같으므로[49]

$$x = 3x' - y' \tag{1.19}$$
$$y = -2x' + y' \tag{1.20}$$

이를 x', y'에 대해 풀면[50]

$$x' = x + y \tag{1.21}$$
$$y' = 2x + 3y \tag{1.22}$$

이것이 좌표 $\boldsymbol{v} = (x, y)^T$에서 $\boldsymbol{v}' = (x', y')^T$로의 변환 규칙입니다. 사실 이것은 당연한 이야기입니다. 예를 들어 후지산의 높이 = 3776m = 3.776km입니다. 단위가 1000배(1km = 1000m)가 되면 값은 1/1000배(3.776 = 3776/1000)가 되지만, 실체(후지산의 높이)는 변하지 않습니다. 이 '단위'에 해당하는 것이 '기저', '값'에 해당하는 것이 '좌표'입니다.

---

48 $\vec{e}'_x$나 $\vec{e}'_y$도 벡터이므로 '기저' $(\vec{e}'_x, \vec{e}'_y)$를 사용하여 이런 식으로 표현할 수 있겠네요.

49 '같은 토지면 번지도 같다'(1.1.4절 '기저가 되는 조건').

50 이 예의 경우는 식 (1.19) + 식 (1.20)에서 x'가, 식 (1.19) × 2 + 식 (1.20) × 3에서 y'가 구해집니다. 일반적인 경우에 어떻게 하면 좋을지는 2.2.2절 '연립 일차방정식의 해법'을 참고해 주십시오.

좌표 변환을 행렬로 쓰다

식 (1.19) ~ (1.22)의 변환 규칙은 행렬로 정의하면 다음과 같이 쓸 수 있습니다.

$$\begin{pmatrix} x \\ y \end{pmatrix} = \begin{pmatrix} 3 & -1 \\ -2 & 1 \end{pmatrix} \begin{pmatrix} x' \\ y' \end{pmatrix}$$

$$\begin{pmatrix} x' \\ y' \end{pmatrix} = \begin{pmatrix} 1 & 1 \\ 2 & 3 \end{pmatrix} \begin{pmatrix} x \\ y \end{pmatrix}$$

일반적으로 좌표 변환은 '행렬을 곱하다'라는 형태로 쓸 수 있습니다.

실제 두 쌍의 기저 $(\vec{e}_1, \ldots, \vec{e}_n)$, $(\vec{e}'_1, \ldots, \vec{e}'_n)$에서 같은 벡터 $\vec{v}$가 다음 두 가지로 표현되었다고 합시다.

$$\vec{v} = x_1\vec{e}_1 + \cdots + x_n\vec{e}_n = x'_1\vec{e}'_1 + \cdots + x'_n\vec{e}'_n \tag{1.23}$$

좌표 $\mathbf{v} = (x_1, \ldots, x_n)^T$와 좌표 $\mathbf{v}' = (x'_1, \ldots, x'_n)^T$와의 변환 법칙은 기저 $(\vec{e}_1, \ldots, \vec{e}_n)$와 기저 $(\vec{e}'_1, \ldots, \vec{e}'_n)$의 관계에서 결정됩니다. $\vec{e}'_1, \ldots, \vec{e}'_n$도 '벡터'이므로 '기저' $(\vec{e}_1, \ldots, \vec{e}_n)$에서,

$$\begin{aligned} \vec{e}'_1 &= a_{11}\vec{e}_1 + \cdots + a_{n1}\vec{e}_n \\ &\vdots \\ \vec{e}'_n &= a_{1n}\vec{e}_1 + \cdots + a_{nn}\vec{e}_n \end{aligned} \tag{1.24}$$

이와 같이 표현됩니다. $a_{11}, a_{12}, \ldots, a_{nn}$은 어떤 수입니다. 그렇다면

$$\vec{v} = x'_1\vec{e}'_1 + \cdots + x'_n\vec{e}'_n \tag{1.25}$$

$$\begin{aligned} &= x'_1(a_{11}\vec{e}_1 + \cdots + a_{n1}\vec{e}_n) + \cdots + x'_n(a_{1n}\vec{e}_1 + \cdots + a_{nn}\vec{e}_n) \\ &= (a_{11}x'_1 + \cdots + a_{1n}x'_n)\vec{e}_1 + \cdots + (a_{n1}x'_1 + \cdots + a_{nn}x'_n)\vec{e}_n \end{aligned} \tag{1.26}$$

이 식이

$$\vec{v} = x_1\vec{e}_1 + \cdots + x_n\vec{e}_n \tag{1.27}$$

과 같아지므로[51]

$$\begin{aligned} x_1 &= a_{11}x'_1 + \cdots + a_{1n}x'_n \\ &\vdots \\ x_n &= a_{n1}x'_1 + \cdots + a_{nn}x'_n \end{aligned} \tag{1.28}$$

라는 변환 법칙이 얻어집니다. 행렬을 사용하면 다음과 같이 쓸 수도 있습니다.

51 기저에 의한 표현은 한 가지밖에 없습니다. 방금 '응?'이라고 한 사람은 앞 절을 복습합니다.

$$\mathbf{v} = A\mathbf{v}'$$

$$A = \begin{pmatrix} a_{11} & \cdots & a_{1n} \\ \vdots & & \vdots \\ a_{n1} & \cdots & a_{nn} \end{pmatrix} \tag{1.29}$$

이처럼 좌표 $\mathbf{v}' = (x'_1, \ldots, x'_n)^T$에서 좌표 $\mathbf{v} = (x_1, \ldots, x_n)^T$로의 변환 법칙을 순조롭게 구했습니다.

역방향 변환도 대시가 붙는 것과 붙지 않는 것을 바꿔서 생각하면 이끌어 낼 수 있습니다.

$$\begin{aligned} \vec{e}_1 &= a'_{11}\vec{e}_1 + \cdots + a'_{n1}\vec{e}'_n \\ &\vdots \\ \vec{e}_n &= a'_{1n}\vec{e}_1 + \cdots + a'_{nn}\vec{e}'_n \end{aligned}$$

그렇다면

$$\mathbf{v}' = A'\mathbf{v}$$

$$A' = \begin{pmatrix} a'_{11} & \cdots & a'_{1n} \\ \vdots & & \vdots \\ a'_{n1} & \cdots & a'_{nn} \end{pmatrix}$$

여기서 두 변환 행렬 A, A'는 서로 역행렬인 것에 주의합시다. $\mathbf{v} = A\mathbf{v}'$, $\mathbf{v}' = A'\mathbf{v}$라는 것은 역행렬의 정의 그대로입니다.

$$A' = A^{-1}, \qquad A = A'^{-1}, \qquad AA' = A'A = I \tag{1.30}$$

앞의 예에서 다음을 확인해 보십시오.

$$\begin{pmatrix} 3 & -1 \\ -2 & 1 \end{pmatrix}\begin{pmatrix} 1 & 1 \\ 2 & 3 \end{pmatrix} = \begin{pmatrix} 1 & 1 \\ 2 & 3 \end{pmatrix}\begin{pmatrix} 3 & -1 \\ -2 & 1 \end{pmatrix} = \begin{pmatrix} 1 & 0 \\ 0 & 1 \end{pmatrix} \tag{1.31}$$

1.30 기저 변환과 좌표 변환에서 대시가 붙는 쪽이라든지, a_{ij}의 첨자 순서(종횡 어디에 달릴까)라든지 미세하게 달라서 힘듭니다……. 시험볼 때 책이나 노트는 가지고 들어갈 수 없는데, 잘 외울수 있는 방법은 없을까요?

통째로 외우는 것은 추천하지 않습니다. 제 조언은 이렇습니다.

```
while (자신 없다)
  책을 엎어 놓는다.
  종이와 펜을 준비한다.
  스스로 변환 규칙을 이끌어 내본다.
  책을 다시 한 번 읽는다.
end
```

이렇게 말해도 본문 내용을 매번 반복하는 것은 분명히 귀찮습니다. 좀 더 깔끔하게 변환 규칙을 이끌어내는 절차를 소개하겠습니다.

식 (1.24)는

$$\boldsymbol{v}' = \begin{pmatrix} 1 \\ 0 \\ 0 \end{pmatrix} \leftrightarrow \boldsymbol{v} = \begin{pmatrix} a_{11} \\ a_{21} \\ a_{31} \end{pmatrix}$$
$$\boldsymbol{v}' = \begin{pmatrix} 0 \\ 1 \\ 0 \end{pmatrix} \leftrightarrow \boldsymbol{v} = \begin{pmatrix} a_{12} \\ a_{22} \\ a_{32} \end{pmatrix}$$
$$\boldsymbol{v}' = \begin{pmatrix} 0 \\ 0 \\ 1 \end{pmatrix} \leftrightarrow \boldsymbol{v} = \begin{pmatrix} a_{13} \\ a_{23} \\ a_{33} \end{pmatrix}$$

처럼 대응 관계가 있습니다(n = 3의 예). 식 (1.23)과 비교해 주십시오. 위의 첫 번째 식이라면 $1\vec{e}_1' + 0\vec{e}_2' + 0\vec{e}_3' = a_{11}\vec{e}_1 + a_{21}\vec{e}_2 + a_{31}\vec{e}_3$라는 부분입니다. 이것으로 $\boldsymbol{v}'$의 축에서 보면 $(1, 0, 0)^T$, $(0, 1, 0)^T$, $(0, 0, 1)^T$의 목적지를 알 수 있으니, $\boldsymbol{v}'$를 $\boldsymbol{v}$에 옮기는 행렬이 바로 보입니다.[52]

$$\boldsymbol{v} = A\boldsymbol{v}'$$
$$A = \begin{pmatrix} a_{11} & a_{12} & a_{13} \\ a_{21} & a_{22} & a_{23} \\ a_{31} & a_{32} & a_{33} \end{pmatrix}$$

물론 역방향은 $\boldsymbol{v}' = A^{-1}\boldsymbol{v}$입니다.

또한, 이런 주문도 소개하겠습니다. 특별히 해설은 없으므로 판독할 수 있는 사람 한정입니다.

$$\begin{aligned}
\vec{v} &= (\vec{e}_1, \ldots, \vec{e}_n)\begin{pmatrix} x_1 \\ \vdots \\ x_n \end{pmatrix} = (\vec{e}_1', \ldots, \vec{e}_n')\begin{pmatrix} x_1' \\ \vdots \\ x_n' \end{pmatrix} \\
&= \left\{(\vec{e}_1, \ldots, \vec{e}_n)\begin{pmatrix} a_{11} & \cdots & a_{1n} \\ \vdots & & \vdots \\ a_{n1} & \cdots & a_{nn} \end{pmatrix}\right\}\begin{pmatrix} x_1' \\ \vdots \\ x_n' \end{pmatrix} \\
&= (\vec{e}_1, \ldots, \vec{e}_n)\left\{\begin{pmatrix} a_{11} & \cdots & a_{1n} \\ \vdots & & \vdots \\ a_{n1} & \cdots & a_{nn} \end{pmatrix}\begin{pmatrix} x_1' \\ \vdots \\ x_n' \end{pmatrix}\right\}
\end{aligned}$$

---

52 '응?'이라고 한 사람은 1.2.3절 '행렬은 사상이다'를 복습합니다. '$\boldsymbol{v}'$를 $\boldsymbol{v}$에 옮기는 사상이 행렬을 곱하라는 형태도 나타내어진다'라는 것을 먼저 확인하지 않으면 안 됩니다. 1.15를 알면 식 (1.23)을 보고 '쓸 수 없다'고 판단할 수 있습니다.

이 주문에서

$$\begin{pmatrix} x_1 \\ \vdots \\ x_n \end{pmatrix} = A \begin{pmatrix} x'_1 \\ \vdots \\ x'_n \end{pmatrix} \tag{1.32}$$

$$(\vec{e}'_1, \ \dots, \ \vec{e}'_n) = (\vec{e}_1, \ \dots, \ \vec{e}_n)A \tag{1.33}$$

가 바로 보입니다. 덧붙여서 기저 변환 식 (1.17)과 식 (1.18), 좌표 변환 식 (1.21)과 식 (1.22)의 사이에

$$\begin{pmatrix} 3 & -2 \\ -1 & 1 \end{pmatrix}^T \begin{pmatrix} 1 & 1 \\ 2 & 3 \end{pmatrix} = I \tag{1.34}$$

라는 관계가 성립하는 것도 이 주문에서 금방 알 수 있습니다(^{T}는 전치행렬(1.2.12절)). 왜냐하면, 식 (1.33)을 기저 변환 식 (1.17)이나 식 (1.18)에 맞춘 형태로 고치면 다음과 같기 때문입니다.

$$\begin{pmatrix} \vec{e}'_1 \\ \vdots \\ \vec{e}'_n \end{pmatrix} = A^T \begin{pmatrix} \vec{e}_1 \\ \vdots \\ \vec{e}_n \end{pmatrix}$$

또한, 식 (1.32)를 좌표 변환 식 (1.21)이나 식 (1.22)에 맞춘 형태로 고치면 다음과 같습니다.

$$\begin{pmatrix} x'_1 \\ \vdots \\ x'_n \end{pmatrix} = A^{-1} \begin{pmatrix} x_1 \\ \vdots \\ x_n \end{pmatrix}$$

식 (1.34)를 요약하면 $(A^T)^T A^{-1} = AA^{-1} = I$이기 때문입니다.

이래도 성에 차지 않는 사람에게는 이 책의 범위를 벗어나지만, '텐서 기법'도 참고용으로 소개해두겠습니다.[53]

$$\sum_i x^i \underset{i}{\vec{e}} = \sum_{i'} x^{i'} \underset{i'}{\vec{e}} = \sum_{i,i'} x^{i'} (A^i_{i'} \underset{i}{\vec{e}}) = \sum_{i,i'} A^i_{i'} x^{i'} \underset{i}{\vec{e}} = \sum_{i,i'} (A^i_{i'} x^{i'}) \underset{i}{\vec{e}}$$

53 $x_i \to x^i$, $x'_i \to x^{i'}$, $\vec{e}_i \to \underset{i}{\vec{e}}$, $\vec{e}'_i \to \underset{i'}{\vec{e}}$, $a_{ij} \to A^i_j$처럼 기호를 치환했습니다. 위에 붙는 i, i'도 거듭제곱이 아니라 그냥 첨자입니다. 왜 상하를 구별하여 쓰는지는 참고문헌 [6]을 읽어 주십시오. **반변**, **공변**이 키워드입니다.

1.31 좌표 변환은 '정방행렬을 곱한다'라는 형태로 쓰여짐을 알았습니다. 그렇다면 반대로 정방행렬을 곱하는 것은 모두 '좌표 변환'이라 할 수 있을까요?

역행렬이 존재한다면 좌표 변환이라고 해석할 수 있습니다.[54] 이 절의 이야기를 역방향으로 더듬어 가면 알 수 있습니다. 실제로 해봅시다.

지금 식 (1.29)처럼 $\boldsymbol{v}'$를 정방행렬 A로 변환하여 $\boldsymbol{v} = A\boldsymbol{v}'$로 옮겼다고 합시다. 잠시 1.1.6절을 떠올려 주십시오. $\boldsymbol{v} = A\boldsymbol{v}'$ 같은 식은 기저를 생략하고 줄여 쓴 것입니다. 기저 $(\vec{e}_1, \ldots, \vec{e}_n)$를 제대로 붙여 쓰면 좌변 $\boldsymbol{v}$는 식 (1.27) 우변 $A\boldsymbol{v}'$는 식 (1.26)입니다.[55] 여기서 식 (1.24)처럼 $\vec{e}_1', \ldots, \vec{e}_n'$을 정의하면 식 (1.26)은 식 (1.25)로 고쳐 쓸 수 있습니다. 따라서 식 (1.27) = 식 (1.25), 즉

$$x_1\vec{e}_1 + \cdots + x_n\vec{e}_n = x_1'\vec{e}_1' + \cdots + x_n'\vec{e}_n' \tag{1.35}$$

이 식은 '어느 벡터를 기저$(\vec{e}_1', \ldots, \vec{e}_n')$로 표현할 때의 좌표가 $(x_1', \ldots, x_n')^T$이고, 다른 기저$(\vec{e}_1, \ldots, \vec{e}_n)$로 표현할 때의 좌표가 $(x_1, \ldots, x_n)^T$라는 형태입니다. 즉, $\boldsymbol{v}' \mapsto \boldsymbol{v}$는 좌표 변환으로 해석할 수 있습니다.

좋다 좋다하고 속아 넘어가서는 안 됩니다. 이렇게 만든 $(\vec{e}_1', \ldots, \vec{e}_n')$이 기저의 조건(1.1.4절)을 만족하고 있는지 아닌지, 아직 아무것도 증명되지 않았습니다. 사실 이 증명을 위해서는 A의 역행렬이 필요합니다.

우선 어떤 벡터에서 $\vec{v}$도 식 (1.25)의 형태로 쓸 수 있나 없나: 다음처럼 하면 그렇게 되는 $\boldsymbol{v}'$를 찾을 수 있습니다. $(\vec{e}_1, \ldots, \vec{e}_n)$이 기저라는 전제이므로 식 (1.27)의 형태로 쓸 수 있다는 것은 증명되었습니다. 이 $\boldsymbol{v}$에 근거하여 $\boldsymbol{v}' = A^{-1}\boldsymbol{v}$라고 취하면 식 (1.25)가 성립합니다($\boldsymbol{v} = A\boldsymbol{v}'$라면 식 (1.35)가 되는 것을 앞에서 확인했습니다).

다음으로 식 (1.25) 형태의 식은 유일한가: 만약 두 가지 $\boldsymbol{v}'$로 식 (1.25)가 성립한다면 $\boldsymbol{v} = A\boldsymbol{v}'$라고 취하므로 식 (1.27)도 두 가지 $\boldsymbol{v}$로 성립됩니다.[56] 그러나 $(\vec{e}_1, \ldots, \vec{e}_n)$은 기저라는 전제이므로 그런 것은 있을 수 없습니다.[57] 따라서 귀류법에 따라 '식 (1.25)가 성립하는 $\boldsymbol{v}'$는 유일'합니다.

---

54 '좌표 변환이 되어 있다면 역행렬이 존재할 것'은 식 (1.30)에서 확인했습니다.

55 식 (1.29)를 성분으로 분해하여 쓰면 식 (1.28)입니다.

56 속였습니다. 사실은 A에 역행렬이 있을 경우 '$\boldsymbol{v}' \neq \boldsymbol{w}'$면 $A\boldsymbol{v}' \neq A\boldsymbol{w}'$'를 제대로 표시하지 않으면 안 됩니다. 알맞은 연습문제란 느낌입니다만, 나타낼 수 있나요? 만약 $A\boldsymbol{v}' = A\boldsymbol{w}'$라면 양변에 왼쪽부터 A^{-1}를 곱하여 $\boldsymbol{v}' = \boldsymbol{w}'$이 됩니다. '$A\boldsymbol{v}' = A\boldsymbol{w}'$이고, $\boldsymbol{v}' = \boldsymbol{w}'$'와 '$\boldsymbol{v}' \neq \boldsymbol{w}'$라면 $A\boldsymbol{v}' \neq A\boldsymbol{w}'$'는 같은 것이네요(대우이기 때문입니다).

57 '○○이다'를 증명하고 싶을 때 이용하는 상투적인 방법의 하나로 '가령 ○○가 아니라 해봅시다. 그러면 …… 처럼 생각해 가면 모순이 발생한다' 이는 지금의 가정이 잘못된 것이고, 역시 ○○가 아니고선 안 된다'라는 논법입니다.

1.32 결국, 좌표 변환에서 벡터는 변하나요? 변하지 않나요?

실체로서의 화살표 $\vec{x}$는 변하지 않지만, 좌표 표현 $\boldsymbol{x}$가 변한다고 생각해 주십시오.

1.2.12 전치행렬 = ? ? ?

덧셈, 뺄셈, 곱셈에서 시작하여 거듭제곱이나 역행렬 등의 연산을 알아봤습니다. 마지막으로 하나 더 행렬의 기본적인 연산인 '전치행렬'을 설명하겠습니다. 행렬 A의 행과 열을 바꿔넣는 것을 A의 **전치행렬**이라고 하고, A^T라고 씁니다.[58] T는 Transpose의 T입니다. 예를 들면 다음과 같은 형태입니다.

$$A = \begin{pmatrix} 2 & 9 & 4 \\ 7 & 5 & 3 \end{pmatrix} \quad \rightarrow \quad A^T = \begin{pmatrix} 2 & 7 \\ 9 & 5 \\ 4 & 3 \end{pmatrix}$$

1행이 1열로, 2행이 2열로 바뀝니다. 'A^T'라고 썼을 때 'A의 전치'인지 'A의 T승'인지는 문맥을 보고 판단해 주십시오. 이 책에서는 언제나 전치의 의미입니다. 연산 순서의 약속은 기법의 외관 그대로 거듭제곱과 같습니다. AB^T는 $A(B^T)$이지 $(AB)^T$가 아닙니다.

전치의 전치는 원래대로 확실히 돌아옵니다.

$$(A^T)^T = A$$

또한, 대각행렬 D에 대해 $D^T = D$가 되는 것도 확실합니다. 조금 덜 확실하지만, 다음 내용도 기억해 주십시오.[59]

$$(AB)^T = B^T A^T$$

---

58 단순히 'A의 **전치**'라 부르는 경우도 있습니다. 또한 A^t나 ${}^tA$라고 쓰는 사람도 있습니다. 통계학에서는 A'라고 쓰는 경우도 있습니다.

59 다음과 같이 하면 일단 나타낼 수 있습니다. 우선 $A = (\boldsymbol{a}_1, \ldots, \boldsymbol{a}_m)^T$, $B = (\boldsymbol{b}_1, \ldots, \boldsymbol{b}_k)$로 행벡터, 열벡터를 분해해 둡시다. A는 $\boldsymbol{a}_1^T, \ldots, \boldsymbol{a}_m^T$라는 횡벡터들을 세로로 겹겹이 쌓은 행렬이란 것입니다. 그러면 AB의 (i, j) 성분은 $\boldsymbol{a}_i^T \boldsymbol{b}_j$가 됩니다(1.2.9절). 즉, $(AB)^T$의 (j, i) 성분이 $\boldsymbol{a}_i^T \boldsymbol{b}_j$가 되는 것입니다. 한편 $B^T = (\boldsymbol{b}_1, \ldots, \boldsymbol{b}_k)^T$와 $A^T = (\boldsymbol{a}_1, \ldots, \boldsymbol{a}_m)$의 곱 $B^T A^T$에 대해 (j, i) 성분은 위와 똑같이 $\boldsymbol{b}_j^T \boldsymbol{a}_i$입니다. 자, $\boldsymbol{a}_i^T \boldsymbol{b}_j$와 $\boldsymbol{b}_j^T \boldsymbol{a}_i$는 같은가요? 답은 '같다'입니다. 왜냐하면, 일반적으로 차원이 같은 벡터 $\boldsymbol{x} = (x_1, \ldots, x_n)^T$, $\boldsymbol{y} = (y_1, \ldots, y_n)^T$에 대해, $\boldsymbol{x}^T \boldsymbol{y} = \boldsymbol{y}^T \boldsymbol{x} = x_1 y_1 + \cdots + x_n y_n$이기 때문입니다. 증명은 해보았지만 의미가 그다지 명확하지 않아 안타깝네요. 의미를 알 수 있는 설명은 부록 E 1.5절 '전치행렬'을 봐주십시오.

많이 있으면 $(ABCD)^T = D^T C^T B^T A^T$처럼 됩니다.

연습 삼아 정방행렬 A에 대해 다음 공식을 확인해봅시다.

$$(A^{-1})^T = (A^T)^{-1}$$

$(A^{-1})^T$이 A^T의 역행렬이 되는 것을 확인하고 싶은 것이므로 실제로 곱하여 단위행렬 I가 되는지 보면 됩니다.[60] 해봅시다. $B^T A^T = (AB)^T$에 주의합니다.

$$(A^{-1})^T A^T = (AA^{-1})^T = I^T = I$$

마지막 부분은 단위행렬이 대각행렬인 것을 이용했습니다. 또한, 이 $(A^{-1})^T$를 A^{-T}로 줄여 쓰기도 합니다.

여기까지 설명했습니다만, 사실 1장에서 전치에 대해 설명하는 것은 올바르지 못합니다. 조작 자체는 간단합니다만, 사상으로서의 의미는 무엇일까요? 단순한 '선형 공간'이라면 이 질문에 답할 수 없습니다. 내적이라는 새로운 기능을 선형 공간에 추가하지 않으면 전치에 의미를 부여할 수 없습니다. 자세한 내용은 부록 E.1.5절 '전치행렬'을 봐 주십시오.

또한, 전치는 대부분 실행열에 대한 이야기입니다. 복소행렬에서는 보통의 전치 A^T보다도 **공역전치**

$$A^* = \bar{A}^T$$

의 쪽이 활약합니다.[61] $\bar{A}$는 A의 각 성분의 **복소공역**[62]을 취한 것입니다. 예를 들어보겠습니다.

$$A = \begin{pmatrix} 2+i & 9-2i & 4 \\ 7 & 5+5i & 3 \end{pmatrix} \quad \to \quad A^* = \begin{pmatrix} 2-i & 7 \\ 9+2i & 5-5i \\ 4 & 3 \end{pmatrix}$$

공역전치에 대해서도 다음이 성립합니다.

$$(A^*)^* = A$$
$$(AB)^* = B^* A^*$$
$$(A^{-1})^* = (A^*)^{-1}$$

---

60 '응?'이라고 한 사람은 역행렬의 정의(1.2.8절)를 복습합니다.

61 $A^\dagger$라고 쓰는 사람도 있습니다.

62 복소수 $z = 3 + 2i$에 대해 $\bar{z} = 3 - 2i$처럼 **허수성분**의 부호를 반전시킨 것입니다.

1.33 복소행렬이면 왜 공역전치가 활약하나요?

부록 E 1.6절 '복소내적 공간'을 참고해 주십시오.

1.2.13 보충 (1) 크기에 집착하라

문자식에서 $\boldsymbol{y} = A\boldsymbol{x}$나 $c = \boldsymbol{y}^T\boldsymbol{x}$라고 쓰면 무의식중에 실체를 잊어버리기 쉽습니다. 이 경우 다음과 같이 실제 모습을 떠올려 보십시오.

조언하고 싶은 것은 '크기에 집착하라'입니다. 각 문자가 수인지, 벡터인지, 행렬인지, 덧셈, 곱셈의 차원은 맞는지 등 꾀부리지 말고 '벡터는 두꺼운 글씨'를 지키라고 하는 것도 그 일환입니다.

'크기에 집착하라'의 의의를 실감할 수 있도록 모의시험을 해봅시다. 다음 내용은 기력이 충분할 때 읽어 주십시오.

모의시험 (1)

10차원 종벡터 $\boldsymbol{x} = (x_1, \ldots, x_{10})^T$, $\boldsymbol{v} = (v_1, \ldots, v_{10})^T$에 대해

$$\boldsymbol{y} = \boldsymbol{x}\boldsymbol{x}^T(I + \boldsymbol{v}\boldsymbol{v}^T)\boldsymbol{x}$$

를 계산하시오.

이 문제는 어떤 순서로 계산할까요? I는 물론 10차 단위행렬입니다.

아무것도 생각하지 않은 해답은 다음과 같습니다.

1. $\boldsymbol{x}\boldsymbol{x}^T$를 계산합니다. 답은 10×10 행렬입니다.

$$\begin{pmatrix} x_1^2 & x_1x_2 & \cdots & x_1x_{10} \\ x_2x_1 & x_2^2 & \cdots & x_2x_{10} \\ \vdots & \vdots & & \vdots \\ x_{10}x_1 & x_{10}x_2 & \cdots & x_{10}^2 \end{pmatrix} \qquad (가)$$

2. $\boldsymbol{v}\boldsymbol{v}^T$도 똑같이 계산합니다. 답은 10×10 행렬입니다.
3. 2번과 I를 더합니다. 답은 10×10 행렬입니다. (나)
4. (가)와 (나)를 곱합니다. 답은 10×10 행렬입니다.
5. 거기에 오른쪽부터 $\boldsymbol{x}$를 곱합니다. 답은 10차원 종벡터입니다.

그러나 공부하면 좀 더 쉽게 계산할 수 있습니다.

$$\boldsymbol{y} = \boldsymbol{x}\boldsymbol{x}^T\boldsymbol{x} + \boldsymbol{x}\boldsymbol{x}^T\boldsymbol{v}\boldsymbol{v}^T\boldsymbol{x}$$

우선은 위와 같이 전개해 둡시다.[63] 여기서 $\boldsymbol{x}\boldsymbol{x}^T\boldsymbol{x}$나 $\boldsymbol{x}\boldsymbol{x}^T\boldsymbol{v}\boldsymbol{v}^T\boldsymbol{x}$와 같은 곱셈은 행렬의 곱이라고 해석할 수 있지만, '좌우를 바꾸지 않는다면 어디에 괄호를 붙여도 결과는 같습니다.'[64] 그래서 $\boldsymbol{x}(\boldsymbol{x}^T\boldsymbol{x})$나 $\boldsymbol{x}(\boldsymbol{x}^T\boldsymbol{v})(\boldsymbol{v}^T\boldsymbol{x})$처럼 괄호를 붙이면 쉬워집니다(괄호 안은 숫자가 되므로). 이런 식으로 생각하면 다음과 같은 훌륭한 순서를 얻을 수 있습니다.

1. $a = \boldsymbol{x}^T\boldsymbol{x} = x_1^2 + \cdots + x_{10}^2$를 계산합니다. 결과는 숫자입니다.
2. $b = \boldsymbol{x}^T\boldsymbol{v} = x_1v_1 + \cdots + x_{10}v_{10}$를 계산합니다. 결과는 숫자입니다. 이것은 $\boldsymbol{v}^T\boldsymbol{x}$와도 같다는 것에 주의합니다.
3. $c = a + b^2$를 계산합니다. 결과는 물론 숫자입니다.
4. $c\boldsymbol{x} = (cx_1, \ldots, cx_{10})^T$를 계산합니다. 결과는 10차원 벡터입니다.

행렬 계산 프로그램을 쓸 때는 큰 행렬이 도중에 나오지 않도록 순서를 이리저리 따져보는 것이 요령입니다.

63 1항은 $\boldsymbol{x}\boldsymbol{x}^T I\boldsymbol{x}$입니다만, 단위행렬을 곱해도 결과는 원래와 같으므로…….

64 '응?'이라고 한 사람은 1.2.4절 '행렬의 곱 = 사상의 합성'이나 1.2.5절 '행렬 연산의 성질'을 복습합니다.

모의시험 (2)

n차 정방행렬 A와 n차원 종벡터 $\boldsymbol{b}$, $\boldsymbol{c}$에 대해 A^{-1}이 존재하고, $\boldsymbol{c}^T A^{-1}\boldsymbol{b} \neq -1$을 만족시킬 때

$$(A+\boldsymbol{b}\boldsymbol{c}^T)^{-1} = A^{-1} - \frac{A^{-1}\boldsymbol{b}\boldsymbol{c}^T A^{-1}}{1+\boldsymbol{c}^T A^{-1}\boldsymbol{b}}$$

와 같다면 이 공식이 성립하는 것을 보여라.

이 문제를 풀 수 있다면 행렬 계산에 자신감을 가져도 됩니다. 이 공식은 축차적 최소자승법이나 칼만 필터 등 축차적 알고리즘에서 활용합니다. 덧붙여 말하면 보다 일반적인 다음과 같은 공식도 있습니다.

$$(A + BDC)^{-1} = A^{-1} - A^{-1}B(D^{-1} + CA^{-1}B)^{-1}CA^{-1}$$

그럼 해답입니다. '역행렬 구하는 방법'을 복습하려고 한 사람은 없나요? '역행렬'이라고 들었을 때 정의 그대로 '곱하여 단위행렬이 되는 것인가'라고 생각하는 것이 첫 번째입니다. '역행렬 구하는 방법'보다 '역행렬의 정의, 의미'가 중요하다는 충고를 반복합니다.

그러면 우변에 $(A + \boldsymbol{b}\boldsymbol{c}^T)$를 곱해봅시다. 좌우 어디부터라도 별로 상관없습니다만, 여기서는 오른쪽부터 곱해봅니다.

$$\left(A^{-1} - \frac{A^{-1}\boldsymbol{b}\boldsymbol{c}^T A^{-1}}{1+\boldsymbol{c}^T A^{-1}\boldsymbol{b}}\right)(A+\boldsymbol{b}\boldsymbol{c}^T) \tag{1.36}$$

$$= A^{-1}(A+\boldsymbol{b}\boldsymbol{c}^T) - \frac{A^{-1}\boldsymbol{b}\boldsymbol{c}^T A^{-1}(A+\boldsymbol{b}\boldsymbol{c}^T)}{1+\boldsymbol{c}^T A^{-1}\boldsymbol{b}} \tag{1.37}$$

$$= I + A^{-1}\boldsymbol{b}\boldsymbol{c}^T - \frac{A^{-1}\boldsymbol{b}\boldsymbol{c}^T A^{-1}(A+\boldsymbol{b}\boldsymbol{c}^T)}{1+\boldsymbol{c}^T A^{-1}\boldsymbol{b}} \tag{1.38}$$

마지막 항의 분자는 다음과 같습니다.

$$A^{-1}\boldsymbol{b}\boldsymbol{c}^T A^{-1}(A + \boldsymbol{b}\boldsymbol{c}^T) = A^{-1}\boldsymbol{b}\boldsymbol{c}^T + A^{-1}\boldsymbol{b}\boldsymbol{c}^T A^{-1}\boldsymbol{b}\boldsymbol{c}^T \tag{1.39}$$

여기서 다음에 주의하십시오.

$$A^{-1}\boldsymbol{b}\boldsymbol{c}^T A^{-1}\boldsymbol{b}\boldsymbol{c}^T = A^{-1}\boldsymbol{b}(\boldsymbol{c}^T A^{-1}\boldsymbol{b})\boldsymbol{c}^T = (\boldsymbol{c}^T A^{-1}\boldsymbol{b})A^{-1}\boldsymbol{b}\boldsymbol{c}^T$$

이렇게 되는 이유는 이미 알고 있지요? 모의시험 (1)과 마찬가지로 '행렬의 곱은 어디에 괄호를 붙여도 같고', '묶어낸 $\boldsymbol{c}^T A^{-1}\boldsymbol{b}$는 보통의 숫자'이기 때문입니다.

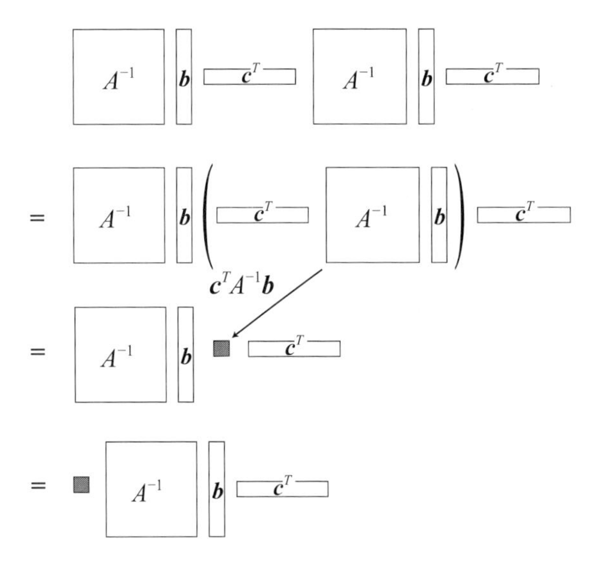

이런 실제 모습이 머리에 떠오르는지 한 번 더 확인해 주십시오. 이렇게 하여

식 (1.39) $= A^{-1}\boldsymbol{b}\boldsymbol{c}^T + (\boldsymbol{c}^T A^{-1}\boldsymbol{b})A^{-1}\boldsymbol{b}\boldsymbol{c}^T = (1 + \boldsymbol{c}^T A^{-1}\boldsymbol{b})A^{-1}\boldsymbol{b}\boldsymbol{c}^T$

와 같이 정리됩니다. 이제 이를 대입하면 다음 결과를 얻을 수 있습니다.

식 (1.38) $= I + A^{-1}\boldsymbol{b}\boldsymbol{c}^T - \dfrac{(1+\boldsymbol{c}^T A^{-1}\boldsymbol{b})A^{-1}\boldsymbol{b}\boldsymbol{c}^T}{1+\boldsymbol{c}^T A^{-1}\boldsymbol{b}} = I + A^{-1}\boldsymbol{b}\boldsymbol{c}^T - A^{-1}\boldsymbol{b}\boldsymbol{c}^T = I$

1.2.14 보충 (2) 성분으로 말하면

'지면(문장 구성, 배열)에만 집중하지 말고, 기하학적인 이미지를 소중하게'라는 생각에서 지금까지는 성분으로의 표현을 일부러 피해서 설명했습니다. 그러나 프로그램을 쓸 때는 끈질기게 성분을 다룰 필요가 있습니다. 각 개념을 성분으로 말하면 어떻게 되는지 이번 절에서 정리해봅시다. '⇔'는 동치를 의미하는 기호입니다.

$m \times n$ 행렬 $A = (a_{ij})$에 대해

- A가 **영행렬** ⇔ 모든 i, j에 대해 $a_{ij} = 0$
- A가 **단위행렬** ⇔ 모든 i, j에 대해($m = n$이면) $a_{ij} = \begin{cases} 1(i=j) \\ 0(i \neq j) \end{cases}$
- A가 **대각행렬** ⇔ 모든 $i, j(i \neq j)$에 대해($m = n$이면) $a_{ij} = 0$
- A의 **전치행렬**이 $B = (b_{kl})$ ⇔ 모든 i, j에 대해(B는 $n \times m$ 행렬이고) $b_{ji} = a_{ij}$

1.3 행렬식과 확대율

1장에서는 '벡터', '행렬'이라는 선형대수의 주역들을 소개하고 있습니다. 여기에 더하여 쓸 만한 보조역인 '행렬식'을 살펴보겠습니다.

1.3.1 행렬식 = 부피 확대율

정방행렬 $A=\begin{pmatrix} 1.5 & 0 \\ 0 & 0.5 \end{pmatrix}$는 그림 1-26과 같은 변환을 나타냅니다.

▼ 그림 1-26 (애니메이션) $A=\begin{pmatrix} 1.5 & 0 \\ 0 & 0.5 \end{pmatrix}$에 의한 변환

```
ruby mat_anim.rb -s=0 | gnuplot
```

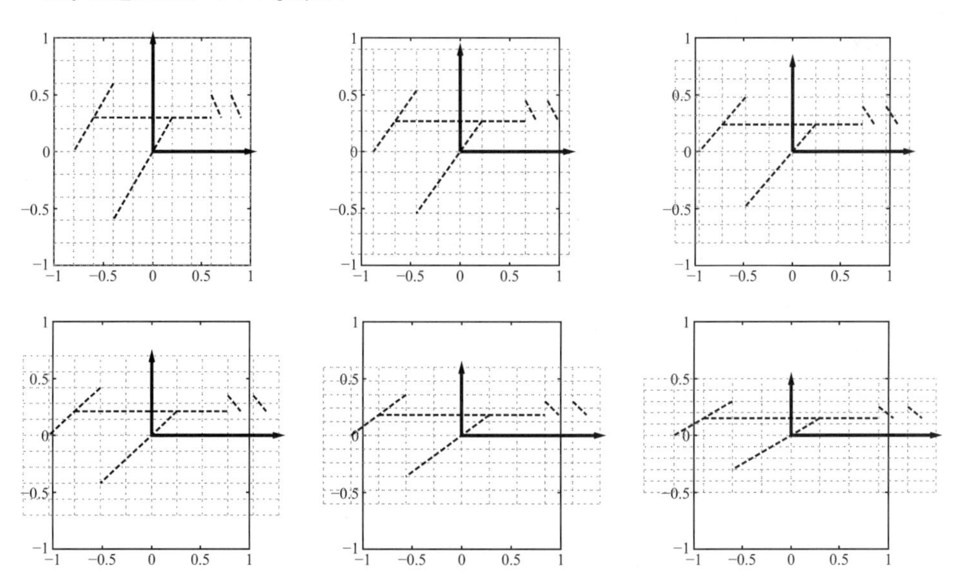

그림 1-26에서는 원래의 도형이 가로 1.5배, 세로 0.5배로 확대되어 면적은 $1.5 \times 0.5 = 0.75$배가 됩니다. 다른 정방행렬 $B=\begin{pmatrix} 1 & -0.3 \\ -0.7 & 0.6 \end{pmatrix}$라면 변환은 그림 1-27, 면적은 0.39배가 됩니다.

▼ 그림 1-27 (애니메이션) 행렬 $B = \begin{pmatrix} 1 & -0.3 \\ -0.7 & 0.6 \end{pmatrix}$에 의한 변환

```
ruby mat_anim.rb -s=3 ¦ gnuplot
```

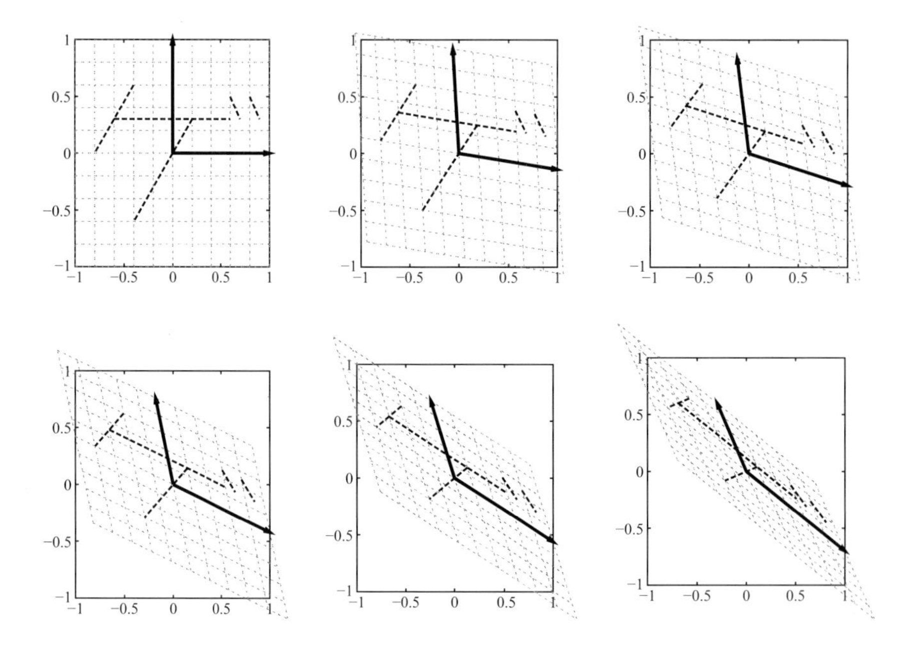

면적 확대율은 원래 도형의 위치나 모양과 관계 없습니다. 이런 면적 확대율에 관한 것을 그 행렬의 **행렬식**(determinant)이라고 하고,

$$\det A = 0.75, \quad \det B = 0.39$$

또는 다음과 같이 씁니다.

$$|A| = 0.75, \quad |B| = 0.39$$

det이라고 쓰는 방식이나 $|\cdot|$라고 쓰는 방식 모두 자주 사용되므로 둘다 기억해 주십시오.

3차 정방행렬이라면 행렬식은 '부피 확대율'을 말합니다(그림 1-28).

▼ 그림 1-28 행렬식 = 부피 확대율. 'A에서 도형을 변환하면 원래의 도형과 비교하여 부피가 몇 배가 되는가'가 $\det A$

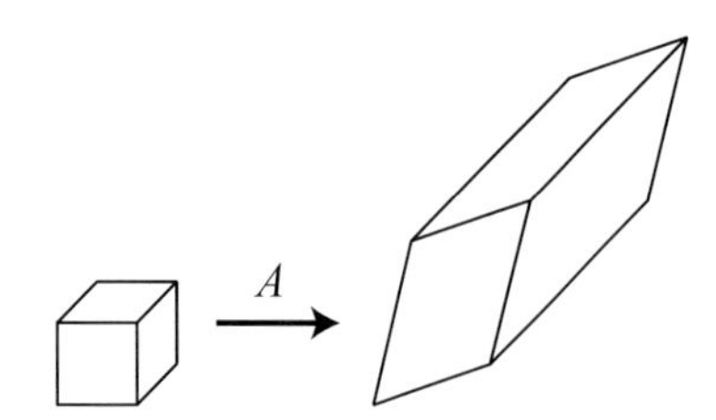

일반적으로 n차 정방행렬 A에 대해 'n차원 판의 부피'의 확대율이 행렬식 $\det A$입니다.

2차 정방행렬 $A = (\boldsymbol{a}_1, \boldsymbol{a}_2)$의[65] 행렬식은 '벡터 $\boldsymbol{a}_1$, $\boldsymbol{a}_2$가 정하는 평행사변형의 면적'이라고 해석할 수도 있습니다. 왜냐하면, 면적 1의 정사각형을 A로 변환한 결과가 평행사변형이기 때문입니다(그림 1-29).[66] 마찬가지로 3차 정방행렬 $A = (\boldsymbol{a}_1, \boldsymbol{a}_2, \boldsymbol{a}_3)$의 행렬식은 '벡터 $\boldsymbol{a}_1$, $\boldsymbol{a}_2$, $\boldsymbol{a}_3$가 정하는 평행육면체[67]의 부피'라고 해석할 수 있습니다.

▼ 그림 1-29 행렬식은 평행사변형의 면적(2차원)이나 평행육면체의 부피(3차원)

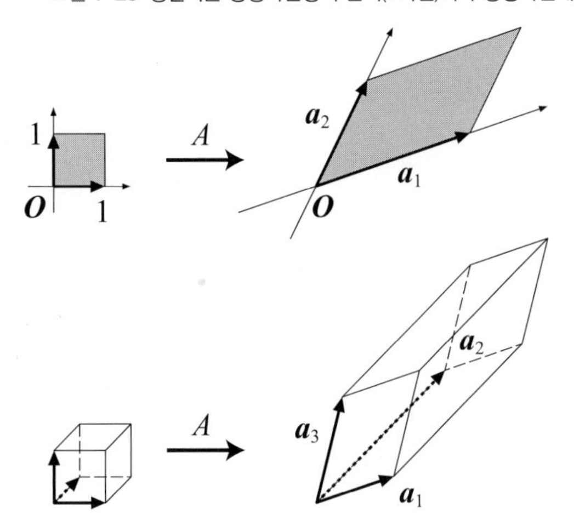

또한, 도형이 '뒤집음(거울에 비친 상)'이 되는 경우는 '음의 확대율'로 나타내기도 합니다.

---

65 $A = \begin{pmatrix} a & b \\ c & d \end{pmatrix}$에 대해 $\boldsymbol{a}_1 = (a, c)^T$, $\boldsymbol{a}_2 = (b, d)^T$로 두었다는 것입니다. '응?'이라고 한 사람은 행벡터, 열벡터(1.2.9절)를 복습합니다.

66 '응?'이라고 생각한 사람은 $\boldsymbol{a}_1$이나 $\boldsymbol{a}_2$가 $(1, 0)^T$나 $(0, 1)^T$의 이동점인 것을 복습합니다(1.2.3절). 또한, 원래가 사교 좌표(데카르트 좌표)인 경우도 생각하면 엄밀하게는 '$(1, 0)^T$나 $(0, 1)^T$로 생기는 평행사변형의 면적을 1로 하여……'라고 해야 합니다.

67 평행사변형은 '대변이 평행'이었습니다만, 평행육면체는 '대면이 평행'입니다. 직육면체를 기울여서 각 면의 형태를 평행사변형으로 한 것입니다.

✔ 그림 1-30 뒤집음(왼손이 오른손으로 변한다)이 되는 경우 부피 확대율(=행렬식)은 음수

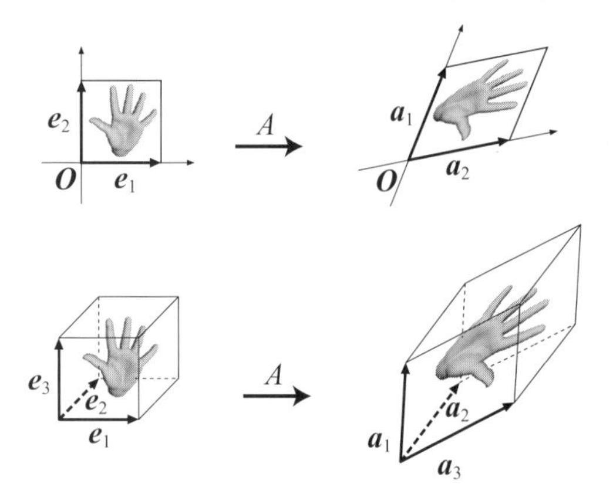

또한, 도형이 납작하게 되는 경우는 확대율이 0입니다(그림 1-31).

✔ 그림 1-31 납작하게 눌리면 부피 확대율(= 행렬식)은 0

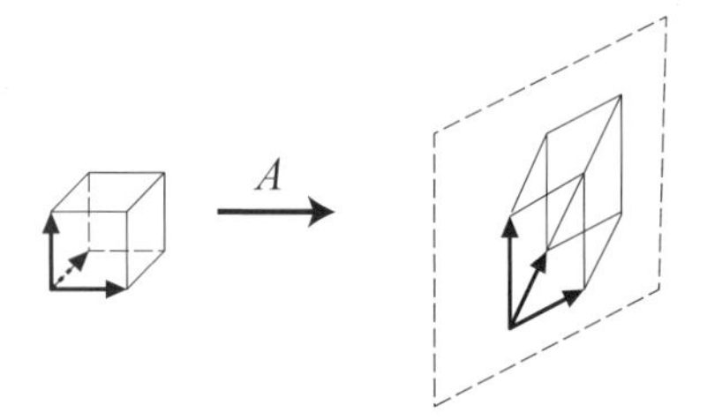

그림 1-20, 그림 1-21과 '총정리 – 애니메이션으로 보는 선형대수'도 참고해 주십시오. 구체적인 계산법도 중요하지만, 그 전에 이와 같은 의미를 제대로 이해해야 합니다.

1.34 '부피 확대율'을 알면 뭐가 좋은가요?

해석학에서 배우듯이 적분은 그래프의 면적, 이중적분은 3차원 그래프의 부피로 해석됩니다. 이 때문에 '다중적분의 변수 변환'에서는 행렬식이 본질적인 역할을 합니다. 해석학 교과서에서 '야코비안(Jacobian)'을 참고해 주십시오.

또한, 단위 부피당 양인 '밀도'의 이야기에서도 행렬식이 효과를 발휘합니다. 확률 통계를 배우면 '확률변수의 변환에 따른 확률밀도함수의 변환'에서 행렬식이 필요합니다. 공간을 늘이면 '부피확대론'에 응하여 '밀도'가 내려가기 때문입니다.

또 하나 중요한 의의로 '중첩의 검출(겹침의 검출)'이 있습니다. 그림 1-31처럼 '납작하게 눌리는' 경우에는 부피 확대율이 0입니다. 즉, 납작하게 눌리는 경우는 행렬식이 0입니다. 반대로도 말할 수

있어서 행렬식이 0이면 납작하게 눌려 있을 것입니다. 따라서 행렬식을 구하면 그 행렬이 공간을 납작하게 누르는지 아닌지 판단할 수 있습니다. 왜 이렇게 '납작하게'를 신경 쓰는지 기억하나요? 1.2.8절에서 설명했듯이 '납작하게'는 '역행렬이 존재하지 않음'을 의미합니다. 이 의미가 얼마나 결정적인지는 2장에서 충분히 설명하겠습니다.

1.35 '납작하게', '뒤집음(거울상)'이라니 애매합니다. 제대로 행렬식의 공식을 가르쳐주지 않으면 안 것 같지 않습니다.

'행렬식이란 무엇인가'를 모르고는 '행렬식의 계산법'을 배워도 소용없습니다. 가장 중요한 것은 본문에 서술한 '진심의 의미'를 아는 것입니다. 그렇기 때문에 공식(계산법)은 뒤로 미룹니다. 단, 진심이란 것은 아무리 잘 알아듣도록 여러 가지로 말해도 완전하게 전해지지 않습니다. 그러므로 엄밀한 토론을 위해서는 '격식 차린 정의'가 필요합니다. 갖춰 입은 모습도 모처럼이므로 살짝 훔쳐 보기로 합시다.

여기서 말하는 '납작한 것'이란 1.2.8절에서 서술했듯이 '다른 점들이 같은 점으로 이동한다'는 것입니다. 즉, $A\mathbf{x} = A\mathbf{x}'$가 되는 $\mathbf{x} \neq \mathbf{x}'$가 존재합니다. 이것이 $\det A = 0$과 같은 값이어야 합니다. 더 구체적인 설명은 '역행렬을 다시 쓰다(1.3.5절)'를 참고합니다.[68]

여기서 말하는 '뒤집음(거울상)'이란 '원래의 상태에서 연속적으로 변형(모핑)하여 그 상태에 도달하고자 하면 도중에 어찌하더라도 '납작한 것'이 되어 버린다'라는 것입니다. 즉, 출발이 $F(0) = I$이고, 끝이 $F(1) = A$인 행렬값의 연속함수[69] $F(t)$에서 도중에 어느 t에서도 $\det F(t) \neq 0$이 되는 그런 F는 만들 수 없다는 것입니다.[70] 다음과 같이 하면 $\det A < 0$일 때 이런 F를 만들 수 없는 것을 알 수 있습니다.

실수를 먹고 실수를 뱉는 함수 $f(t) = \det F(t)$를 생각해 봅시다. 처음은 $f(0) = \det I = 1$, 끝은 $f(1) = \det A < 0$. 연속적으로 변하여 이렇게 된다면 도중에 꼭 $f(t) = 0$을 지났을 것입니다.[71] 따라서 도중에 분명히 눌립니다(일그러집니다).

또한, 반대로 '$\det A > 0$이면 F를 만들 수 있다'라는 쪽도 나타내지 않으면 안 되지만 생략합니다.

---

68 이 참조에서는 '$\det A = 0$이면 역행렬이 존재하지 않는 것과 동치'란 것이 나타나 있습니다. '역사상이 존재하지 않는다'와 '$A\mathbf{x} = A\mathbf{x}'$가 되는 $\mathbf{x} \neq \mathbf{x}'$가 존재한다'의 동치성에 대해서는 한참 뒤 2.4.1절에서 설명합니다.

69 0에서 1까지의 실수 t를 먹고 행렬 $F(t)$를 뱉는 것과 같은 함수에서 t를 움직이면 행렬 $F(t)$가 연속적으로 변한다는 것입니다. '연속'의 정의는 생략합니다.

70 A 자신이 '납작한 것'인 경우는 제외합시다. 그리고 제대로 선언하지는 않았습니다만, 여기서는 실행렬만을 생각하고 있습니다(복소행렬에 대해서는 바로 뒤의 1.38에서 설명합니다).

71 '중간값의 정리'입니다. 사실은 'F가 연속하면 f도 연속'을 증명하지 않으면 안 되지만, 생략합니다.

1.36 절댓값과 같은 기호인데 |A|가 음이 된다니…….

그렇습니다. 그러니 그렇다고 인정해 주십시오. 하는 김에 좀 더 혼란스럽게 하면 집합 A에 대해 그 요소 수를 $|A|$로 나타내는 것도 자주 볼 수 있는 양식입니다. 모두 우연히 같은 기호를 쓰고 있으므로 의미는 $|\cdot|$의 내용(안에 들어있는 것)이 무엇인지, 수가 행렬인지 집합인지 등을 항상 의식하여 판단해 주십시오. 보기 쉬운 기호란 한정되어 있으니 반복하여 사용해야 하기 때문이겠지요. 그래도 C++나 Ruby 같은 요즘의 프로그래밍 언어를 잘 쓰는 사람이라면 이런 연산자의 다중정의(대상의 형태에 따라 처리가 바뀐다)도 잘 이해하겠지요. 덧붙이자면 이 책에서는 행렬식을 $\det$로 쓰기도 합니다.

1.37 그렇다 해도 |−7|이라 쓴 경우에 '숫자 −7의 절댓값'인지 '1×1행렬 (−7)의 행렬식'인지 구별할 수 없어 곤란하지 않을까요?

이론적으로는 그렇습니다. 프로그래머 입장에서 보면 용서할 수 없는 '애매함'일지도 모릅니다만, 뭐 사람 앞에서는 언제나 원칙밖에 이야기하지 않는 '수학'이 드물게 인간처럼 틈을 보여줬다는 것으로 괜찮지 않을까요?

1.38 A가 복소행렬인 경우는요?

복소행렬이면 '부피 확대율'이란 언어로 생각하는 것은 힘드네요. 뒤의 1.3.3절 '행렬식의 계산법 (1) 수식 계산'에서 행렬식을 수식으로 다시 씁니다. 그 수식으로 복소행렬의 행렬식도 정의하기로 합니다. 실행렬의 행렬식은 실수입니다만, 복소행렬의 행렬식은 일반적으로 복소수입니다. 또한, 복소행렬까지 포함하여 생각하면 '뒤집음(거울상)'은 의미를 잃게 됩니다. A 자신이 '납작한 것'이 아닌 이상 언제라도 1.35처럼 $F(t)$를 만들 수 있기 때문입니다. 실제 '납작한 것(행렬식이 0)'이 우회하여 '뒤집음(행렬식이 음)'에 이를 수 있음을 다음 그림에서도 상상할 수 있습니다('복소평면'이란 개념에 익숙하지 않다면 부록 B를 참고해 주십시오).

▼ 그림 1-32 복소행렬까지 허용된다면 '납작하게(행렬식이 0)'를 우회하여 '뒤집음(행렬식이 음)'에 이를 수도 있다.

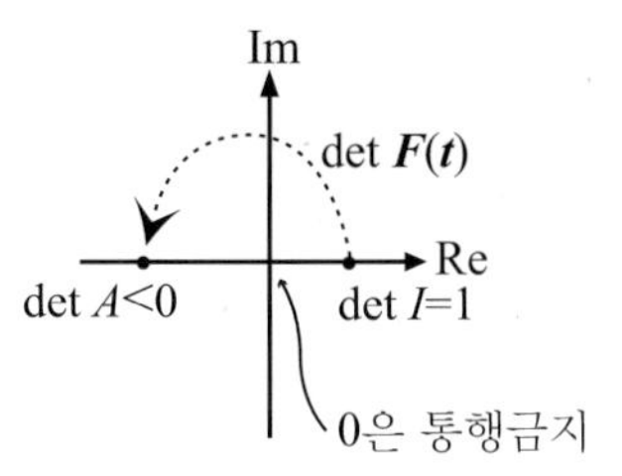

1.39 정방이 아닌 경우는요?

정방이 아닌 행렬에서 행렬식은 정의되지 않습니다.

1.3.2 행렬식의 성질

한눈에 들어오는 성질

'행렬은 사상이다', '행렬식 = 부피 확대율'이란 관점으로 보면 다음 성질은 한눈에 알 수 있겠지요?

$$\det I = 1$$
$$\det(AB) = (\det A)(\det B)$$

첫 번째 식은 '원래 그대로이므로 부피는 1배'이고, 두 번째 식은 '우선 B에서 부피가 $\det B$배'가 되고, 그것이 A에서 $\det A$배가 되는 것이므로 B하고 A하면 부피는 $(\det A)(\det B)$배입니다. 양쪽 모두를 사용하여 $(\det A)(\det A^{-1}) = \det(AA^{-1}) = \det I = 1$입니다. 즉,

$$\det A^{-1} = \frac{1}{\det A} \tag{1.40}$$

을 알 수 있습니다. A^{-1}의 의미(A한 것을 원래대로 돌려놓다)로 보아도 이는 당연합니다.

$\det A = 0$이면 A^{-1}은 존재하지 않는다.

라는 것도 알 수 있습니다.[72] 만약 A^{-1}이 존재하면 $(\det A)(\det A^{-1}) = 1$에서 '0에 무언가를 곱하여 1이 된다'라는 불합리한 결과가 나오기 때문입니다.

마찬가지로 사상으로서의 의미에 따라 다음 내용도 분명해집니다.

$$\det(\mathrm{diag}(a_1, \ldots, a_n)) = a_1 \cdots a_n$$

대각행렬 $\mathrm{diag}(a_1, \ldots, a_n)$이 나타내는 사상은 '1축 방향으로 a_1배, 2축 방향으로 a_2배……'였기 때문입니다.[73]

또한, A가 '납작하게 누르다' 행렬이라면 $\det A = 0$이 되는 것을 앞 절에서 설명하였습니다. 이 설명으로부터 다음과 같이 어딘가의 열이 모두 0인 경우나

$$A = \begin{pmatrix} 0 & 9 & 4 \\ 0 & 5 & 3 \\ 0 & 1 & 8 \end{pmatrix}$$

어느 열이든 두 열이 완전히 같은 경우에는 한 번에 $\det A = 0$이 됩니다.[74]

$$A = \begin{pmatrix} 2 & 2 & 4 \\ 7 & 7 & 3 \\ 6 & 6 & 8 \end{pmatrix}$$

---

72 실은 반대도 성립하므로 '$\det A = 0$'과 'A^{-1}는 존재하지 않는다'가 같은 값이 됩니다. 이유는 1.3.5절 '보충: 여인수 전개와 역행렬에서 살펴봅니다. 그러나 어려운 이론을 듣지 않아도 애니메이션 그림 1-23의 관찰에서 실감할 수 있을 것입니다.

73 덧붙여서 블록대각행렬 $A = \mathrm{diag}(A_1, \ldots, A_n)$이라면 $\det A = (\det A_1) \cdots (\det A_n)$이 됩니다. 여기서는

$$A = \left(\begin{array}{cc|c} a_{11} & a_{12} & 0 \\ a_{21} & a_{22} & 0 \\ \hline 0 & 0 & a_{33} \end{array}\right)$$

에 대해 이유를 설명하고, 분위기를 느껴봅니다. 사막에 피라미드가 세워져 있는 풍경을 상상해 주십시오. 이 풍경에 A(가 나타나는 사상)를 적용하면 어찌될까. 1성분이 동서 방향, 2성분이 남북 방향, 3성분이 높이 방향이라고 합니다. A의 모양으로부터 지면(높이 성분 0의 벡터 $(*, *, 0)^T$)은 지면으로 이동하는 것을 눈치챘나요? 우선 지면 위에만 머리를 한정해보면 피라미드의 밑면은 $A' = \begin{pmatrix} a_{11} & a_{12} \\ a_{21} & a_{22} \end{pmatrix}$로 변형되고, 면적이 $\det A'$배가 됩니다. 머리를 들어 높이 방향을 살피면 바로 a_{33}배, 즉 피라미드의 부피는 $a_{33} \det A'$배로 이 '부피 확대율'이야말로 행렬 $\det A$였던 것입니다. '응?'이라고 한 사람은 그림 1-19를 복습해 주십시오.

74 이 행렬들이 '납작하게 누르는 행렬'인 것을 알겠나요? 전자라면 $\boldsymbol{o} = (0, 0, 0)^T$와 $\boldsymbol{e}_1 = (1, 0, 0)^T$가 같은 점 $\boldsymbol{o}$로 이동하고, 후자라면 $\boldsymbol{e}_1$과 $\boldsymbol{e}_2 = (0, 1, 0)^T$가 같은 점 $(2, 7, 6)^T$로 이동합니다.

유용한 성질

다음에 설명하는 성질은 나중에 행렬식을 실제로 구할 때(1.3.4절) 사용합니다.

행렬식은 '어느 열의 정수배를 다른 열에 더해도 값이 변하지 않는다'라는 성질이 있습니다. 예를 들면 다음과 같습니다.

$$\det\begin{pmatrix}1 & 1 & 5\\1 & 2 & 7\\1 & 3 & 6\end{pmatrix} = \det\begin{pmatrix}1 & 1 & 5+1\cdot 10\\1 & 2 & 7+2\cdot 10\\1 & 3 & 6+3\cdot 10\end{pmatrix} = \det\begin{pmatrix}1 & 1 & 15\\1 & 2 & 27\\1 & 3 & 36\end{pmatrix}$$

이런 경우는 2열을 10배하여 3열에 더합니다. 이 성질은 다음 그림 1–33처럼 생각하면 이해할 수 있습니다.[75]

▼ 그림 1–33 $\det(\boldsymbol{a}_1, \boldsymbol{a}_2, \boldsymbol{a}_3 + c\boldsymbol{a}_2) = \det(\boldsymbol{a}_1, \boldsymbol{a}_2, \boldsymbol{a}_3)$의 그림 설명. 트럼프를 한 뭉치 겹친 평행육면체를 생각한다. 이 뭉치를 $\boldsymbol{a}_2$ 방향으로 밀어도 전체 부피는 변하지 않는다. 즉, $\boldsymbol{a}_1, \boldsymbol{a}_2, \boldsymbol{a}_3$를 세 변으로 하는 평행육면체의 부피는 $\boldsymbol{a}_1, \boldsymbol{a}_2, \boldsymbol{a}_3 + c\boldsymbol{a}_2$를 세 변으로 하는 평행육면체의 부피와 같다.

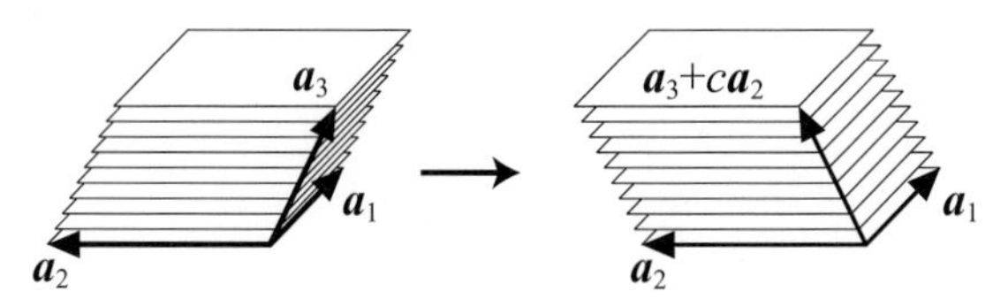

트럼프를 한 뭉치 겹쳐서 생긴 평행육면체가 책상 위에 있다고 합시다. 평행육면체의 세 변은 $\boldsymbol{a}_1$, $\boldsymbol{a}_2$, $\boldsymbol{a}_3$입니다. 이 트럼프 뭉치를 책상에 평행하게 밀어 봅시다. 가로($\boldsymbol{a}_2$) 방향으로 밀고 난 후의 세 변은 $\boldsymbol{a}_1$, $\boldsymbol{a}_2$, $(\boldsymbol{a}_3 + c\boldsymbol{a}_2)$가 됩니다($c$는 숫자). 여기서 밀기 전에도 후에도 이 뭉치의 부피는 변하지 않겠지요. 트럼프가 늘거나 줄지 않았고, 압축도 팽창도 없었다는 것은 '3차 정방행렬 $A = (\boldsymbol{a}_1, \boldsymbol{a}_2, \boldsymbol{a}_3)$에 대해 $\det A = \det(\boldsymbol{a}_1, \boldsymbol{a}_2, \boldsymbol{a}_3 + c\boldsymbol{a}_2)$'를 나타내는 것입니다.[76]

행렬이 특별한 모양이면 행렬식을 간단히 구할 수 있습니다. 다음과 같이 대각성분보다 아래 쪽이 모두 0인 행렬을 **상삼각행렬**이라고 합니다.[77]

$$A = \begin{pmatrix}a_{11} & a_{12} & a_{13}\\0 & a_{22} & a_{23}\\0 & 0 & a_{33}\end{pmatrix}$$

---

75 기하보다 대수가 편한 사람은 기본변형이란 개념으로 이해해도 상관없습니다. 2.11을 참고합니다.

76 '응?'이라고 한 사람은 1.3.1절 '행렬식 = 부피 확대율'을 복습합니다.

77 '대각성분보다 위 쪽은 모두 0'인 행렬은 **하삼각행렬**이라고 합니다. $B = \begin{pmatrix}b_{11} & 0 & 0\\b_{21} & b_{22} & 0\\b_{31} & b_{32} & b_{33}\end{pmatrix}$의 형태. 성분으로 말하면 $A = (a_{ij})$에 대해 '$i > j$이면 $a_{ij} = 0$'이 상삼각. '$i < j$이면 $a_{ij} = 0$'이 하삼각입니다.

이와 같은 행렬의 행렬식은 대각성분의 곱이 됩니다.[78]

$$\det A = a_{11}a_{22}a_{33}$$

이 내용을 이해하기 위해 '트럼프의 성질'을 사용해도 괜찮습니다만, 부피를 직접 계산하는 것도 좋습니다. $A = (\boldsymbol{a}_1, \boldsymbol{a}_2, \boldsymbol{a}_3)$란 열벡터에서 $\boldsymbol{a}_1, \boldsymbol{a}_2, \boldsymbol{a}_3$을 변으로 하는 평행육면체(사각기둥)의 부피 V를 계산해보겠습니다. 그림 1-34를 보면서 생각해 주십시오.

▼ 그림 1-34 상삼각행렬의 행렬식 = 대각성분의 곱

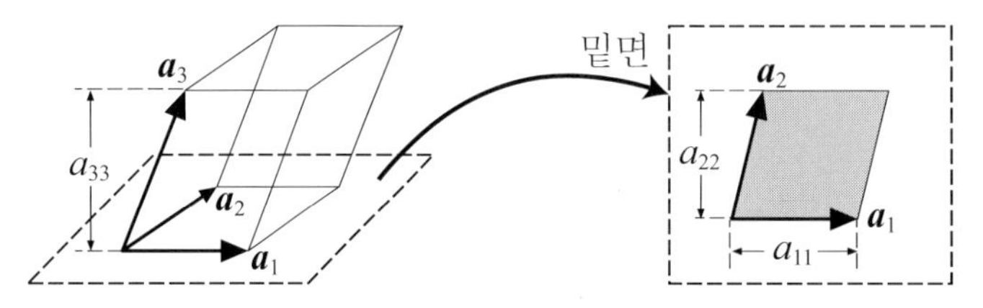

우선 밑면의 평행사변형 면적 S는 다음과 같이 구할 수 있습니다.

$$S = (\text{밑면의 길이 } a_{11}) \times (\text{높이 } a_{22}) = a_{11}a_{22}$$

평행육면체의 높이는 a_{33}이므로,

$$V = (\text{밑면의 면적 } S) \times (\text{높이 } a_{33}) = a_{11}a_{22}a_{33}$$

V야말로 A의 행렬식입니다.[79]

1.40 위의 부피 계산이 쉽게 이해되지 않아요. 그림이 아니라 식으로 설명해주면 좋겠어요.

식에 자신있는 사람은 뒤의 1.3.3절 '행렬식의 계산법'에서 서술한 식 (1.42)를 행렬식의 정의라고 생각해도 상관없습니다(수학 교과서에 나오는 설명). 다음 항의 '다중선형성'과 '교대성'은 식 (1.42)에서 안내합니다. 그것을 사용하면,

$$\det(\boldsymbol{a}_1, \boldsymbol{a}_2, \boldsymbol{a}_3 + c\boldsymbol{a}_1) = \det(\boldsymbol{a}_1, \boldsymbol{a}_2, \boldsymbol{a}_3) + c\det(\boldsymbol{a}_1, \boldsymbol{a}_2, \boldsymbol{a}_1) = \det(\boldsymbol{a}_1, \boldsymbol{a}_2, \boldsymbol{a}_3)$$

는 간단($\because \det(\boldsymbol{a}_1, \boldsymbol{a}_2, \boldsymbol{a}_1)$은 1열과 3열이 같으므로 0). 상삼각행렬은 예에서 나타냅시다.

---

78 '블록상상각행렬의 행렬식은 대각블록의 행렬식의 곱'이란 것도 있습니다만, 생략합니다(물론 전제는 종횡의 블록 수가 같고, 대각 블록은 모두 정방행렬).

79 '응?'이라고 한 사람은 '행렬식 = 부피 확대율'을 여러 번 복습합니다(1.3.5절).

$$\det\begin{pmatrix} \boxed{1} & 4 & 5 \\ \boxed{0} & 2 & 6 \\ \boxed{0} & 0 & 3 \end{pmatrix}$$ 1열의 −4배, −5배를 2열, 3열에 각각 더하여

$$= \det\begin{pmatrix} 1 & \boxed{0} & 0 \\ 0 & \boxed{2} & 6 \\ 0 & \boxed{0} & 3 \end{pmatrix}$$ 2열의 −3배를 3열에 더하여

$$= \det\begin{pmatrix} 1 & 0 & 0 \\ 0 & 2 & 0 \\ 0 & 0 & 3 \end{pmatrix}$$ 대각행렬이므로

$$= 1 \cdot 2 \cdot 3 = 6$$

이와 같은 모양입니다.[80]

1.41 '좌상삼각'이나 '우하삼각'은 다루지 않나요?

다뤄도 그다지 재미있지 않으므로 보통은 특별 취급하지 않습니다. 예를 들어 본래의 우상삼각끼리나 좌하삼각끼리라면 곱도 같은 형태가 됩니다.

$$\begin{pmatrix} * & * & * \\ 0 & * & * \\ 0 & 0 & * \end{pmatrix}\begin{pmatrix} * & * & * \\ 0 & * & * \\ 0 & 0 & * \end{pmatrix} = \begin{pmatrix} * & * & * \\ 0 & * & * \\ 0 & 0 & * \end{pmatrix}$$

$$\begin{pmatrix} * & 0 & 0 \\ * & * & 0 \\ * & * & * \end{pmatrix}\begin{pmatrix} * & 0 & 0 \\ * & * & 0 \\ * & * & * \end{pmatrix} = \begin{pmatrix} * & 0 & 0 \\ * & * & 0 \\ * & * & * \end{pmatrix}$$

그러나 좌상삼각이나 우하삼각이면 그렇게 되지 않습니다.

$$\begin{pmatrix} * & * & * \\ * & * & 0 \\ * & 0 & 0 \end{pmatrix}\begin{pmatrix} * & * & * \\ * & * & 0 \\ * & 0 & 0 \end{pmatrix} = \begin{pmatrix} * & * & * \\ * & * & * \\ * & * & * \end{pmatrix}$$

$$\begin{pmatrix} 0 & 0 & * \\ 0 & * & * \\ * & * & * \end{pmatrix}\begin{pmatrix} 0 & 0 & * \\ 0 & * & * \\ * & * & * \end{pmatrix} = \begin{pmatrix} * & * & * \\ * & * & * \\ * & * & * \end{pmatrix}$$

대각행렬 때 '╱' 방향의 대각선을 다루지 않았던 것(1.23)도 함께 떠올려 주십시오.

80 대각성분에 0이 있다면 어떻게 해야 할까요? 똑같이 해가면, $\det\begin{pmatrix} 1 & 4 & 5 \\ 0 & \underline{0} & 6 \\ 0 & 0 & 3 \end{pmatrix} = \det\begin{pmatrix} 1 & \underline{0} & 0 \\ 0 & \underline{0} & 6 \\ 0 & \underline{0} & 3 \end{pmatrix}$처럼 거기에 접어든 시점에 그 열이 전부 통째로 0이 됩니다. 이 내용을 통해서 그 시점에서 이미 '행렬식은 0'이란 것을 한 눈에 알 수 있습니다.

전치행렬의 행렬식

전치행렬의 행렬식은 원래 행렬의 행렬식과 같습니다.

$$\det(A^T) = \det A$$

이것은 다음과 같이 말할 수 있습니다.

행렬식의 성질은 행과 열의 역할을 모두 바꿔도 성립

예를 들면 다음 성질이 성립합니다.

- 어느 행의 정수배를 다른 행에 더해도 행렬식의 값은 변하지 않는다.
- 하삼각행렬의 행렬식은 대각성분의 곱이다.

전치행렬의 '의미'가 현 단계에서는 수수께끼이기 때문에 성질도 여기서는 결과만 남기겠습니다.[81]

열쇠가 되는(중요한) 성질

행렬식이 부피(의 n차원 판)라고 알고 있으면 다음의 **다중선형성**이란 성질도 도형으로 이해할 수 있겠지요.

$$\det(c\boldsymbol{a}_1, \boldsymbol{a}_2, \ldots, \boldsymbol{a}_n) = c\det(\boldsymbol{a}_1, \boldsymbol{a}_2, \ldots, \boldsymbol{a}_n)$$
$$\det(\boldsymbol{a}_1 + \boldsymbol{a}'_1, \boldsymbol{a}_2, \ldots, \boldsymbol{a}_n) = \det(\boldsymbol{a}_1, \boldsymbol{a}_2, \ldots, \boldsymbol{a}_n) + \det(\boldsymbol{a}'_1, \boldsymbol{a}_2, \ldots, \boldsymbol{a}_n)$$

이는 1열만이 아니라 다음 예와 같이 다른 열에도 똑같이 성립합니다.

$$\det\begin{pmatrix} 1 & 10 & 5 \\ 1 & 20 & 7 \\ 1 & 30 & 6 \end{pmatrix} = 10\det\begin{pmatrix} 1 & 1 & 5 \\ 1 & 2 & 7 \\ 1 & 3 & 6 \end{pmatrix}$$

$$\det\begin{pmatrix} 1 & 1 & 5 \\ 1 & 2 & 7 \\ 1 & 3 & 6 \end{pmatrix} + \det\begin{pmatrix} 1 & 1 & 5 \\ 1 & 7 & 7 \\ 1 & 1 & 6 \end{pmatrix} = \det\begin{pmatrix} 1 & 1+1 & 5 \\ 1 & 2+7 & 7 \\ 1 & 3+1 & 6 \end{pmatrix} = \det\begin{pmatrix} 1 & 2 & 5 \\ 1 & 9 & 7 \\ 1 & 4 & 6 \end{pmatrix}$$

도형으로 말하면 그림 1-35와 같습니다.

---

81 $\det(A^T) = \det A$의 증명은 1.48을 참고해 주십시오. 단, 역시 '의미'는 수수께끼입니다만…….

▼ 그림 1-35 행렬식의 다중선형성. 그림 1.33과 마찬가지로 트럼프를 포개어 쌓은 것을 상상한다. $\det(c\boldsymbol{a}_1, \boldsymbol{a}_2, \boldsymbol{a}_3) = c\det(\boldsymbol{a}_1, \boldsymbol{a}_2, \boldsymbol{a}_3)$ — $\boldsymbol{a}_1$를 c배하면 부피는 c배. $\det(\boldsymbol{a}_1 + \boldsymbol{a}'_1, \boldsymbol{a}_2, \boldsymbol{a}_3 = \det(\boldsymbol{a}_1, \boldsymbol{a}_2, \boldsymbol{a}_3) + \det(\boldsymbol{a}'_1, \boldsymbol{a}_2, \boldsymbol{a}_3)$ — 도중에 트럼프를 약간 밀었다가 똑바로 해도 부피는 불변

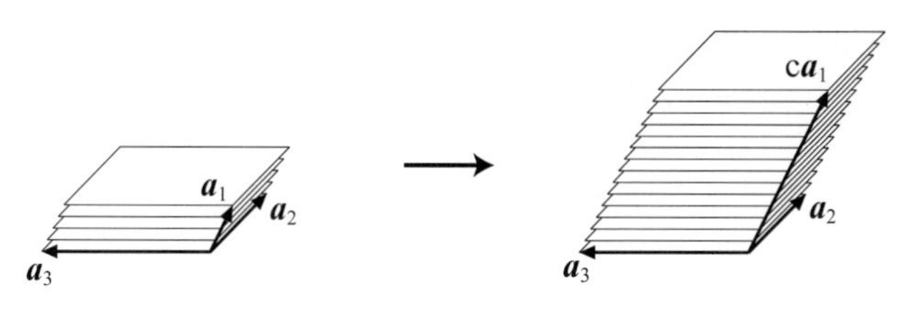

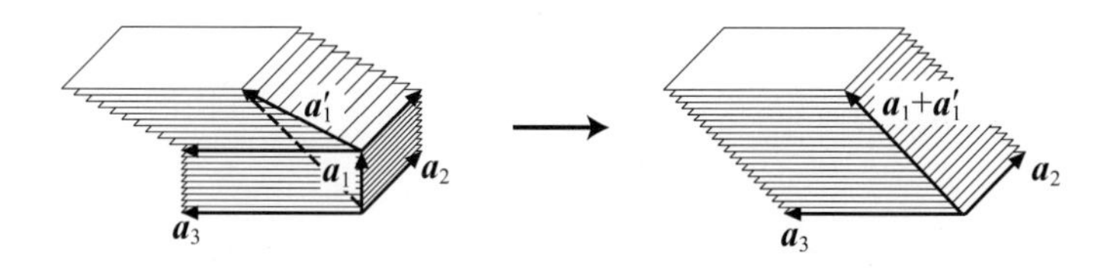

또한, 다중선형성에서 알 수 있습니다만, n차 정방행렬 A를 숫자 c배하면 행렬식은 c^n배가 됩니다. c배로는 끝나지 않으므로 주의해 주십시오.

$$\det(cA) = c^n \det A \tag{1.41}$$

이유는 A의 각 열이 c배가 되기 때문입니다. 어느 열을 c배해도 행렬식은 c배가 되므로 전 n열을 c배하면 행렬식은 'c배를 n회', 즉 c^n배입니다. 도형에 빗대 설명하면 '평면 도형의 가로세로를 c배하면 면적은 c^2배', '입체 도형의 가로세로높이를 c배하면 부피는 c^3배'입니다.

1.42 다중선형성으로부터 이렇게 말할 수 있지요?

╳ $\det(A + B) = \det A + \det B$

아니오. 다중선형성 이야기는 '어딘가 한 열만' 조작하는 것입니다. 예를 들어 2차 정방행렬 $A = (\boldsymbol{a}_1, \boldsymbol{a}_2)$와 $B = (\boldsymbol{b}_1, \boldsymbol{b}_2)$라면 다음과 같이 전개됩니다.

$$\begin{aligned}\det(A + B) &= \det(\boldsymbol{a}_1 + \boldsymbol{b}_1, \boldsymbol{a}_2 + \boldsymbol{b}_2) \\ &= \det(\boldsymbol{a}_1 + \boldsymbol{b}_1, \boldsymbol{a}_2) + \det(\boldsymbol{a}_1 + \boldsymbol{b}_1, \boldsymbol{b}_2) \\ &= \det(\boldsymbol{a}_1, \boldsymbol{a}_2) + \det(\boldsymbol{b}_1, \boldsymbol{a}_2) + \det(\boldsymbol{a}_1, \boldsymbol{b}_2) + \det(\boldsymbol{b}_1, \boldsymbol{b}_2) \\ &= \det A + \det(\boldsymbol{b}_1, \boldsymbol{a}_2) + \det(\boldsymbol{a}_1, \boldsymbol{b}_2) + \det B\end{aligned}$$

또한, 행렬식의 부호가 도형의 뒤집음(거울상)과 대응하고 있으므로 '두 열을 바꾸면 부호가 역전한다'라는 교대성도 이해하겠지요.

$$\det(\boldsymbol{a}_2,\ \boldsymbol{a}_1,\ \boldsymbol{a}_3,\ \ldots,\ \boldsymbol{a}_n) = -\det(\boldsymbol{a}_1,\ \boldsymbol{a}_2,\ \boldsymbol{a}_3,\ \ldots,\ \boldsymbol{a}_n)$$

와 같습니다. 예를 들면 다음과 같습니다.

$$\det\begin{pmatrix} 1 & 1 & 5 \\ 1 & 2 & 7 \\ 1 & 3 & 6 \end{pmatrix} = -\det\begin{pmatrix} 1 & 1 & 5 \\ 2 & 1 & 7 \\ 3 & 1 & 6 \end{pmatrix}$$

도형으로 설명하면 그림 1-36처럼

- 평행육면체의 형태는 같다.
- 그러나 뒤집음(거울상)인지 아닌지는 원래와 역이 된다.

▼ 그림 1-36 교대성. $\boldsymbol{a}_1$과 $\boldsymbol{a}_2$를 바꿔도 부피는 같다(행렬식의 절댓값은 같다). 단, 왼손과 오른손이 바뀐다(행렬식의 부호가 반대로 된다).

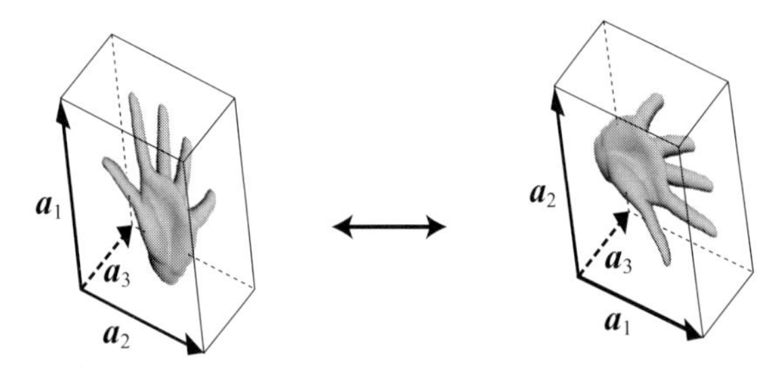

'총정리 – 애니메이션으로 보는 선형대수'도 참고해 주십시오.

사실 다중선형성과 교대성은 행렬식의 열쇠가 되는 성질입니다. 자세한 것은 1.49에서 설명하겠습니다.

1.3.3 행렬식의 계산법 (1) 수식 계산▽

지금이 선형대수의 큰 좌절 포인트라고 생각합니다. 한 발 내딛는 것만으로 생각에 잠기게 될지도 모릅니다. 그야 계산을 할 수 있으면 분명히 좋고, 학생이라면 시험에 나올 만한 부분입니다만, 여기서 기가 꺾여서는 안 됩니다. 이후 좀 더 간단하고, 더욱 중요한 이야기가 얼마든지 있으니까요.

어쨌든 '행렬식 = 부피 확대율'이란 것만 머리에 새긴다면 행렬식은 우선 OK입니다. 만약 읽으면서 두통이나 현기증을 느낀다면 2장으로 넘어가 주십시오(▽는 '목표 레벨에 따라 읽어넘기라는 표시입니다).

자, 일반적인 n차를 하면 기호가 어마어마해지므로 우선은 3차 행렬부터 살펴보겠습니다.

$$A = \begin{pmatrix} a_{11} & a_{12} & a_{13} \\ a_{21} & a_{22} & a_{23} \\ a_{31} & a_{32} & a_{33} \end{pmatrix}$$

행렬식 det A를 새로 쓰면 다음과 같습니다.

$$\det A = \sum_{i,j,k} \epsilon_{ijk} a_{i1} a_{j2} a_{k3} \tag{1.42}$$

미지의 랭크 ϵ_{ijk}는 다음 규칙으로 결정됩니다.[82]

- $\epsilon_{123} = 1$
- 첨자를 바꿔 넣으면 마이너스가 됩니다. 즉, 다음과 같습니다.

  $\epsilon_{213} = -\epsilon_{123} = -1$ (1과 2를 교체)

  $\epsilon_{312} = -\epsilon_{213} = \epsilon_{123} = 1$ (2와 3을 교체, 더욱이 1과 2를 교체)

- 첨자에 같은 것이 있는 경우는 0. 즉,

  $\epsilon_{113} = \epsilon_{232} = \epsilon_{333} = 0$

일반적인 n차 정방행렬 $A = (a_{ij})$에서도 같은 모양으로 다음과 같습니다.

$$\det A = \sum_{i_1, \ldots, i_n} \epsilon_{i_1 \cdots i_n} a_{i_1 1} \cdots a_{i_n n} \tag{1.43}$$

1.43 $\sum_{i,j,k}$는 뭐에요?

$\sum_{i=1}^{3}\sum_{j=1}^{3}\sum_{k=1}^{3}$를 줄여 쓴 것입니다. '범위는 문맥에서 알겠죠'라는 것입니다.

82 '첨자를 바꿔넣으면 마이너스'라는 규칙으로부터도 0이 아니면 곤란합니다. $\epsilon_{113} = -\epsilon_{113}$이기 때문입니다(첫 문자인 '1'과 두 번째의 '1'은 '바꿔넣었다').

1.44 $\sum_{i=1}^{3}$ 는 뭐였지요?[83]

총합 기호입니다.

$$\sum_{i=m}^{n} f(i) = f(m) + f(m+1) + \cdots + f(n)$$

코드로 쓰면 다음과 같습니다.

```
s = 0
for i in m..n
   s = s + f(i)
end
```

또는

```
s = 0
i = m
while (i <= n)
   s = s + f(i)
   i = i + 1
end
```

의 결과 s입니다.

1.45 Σ는 싫어요. 제대로 써주세요.

2차라면 다음과 같습니다.

$$\begin{aligned}\det A &= \epsilon_{11}a_{11}a_{12} + \epsilon_{12}a_{11}a_{22} + \epsilon_{21}a_{21}a_{12} + \epsilon_{22}a_{21}a_{22} \\ &= 0a_{11}a_{12} + (+1)a_{11}a_{22} + (-1)a_{21}a_{12} + 0a_{21}a_{22} \\ &= a_{11}a_{22} - a_{21}a_{12}\end{aligned}$$

3차라면 다음과 같습니다.

$$\begin{aligned}\det A = &+ \epsilon_{123}a_{11}a_{22}a_{33} + \epsilon_{132}a_{11}a_{32}a_{23} \\ &+ \epsilon_{231}a_{21}a_{32}a_{13} + \epsilon_{213}a_{21}a_{12}a_{33} \\ &+ \epsilon_{312}a_{31}a_{12}a_{23} + \epsilon_{321}a_{31}a_{22}a_{13} \\ = &+ (a_{11}a_{22}a_{33} + a_{21}a_{32}a_{13} + a_{31}a_{12}a_{23}) \\ &- (a_{21}a_{12}a_{33} + a_{31}a_{22}a_{13} + a_{11}a_{32}a_{23})\end{aligned}$$

83 지면 관계상 문장에서는 $\sum_{i=1}^{3}$, 수식에서는 $\displaystyle\sum_{i=1}^{3}$로 씁니다. 의미는 같습니다.

4차라면 다음과 같습니다.

$$\begin{aligned}\det A = &+ a_{11}a_{22}a_{33}a_{44} - a_{11}a_{22}a_{43}a_{34} \\ &+ a_{11}a_{32}a_{43}a_{24} - a_{11}a_{32}a_{23}a_{44} \\ &+ a_{11}a_{42}a_{23}a_{34} - a_{11}a_{42}a_{33}a_{24} \\ &+ a_{21}a_{12}a_{43}a_{34} - a_{21}a_{12}a_{33}a_{44} \\ &+ a_{21}a_{42}a_{33}a_{14} - a_{21}a_{42}a_{13}a_{34} \\ &+ a_{21}a_{32}a_{13}a_{44} - a_{21}a_{32}a_{43}a_{14} \\ &+ a_{31}a_{42}a_{13}a_{24} - a_{31}a_{42}a_{23}a_{14} \\ &+ a_{31}a_{12}a_{23}a_{44} - a_{31}a_{12}a_{43}a_{24} \\ &+ a_{31}a_{22}a_{43}a_{14} - a_{31}a_{22}a_{13}a_{44} \\ &+ a_{41}a_{32}a_{23}a_{14} - a_{41}a_{32}a_{13}a_{24} \\ &+ a_{41}a_{22}a_{13}a_{34} - a_{41}a_{22}a_{33}a_{14} \\ &+ a_{41}a_{12}a_{33}a_{24} - a_{41}a_{12}a_{23}a_{34}\end{aligned} \tag{1.44}$$

역시 Σ 를 사용하지 않으면 다른 책도 읽을 수 없어 곤란할 것입니다.

1.46 식 (1.44)는 외울 수가 없습니다.

외우지 않아도 상관없습니다. 식 (1.44)의 형태보다 이전 항까지의 '의미', '성질'이 더 중요합니다. 행렬식의 값을 실제로 계산하는 경우는 다른 방법을 사용합니다(1.3.4절).

1.47 그림 1–37처럼 외우는 방법을 들었는데요?

2차, 3차의 행렬식은 그림 1–37처럼

(\ 방향) – (/ 방향)

으로 계산할 수 있습니다.[84] 그러나 4차 이상은 안 되므로 주의해야 합니다. 4차는 그림 1–38처럼 '비스듬한 일직선'이 아닌 항이 됩니다. 4차의 경우는 '어느 행도 어느 열도 검은 것이 하나뿐'인 패턴 모두에 대해, ϵ_{ijkl}에서 부호를 정하여 더합니다.

84 상단과 하단은 워프(일그러짐, 뒤틀림), 좌단과 우단도 워프. 가정용 게임기 롤플레잉 게임에서 자주 있던 루프로 연결된 세계.

▼ 그림 1-37 2차, 3차의 행렬식(사라스의 법칙)

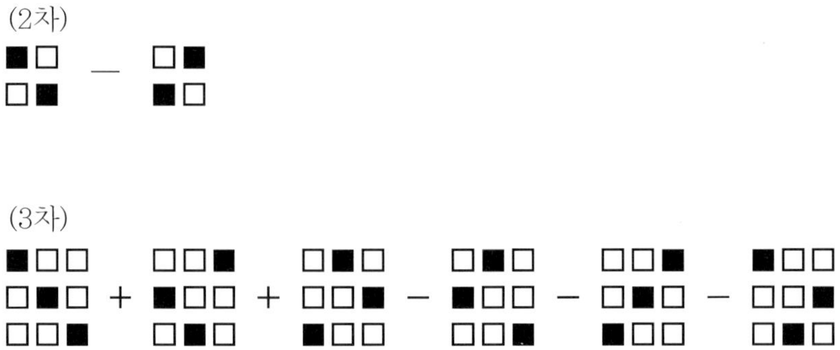

(2차)

■□ − □■
□■   ■□

(3차)

■□□   □□■   □■□   □■□   □□■   ■□□
□■□ + ■□□ + □□■ − ■□□ − □■□ − □□■
□□■   □■□   ■□□   □□■   ■□□   □■□

▼ 그림 1-38 4차의 행렬식 식 (1.44)의 5항에서 시작

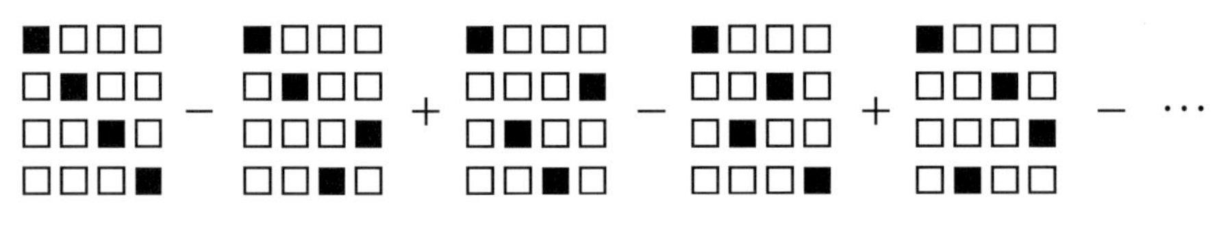

1.48 그림 1-37을 보고 있으면 행과 열이 평등한 기분이 듭니다. $\det(A^T) = \det A$라는 건가요?

말 그대로입니다. 결론은 '어느 행도 어느 열도 검은 것이 하나뿐'인 패턴[85] 모두에 대해 합계를 낸다. 그러므로 '열이 주, 행이 종' 같은 경우는 없고, 행도 열도 평등합니다. 평등하니까 바꿔 넣어도 같은 결과라는 설명입니다. $\det(A^T) = \det A$를 제대로 증명하려면 각 패턴의 부호 ϵ_{ijk}도 신경 써야 합니다. 이를 확인하기 위해서 지금까지의 ϵ_{ijk}를 ϵ_{ijk}^{123}로 쓰기로 합시다. '123'부터 교체조작을 반복하여 'ijk'에 도달할 때까지 조작 횟수의 짝틀입니다. 조작이 짝수회라면 $+1$, 홀수회라면 -1. 이 기법을 이용하면 '213'에서 'ijk'의 짝홀도 ϵ_{ijk}^{213}로 나타낼 수 있습니다. 이 기법으로 식 (1.42)를 다시 쓰면

$$\det A = \sum_{i,j,k} \epsilon_{ijk}^{123} a_{i1} a_{j2} a_{k3}$$

그런데 합은 결국 '위에서 말한 패턴 모두'에 대해 취하므로 다음과 같이 써도 괜찮을 것입니다.[86]

85 장기로 말하면 검은 것을 비차(한국 장기의 車나 체스의 룩(look)과 같습니다. 거의 최강의 말입니다. 〈옮긴이〉)라고 생각하고, 어느 말도 서로 작용하지 않는 상황입니다.

86 $\epsilon_{321}^{123} = \epsilon_{231}^{213}$ 등에 주의합니다. 어느 것으로 해도 결국은 '1이었던 것을 3에, 2였던 것을 2에, 3이었던 것을 1에'라는 것이니까요. 그러므로 당연히 $\epsilon_{321}^{123} a_{31} a_{22} a_{13} = \epsilon_{231}^{213} a_{22} a_{31} a_{13}$.

$$\det A = \sum{}' \epsilon_{ijk}^{i'j'k'} a_{ii'} a_{jj'} a_{kk'}$$

Σ'는 $\{(i, i'), (j, j'), (k, k')\}$가 위에서 말한 패턴 모두를 1번씩 취하도록 나열하여 합계를 구하라는 의미의 임시 기호입니다. $\{(1, 1), (2, 2), (3, 3)\}$과 $\{(2, 2), (1, 1), (3, 3)\}$과는 흑백 패턴으로는 같으므로 중복하여 세지 않도록 주의해 주십시오. A^T에 대해서도 똑같이

$$\det(A^T) = \sum{}' \epsilon_{ijk}^{i'j'k'} a_{i'i} a_{j'j} a_{k'k}$$

가 됩니다만(1.2.14절 '성분으로 말하자면'), '변수명을 일제히 $i \leftrightarrow i'$, $j \leftrightarrow j'$, $k \leftrightarrow k'$로 바꿔도 의미는 같으므로' 다음과 같이 쓸 수 있습니다.

$$\det(A^T) = \sum{}' \epsilon_{i'j'k'}^{ijk} a_{ii'} a_{jj'} a_{kk'}$$

여기까지 오면 $\det A$와 $\det(A^T)$의 차이는 $\epsilon_{i'j'k'}^{ijk}$와 $\epsilon_{ijk}^{i'j'k'}$ 뿐입니다. 그런데 실은 $\epsilon_{i'j'k'}^{ijk} = \epsilon_{ijk}^{i'j'k'}$입니다. 왜냐하면, '$ijk$'를 '$i'j'k'$'에 이동하는 조작을 역순으로 따라가면 '$i'j'k'$'를 '$ijk$'에 이동시킬 수 있다는 것은 어느 것도 조작 횟수가 같고 짝홀도 같다는 것이므로 $\det A = \det(A^T)$라고 표현했습니다. 역시 '의미'는 아직 알지 못한 채입니다만.

1.49 노력할테니 어째서 부피 확대율 det A를 식 (1.42)로 계산할 수 있는지 알려주세요.

설명을 위해 일단 다음과 같이 둡시다.

$$f(A) = \sum_{i,j,k} \epsilon_{ijk} a_{i1} a_{j2} a_{k3}$$

(이 $f(A)$가 부피 확대율 $\det A$와 같은지 아닌지, 지금 단계에서는 아직 모르므로 다른 이름을 붙였습니다). 사실 이 $f(A)$는 다른 함수입니다.[87]

어떻게 다른가 하면 '3차 정방행렬을 먹고 수를 뱉는 함수 $g(A)$에서 다중선형성과 교대성을 만족시키는 것은 모두 이 $f(A)$에 비례합니다. 즉, $g(A) = \alpha f(A)$로 쓸 수 있습니다(α는 정수). 그러므로 특히 $g(A) = \det A$를 생각하면 $\det A = \alpha f(A)$라고 쓰게 되는 것입니다. 전 절에서 했듯이 det는 다중선형성과 교대성을 만족하기 때문입니다. 거기다 $\det I = 1$에 대해 f도 $f(I) = 1$입니다(스스로 확인해보면 금방 알 수 있습니다). 따라서 비례랭크 α는 1이며 $\det A = f(A)$가 얻어집니다. 이것이 식 (1.42)에서 부피 확대율이 필요한 이유입니다.

87 이 f가 특별히 다른 것은 아니지만, 뭐 이렇게 딱 잘라 말하는 편이 알기 쉬우니까요.

그러나 아직 '$f(A)$의 훌륭함'을 더 증명해야 합니다. 조금 더 힘내세요. A를 열벡터 $A = (\boldsymbol{a}_1, \boldsymbol{a}_2, \boldsymbol{a}_3)$로 쓰고, $g(A)$도 $g(\boldsymbol{a}_1, \boldsymbol{a}_2, \boldsymbol{a}_3)$로 쓰기로 합시다. $\boldsymbol{a}_i = (a_{1i}, a_{2i}, a_{3i})^T$이므로 기저 벡터 $\boldsymbol{e}_1 = (1, 0, 0)^T$, $\boldsymbol{e}_2 = (0, 1, 0)^T$, $\boldsymbol{e}_3 = (0, 0, 1)^T$를 이용하면 다음과 같이 쓸 수 있습니다.

$$\boldsymbol{a}_i = a_{1i}\boldsymbol{e}_1 + a_{2i}\boldsymbol{e}_2 + a_{3i}\boldsymbol{e}_3$$

그러면 다음과 같이 나타낼 수도 있습니다.

$$g(A) = g((a_{11}\boldsymbol{e}_1 + a_{21}\boldsymbol{e}_2 + a_{31}\boldsymbol{e}_3), (a_{12}\boldsymbol{e}_1 + a_{22}\boldsymbol{e}_2 + a_{32}\boldsymbol{e}_3), (a_{13}\boldsymbol{e}_1 + a_{23}\boldsymbol{e}_2 + a_{33}\boldsymbol{e}_3))$$

이 식의 우변을 다중선형성에 따라 전개해보겠습니다.

$$\begin{aligned}
g(A) &= g(a_{11}\boldsymbol{e}_1, (a_{12}\boldsymbol{e}_1 + a_{22}\boldsymbol{e}_2 + a_{32}\boldsymbol{e}_3), (a_{13}\boldsymbol{e}_1 + a_{23}\boldsymbol{e}_2 + a_{33}\boldsymbol{e}_3)) \\
&\quad + g(a_{21}\boldsymbol{e}_2, (a_{12}\boldsymbol{e}_1 + a_{22}\boldsymbol{e}_2 + a_{32}\boldsymbol{e}_3), (a_{13}\boldsymbol{e}_1 + a_{23}\boldsymbol{e}_2 + a_{33}\boldsymbol{e}_3)) \\
&\quad + g(a_{31}\boldsymbol{e}_3, (a_{12}\boldsymbol{e}_1 + a_{22}\boldsymbol{e}_2 + a_{32}\boldsymbol{e}_3), (a_{13}\boldsymbol{e}_1 + a_{23}\boldsymbol{e}_2 + a_{33}\boldsymbol{e}_3)) \\
&= [g(a_{11}\boldsymbol{e}_1, a_{12}\boldsymbol{e}_1, (a_{13}\boldsymbol{e}_1 + a_{23}\boldsymbol{e}_2 + a_{33}\boldsymbol{e}_3)) \\
&\quad + g(a_{11}\boldsymbol{e}_1, a_{22}\boldsymbol{e}_2, (a_{13}\boldsymbol{e}_1 + a_{23}\boldsymbol{e}_2 + a_{33}\boldsymbol{e}_3)) \\
&\quad + g(a_{11}\boldsymbol{e}_1, a_{32}\boldsymbol{e}_3, (a_{13}\boldsymbol{e}_1 + a_{23}\boldsymbol{e}_2 + a_{33}\boldsymbol{e}_3))] + [\cdots] + [\cdots] \\
&= [\{g(a_{11}\boldsymbol{e}_1, a_{12}\boldsymbol{e}_1, a_{13}\boldsymbol{e}_1) + g(a_{11}\boldsymbol{e}_1, a_{12}\boldsymbol{e}_1, a_{23}\boldsymbol{e}_2) + g(a_{11}\boldsymbol{e}_1, a_{12}\boldsymbol{e}_1, a_{33}\boldsymbol{e}_3)\} \\
&\quad + \{\cdots\} + \{\cdots\}] + [\cdots] + [\cdots] \\
&= \sum_{i,j,k} g(a_{i1}\boldsymbol{e}_i, a_{j2}\boldsymbol{e}_j, a_{k3}\boldsymbol{e}_k) \\
&= \sum_{i,j,k} a_{i1}a_{j2}a_{k3}g(\boldsymbol{e}_i, \boldsymbol{e}_j, \boldsymbol{e}_k)
\end{aligned}$$

여기서 교대성에 따라 다음과 같이 쓸 수 있는 것이 특징입니다.[88]

$$g(\boldsymbol{e}_i, \boldsymbol{e}_j, \boldsymbol{e}_k) = \epsilon_{ijk}g(\boldsymbol{e}_1, \boldsymbol{e}_2, \boldsymbol{e}_3)$$

또한, $\alpha = g(\boldsymbol{e}_1, \boldsymbol{e}_2, \boldsymbol{e}_3)$로 두면 식은 다음과 같습니다.

$$g(A) = \sum_{i,j,k} a_{i1}a_{j2}a_{k3}\epsilon_{ijk}\alpha = \alpha f(A)$$

이것으로 증명을 완료했습니다.

---

88 다음을 확인합시다. '$(i, j, k) = (1, 2, 3)$이면 확실히 OK', 'i, j, k의 어느 것과 어느 것을 바꿔도 좌변도 우변도 (−1)배이므로 확실히 OK', 'i, j, k에 같은 것이 있으면 좌변도 우변도 0이므로 이것도 OK'. 마지막으로, 예를 들어 $g(\boldsymbol{e}_1, \boldsymbol{e}_1, \boldsymbol{e}_3) = -g(\boldsymbol{e}_1, \boldsymbol{e}_1, \boldsymbol{e}_3)$로부터 $g(\boldsymbol{e}_1, \boldsymbol{e}_1, \boldsymbol{e}_3) = 0$(첫 번째의 $\boldsymbol{e}_1$과 두 번째의 $\boldsymbol{e}_1$를 '바꿔넣었다')

1.50 ϵ_{ijk}란 119페이지의 설명으로 잘 정해지는 건가요?

119페이지의 설명을 갖고 정의라 하기에는 다음 두 가지를 확인해봐야 합니다.

- 정의되지 않는 ϵ_{ijk}가 있으면 곤란하다.
- 두 가지 모습으로 정의된 ϵ_{ijk}가 있으면 곤란하다.[89]

우선 첫 번째는 간단합니다. i, j, k에 같은 것이 있으면 $\epsilon_{ijk} = 0$이라고 잘 정의됩니다. 나머지는 i, j, k가 모두 다른 경우인데 1, 2, 3이 정렬되어 있을 것이므로 '첨자의 교체'를 반복하면 ϵ_{123}이 됩니다. 그러면 $\epsilon_{123} = 1$에서 '첨자를 교체하면 부호역전'이란 룰에 따라 값을 정의할 수 있을 것입니다.

복잡한 것은 두 번째입니다. 예를 들어 ϵ_{312}의 값을 정하고 싶다고 합시다. 첨자를 312 → 132 → 123처럼 교체하여 ϵ_{123}에 도달한 경우와 312 → 213 → 231 → 321 → 123처럼 빙돌아서 ϵ_{123}에 도달한 경우는 값이 모순되지 않을까요? 실은 모순되지 않는다는 것이 알려져 있습니다.[90] ϵ_{123}에 도달하기까지 필요한 교체 횟수가 짝수인지 홀수인지는 어떤 길을 따라가도 변하지 않습니다. 이렇게 두 가지 모두 무사히 확인되었습니다. 덧붙여 말하자면 짝수인 것(123, 231, 312)을 123의 **우차환**, 홀수인 것(213, 132, 321)을 123의 **기차환**이라고 부릅니다.

89 '정하는 방법은 여러 가지가 있지만, 어느 것으로 정해도 틀림없이 같아질 것입니다'라는 것을 업계 용어로 'well-defined'라고 합니다. 자세한 것은 참고문헌 [9]를 참고합니다. '차원'의 정의도 이런 상태였네요(1.1.5절).

90 증명은 이렇게 생각하는 것이 쉽습니다. $f(x_1, x_2, x_3) = (x_1 - x_2)(x_1 - x_3)(x_2 - x_3)$로 둡시다. $i < j$의 모든 조합에 대해 $(x_i - x_j)$를 곱한 형태입니다. 이 식에서 변수를 바꿔넣으면 $f(x_2, x_1, x_3) = (x_2 - x_1)(x_2 - x_3)(x_1 - x_3) = -f(x_1, x_2, x_3)$처럼 부호가 반대가 되는 것을 확인해 주십시오. 자, 본문에 '312'에 대해서는 늘 $f(x_3, x_1, x_2) = (x_3 - x_1)(x_3 - x_2)(x_1 - x_2) = f(x_1, x_2, x_3)$입니다. 즉, '312'에서 '123'에 이르기까지 어떤 순서로 교체했다고 해도 최종적으로는 부호가 원래대로 돌아와 있습니다. 이 말은 교체가 짝수회였음을 의미합니다. 덧붙이자면 이 f는 다음처럼 행렬식으로 쓸 수도 있습니다(방데르몽드 행렬식).

예: $f(x_1,\ x_2,\ x_3) = \det\begin{pmatrix} 1 & 1 & 1 \\ x_1 & x_2 & x_3 \\ x_1^2 & x_2^2 & x_3^2 \end{pmatrix}$

1.3.4 행렬식 계산법 (2) 수치 계산▽

구체적으로 주어진 행렬식의 값을 계산하고 싶을 때는 식 (1.42)가 아니라 다음과 같은 방법(쓸어내는 법)을 씁니다[91](손으로 계산하는 방법입니다. 계산기를 사용하는 방법은 3.5절을 참고해 주십시오).

준비의 준비: 블록대각의 경우

우선

$$A = \begin{pmatrix} a_{11} & 0 & 0 \\ 0 & a_{22} & a_{23} \\ 0 & a_{32} & a_{33} \end{pmatrix}$$

이와 같이 특별한 형태에서는 다음 사항을 확인합시다.

$$\det A = a_{11} \det \begin{pmatrix} a_{22} & a_{23} \\ a_{32} & a_{33} \end{pmatrix}$$

det A를 계산하려고 그림 1-37을 보면 A가 제로 성분에 걸려 있지 않은 것은 다음 뿐입니다.

$$\begin{array}{ccc} \boxed{a_{11}} & & \\ & \boxed{a_{22}} & \\ & & \boxed{a_{23}} \end{array} \quad - \quad \begin{array}{ccc} \boxed{a_{11}} & & \\ & & \boxed{a_{23}} \\ & \boxed{a_{32}} & \end{array}$$

1열에 a_{11}을 선택하지 않는 한 0에 걸리므로 남는 것은 a_{11}을 지나는 패턴뿐입니다. 그러므로 어느 합에도 a_{11}이 들어갑니다. a_{11}을 쓸어내면 다음 내용을 확인할 수 있습니다.

$$a_{11} \left(\begin{array}{cc} \boxed{a_{22}} & \\ & \boxed{a_{33}} \end{array} \quad - \quad \begin{array}{cc} & \boxed{a_{23}} \\ \boxed{a_{32}} & \end{array} \right) = a_{11} \det \begin{pmatrix} a_{22} & a_{23} \\ a_{32} & a_{33} \end{pmatrix}$$

---

91 구제척인 수치가 아닌 문자식이 주어진 행렬식이면 이 절의 방법으로는 계산할 수 없는 것도 많습니다. 그런 경우에는 포기하고 원래의 식 (1.42)로 생각하든지, 쭉 관찰하여 1.3.2절의 성질을 활용하든지, LU 분해(3장)를 읽든지 합시다. 계산법에만 집중하지 않았으면 좋겠다는 것은 이런 사정이 있기 때문입니다. 이 절 역시 좌절 포인트이므로 시험 공부 중인 독자 외에는 힘들면 우선 넘어가 2장으로 가십시오.

n차 정방행렬 A에서도

$$A = \left(\begin{array}{c|ccc} a_{11} & 0 & \cdots & 0 \\ \hline 0 & & & \\ \vdots & & A' & \\ 0 & & & \end{array}\right)$$

이와 같이 특별한 형태이므로 역시 다음과 같습니다.

$$\det A = a_{11} \det A'$$

이것은 각주 73에서 소개한 '블록대각행렬의 행렬식'의 특별한 경우입니다.

준비: 블록삼각의 경우

좀 전의 결과는 좀 더 확장할 수 있습니다.

$$A = \left(\begin{array}{c|ccc} a_{11} & a_{12} & \cdots & a_{1n} \\ \hline 0 & & & \\ \vdots & & A' & \\ 0 & & & \end{array}\right)$$

의 형태는

$$\det A = a_{11} \det A'$$

가 됩니다. $a_{12}, \ldots, a_{1n}$은 답에 영향을 주지 않습니다.

이유는 '어느 열의 정수배를 다른 열에 더해도 행렬식은 변하지 않는다'라는 성질을 이용하면 알 수 있습니다.[92]

- 1열의 $-a_{12}/a_{11}$배를 2열에 더한다.
- …
- 1열의 $-a_{1n}/a_{11}$배를 n열에 더한다.

그러면 다음과 같이 변형됩니다.

$$\det A = \det \left(\begin{array}{c|ccc} a_{11} & 0 & \cdots & 0 \\ \hline 0 & & & \\ \vdots & & A' & \\ 0 & & & \end{array}\right)$$

---

92 '응?'이라고 한 사람은 1.3.2절의 '유용한 성질'을 복습합니다.

좀 전의 형태에 귀착되는 것입니다.[93]

이것은 각주 78에서 소개한 '블록삼각행렬의 행렬식'의 특별한 경우입니다.

실전: 일반적인 경우

자, 그러면 일반적인 정방행렬 A의 경우는 어떨까요? '어떤 행의 정수배를 다른 행에 더해도 행렬식은 변하지 않는다'를 떠올려 봅시다.[94] 이것을 사용하여 위의 '특별한 형태'에 가져오는 것입니다. 예를 들어 다음과 같은 상태입니다.

$$\det\begin{pmatrix} \boxed{2} & \boxed{1} & \boxed{3} & \boxed{2} \\ \hline 6 & 6 & 10 & 7 \\ \hline 2 & 7 & 6 & 6 \\ \hline 4 & 5 & 10 & 9 \end{pmatrix}$$

1행의 −3배, −1배, −2배를 2행, 3행, 4행에 각각 더해서……

$$= \det\left(\begin{array}{c|ccc} 2 & 1 & 3 & 2 \\ \hline \boxed{0} & 3 & 1 & 1 \\ \boxed{0} & 6 & 3 & 4 \\ \boxed{0} & 3 & 4 & 5 \end{array}\right)$$

'특별한 형태'이므로……

$$= 2\det\begin{pmatrix} \boxed{3} & \boxed{1} & \boxed{1} \\ \hline 6 & 3 & 4 \\ \hline 3 & 4 & 5 \end{pmatrix}$$

1행의 −2배, −1배를 2행, 3행에 각각 더해서……

$$= 2\det\begin{pmatrix} 3 & 1 & 1 \\ \hline \boxed{0} & 1 & 2 \\ \hline \boxed{0} & 3 & 4 \end{pmatrix}$$

'특별한 형태'이므로……

$$= 2 \cdot 3 \det\begin{pmatrix} 1 & 2 \\ 3 & 4 \end{pmatrix}$$

여기까지 오면 이제 정의대로……

$$= 2 \cdot 3 \cdot (1 \cdot 4 - 2 \cdot 3) = -12$$

단, 도중에 좌상이 0이 되어버린 때는 '교대성'을 사용하여 0이 아닌 것을 가져옵니다.[95] 예를 들어 보겠습니다.

---

93 속임수를 눈치채셨나요? $a_{11} = 0$의 경우는 영으로 나눔이 되어 버리므로 이렇게는 안 됩니다. 그럼 어떻게? 걱정할 필요 없습니다. $a_{11} = 0$이면 1열이 모두 0이므로, $\det A = 0$으로 정해져 있습니다. 그러므로 역시 $\det A = a_{11} \det A'$는 성립합니다.

94 '응?'이라고 한 사람은 1.3.2절의 '전치행렬의 행렬식'을 복습합니다.

95 이 조작을 피보팅(pivoting)이라고 합니다. 덧붙여서 0이 아닌 것을 어떻게 해도 가져올 수 없게 되었다면? 그것은 가장 왼쪽 열이 모두 0이란 것이므로 한눈에 행렬식이 0임을 알 수 있습니다.

$$\det\begin{pmatrix} \boxed{0} & 3 & 1 & 1 \\ \hline 2 & 1 & 3 & 2 \\ \hline 2 & 7 & 6 & 6 \\ \hline 4 & 5 & 10 & 9 \end{pmatrix} = -\det\begin{pmatrix} \boxed{2} & 1 & 3 & 2 \\ \hline \boxed{0} & 3 & 1 & 1 \\ \hline 2 & 7 & 6 & 6 \\ \hline 4 & 5 & 10 & 9 \end{pmatrix}$$ 1행과 2행을 교체(→부호가 바뀜)

여기까지 배우면 벌써 해보았던 '상삼각행렬의 행렬식은 대각성분의 곱'도 당연하겠네요.

'*'에는 무엇이 들어가도 관계없어 다음과 같은 상태가 됩니다.

$$\det\begin{pmatrix} 1 & * & * & * \\ 0 & 2 & * & * \\ 0 & 0 & 3 & * \\ 0 & 0 & 0 & 4 \end{pmatrix}$$ '특별한 형태'이므로……

$$= 1\det\begin{pmatrix} 2 & * & * \\ 0 & 3 & * \\ 0 & 0 & 4 \end{pmatrix}$$ '특별한 형태'이므로……

$$= 1\cdot 2\det\begin{pmatrix} 3 & * \\ 0 & 4 \end{pmatrix}$$ '특별한 형태'이므로……

$$= 1\cdot 2\cdot 3\det(4) = 1\cdot 2\cdot 3\cdot 4 = 24$$

더욱이 $\det(A^T) = \det A$였으므로 '하삼각행렬의 행렬식은 대각성분의 곱'도 똑같이 성립합니다.

지금까지의 설명은 임기응변에 의존하지 않는 기계적인 계산 절차입니다. 이외에도 1.3.2절에 들었던 성질들을 잘 사용하면 더욱 쉬워질 것입니다. 열쪽이 하기 쉬워 보이면 열을 사용한다던지, 좌상이 1이 되도록 행이나 열을 바꾼다던지, 어떤 열이 모두 3의 배수라면 3을 묶어낸다던지 등입니다.

1.3.5 보충: 여인수 전개와 역행렬▽

역행렬을 식으로 다시 쓰는 내용입니다만, 계속해서 좌절의 위험이 높은 곳입니다. 힘들면 2장으로 넘어가도 괜찮습니다.

여인수 전개

역행렬을 다시 쓰기 위한 준비로 여인수 전개를 도출합니다.

예제에 따라 3차 행렬 $A = (a_{ij})$ 정도로 해봅시다. 우선, 다중선형성으로부터

$$\det A = \det\left(\begin{array}{c|c|c} a_{11} & a_{12} & a_{13} \\ a_{21} & a_{22} & a_{23} \\ a_{31} & a_{32} & a_{33} \end{array}\right)$$

$$= \det\left(\begin{array}{c|c|c} a_{11} & a_{12} & a_{13} \\ 0 & a_{22} & a_{23} \\ 0 & a_{32} & a_{33} \end{array}\right) + \det\left(\begin{array}{c|c|c} 0 & a_{12} & a_{13} \\ a_{21} & a_{22} & a_{23} \\ 0 & a_{32} & a_{33} \end{array}\right) + \det\left(\begin{array}{c|c|c} 0 & a_{12} & a_{13} \\ 0 & a_{22} & a_{23} \\ a_{31} & a_{32} & a_{33} \end{array}\right)$$

로 전개할 수 있습니다. 여기서 다음 내용에 주의합시다(1.3.4절에서 손 계산의 특별한 형태).

$$\det\begin{pmatrix} a_{11} & a_{12} & a_{13} \\ 0 & a_{22} & a_{23} \\ 0 & a_{32} & a_{33} \end{pmatrix} = a_{11} \det\begin{pmatrix} a_{22} & a_{23} \\ a_{32} & a_{33} \end{pmatrix}$$

나머지를 행의 교체로 이 형태에 가져온다면

$$\det\left(\begin{array}{ccc} 0 & a_{12} & a_{13} \\ \hline a_{21} & a_{22} & a_{23} \\ \hline 0 & a_{32} & a_{33} \end{array}\right) = -\det\left(\begin{array}{ccc} a_{21} & a_{22} & a_{23} \\ \hline 0 & a_{12} & a_{13} \\ \hline 0 & a_{32} & a_{33} \end{array}\right) = -a_{21} \det\begin{pmatrix} a_{12} & a_{13} \\ a_{32} & a_{33} \end{pmatrix}$$

$$\det\left(\begin{array}{ccc} 0 & a_{12} & a_{13} \\ \hline 0 & a_{22} & a_{23} \\ \hline a_{31} & a_{32} & a_{33} \end{array}\right) = -\det\left(\begin{array}{ccc} 0 & a_{12} & a_{13} \\ \hline a_{31} & a_{32} & a_{33} \\ \hline 0 & a_{22} & a_{23} \end{array}\right) = \det\left(\begin{array}{ccc} a_{31} & a_{32} & a_{33} \\ \hline 0 & a_{12} & a_{13} \\ \hline 0 & a_{22} & a_{23} \end{array}\right)$$

$$= a_{31} \det\begin{pmatrix} a_{12} & a_{13} \\ a_{22} & a_{23} \end{pmatrix}$$

따라서 결국 다음과 같이 전개됩니다.

$$\det A = \det\begin{pmatrix} a_{11} & a_{12} & a_{13} \\ a_{21} & a_{22} & a_{23} \\ a_{31} & a_{32} & a_{33} \end{pmatrix}$$

$$= a_{11} \det\begin{pmatrix} a_{22} & a_{23} \\ a_{32} & a_{33} \end{pmatrix} - a_{21} \det\begin{pmatrix} a_{12} & a_{13} \\ a_{32} & a_{33} \end{pmatrix} + a_{31} \det\begin{pmatrix} a_{12} & a_{13} \\ a_{22} & a_{23} \end{pmatrix}$$

원래의 어디를 끄집어낸 것인지 그림으로 나타내면 다음과 같습니다. ★이 랭크, ■가 행렬식에 출현한다는 의미입니다.

```
★□□     □■■     □■■
□■■  −  ★□□  +  □■■
□■■     □■■     ★□□
```

2열도 같은 모양으로 전개되어 결과는

```
  □★□     ■□■     ■□■
− ■□■  +  □★□  −  ■□■
  ■□■     ■□■     □★□
```

이 됩니다.[96] 3열에 대해 전개하면

```
□□★     ■■□     ■■□
■■□  −  □□★  +  ■■□
■■□     ■■□     □□★
```

이 그림들을 언어로 설명하면 다음과 같습니다.

- ★은 어딘가의 열을 위에서 아래로 이동
- ★이 있는 행과 열을 제외한 나머지가 행렬식에 출현
- ★이 1보 아래로 이동할 때마다 부호가 역전
- ★이 1열 옆으로 움직일 때마다 부호가 역전

★의 위치와 부호의 관계는 다음과 같은 '바둑판 무늬'가 됩니다.

```
+−+
−+−
+−+
```

여기서 쓰기 쉽게 'A에서 i행과 j열을 제외한 것의 행렬식'을 Δ'_{ij} 라고 두기로 합시다. 이 기호를 사용하면,

$$
\begin{aligned}
\det A &= a_{11}\Delta'_{11} - a_{21}\Delta'_{21} + a_{31}\Delta'_{31} \\
&= -a_{12}\Delta'_{12} + a_{22}\Delta'_{22} - a_{32}\Delta'_{32} \\
&= a_{13}\Delta'_{13} - a_{23}\Delta'_{23} + a_{33}\Delta'_{33}
\end{aligned}
$$

라는 것이 여기까지의 결과입니다. 플러스 마이너스로 눈이 따끔따끔하므로

$$
\Delta_{ij} = (-1)^{i+j}\Delta'_{ij}
$$

라는 기호를 도입합시다.[97] 그러면 깔끔하게

96 $\det\begin{pmatrix} a_{11} & a_{12} & a_{13} \\ a_{21} & a_{22} & a_{23} \\ a_{31} & a_{32} & a_{33} \end{pmatrix} = -\det\begin{pmatrix} a_{12} & a_{11} & a_{13} \\ a_{22} & a_{21} & a_{23} \\ a_{32} & a_{31} & a_{33} \end{pmatrix}$처럼 1열과 2열은 바꿔놓고, 1열에 대해 전개하면 좋다. 이 교체로 부호가 역전하는 것에 주의합니다.

97 $(-1)^{i+j}$는 요약하면 '$(i+j)$가 짝수라면 +1, 홀수라면 −1'입니다. 'i가 1 늘어나면 부호가 바뀝니다. j가 1 늘어나도 부호가 역전'됩니다.

$$\begin{aligned}\det A &= a_{11}\Delta_{11} + a_{21}\Delta_{21} + a_{31}\Delta_{31} \\ &= a_{12}\Delta_{12} + a_{22}\Delta_{22} + a_{32}\Delta_{32} \\ &= a_{13}\Delta_{13} + a_{23}\Delta_{23} + a_{33}\Delta_{33}\end{aligned}$$

Δ_{ij}를 **여인수**라고 하고, 위의 전개를 **여인수 전개**(Laplace 전개)라고 합니다. 일반의 n차 정방행렬 $A = (a_{ij})$에서도

$$\det A = a_{1j}\Delta_{1j} + \cdots + a_{nj}\Delta_{nj}$$

입니다($j = 1, \ldots, n$).

역행렬을 새로 쓰다

3차 정방행렬 $A = (a_{ij})$로 A의 **여인수 행렬**(adjugate matrix)을 다음과 같이 정의합니다.

$$\operatorname{adj} A = \begin{pmatrix} \Delta_{11} & \Delta_{21} & \Delta_{31} \\ \Delta_{12} & \Delta_{22} & \Delta_{32} \\ \Delta_{13} & \Delta_{23} & \Delta_{33} \end{pmatrix}$$

첨자의 순서에 주의합니다. adj A의 (i, j) 성분이 Δ_{ij}입니다. 자, 여기에 A를 곱해 보면

$$(\operatorname{adj} A)A = \begin{pmatrix} \Delta_{11} & \Delta_{21} & \Delta_{31} \\ \Delta_{12} & \Delta_{22} & \Delta_{32} \\ \Delta_{13} & \Delta_{23} & \Delta_{33} \end{pmatrix}\begin{pmatrix} a_{11} & a_{12} & a_{13} \\ a_{21} & a_{22} & a_{23} \\ a_{31} & a_{32} & a_{33} \end{pmatrix} \equiv B$$

어떻게 될까요? 행렬곱의 정의로부터 B의 (1, 1) 성분은

$$a_{11}\Delta_{11} + a_{21}\Delta_{21} + a_{31}\Delta_{31}$$

앗, 이것은 det A의 여인수 전개 그 자체이므로 det A와 같겠네요. (2, 2) 성분이나 (3, 3) 성분도 같은 모양으로 B의 대각성분은 모두 det A입니다. 한편, 비대각성분은 예를 들어 (2, 1) 성분이라면 다음과 같이 나타낼 수 있습니다.

$$a_{11}\Delta_{12} + a_{21}\Delta_{22} + a_{31}\Delta_{32}$$

이것은 2열에서 여인수 전개를 한 것입니다(확인해 주십시오).

$$\det\left(\begin{array}{c|c|c} a_{11} & a_{11} & a_{13} \\ a_{21} & a_{21} & a_{23} \\ a_{31} & a_{31} & a_{33} \end{array}\right)$$

그런데 이 행렬식은 같은 열이 겹쳐 있으므로 0입니다. 다른 것도 똑같으므로 B의 비대각성분은 모두 0이 됩니다. 정리하여 써보면 다음과 같습니다.

$$(\text{adj}\,A)A = \begin{pmatrix} \det A & 0 & 0 \\ 0 & \det A & 0 \\ 0 & 0 & \det A \end{pmatrix} = (\det A)I$$

이것은 역행렬을 이용해 다음과 같이 쓸 수 있습니다.

$$A^{-1} = \frac{1}{\det A}\text{adj}\,A \tag{1.45}$$

고생한 보람이 있습니다.

그런데 무언가 잊고 있는 것을 눈치챘나요? 납작하게 눌리는(직선으로 변환되는) A라면 역행렬은 존재하지 않을 것입니다. 그 변은 어떻게 될까요. $\det A$의 값도 체크하지 않고 나눗셈해 버린 건가, 너무 서둘렀습니다. 정확하게는 '$\det A$가 0이 아닌 한'이란 조건이 식 (1.45)에 붙습니다. $\det A$가 0이면 부피 확대율이 0이므로 A는 납작하게 눌리는(직선으로 변환되는) 사상이 되므로 역행렬은 존재하지 않습니다. 이야기는 제대로입니다(맞는 이야기입니다).

이것으로 특히 '$\det A \neq 0$이라면 A^{-1}는 반드시 존재한다'를 보였습니다.

식 (1.45)는 일반 n차 정방행렬에서도 성립하는 식입니다. 다만, 구체적으로 주어진 행렬의 역행렬을 구하고 싶을 때는 식 (1.45) 같은 것은 사용하지 말아야 합니다. 좀 더 좋은 방법을 2.2.3절에 소개하겠습니다.

1.51 $A^{-1}A = I$는 확인됐는데 $AA^{-1} = I$도 괜찮은지요?

1.25에서 걱정하던 내용이네요. 만일을 위해 해둡시다. 우선 $\text{adj}(A^T) = (\text{adj}\,A)^T$는 바로 확인되겠지요. 그렇다면 $A(\text{adj}\,A))^T = (\text{adj}\,A)^T A^T = (\text{adj}(A^T))A^T$. 이 (adj□)□가 (det□)$I$가 되는 것은 위에서 한 그대로입니다. 따라서 $(A(\text{adj}\,A))^T = (\det(A^T))I$가 됩니다. 그런데 $\det(A^T) = \det A$였고, 물론 $I^T = I$이므로 이것은 $A(\text{adj}\,A) = (\det A)I$를 의미합니다. 그러므로 $AA^{-1} = I$도 괜찮습니다.

2장

랭크 · 역행렬 · 일차방정식

—결과에서 원인을 구하다

2.1 문제 설정: 역문제

1장에서 '행렬은 사상이다'를 강조했습니다. 벡터 $\boldsymbol{x}$에 대해 행렬 A를 시행하면 $\boldsymbol{y} = A\boldsymbol{x}$라는 벡터로 이동합니다. '행렬을 적용한다는 형태로 나타나는 사상'은 '벡터를 벡터로 이동시키는 사상' 중에 극히 일부밖에 없습니다.[1] 그래도 이 세상에는 '벡터 $\boldsymbol{x}$를 입력하면 벡터 $\boldsymbol{y} = A\boldsymbol{x}$가 출력된다'라는 형태로 나타나는 대상이 많습니다. '여러 가지를 행렬로 나타낸다(1.2.2절, 1.2.10절)'에서 일부를 소개했습니다. 또한, 0장 '왜 선형대수를 배워야 하는가'에서도 서술했듯이 '엄밀하게는 아니더라도 근사하면 충분히 유용'한 경우도 있습니다.

물리적인 구조(시스템)를 고찰하거나, 입출력을 관측하여 추정하면 위의 행렬 A를 아는 것은 가능하겠지요. 원인 $\boldsymbol{x}$를 알고, 결과 $\boldsymbol{y}$를 예측한다면 이것으로 OK입니다. 그러나 반대로 결과를 알고 원인을 추측하고 싶은 경우도 있습니다. 예를 들어 지표의 중력 분포(결과)를 통해 지중의 자원 분포(원인)를 추측하거나, 열화(劣化)된 영상(결과)을 통해 원래 영상(원인)을 추측하는 경우입니다.

이처럼 결과 $\boldsymbol{y}$를 먼저 알고, 원인 $\boldsymbol{x}$를 추정하는 형태의 문제를 역문제라고 합니다. 이와 대비시켜 $\boldsymbol{x}$에서 $\boldsymbol{y}$를 예측하는 문제를 순문제라고도 합니다.

사실 현실의 대상을 다루는 데는 노이즈도 생각해

$$\boldsymbol{y} = A\boldsymbol{x} + (\text{노이즈})$$

와 같은 상황을 검토해야 합니다. 그러나 잠시 동안은 다음과 같이 노이즈가 없는 경우 어떻게 될지를 살펴보겠습니다.[2]

$$\boldsymbol{y} = A\boldsymbol{x}$$

---

1 '행렬을 곱하다'로 나타낼 수 없는 사상은 얼마든지 생각해낼 수 있습니다. 예를 들어 $\boldsymbol{x} = (x_1, x_2, x_3)^T$에 대해

$$\boldsymbol{f}(\boldsymbol{x}) = \begin{pmatrix} x_1 x_2^2 x_3^3 + \sqrt{x_1^2 + 8} + \log(|\sin x_3| + |\cos x_3|) \\ x_1, x_2, x_3 \text{ 중 최대} \\ \text{북위 } x_1\text{도 · 동경 } x_2\text{도가 육지면 } x_3, \text{ 바다면 } -x_3 \end{pmatrix}$$

2 노이즈가 있는 경우의 이야기는 2.6절 '현실적으로 성질이 나쁜 경우(특이에 가까운 행렬)'에서 합니다.

2.1 x와 y는 대등한 것이죠? 물리적으로는 x가 y를 결정하는지 몰라도 수학적으로는 '한 쪽의 값을 지정하면 다른 한 쪽의 값도 정해진다'라는 것뿐이잖아요. 어느 쪽이 순이고, 어느 쪽이 역이란 것은 현실과 연결시켜 해석하기 나름이니까 수학이 신경 쓸 일이 아니잖아요?

2.2절과 같이 성질이 좋은 경우는 그렇게 말할 수 있습니다. 그러나 성질이 나쁜 경우에는 대등하다고 할 수 없습니다. 2.3절이나 2.6절을 읽어보면 이 말에 동의할 것입니다.

2.2 '역문제'라고 말하고 있는데 요점은 연립일차방정식이죠?

노이즈를 의식하지 않는 경우는 그렇습니다. 예를 들어 보겠습니다.

$$A = \begin{pmatrix} 1 & 2 & 3 & 4 & 5 \\ 6 & 7 & 8 & 9 & 10 \\ 11 & 12 & 13 & 14 & 15 \\ 16 & 17 & 18 & 19 & 20 \end{pmatrix}, \quad \boldsymbol{y} = \begin{pmatrix} 3 \\ 1 \\ 4 \\ 1 \end{pmatrix}$$

위 내용을 생각해봅시다.

$\boldsymbol{x} = (x_1, x_2, x_3, x_4, x_5)^T$로 두고, $A\boldsymbol{x} = \boldsymbol{y}$를 성분으로 내려 쓰면

$$\begin{aligned} x_1 + 2x_2 + 3x_3 + 4x_4 + 5x_5 &= 3 \\ 6x_1 + 7x_2 + 8x_3 + 9x_4 + 10x_5 &= 1 \\ 11x_1 + 12x_2 + 13x_3 + 14x_4 + 15x_5 &= 4 \\ 16x_1 + 17x_2 + 18x_3 + 19x_4 + 20x_5 &= 1 \end{aligned}$$

이와 같은 일반 **연립일차방정식**에 대해 '해가 존재하는가', '해는 유일한가'라는 이야기가 2장의 주제입니다. 답은 2.3.2절 '성질의 내용과 핵 · 상'에서 설명합니다.

2.2 성질이 좋은 경우(정칙행렬)

2.2.1 정칙성과 역행렬

처음에는 성질이 좋은 경우를 살펴보겠습니다.[3] $\boldsymbol{x}$와 $\boldsymbol{y}$의 차원이 같다면 A는 정방행렬입니다. 이 때 A의 역행렬 A^{-1}이 존재하면 식은

$$\boldsymbol{x} = A^{-1}\boldsymbol{y} \tag{2.1}$$

로 끝입니다. 이것으로 결과 $\boldsymbol{y}$에서 원인 $\boldsymbol{x}$를 알 수 있습니다.

이런 식으로 '역행렬이 존재하는 정방행렬 A'를 **정칙행렬**이라고 합니다.[4] 정칙이 아닌 행렬은 **특이행렬**이라고 합니다.[5]

단, 구체적으로 주어진 A와 $\boldsymbol{y}$에 대해 '$A\boldsymbol{x} = \boldsymbol{y}$가 되는 $\boldsymbol{x}$'를 구하는 경우에는 'A^{-1}을 구하여 $\boldsymbol{y}$에 곱한다'라고 하지 않습니다. 좀 더 편하게 구하는 방법이 있기 때문입니다. 그 방법을 먼저 설명하겠습니다. 그 후에 역행렬을 어떻게 계산하면 좋은지 설명합니다. '어떤 경우에 역행렬이 존재하는가', '역행렬이 존재하지 않는 경우는 어떻게 하는가'에 대해서는 다음 절 이후에 다루겠습니다.

2.2.2 연립일차방정식의 해법(정칙인 경우)▽

이 절에서는 연립일차방정식을 '손으로 계산하는 방법'에 대해 설명합니다.[6] 즉, 구체적으로 주어진 A와 $\boldsymbol{y}$에 대해 '$A\boldsymbol{x} = \boldsymbol{y}$가 되는 $\boldsymbol{x}$'를 구하는 이야기입니다. 우선은 선형대수라고 생각하지 말고, 평소대로 연립일차방정식을 풀어봅시다. 그 순서를 돌아보고 행렬로 표기하여 손으로 계산해봅니다.

---

3 사실 성질이 나쁜 경우에 어떻게 대처하는지가 '역문제'의 주요 주제입니다. 이 절의 내용처럼 성질이 좋은 경우는 일부러 역문제라고 부르지 않습니다.

4 정방행렬이 아니면 '역행렬'은 애초에 정의되지 않습니다.

5 정칙행렬을 비특이행렬이라고 하거나, 특이행렬을 비정칙행렬이라고도 하므로 까다롭습니다. 게다가 정칙행렬을 가역행렬이라고도 합니다.

6 '시험을 대비해 읽고 있다', '다른 건 이미 마스터했다'라는 사람이 아니라면 ▽가 붙은 문제는 건너뛰고 읽을 것을 추천합니다. 앞으로 좀 더 부담없이 들을 수 있고, 더욱 중요한 이야기가 많습니다.

변수소거로 연립방정식 풀기

구체적인 예를 살펴보는 편이 알기 쉽겠지요.

$$A = \begin{pmatrix} 2 & 3 & 3 \\ 3 & 4 & 2 \\ -2 & -2 & 3 \end{pmatrix}, \quad \boldsymbol{y} = \begin{pmatrix} 9 \\ 9 \\ 2 \end{pmatrix} \tag{2.2}$$

이에 대해 $A\boldsymbol{x} = \boldsymbol{y}$가 되는 $\boldsymbol{x} = (x_1, x_2, x_3)^T$를 구해봅니다.

$$2x_1 + 3x_2 + 3x_3 = 9 \tag{2.3}$$
$$3x_1 + 4x_2 + 2x_3 = 9 \tag{2.4}$$
$$-2x_1 - 2x_2 + 3x_3 = 2 \tag{2.5}$$

이와 같은 연립일차방정식은 다음과 같이 변수를 소거해 나가면 풀립니다.

먼저 방정식의 첫 번째 식 (2.3)에서

$$x_1 = -\frac{3}{2}x_2 - \frac{3}{2}x_3 + \frac{9}{2} \tag{2.6}$$

처럼 변수 x_1을 다른 변수 x_2, x_3로 나타냅니다. 이 식을 방정식의 나머지 식 (2.4)와 식 (2.5)에 대입합니다.

$$3\left(-\frac{3}{2}x_2 - \frac{3}{2}x_3 + \frac{9}{2}\right) + 4x_2 + 2x_3 = 9 \tag{2.7}$$
$$-2\left(-\frac{3}{2}x_2 - \frac{3}{2}x_3 + \frac{9}{2}\right) - 2x_2 + 3x_3 = 2 \tag{2.8}$$

정리하면 다음과 같습니다.

$$-\frac{1}{2}x_2 - \frac{5}{2}x_3 = -\frac{9}{2} \tag{2.9}$$
$$x_2 + 6x_3 = 11 \tag{2.10}$$

변수가 하나 줄어든 연립일차방정식을 얻을 수 있습니다. 여기까지가 1단계입니다. 문제가 간단해져서 조금 편해졌습니다. 이어서 2단계로 나아갑니다. 방식은 같습니다. 새로운 방정식의 첫 번째 식 (2.9)에서

$$x_2 = -5x_3 + 9 \tag{2.11}$$

와 같이 변수 x_2를 다른 변수 x_3로 나타냅니다. 이 식을 나머지 식 (2.10)에 대입하여

$$(-5x_3 + 9) + 6x_3 = 11 \tag{2.12}$$

정리하면 다음과 같습니다.

$$x_3 = 2$$

이렇게 x_3 값이 구해집니다. 여기가 반환점입니다. 나머지는 순서대로 돌아갑니다. 구한 x_3를 2단계의 결과인 식 (2.11)에 대입합니다.

$$x_2 = -5 \cdot 2 + 9 = -1$$

이렇게 x_2, x_3 값이 구해지면 1단계의 결과인 식 (2.6)에 대입합니다.

$$x_1 = -\frac{3}{2} \cdot (-1) - \frac{3}{2} \cdot 2 + \frac{9}{2} = 3$$

결국 다음과 같은 해를 얻습니다.

$$\boldsymbol{x} = \begin{pmatrix} x_1 \\ x_2 \\ x_3 \end{pmatrix} = \begin{pmatrix} 3 \\ -1 \\ 2 \end{pmatrix}$$

검산해보면 확실히 $A\boldsymbol{x} = \boldsymbol{y}$입니다.

변수의 개수가 늘어도 노선은 같습니다. '방정식 한 개를 사용해 나머지에서 변수를 하나 소거'라는 절차로 문제를 간단하게 하는 것을 반복합니다. 마지막에는 변수가 하나인 방정식이 되므로 값을 구할 수 있습니다. 그러면 되돌아가서 순서대로 대입해 변수를 전부 구할 수 있습니다.

2.3 이 방법으로 풀 수 있으니까, 충분하지 않나요?

실은 이 의견에 저도 조금 동의합니다만, 그러나 '그 방법으로 반드시 해를 구할 수 있는가? 어설픈 순서를 사용하면 도중에 막히지 않나?' 같은 논의를 하기에는 뒤에 서술할 손으로 계산하는 방법 쪽이 쉽습니다.

연립일차방정식을 푸는 과정을 블록행렬로 표기하다

식 (2.3), 식 (2.4), 식 (2.5)는 블록행렬로

$$\left(\begin{array}{ccc|c} 2 & 3 & 3 & 9 \\ 3 & 4 & 2 & 9 \\ -2 & -2 & 3 & 2 \end{array}\right) \left(\begin{array}{c} x_1 \\ x_2 \\ x_3 \\ \hline -1 \end{array}\right) = \begin{pmatrix} 0 \\ 0 \\ 0 \end{pmatrix}$$

와 같이 쓸 수 있습니다.[7] 앞에서 제시했던 식과 같은 식이라는 걸 확인해 주십시오. 이 표기에서 좀 전의 해결법을 더듬어 가봅시다.

처음으로 'x_1을 다른 x_2, x_3로' 나타냈습니다. 즉, 식 (2.3)을 식 (2.6)으로 변형했습니다. 블록행렬로 표기하면

$$\left(\begin{array}{ccc|c} \boxed{\mathit{1}} & \frac{\mathit{3}}{\mathit{2}} & \frac{\mathit{3}}{\mathit{2}} & \frac{\mathit{9}}{\mathit{2}} \\ \hline 3 & 4 & 2 & 9 \\ \hline -2 & -2 & 3 & 2 \end{array}\right)\left(\begin{array}{c} x_1 \\ x_2 \\ x_3 \\ \hline -1 \end{array}\right) = \begin{pmatrix} 0 \\ 0 \\ 0 \end{pmatrix}$$

와 같이 행렬의 1행을 1/2배하여 x_1에 대응하는 위치(1열)를 1로 만들었습니다.[8]

다음으로 식 (2.6)을 사용하여 나머지 식에서 x_1을 소거했습니다. 블록행렬로 표기하면 행렬의 2행과 3행에 대해 x_1에 대응하는 위치(1열)가 0이 되도록 한 것입니다. 그렇게 하기 위해 1행의 (−3)배를 2행에 더하고, 1행의 2배를 3행에 더했습니다.[9] 그 결과를 블록행렬로 표기하면 다음과 같습니다.

$$\left(\begin{array}{ccc|c} 1 & \frac{3}{2} & \frac{3}{2} & \frac{9}{2} \\ \hline \boxed{\mathit{0}} & -\frac{\mathit{1}}{\mathit{2}} & -\frac{\mathit{5}}{\mathit{2}} & -\frac{\mathit{9}}{\mathit{2}} \\ \hline \boxed{\mathit{0}} & \mathit{1} & \mathit{6} & \mathit{11} \end{array}\right)\left(\begin{array}{c} x_1 \\ x_2 \\ x_3 \\ \hline -1 \end{array}\right) = \begin{pmatrix} 0 \\ 0 \\ 0 \end{pmatrix}$$

여기까지 'x_1의 소거'가 완료되었습니다.

다음은 x_2의 소거입니다. 블록행렬로 표기하면 우선 행렬의 2행을 (−2)배하여

$$\left(\begin{array}{ccc|c} 1 & \frac{3}{2} & \frac{3}{2} & \frac{9}{2} \\ \hline \mathit{0} & \boxed{\mathit{1}} & \mathit{5} & \mathit{9} \\ \hline 0 & 1 & 6 & 11 \end{array}\right)\left(\begin{array}{c} x_1 \\ x_2 \\ x_3 \\ \hline -1 \end{array}\right) = \begin{pmatrix} 0 \\ 0 \\ 0 \end{pmatrix}$$

x_2에 대응하는 위치(2열)를 1로 해 둡시다. 이것이 첫 번째. 두 번째는 2행의 (−1)배를 3행에 더하여 x_2에 대응하는 위치(2열)를 0으로 합니다. 결과는 다음과 같습니다.

---

7 1.2.10절에서 한 정석과 같습니다.

8 우변은 0이므로 그대로 변하지 않습니다. 걱정된다면 성분마다 내려 써보고, 같은 식이 됨을 확인해 주십시오. 이후도 같습니다.

9 조금 외형이 달라져 버리지만 같은 값입니다. '식 (2.6)을 식 (2.4)에 대입하여 x_1을 소거한다' 대신에 '$x_1 + \frac{3}{2}x_2 + \frac{3}{2}x_3 - \frac{9}{2} = 0$을 (−3)배하여 $3x_1 + 4x_2 + 2x_3 - 9 = 0$에 더하면 $-\frac{1}{2}x_2 + \frac{5}{2}x_3 + \frac{9}{2} = 0$이란 x_1을 포함한 식이 얻어진다'라고 바꿔 말한 것뿐입니다.

$$\left(\begin{array}{ccc|c} 1 & \frac{3}{2} & \frac{3}{2} & \frac{9}{2} \\ \hline 0 & 1 & 5 & 9 \\ \hline \mathit{0} & \boxed{\mathit{0}} & \mathit{1} & \mathit{2} \end{array}\right)\left(\begin{array}{c} x_1 \\ x_2 \\ x_3 \\ \hline -1 \end{array}\right) = \left(\begin{array}{c} 0 \\ 0 \\ 0 \end{array}\right)$$

이 단계에서 $x_3 = 2$가 구해집니다. 왜냐하면, 이 식은 다음처럼 쓸 수 있기 때문입니다.

$$\left(\begin{array}{c} x_1 + \frac{3}{2}x_2 + \frac{3}{2}x_3 - \frac{9}{2} \\ x_2 + 5x_3 - 9 \\ x_3 - 2 \end{array}\right) = \left(\begin{array}{c} 0 \\ 0 \\ 0 \end{array}\right)$$

1행과 2행의 복잡하고 엉망인 곳은 놔두고, 3행을 보면 $x_3 = 2$라는 것을 한눈에 알 수 있습니다.

구한 x_3를 대입하여 x_2를 구합니다. 블록행렬로 표기하면 2행에서 x_3에 대응하는 위치(3열)를 0으로 만들어 x_2를 구할 수 있습니다. 따라서 행렬의 3행을 (−5배)하고, 2행에 더합니다. 이렇게 하여 다음과 같이 $x_2 = -1$을 구합니다.

$$\left(\begin{array}{ccc|c} 1 & \frac{3}{2} & \frac{3}{2} & \frac{9}{2} \\ \hline \mathit{0} & \mathit{1} & \boxed{\mathit{0}} & \mathit{-1} \\ \hline 0 & 0 & 1 & 2 \end{array}\right)\left(\begin{array}{c} x_1 \\ x_2 \\ x_3 \\ \hline -1 \end{array}\right) = \left(\begin{array}{c} 0 \\ 0 \\ 0 \end{array}\right)$$

마지막으로 구한 x_2, x_3를 대입하여 x_1을 구하면 끝입니다. 블록행렬로 표기하면 1행에서 x_2, x_3에 대응하는 위치(2, 3열)를 0으로 만들어 x_1을 구합니다. 우선 x_2는 2행을 (−3/2)배하여 1행에 더합니다. 결과는 다음과 같습니다.

$$\left(\begin{array}{ccc|c} \mathit{1} & \boxed{\mathit{0}} & \frac{3}{2} & \mathit{6} \\ \hline 0 & 1 & 0 & -1 \\ \hline 0 & 0 & 1 & 2 \end{array}\right)\left(\begin{array}{c} x_1 \\ x_2 \\ x_3 \\ \hline -1 \end{array}\right) = \left(\begin{array}{c} 0 \\ 0 \\ 0 \end{array}\right)$$

3행을 (−3/2)배하여 1행에 더하면 다음과 같습니다.

$$\left(\begin{array}{ccc|c} \mathit{1} & \mathit{0} & \boxed{\mathit{0}} & \mathit{3} \\ \hline 0 & 1 & 0 & -1 \\ \hline 0 & 0 & 1 & 2 \end{array}\right)\left(\begin{array}{c} x_1 \\ x_2 \\ x_3 \\ \hline -1 \end{array}\right) = \left(\begin{array}{c} 0 \\ 0 \\ 0 \end{array}\right)$$

이것으로 $x_1 = 3$을 구하고, 완료입니다.

어떻게 풀었는지 다시 생각해봅시다. 원래 방정식 (2.3) (2.4) (2.5)에서

- 어느 식의 양변을 c배한다.
- 어느 식을 c배하여 다른 식에 변과 변을 더한다.

라는 방법으로 결국 $x_1 = \bigcirc$, $x_2 = \triangle$, $x_3 = \square$라는 형태에 다다른 것입니다(c는 0이 아닌 수). 블록행렬로 쓰면

$$(A \mid \boldsymbol{y})\left(\frac{\boldsymbol{x}}{-1}\right) = \boldsymbol{o}$$

이고, 이 식을 변형하여

$$(I \mid \boldsymbol{s})\left(\frac{\boldsymbol{x}}{-1}\right) = \boldsymbol{o}$$

라는 형태가 되면 $\boldsymbol{x} - \boldsymbol{s} = \boldsymbol{o}$. 즉, $\boldsymbol{s}$가 해입니다.

이상으로 변수소거법을 행렬로 표현해보았습니다.

2.4 잘 모르겠어요.

'연립일차방정식의 변수소거 이야기를 블록행렬에 대응하는 것이 잘 이해가 안 된다'는 것이라면 신경 쓰지 않아도 괜찮습니다. 각각 다른 이야기라고 생각하고 들어 주십시오. 블록행렬의 예에서 사용하는 방법은 이해가 되지요? '어느 식을 c배한다' '어느 식의 c배하여 다른 식에 변과 변을 더한다' 라는 것뿐이니까요. 이 방법을 반복하여 $x_i = \square$라는 식이 되면 그것으로 해가 구해진다는 이야기입니다. 나중에 2.2.4절에서도 기본변형이란 개념을 도입하여 다르게 설명합니다. 그 쪽이 더 알기 쉬울지도 모르겠습니다.

2.5 그러면 왜 기본변형부터 설명하지 않나요? 이론적인 순서로 잘 말해주세요.

그렇게 하면, 의도를 잘 알 수 없는 '준비'가 여러 가지 있어서, 그다음에야 겨우 정말로 하고 싶었던 것이 나오는 스타일의 설명이 됩니다. 별로죠?

블록행렬 표기만으로 연립일차방정식을 풀다 ← 가우스 요르단 소거법

블록행렬로 표기하여 연립일차방정식 $A\mathbf{x} = \mathbf{y}$를 풀었습니다만, 도중에 값이 갱신된 부분은

$$\left(\begin{array}{ccc|c} * & * & * & * \\ * & * & * & * \\ * & * & * & * \end{array}\right)\left(\begin{array}{c} x_1 \\ x_2 \\ x_3 \\ \hline -1 \end{array}\right) = \begin{pmatrix} 0 \\ 0 \\ 0 \end{pmatrix}$$

$*$ 부분뿐입니다. 다른 부분은 처음부터 끝까지 같습니다. 그러면 일부러 쓰지 않아도 풀 수 있겠지요? 이러한 이유로 갱신하는 부분만 끄집어 낸

$$(A \mid \mathbf{y}) = \left(\begin{array}{ccc|c} 2 & 3 & 3 & 9 \\ 3 & 4 & 2 & 9 \\ -2 & -2 & 3 & 2 \end{array}\right)$$

을 변형해가는 방법이 연립일차방정식의 '손 계산 방법'입니다.

이때 변형해가는 방법은

- 어느 행을 c배한다.
- 어느 행을 c배하여 다른 행에 더한다.

였습니다(c는 0이 아닌 수). 목표는 A였던 부분을 단위행렬 I로 만드는 것입니다. 그렇게 되면 $\mathbf{y}$였던 부분이 해가 됩니다.

다시 한 번 살펴볼텐데 이전과 조금 다른 순서로 해봅시다. 다음 순서는 가우스 요르단(Gauss-Jordan) 소거법이라고 합니다(어떤 순서라도 I에 도달하면 성공입니다).

$$(A \mid \mathbf{y}) \tag{2.13}$$

$$= \left(\begin{array}{ccc|c} 2 & 3 & 3 & 9 \\ \hline 3 & 4 & 2 & 9 \\ \hline -2 & -2 & 3 & 2 \end{array}\right) \tag{2.14}$$

1행을 1/2배하여 선두에 1을 만든다.

$$\rightarrow \left(\begin{array}{ccc|c} \boxed{1} & \frac{3}{2} & \frac{3}{2} & \frac{9}{2} \\ \hline 3 & 4 & 2 & 9 \\ \hline -2 & -2 & 3 & 2 \end{array}\right) \tag{2.15}$$

1행을 (−3배)하여 2행에 더해 선두를 0으로 만든다.
1행을 2배하여 3행에 더해 선두를 0으로 만든다.
이것으로 1열을 완성한다.

$$\rightarrow \left(\begin{array}{ccc|c} 1 & \frac{3}{2} & \frac{3}{2} & \frac{9}{2} \\ \hline \boxed{0} & -\frac{1}{2} & -\frac{5}{2} & -\frac{9}{2} \\ \hline \boxed{0} & 1 & 6 & 11 \end{array}\right) \tag{2.16}$$

2행을 (−2)배하여 2열(대각성분)에 1을 만든다.

$$\rightarrow \left(\begin{array}{ccc|c} 1 & \frac{3}{2} & \frac{3}{2} & \frac{9}{2} \\ \hline 0 & \boxed{1} & 5 & 9 \\ \hline 0 & 1 & 6 & 11 \end{array}\right) \tag{2.17}$$

2행을 (−3/2)배하여 1행에 더해 2열을 0으로 만든다.
2행을 (−1)배하여 3행에 더해 2열을 0으로 만든다.
이것으로 2열도 완성된다.

$$\rightarrow \left(\begin{array}{ccc|c} 1 & \boxed{0} & -6 & -9 \\ \hline 0 & 1 & 5 & 9 \\ \hline 0 & \boxed{0} & 1 & 2 \end{array}\right) \qquad (2.18)$$

운좋게도 3행은 이대로 3열(대각성분)이 1
3행을 6배하여 1행에 더해 3열을 0으로 만든다.
3행을 (−5)배하여 2행에 더해 3열을 0으로 만든다.

$$\rightarrow \left(\begin{array}{ccc|c} 1 & 0 & \boxed{0} & 3 \\ 0 & 1 & \boxed{0} & -1 \\ 0 & 0 & 1 & 2 \end{array}\right) \qquad (2.19)$$

이것으로 3열도 완성

이렇게 $\boldsymbol{x} = (3,\ -1,\ 2)^T$을 구했습니다.

단, 이 방법만으로는 통하지 않는 경우도 있습니다. 대각성분을 1로 하려고 했더니 해당 부분이 0인 경우입니다. 이래서는 무엇을 곱해도 0 그대로여서 곤란합니다. 이러한 경우 세 번째 방법인 **피보팅**(pivoting)을 사용합니다.

- 어느 행과 다른 행을 바꿔넣는다(pivoting)

예를 들어

$$\left(\begin{array}{ccc|c} 0 & 1 & 6 & 11 \\ \hline 3 & 4 & 2 & 9 \\ \hline -2 & -2 & 3 & 2 \end{array}\right) \rightarrow \left(\begin{array}{ccc|c} 3 & 4 & 2 & 9 \\ \hline 0 & 1 & 6 & 11 \\ \hline -2 & -2 & 3 & 2 \end{array}\right)$$

1행과 2행을 바꾼다.

와 같이 0이 아닌 것을 가져와 '1행에 1/3을 곱하여 대각성분에 1을 만든다'라는 형태입니다. 어떤 방법인지 원래 모습으로 쓰면 다음과 같습니다.

$$\left(\begin{array}{ccc|c} 0 & 1 & 6 & 11 \\ \hline 3 & 4 & 2 & 9 \\ \hline -2 & -2 & 3 & 2 \end{array}\right) \begin{pmatrix} x_1 \\ x_2 \\ x_3 \\ \hline -1 \end{pmatrix} = \begin{pmatrix} 0 \\ 0 \\ 0 \end{pmatrix} \rightarrow \left(\begin{array}{ccc|c} 3 & 4 & 2 & 9 \\ \hline 0 & 1 & 6 & 11 \\ \hline -2 & -2 & 3 & 2 \end{array}\right) \begin{pmatrix} x_1 \\ x_2 \\ x_3 \\ \hline -1 \end{pmatrix} = \begin{pmatrix} 0 \\ 0 \\ 0 \end{pmatrix}$$

즉, 연립일차방정식

$$\begin{aligned} x_2 + 6x_3 &= 11 \\ 3x_1 + 4x_2 + 2x_3 &= 9 \\ -2x_1 - 2x_2 + 3x_3 &= 2 \end{aligned}$$

의 1식과 2식의 순서를 바꿔서

$$\begin{aligned} 3x_1 + 4x_2 + 2x_3 &= 9 \\ x_2 + 6x_3 &= 11 \\ -2x_1 - 2x_2 + 3x_3 &= 2 \end{aligned}$$

로 고쳐쓴 것뿐입니다. 바꾼다고 해서 답이 바뀌지는 않습니다.

정리하겠습니다. 기본 순서는 다음을 반복하는 것으로 1열씩 정리해갑니다.

$$\left(\begin{array}{cccccc|c}
1 & 0 & 0 & * & * & * & * \\
0 & 1 & 0 & * & * & * & * \\
0 & 0 & 1 & * & * & * & * \\ \hline
0 & 0 & 0 & \bigstar & * & * & * \\ \hline
0 & 0 & 0 & * & * & * & * \\
0 & 0 & 0 & * & * & * & * \\
0 & 0 & 0 & * & * & * & *
\end{array}\right)$$
→ 대각성분 ★이 1이 되도록 이 행을 ★로 나눈다.

$$\left(\begin{array}{cccccc|c}
1 & 0 & 0 & \text{☆} & * & * & * \\ \hline
0 & 1 & 0 & \text{☆} & * & * & * \\ \hline
0 & 0 & 1 & \text{☆} & * & * & * \\ \hline
0 & 0 & 0 & 1 & * & * & * \\ \hline
0 & 0 & 0 & \text{☆} & * & * & * \\ \hline
0 & 0 & 0 & \text{☆} & * & * & * \\ \hline
0 & 0 & 0 & \text{☆} & * & * & *
\end{array}\right)$$
→ 비대각성분 ☆이 0이 되도록
좀 전의 행의 ☆배를 각 행에서 뺀다.

단, 만약 ★이 0이 되었다면 다음과 같이 피보팅한다.

$$\left(\begin{array}{cccccc|c}
1 & 0 & 0 & * & * & * & * \\
0 & 1 & 0 & * & * & * & * \\
0 & 0 & 1 & * & * & * & * \\ \hline
0 & 0 & 0 & 0 & * & * & * \\ \hline
0 & 0 & 0 & \blacktriangle & * & * & * \\ \hline
0 & 0 & 0 & \blacktriangle & * & * & * \\ \hline
0 & 0 & 0 & \blacktriangle & * & * & *
\end{array}\right)$$
→ ▲에서 0이 아닌 것을 찾아 행을 바꾼다.

$$\left(\begin{array}{cccccc|c}
1 & 0 & 0 & * & * & * & * \\
0 & 1 & 0 & * & * & * & * \\
0 & 0 & 1 & * & * & * & * \\ \hline
0 & 0 & 0 & \blacktriangle & * & * & * \\ \hline
0 & 0 & 0 & 0 & * & * & * \\
0 & 0 & 0 & \blacktriangle & * & * & * \\
0 & 0 & 0 & \blacktriangle & * & * & *
\end{array}\right)$$
→ 나머지는 기본 순서로 돌아간다.

|의 왼쪽 행렬 부분이 전부 정리되면 |의 우측 벡터 부분에 해가 나타납니다.

2.6 피보팅을 사용해도 더욱 막히는 경우는요?

앞의 예에서 ▲도 모두 0이었다는 이야기네요. 실은 그런 A는 '납작하게 누르는' 사상입니다. 그러므로 애초에 A^{-1}이 존재하지 않습니다. A가 '납작하게 누르는' 사상인지 어떻게 알 수 있는지는 2.10, 그런 경우 무엇이 일어나는지는 2.3절의 '성질이 나쁜 경우'를 참고해 주십시오.

그리고 '자신을 탓하지 말라'라고 말해두겠습니다. 변형하여 벽에 부딪치면 나쁜 것은 당신이 아니라 A 자체입니다.[10] 그러므로 누가 아무리 좋은 순서로 변형해도 반드시 벽에 부딪칩니다. 이렇게 딱 잘라 말할 수 있는 이유는 2.10을 참고해 주십시오.

2.7 계산이 꽤 복잡하네요. 좀 더 편하게 할 수는 없을까요?

본문에서 소개한 방법은 애드리브가 필요 없는 기계적으로 계산하는 순서입니다. 조금 더 머리를 써서 궁리하면 더 편하게 계산하는 방법도 있습니다. 특히 시험에 나오는 '깨끗하게 풀릴 수 있도록 만들어진 문제'에서 효과가 큽니다. 예를 들어 식 (2.16) 단계에서 3행에 1이 보입니다. 거기서 2행과 3행을 바꾸면 곱셈을 하지 않아도 '대각성분에 1을 만든다'가 가능해집니다.[11] 또한, 처음부터 식 (2.14) 단계에서 1행을 1/2배한 것이 잘못이었습니다. 우선 1행을 (−1)배 해두고, 거기에 2행을 더하면 분수를 쓰지 않고도 좌상을 1로 만들 수 있습니다.

$$\left(\begin{array}{ccc|c} 2 & 3 & 3 & 9 \\ \hline 3 & 4 & 2 & 9 \\ \hline -2 & -2 & 3 & 2 \end{array}\right) \rightarrow \left(\begin{array}{ccc|c} \mathit{-2} & \mathit{-3} & \mathit{-3} & \mathit{-9} \\ \hline 3 & 4 & 2 & 9 \\ \hline -2 & -2 & 3 & 2 \end{array}\right)$$

$$\rightarrow \left(\begin{array}{ccc|c} \boxed{\mathit{1}} & \mathit{1} & \mathit{-1} & \mathit{0} \\ \hline 3 & 4 & 2 & 9 \\ \hline -2 & -2 & 3 & 2 \end{array}\right)$$

10 어느 행을 0배한다라던가 엉뚱한 짓을 했다면 당신 잘못입니다. 0배는 금지입니다.

11 단, 이미 완성된 부분을 망가뜨리지 않도록 주의합니다. 만약 이 단계에서 1행에 1이 있어도, 1행과 2행을 바꾸면 모처럼 완성한 1열이 무너지게 됩니다.

2.8 이전 변수소거법과 순서가 다른 것이 신경 쓰입니다.

네. 사실 변수소거법이 시간이 적게 듭니다. 그렇다고 해도 가우스 요르단 소거법은 단순하고 알기 쉬워 작은 행렬을 손으로 계산할 때 시간에서 손해를 볼 정도는 아닙니다.

▼ 표 2-1 연립일차방정식(A가 n차 정방행렬)을 풀기 위한 연산 횟수(n이 큰 경우 어림잡아 계산)

	가우스 요르단 소거법	변수소거법
곱셈, 나눗셈	$n^3/2$	$n^3/3$
덧셈, 뺄셈	$n^3/2$	$n^3/3$

그러면 어디에서 차이가 있는지 다음 그림으로 설명하겠습니다.

▼ 그림 2-1 가우스 요르단 소거법(위)과 변수소거법(아래)의 비교

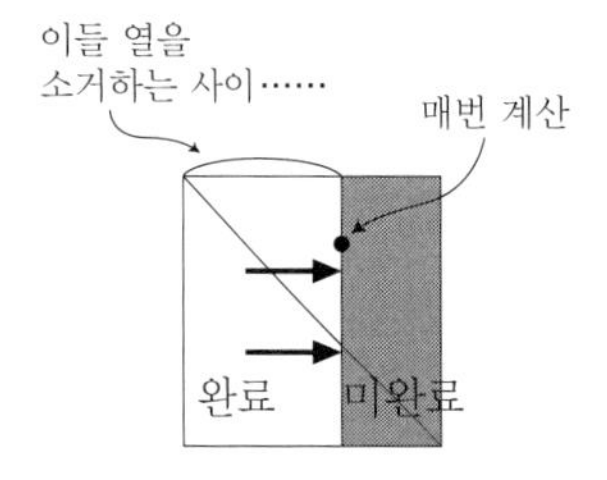

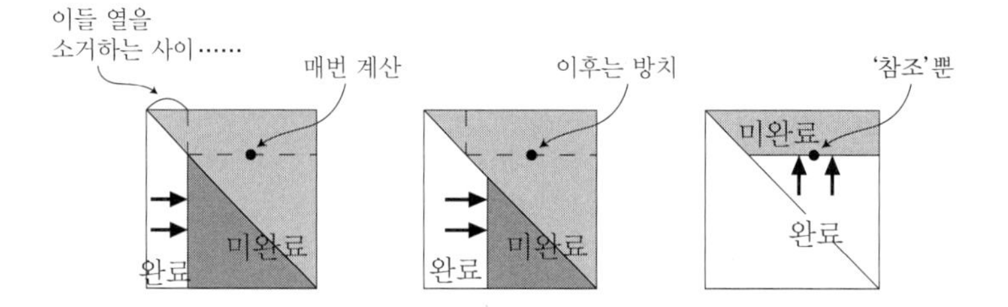

가우스 요르단 소거법은 왼쪽에서 오른쪽으로 한 열씩 소거해나가는 순서입니다. 연산 횟수를 관찰하기 위해서 특정 성분, 예를 들어 그림 안의 '•'의 값이 몇 번 갱신되는지 생각해봅시다. 소거 순서를 떠올려 보면 그것보다 바로 앞 열을 소거하는 사이, 1열 나아갈 때마다 값을 계산하여 갱신해야 합니다.

변수소거법은 좌하삼각부분부터 소거하고, 그 후 우상삼각부분을 소거합니다. 좌하삼각부분의 성분에서 값이 갱신된 쪽은 가우스 요르단 소거법과 같습니다. 다른 점은 우상삼각부분에 있습니다. 이 부분도 역시 바로 앞 열을 소거하는 사이, 1열 나아갈 때마다 값을 계산하여 갱신해야 합니다. 그러나 변수소거법은 이 갱신이 가우스 요르단 소거법보다 빨리 끝납니다. 그림을 참고하여 변수소거법의 순서를 떠올리며 이해해 주십시오.

2.2.3 역행렬의 계산▽

1.3.5절 '여인수 전개와 역행렬'에서 역행렬을 설명했습니다만, 역행렬을 구체적으로 구하기 위한 계산법으로서는 시간이 너무 오래 걸리므로 추천하지 않습니다. 손으로 하든, 컴퓨터로 하든, 다른 방법을 써야 합니다. 손으로 계산하는 경우는 2.2.2절 방법을 응용하는 것을 추천합니다. 이 절에서는 이 방법을 설명하겠습니다(컴퓨터로 계산하는 방법은 3.7절에서 설명합니다).

2.9 손인지 컴퓨터인지에 따라 계산법이 다른 이유는 무엇인지요?

어느 쪽을 사용한다 해도 계산량이 좋은 것입니다만, 손계산의 경우는 더욱이, '도중에 분수가 나오기 힘들다' '임기응변이 효과가 있을 여지가 있다'라는 성질이 선호됩니다. 2.7에서도 임기응변으로 계산이 편해지는 예를 제시하였습니다. 또한, 손 계산의 대상이 되는 문제는 어차피 규모가 작으므로 소규모문제를 대상으로 한 계산법으로 해결된다는 이유도 있겠지요.

연립일차방정식의 응용으로 역행렬을 구하라

이치를 따져보면 연립일차방정식이 풀리면 역행렬도 구할 수 있습니다.

우선 n차 정방행렬 A의 역행렬이란 $AX = I$가 되는 정방행렬 X입니다. 이 X를 $X = (\boldsymbol{x}_1, \ldots, \boldsymbol{x}_n)$과 열벡터로 나타내고, 이에 대응하여 단위행렬 I도 $I = (\boldsymbol{e}_1, \ldots, \boldsymbol{e}_n)$이라 나타냅시다. $\boldsymbol{e}_i$는 i성분만 1이고, 다른 성분은 0인 벡터가 됩니다. 이 판단에 따르면 $AX = I$는

$$A(\boldsymbol{x}_1, \ldots, \boldsymbol{x}_n) = (A\boldsymbol{x}_1, \ldots, A\boldsymbol{x}_n) = (\boldsymbol{e}_1, \ldots, \boldsymbol{e}_n)$$

즉,

$$\begin{aligned} A\boldsymbol{x}_1 &= \boldsymbol{e}_1 \\ &\vdots \\ A\boldsymbol{x}_n &= \boldsymbol{e}_n \end{aligned}$$

을 만족시키는 벡터 $\boldsymbol{x}_1, \ldots, \boldsymbol{x}_n$을 구하여 그것을 대입하면 $A^{-1} = (\boldsymbol{x}_1, \ldots, \boldsymbol{x}_n)$이 얻어집니다. 각각의 $A\boldsymbol{x}_i = \boldsymbol{e}_i$는 연립일차방정식이므로 이미 푸는 방법을 알고 있습니다.

그러나 이렇게 하면 연립일차방정식을 n세트나 풀어야 합니다. 사실 좀 더 시간을 절약할 수 있는 방법이 있습니다.

블록행렬 표기로 정리하여 푼다

n세트의 연립일차방정식 $A\boldsymbol{x}_i = \boldsymbol{e}_i (i = 1, \ldots, n)$을 2.2.2절의 블록행렬로 풀어봅시다. 어떤 이야기인가 하면

$$(A \mid \boldsymbol{e}_1) \to (I \mid \boldsymbol{s}_1)$$
$$\vdots$$
$$(A \mid \boldsymbol{e}_n) \to (I \mid \boldsymbol{s}_n)$$

과 같이 각각 변형하면 $\boldsymbol{s}_i$가 해 $\boldsymbol{x}_i$라는 이야기입니다. 그런데 잘 생각해보면 결국 'A를 I로 변형한다'이므로 변형 순서는 같습니다. 그런 것을 n번 다시 할 필요는 없습니다.

그렇게 생각하여 정리하면

$$(A \mid \boldsymbol{e}_1, \ldots, \boldsymbol{e}_n) \to (I \mid \boldsymbol{s}_1, \ldots, \boldsymbol{s}_n)$$

이라 변형하면 좋다는 것을 깨닫게 됩니다. 게다가 $(\boldsymbol{e}_1, \ldots, \boldsymbol{e}_n)$은 I이고, $X \equiv (\boldsymbol{s}_1, \ldots, \boldsymbol{s}_n)$은 최종 결과 그 자체입니다.

이러한 이유로 결국

$$(A \mid I) \to (I \mid X)$$

로 변형하면 X에 A^{-1}이 나타납니다. 즉, 순서는 다음과 같습니다.

- A의 우측에 단위행렬 I를 써둡니다.
- 연립일차방정식의 손 계산 방법(2.2.2절)에서 변형하여 좌측(처음 A였던 부분)이 I가 되도록 합니다.
- 그렇게 되면 우측(처음 I였던 부분)에는 A^{-1}가 나타납니다.

이것이 역행렬의 '손 계산 방법'입니다.

예를 들어 앞에 나왔던

$$A = \begin{pmatrix} 2 & 3 & 3 \\ 3 & 4 & 2 \\ -2 & -2 & 3 \end{pmatrix}$$

의 역행렬 A^{-1}을 구해봅시다.

$(A|I)$

$$= \left(\begin{array}{ccc|ccc} 2 & 3 & 3 & 1 & 0 & 0 \\ \hline 3 & 4 & 2 & 0 & 1 & 0 \\ \hline -2 & -2 & 3 & 0 & 0 & 1 \end{array}\right)$$

1행을 1/2배하여 선두에 1을 만든다.

$$\rightarrow \left(\begin{array}{ccc|ccc} \boxed{1} & \frac{3}{2} & \frac{3}{2} & \frac{1}{2} & 0 & 0 \\ \hline 3 & 4 & 2 & 0 & 1 & 0 \\ \hline -2 & -2 & 3 & 0 & 0 & 1 \end{array}\right)$$

1행을 (−3)배하여 2행에 더해 선두를 0으로 만든다.
1행을 2배하여 3행에 더해 선두를 0으로 만든다.
이것으로 1열을 완성한다.

$$\rightarrow \left(\begin{array}{ccc|ccc} 1 & \frac{3}{2} & \frac{3}{2} & \frac{1}{2} & 0 & 0 \\ \hline \boxed{0} & -\frac{1}{2} & -\frac{5}{2} & -\frac{3}{2} & 1 & 0 \\ \hline \boxed{0} & 1 & 6 & 1 & 0 & 1 \end{array}\right)$$

2행을 (−2)배하여 2열(대각성분)에 1을 만든다.

$$\rightarrow \left(\begin{array}{ccc|ccc} 1 & \frac{3}{2} & \frac{3}{2} & \frac{1}{2} & 0 & 0 \\ \hline 0 & \boxed{1} & 5 & 3 & -2 & 0 \\ \hline 0 & 1 & 6 & 1 & 0 & 1 \end{array}\right)$$

2행을 (−3/2)배하여 1행에 더해 2열을 0으로 만든다.
2행을 (−1)배하여 3행에 더해 2열을 0으로 만든다.
이것으로 2열도 완성된다.

$$\rightarrow \left(\begin{array}{ccc|ccc} 1 & \boxed{0} & -6 & -4 & 3 & 0 \\ \hline 0 & 1 & 5 & 3 & -2 & 0 \\ \hline 0 & \boxed{0} & 1 & -2 & 2 & 1 \end{array}\right)$$

이것으로 3열도 완성된다.

$$\rightarrow \left(\begin{array}{ccc|ccc} 1 & 0 & \boxed{0} & -16 & 15 & 6 \\ \hline 0 & 1 & \boxed{0} & 13 & -12 & -5 \\ \hline 0 & 0 & 1 & -2 & 2 & 1 \end{array}\right)$$

$= (I|A^{-1})$

이 되어,

$$A^{-1} = \begin{pmatrix} -16 & 15 & 6 \\ 13 & -12 & -5 \\ -2 & 2 & 1 \end{pmatrix}$$

을 구했습니다. A에 곱해 보면 제대로 단위행렬 I가 됩니다.

2.2.4 기본변형▽

이것으로 계산은 할 수 있게 되었습니다. 여기서부터는 계산의 의미를 기본변형이란 개념으로 말끔하게 정리하겠습니다.

손 계산 방법에서는 행렬 $(A|\boldsymbol{y})$나 $(A|I)$에서 다음 순서를 따랐습니다.

- 어느 행을 c배한다($c \neq 0$).
- 어느 행의 c배를 다른 행에 더한다.
- 어느 행과 다른 행을 바꿔넣는다.

이 순서는 모두 '행렬을 곱한다'로 표현할 수 있습니다. 예를 들어 행렬

$$A = \begin{pmatrix} 2 & 3 & 3 & 9 \\ 3 & 4 & 2 & 9 \\ -2 & -2 & 3 & 2 \end{pmatrix}$$

에 대해

- 3행을 5배한다.

  → '단위행렬의 (3, 3) 성분이 5인 행렬 $Q_3(5)$'을 곱한다.

$$Q_3(5) = \begin{pmatrix} 1 & 0 & 0 \\ 0 & 1 & 0 \\ 0 & 0 & \boxed{5} \end{pmatrix}$$

$$Q_3(5)A = \begin{pmatrix} 1 & 0 & 0 \\ 0 & 1 & 0 \\ 0 & 0 & \boxed{5} \end{pmatrix} \begin{pmatrix} 2 & 3 & 3 & 9 \\ 3 & 4 & 2 & 9 \\ \boxed{-2} & \boxed{-2} & \boxed{3} & \boxed{2} \end{pmatrix}$$

$$= \begin{pmatrix} 2 & 3 & 3 & 9 \\ 3 & 4 & 2 & 9 \\ \boxed{-10} & \boxed{-10} & \boxed{15} & \boxed{10} \end{pmatrix}$$

- 1행의 10배를 2행에 더한다.

  → '단위행렬의 (2, 1) 성분이 10인 행렬 $R_{2,1}(10)$'을 곱한다.

$$R_{2,1}(10) = \begin{pmatrix} 1 & 0 & 0 \\ \boxed{10} & 1 & 0 \\ 0 & 0 & 1 \end{pmatrix}$$

$$R_{2,1}(10)A = \begin{pmatrix} 1 & 0 & 0 \\ \boxed{10} & 1 & 0 \\ 0 & 0 & 1 \end{pmatrix} \begin{pmatrix} \boxed{2} & \boxed{3} & \boxed{3} & \boxed{9} \\ 3 & 4 & 2 & 9 \\ -2 & -2 & 3 & 2 \end{pmatrix}$$

$$= \begin{pmatrix} 2 & 3 & 3 & 9 \\ \boxed{23} & \boxed{34} & \boxed{32} & \boxed{99} \\ -2 & -2 & 3 & 2 \end{pmatrix}$$

- 1행과 3행을 바꿔넣는다.

  → '단위행렬의 1행과 3행을 바꾼 행렬 $S_{1,3}$'을 곱한다.

$$S_{1,3} = \begin{pmatrix} 0 & 0 & \boxed{1} \\ 0 & 1 & 0 \\ \boxed{1} & 0 & 0 \end{pmatrix}$$

$$S_{1,3}A = \begin{pmatrix} 0 & 0 & \boxed{1} \\ 0 & 1 & 0 \\ \boxed{1} & 0 & 0 \end{pmatrix} \begin{pmatrix} \boxed{2} & \boxed{3} & \boxed{3} & \boxed{9} \\ 3 & 4 & 2 & 9 \\ \boxed{-2} & \boxed{-2} & \boxed{3} & \boxed{2} \end{pmatrix}$$
$$= \begin{pmatrix} \boxed{-2} & \boxed{-2} & \boxed{3} & \boxed{2} \\ 3 & 4 & 2 & 9 \\ \boxed{2} & \boxed{3} & \boxed{3} & \boxed{9} \end{pmatrix}$$

라는 형태가 됩니다.

따라서 손 계산 방법은 '$Q_i(c), R_{i,j}(c), S_{i,j}$라는 특별한 형태의 정방행렬을 (왼쪽부터) 차례로 곱해 간다'라고 바꿔 말할 수 있습니다. 이 과정을 **(좌) 기본변형**이라고 합니다.[12]

여기까지 파악해두면 연립일차방정식이나 역행렬의 손 계산 방법을 행렬의 언어로 깔끔하게 이해할 수 있습니다. 예를 들어 2.2절에서 설명한 가우스 요르단 소거법의 순서는 다음과 같습니다.

$$Q_1(1/2) \to R_{2,1}(-3) \to R_{3,1}(2) \to Q_2(-2) \to R_{1,2}(-3/2)$$
$$\to R_{3,2}(-1) \to R_{1,3}(6) \to R_{2,3}(-5)$$

즉, $(A \mid \boldsymbol{y})$에 왼쪽부터

$$P = R_{2,3}(-5)R_{1,3}(6)R_{3,2}(-1)R_{1,2}(-3/2)Q_2(-2)R_{3,1}(2)R_{2,1}(-3)Q_1(1/2)$$

라는 행렬을 곱하면[13] $(I \mid \boldsymbol{s})$라는 형태가 됩니다. 식으로 말하면

$$P(A \mid \boldsymbol{y}) = (I \mid \boldsymbol{s})$$

로 풀어 쓰면 다음과 같습니다.[14]

$$PA = I$$
$$P\boldsymbol{y} = \boldsymbol{s}$$

따라서 첫 번째 식에서 $P = A^{-1}$임을 알고, 두 번째 식에서 $\boldsymbol{s} = A^{-1}\boldsymbol{y}$입니다. 이렇게 $\boldsymbol{s}$가 $A\boldsymbol{x} = \boldsymbol{y}$의 해 $\boldsymbol{x}$임을 이해할 수 있습니다.

12 행기본변형이라고도 합니다.

13 순서가 반대로 되어있어서 '응?'이라고 생각한 사람은 1.17을 복습합니다.

14 $P(A \mid \boldsymbol{y}) = (PA \mid P\boldsymbol{y})$였네요. 그것이 $(I \mid \boldsymbol{s})$와 같으므로, '응?'이라고 생각한 사람은 블록행렬을 복습합니다(1.2.9절).

역행렬의 손 계산도 마찬가지입니다. 예의 방법으로 $(A|I)$를 $(I|X)$로 변형할 수 있다는 것은 좋은 행렬 P를 찾아내어

$$P(A|I) = (I|X)$$

로 할 수 있다는 의미입니다. 풀어 쓰면 다음과 같습니다.

$$PA = I$$
$$PI = X$$

따라서 첫 번째 식에서 $P = A^{-1}$임을 알고, 두 번째 식에서 $X = P = A^{-1}$입니다.

2.10 기본변형이란 이 세 종류로 충분한가요? 여기서 충분이란 이것만으로 어떤 연립일차방정식이라도 풀 수 있고, 어떤 행렬의 역행렬이라도 구할 수 있는가 하는 의미인데……?

요약하면 '어떤 정방행렬 A라도 좌기본변형으로 단위행렬 I로 이끌어 낼 수 있느냐?'라는 것이네요. 답은 'A가 정칙이라면 반드시 가능하다. A가 정칙이 아니라면 될 리가 없다'입니다.

우선 'A가 정칙이 아니면 할 수 없다'라는 말은 당연하겠지요. 만약 I로 이끌어 낼 수 있었다면 '$PA = I$가 되는 P를 찾았다'는 의미로 $P = A^{-1}$가 존재하는 것이 되기 때문입니다(A^{-1}가 존재하는 것은 'A는 정칙이다'라는 의미라고 했습니다).

나머지는 'A가 정칙이면 반드시 가능하다'입니다. 우선 여기까지 해본 순서를 따르면 '도중에 2.6처럼 벽에 부딪히지 않는 한' 반드시 A를 I로 변형시킬 수 있습니다. 이 설명은 이해하겠지요. 문제는 '도중에 벽에 부딪친(막혀버린)' 경우인데 사실 A가 정칙이라면 그런 일은 일어나지 않습니다. 이것을 증명하는 것으로 해설을 완료하겠습니다.[15] 귀류법으로 나타냅니다.

현재 좌기본변형을 하고 있고, A가 앞에 말했듯 벽에 부딪힌 행렬 B가 되어버렸다고 합시다. 예를 들면 다음과 같은 형태입니다.

$$B = \begin{pmatrix} 1 & 0 & 0 & * & * & * \\ 0 & 1 & 0 & * & * & * \\ 0 & 0 & 1 & * & * & * \\ 0 & 0 & 0 & 0 & * & * \\ 0 & 0 & 0 & 0 & * & * \\ 0 & 0 & 0 & 0 & * & * \end{pmatrix}$$

이런 경우에는 만약 A가 정칙이라면 모순이 발생합니다.

---

15 지금부터 2.6 '자신을 탓하지마' 부분을 증명합니다.

왜냐하면, 좌기본변형으로 A가 B가 되었다는 것은 그 변형에 대응한 어느 행렬 P에서 $PA = B$가 되었다는 것입니다. 여기서 A는 정칙이라고 가정했습니다. 또한, P도 실은 정칙입니다(나중에 나타냅니다). 결국 $B = PA$도 정칙일 것입니다.[16] 그런데 B는 '납작하게 누르는' 행렬이고, 역행렬은 존재하지 않습니다.[17] 그러므로 모순입니다. 이렇게 되면 가정이 잘못되었다고 말할 수밖에 없습니다. 이와 같이 귀류법으로 'A가 정칙이면 그런 일은 일어날 수 없습니다'를 증명했습니다.

남은 숙제는 P가 정칙인 것을 증명하는 일입니다. 우선 $Q_i(c), R_{i,j}(c), S_{i,j}$가 모두 정칙임을 파악해둡시다.

$$
\begin{aligned}
Q_i(1/c)Q_i(c) &= I \\
R_{i,j}(-c)R_{i,j}(c) &= I \\
S_{i,j}S_{i,j} &= I
\end{aligned}
$$

임이 간단히 확인될 것입니다($c \neq 0$이나 $i \neq j$에 주의). 실제로 곱셈해보아도 바로 알 수 있고, 의미를 생각해도 한 눈에 이해할 수 있습니다.[18] 그렇다는 것은

$$
\begin{aligned}
Q_i(c)^{-1} &= Q_i(1/c) \\
R_{i,j}(c)^{-1} &= R_{i,j}(-c) \\
S_{i,j}^{-1} &= S_{i,j}
\end{aligned}
$$

와 같이 확실히 역행렬이 있던 것입니다. P는 그런 $Q_i(c), R_{i,j}(c), S_{i,j}$를 곱한 것이므로 P^{-1}도 존재합니다.[19] 이상으로 해설을 완료하겠습니다.

2.11 행렬식의 계산에서도 이런 느낌의 해석을 했던 것 같은데…….

1.3.4절이네요. 그 부호의 조작도 기본변형으로 해석할 수 있습니다.

$$
\begin{aligned}
\det Q_i(c) &= c \\
\det R_{i,j}(c) &= 1 \\
\det S_{i,j} &= -1
\end{aligned}
$$

16 A^{-1}도 P^{-1}도 존재한다고 하니 B의 역행렬도 만들 수 있을 것입니다. 실제로 $Z = A^{-1}P^{-1}$을 만들면 $BZ = I$, 즉 $Z = B^{-1}$이 되어 있을 것입니다.

17 납작한 것은 2.3.4절 '납작하게를 식으로 나타내다'에서 제시합니다. 이 경우 역행렬이 존재하지 않는 것은 1.2.8절 '역행렬 = 역사상'이나 2.3.1절 '성질이 나쁜 예'를 참고합니다.

18 '응?'이라고 한 사람은 '행렬의 곱', '역행렬', '단위행렬' 등이 사상으로서 어떤 의미였는지 1장을 복습합니다.

19 $P_1, ..., P_k$ 모두에 역행렬이 존재하면 $P = P_1 \cdots P_k$에 대해 $P^{-1} = P_k^{-1} \cdots P_1^{-1}$이 됩니다.

우선 이 수식을 그림 2-2에서 확인합시다.

▼ 그림 2-2 기본변형행렬에 따른 부피 확대율

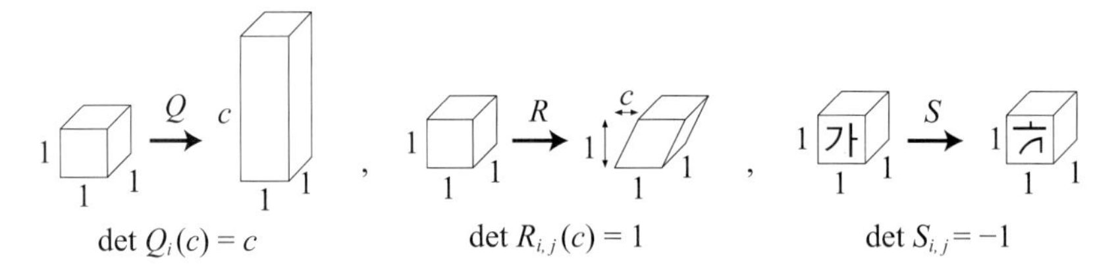

'행렬식 = 부피 확대율 = 평형 확대율의 부피'(1.3.1절)를 떠올려서 그림을 살펴보면

(왼쪽 그림) $Q_3(c)$는 길이가 c이므로 부피 c

(가운데 그림) $R_{1,3}(c)$는 밑면이 한 변의 길이가 1인 정사각형으로 높이도 1이니까 부피 1

(오른쪽 그림) $S_{1,3}$은 크기가 같지만, 내용이 거울에 비친 상이므로 부피 −1

이런 성질을 이해하면

- i행을 c배하면 행렬식은 c배

$$\det(Q_i(c)A) = (\det Q_i(c))(\det A) = c \det A$$

- j행을 c배하여 i행에 더해도 행렬식은 불변

$$\det(R_{i,j}(c)A) = (\det R_{i,j}(c))(\det A) = \det A$$

- i행과 j행을 바꿔넣으면 행렬식의 부호가 역전

$$\det(S_{i,j}A) = (\det S_{i,j})(\det A) = -\det A$$

가 되고, 이치에도 맞습니다.[20]

---

20 부피의 행렬식은 행렬식의 곱입니다. '응?'이라고 한 사람은 1.3.2절 '행렬식의 성질'을 복습합니다.

2.3 성질이 나쁜 경우

앞 절에서는 성질이 좋은 경우 어떻게 답을 구하는지를 이야기했습니다. 이 절에서는 성질이 나쁜 경우에 무엇이 곤란한지, 대체 무슨 일이 벌어지는지를 살펴보겠습니다. 성질이 나쁜 경우의 검출은 2.4절, 대책은 2.5절에서 설명합니다.

2.3.1 성질이 나쁜 예

단서가 부족한 경우(가로가 긴 행렬, 핵)

원인 $\boldsymbol{x} = (x_1, \ldots, x_n)^T$와 결과 $\boldsymbol{y} = (y_1, \ldots, y_m)^T$에서 차원수가 다른 경우($n \neq m$)는 어떻게 될까요? 이 경우는 $y_1, \ldots, y_m$이란 m개의 단서에 의지하여 $x_1, \ldots, x_n$이라는 n개의 미지량을 맞추는 문제가 됩니다. 단서의 개수와 알고 싶은 양의 개수가 일치하지 않는 건 좋지 않네요.

우선은 $\boldsymbol{y}$가 $\boldsymbol{x}$보다 차원이 작은($m < n$) 경우를 생각해봅시다. $\boldsymbol{y} = A\boldsymbol{x}$에서 $\boldsymbol{x}$가 n차원, $\boldsymbol{y}$가 m차원이므로 A의 크기는 $m \times n$. 즉, A가 가로로 긴 경우입니다.

$$\begin{pmatrix} * \\ * \end{pmatrix} = \begin{pmatrix} * & * & * \\ * & * & * \end{pmatrix} \begin{pmatrix} * \\ * \\ * \end{pmatrix}$$

$$\boldsymbol{y} = A\boldsymbol{x}$$

직관적으로 '알고 싶은 양이 n개나 있는데 단서가 겨우 m개밖에 없으니 알 수 있을 리가 없잖아'라고 생각했겠지요? 실제 그렇습니다만 여기서는 다른 관점으로 이 상황을 관찰해봅시다.

상상하기 쉽게 $m = 2$, $n = 3$을 예로 들어보겠습니다. 자, '행렬은 사상이다'(1.2.3절)를 떠올려 주십시오. 이 경우라면 A는 '$\boldsymbol{x}$가 사는 3차원 공간'을 '$\boldsymbol{y}$가 사는 2차원 공간'으로 옮기는 사상입니다. 원래보다 차원이 낮은 공간으로 옮기는 것이므로, '납작하게 누르는' 사상이 됩니다. '납작하게 누르는'을 알기 쉽게 이야기하면 여러 개의 $\boldsymbol{x}$가 같은 $\boldsymbol{y}$로 이동합니다. 이는 'A를 통해 $\boldsymbol{y}$에 옮겨왔습니다. 원래 $\boldsymbol{x}$는 어디 있을까요?'라는 질문을 받아도 직선상의 $\boldsymbol{x}$들 중 어느 것이 정답인지 판단할 방법이 없다는 의미입니다. '이 직선상의 어딘가에 있었을 것이다'라고 말할 수는 있지만, '직선상의 어디에 있었나'에 대해서는 A를 시행하는 과정에서 정보가 누락됐기 때문에 어쩔 도리가 없습니다.

▼ 그림 2-3 2×3행렬 A에 의한 사상의 예(Ker A가 1차원)

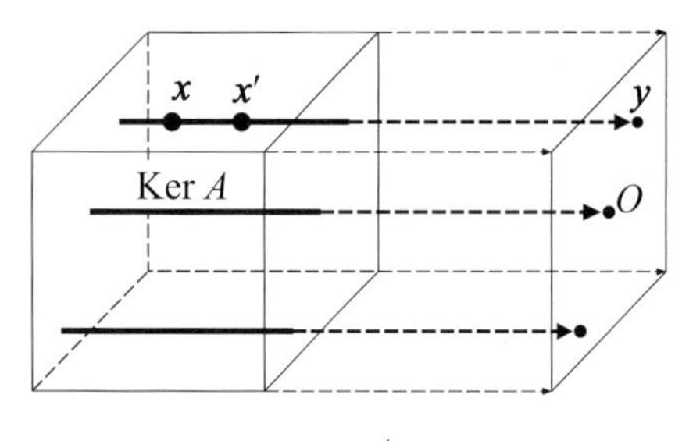

3차원 공간 --- A ---> 2차원 공간

▼ 그림 2-4 1×3행렬 A에 의한 사상의 예(Ker A가 2차원)

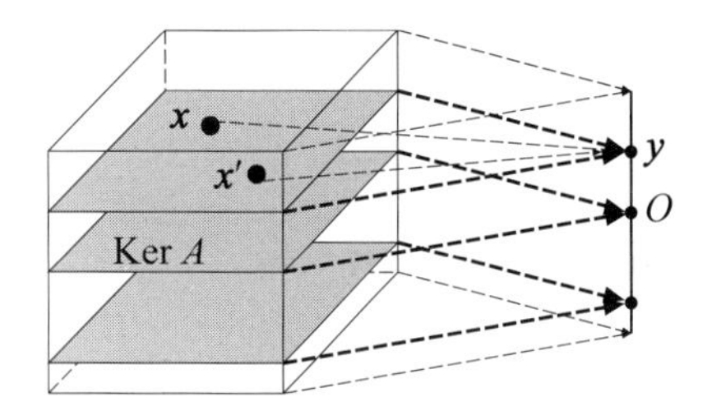

3차원 공간 --- A ---> 1차원 공간

▼ 그림 2-5 2×2행렬 A에 의한 사상의 예(Ker A가 0차원)

Ker A

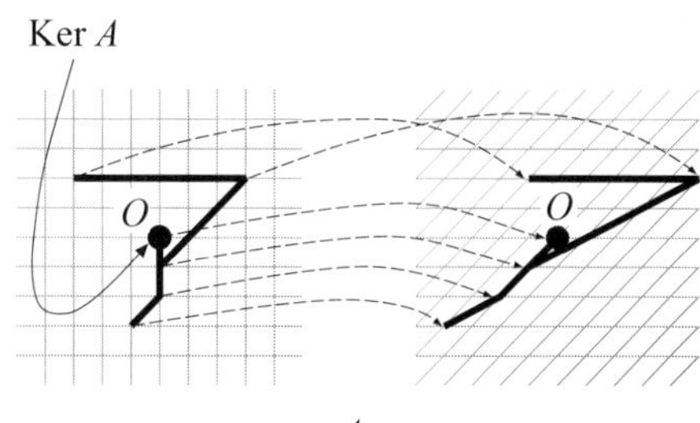

2차원 공간 --- A ---> 2차원 공간

모처럼 조금 멋진 용어도 소개합니다. 주어진 A에 의해 $A\boldsymbol{x} = \boldsymbol{o}$으로 이동해 오는 것과 같은 $\boldsymbol{x}$의 집합을 A의 **핵**(kernel)이라고 하고, Ker A라고 나타냅니다.[21] 예를 들어 그림 2-3이면 Ker A는 1차원(직선), 그림 2-4라면 Ker A는 2차원(평면)입니다. 이 Ker A가 '사상 A에서 납작하게 눌러지는 방향'을 나타냅니다. 그러므로 Ker A에 평행인 성분은 이동점만으로 특정지을 수 없습니다.

21 null space라는 호칭을 선호하는 사람도 있습니다.

'총정리 – 애니메이션으로 보는 선형대수'의 '랭크과 정칙성의 관찰'에서도 볼 수 있습니다. 덧붙여 납작하게 눌리지 않는 경우는 그림 2-5와 같이 Ker A는 0차원(원점 $\boldsymbol{o}$ 단 한 점뿐)입니다.

2.12 '$A\boldsymbol{x} = \boldsymbol{o}$를 들어도 $\boldsymbol{x}$가 Ker A 안의 어딘가에 있다는 것밖에 알 수 없다'는 말은 Ker의 정의에서 이해했습니다. $\boldsymbol{y} = A\boldsymbol{x}$가 0이 아닌 경우에 대해서는 생각 안 해도 되나요?

지금 $A\boldsymbol{x} = \boldsymbol{y}$였다고 합시다. 이것과 같은 $\boldsymbol{y}$에 옮겨 오는 $\boldsymbol{x}'$. 즉, $A\boldsymbol{x}' = \boldsymbol{y}$가 되는 $\boldsymbol{x}'$라는 것은 어떤 녀석들일까요? $A\boldsymbol{x} = A\boldsymbol{x}' = \boldsymbol{y}$이므로 $A\boldsymbol{x} - A\boldsymbol{x}' = \boldsymbol{o}$라는 것은

$$A(\boldsymbol{x} - \boldsymbol{x}') = \boldsymbol{o}$$

따라서 $\boldsymbol{z} = \boldsymbol{x} - \boldsymbol{x}'$가 Ker A에 들어있다는 것을 알 수 있습니다. 반대로 Ker A 안의 벡터 $\boldsymbol{z}$를 가져와서 $\boldsymbol{x}' = \boldsymbol{x} + \boldsymbol{z}$를 만들면 $A\boldsymbol{x}' = A\boldsymbol{x} + A\boldsymbol{z} = A\boldsymbol{x} + \boldsymbol{o} = A\boldsymbol{x}$가 됩니다. 이것이 '($\boldsymbol{y}$를 들어도) Ker A에 평행 방향의 성분이 정해지지 않는다'라고 설명한 이유입니다.

2.13 '납작하게 누른다는 것은 정보를 버린다는 것'이라 생각해도 되나요?

그렇네요. Ker A에 평행한 성분의 정보를 버린 것입니다. 그러므로 '이동점으로부터 원래 장소를 구하고 싶다'는 문제에서는 손해입니다. 한편, 목적이 다를 경우 '누름'을 활용할 수도 있습니다. 예를 들어 카메라에 찍힌 화상[22] $\boldsymbol{x}$가 템플릿 화상 $\boldsymbol{z}$와 같은가, 아니면 다른 $\boldsymbol{z}'$와 같은가를 판단하고 싶습니다. 단순히 $\boldsymbol{x}$와 $\boldsymbol{z}$, $\boldsymbol{x}$와 $\boldsymbol{z}'$로 각각 차이점을 재서는 잘 판단할 수 없습니다. 찍히는 방식에 사소한 차이로 헷갈리기 때문입니다. 이때 행렬 A를 잘 만들어 $A\boldsymbol{x}$와 $A\boldsymbol{z}$, $A\boldsymbol{x}$와 $A\boldsymbol{z}'$로 각각 차이점을 측정하는 방법이 있습니다. 여기서 만드는 A는 '사소한 찍히는 방식의 차이 등에 의한 변화'에 대응한 Ker A를 지니는 A입니다. 이렇게 하면 무의미한 차이점에 대한 정보를 버리고, 노이즈에 현혹되지 않고 판단할 수 있습니다.

22 화상의 화소값을 1열로 나열한 벡터입니다.

단서가 너무 많은 경우(세로가 긴 행렬, 상)

이번에는 반대로 $\boldsymbol{y}$가 차원이 큰 ($m > n$), A가 세로가 긴 경우입니다. '알고 싶은 양은 단지 n개뿐인데 단서가 m개나 있다'라는 상황입니다. 본래는 단서가 많은 것이 기본입니다만, 이번에는 '단서끼리 서로 모순된다'라는 사치스런 걱정이 발생합니다.

$$\begin{pmatrix} * \\ * \\ * \end{pmatrix} = \begin{pmatrix} * & * \\ * & * \\ * & * \end{pmatrix} \begin{pmatrix} * \\ * \end{pmatrix}$$

$$\boldsymbol{y} = A\boldsymbol{x}$$

또한, 행렬을 사상으로 상상해봅시다. 이번에는 $m = 3$, $n = 2$를 예로 듭니다.

▼ 그림 2-6 3×2행렬 A에 의한 사상의 예(Im A가 2차원)

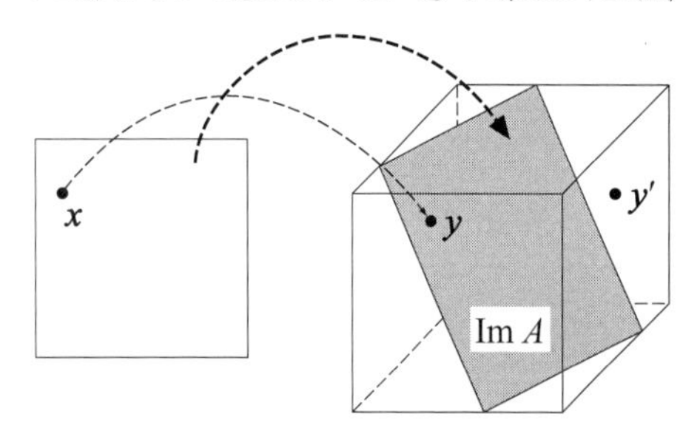

2차원 공간 ---A---> 3차원 공간

▼ 그림 2-7 3×1행렬 A에 의한 사상의 예(Im A가 1차원)

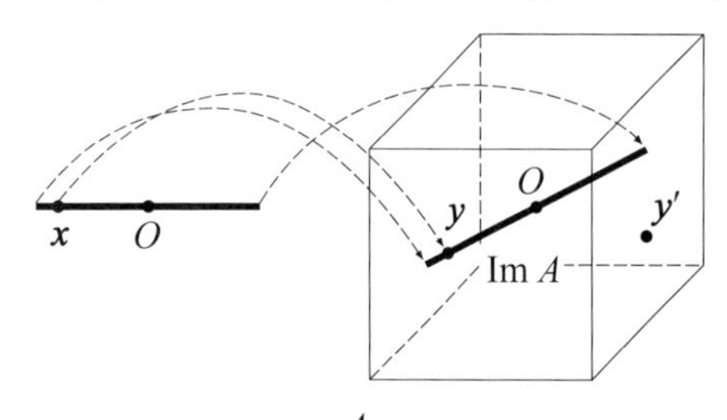

1차원 공간 ---A---> 3차원 공간

원래보다 차원이 높은 공간으로 옮기는 것이므로 이동점의 3차원 공간 모두를 커버하는 것은 불가능합니다. 이는 그림 2-6과 같이 삐져나온 $\boldsymbol{y}'$에 대해서는 '거기로 이동해오는 $\boldsymbol{x}$가 존재하지 않는다'는 의미입니다. '그런 $\boldsymbol{y}'$가 나오는 건 있을 수 없으니 괜찮지 않아?'라는 것은 물렁한 생각입니다. 수학으로서는 그렇습니다만, 현실의 응용에서 노이즈를 잊을 수는 없기 때문입니다. 노이즈가 섞이면 있어서는 안 될 터인 삐져나온 $\boldsymbol{y}$가 관찰되는 경우도 있습니다. 그렇게 되면 '단서 y_1,

..., y_m 모두에 부합하는 $\boldsymbol{x}$는 존재하지 않는다'가 됩니다.[23]

모처럼 이에 대해서도 멋있는 용어를 소개하겠습니다. 주어진 A에 대해 $\boldsymbol{x}$를 여러모로 움직인 경우에 A로 옮기는 $\boldsymbol{y} = A\boldsymbol{x}$의 집합을 A의 **상**(image)이라고 하고, Im A라 나타냅니다.[24] 다르게 표현하면 원래 공간 전체를 A로 옮긴 영역을 말합니다. 예를 들어 그림 2-6이면 Im A는 2차원(평면), 그림 2-7이면 Im A는 1차원(직선)입니다. Im A 위에 없는 $\boldsymbol{y}$에 대해서 $\boldsymbol{y} = A\boldsymbol{x}$가 되는 x는 존재하지 않습니다.

단서의 개수가 일치해도……(특이행렬)

이와 같이 원인 $\boldsymbol{x}$와 결과 $\boldsymbol{y}$가 차원이 다르면 곤란해집니다. 그러면 차원이 일치하기만 하면 되는가하면 그 외에도 곤란한 경우가 있습니다. $\boldsymbol{x}$와 $\boldsymbol{y}$가 모두 n차원이면 A의 크기는 $n \times n$ 정방행렬입니다만, 정방행렬에도 성질이 나쁜 것이 있습니다. 논쟁보다는 증거겠죠.

그림 2-8의

$$A = \begin{pmatrix} 0.8 & -0.6 \\ 0.4 & -0.3 \end{pmatrix}$$

는 정방행렬입니다만, 그 사상에서는 공간이 '납작하게 눌려'버립니다. 납작하게 눌린다는 것은 '단서가 부족한 경우'와 마찬가지로 $\boldsymbol{y}$를 봐도 $\boldsymbol{x}$의 후보가 유니크하게[25] 결정되지 않습니다. 게다가 납작한 탓에 $\boldsymbol{y}$의 공간 전체를 커버할 수 없는 상태입니다. '단서가 너무 많은 경우'와 똑같이 어설픈 $\boldsymbol{y}$면 거기로 이동해온 $\boldsymbol{x}$가 존재하지 않습니다. 즉, 'A로 이 $\boldsymbol{y}$에 이동해왔습니다. 원래의 $\boldsymbol{x}$는?'이라고 질문받아도, '한 명으로 좁힐 수 없습니다'라거나 '그런 사람 없습니다'가 됩니다.

그림 2-8에는 행렬 $A = \begin{pmatrix} 0.8 & -0.6 \\ 0.4 & -0.3 \end{pmatrix}$에 따라 공간이 변화하는 애니메이션 프로그램의 실행 결과가 나타나있습니다. 납작하게 되지 않는 예(그림 2-9)와 비교해 주십시오.

즉, 성질의 좋음과 나쁨은 행렬의 크기만으로는 단정지을 수 없습니다. 본질은 '핵 Ker A나 상 Im A가 어떻게 되어 있는가'입니다.

---

23 수학의 논의와 그렇지 않은 논의를 뒤섞지 않도록 주의합니다. 이 책의 대부분은 수학입니다만, 지금은 수학이 아닌 논의입니다.

24 range라는 호칭을 선호하는 사람도 있습니다.

25 '유일'이라는 의미입니다. '하나의 의미'라는 용어를 대는 분이 많을지도 모릅니다. '재밌다'와 같은 뉘앙스는 없으므로 주의하세요. 수학에서 잘 사용하는 언어이므로 일부러 사용해보았습니다.

2.14 단서의 개수는 맞는데 왜 이렇게 되는 걸까요?

단서가 장황하기 때문입니다. $\boldsymbol{y} = A\boldsymbol{x}$를 성분으로 쓰면

$$y_1 = 0.8x_1 - 0.6x_2$$
$$y_2 = 0.4x_1 - 0.3x_2$$

입니다만, 단서 $\boldsymbol{y} = (y_1, y_2)^T$는 잘 보면 장황합니다. 왜냐하면, y_2를 들으면 y_1을 듣지 않아도 알기 때문입니다($y_1 = 2y_2$). 이는 겉보기에 단서가 두 개여도 실질적으로는 하나뿐이라는 의미입니다. 자세한 내용은 2.3.5절의 '랭크'에서 설명합니다.

▼ 그림 2-8 (애니메이션) 특이행렬 $A = \begin{pmatrix} 0.8 & -0.6 \\ 0.4 & -0.3 \end{pmatrix}$에 의해 납작해짐

```
ruby mat_anim.rb -s=6 | gnuplot
```

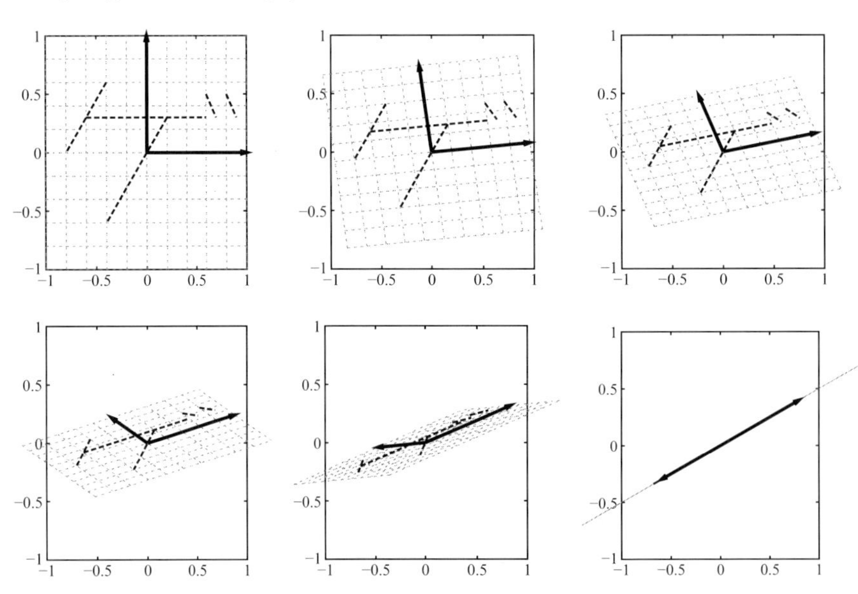

▼ 그림 2-9 (애니메이션) 납작해지지 않는 예($A = \begin{pmatrix} 1 & -0.3 \\ -0.7 & 0.6 \end{pmatrix}$)

```
ruby mat_anim.rb -s=3 | gnuplot
```

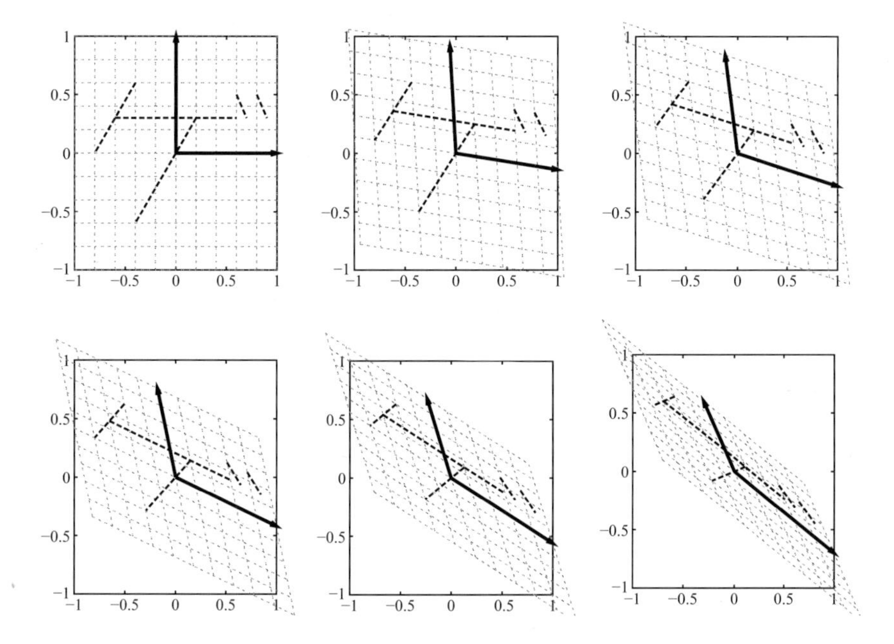

2.3.2 성질의 나쁨과 핵・상

지금까지 나온 이야기를 정리합시다. 결국 포인트는 두 개입니다.

- 같은 결과 $\boldsymbol{y}$가 나오는 원인 $\boldsymbol{x}$는 유일한가[26]
- 어떤 결과 $\boldsymbol{y}$에도 그것이 나오는 원인 $\boldsymbol{x}$가 존재하는가[27]

전자가 성립하는 경우 '사상 $\boldsymbol{y} = A\boldsymbol{x}$는 **단사**[28]이다', 후자가 성립하는 경우 '사상 $\boldsymbol{y} = A\boldsymbol{x}$는 **전사**[29]이다'라고 합니다.

양자가 성립하는 경우는 '사상 $\boldsymbol{y} = A\boldsymbol{x}$는 **전단사**[30]이다'라고 합니다(그림 1-10).

---

26 다르게 표현하면 '서로 다른 원인 $\boldsymbol{x}, \boldsymbol{x}'$가 A를 통해 같은 결과 $\boldsymbol{y}$로 이동하지 않는가'

27 다르게 표현하면 '원래의 공간 전체(정의역)를 A로 옮긴 영역(Im A)이 목적지의 공간 전체(치역)와 일치하는가'

28 '일대일 사상'이라고도 합니다.

29 '위로의 사상'이라고도 합니다. 위로의 사상이 아닌 것은 '안으로의 사상'이라고 합니다.

30 '일대일 위로의 사상'이라고도 합니다.

▼ 그림 2-10 전사, 단사, 전단사

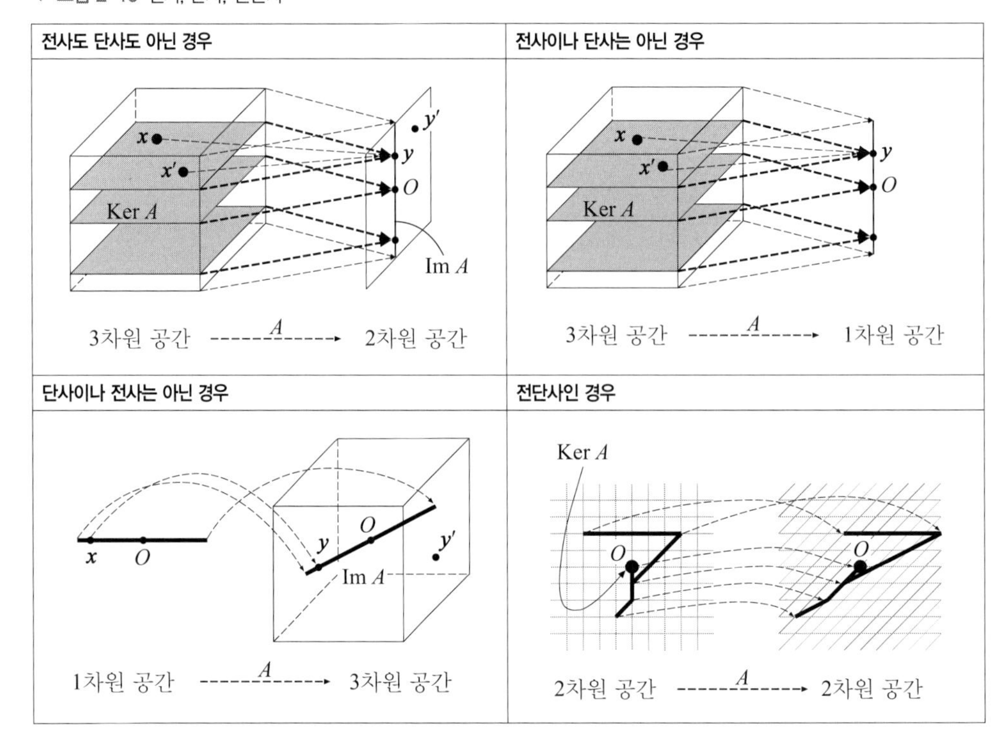

Ker A, Im A라는 개념을 사용하면 이들의 포인트를 단적으로 기술할 수 있습니다.[31]

- Ker A가 '원점 $\boldsymbol{o}$뿐' ⇔[32] 사상은 단사
  (그렇지 않으면 $\boldsymbol{x}$에 대해 Ker A에 평행한 방향의 성분이 정해지지 않는다)
- Im A가 '목적지의 전 공간'(치역)에 일치 ⇔ 사상은 전사
  (그렇지 않으면 Im A에서 삐져나온 $\boldsymbol{y}$에는 대응하는 $\boldsymbol{x}$가 존재하지 않는다)

이것이 '연립일차방정식의 해의 존재성과 일의성'에 대한 답입니다. 나머지는 Ker A나 Im A가 위와 같이 되어 있는가 아닌가를 어떻게 판단할 것인가라는 문제입니다.

31 만약을 위한 확인: Ker A는 원래의 공간(정의역: $\boldsymbol{x}$가 살고 있는)의 일부, Im A는 목적지 공간(치역: $\boldsymbol{y}$가 살고 있는)의 일부였네요.

32 기호 ⇔는 '두 개의 조건이 동치(같은 값)'라는 의미입니다.

2.3.3 차원 정리

더욱 머릿속을 정리하는 데는 **차원 정리**라고 하는 다음 정리가 도움이 됩니다.

$m \times n$ 행렬 A에 대해

$$\dim \operatorname{Ker} A + \dim \operatorname{Im} A = n$$

($\dim X$는 X의 차원)

식을 조금 변형하여 $n - \dim \operatorname{Ker} A = \dim \operatorname{Im} A$라고 쓰면 당연한 것을 말하는 것에 불과합니다. A는 n차원 공간에서 m차원 공간으로의 사상이고, '원래의 n차원 공간에서 Ker A의 차원 부분이 납작하게 눌리고, 남은 것이 Im A의 차원 부분이란 것입니다(그림 2-11). 예를 들어 원래의 3차원 공간에서 1차원 부분이 눌리면 남는 것은 2차원 부분, 2차원 부분이 눌리면 남는 것은 1차원 부분입니다.

▼ 그림 2-11 차원 정리. 원래의 3차원 공간에서 2차원이 눌리면 남는 것은 1차원. 왼쪽 그림의 상황을 오른쪽 그림과 같이 도식적으로 나타내면 보기 쉽습니다.

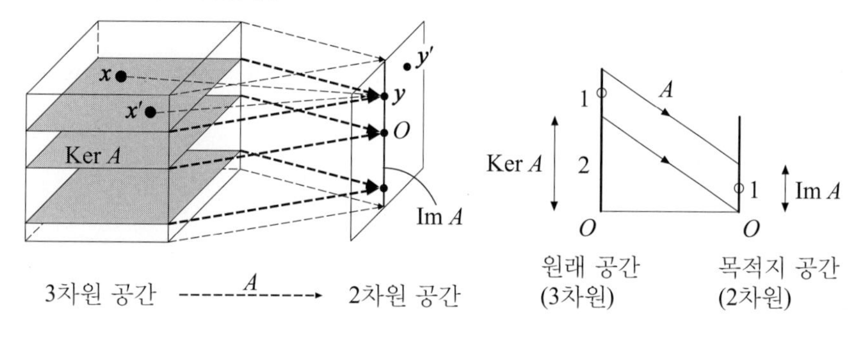

앞에서 나온 설명에 차원 정리를 합치면 다음 사항을 확인할 수 있습니다.

- $m < n$(가로가 긴 A)이면 단사는 될 수 없다.
  (∵ Im A는 목적지 m차원 공간의 일부이므로 $\dim \operatorname{Im} A \leq m$. 여기서 $m < n$이 되면 $\dim \operatorname{Im} A < n$이 되어 차원 정리에 따라 $\dim \operatorname{Ker} A > 0$)
- $m > n$(세로가 긴 A)이면 전사는 될 수 없다.
  (∵ '차원'은 0 이상이므로 Ker A에 대해서도 $\dim \operatorname{Ker} A \geq 0$. 그러므로 차원 정리에 따라 $\dim \operatorname{Im} A \leq n$. 여기서 $m > n$이 되면 $\dim \operatorname{Im} A < m$이 됩니다.)

2.15 dim Ker A, dim Im A가 뭐에요? 공간 전체의 차원에 대해서는 1.1.5절에서 설명했지만…….

이 책에서는 점은 0차원, 직선은 1차원, 평면은 2차원이라는 직관적인 '차원'의 이해로 충분합니다. 좀 더 정확히 **차원**을 정의하고 싶다면 **선형부분공간**[33]이란 개념을 도입하지 않으면 안 됩니다. 선형부분공간이란 '합과 정수배에 대해 닫힌 영역 W'을 말합니다. 즉, 선형공간 V에 대해 V 내의 영역 W가 대응 조건을 만족시킬 경우 'W는 V의 선형부분공간'이라고 합니다.

▶ W 내의 백터 $\mathbf{x}, \mathbf{x}'$에 대해 합 $(\mathbf{x} + \mathbf{x}')$도 W 내에 들어간다.

▶ W 내의 벡터 $\mathbf{x}$와 수 c에 대해 정수배 $c\mathbf{x}$도 W 내에 들어간다.

요점은 원점 $\mathbf{o}$를 지나는 직선이나 평면이나 그 고차원판을 말합니다. 또한, '원점 $\mathbf{o}$ 단 한 점'이란 것도 '부분공간'의 일종이라고 간주합니다. Ker A나 Im A도 부분공간입니다. 실제 Ker A, Im A가 '원점 $\mathbf{o}$를 지나는 직선이나 평면이나 그 고차원판(또는 원점 단 한점)'인 것은 지금까지도 그림으로 관찰해왔습니다. 또한, 식으로도

▶ Ker A에 대해

- $\mathbf{x}, \mathbf{x}'$가 Ker A에 들어 있다면 $A(\mathbf{x} + \mathbf{x}') = A\mathbf{x} + A\mathbf{x}' = \mathbf{o} + \mathbf{o} = \mathbf{o}$. 즉, 합$(\mathbf{x} + \mathbf{x}')$도 Ker A에 들어 있다.
- $\mathbf{x}$가 Ker A에 들어 있다면 $A(c\mathbf{x}) = c(A\mathbf{x}) = c\mathbf{o} = \mathbf{o}$. 즉, 정수배 $c\mathbf{x}$도 Ker A에 들어 있다.

▶ Im A에 대해

- $\mathbf{y}, \mathbf{y}'$가 Im A에 들어 있다면 $\mathbf{y} = A\mathbf{x}, \mathbf{y}' = A\mathbf{x}'$가 되는 $\mathbf{x}, \mathbf{x}'$가 있을 것이다. 그러면 $(\mathbf{y} + \mathbf{y}') = A\mathbf{x} + A\mathbf{x}' = A(\mathbf{x} + \mathbf{x}')$. 즉, 합 $(\mathbf{y} + \mathbf{y}')$도 Im A에 들어 있다.
- $\mathbf{y}$가 Im A에 들어 있다면 $\mathbf{y} = A\mathbf{x}$가 되는 $\mathbf{x}$가 있을 것이다. 그러면 $c\mathbf{y} = cA\mathbf{x} = A(c\mathbf{x})$. 즉, 정수배 $c\mathbf{y}$도 Im A에 들어 있다.

로 간단하게 나타낼 수 있습니다.[34]

합과 정수배에 대하여 닫혀 있다면 W의 세계를 한정해도 선형대수 이야기가 충분히 가능할 것입니다. 특히 한정한 세계 W에서의 기저라는 것을 생각할 수 있습니다. 구체적으로 말하면 W 내의 벡터 $\mathbf{e}_1, \ldots, \mathbf{e}_k$가 다음 조건을 만족시킬 경우 '$(\mathbf{e}_1, \ldots, \mathbf{e}_k)$는 W의 기저다'라고 합니다.

33 줄여서 그냥 부분공간이라고 부르는 경우도 많습니다.

34 '응?'이라고 한 사람은 Ker A나 Im A가 뭐였는지 2.3.1절을 복습합니다.

- ▶ W 내의 어떠한 벡터 $\boldsymbol{x}$라도, $\boldsymbol{e}_1, ..., \boldsymbol{e}_k$의 선형결합(1.1.4절)으로 나타낼 수 있다. 즉, 수 $c_1, ..., c_k$를 잘 조절하면 $\boldsymbol{x} = c_1\boldsymbol{e}_1 + \cdots + c_k\boldsymbol{e}_k$로 반드시 나타낼 수 있다.
- ▶ 게다가 나타내는 방법은 유니크[35]합니다.

기저의 멤버수 k로 부분공간 W의 차원 $\dim W$를 정의합니다. 또한, '좌표가 기저란 것은 어찌된 일이지? 1.1.3절에서는 화살표였을 텐데'라고 신경 쓰이는 사람은 부록 C의 마지막 부분을 참고해 주십시오.

2.16 차원 정리의 증명은요?

본문에 설명했듯이 '직관적으로 당연한 일'로 이해해 주신다면 우선 OK입니다. 또한, 나중에 랭크의 손 계산(2.3.7절)을 배우면 차원 정리의 성립은 간단하게 볼 수 있습니다(2.23). 그렇다고 해도 어떤 설명이 잘 맞는지는 선호나 학습 단계에 따라 달라지기 때문에 여러 가지 표현을 소개하는 것이 의미가 있겠지요. 여기서는 선형대수에 충분히 친숙해진 사람들을 위한 점잖은 증명을 제시하겠습니다. 힘들다면 건너뛰고 읽어도 상관없습니다.

$m \times n$ 행렬 A에 대해 $\dim \operatorname{Ker} A = k$, $\dim \operatorname{Im} A = r$이라고 합니다. $k + r = n$을 나타내고 싶은 것입니다. 먼저 천천히 상황을 확인합니다. 행렬 A는 n차원 벡터 $\boldsymbol{x}$를 m차원 벡터 $\boldsymbol{y} = A\boldsymbol{x}$로 옮기는 사상에 대응하고 있고, $\operatorname{Ker} A$는 $\boldsymbol{x}$가 사는 원래 공간(n차원)의 일부, $\operatorname{Im} A$는 $\boldsymbol{y}$가 사는 목적지 공간(m차원)의 일부입니다. 그리고 $\operatorname{Ker} A$, $\operatorname{Im} A$는 모두 선형부분공간을 이룹니다(2.15).

$\operatorname{Ker} A$의 차원이 k라는 것은 $\operatorname{Ker} A$의 기저는 k개의 벡터로 이루어진다는 의미입니다. $\operatorname{Im} A$는 마찬가지로 r개입니다. 거기서 $\operatorname{Ker} A$, $\operatorname{Im} A$ 각각에 기저를 취하고, $(\boldsymbol{u}_1, ..., \boldsymbol{u}_k)$, $(\boldsymbol{v}'_1, ..., \boldsymbol{v}'_r)$이라 둡시다. $\boldsymbol{u}_1, ..., \boldsymbol{u}_k$는 $\operatorname{Ker} A$의 멤버이므로

$$A\boldsymbol{u}_1 = \cdots = A\boldsymbol{u}_k = \boldsymbol{o} \tag{2.20}$$

입니다. 또한, $\boldsymbol{v}'_1, ..., \boldsymbol{v}'_r$은 $\operatorname{Im} A$의 멤버이므로 각각으로 이동하는 n차원 벡터 $\boldsymbol{v}_1, ..., \boldsymbol{v}_r$이 있을 것입니다.

$$\boldsymbol{v}'_1 = A\boldsymbol{v}_1, \quad \ldots, \quad \boldsymbol{v}'_r = A\boldsymbol{v}_r$$

여기까지 잘 이해하지 못했다면 다음을 읽기 전에 복습해 주십시오.

35 의미는 각주 25를 참고합니다. 익숙해졌으면 하는 표현이라 한 번 더 사용해보았습니다.

사실 $\boldsymbol{u}_1, ..., \boldsymbol{u}_k$와 지금의 $\boldsymbol{v}_1, ..., \boldsymbol{v}_r$을 합치면 원래 공간($n$차원)의 기저가 되는 것입니다. '기저의 멤버 수 = 차원'이었으므로(1.1.5절 '차원' 참고), 이것은 $k + r = n$을 의미합니다. 그렇기 때문에 $(\boldsymbol{u}_1, ..., \boldsymbol{u}_k, \boldsymbol{v}_1, ..., \boldsymbol{v}_r)$이 기저를 이루는 것을 나타내면 증명이 완료됩니다.

그럼 해봅시다. 기저를 이루는 것을 나타내고 싶으므로 기저란 무엇이었는지를 떠올리지 않으면 이야기가 시작되지 않습니다(1.1.4절 '기저가 되기 위한 조건'). '$(\boldsymbol{u}_1, ..., \boldsymbol{u}_k, \boldsymbol{v}_1, ..., \boldsymbol{v}_r)$이 기저다'란

- (원래 공간의) 어떠한 벡터 $\boldsymbol{x}$라도 좋은 수 $c_1, ..., c_k, d_1, ..., d_r$를 가져와

  $$\boldsymbol{x} = c_1\boldsymbol{u}_1 + \cdots + c_k\boldsymbol{u}_k + d_1\boldsymbol{v}_1 + \cdots + d_r\boldsymbol{v}_r$$

  라는 형태로 나타낼 수 있습니다(모든 토지에 번지가 붙는다).
- 나타내는 방법은 한 가지뿐입니다(하나의 토지에 번지는 하나).

라는 두 가지 조건을 만족시키는 것이었습니다.

첫 번째, '모든 토지에 번지가 붙는다'는 다음과 같이 나타냅니다. $\boldsymbol{x}$ 자체 전에 $\boldsymbol{y} = A\boldsymbol{x}$라는 목적지 부분을 검토합시다. $\boldsymbol{y}$는 물론 $\mathrm{Im}\, A$에 들어 있습니다. 그러면 '$\boldsymbol{v}'_1, ..., \boldsymbol{v}'_r$은 $\mathrm{Im}\, A$의 기저'라는 전제에서 적합한 $d_1, ..., d_r$을 가져와서

$$\boldsymbol{y} = d_1\boldsymbol{v}'_1 + \cdots + d_r\boldsymbol{v}'_r$$

라고 쓸 수 있는 것은 보증됩니다. 거기서 이 식에 대응하는

$$\tilde{\boldsymbol{x}} = d_1\boldsymbol{v}_1 + \cdots + d_r\boldsymbol{v}_r$$

를 생각해봅니다. $\tilde{\boldsymbol{x}}$는 $\boldsymbol{x}$ 그 자체와는 다릅니다만, 목적지 $A\tilde{\boldsymbol{x}}$는 $\boldsymbol{y} = A\boldsymbol{x}$와 같습니다. 그렇다면 오차 $\Delta\boldsymbol{x} \equiv \boldsymbol{x} - \tilde{\boldsymbol{x}}$를 따져 봅시다. 이 $\Delta\boldsymbol{x}$가 $\mathrm{Ker}\, A$에 들어 있다는 것을 알아차리면 성공은 눈 앞에 있습니다. 실제 $A\Delta\boldsymbol{x} = A(\boldsymbol{x} - \tilde{\boldsymbol{x}}) = \boldsymbol{y} - \boldsymbol{y} = \boldsymbol{o}$이므로 $\Delta\boldsymbol{x}$는 $\mathrm{Ker}\, A$에 들어 있습니다. '$\boldsymbol{u}_1, ..., \boldsymbol{u}_k$는 $\mathrm{Ker}\, A$의 기저'라는 전제였으므로 좋은 수 $c_1, ..., c_k$를 가져와서

$$\Delta\boldsymbol{x} = c_1\boldsymbol{u}_1 + \cdots + c_k\boldsymbol{u}_k$$

라고 쓸 수 있는 것이 보증됩니다. 이것을 합치면

$$\boldsymbol{x} = \Delta\boldsymbol{x} + \tilde{\boldsymbol{x}} = c_1\boldsymbol{u}_1 + \cdots + c_k\boldsymbol{u}_k + d_1\boldsymbol{v}_1 + \cdots + d_r\boldsymbol{v}_r$$

이라고 확실히 쓸 수 있습니다.

남은 것은 두 번째, '하나의 토지에 번지는 하나' 조건입니다. 이것을 나타내기 위해

$$\begin{aligned}\boldsymbol{x} &= c_1\boldsymbol{u}_1 + \cdots + c_k\boldsymbol{u}_k + d_1\boldsymbol{v}_1 + \cdots + d_r\boldsymbol{v}_r \\ &= \tilde{c}_1\boldsymbol{u}_1 + \cdots + \tilde{c}_k\boldsymbol{u}_k + \tilde{d}_1\boldsymbol{v}_1 + \cdots + \tilde{d}_r\boldsymbol{v}_r\end{aligned}$$

이라고 같은 $\boldsymbol{x}$가 두 가지로 쓰였다고 합시다. 이때

$$A\boldsymbol{x} = d_1\boldsymbol{v}'_1 + \cdots + d_r\boldsymbol{v}'_r = \tilde{d}_1\boldsymbol{v}'_1 + \cdots + \tilde{d}_r\boldsymbol{v}'_r$$

입니다만, 이것은

$$d_1 = \tilde{d}_1, \quad \cdots, \quad d_r = \tilde{d}_r$$

를 의미합니다. $(v'_1, ..., v'_r)$는 (Im A의) 기저라는 전제였기 때문입니다. 그렇게 되면

$$c_1\boldsymbol{u}_1 + \cdots + c_k\boldsymbol{u}_k = \tilde{c}_1\boldsymbol{u}_1 + \cdots + \tilde{c}_k\boldsymbol{u}_k$$

가 아니면 안 됩니다만, 이쪽은

$$c_1 = \tilde{c}_1, \quad \cdots, \quad c_k = \tilde{c}_k$$

를 의미합니다. $(\boldsymbol{u}_1, ..., \boldsymbol{u}_r)$도 또한 (Ker A의) 기저라는 전제였기 때문입니다.

결국 두 가지로는 사용할 수 없음을 알 수 있습니다.

이렇게 하여 $(\boldsymbol{u}_1, ..., \boldsymbol{u}_k, \boldsymbol{v}_1, ..., \boldsymbol{v}_r)$이 기저라고 보증됩니다.

2.3.4 '납작하게'를 식으로 나타내다(선형독립, 선형종속)

성질이 나쁜 경우가 어떠한 것인지 지금까지 묘사하여 보여주었습니다. 지금부터는 행렬을 보고 그런 모양을 알기 위해서는 어떻게 하면 좋을까라는 방향으로 이야기를 진행합니다.

우선은 '납작하게 눌린다'를 식으로 나타내면 어떻게 되는지 조사해둡시다.[36] 몇 번이나 쓰고 있듯이 '납작하게 눌린다'를 알기 쉽게 말하면 '서로 다른 $\boldsymbol{x}$와 $\boldsymbol{x}'$가 같은 $\boldsymbol{y}$로 이동한다'라는 것입니다. 이제 $\boldsymbol{x} = (x_1, \ldots, x_n)^T$, $\boldsymbol{x}' = (x'_1, \ldots, x'_n)^T$, $A = (\boldsymbol{a}_1, \ldots, \boldsymbol{a}_n)$이라고 둡시다.[37] 그러면 $A\boldsymbol{x} = A\boldsymbol{x}'$는

$$(\boldsymbol{a}_1, \cdots, \boldsymbol{a}_n)\begin{pmatrix} x_1 \\ \vdots \\ x_n \end{pmatrix} = (\boldsymbol{a}_1, \cdots, \boldsymbol{a}_n)\begin{pmatrix} x'_1 \\ \vdots \\ x'_n \end{pmatrix}$$

즉,

---

36 잠깐 복습합니다. '납작하게 눌리지 않는다'는 것은 Ker A가 원점 $\boldsymbol{o}$단 한점 뿐인 것입니다. dim Ker A = 0이라 해도 같습니다. 게다가 차원 정리에 따라 dim Im $A = n$이라고 말해도 같습니다(n은 행렬 A의 열수). '응?'이라고 한 사람은 2.3절로 돌아가 주십시오.

37 행렬 A의 1열을 벡터 $\boldsymbol{a}_1$, 2열을 벡터 $\boldsymbol{a}_2$, ……와 같이 둔다는 의미입니다. '응?'이란 사람은 1.2.9절 블록행렬을 복습합니다.

$$x_1\boldsymbol{a}_1 + \cdots + x_n\boldsymbol{a}_n = x'_1\boldsymbol{a}_1 + \cdots + x'_n\boldsymbol{a}_n \tag{2.21}$$

과 같습니다.[38] 결국 납작하게 눌린다는 것은 '$\boldsymbol{x} \neq \boldsymbol{x}'$인데 식 (2.21)이 성립하는 $\boldsymbol{x} = (x_1, \ldots, x_n)^T$와 $\boldsymbol{x}' = (x'_1, \ldots, x'_n)^T$가 존재한다'라는 것입니다. 이와 같은 경우 $\boldsymbol{a}_1, \ldots, \boldsymbol{a}_n$은 **선형종속**이라고 합니다. 선형종속이 아닌 경우 $\boldsymbol{a}_1, \ldots, \boldsymbol{a}_n$은 **선형독립**이라고 합니다. **일차종속**, **일차독립**이라고 하거나 **종속**, **독립**이라고도 합니다.

- A의 열벡터들이 선형종속 = 납작하게 눌린다.
- A의 열벡터들이 선형독립 = 납작하게 눌리지 않는다.

또한, 교과서에는

> 수 $u_1, \ldots, u_n$에 대해
>
> $$u_1\boldsymbol{a}_1 + \cdots + u_n\boldsymbol{a}_n = \boldsymbol{o} \tag{2.22}$$
>
> 라면 '$u_1 = \cdots = u_n = 0$'이라는 조건이 성립할 때 벡터 $\boldsymbol{a}_1, \ldots, \boldsymbol{a}_n$은 선형독립이라고 할 수 있다.

라는 스마트한 정의가 실려 있습니다. 이 스마트한 정의도 우리의 소박한 정의와 똑같습니다. 식 (2.21)에서 우변을 이항하여 정리하면 $(x_1 - x'_1)\boldsymbol{a}_1 + \cdots + (x_n - x'_n)\boldsymbol{a}_n = \boldsymbol{o}$입니다. 여기서 $x_i - x'_i = u_i$로 고치면 식 (2.22)가 됩니다($i = 1, \ldots, n$). 게다가 $x \neq x'$를 바꿔 말하면 $(u_1, \ldots, u_n)^T \neq \boldsymbol{o}$가 됩니다. 즉, 식 (2.22)를 만족시키는 $(u_1, \ldots, u_n)^T \neq \boldsymbol{o}$이 존재하면 선형종속, 존재하지 않으면 선형독립입니다. 나머지는 '……를 만족시키는 $(u_1, \ldots, u_n)^T \neq \boldsymbol{o}$이 존재하지 않는다'를 '……를 만족시키는 것은 $(u_1, \ldots, u_n)^T = \boldsymbol{o}$밖에 없다'로 바꿔 말하면 스마트한 정의에 도달합니다. 이미 같은 이야기를 한 번하고 있는데 기억나나요? **기저**의 조건(1.1.4절)의 경우입니다. 그 이야기를 지금 용어로 말하면 '기저 벡터들은 선형독립이 아니면 안 된다'가 됩니다(그림 2-12). 또한, 3차원의 정의도 '선형독립인 벡터가 최대 n개까지 취할 수 있다면 그 공간은 n차원'이라고 바꿔 말할 수 있습니다.[39]

---

38 짧게 말하면 '같은 벡터 $\boldsymbol{y}$가 $\boldsymbol{a}_1, \ldots, \boldsymbol{a}_n$의 선형결합으로 두 가지로 나타내어졌다'입니다. 같은 장소에 번지가 두 개 붙어버린 것과 같은 상황입니다. 이런 상황이 발생하는 이유는 $\boldsymbol{a}_1, \ldots, \boldsymbol{a}_n$이 이상하게 되어 있기 때문입니다. 만약 '선형결합'이란 용어를 잊어버렸다면 1.1.4절을 참고해 주십시오.

39 이 환언(바꿔 말하는 것)이 이전의 정의와 같다는 것을 엄밀하게 나타내기 위해서는 좀 더 논의가 필요합니다. 부록 C를 참고합니다.

✔ 그림 2-12 $\boldsymbol{a}_1, \boldsymbol{a}_2, \boldsymbol{a}_3$는 선형독립이 아니다(2차원의 예. 같은 $\boldsymbol{y}$가 $\boldsymbol{y} = 3\boldsymbol{a}_1 + 2\boldsymbol{a}_2 = 2\boldsymbol{a}_1 + 2\boldsymbol{a}_3$로 두 가지로 표현된다).

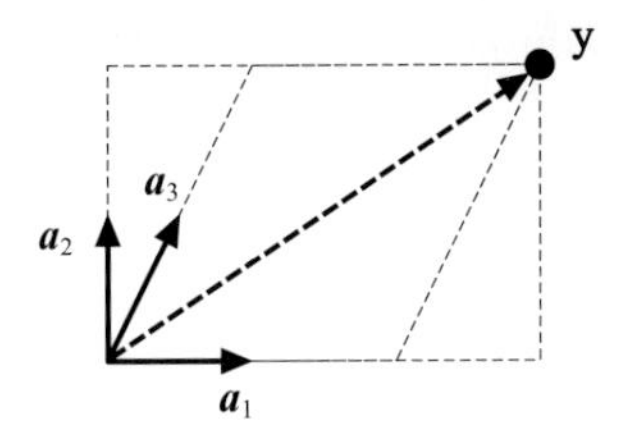

마지막으로 좀 더 힘을 내어 앞의 '소박한 정의'와는 또 다른 관점에서 '핵심'을 들여다봅시다. 지금 $\boldsymbol{a}_1, \ldots, \boldsymbol{a}_n$이 선형종속이라고 합니다. 즉, '$u_1 = \cdots = u_n = 0$'이 아닌데 $u_1\boldsymbol{a}_1 + \cdots + u_n\boldsymbol{a}_n = \boldsymbol{o}$이 되어 버린 상황입니다. 식 (2.22)를 다음과 같이 변형할 수 있습니다.

$$u_1\boldsymbol{a}_1 = -u_2\boldsymbol{a}_2 - \cdots - u_n\boldsymbol{a}_n \tag{2.23}$$

여기서 양변을 u_1으로 나누어 $r_i = -u_i/u_1$ $(i = 1, \ldots, n)$이라 두면

$$\boldsymbol{a}_1 = r_2\boldsymbol{a}_2 + \cdots + r_n\boldsymbol{a}_n \tag{2.24}$$

이라고 쓸 수 있습니다.[40] 즉, 벡터 $\boldsymbol{a}_1, \ldots, \boldsymbol{a}_n$ 중 한 개($\boldsymbol{a}_1$)가 다른 벡터 $\boldsymbol{a}_2, \ldots, \boldsymbol{a}_n$의 선형결합에 사용됩니다. $\boldsymbol{a}_1$이 무언가 장황해지기 시작하네요.[41] 상황을 그림으로 그리면 그림 2-13과 같습니다.

✔ 그림 2-13 $\boldsymbol{a}_1$이 쓸모없다(3차원의 예. 모처럼 세 개가 있는데, 평면 S 위에 모두 놓여 있음).

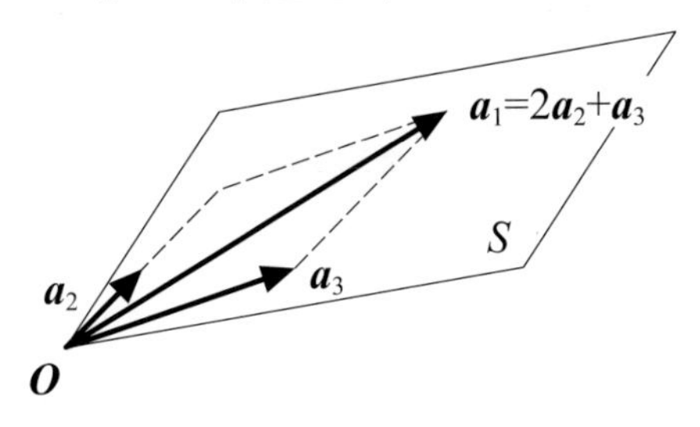

그림 2-13에서는 $\boldsymbol{a}_1$이 $\boldsymbol{a}_2$와 $\boldsymbol{a}_3$의 조합으로 사용됩니다. 그렇다는 것은 $\boldsymbol{a}_2$와 $\boldsymbol{a}_3$로 만들어지는 평면 S 위에 $\boldsymbol{a}_1$이 놓인다는 거죠. $\boldsymbol{a}_1, \boldsymbol{a}_2, \boldsymbol{a}_3$로 모처럼 세 개나 있는데 납작하게 눌려서 평면 위에 모두 놓여 버린 것입니다. 이해가 되었나요? '행렬은 사상이다(1.2.3절)'를 떠올리면 $\boldsymbol{a}_1, \ldots, \boldsymbol{a}_n$은

---

40 거짓말입니다. 만약 u_1이 0인 경우는 어떻게 해줄래……라는 경우 구분이 귀찮으므로 보통은 이런 설명이 아닌 스마트한 정의를 앞세웁니다. 쓰는 것이 귀찮은 것뿐, '어떤 다른 조합으로 나타낼 수 있는' 것이 사실입니다. 예를 들어 $0\boldsymbol{a}_1 + 3\boldsymbol{a}_2 + 2\boldsymbol{a}_3 - \boldsymbol{a}_4 = \boldsymbol{o}$이면 $\boldsymbol{a}_2 = (-2/3)\boldsymbol{a}_3 + (1/3)\boldsymbol{a}_4$ 등입니다. $u_1, \ldots, u_n$ 중 0이 아닌 사람이 한 명은 있음이 보증된 것이므로 그 사람을 좌변에 데려오면 됩니다.

41 $\boldsymbol{a}_1, \boldsymbol{a}_2, \ldots, \boldsymbol{a}_n$의 선형결합에 사용되는 벡터라면 $\boldsymbol{a}_1$을 제외한 $\boldsymbol{a}_2, \ldots, \boldsymbol{a}_n$만의 선형결합에도 사용될 수 있다는 의미입니다.

각각 $\boldsymbol{e}_1 = (1, 0, \ldots, 0, 0)^T$, $\cdots$, $\boldsymbol{e}_n = (0, 0, \ldots, 0, 1)^T$의 이동점을 나타냈습니다. 이동점들을 관찰하면 사상의 모습이 짐작간다는 내용이었지요. $\boldsymbol{a}_1, \ldots, \boldsymbol{a}_n$으로 모처럼 n개나 있는데 납작하게 눌려서 평면(의 $(n-1)$차원판) 위에 모두 놓여져 버린다는 것이 선형종속인 경우입니다. 그러므로 $\boldsymbol{a}_1, \ldots, \boldsymbol{a}_n$이 선형종속이면 $A = (\boldsymbol{a}_1, \ldots, \boldsymbol{a}_n)$에 의한 사상도 납작하게 누르는 사상이 됩니다.

2.17 결국 기저와 선형독립은 같은 것인가요?

다릅니다. 기저가 좀 더 엄격합니다. '모든 토지에 번지가 붙는다'라는 조건이 더해지기 때문입니다. $\boldsymbol{e}_1 = (1, 0, 0)^T$와 $\boldsymbol{e}_2 = (0, 1, 0)^T$는 선형독립이지만, $(\boldsymbol{e}_1, \boldsymbol{e}_2)$는 기저가 아닙니다. $\square\boldsymbol{e}_1 + \square\boldsymbol{e}_2$의 형태($\square$는 수)로 쓸 수 없는 벡터가 있기 때문입니다(예를 들어 $\boldsymbol{x} = (1, 1, 1)^T$). 기저가 되기 위해서는 선형독립인 벡터를 가능한 많이 취하지 않으면 안 됩니다. 자세한 내용은 부록 C를 참고해 주십시오.

예를 몇 가지 살펴보겠습니다. 다음은 어느 것도 '납작하게 누르는' 행렬입니다.

$$A = \begin{pmatrix} 1 & 3 \\ 2 & 6 \end{pmatrix}, \quad B = \begin{pmatrix} 1 & 3 \\ 0 & 0 \end{pmatrix}, \quad C = \begin{pmatrix} 1 & 3 \\ 2 & 6 \\ 3 & 9 \end{pmatrix}, \quad D = \begin{pmatrix} 1 & 2 & 12 \\ 1 & 3 & 13 \\ 1 & 4 & 14 \end{pmatrix}$$

A, B, C는 모두 2열이 1열의 3배입니다. C와 같이 종속이 눌리는 경우는 눌립니다. D는 (3열) = 10 · (1열) + (2열)입니다. 이런 식으로 어딘가의 열이 '다른 열을 각각 몇 배하여 모두 더한다'라는 형태로 쓰이는 것이 '납작하게 눌리는' 행렬의 특징입니다. 다음 행렬 E도 1, 2, 3열을 사용하면 그런 식으로 4열을 쓸 수 있으므로 '납작하게 눌리는' 행렬입니다. 이 내용은 2.10의 숙제였습니다.

$$E = \begin{pmatrix} 1 & 0 & 0 & * & * & * \\ 0 & 1 & 0 & * & * & * \\ 0 & 0 & 1 & * & * & * \\ 0 & 0 & 0 & 0 & * & * \\ 0 & 0 & 0 & 0 & * & * \\ 0 & 0 & 0 & 0 & * & * \end{pmatrix}$$

*은 아무거나 괜찮다.

다음 행렬 F는 '납작하게 누르는' 행렬이 아닙니다.

$$F = \begin{pmatrix} 1 & 5 & 8 \\ 0 & 2 & 6 \\ 0 & 3 & 7 \\ 0 & 0 & 4 \end{pmatrix}$$

왜냐하면, 만약

$$u_1\begin{pmatrix}1\\0\\0\\0\end{pmatrix}+u_2\begin{pmatrix}5\\2\\3\\0\end{pmatrix}+u_3\begin{pmatrix}8\\6\\7\\4\end{pmatrix}=\begin{pmatrix}0\\0\\0\\0\end{pmatrix}$$

라면 4성분에서 $4u_3 = 0$이므로 $u_3 = 0$이 될 수밖에 없습니다. 그렇게 되면 2성분 $2u_2 = 0$이나 3성분에서 $3u_2 = 0$이므로 u_2도 0입니다. 따라서 1성분은 $u_1 = 0$입니다. 이렇게 하여 좀 전의 '스마트한 정의'에 따라 F의 각 열은 선형독립인 것을 알 수 있습니다. 마찬가지로 생각하면

$$G=\begin{pmatrix}a&0&0\\0&0&b\\0&c&0\\0&d&0\end{pmatrix} \quad a, b, c, d\text{는 0이 아닌 수}$$

도 '납작하게 누르는 행렬이 아니다'라고 바로 판단할 수 있습니다.

2.18 이런 예라면 알기 쉽지만, 좀 더 복잡한 경우는요?

다음 $\boldsymbol{g}_1, \boldsymbol{g}_2, \boldsymbol{g}_3$가 선형독립인지 아닌지 암산으로 판단하는 것은 어렵습니다. 이 경우는 어쩔 수 없이 행렬 $G = (\boldsymbol{g}_1, \boldsymbol{g}_2, \boldsymbol{g}_3)$에 대해 '랭크(rank)의 손 계산'(2.3.7절)을 사용합니다. $\boldsymbol{g}_1, \boldsymbol{g}_2, \boldsymbol{g}_3$라는 세 벡터가 있고 $\operatorname{rank} G < 3$이라면 $\boldsymbol{g}_1, \boldsymbol{g}_2, \boldsymbol{g}_3$는 선형종속입니다(2.3.6절).

$$\boldsymbol{g}_1=\begin{pmatrix}8\\-3\\1\\-2\end{pmatrix},\quad \boldsymbol{g}_2=\begin{pmatrix}-3\\-7\\11\\4\end{pmatrix},\quad \boldsymbol{g}_3=\begin{pmatrix}-2\\-8\\12\\4\end{pmatrix}$$

2.3.5 단서의 실질적인 개수(랭크)

앞에서는 '납작하게 눌리는가'를 검토했습니다. 다음은 '이동점의 공간 전체를 커버할 수 있는가'를 검토하겠습니다. 조사해야 할 것은 '상 Im A가 공간 전체를 커버하고 있는가'였습니다. 이를 체크하기 위해서 Im A의 차원에 주목합니다. 이 차원이 실은 '단서의 실질적인 개수'가 됩니다. 게다가 차원을 알면 '납작하게 눌리는가'도 알 수 있습니다.

랭크의 정의

A를 $m \times n$ 행렬이라고 가정합니다. 즉, n차원 벡터 $\boldsymbol{x}$를 m차원 벡터 $\boldsymbol{y} = A\boldsymbol{x}$에 옮기는 사상을 생각하는 것입니다. 여기서 상 Im A의 차원 dim Im A에는 '행렬 A의 **랭크**(rank)'라는 이름이 붙어 있습니다.[42] 기호로는 rank A라고 씁니다. 이 기호를 사용하면 차원 정리(2.3.3절)는 다음과 같이 쓸 수 있습니다.

$$\dim \operatorname{Ker} A + \operatorname{rank} A = n$$

차원 정리 덕분에 rank A를 아는 것과 Ker A의 차원을 아는 것은 거의 같습니다. 한 쪽을 알면 다른 쪽도 바로 알 수 있습니다.

랭크와 핵, 상과 단사, 전사

자, 우리의 관심은

- Ker A가 원점 $\boldsymbol{o}$뿐인가?
  (그렇지 않으면 $\boldsymbol{y} = A\boldsymbol{x}$에서 같은 $\boldsymbol{y}$로 이동하는 $\boldsymbol{x}$가 여러 개 있다)
- Im A가 m차원 공간 전체를 커버하는가?
  (그렇지 않으면 삐져나온 $\boldsymbol{y}$에는 $\boldsymbol{y} = A\boldsymbol{x}$에서 이동해오는 $\boldsymbol{x}$가 없다)

입니다. 이는 각각

- Ker A는 0차원인가?
- Im A는 m차원인가?

와 같습니다.[43] 이를 랭크나 차원 정리를 사용하여 고쳐 말하면 다음과 같습니다(⇔는 같음).

- rank $A = n$ (랭크가 원래 공간(**정의역**)의 차원과 동일) ⇔ A는 단사
- rank $A = m$ (랭크가 목적지 공간(**치역**)의 차원과 동일) ⇔ A는 전사

---

42 **계수**라고 부르는 경우도 있습니다. 이 책에서는 '랭크'라고 표기합니다.

43 같은 값인 것은 직관적으로 당연합니다만, 만약을 위해 추상적인 설명도 적어두겠습니다. 기저벡터의 개수를 차원이라 부릅니다(1.1.5절). 그리고 차원은 선형독립인 벡터의 최대 개수와 같습니다(부록 C). 그렇게 하면 0차원이란 영벡터밖에 없는 '공간'(실제로는 한 점뿐)을 말하므로 Ker 쪽은 당연합니다. Im에 대해서도 'Im A가 m차원 공간 전체를 커버'하고 있다면 Im $A = m$은 당연합니다. 반대로 Im $A = m$이면 'Im A가 m차원 공간 전체를 커버'하고 있는 것도 부록 C에서 설명하는 사실로부터 말할 수 있습니다.

직관적으로는 당연한 것입니다(그림 2-14). 원래의 n차원 공간이 옮겨진 곳에서도 n차원의 크기를 지니고 있는 것이라면, 납작하게 눌리지는 않을 것입니다. 또한, 옮겨진 곳에서 그 공간 전체와 같은 m차원의 크기를 지니고 있다면, 공간 전체를 커버하고 있을 것입니다.

✔ 그림 2-14 rank A(= Im A의 차원 수)가 원래 공간의 차원 수와 같으면 단사. 목적지 공간의 차원 수와 같으면 전사

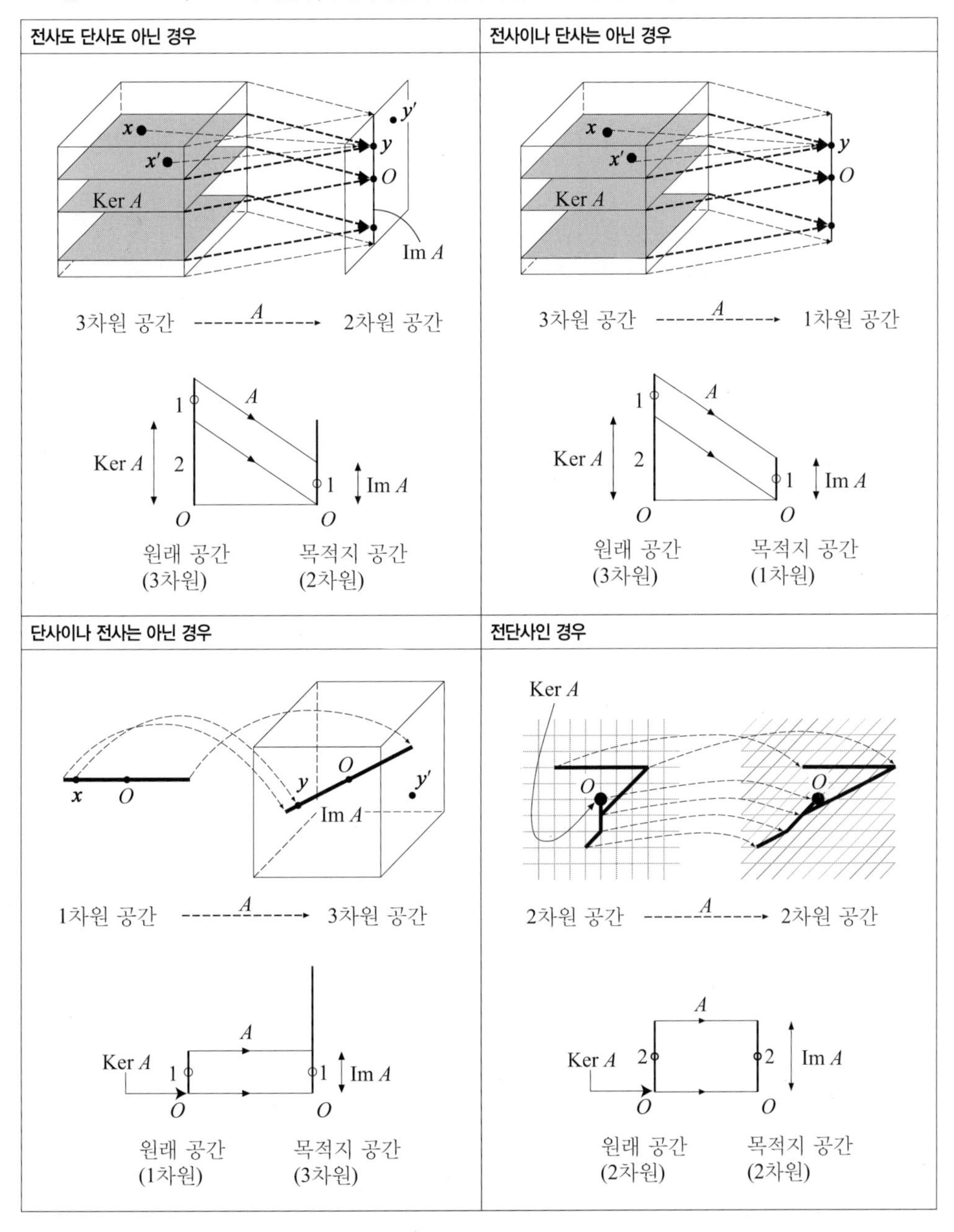

이렇게 랭크가 구해지면 '성질의 나쁨'도 판정할 수 있음을 알 수 있습니다. 이제 랭크를 구하는 방법이 알고 싶어집니다만, 일단 보류합시다. 조금 더 랭크의 성질을 파악한 뒤에 배워봅시다. '랭크란 무엇인가'를 모른 채 구하는 방법만 외우면 소용없으니까요.

랭크의 기본 성질

우선 A가 $m \times n$ 행렬이라면

$$\operatorname{rank} A \leq m$$
$$\operatorname{rank} A \leq n$$

인 것은 직관적으로 당연합니다. 첫 번째는 애초에 이동할 공간 전체가 m차원이므로 거기에 포함되는 $\operatorname{Im} A$의 차원은 m보다 커지지 못합니다. 두 번째는 원래 공간이 n차원이므로 그 전체를 A로 옮긴 것도 n차원보다 커지지 못합니다.

또한, 정칙행렬을 곱해도 랭크는 변하지 않습니다. 즉, P, Q가 정칙이면

$$\operatorname{rank}(PA) = \operatorname{rank} A$$
$$\operatorname{rank}(AQ) = \operatorname{rank} A$$

입니다. 정칙행렬은 '납작하게 누르지 않는' 변환이므로 A를 시행하기 전이나 후에 Q나 P를 두어도 눌리는 3차원 수, 남는 차원수는 변하지 않습니다.

2.19 그렇게 얼버무리지 말고, 제대로 증명해주세요.

$\operatorname{rank}(AQ) = \operatorname{rank} A$를 먼저 나타냅시다. 랭크의 정의 $\operatorname{rank} X = \dim \operatorname{Im} X$를 떠올려 주십시오. 사실 $\operatorname{Im}(AQ) = \operatorname{Im} A$이므로 당연히 랭크도 같습니다. 그러면 $\operatorname{Im}(AQ) = \operatorname{Im} A$인 이유는 무엇일까요? '벡터 $\boldsymbol{y}$가 $\operatorname{Im} A$에 속한다'란 '$\boldsymbol{y} = A\boldsymbol{x}$가 되는 벡터 $\boldsymbol{x}$가 존재한다'라는 것이었습니다. 이때 $\boldsymbol{x}' \equiv Q^{-1}\boldsymbol{x}$를 생각하면 물론 $(AQ)\boldsymbol{x}' = \boldsymbol{y}$입니다. 이것으로 '$\boldsymbol{y}$가 $\operatorname{Im}(AQ)$에도 속한다'라고 말할 수 있습니다. 반대로 어느 벡터 $\boldsymbol{y}'$가 $\operatorname{Im}(AQ)$에 속한다면 $\boldsymbol{y}' = (AQ)\boldsymbol{x}'$가 되는 벡터 $\boldsymbol{x}'$가 존재하는 것으로 그것을 사용하여 $\boldsymbol{x} \equiv Q\boldsymbol{x}'$를 만들면 $A\boldsymbol{x} = \boldsymbol{y}'$입니다. 즉, $\operatorname{Im}(AQ)$에 속하는 벡터는 $\operatorname{Im} A$에 속한다고도 할 수 있습니다. 나온 내용을 맞춰보면 $\operatorname{Im}(AQ) = \operatorname{Im} A$를 이해할 수 있습니다.

다음은 $\operatorname{rank}(PA) = \operatorname{rank} A$입니다. 이것을 나타내기 위해 $\operatorname{Im} A$의 기저 $(\boldsymbol{u}_1, \ldots, \boldsymbol{u}_r)$을 생각합니다. 이 기저벡터 $\boldsymbol{u}_i$는 $\operatorname{Im} A$에 속하는 것이므로 $\boldsymbol{u}'_i = P\boldsymbol{u}_i$는 $\operatorname{Im}(PA)$에 속합니다($i = 1, \ldots, r$). 게다가 $(\boldsymbol{u}'_1, \ldots, \boldsymbol{u}'_r)$도 $\operatorname{Im}(PA)$의 기저가 되는 것이 다음과 같이 확인됩니다.

- $\operatorname{Im}(PA)$에 속하는 어떤 벡터 $\boldsymbol{y}'$도 $\boldsymbol{u}'_1, \ldots, \boldsymbol{u}'_r$의 선형결합으로 쓸 수 있다는 것: $\boldsymbol{y} \equiv P^{-1}\boldsymbol{y}'$는 Im

A에 속하므로[44] 랭크 $c_1, ..., c_r$을 조절하면 $\boldsymbol{y} = c_1\boldsymbol{u}_1 + \cdots + c_r\boldsymbol{u}_r$라는 모양으로 쓸 수 있을 것. 양변에 왼쪽부터 P를 곱하면 $\boldsymbol{y}' = c_1\boldsymbol{u}'_1 + \cdots + c_r\boldsymbol{u}'_r$이 얻어지고, 분명히 선형결합으로 사용되었다.

▶ 그 서식이 유일한 것: 만약 어느 벡터 $\boldsymbol{y}'$가

$$\boldsymbol{y}' = c_1\boldsymbol{u}'_1 + \cdots + c_r\boldsymbol{u}'_r = d_1\boldsymbol{u}'_1 + \cdots + d_r\boldsymbol{u}'_r$$

와 같이 (서로 다른) 두 가지 랭크 $c_1, ..., c_r$와 $d_1, ..., d_r$로 쓰였다고 합시다. 식 왼쪽에 P^{-1}을 곱하면

$$\boldsymbol{y} = c_1\boldsymbol{u}_1 + \cdots + c_r\boldsymbol{u}_r = d_1\boldsymbol{u}_1 + \cdots + d_r\boldsymbol{u}_r$$

이 되고, $\mathrm{Im}\, A$에 속하는 벡터 $\boldsymbol{y}$가 두 가지로 쓰인 것이 됩니다. 이는 $(\boldsymbol{u}_1, ..., \boldsymbol{u}_r)$이 $\mathrm{Im}\, A$의 기저라는 전제에 모순됩니다. 따라서 귀류법에 따라 이런 일은 일어날 수 없습니다.

이렇게 하여 $\mathrm{Im}(PA)$도, $\mathrm{Im}\, A$도 기저 벡터의 개수(= 차원)는 같다는 것이 증명되었습니다.

일반 행렬 A, B에 대해서는[45]

$$\mathrm{rank}(BA) \leq \mathrm{rank}\, A$$
$$\mathrm{rank}(BA) \leq \mathrm{rank}\, B$$

입니다. 왜냐하면, $\mathrm{rank}(BA)$란

- 1단계: 원래의 전 공간 U를 A로 옮긴 이동점을 V라 하고
- 2단계: V를 더욱 B로 옮긴 이동점 W의 차원

이었기 때문입니다. 1단계에서 이미 $\mathrm{rank}\, A$ 차원이 되버린 V는 그 후 어떤 B로 변환해도 $\mathrm{rank}\, A$ 차원보다 커질 수 없습니다. 또한, 2단계는 공간 전체를 B로 옮겨도 $\mathrm{rank}\, B$ 차원밖에 되지 않으므로 공간의 일부인 V를 B로 옮기면 $\mathrm{rank}\, B$ 차원 이하로만 가능합니다.

2장의 모든 것을 다 배웠다고 생각하는 사람은 시험 삼아 다음 식의 이유를 생각해 보십시오.[46]

$$\mathrm{rank}(A+B) \leq \mathrm{rank}\, A + \mathrm{rank}\, B$$
$$\mathrm{rank}(AB) + \mathrm{rank}(BC) \leq \mathrm{rank}(ABC) + \mathrm{rank}\, B$$

---

44 만약을 위해 증명합니다. $\boldsymbol{y}' = (PA)\boldsymbol{x}$가 되는 벡터 $\boldsymbol{x}$가 존재하면 그 $\boldsymbol{x}$에 대해 $\boldsymbol{y} = A\boldsymbol{x}$. 이는 $\boldsymbol{y}$가 $\mathrm{Im}\, A$에 속하는 것을 의미합니다.

45 A도 B도 정방행렬이 아니어도 상관없습니다. 물론 곱 AB가 정의되도록 크기는 맞다(B의 열수와 A의 행수 일치)는 전제입니다.

46 후자의 해석: 일반적으로 $\mathrm{rank}(XY) = \mathrm{rank}\, Y - \dim(\mathrm{Ker}\, X \cap \mathrm{Im}\, Y)$(즉, $\mathrm{Im}\, Y$의 차원에서 '$\mathrm{Im}\, Y$ 중 X로 눌리는 차원 수'를 뺀 것이 $\mathrm{Im}(XY)$의 차원)인 것에 따라 $\mathrm{rank}(BC) - \mathrm{rank}(A(BC)) = \dim(\mathrm{Ker}\, A \cap \mathrm{Im}(BC)) \leq \dim(\mathrm{Ker}\, A \cap \mathrm{Im}\, B) = \mathrm{rank}\, B - \mathrm{rank}(AB)$.

보틀넥 형의 분해

다음 사실도 랭크의 의미를 잘 나타내고 있어 이해하기 쉬울 것입니다. A의 랭크 r에 대응하는 형태로 A를 '날씬한 행렬의 곱'으로 분해할 수 있습니다. 폭이 r밖에 되지 않은 행렬 B와 높이가 r밖에 안 되는 행렬 C로

$$A = BC$$

라고 쓸 수 있습니다.[47] 다음 예는 랭크가 2인 경우입니다.

$$\begin{pmatrix} 1 & 2 & 3 & 4 & 5 \\ 6 & 7 & 8 & 9 & 10 \\ 11 & 12 & 13 & 14 & 15 \\ 16 & 17 & 18 & 19 & 20 \end{pmatrix} = \begin{pmatrix} 1 & 0 \\ 1 & 5 \\ 1 & 10 \\ 1 & 15 \end{pmatrix} \begin{pmatrix} 1 & 2 & 3 & 4 & 5 \\ 1 & 1 & 1 & 1 & 1 \end{pmatrix} \tag{2.25}$$

특히 $\operatorname{rank} A = 1$이라는 극단적인 경우라면

$$\begin{pmatrix} 1 & 2 & 3 & 4 \\ 2 & 4 & 6 & 8 \\ 5 & 10 & 15 & 20 \end{pmatrix} = \begin{pmatrix} 1 \\ 2 \\ 5 \end{pmatrix} (1, 2, 3, 4)$$

와 같이 종벡터와 횡벡터의 곱으로 나타냅니다.

$A = BC$라는 것은 $\boldsymbol{y} = A\boldsymbol{x}$라는 변환 도중에

$\boldsymbol{z} = C\boldsymbol{x}$ − n차원 벡터 $\boldsymbol{x}$를 r차원 벡터 $\boldsymbol{z}$로 누른다.
$\boldsymbol{y} = B\boldsymbol{z}$ − r차원 벡터 $\boldsymbol{z}$를 m차원 벡터 $\boldsymbol{y}$로 확장한다.

와 같이 저차원 벡터 $\boldsymbol{z}$로 한 번 눌린다는 것입니다(그림 2-15). '훌륭한 $m \times n$ 행렬처럼 꾸몄지만, 숨기려던 정체가 드러났구나'라는 느낌이네요.

▼ 그림 2-15 보틀넥 형의 분해

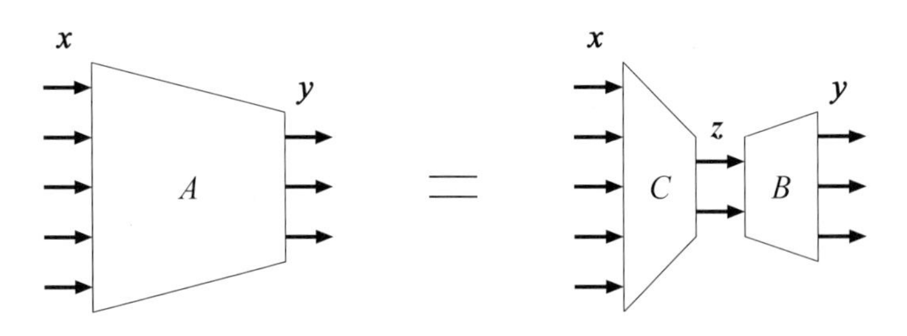

47 분해 가능한 것은 보증되어 있습니다만, 분해 방법은 한 가지가 아닙니다. 예를 들어 $B' = (1/2)B$, $C' = 2C$로 두어도 $A = B'C'$입니다. 일반적으로 r차의 정칙행렬 P를 가져와 $B' = BP^{-1}$, $C' = PC$로 두어도 $A = B'C'$입니다.

반대로 '이런 식으로 날씬한 행렬의 곱으로 분해된다면 A의 랭크는 r 이하'인 것도 당연하겠죠. 한번 납작하게 눌려 r차원이 되었다면 아무리 확대해도 차원은 늘릴 수 없으므로 Im A는 r차원 이하입니다(그림 2-16). '잃어버린 정보는 두 번 다시 복원할 수 없다'라고 표현할 수도 있습니다.

▼ 그림 2-16 한 번 납작하게 눌려 2차원이 되면 원래대로 돌아갈 수 없다. '$\boldsymbol{x}$였나 $\boldsymbol{x}'$였나'라는 정보는 도중의 z에서 이미 잃어 버렸다. 따라서 z에서 전해지는 $\boldsymbol{y}$를 봐도 $\boldsymbol{x}$인지 $\boldsymbol{x}'$인지 구별할 수 없다.

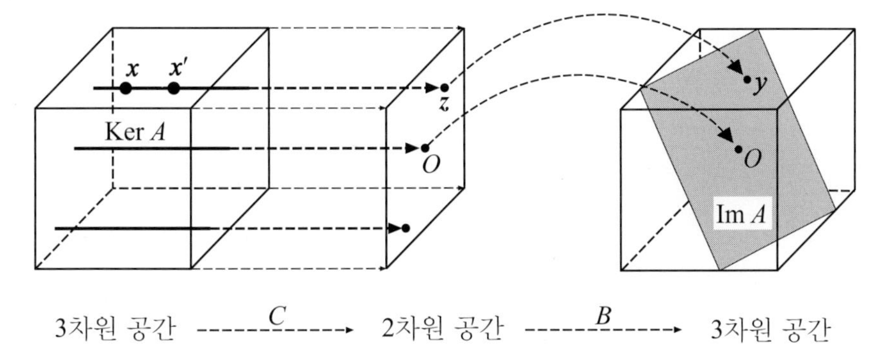

2.20 이런 분석을 어떻게 보증할 수 있나요?

차원의 정의에 따라 순순히 이끌어낼 수 있습니다. 'Im A가 r차원'이란 것은 'Im A의 기저 $\boldsymbol{b}_1, ..., \boldsymbol{b}_r$이 취해진다.[48]' 즉, 'Im A 내의 벡터 $\boldsymbol{y}$는 어느 것도 $\boldsymbol{y} = c_1\boldsymbol{b}_1 + \cdots + c_r\boldsymbol{b}_r$이란 형태로 표현되고, 그 표현은 유일'합니다($c_1, ..., c_r$은 $\boldsymbol{y}$에 응하여 결정되는 수). 자, $A = (\boldsymbol{a}_1, ..., \boldsymbol{a}_n)$과 열벡터로 분해해봅시다. 각 $\boldsymbol{a}_i$는 물론 Im A에 들어 있습니다.[49] 그러므로 좋은 수 $c_{1i}, ..., c_{ri}$를 취하여

$$\boldsymbol{a}_i = c_{1i}\boldsymbol{b}_1 + \cdots + c_{ri}\boldsymbol{b}_r$$

라는 형태로 나타낼 수 있습니다. $\boldsymbol{a}_1, ..., \boldsymbol{a}_n$에 대해 정리하여 행렬로 쓰면

$$(\boldsymbol{a}_1, \ldots, \boldsymbol{a}_n) = (\boldsymbol{b}_1, \ldots, \boldsymbol{b}_r)\begin{pmatrix} c_{11} & \cdots & c_{1n} \\ \vdots & & \vdots \\ c_{r1} & \cdots & c_{rn} \end{pmatrix}$$

본문에서 설명한 대로 $A = BC$로 분해됩니다.

48 2.15를 참고합니다. '기저는 좌표가 아니라 화살표 아닌가?'라고 신경 쓰이는 사람은 부록C의 마지막도 참고합니다.

49 '응?'이라고 한 사람은 열벡터가 무엇을 나타내고 있었는지 1.2.9절 '행벡터, 열벡터'나 1.2.3절 '행렬은 사상이다'를 복습합니다. 또 Im A란 무엇이었는지 2.3.1절 '단서가 너무 많은 경우'를 복습합니다.

실질적인 단서의 개수

앞의 분해에서 rank A가 '실질적인 단서의 개수'인 것을 알 수 있습니다. 식 (2.25)를 예로 생각해 봅시다.

$$
\begin{aligned}
y_1 &= x_1 + 2x_2 + 3x_3 + 4x_4 + 5x_5 \\
y_2 &= 6x_1 + 7x_2 + 8x_3 + 9x_4 + 10x_5 \\
y_3 &= 11x_1 + 12x_2 + 13x_3 + 14x_4 + 15x_5 \\
y_4 &= 16x_1 + 17x_2 + 18x_3 + 19x_4 + 20x_5
\end{aligned}
$$

겉보기에는 네 가지 단서 y_1, y_2, y_3, y_4가 주어져 있습니다. 그러나 $\boldsymbol{x} = (x_1, x_2, x_3, x_4, x_5)^T$를 $\boldsymbol{y} = (y_1, y_2, y_3, y_4)^T$로 옮기는 이 사상은 다음 두 단계로 분해됩니다. 우선

$$
\begin{aligned}
z_1 &= x_1 + 2x_2 + 3x_3 + 4x_4 + 5x_5 \\
z_2 &= x_1 + x_2 + x_3 + x_4 + x_5
\end{aligned}
$$

에서 중간변수 $\boldsymbol{z} = (z_1, z_2)^T$를 일단 경유하여

$$
\begin{aligned}
y_1 &= z_1 \\
y_2 &= z_1 + 5z_2 \\
y_3 &= z_1 + 10z_2 \\
y_4 &= z_1 + 15z_2
\end{aligned}
$$

로 최종 결과에 이릅니다. 여기서 실질적인 단서는 z_1, z_2 두 개뿐입니다. y_1, y_2, y_3, y_4는 같은 자료 z_1, z_2의 재사용입니다. z_1, z_2에서 이끌어 낸 정보를 아무리 봐도 원래 z_1, z_2를 웃도는 정보를 얻을 수는 없습니다.

전치해도 랭크는 동일

하는 김에

$$\text{rank } A^T = \text{rank } A$$

도 앞에서 설명한 분해로 알 수 있겠지요. 만약 rank $A = r$이면 $A = BC$로 분해해 두고 전치를 취하면 $A^T = (BC)^T = C^T B^T$입니다. 즉, A^T도 '날씬한 행렬의 곱'으로 분해됩니다. 복소수까지 생각해도 똑같이

$$\text{rank } A^* = \text{rank } A$$

라고 말할 수 있습니다.

2.3.6 랭크 구하는 방법 (1) 눈으로

랭크의 의미를 제대로 파악했으니 보류해 두었던 '랭크 구하는 방법'으로 넘어갑시다. 우선 이번 절에서는 비교적 간단한 행렬에 대해 눈으로 랭크를 구해 봅니다.

2.21 일반 행렬 A로 rank A를 구하는 방법을 알면 이번 절은 넘어가도 되나요?

'그 반대'라는 것이 저의 의견입니다. 일반 행렬 A로 rank A 구하는 방법을 습득하기 보다 이 절과 같이 당연한 것을 당연하게 받아들일 수 있는 것이 중요합니다. 이번 절은 랭크의 의미를 제대로 알고 있는지를 시험 삼아 읽어 주십시오. 신호 처리나 데이터 분석 등에서 선형대수를 도구로 잘 다루려면 일반 행렬의 랭크를 계산하기보다는 랭크의 의미부터 이해해야 합니다.[50]

A를 $m \times n$ 행렬이라고 합시다. A로 이동하는 범위 Im A는 'n차원 벡터 $\boldsymbol{x}$를 여러모로 움직이는 경우 $\boldsymbol{y} = A\boldsymbol{x}$의 움직일 수 있는 범위'입니다. $A = (\boldsymbol{a}_1, \ldots, \boldsymbol{a}_n)$와 열벡터인 $\boldsymbol{x}$도 $\boldsymbol{x} = (x_1, \ldots, x_n)^T$라고 성분으로 쓰면

$$\boldsymbol{y} = x_1\boldsymbol{a}_1 + \cdots + x_n\boldsymbol{a}_n \tag{2.26}$$

이므로 '수 $x_1, \ldots, x_n$을 여러모로 움직인 경우 $x_1\boldsymbol{a}_1 + \cdots + x_n\boldsymbol{a}_n$의 움직일 수 있는 범위'가 Im A가 됩니다.[51] 이것을 span$\{\boldsymbol{a}_1, \ldots, \boldsymbol{a}_n\}$이라고 쓰고, '벡터 $\boldsymbol{a}_1, \ldots, \boldsymbol{a}_n$이 만드는 선형부분공간[52]'이라고도 부릅니다. 만약 $\boldsymbol{a}_1, \ldots, \boldsymbol{a}_n$이 모두 $\boldsymbol{o}$이면 $\boldsymbol{o}$ 단 한점이 span$\{\boldsymbol{a}_1, \ldots, \boldsymbol{a}_n\}$, 또는 화살표 $\boldsymbol{a}_1, \ldots, \boldsymbol{a}_n$이 모두 한 직선에 있으면 그 직선이 span$\{\boldsymbol{a}_1, \ldots, \boldsymbol{a}_n\}$, 또는 화살표 $\boldsymbol{a}_1, \ldots, \boldsymbol{a}_n$이 모두 어떤 평면 위에 있으면 그 평면이 span$\{\boldsymbol{a}_1, \ldots, \boldsymbol{a}_n\}$입니다. 요점은 화살표 $\boldsymbol{a}_1, \ldots, \boldsymbol{a}_n$으로 정해지는 평면(의 일반 차원판)입니다(그림 2-17).

50 '일반적인'이라고 으스대봐도 성분이 문자식이면 분수 투성이로 어쩔 수 없게 되겠지요. 종종 그런 경우가 발생하면 이번 절처럼 쭉 지켜볼 수밖에 없습니다. 그리고 응용을 배우고 이해하는 데 필요한 것은 오히려 문자식입니다. 이런 이유로 이번 절은 중요합니다.

51 짧게 말하면 '$\boldsymbol{a}_1, \ldots, \boldsymbol{a}_n$의 선형결합으로 만들 수 있는 벡터 전체의 집합'입니다.

52 '선형부분공간'이란 말의 의미는 2.15를 참고합니다. span이 선형부분공간이 되는 것은 간단하게 나타낼 수 있을 것입니다. 만약 어렵다면 '선형부분공간'이나 'span'의 정의를 이해하지 못한 것입니다.

▼ 그림 2-17 (좌) span$\{\boldsymbol{a}_1, \boldsymbol{a}_2, \boldsymbol{a}_3\}$가 직선, (우) span$\{\boldsymbol{a}_1, \boldsymbol{a}_2, \boldsymbol{a}_3\}$이 평면

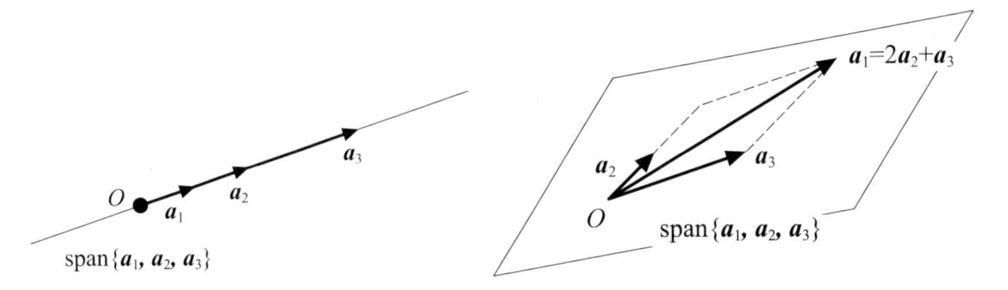

이 기호를 사용하면 $\mathrm{Im}\,A = \mathrm{span}\{\boldsymbol{a}_1, \ldots, \boldsymbol{a}_n\}$이므로 span$\{\boldsymbol{a}_1, \ldots, \boldsymbol{a}_n\}$의 차원이야말로 rank A입니다.

2.3.4절 '납작하게를 식으로 나타내다'의 논의를 떠올려보면 '$\boldsymbol{a}_1, \ldots, \boldsymbol{a}_n$이 선형독립이면 $W = \mathrm{span}\{\boldsymbol{a}_1, \ldots, \boldsymbol{a}_n\}$의 차원은 n, 선형종속이면 W의 차원은 $< n$'이었습니다. 좀 더 자세히 말하면 선형종속의 경우에도 W의 차원을 알려면 무엇을 세면 좋을까? 그것이 이 절의 주제입니다.

지금 만약 n개의 벡터 $\boldsymbol{a}_1, \ldots, \boldsymbol{a}_n$이 더 작은 $r(<n)$개의 벡터 $\boldsymbol{b}_1, \ldots, \boldsymbol{b}_r$을 '재료'로 하여

$$\begin{aligned} \boldsymbol{a}_1 &= c_{11}\boldsymbol{b}_1 + \cdots + c_{r1}\boldsymbol{b}_r \\ &\vdots \\ \boldsymbol{a}_n &= c_{1n}\boldsymbol{b}_1 + \cdots + c_{rn}\boldsymbol{b}_r \end{aligned} \tag{2.27}$$

($c_{\circ\triangle}$는 수)와 같이 쓰였다고 합시다. 즉, $\boldsymbol{a}_1, \ldots, \boldsymbol{a}_n$이 모두 $\boldsymbol{b}_1, \ldots, \boldsymbol{b}_r$의 선형결합으로 표현되는 상황입니다. 그러면 span$\{\boldsymbol{a}_1, \ldots, \boldsymbol{a}_n\}$ 내의 벡터 $\boldsymbol{y}$는 모든 $\boldsymbol{b}_1, \ldots, \boldsymbol{b}_r$으로 쓰여집니다. 실제 $\boldsymbol{y}$는 식 (2.26)과 같이 쓰여지므로

$$\begin{aligned} \boldsymbol{y} &= x_1\boldsymbol{a}_1 + \cdots + x_n\boldsymbol{a}_n \\ &= x_1(c_{11}\boldsymbol{b}_1 + \cdots + c_{r1}\boldsymbol{b}_r) + \cdots + x_n(c_{1n}\boldsymbol{b}_1 + \cdots + c_{rn}\boldsymbol{b}_r) \\ &= (c_{11}x_1 + \cdots + c_{1n}x_n)\boldsymbol{b}_1 + \cdots + (c_{r1}x_1 + \cdots + c_{rn}x_n)\boldsymbol{b}_r \\ &= (\text{수})\boldsymbol{b}_1 + \cdots + (\text{수})\boldsymbol{b}_r \end{aligned}$$

의 형태로 변형할 수 있습니다. 이러면 n개의 설정값 $x_1, \ldots, x_n$을 아무리 움직인다 한들 $\boldsymbol{y}$는 span$\{\boldsymbol{b}_1, \ldots, \boldsymbol{b}_r\}$에서 나오지 않습니다. 사로잡혀 있는 영역 span$\{\boldsymbol{b}_1, \ldots, \boldsymbol{b}_r\}$은 겨우 r차원[53]이므로 $\dim \mathrm{span}\{\boldsymbol{a}_1, \ldots, \boldsymbol{a}_n\} \le r$이 됩니다. $\boldsymbol{a}_1, \ldots, \boldsymbol{a}_n$이란 훌륭한 n개의 조합처럼 꾸미고 있지만 본색을 드러냈다는 느낌이네요.[54]

---

53 얼핏 봐서는 '……는 r차원'이라고 말해버리고 싶어집니다만, $\boldsymbol{b}_1, \ldots, \boldsymbol{b}_r$ 자체에도 아직 군더더기가 포함되어 있을지 모릅니다. 그러므로 '……는 r차원 이하'라고 말할 수밖에 없습니다. 또한, '겨우'라는 단어의 의미는 부록의 각주 9를 참고해 주세요.

54 이 이야기는 2.3.5절의 보트넥 형의 분해를 다른 표현으로 말하고 있는 것뿐입니다.

이 고찰에서,

> 식 (2.27)과 같이 $\boldsymbol{a}_1, \ldots, \boldsymbol{a}_n$을 나타내는 최소 개수의 '재료' $\boldsymbol{b}_1, \ldots, \boldsymbol{b}_r$을 찾으면 그 개수 r이 $\mathrm{span}\{\boldsymbol{a}_1, \ldots, \boldsymbol{a}_n\}$의 차원(즉 rank A)이다.

가 됩니다[55] 일반 A에서는 어떻든 간단한 A라면 쭉 주시하여 그런 재료 $\boldsymbol{b}_1, \ldots, \boldsymbol{b}_r$을 찾을 수 있겠지요. 이런 예를 이번 절에서 들고 있습니다.

2.22 그 '최소 개수'가 어려운 거 아닌가요? 스스로 시행착오를 겪은 한에서는 이것이 최소라도 천재가 하면 더 적은 개수의 재료를 찾을지도 모릅니다.

$\boldsymbol{b}_1, \ldots, \boldsymbol{b}_r$이 다음 조언을 만족시키고 있다면 그것이 최소 개수의 재료입니다.[56]

- ▶ 식 (2.27)과 같이 $\boldsymbol{a}_1, \ldots, \boldsymbol{a}_n$을 나타낸다.
- ▶ $\boldsymbol{b}_1, \ldots, \boldsymbol{b}_r$ 자신이 $\mathrm{span}\{\boldsymbol{a}_1, \ldots, \boldsymbol{a}_n\}$에 속해 있다.[57]
- ▶ $\boldsymbol{b}_1, \ldots, \boldsymbol{b}_r$은 선형독립이다.[58]

이유는 이런 $(\boldsymbol{b}_1, \ldots, \boldsymbol{b}_r)$이 선형부분공간(2.15) $W = \mathrm{span}\{\boldsymbol{a}_1, \ldots, \boldsymbol{a}_n\}$의 기저이므로 당신의 결과$(\boldsymbol{b}_1, \ldots, \boldsymbol{b}_r)$도 천재의 결과$(\boldsymbol{b}'_1, \ldots, \boldsymbol{b}'_{r'})$도 모두 W의 기저이므로[59] 개수는 같을 것입니다(1.1.5절, 부록 C).

우선 형태부터 알 수 있는 예입니다.

$$A = \begin{pmatrix} 2 & 0 & 0 & 0 & 0 \\ 0 & 3 & 0 & 0 & 0 \\ 0 & 0 & 5 & 0 & 0 \\ 0 & 0 & 0 & 0 & 0 \end{pmatrix}, \quad B = \begin{pmatrix} 0 & 0 & 2 & 0 & 0 \\ 0 & 0 & 0 & 0 & 3 \\ 4 & 5 & 0 & 0 & 0 \\ 0 & 0 & 0 & 0 & 0 \end{pmatrix}, \quad C = \begin{pmatrix} 2 & * & * & * & * \\ 0 & 3 & * & * & * \\ 0 & 0 & 0 & 5 & * \\ 0 & 0 & 0 & 0 & 0 \end{pmatrix}$$

*의 개수는 아무래도 좋다.

---

55 정확하게는 반대쪽도 나타내지 않는다고 단정 지을 수 없습니다. '$\mathrm{span}\{\boldsymbol{a}_1, \ldots, \boldsymbol{a}_n\}$이 r차원이면 이런 재료 $\boldsymbol{b}_1, \ldots, \boldsymbol{b}_r$이 반드시 찾아진다'쪽입니다. 이는 차원의 정의(2.15)에서 당연히 OK. 또한, 본래의 정의에 따라 rank O는 0이 됩니다.

56 역으로, 최소 개수의 재료는 반드시 해당 조건을 만족시킵니다.

57 속하지 않는 것이 난입해 있으면 $\mathrm{span}\{\boldsymbol{a}_1, \ldots, \boldsymbol{a}_n\}$ 이외의 벡터까지 $\boldsymbol{b}_1, \ldots, \boldsymbol{b}_r$에서 만들어집니다. 조금이라도 비용(개수)을 줄이고 싶은데 그런 쓸데없는 '오버 스펙'은 용납할 수 없습니다. 지금은 $\mathrm{span}\{\boldsymbol{a}_1, \ldots, \boldsymbol{a}_n\}$ 내의 벡터만 만들어지면 되기 때문입니다. 이상이 간단한 설명이고, 자세한 설명은 지루하므로 생략합니다.

58 '선형종속인 모양이면 아직 군더더기가 있다(좀 더 줄일 수 있다)'는 선형종속의 의미(2.3.4절)를 떠올리면 당연하죠.

59 기저가 안된 결과란 전에 서술한 것과 같이 군더더기가 있으므로 애초에 문전박대 신세죠.

재료 $\boldsymbol{e}_1 = (1, 0, 0, 0)^T$, $\boldsymbol{e}_2 = (0, 1, 0, 0)^T$, $\boldsymbol{e}_3 = (0, 0, 1, 0)^T$을 준비해두면 A의 어느 열도 만들 수 있습니다. B도 마찬가지로 재료 $\boldsymbol{e}_1$, $\boldsymbol{e}_2$, $\boldsymbol{e}_3$으로 어느 열도 만들 수 있습니다. C도 마찬가지입니다. 따라서 rank A = rank B = rank C = 3입니다.[60] 또한, '최소 개수의 재료'의 취하는 법은 여러 가지가 있으므로 주의해야 합니다. 예를 들어 $\boldsymbol{f}_1 = (1, 0, 0, 0)^T$, $\boldsymbol{f}_2 = (1, 1, 0, 0)^T$, $\boldsymbol{f}_3 = (0, 1, 1, 0)^T$ 따위의 비뚤어진 재료라도 A의 각 열을 만들 수 있습니다. 실제 $2\boldsymbol{f}_1$, $(-3\boldsymbol{f}_1 + 3\boldsymbol{f}_2)$, $(5\boldsymbol{f}_1 - 5\boldsymbol{f}_2 + 5\boldsymbol{f}_3)$이 A의 1, 2, 3열과 일치합니다. 나머지 열은 $0\boldsymbol{f}_1 + 0\boldsymbol{f}_2 + 0\boldsymbol{f}_3$입니다.[61]

다음으로 숫자를 보고 아는 예입니다.

$$D = \begin{pmatrix} 2 & 3 \\ 4 & 6 \\ 6 & 9 \end{pmatrix}, \quad E = \begin{pmatrix} 1 & 1 & 11 \\ 2 & 4 & 24 \\ 3 & 7 & 37 \end{pmatrix}$$

D는 재료라서 $(1, 2, 3)^T$을 준비해두면 그 2배와 3배로 어느 쪽의 열도 만들 수 있습니다. 즉, rank D = 1입니다. E는 $\boldsymbol{b}_1 = (1, 2, 3)^T$와 $\boldsymbol{b}_2 = (1, 4, 7)^T$를 재료로 하면 되고, 3열은 $10\boldsymbol{b}_1 + \boldsymbol{b}_2$로 만들 수 있습니다.[62] 즉, rank E = 2입니다.

문자식의 예도 봐 둡시다.

$$F = \begin{pmatrix} x_1 y_1 & \cdots & x_1 y_n \\ \vdots & & \vdots \\ x_m y_1 & \cdots & x_m y_n \end{pmatrix}, \quad G = \begin{pmatrix} (x_1 + y_1) & \cdots & (x_1 + y_n) \\ \vdots & & \vdots \\ (x_m + y_1) & \cdots & (x_m + y_n) \end{pmatrix}$$

$x_1, \ldots, x_m, y_1, \ldots, y_n$은 모두 다른 수$(m, n \geq 2)$

F에서는 모든 열이 $\boldsymbol{x} = (x_1, \ldots, x_m)^T$의 몇 배인가로 만들어집니다. 1열은 y_1배, 2열은 y_2배, …… 1개의 벡터 $\boldsymbol{x}$만으로 모든 열이 만들어지므로 F의 랭크는 1입니다. G에서는 모든 열이 $\boldsymbol{x} = (x_1, \ldots, x_m)^T$와 $\boldsymbol{u} = (1, \ldots, 1)^T$로 만들어집니다. 1열은 $\boldsymbol{x} + y_1\boldsymbol{u}$, 2열은 $\boldsymbol{x} + y_2\boldsymbol{u}$라는 모양입니다. 재료 $\boldsymbol{x}$, $\boldsymbol{u}$의 개수를 이 이상 줄이는 것은 무리이므로[63] G의 랭크는 2입니다. 실제로 F와 G는 다음과 같은 형태로 분해할 수 있습니다.

---

60 이것보다 적은 개수의 재료로는 무리인 것도 이해하겠지요. Im A도 Im B도 Im C도 '$(*, *, *, 0)^T$'라는 형태의 벡터 전체(*의 개수는 아무래도 좋다)'가 되고 3차원입니다.

61 더 일반적으로는 $b_1, \ldots, b_r$이 '최소 개수의 재료'면 그것을 나열한 행렬 오른쪽에 정칙행렬 Q를 곱한 $B' = (b_1, \ldots, b_r)Q$의 열벡터 $b'_1, \ldots, b'_r$도 역시 '최소 개수의 재료'가 됩니다. $(B' = (b'_1, \ldots, b'_r))$. 이유는 2.19에서 $\mathrm{Im}(AQ) = \mathrm{Im}\,A$를 나타낸 경우와 같습니다.

62 1개의 재료만으로 1열과 2열을 모두 만드는 것은 무리입니다. 2.22도 참조해 주세요.

63 아무리 발버둥쳐도 무리일 것 같죠? 엄밀하게 조사하지 않으면 만족하지 못하는 사람은 '1개의 z만을 재료로 하여 G의 모든 열을 만드는 것은 불가능'이란 것을 확인하면 됩니다. 재료 z로 만들 수 있는 벡터는 z의 정수배뿐입니다. 그러므로 G의 1열이 만들어지려면 z는 $(x_1 + y_1, \ldots, x_m + y_1)^T$의 정수배밖에 없습니다. 그런데 그런 z의 정수배에서는 G의 2열이 만들어지지 않습니다. 2.22도 참고합니다.

$$F = \begin{pmatrix} x_1 \\ \vdots \\ x_m \end{pmatrix} (y_1, \ldots, y_n)$$

$$G = \begin{pmatrix} x_1 & 1 \\ \vdots & \vdots \\ x_m & 1 \end{pmatrix} \begin{pmatrix} 1 & \cdots & 1 \\ y_1 & \cdots & y_n \end{pmatrix}$$

2.3.7 랭크 구하는 방법 (2) 손 계산▽

간단한 행렬의 랭크는 앞 절에서 셀 수 있게 되었습니다. 이번 절에서는 앞에서 배운 방법이 통하지 않는 일반 행렬 A에 대해 랭크를 구하는 방법을 이야기합니다.

정칙행렬을 곱해도 랭크는 변하지 않으므로(2.3.5절 '랭크의 기본 성질'), '정칙행렬을 계속 곱해 행렬을 간단하게 하여 한눈에 랭크를 알 수 있는 모양으로 해버리자'라는 방침으로 갑니다. 이때 편리한 것이 역행렬의 손 계산에서 했던 기본변형의 행렬 $Q_i(c)$, $R_{i,j}(c)$, $S_{i,j}$입니다(2.2.4절). 이 행렬들은 모두 정칙이고, 왼쪽에 곱하면 각각

- 어느 행을 c배한다.
- 어느 행을 c배하여 다른 행에 더한다.
- 어느 행과 다른 행을 바꿔 넣는다.

라고 움직일 수 있었습니다($c \neq 0$). 사실 이것만으로도 충분합니다만, 오른쪽에 곱하는 우기본변형도 도입하면 이야기가 간단해집니다(정칙행렬을 어느 쪽에서 곱해도 랭크는 불변이었습니다). 오른쪽에서 곱하면

- 어느 열을 c배한다.
- 어느 열을 c배하여 다른 열에 더한다.
- 어느 열과 다른 열을 바꿔 넣는다.

와 같이 열에 대해 움직임을 확인해 주십시오. 예를 들어

- 2열을 5배한다.

$$\begin{pmatrix} 2 & \boxed{3} & 3 & 9 \\ 3 & \boxed{4} & 2 & 9 \\ -2 & \boxed{-2} & 3 & 2 \end{pmatrix} \begin{pmatrix} 1 & 0 & 0 & 0 \\ 0 & \boxed{5} & 0 & 0 \\ 0 & 0 & 1 & 0 \\ 0 & 0 & 0 & 1 \end{pmatrix} = \begin{pmatrix} 2 & \boxed{15} & 3 & 9 \\ 3 & \boxed{20} & 2 & 9 \\ -2 & \boxed{-10} & 3 & 2 \end{pmatrix}$$

● 2열의 10배를 1열에 더한다.

$$\begin{pmatrix} 2 & \boxed{3} & 3 & 9 \\ 3 & \boxed{4} & 2 & 9 \\ -2 & \boxed{-2} & 3 & 2 \end{pmatrix}\begin{pmatrix} 1 & 0 & 0 & 0 \\ \boxed{10} & 1 & 0 & 0 \\ 0 & 0 & 1 & 0 \\ 0 & 0 & 0 & 1 \end{pmatrix} = \begin{pmatrix} \boxed{32} & 3 & 3 & 9 \\ \boxed{43} & 4 & 2 & 9 \\ \boxed{-22} & -2 & 3 & 2 \end{pmatrix}$$

● 2열과 4열을 바꿔 넣는다.

$$\begin{pmatrix} 2 & \boxed{3} & 3 & \boxed{9} \\ 3 & \boxed{4} & 2 & \boxed{9} \\ -2 & \boxed{-2} & 3 & \boxed{2} \end{pmatrix}\begin{pmatrix} 1 & 0 & 0 & 0 \\ 0 & 0 & 0 & \boxed{1} \\ 0 & 0 & 1 & 0 \\ 0 & \boxed{1} & 0 & 0 \end{pmatrix} = \begin{pmatrix} 2 & \boxed{9} & 3 & \boxed{3} \\ 3 & \boxed{9} & 2 & \boxed{4} \\ -2 & \boxed{2} & 3 & \boxed{-2} \end{pmatrix}$$

실제로 랭크를 구할 때 기본변형의 행렬을 구체적으로 써내려가거나 계산할 필요는 없습니다. 행이나 열에 관해 이와 같이 실행하는 것을 '정칙행렬을 왼쪽이나 오른쪽에 곱한다'라고 해석 가능하다, 이렇게 실행해도 랭크는 변하지 않는다고 파악해두면 됩니다.

구체적인 예를 들어 살펴보겠습니다.

$$A = \begin{pmatrix} 3 & 15 & -27 & -24 \\ 1 & 7 & 5 & 4 \\ -2 & -11 & 7 & 18 \end{pmatrix}, \quad B = \begin{pmatrix} 1 & 4 & 7 \\ 2 & 5 & 8 \\ 3 & 6 & 9 \end{pmatrix}, \quad C = \begin{pmatrix} 2 & -10 & 12 \\ -1 & 5 & -6 \\ -3 & 15 & -14 \end{pmatrix}$$

의 랭크를 각각 구해봅시다.

$$A = \begin{pmatrix} 3 & 15 & -27 & -24 \\ \hline 1 & 7 & 5 & 4 \\ \hline -2 & -11 & 7 & 18 \end{pmatrix}$$

1행을 (1/3)배하여 대각성분을 1로

$$\to \begin{pmatrix} \boxed{1} & 5 & -9 & -8 \\ \hline 1 & 7 & 5 & 4 \\ \hline -2 & -11 & 7 & 18 \end{pmatrix}$$

1행을 (−1)배, 2배하여 2행, 3행에 더해 1열을 0으로

$$\to \left(\begin{array}{c|c|c|c} 1 & 5 & -9 & -8 \\ \boxed{0} & 2 & 14 & 12 \\ \boxed{0} & -1 & -11 & 2 \end{array}\right)$$

1열을 (−5)배, 9배, 8배하여 2열, 3열, 4열에 더해
1행을 0으로

$$\to \begin{pmatrix} 1 & \boxed{0} & \boxed{0} & \boxed{0} \\ \hline 0 & 2 & 14 & 12 \\ \hline 0 & -1 & -11 & 2 \end{pmatrix}$$

2행을 (1/2)배하여 대각성분을 1로

$$\to \begin{pmatrix} 1 & 0 & 0 & 0 \\ \hline 0 & \boxed{1} & 7 & 6 \\ \hline 0 & -1 & -11 & 2 \end{pmatrix}$$

2행을 1배하여 3행에 더해 2열을 0으로

$$\to \left(\begin{array}{c|c|c|c} 1 & 0 & 0 & 0 \\ 0 & 1 & 7 & 6 \\ 0 & \boxed{0} & -4 & 8 \end{array}\right)$$

2열을 (−7)배, (−6)배하여 3열, 4열에 더해 2행을 0으로

$$\rightarrow \begin{pmatrix} 1 & 0 & 0 & 0 \\ 0 & 1 & \boxed{0} & \boxed{0} \\ 0 & 0 & -4 & 8 \end{pmatrix}$$

3행을 (−1/4)배하여 대각성분을 1로

$$\rightarrow \begin{pmatrix} 1 & 0 & 0 & 0 \\ 0 & 1 & 0 & 0 \\ 0 & 0 & \boxed{1} & -2 \end{pmatrix}$$

3열의 2배를 4열에 더해 3행을 0으로

$$\rightarrow \begin{pmatrix} 1 & 0 & 0 & 0 \\ 0 & 1 & 0 & 0 \\ 0 & 0 & 1 & \boxed{0} \end{pmatrix}$$

끝까지 다다랐으므로 끝

마지막으로 완성된 행렬의 랭크가 3인 것은 2.3.6절처럼 한눈에 알 수 있습니다. 과정상 조작은 랭크를 유지하므로 rank $A = 3$이 구해졌습니다.

$$B = \begin{pmatrix} 1 & 4 & 7 \\ 2 & 5 & 8 \\ 3 & 6 & 9 \end{pmatrix}$$

1행의 (−2)배, (−3)배를 2행, 3행에 더한다.

$$\rightarrow \begin{pmatrix} 1 & 4 & 7 \\ \boxed{0} & -3 & -6 \\ \boxed{0} & -6 & -12 \end{pmatrix}$$

1열의 (−4)배, (−7)배를 2열, 3열에 더한다.

$$\rightarrow \begin{pmatrix} 1 & \boxed{0} & \boxed{0} \\ 0 & -3 & -6 \\ 0 & -6 & -12 \end{pmatrix}$$

2행을 (−1/3)배하여 대각성분을 1로

$$\rightarrow \begin{pmatrix} 1 & 0 & 0 \\ 0 & \boxed{1} & 2 \\ 0 & -6 & -12 \end{pmatrix}$$

2행을 6배하여 3행에 더한다.

$$\rightarrow \begin{pmatrix} 1 & 0 & 0 \\ 0 & 1 & 2 \\ 0 & \boxed{0} & 0 \end{pmatrix}$$

2열을 (−2)배하여 3열에 더한다.

$$\rightarrow \begin{pmatrix} 1 & 0 & 0 \\ 0 & 1 & \boxed{0} \\ 0 & 0 & 0 \end{pmatrix}$$

끝까지 다다르지는 않았지만, 나머지가 이미 0이므로 끝

마지막에 완성된 행렬의 랭크가 2이므로 rank $B = 2$가 구해졌습니다.

$$C = \begin{pmatrix} 2 & -10 & 12 \\ -1 & 5 & -6 \\ -3 & 15 & -14 \end{pmatrix}$$

2행을 (1/2)배하여 대각성분을 1로

$$\rightarrow \begin{pmatrix} \boxed{1} & -5 & 6 \\ -1 & 5 & -6 \\ -3 & 15 & -14 \end{pmatrix}$$

1행의 1배, 3배를 2행, 3행에 더한다.

$$\to \begin{pmatrix} 1 & -5 & 6 \\ \boxed{0} & 0 & 0 \\ \boxed{0} & 0 & 4 \end{pmatrix}$$

1열의 5배, (−6)배를 2열, 3열에 더한다.

$$\to \begin{pmatrix} 1 & \boxed{0} & \boxed{0} \\ \hline 0 & 0 & 0 \\ \hline 0 & 0 & 4 \end{pmatrix}$$

'다음은 2행을 몇 배하여 대각성분을 1로……'라고 생각했더니 대각성분이 0이 되었습니다. 이런 경우는 아직 처리하지 않은 부분에서 0이 아닌 것을 가져옵니다(pivoting).

지금은

$$\begin{pmatrix} \boxed{1} & \boxed{0} & \boxed{0} \\ \boxed{0} & 0 & 0 \\ \boxed{0} & 0 & 4 \end{pmatrix}$$

의 □로 둘러싼 부분이 처리가 끝났으므로 나머지 부분에서

$$C \to \cdots$$

$$\to \begin{pmatrix} 1 & 0 & 0 \\ 0 & 0 & 0 \\ 0 & 0 & 4 \end{pmatrix}$$

2행과 3행을 바꾸고, 2열과 3열을 바꾼다.

$$\to \begin{pmatrix} 1 & 0 & 0 \\ \hline 0 & \boxed{4} & 0 \\ \hline 0 & 0 & 0 \end{pmatrix}$$

2행을 (1/4)배하여 대각성분을 1로

$$\to \begin{pmatrix} 1 & 0 & 0 \\ 0 & \boxed{1} & 0 \\ 0 & 0 & 0 \end{pmatrix}$$

끝까지 다다르지는 않았지만, 나머지는 이미 0이므로 끝

마지막으로 완성된 행렬의 랭크는 2이므로 rank $C = 2$가 구해졌습니다.

순서를 정리해봅시다.[64]

$$\begin{pmatrix} 1 & 0 & 0 & 0 & 0 & 0 & 0 & 0 & 0 \\ 0 & 1 & 0 & 0 & 0 & 0 & 0 & 0 & 0 \\ 0 & 0 & 1 & 0 & 0 & 0 & 0 & 0 & 0 \\ \hline 0 & 0 & 0 & \bigstar & * & * & * & * & * \\ \hline 0 & 0 & 0 & * & * & * & * & * & * \\ 0 & 0 & 0 & * & * & * & * & * & * \\ 0 & 0 & 0 & * & * & * & * & * & * \end{pmatrix}$$

→ 대각성분 ★이 1이 되도록 이 행을 ★로 나눈다.

64 이것은 임기응변 없이 기계적으로 하는 순서입니다. 연립일차방정식이나 역행렬인 경우와 똑같이(2.7) 궁리하면 좀 더 편하게 할 수 있습니다.

$$
\left(\begin{array}{ccccccccc}
1 & 0 & 0 & 0 & 0 & 0 & 0 & 0 & 0 \\
0 & 1 & 0 & 0 & 0 & 0 & 0 & 0 & 0 \\
0 & 0 & 1 & 0 & 0 & 0 & 0 & 0 & 0 \\ \hline
0 & 0 & 0 & 1 & * & * & * & * & * \\ \hline
0 & 0 & 0 & ☆ & * & * & * & * & * \\ \hline
0 & 0 & 0 & ☆ & * & * & * & * & * \\ \hline
0 & 0 & 0 & ☆ & * & * & * & * & *
\end{array}\right)
\rightarrow
$$

비대각성분 ☆이 0이 되도록 좀 전의 행의 ☆배를 각 행에서 뺀다.

$$
\left(\begin{array}{ccc|c|c|c|c|c|c}
1 & 0 & 0 & 0 & 0 & 0 & 0 & 0 & 0 \\
0 & 1 & 0 & 0 & 0 & 0 & 0 & 0 & 0 \\
0 & 0 & 1 & 0 & 0 & 0 & 0 & 0 & 0 \\
0 & 0 & 0 & 1 & ☆ & ☆ & ☆ & ☆ & ☆ \\
0 & 0 & 0 & 0 & * & * & * & * & * \\
0 & 0 & 0 & 0 & * & * & * & * & * \\
0 & 0 & 0 & 0 & * & * & * & * & *
\end{array}\right)
\rightarrow
$$

비대각성분 ☆이 0이 되도록 지금 소거한 열의 ☆배를 각 열에서 뺀다(실제로 계산하지 않아도 단지 ☆을 0으로 치환하는 것만으로 된다).

- 기본은 이 과정을 반복하는 것입니다. 도중에 ★이 0이 되면 * 중에서 0이 아닌 것을 찾아 그것이 ★의 위치에 오도록 행이나 열을 바꿔 놓습니다(pivoting). 찾아도 발견되지 않으면 *이 모두 0인 것이므로 만족하고 종료합니다.

이렇게 해서 완성된

$$
\begin{pmatrix}
1 & 0 & 0 & 0 & 0 & 0 & 0 & 0 & 0 \\
0 & 1 & 0 & 0 & 0 & 0 & 0 & 0 & 0 \\
0 & 0 & 1 & 0 & 0 & 0 & 0 & 0 & 0 \\
0 & 0 & 0 & 1 & 0 & 0 & 0 & 0 & 0 \\
0 & 0 & 0 & 0 & 1 & 0 & 0 & 0 & 0 \\
0 & 0 & 0 & 0 & 0 & 0 & 0 & 0 & 0 \\
0 & 0 & 0 & 0 & 0 & 0 & 0 & 0 & 0
\end{pmatrix}
\tag{2.28}
$$

의 1의 개수가 랭크입니다.[65]

65 끈질깁니다만, 복습해두겠습니다.

(1) 원래의 좌우에 기본변형을 곱하여 최종 결과에 이른다.

(2) 기본변형의 행렬은 정칙

(3) 정칙행렬을 곱해도 랭크는 변하지 않으므로 최종 결과의 랭크는 원래와 같다.

(4) 최종 결과의 랭크는 1의 개수 그 자체('응?'이라고 한 사람은 2.3.6절을 복습)

2.23 랭크의 손 계산을 배우면 차원 정리는 바로 알 수 있다고 설명했습니다만? (2.16)

'랭크의 손 계산'에서 '임의의 행렬 A는 좋은 정칙행렬 P, $\tilde{P}$를 가져와서 $\tilde{P}AP$ = (2.28)과 같은 형태로 할 수 있다'는 것을 알 수 있습니다. 이것을 활용하여 차원 정리를 나타냅시다. 차원 정리란 '$m \times n$ 행렬 A에 대해 $\dim \operatorname{Ker} A + \dim \operatorname{Im} A = n$'이란 주장이었습니다.

P, $\tilde{P}$가 정칙이면 $\operatorname{rank} A = \operatorname{rank}(\tilde{P}AP)$인 것은 전에 설명했습니다(2.19). 즉, A도 $\tilde{P}AP$도 상 Im의 차원은 같습니다. 실은 마찬가지로 핵 Ker의 차원도 양쪽이 같아져 있습니다.[66] 그러므로 식 (2.28)과 같은 형태인 경우에 차원 정리가 성립한다는 것만 나타내면 일반 A에 대해서도 나타낼 수 있습니다.

그리고 식 (2.28)과 같은 형태라면 차원 정리는 간단하게 확인됩니다. Ker, Im의 정의를 떠올리면 (2.3.1절 '성질이 나쁜 예') 각각의 멤버가 어찌되는지는 한눈에 알 수 있습니다.

$$\begin{pmatrix} y_1 \\ y_2 \\ y_3 \\ y_4 \\ y_5 \\ \hline y_6 \\ y_7 \end{pmatrix} = \left(\begin{array}{ccccc|cccc} 1 & 0 & 0 & 0 & 0 & 0 & 0 & 0 & 0 \\ 0 & 1 & 0 & 0 & 0 & 0 & 0 & 0 & 0 \\ 0 & 0 & 1 & 0 & 0 & 0 & 0 & 0 & 0 \\ 0 & 0 & 0 & 1 & 0 & 0 & 0 & 0 & 0 \\ 0 & 0 & 0 & 0 & 1 & 0 & 0 & 0 & 0 \\ \hline 0 & 0 & 0 & 0 & 0 & 0 & 0 & 0 & 0 \\ 0 & 0 & 0 & 0 & 0 & 0 & 0 & 0 & 0 \end{array}\right) \begin{pmatrix} x_1 \\ x_2 \\ x_3 \\ x_4 \\ x_5 \\ \hline x_6 \\ x_7 \\ x_8 \\ x_9 \end{pmatrix}$$

↙ ↘

$$\text{Im은} \begin{pmatrix} * \\ * \\ * \\ * \\ * \\ \hline 0 \\ 0 \end{pmatrix} \text{의 형태} \qquad \text{Ker는} \begin{pmatrix} 0 \\ 0 \\ 0 \\ 0 \\ 0 \\ \hline * \\ * \\ * \\ * \end{pmatrix} \text{의 형태}$$

---

66 이 이유는 여러 가지로 설명할 수 있습니다.

설명 1: 정칙이면 '누르지 않는'사상이므로 P나 $\tilde{P}$탓에 '$\boldsymbol{o}$이 아닌 것이 $\boldsymbol{o}$이 되어버린다'라는 것은 없다.

설명 2 : 지금 $\boldsymbol{y} = A\boldsymbol{x}$에 대해 $\boldsymbol{y}' = \tilde{P}\boldsymbol{y}$, $\boldsymbol{x}' = P^{-1}\boldsymbol{x}$로 두면 $\boldsymbol{y}' = \tilde{P}\boldsymbol{y} = \tilde{P}A\boldsymbol{x} = \tilde{P}AP\boldsymbol{x}'$. 그리고 정칙행렬을 곱하는 것은 좌표변환이라고 해석할 수 있습니다(1.31). 따라서 다음과 같이 말할 수 있습니다. '$\boldsymbol{x}$를 $\boldsymbol{y} = A\boldsymbol{x}$로 옮기는 사상을 생각하자. $\boldsymbol{x}$가 사는 원래 공간을 P^{-1}로, $\boldsymbol{y}$가 사는 목적지 공간을 $\tilde{P}$로 각각 좌표변환하면 이 사상을 나타내는 행렬은 A에서 $\tilde{P}AP$로 변환된다.' 그러나 좌표변환은 좌표 변환에 지나지 않는다. '눌려서 $\boldsymbol{o}$이 되는 부분이 몇 차원인가'는 좌표를 취하는 법과는 관계 없는 이야기이므로 $\dim \operatorname{Ker} A = \dim \operatorname{Ker}(\tilde{P}AP)$이다.

설명 3 : 랭크가 변하지 않는 것을 나타낸 경우(2.19)와 같이 자세한 설명은 지루하므로 생략합니다.

즉,

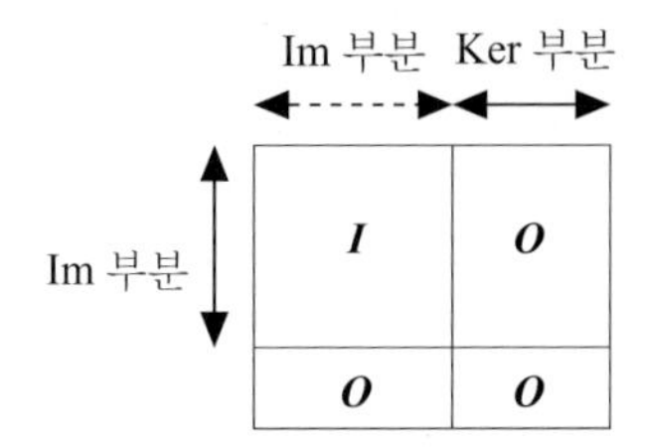

의 모양이므로 'Im 부분'과 'Ker 부분'을 합치면 '행렬의 가로폭'과 같아집니다.

LINEAR ALGEBRA

2.4 성질의 좋고 나쁨의 판정 (역행렬이 존재하기 위한 조건)

주어진 문제 $\boldsymbol{y} = A\boldsymbol{x}$가 성질이 좋은 것인지 나쁜 것인지 판정하려면 어떻게 하면 좋을까요? 애초에 A가 정사각이 아니면 해의 존재성이나 일의성, 어느 쪽인가가 무너져 버립니다.[67] 그래서 이 절에서는 A가 정방행렬인 경우로 이야기를 한정 짓기로 합니다. 요컨대 '역행렬 A^{-1}이 존재하기 위한 조건'이 이 절의 주제입니다. 필요한 사항은 이미 대부분 설명했으므로 그것을 정리하여 확인하겠습니다. 지금까지 쌓은 지식이 모두 이어지는 상쾌한 부분입니다. 완전히 기분이 좋아진다면 2장의 목적은 달성한 것입니다.

---

67 2.3.1절 '성질이 나쁜 예'나 2.3.3절 '차원 정리'를 참조해 주세요. 단, 존재성에 대해서는 '엉망인 $\boldsymbol{y}$면 해가 없어'란 뜻이므로, 적절한 $\boldsymbol{y}$라면 해가 분명 있습니다. 그러므로 'A가 세로로 길고, Ker A가 원점 뿐이며, $\boldsymbol{y}$가 마침 Im A에 들어 있다'라는 절묘한 경우라면 A가 정사각이 아니어도 '해 $\boldsymbol{x}$가 꼭 한 개' 있습니다. 이런 극단적인 경우까지 포함한 일반적인 경우는 2.5.2절 '구할 수 있는 데까지 구한다 (2) 실전편'에서 살펴봅니다.

2.4.1 '납작하게 눌리는가'가 포인트

정방행렬의 경우는 특히 '납작하게 눌리는가'가 결정적인 포인트입니다. n차 정방행렬 A에서 확인해봅시다.

'납작하게 눌리지 않는다'는 'Ker A가 원점 $\boldsymbol{o}$뿐'이라고 바꿔 말할 수 있습니다. 또는 'Ker A가 0차원'이란 표현도 가능합니다. 이것은 차원 정리의 'rank $A = n$'와 같습니다. 정방행렬이면 같은 차원의 공간으로 이동하므로 '어딘가 눌리면 차원이 부족해진다' '눌리지 않으면 부족하지 않다'라는 것입니다. 결국 '납작하게 눌리지 않는다'(단사일 것)와 '목적지 공간 전체를 커버한다'(전사일 것)가 같은 것입니다.

자, '납작하게 눌린다면 역행렬 없음, 눌리지 않으면 역행렬 있음'을 확인합시다. '눌린다면' 쪽은 이미 여러 번 설명했습니다(1.2.8절 '역행렬 = 역사상', 2.3.1절 '성질이 나쁜 예'). '눌리지 않으면' 쪽도 위에서 말했듯이 전단사인 것이 보증되므로 역사상이 존재합니다. 따라서 역행렬이 존재합니다.[68]

2.4.2 정칙성과 같은 조건 여러 가지

복잡한 계산도 이제는 없습니다. 열심히 올라 와서 우여곡절 끝에 다다른 이 장소의 경치를 즐겨주십시오.

계속해서 A를 n차 정방행렬이라 합니다. A에 역행렬이 존재하는 것은 'A는 정칙이다'라는 것입니다. 좀 전에 확인했듯이 다음과 각각 동치였습니다.

- A의 사상은 '납작하게 눌리지 않는다'
- A의 사상은 단사

68 ……라는 속임수로 이해한 사람은 그 나름대로 괜찮습니다. 다음은 속지 않은 사람을 위한 자세한 설명입니다. 역사상이 존재하는 것은 보증되었습니다만, 그 사상이 '행렬을 곱한다'라는 형태로 쓸 수 없다면 '역행렬이 존재한다'라고 말할 수 없습니다. 역사상도 행렬로 쓸 수 있음을 지금부터 증명하겠습니다. 소박한 방법과 스마트한 방법, 두 가지로 해보겠습니다. 우선 소박한 방법입니다. $\boldsymbol{e}_1 = (1, 0, ..., 0)^T, ..., \boldsymbol{e}_n = (0, ..., 0, 1)$ 각각에 대해 $A\boldsymbol{x}_i = \boldsymbol{e}_i$가 되는 $\boldsymbol{x}_i$가 존재하는 것은 위에서 보증이 끝났습니다. 그런데 그런 $\boldsymbol{x}_1, ..., \boldsymbol{x}_n$을 접착한 정방행렬 $X = (\boldsymbol{x}_1, ..., \boldsymbol{x}_n)$을 만들면 A의 역행렬이 됩니다. 실제 블록행렬로서 계산하면 $AX = A(\boldsymbol{x}_1, ..., \boldsymbol{x}_n) = (A\boldsymbol{x}_1, ..., A\boldsymbol{x}_n) = (\boldsymbol{e}_1, ..., \boldsymbol{e}_n) = I$입니다. 스마트한 방법은 1.15를 사용합니다. 만약 $\boldsymbol{y} = A\boldsymbol{x}$, $\boldsymbol{y}' = A\boldsymbol{x}'$라면 $\boldsymbol{y} + \boldsymbol{y}' = A(\boldsymbol{x} + \boldsymbol{x}')$입니다. 또한, 수 c에 대해 $c\boldsymbol{y} = A(c\boldsymbol{x})$입니다. '뭐 당연한 것을 말하고 있어'라는 느낌입니다만, 이것으로 '$\boldsymbol{y}$를 $\boldsymbol{x}$로 옮기는 사상은 선형 사상이다'가 됩니다. 그렇게 되면 이 사상은 행렬로 나타낼 수 있을 것입니다.

- Ker A가 원점 $\boldsymbol{o}$뿐
- $\dim \operatorname{Ker} A = 0$

또한, 다음과도 각각 동치였습니다.

- A의 사상은 '목적지 공간 전체를 커버한다'
- A의 사상은 전사
- Im A가 n차원 공간 전체
- $\operatorname{rank} A = \dim \operatorname{Im} A = n$

좀 더 고쳐 말할 수도 있습니다. A를 열벡터로 $A = (\boldsymbol{a}_1, \ldots, \boldsymbol{a}_n)$이라고 써두면 '납작하게 눌리지 않는다'는

- $\boldsymbol{a}_1, \ldots, \boldsymbol{a}_n$이 선형독립
- $A\boldsymbol{x} = \boldsymbol{o}$이 되는 것은 $\boldsymbol{x} = \boldsymbol{o}$뿐

과도 각각 같습니다. 전자는 2.3.4절 ''납작하게'를 식으로 나타내다'를 참고합니다. 후자는 선형독립의 정의 그 자체를 행렬로 쓴 것뿐입니다.[69]

- $\det A \neq 0$

과도 동치였습니다(1.3.1절 '행렬식 = 부피 확대율', 1.3.5절 '보충: 여인수 전개와 역행렬'). 또한, 좀 이릅니다만 4.5.2절 '고윳값, 고유벡터의 성질'에서 설명합니다.

- A가 고윳값 0을 지니지 않는다.

와 같습니다.

마지막으로 $\operatorname{rank} A = \operatorname{rank} A^T$를 떠올리면 $\operatorname{rank} A = n$과 $\operatorname{rank} A^T = n$이 동치라는 것은 '$A$가 정칙'과

- A^T가 정칙

도 동치라는 것입니다. 따라서 많이 들었던 '동치인 조건' 각각에서 A를 A^T로 치환해도 모두 동치가 됩니다.

69 또는 'Ker A가 원점 $\boldsymbol{o}$뿐'을 Ker의 정의 대로 쓴 것뿐입니다.

2.4.3 정칙성의 정리

정리합시다. 여기가 2장의 하이라이트입니다! n차 정방행렬 $A = (\boldsymbol{a}_1, \ldots, \boldsymbol{a}_n)$에 대해 다음 내용은 모두 같습니다.

1. 어떤 n차원 벡터 $\boldsymbol{y}$에도 $\boldsymbol{y} = A\boldsymbol{x}$가 되는 $\boldsymbol{x}$가 딱 한 개 있다.
2. A는 정칙행렬(역행렬 A^{-1}이 존재)
3. A의 사상은 '납작하게 눌리지 않는다'

   3′. A의 사상은 단사
4. $A\boldsymbol{x} = \boldsymbol{o}$이 되는 것은 $\boldsymbol{x} = \boldsymbol{o}$뿐

   4′. Ker A가 원점 $\boldsymbol{o}$뿐

   4″. $\dim \operatorname{Ker} A = 0$
5. A의 열벡터 $\boldsymbol{a}_1, \ldots, \boldsymbol{a}_n$이 선형독립
6. A의 사상은 '목적지 공간 전체를 커버한다'

   6′. A의 사상은 전사

   6″. Im A가 n차원 공간 전체
7. $\operatorname{rank} A = \dim \operatorname{Im} A = n$
8. $\det A \neq 0$
9. A가 고윳값 0을 지니지 않는다.
10. 이상의 A를 A^T로 치환한 것

그 반대인 다음 내용도 모두 같습니다.

1. 어설픈 n차원 벡터 $\boldsymbol{y}$면 $\boldsymbol{y} = A\boldsymbol{x}$가 되는 $\boldsymbol{x}$가 없다. 좋은 $\boldsymbol{y}$라면 그런 $\boldsymbol{x}$가 있지만, 하나가 아니라 많이 있다.
2. A는 특이행렬(역행렬 A^{-1}이 존재하지 않는다)
3. A의 사상은 '납작하게 눌린다'

   3′. A의 사상은 단사가 아니다.
4. $A\boldsymbol{x} = \boldsymbol{o}$이 되는 $\boldsymbol{x} \neq \boldsymbol{o}$이 존재

   4′. Ker A가 원점 $\boldsymbol{o}$뿐이 아니다.

4″. $\dim \operatorname{Ker} A > 0$

5. A의 열벡터 $\boldsymbol{a}_1, \ldots, \boldsymbol{a}_n$이 선형종속

6. A의 사상은 '목적지 공간 전체를 커버하지 않는다.'

   6′. A의 사상은 전사가 아니다.

   6″. $\operatorname{Im} A$이 n차원 공간 전체가 되지 않는다.

7. $\operatorname{rank} A = \dim \operatorname{Im} A < n$

8. $\det A = 0$

9. A가 고윳값 0을 지닌다.

10. 이상의 A를 A^T로 치환한 것

2.24 A가 정칙인가 특이인가를 판정하는 프로그램이 필요합니다. 행렬식을 구하는 루틴을 불러 결과가 0인지 아닌지를 체크하면 될까요?

아니오. 계산기를 사용할 때는 수치 오차를 잊으면 안 됩니다. 부동소수점 연산을 한다면 그 결과가 '딱 0인가'를 판정하는 것은 난센스입니다. 계산 결과에는 오차를 생각해야 하기 때문입니다. 이런 수치 계산의 일반적인 주의사항에 대해서는 3장을 시작할 때 설명합니다.

또한, 목적에 따라서 '정칙인가 특이인가를 판정'하는 것만으로 정말 괜찮은지도 검토해 주십시오. 2.6절 '현실에서는 성질이 나쁜 경우'에서 설명하듯이 노이즈가 있는 공학의 세계에서 특이에 아주 가까운 정칙행렬은 대부분 특이행렬과 같기 때문입니다.

2.5 성질이 나쁜 경우의 대책

2.5.1 구할 수 있는 데까지 구한다 (1) 이론편

성질이 나쁜 행렬 A에서는 $\boldsymbol{x}$의 방정식 $A\boldsymbol{x} = \boldsymbol{y}$의 해가 '그런 $\boldsymbol{x}$는 없습니다'나 '그런 $\boldsymbol{x}$는 많이 있습니다'가 됩니다. 이 경우 '문제가 나쁘니까 풀 수 없어'라고 끝내는 것이 아닙니다.

- 해가 없으니까 '없다'고 답한다.
- 해가 많이 있으니까 그 전부를 답한다.

이와 같이 풀도록 노력하고 싶은 면도 있습니다.[70]

그래서 성질이 나쁜 경우에 대해 '어떤 현상이 일어나고 있는지 이미지화할 수 있으면 좋겠다'라는 이론편과 '구체적으로 구해지면 좋겠다'라는 실전편을 설명하겠습니다. 우선은 이론편입니다만, 필요한 지식은 이미 알고 있으므로 복습을 겸하여 연습문제 형식으로 살펴보겠습니다.

해가 존재하는가?

이 문제를 살펴보기 전에 만약을 위해 다음 사항을 확인합니다. 다음 학생과 같은 오해를 하고 있는 사람은 없습니까?

> 다음과 같은 잘못된 주장을 하는 학생이 가끔 있습니다. 반론해봅시다.
>
> '정방행렬 A가 특이면 $\boldsymbol{x}$의 방정식 $A\boldsymbol{x} = \boldsymbol{y}$의 해는 없다. 왜냐하면, $\boldsymbol{x} = A^{-1}\boldsymbol{y}$이지만, 이 경우 A^{-1}가 존재하지 않기 때문이다.'

이론적으로 맞지 않는 예를 하나라도 들면 이 주장은 무너집니다. 예를 들어

- $O\boldsymbol{x} = \boldsymbol{o} \rightarrow$ 임의의 해 $\boldsymbol{x}$가 해
- $\begin{pmatrix} 1 & -2 \\ 3 & -6 \end{pmatrix} x = \begin{pmatrix} 1 \\ 3 \end{pmatrix} \rightarrow x = \begin{pmatrix} 1 \\ 0 \end{pmatrix}$이 해(이외에도 있으나 생략)

---

70 나중에 '고유벡터의 계산'(4.5.4절)과도 관련됩니다.

그러나 좀 더 설명하는 편이 친절하겠지요. '방정식의 해'란 '대입하면 그 등식이 성립하는 값'을 의미합니다. 이것이 원래 정의이고, 이어서 'A가 정칙이면 해는 $\boldsymbol{x} = A^{-1}\boldsymbol{y}$가 된다'라는 성질을 도출해내는 것입니다. 이 상황에서는 A가 특이이므로 후자는 적용할 수 없습니다. 그렇다고 해서 가장 근본적인 의미인 전자까지 포기해버린 것은 비약이고, 오해입니다. 이런 오해를 하지 않기 위해서도 '정리보다 먼저 정의', '구하는 법보다 먼저 의미'를 제대로 파악해 주십시오.

그럼 본래의 문제로 돌아와서

> 주어진 행렬 A와 벡터 $\boldsymbol{y}$에 대해 방정식 $A\boldsymbol{x} = \boldsymbol{y}$가 해 $\boldsymbol{x}$를 지니는 필요충분조건은 $\boldsymbol{y}$가 Im A에 속하는 것이다. 당연하다고 생각하는가?

이것은 'Im A란 무엇이었는지 기억하고 있습니까?'라는 이야기입니다. 'A에 따라 움직일 수 있는 이동점 모두'라는 집합이 Im A였으므로 '$\boldsymbol{y}$가 Im A에 속한다'는 '$A\boldsymbol{x} = \boldsymbol{y}$가 되는 $\boldsymbol{x}$가 존재한다'와 같은 뜻입니다. 특히 Im A가 공간 전체라면 '어떤 $\boldsymbol{y}$를 가져와도' 해가 존재합니다.[71] 일반적으로는 그렇지 않고 $\boldsymbol{y}$가 Im A에 속하는 경우만 해가 있습니다(그림 2-18).

▼ 그림 2-18 $\boldsymbol{y}$가 Im A에 속하는 경우에만 $A\boldsymbol{x} = \boldsymbol{y}$는 해 $\boldsymbol{x}$를 지닌다.

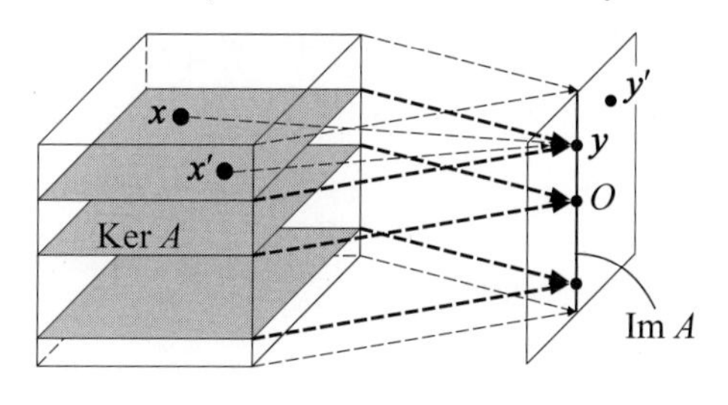

해를 모두 찾자

해가 하나 발견되면 거기서부터 다음과 같이 다른 해를 만들 수 있습니다.

> $\boldsymbol{x}$의 방정식 $A\boldsymbol{x} = \boldsymbol{y}$에 해가 하나 발견되었다고 하고, 그것을 $\boldsymbol{x}_0$라고 합시다. 이때 Ker A에 속하는 임의의 벡터 $\boldsymbol{z}$를 가져오면 $\boldsymbol{x} = \boldsymbol{x}_0 + \boldsymbol{z}$도 해가 됩니다. 증명해보세요.

71 이야기를 정방행렬에 한정하면 A가 정칙인 것과 Im A가 공간 전체가 되는 것이 동치네요. '응?'이라고 한 사람은 2.4.3절 '정칙성의 정리'를 복습합니다.

이 또한 'Ker A란 무엇이었는지 기억하고 있습니까?'라는 이야기입니다. 'A에 따라 $\boldsymbol{o}$으로 이동하는, 즉 $A\boldsymbol{z} = \boldsymbol{o}$이 되는 $\boldsymbol{z}$ 모두의 집합'이 Ker A였습니다. 그러면 $A(\boldsymbol{x}_0 + z) = A\boldsymbol{x}_0 + Az = \boldsymbol{y} + \boldsymbol{o} = \boldsymbol{y}$이고, 분명히 $\boldsymbol{x} = \boldsymbol{x}_0 + \boldsymbol{z}$도 $A\boldsymbol{x} = \boldsymbol{y}$의 해입니다.

만약을 위해 다음 내용도 확인해둡시다.

> 지금 설명을 들으면 어떤 연립일차방정식도 해가 여러 개일 것처럼 생각됩니다. 그러나 현실에서 다음 방정식
>
> $$\begin{pmatrix} 5 & 3 \\ 2 & 1 \end{pmatrix} \boldsymbol{x} = \begin{pmatrix} 7 \\ 4 \end{pmatrix}$$
>
> 의 해는 $\boldsymbol{x} = (5, -6)^T$ 단 하나밖에 없습니다. 이는 모순되지 않습니까?

이 행렬은 정칙이므로 '영벡터로 이동하는 것은 영벡터뿐', 즉 'Ker A에 속하는 것은 영벡터뿐'입니다. '해에 영벡터를 더해도 해'는 분명히 옳지만, 그것으로 다른 해가 만들어지는 것은 아닙니다. 그러므로 모순이 아닙니다.

해를 하나 발견하면 파생하여 여러 가지 해를 얻을 수 있음을 배웠습니다. 그러나 우리의 목표는 더 높습니다. '모든 해'를 얻고 싶은 것입니다. 단지 '이렇게 많이 해를 모았어'라고 컬렉션의 풍족함을 자랑하는 것으로는 아직 찾지 못한 해가 세계 어딘가에 잠들어 있을거란 걱정은 사라지지 않습니다. 지금의 방법으로 '전부 다 모았다'고 확신할 수 있나요? 네, 실은 다 모은 것입니다.

> 반대로 어떤 해 $\boldsymbol{x}$도 이전 형태로 만들 수 있습니다. 즉, 해가 하나 발견되면 그 해 $\boldsymbol{x}_0$는 고정하고 Ker A에 속하는 벡터 $\boldsymbol{z}$를 여러 가지로 변경하여 $\boldsymbol{x}_0 + \boldsymbol{z}$에서 모든 해를 얻습니다. 증명해보세요.

수학에 익숙하지 않으면 어떻게 대답하면 좋을지 망설일지도 모르겠네요. 지금 무언가 다른 해 $\boldsymbol{x}_1$이 있었다고 합시다. 즉, $A\boldsymbol{x}_1 = \boldsymbol{y}$였다고 합시다. 전제의 $A\boldsymbol{x}_0 = \boldsymbol{y}$와 비교하면 $A\boldsymbol{x}_1 - A\boldsymbol{x}_0 = \boldsymbol{o}$이 되어야 합니다. 이 좌변은 $A(\boldsymbol{x}_1 - \boldsymbol{x}_0)$라고도 쓸 수 있습니다. 즉, $\boldsymbol{x}_1 - \boldsymbol{x}_0$는 Ker A에 속합니다. 그래서 $\boldsymbol{z} \equiv \boldsymbol{x}_1 - \boldsymbol{x}_0$라고 두면 분명히 $\boldsymbol{x}_1 = \boldsymbol{x}_0 + \boldsymbol{z}$이고, $\boldsymbol{z}$는 Ker A에 속합니다. 이렇게 하여 어떤 해 $\boldsymbol{x}_1$도 앞에서 서술한 형태로 얻을 수 있음을 증명했습니다. 사실 앞의 2.12에서도 같은 이야기를 했습니다. 이에 대한 기하학적인 이미지는 '성질이 나쁜 예'(2.3.1절)를 복습해 주십시오.

멋진 말로 정리해봅시다. $\boldsymbol{x}$의 방정식 $A\boldsymbol{x} = \boldsymbol{y}$의 해를 모두 구하려면 다음과 같습니다.

1. 어떻게든 힘을 내서 해를 하나 발견한다. 이 해 $\boldsymbol{x}_0$를 **특해**라고 합니다.

2. 원래 방정식의 우변을 $\boldsymbol{o}$으로 한 $A\boldsymbol{z} = \boldsymbol{o}$(**동차방정식**)의 모든 해(**일반해**)를 구합니다. 구체적으로 Ker A의 기저 $(\boldsymbol{z}_1, \ldots, \boldsymbol{z}_k)$를 사용해보면

$$\boldsymbol{z} = c_1\boldsymbol{z}_1 + \cdots + c_k\boldsymbol{z}_k \qquad (c_1, \ldots, c_k\text{는 임의의 수})$$

가 동차방정식 $A\boldsymbol{z} = \boldsymbol{o}$의 일반해입니다.

3. $A\boldsymbol{x} = \boldsymbol{y}$의 해는 '(특해) + (동차방정식의 일반해)'로도 얻어집니다. 즉,

$$\boldsymbol{x} = \boldsymbol{x}_0 + c_1\boldsymbol{z}_1 + \cdots + c_k\boldsymbol{z}_k \qquad (c_1, \ldots, c_k\text{는 임의의 수})$$

이상이 '식에서' 푸는 방법입니다.[72] 구체적인 '손 계산법'은 다음 실전편을 읽어주십시오.

2.5.2 구할 수 있는 곳까지 구한다 (2) 실전편▽

2.2.2절에서 배운 연립일차방정식의 손 계산법이 성질이 나쁜 경우에 어떻게 잘못되는지를 살펴봅시다.

단서가 너무 많은 전형적인 예(해 없음)

처음 예는 다음과 같습니다.

$$2x_1 - 4x_2 = -2 \tag{2.29}$$
$$4x_1 - 5x_2 = 2 \tag{2.30}$$
$$5x_1 - 9x_2 = 1 \tag{2.31}$$

미지수가 x_1, x_2 두 개인데 식은 세 개입니다. 2.3.1절에서 배운 '단서가 너무 많은 경우'의 전형입니다. 이것을 전과 같이 손으로 계산해가면 어떻게 되는지 살펴봅시다.

$$\left(\begin{array}{cc|c} 2 & -4 & -2 \\ \hline 4 & -5 & 2 \\ \hline 5 & -9 & 1 \end{array}\right)$$

1행을 1/2배하여 선두에 1을 만든다.

$$\rightarrow \left(\begin{array}{cc|c} \boxed{1} & -2 & -1 \\ \hline 4 & -5 & 2 \\ \hline 5 & -9 & 1 \end{array}\right)$$

1행을 (−4)배하여 2행에 더해 선두를 0으로 만든다.
1행을 (−5)배하여 3행에 더해 선두를 0으로 만든다.
이것으로 1열 완성

$$\rightarrow \left(\begin{array}{cc|c} 1 & -2 & -1 \\ \hline \boxed{0} & 3 & 6 \\ \hline \boxed{0} & 1 & 6 \end{array}\right)$$

2행을 1/3배하여 2열(대각성분)에 1을 만든다.

---

72 부록 D.2에서는 미분방정식의 해법을 이와 대비하여 설명합니다.

$$\rightarrow\left(\begin{array}{cc|c} 1 & -2 & -1 \\ \hline 0 & \boxed{1} & 2 \\ \hline 0 & 1 & 6 \end{array}\right)$$

2행을 2배하여 1행에 더해 2열을 0으로 만든다.
2행을 (-1)배하여 3행에 더해 2열을 0으로 만든다.
이것으로 2열도 완성

$$\rightarrow\left(\begin{array}{cc|c} 1 & \boxed{0} & 3 \\ 0 & 1 & 2 \\ 0 & \boxed{0} & 4 \end{array}\right)$$

이것으로 1의 좌측이 정리되었으므로 완성일까요? 완성된 행렬을 연립일차방정식으로 써보면 다음과 같습니다.[73]

$$\left(\begin{array}{cc|c} 1 & 0 & 3 \\ 0 & 1 & 2 \\ 0 & 0 & 4 \end{array}\right) \Rightarrow \left(\begin{array}{c|c|c} 1 & 0 & 3 \\ 0 & 1 & 2 \\ 0 & 0 & 4 \end{array}\right)\left(\begin{array}{c} x_1 \\ x_2 \\ \hline -1 \end{array}\right) = \begin{pmatrix} 0 \\ 0 \\ 0 \end{pmatrix} \Rightarrow \begin{array}{r} x_1 = 3 \\ x_2 = 2 \\ 0 = 4 \end{array} \tag{2.32}$$

마지막으로 수상한 식 $0 = 4$가 나와 버렸습니다. 어떻게 해석하면 좋을까요?

x_1과 x_2를 아무리 조정한다 한들 식 (2.32)를 만족시키는 것은 불가능합니다. $0 \neq 4$가 절대 만족되지 않기 때문입니다. 즉, 연립일차방정식인 식 (2.32)에는 해가 없습니다. 그렇다는 것은 원래 방정식에도 해가 없다는 뜻입니다. 왼쪽 기본변형에서 얻어진 방정식은 원래 방정식과 같은 식이기 때문입니다.

일반적으로 $(A \mid \boldsymbol{y})$를 좌기본변형한 결과 다음과 같이 '삐져나온 $\boxed{*}$'이 있는 모양이 되어 버렸다면 $\boldsymbol{x}$의 방정식 $A\boldsymbol{x} = \boldsymbol{y}$에 해는 없습니다. 정확히 말하면 '$\boxed{*}$의 장소에 하나라도 0이 아닌 값이 나오면 해는 없음'입니다.

$$\left(\begin{array}{ccc|c} 1 & & & * \\ & \ddots & & \vdots \\ & & 1 & * \\ & & & \boxed{*} \\ & & & \vdots \\ & & & \boxed{*} \end{array}\right)$$

빈칸은 0

이유는 좀 전의 구체적인 예와 같습니다.

73 '응?'이라고 한 사람은 2.2.2절 '연립일차방정식의 해법(정칙인 경우)'을 복습합니다. 방정식 $A\boldsymbol{x} = \boldsymbol{y}$를 이항하여 $A\boldsymbol{x} - \boldsymbol{y} = \boldsymbol{o}$이라고 한 후, 이것을 블록 형태로

$$\left(\begin{array}{c|c} A & \boldsymbol{y} \end{array}\right)\left(\begin{array}{c} \boldsymbol{x} \\ \hline -1 \end{array}\right) = \boldsymbol{o}$$

라고 나타냈습니다. 그리고 행렬부분 $(A \mid \boldsymbol{y})$만 뽑아 써서 변형해가는 방법이 손 계산법이었습니다.

2.25 단서가 너무 많은데 해가 있는 경우도 있나요?

네. A가 세로가 길어도 절묘한 경우에는 해가 있습니다. 논의보다 먼저 증거입니다. 다음 방정식

$$\begin{pmatrix} 2 & -4 \\ 4 & -5 \\ 5 & -9 \end{pmatrix} \begin{pmatrix} x_1 \\ x_2 \end{pmatrix} = \begin{pmatrix} 2 \\ 7 \\ 6 \end{pmatrix} \tag{2.33}$$

의 해는 $(x_1, x_2)^T = (3, 1)^T$입니다. '논의'에 대해서는 2.5.1절 '이론편'을 참고해 주십시오.

2.26 이런 손 계산법 따위 외우지 않아도 일반적으로 변수를 제거해 나가면 되지 않나요?

네. 그래도 상관없습니다. 특히 간단한 문제라면 그 편이 깔끔하겠지요. 좀 전의 식 (2.29)를 예로 들면 $x_1 = 2x_2 - 1$입니다. 이것을 식 (2.30)과 식 (2.31)에 대입해봅니다.

$$4(2x_2 - 1) - 5x_2 = 2 \to x_2 = 2$$

$$5(2x_2 - 1) - 9x_2 = 1 \to x_2 = 6$$

식은 이와 같이 되고, 양쪽을 만족시키는 것은 불가능합니다. 따라서 해는 없습니다.

단, 지레짐작은 주의합니다. '식 (2.29)는 $x_1 = 2x_2 - 1$. 이것을 식 (2.30)에 대입하면 $x_2 = 2$. 그렇다는 것은 $x_1 = 2 \cdot 2 - 1 = 3$. 완료!'라는 실패를 하지 않을 자신이 있습니까? 이런 실패를 피하기 위해서라도 다음을 '확인'하는 습관을 들여주십시오.

- ▶ 방정식을 푼다 → 얻은 해를 방정식에 대입하여 성립하나 확인한다.
- ▶ 역행렬을 구하라 → 얻은 역행렬을 원래에 곱해 단위행렬이 되는지 확인한다.
- ▶ 고윳값 · 고유벡터를 구하라 → 얻어진 고유벡터에 행렬을 곱해 고윳값이 배가 되는지 확인한다.

단서가 부족한 전형적인 예(해가 많음)

다음 예를 살펴보겠습니다.

$$\begin{aligned} -x_1 + 2x_2 - x_3 + 2x_4 &= 6 \\ 3x_1 - 4x_2 - 3x_3 - 2x_4 &= -4 \end{aligned}$$

미지수가 x_1, x_2, x_3, x_4 네 개인데 식이 두 개 있습니다. 이번에는 2.3.1절에서 배운 '단서가 적은 경우'의 전형입니다. 이를 같은 방법으로 손 계산하면 어떻게 될까요?

$$\left(\begin{array}{cccc|c} -1 & 2 & -1 & 2 & 6 \\ \hline 3 & -4 & -3 & -2 & -4 \end{array}\right)$$

1행을 (−1)배하여 선두에 1을 만든다.

$$\rightarrow \left(\begin{array}{cccc|c} \boxed{1} & -2 & 1 & -2 & -6 \\ \hline 3 & -4 & -3 & -2 & -4 \end{array}\right)$$

1행을 (−3)배하여 2행에 더해 선두를 0으로 만든다.
이것으로 1열 완성

$$\rightarrow \left(\begin{array}{cccc|c} 1 & -2 & 1 & -2 & -6 \\ \hline \boxed{0} & 2 & -6 & 4 & 14 \end{array}\right)$$

2행을 (−1/2)배하여 2열(대각성분)에 1을 만든다.

$$\rightarrow \left(\begin{array}{cccc|c} 1 & -2 & 1 & -2 & -6 \\ \hline 0 & \boxed{1} & -3 & 2 & 7 \end{array}\right)$$

2행을 2배하여 1행에 대해 2열을 0으로 만든다.
이것으로 2열도 완성

$$\rightarrow \left(\begin{array}{cccc|c} 1 & \boxed{0} & -5 & 2 & 8 \\ 0 & 1 & -3 & 2 & 7 \end{array}\right)$$

이렇게 끝까지 왔습니다. |의 왼쪽이 전부 정리되지 않고 두 열이 남아있습니다만, 완성된 것일까요?

완성된 행렬을 다시 연립일차방정식으로 해석해보면

$$\left(\begin{array}{cccc|c} 1 & 0 & -5 & 2 & 8 \\ 0 & 1 & -3 & 2 & 7 \end{array}\right)\left(\begin{array}{c} x_1 \\ x_2 \\ x_3 \\ x_4 \\ \hline -1 \end{array}\right) = \begin{pmatrix} 0 \\ 0 \end{pmatrix} \quad \Rightarrow \quad \begin{array}{llll} x_1 & & -5x_3 & +2x_4 & = 8 \\ & x_2 & -3x_3 & +2x_4 & = 7 \end{array}$$

즉,

$$\begin{aligned} x_1 &= 5x_3 - 2x_4 + 8 \\ x_2 &= 3x_3 - 2x_4 + 7 \end{aligned}$$

을 만족시키는 x_1, x_2, x_3, x_4를 답하라는 것이 됩니다. 이 식을 살펴보면

- x_3, x_4가 정해지면 x_1, x_2가 정해진다.
- x_3, x_4 자체는 맘대로 골라도 된다.

와 같음을 알 수 있습니다. 그러므로 '맘대로'인 값을 각각 c, c'라고 하면 다음 식이 해가 됩니다.

$$\begin{pmatrix} x_1 \\ x_2 \\ x_3 \\ x_4 \end{pmatrix} = \begin{pmatrix} 5c - 2c' + 8 \\ 3c - 2c' + 7 \\ c \\ c' \end{pmatrix} \quad c, c'\text{는 임의의 수} \tag{2.34}$$

만약을 위해 원래 방정식에 대입하여 c, c'가 무엇이라도 해가 됨을 확인해 두십시오.

2.27 스스로 계산하면 답이 안 맞아요.

해의 표현은 유니크(각주 25)하지 않습니다. 같은 것을 나타내고 있어도 겉보기에는 다른 경우가 있습니다. 간단한 예를 살펴보겠습니다.

$$(x_1, x_2)^T = (c, -2c + 1)^T \quad c\text{는 임의의 수}$$
$$(x_1, x_2)^T = (-3c' + 3, 6c' - 5)^T \quad c'\text{는 임의의 수}$$

두 식은 같은 식입니다. $c = -3c' + 3$이라고 취하면 전자는 후자와 일치하고, $c' = -(1/3)c + 1$이라고 취하면 반대로 후자가 전자와 일치합니다. 작전은 다음과 같습니다. $\boldsymbol{x} = (x_1, x_2)^T$, $\boldsymbol{v} = (1, -2)^T$, $\boldsymbol{u} = (0, 1)^T$, $\boldsymbol{u}' = (3, -5)^T$라는 기호를 준비하면 해는 각각 다음과 같이 쓸 수 있습니다.

$$\boldsymbol{x} = \boldsymbol{u} + c\boldsymbol{v} \quad c\text{는 임의의 수} \tag{2.35}$$
$$\boldsymbol{x} = \boldsymbol{u}' - 3c'\boldsymbol{v} \quad c'\text{는 임의의 수} \tag{2.36}$$

양쪽 모두 그림 2-19의 직선을 나타냅니다. '$\boldsymbol{u}$에서 $\boldsymbol{v}$ 방향으로 좋을만큼 간 장소'도 '$\boldsymbol{u}'$에서 $\boldsymbol{v}$ 방향으로 좋을만큼 간 장소'도 모두 이 직선이기 때문입니다.

▼ 그림 2-19 같은 직선이라도 표현 방법은 여러 가지

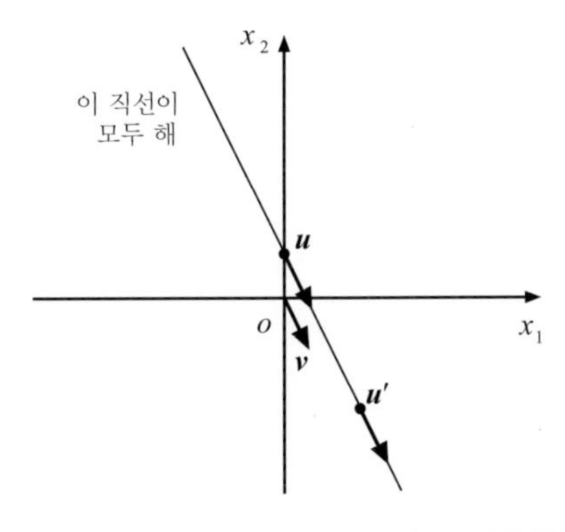

2.28 이론편의 결론 '(특해) + (동차방정식의 일반해)'와 지금의 해의 관계는요?

해 (2.34)를 다음과 같이 고쳐 쓰면 '(특해) + (동차방정식의 일반해)' 모양이 됩니다.

$$\begin{pmatrix} x_1 \\ x_2 \\ x_3 \\ x_4 \end{pmatrix} = \begin{pmatrix} 8 \\ 7 \\ 0 \\ 0 \end{pmatrix} + c \begin{pmatrix} 5 \\ 3 \\ 1 \\ 0 \end{pmatrix} + c' \begin{pmatrix} -2 \\ -2 \\ 0 \\ 1 \end{pmatrix} \quad c,\ c'\text{는 임의의 수}$$

$(8, 7, 0, 0)^T$가 특해, 나머지 $c(5, 3, 1, 0)^T + c'(-2, -2, 0, 1)^T$가 동차방정식의 일반해입니다.

가닥을 잡기 위해서 예를 하나 더 살펴보겠습니다. $(A \mid \boldsymbol{y})$를 좌기본변형해보면

$$\left(\begin{array}{ccccccc|c} 1 & & & & 가 & 거 & 고 & 구 \\ & 1 & & & 나 & 너 & 노 & 누 \\ & & 1 & & 다 & 더 & 도 & 두 \\ & & & 1 & 라 & 러 & 로 & 루 \end{array}\right) \quad \text{빈칸은 0} \tag{2.37}$$

와 같이 변형됩니다.

$$\begin{array}{llllllll} x_1 & & & & + 가\, x_5 & 거\, x_6 & + & 고\, x_7 = 구 \\ & x_2 & & & + 나\, x_5 & 너\, x_6 & + & 노\, x_7 = 누 \\ & & x_3 & & + 다\, x_5 & 더\, x_6 & + & 도\, x_7 = 두 \\ & & & x_4 & + 라\, x_5 & 러\, x_6 & + & 로\, x_7 = 루 \end{array} \tag{2.38}$$

따라서 x_5, x_6, x_7은 맘대로 고를 수 있습니다. 여기서 그 값을 c_1, c_2, c_3로 두면 해는 다음과 같이 나타낼 수 있습니다.

$$\begin{pmatrix} x_1 \\ x_2 \\ x_3 \\ x_4 \\ x_5 \\ x_6 \\ x_7 \end{pmatrix} = \begin{pmatrix} -가\, c_1 - 거\, c_2 - 고\, c_3 + 구 \\ -나\, c_1 - 너\, c_2 - 노\, c_3 + 누 \\ -다\, c_1 - 더\, c_2 - 도\, c_3 + 두 \\ -라\, c_1 - 러\, c_2 - 로\, c_3 + 루 \\ c_1 \\ c_2 \\ c_3 \end{pmatrix} \quad c_1, c_2, c_3\text{는 임의의 수} \tag{2.39}$$

2.29 식 (2.39)의 플러스와 마이너스가 기억나지 않습니다.

플러스, 마이너스를 '암기'하지 마세요. 머리에 남겨 두어야 할 것은

$$A\boldsymbol{x} = \boldsymbol{y} \quad \to \quad A\boldsymbol{x} - \boldsymbol{y} = \boldsymbol{o} \quad \to \quad (A \mid \boldsymbol{y})\begin{pmatrix} \boldsymbol{x} \\ \hline -1 \end{pmatrix} = \boldsymbol{o} \quad \to \quad (A \mid \boldsymbol{y})$$

와 같이 줄여 썼다는 것입니다. 이렇게 눌러 넣으면 식 (2.37)에서 식 (2.38)을 통해 식 (2.39)에 이르는 과정을 그 자리에서 쉽게 만들 수 있습니다.

도중에 길이 막힌 경우

지금까지의 예는 좌기본형식에 따라 '어쨌든 끝까지 이를 수 있는' 경우였습니다. 하지만 끝에 다다르기 전에 도중에 막히는 경우도 있습니다.

예를 들어보겠습니다.

$$\left(\begin{array}{cccc|c} 1 & 0 & 5 & 4 & 4 \\ 0 & 1 & 2 & 3 & 2 \\ 0 & 0 & \boxed{0} & 3 & 6 \end{array}\right)$$

2열까지 정리하고 3열을 처리할 차례입니다. 여기서 네모 부분(3열의 대각성분)이 0이 되어 버렸습니다. 이러면 '3행은 정수배해서 대각성분을 1로'가 되지 않습니다. 0에 무엇을 곱해도 0이기 때문에 곤란합니다. 사실 이런 상황은 본질적인 문제는 아니며, 피할 수 있습니다. 이 상황을 줄이지 않고 쓰면

$$\left(\begin{array}{cccc|c} 1 & 0 & 5 & 4 & 4 \\ 0 & 1 & 2 & 3 & 2 \\ 0 & 0 & 0 & 3 & 6 \end{array}\right)\begin{pmatrix} x_1 \\ x_2 \\ x_3 \\ x_4 \\ \hline -1 \end{pmatrix} = \boldsymbol{o} \quad \to \quad \begin{array}{ccccccc} x_1 & & +5x_3 & +4x_4 & = & 4 \\ & x_2 & +2x_3 & +3x_4 & = & 2 \\ & & & 3x_4 & = & 6 \end{array}$$

이 식을 다음과 같이 순서를 바꾸면 결국 같은 방정식입니다(x_3, x_4의 순서를 서로 바꾸었습니다).

$$\to \quad \begin{array}{cccccc} x_1 & & +4x_4 & +5x_3 & = & 4 \\ & x_2 & +3x_4 & +2x_3 & = & 2 \\ & & 3x_4 & & = & 6 \end{array} \quad \to \quad \left(\begin{array}{cccc|c} 1 & 0 & 4 & 5 & 4 \\ 0 & 1 & 3 & 2 & 2 \\ 0 & 0 & 3 & 0 & 6 \end{array}\right)\begin{pmatrix} x_1 \\ x_2 \\ \boxed{x_4} \\ \boxed{x_3} \\ \hline -1 \end{pmatrix} = \boldsymbol{o}$$

x_3, x_4의 순서를 바꿈으로써 행렬의 3열과 4열이 바뀐 것을 주목해 주십시오. 바꾼 것을 잊지 않기 위해

$$(x_1, x_2, x_3, x_4)^T \to (x_1, x_2, x_4, x_3)^T$$

라고 써둔 다음, 다시 줄여 쓰기로 돌아갑시다. 이번에는 대각성분이 0이 아니니까 변형을 계속할 수 있습니다.

$$\left(\begin{array}{cccc|c} 1 & 0 & 4 & 5 & 4 \\ \hline 0 & 1 & 3 & 2 & 2 \\ \hline 0 & 0 & \boxed{3} & 0 & 6 \end{array}\right) \to \left(\begin{array}{cccc|c} 1 & 0 & 4 & 5 & 4 \\ \hline 0 & 1 & 3 & 2 & 2 \\ \hline 0 & 0 & \boxed{1} & 0 & 2 \end{array}\right)$$

$$\to \left(\begin{array}{cccc|c} 1 & 0 & \boxed{0} & 5 & -4 \\ \hline 0 & 1 & \boxed{0} & 2 & -4 \\ \hline 0 & 0 & 1 & 0 & 2 \end{array}\right)$$

3행을 1/3배해서 대각성분을 1로 만들고, 더불어 3행의 (−4)배 · (−3)배를 각각 1행 · 2행에 더해서 3행의 비대각성분을 0으로 만들었습니다. 이렇게 아래까지 계속 진행하면 변환이 종료됩니다. 기록해 둔 $(x_1, x_2, x_4, x_3)^T$를 참조하여 줄여 쓰기에서 돌아옵시다.

$$\left(\begin{array}{cccc|c} 1 & 0 & 0 & 5 & -4 \\ 0 & 1 & 0 & 2 & -4 \\ 0 & 0 & 1 & 0 & 2 \end{array}\right)\begin{pmatrix} x_1 \\ x_2 \\ \boxed{x_4} \\ \boxed{x_3} \\ \hline -1 \end{pmatrix} = o \quad \to \quad \begin{array}{lllll} x_1 & & & +5\boxed{x_3} & = -4 \\ & x_2 & & +2\boxed{x_3} & = -4 \\ & & \boxed{x_4} & & = 2 \end{array}$$

이므로 답은

$$\begin{pmatrix} x_1 \\ x_2 \\ x_3 \\ x_4 \end{pmatrix} = \begin{pmatrix} -5c-4 \\ -2c-4 \\ c \\ 2 \end{pmatrix} \quad c\text{는 임의의 수}$$

일반적으로 좌기본행렬을 하고, 도중에

$$\left(\begin{array}{cccccccc|c} 1 & & & * & * & \cdots & * & & * \\ & \ddots & & \vdots & \vdots & & \vdots & & \vdots \\ & & 1 & * & * & \cdots & * & & * \\ & & & \boxed{0} & ☆ & \cdots & ☆ & & * \\ & & & \vdots & \vdots & & \vdots & & \vdots \\ & & & \boxed{0} & ☆ & \cdots & ☆ & & * \end{array}\right) \quad \text{빈칸은 0}$$

과 같이 대각성분에서 아래가 0이 되어버리면[74]

- ☆의 중간부터 0이 아닌 것을 찾는다.
- $\boxed{0}$의 열과 0이 아닌 열을 바꾼다.
- 바꾼 것을 기록해둔다.

라는 회피 방법을 사용한 후에 변형을 계속해 주십시오. 심술궂은 문제에서는 이 회피 방법을 두 번, 세 번 쓰는 경우도 있습니다. 그때마다 다음과 같이 기록해 주십시오.

$$
\begin{aligned}
(x_1, x_2, x_3, x_4, x_5)^T &\to (x_1, \boxed{x_4}, x_3, \boxed{x_2}, x_5)^T \quad \text{2열과 4열을 교환} \\
&\to (x_1, x_4, \boxed{x_2}, \boxed{x_3}, x_5)^T \quad \text{또 3열과 4열을 교환}
\end{aligned}
$$

마지막으로 줄여 쓴 것을 원래대로 되돌릴 때는 이 $(x_1, x_4, x_2, x_3, x_5)^T$를 참고합니다.

2.30 저는 예전에 열의 바꾸는 방법은 배우지 않았는데요?

순수하게 좌기본변형만으로 푸는 방법도 있습니다. 다음과 같은 모양으로 변환하는 방법입니다.

$$
\left(\begin{array}{cccccccc|c}
1 & * & 0 & 0 & * & * & 0 & * & * \\
 & & 1 & 0 & * & * & 0 & * & * \\
 & & & 1 & * & * & 0 & * & * \\
 & & & & & & 1 & * & * \\
 & & & & & & & &
\end{array}\right)
\quad \text{*는 임의의 수, 빈칸은 0}
$$

'좌기본변형만으로 된다면 그렇게 하는 것이 좋다'라는 입장이 더 순수합니다. 그러나 언뜻 봐도 이해하기 어렵지 않습니까? 이 책에서는 다소 불순하더라도 더 이해하기 쉬운 쪽을 우선으로 합니다.

도중에 정말로 벽에 부딪힌 경우(막힌 경우)

지금 설명한 회피 방법조차 통용되지 않는, 정말로 막힌 경우를 마지막으로 살펴보겠습니다. 다음 두 가지 예는 모두 막힌 경우입니다.

---

74 이렇게 되면 '행을 교환'해도 소용이 없습니다. 좌기본행렬의 해결 방안만으로는 극복할 수 없습니다.

$$\left(\begin{array}{cccc|c} 1 & 0 & 5 & 4 & 4 \\ 0 & 1 & 2 & 3 & 2 \\ 0 & 0 & \boxed{0} & \boxed{0} & 6 \\ 0 & 0 & \boxed{0} & \boxed{0} & 8 \end{array}\right) \left(\begin{array}{cccc|c} 1 & 0 & 5 & 4 & 4 \\ 0 & 1 & 2 & 3 & 2 \\ 0 & 0 & \boxed{0} & \boxed{0} & 0 \\ 0 & 0 & \boxed{0} & \boxed{0} & 0 \end{array}\right)$$

좀 전에 '☆ 중에서 0이 아닌 것을 찾는다'라고 쓴 곳이 모두 0이므로 열을 바꿔도 상황은 개선되지 않습니다. 이런 경우 변형은 여기까지입니다. 나머지는 계속 관찰하며 해를 구합시다.

왼쪽의 예는 '해가 없습니다.' 왜냐하면, 줄여 쓴 것을 원래대로 되돌리면

$$\begin{array}{lllll} x_1 & & +5x_3 & +4x_4 & = 4 \\ & x_2 & +2x_3 & +3x_4 & = 2 \\ & & & 0 & = 6 \\ & & & 0 & = 8 \end{array}$$

와 같은데 아무리 노력하여 x_1, x_2, x_3, x_4를 조절한다 한들 아래 두 식은 성립할 수 없습니다.

오른쪽의 예는 사정이 다릅니다. 줄여 쓴 것을 원래대로 되돌리면 다음과 같습니다.

$$\begin{array}{lllll} x_1 & & +5x_3 & +4x_4 & = 4 \\ & x_2 & +2x_3 & +3x_4 & = 2 \\ & & & 0 & = 0 \\ & & & 0 & = 0 \end{array}$$

아래 두 식은 내버려 두어도 자동으로 성립합니다. 나머지 위 두 식을 만족하도록 x_1, x_2, x_3, x_4를 조절해가면 그것이 해입니다. 위 두 식에 집중하면

$$\begin{pmatrix} x_1 \\ x_2 \\ x_3 \\ x_4 \end{pmatrix} = \begin{pmatrix} -5c-4c'+4 \\ -2c-3c'+2 \\ c \\ c' \end{pmatrix} \quad c, c'\text{는 임의의 수}$$

라고 답할 수 있습니다.

정리

좌기본변형(막히면 열을 바꿔 써둔다)을 구사하여 $(A\,|\,\boldsymbol{y})$를 다음 모양으로 변형합니다.

$$\left(\begin{array}{ccccc|c} 1 & & * & \cdots & * & * \\ & \ddots & \vdots & & \vdots & \vdots \\ & & 1 & * \cdots & * & * \\ & & & & & \boxed{*} \\ & & & & & \vdots \\ & & & & & \boxed{*} \end{array}\right) \quad \text{빈칸은 0}$$

이때

- [*]이 모두 0이면 해 있음
- [*]이 하나라도 0이 아닌 값이면 해 없음

입니다. 해가 있는 경우는 줄여 쓴 것을 원래대로 되돌리면 간단하게 답을 구할 수 있습니다.

덧붙이면 'A가 세로로 긴데 해가 많다', 'A가 가로로 긴데 해가 없다'와 같은 상황도 발생할 수 있습니다. 위의 설명에 따르면 당연합니다.

2.31 줄여쓰기를 원래대로 되돌리니 변수가 하나 사라졌습니다. 어떻게 하면 좋을까요?

다음과 같은 경우네요. 5열이 전부 0이므로 x_5가 완전히 사라집니다.

$$\begin{pmatrix} 1 & 0 & 0 & 2 & \boxed{0} & 7 & 6 \\ 0 & 1 & 0 & 9 & \boxed{0} & 5 & 8 \\ 0 & 0 & 1 & 4 & \boxed{0} & 3 & 1 \end{pmatrix} \begin{pmatrix} x_1 \\ x_2 \\ x_3 \\ x_4 \\ x_5 \\ x_6 \\ \hline -1 \end{pmatrix} = \boldsymbol{o}$$

$$\rightarrow \begin{array}{cccccccc} x_1 & & & +2x_4 & +7x_6 & = & 6 \\ & x_2 & & +9x_4 & +5x_6 & = & 8 \\ & & x_3 & +4x_4 & +3x_6 & = & 1 \end{array}$$

x_5에 어떤 값을 설정해도 방정식 성립 여부와는 관계없습니다. 그러므로 x_5는 자유롭게 골라도 됩니다. x_4, x_5, x_6을 자유롭게 골라서

$$\begin{pmatrix} x_1 \\ x_2 \\ x_3 \\ x_4 \\ x_5 \\ x_6 \end{pmatrix} = \begin{pmatrix} -2c_1 - 7c_3 + 6 \\ -9c_1 - 5c_3 + 8 \\ -4c_1 - 3c_3 + 1 \\ c_1 \\ c_2 \\ c_3 \end{pmatrix} \quad c_1, c_2, c_3\text{는 임의의 수}$$

가 답입니다.

2.32 닮았는데 미세하게 다른 손 계산 방법이 여러 가지 나와서 복잡합니다. 정리해 주세요.

기본변형을 구사하는 손 계산 방법으로 '행렬식', '역행렬', '랭크', '연립일차방정식(성질이 좋은 예)'이 나왔습니다. 각각 사용하는 과정이 미세하게 달라서 외우기는 힘듭니다. 따라서 각각의 손 계산 방법을 이끌어낸 절차, 이론을 머리에 기억하는 방안을 추천합니다만, 다른 방안으로 '좌기본변형과 열 교환만으로 억지로 해내다'라는 방법이 있습니다. 외울 내용이 적어서 좋습니다만, 쓸데없는 계산이 좀 늘어납니다.

그러면 이 방법을 설명하겠습니다. 어떤 행렬에서도 좌기본변형 열 교환을 시행하면

$$\begin{pmatrix} 1 & & & * & \cdots & * \\ & \ddots & & \vdots & & \vdots \\ & & 1 & * & \cdots & * \\ & & & & & \end{pmatrix} \quad \text{*은 임의의 수, 빈칸은 0} \tag{2.40}$$

이란 모양이 됩니다(2.5.2절 참고). 이 모양을 사용하여

▶ 행렬식(1.3.4절): 식 (2.40)이 단위행렬 ($\det I = 1$)이면 다음을 근거로 변형 과정을 추적합니다.

- 어느 행을 c배하면 행렬식도 c배가 됩니다.
- 행 교환이나 열 교환을 하면 행렬식의 양음이 반전됩니다.
- 어느 행의 c배를 다른 행에 더해도 행렬식은 변하지 않습니다.

예를 들어 원래 A에서 단위행렬까지 변환하는 사이에

- '어느 행을 5배'를 2회
- '어느 행을 4배'를 1회
- '행과 열의 교환'을 3회

시행하면 $(\det A)\cdot 5^2 \cdot 4 \cdot (-1)^3 = \det I = 1$이므로 $\det A = -1/100$이 됩니다. 또한, 단위행렬이 안 되면 행렬식은 0입니다.

▶ 역행렬(2.2.3절): 열 교환은 금지. $(A|I)$를 변형하여 식 (2.40) 모양으로 만듭니다. $(I|X)$가 되면 X 부분이 A^{-1}과 일치합니다. A 부분이 I가 안 되거나, 식 (2.40) 모양으로 변형하는 도중에 벽에 부딪히면 A^{-1}은 존재하지 않습니다.

▶ 랭크(2.3.7절): 식 (2.40)의 모양으로 변형하여 대각성분에 나열된 1의 개수가 랭크입니다.

▶ 연립일차방정식(2.5.2절): $A\boldsymbol{x} = \boldsymbol{y}$에 대해 $(A|\boldsymbol{y})$와 나열한 블록행렬을 식 (2.40)의 모양으로 변형합니다. 단, 열 교환은 A의 열끼리만($\boldsymbol{y}$외의 교환은 불가) 하고, 어떻게 교환했는지를 써둡니다. 식 (2.40) 모양이 되면 해는 간단히 나옵니다.

2.5.3 최소제곱법

$\boldsymbol{x}$의 방정식 $A\boldsymbol{x} = \boldsymbol{y}$에 대해 '해가 없다면 없다고 답한다. 해가 있다면 모두를 답한다'라는 것이 이전 절까지의 이야기였습니다. 그러나 현실에서는 역시 단 하나의 답이 필요한 경우도 많습니다.

이 경우 다음 방안을 자주 사용합니다.

- 해가 없다면 적어도 $A\boldsymbol{x}$가 $\boldsymbol{y}$에 최대한 '가까운' 것 같은 $\boldsymbol{x}$를 구한다.
- 해 $\boldsymbol{x}$가 많다면 그 중에서 가장 '그럴듯한' 것을 고른다.

위에서 '가까운', '그럴듯한'이 정의되지 않았음에 주의해야 합니다. 어떤 식으로 정의하는 것이 타당한가는 현실에서 풀 문제로 수학만으로 정해지지 않습니다.

실제로 자주 사용하는 기준은 다음과 같습니다.

- $A\boldsymbol{x} - \boldsymbol{y}$의 '길이'가 작으면 '가까운'
- $\boldsymbol{x}$의 '길이'가 작으면 '그럴 듯한'

이 기준을 사용하여 이전의 방침으로 답을 정하는 것이 **최소제곱법**이라는 방법입니다. 자세히는 역문제의 교과서 등을 참고해 주십시오. 최소제곱법에서는 **특이값분해**나 **일반화역행렬**이란 도구를 활용합니다.

그런데 '길이'라는 개념도 지금 단계에서는 아직 설명하지 않았습니다. 길이나 각도란 개념은 본래 선형 공간에는 없습니다. 이 개념들을 부여하려면 방법을 추가해야 합니다. 이에 대한 설명은 부록 E를 참고해 주십시오.

2.6 현실적으로는 성질이 나쁜 경우 (특이에 가까운 행렬)

2.6.1 무엇이 곤란한가

수학적으로는 정칙행렬인가 특이행렬인가로 갑자기 성질이 변합니다. 납작하게 누르는 것만 하지 않으면 원래대로 되돌릴 수 있습니다. 납작하게 누르면 더이상 되돌릴 수 없습니다. 그러나 노이즈가 있는 공학의 세계에서는 특이에 아주 가까운 정칙행렬이란 대부분 특이행렬과 같습니다(그림 2-20). 직관적으로 말하면 다음과 같습니다.

- A가 '매우 압축된' 행렬이라면……
- 그것을 원래 상태로 돌려 놓는 A^{-1}은 '매우 확대하는' 행렬이 되어……
- 그러면 노이즈도 매우 확대된다.

▼ 그림 2-20 거의 특이

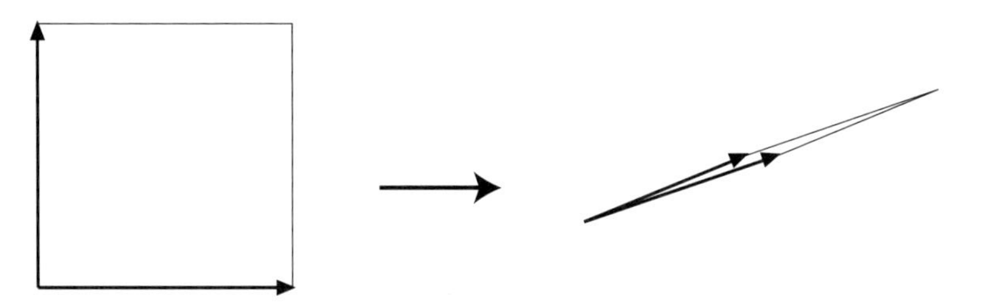

그러한 예로써 초점이 안 맞은 화상의 복원에 대해 생각해봅시다. 그림 2-21은 디지털 카메라의 원리를 나타낸 것입니다. 피사체의 한 점 P에서 나온 빛은 렌즈에서 굽어져 센서 Q에 닿습니다. 피사체의 거리 · 렌즈의 두께 · 센서의 거리를 잘 맞춰서 P에서 나온 빛이 어느 방향에서도 모두 센서 Q에 닿도록 되어 있습니다. 다른 점 P'에서 나온 빛도 모두 대응하는 센서 Q'에 닿습니다. 이 상태가 초점이 맞은 상태입니다. 이런 식으로 나열된 각 센서에 닿은 빛의 양을 계측하면 화상 데이터를 얻을 수 있습니다.[75] 이 화상 데이터를 실제로 그리려면 빛의 양의 수치에 따라 다른

75 간단하게 컬러 화상이 아닌 그레이스케일 화상으로 생각합니다.

밝기로 각 점을 그려 나열하면 됩니다. 가장 밝은 곳은 □, 가장 어두운 곳은 ■, 중간 정도는 밝기에 따라 회색으로 나타냅니다.

그런데 초점이 맞지 않으면 그림 2-22와 같이 됩니다. P에서 나온 빛의 일부가 다른 센서 Q'에 닿습니다. 센서 Q에서 보면 점 P이외의 점 P'에서의 빛까지 자신에게 닿은 상태입니다.

▼ 그림 2-21 디지털 카메라의 원리

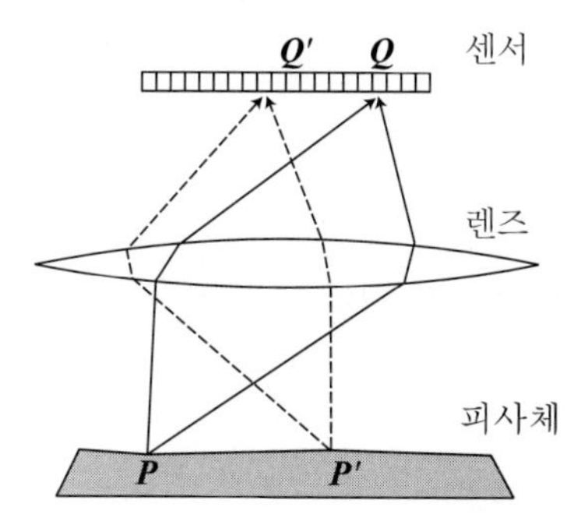

▼ 그림 2-22 초점이 맞지 않은 상태

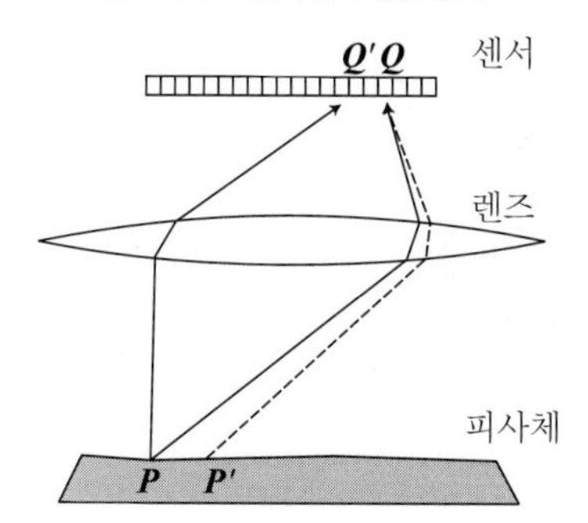

피사체 각 점의 밝기를 $x_1, \ldots, x_n$이라 하고, 각 센서에 닿는 빛의 세기를 $y_1, \ldots, y_n$이라 합시다. 이 경우 $x_i = y_i$입니다. 즉, 다음과 같습니다.

$$\begin{pmatrix} y_1 \\ y_2 \\ y_3 \\ y_4 \\ y_5 \end{pmatrix} = \begin{pmatrix} 1 & 0 & 0 & 0 & 0 \\ 0 & 1 & 0 & 0 & 0 \\ 0 & 0 & 1 & 0 & 0 \\ 0 & 0 & 0 & 1 & 0 \\ 0 & 0 & 0 & 0 & 1 \end{pmatrix} \begin{pmatrix} x_1 \\ x_2 \\ x_3 \\ x_4 \\ x_5 \end{pmatrix}$$

하지만 초점이 맞지 않으면 다음과 같습니다.

$$\begin{pmatrix} y_1 \\ y_2 \\ y_3 \\ y_4 \\ y_5 \end{pmatrix} = \begin{pmatrix} 0.40 & 0.24 & 0.05 & 0.00 & 0.00 \\ 0.24 & 0.40 & 0.24 & 0.05 & 0.00 \\ 0.05 & 0.24 & 0.40 & 0.24 & 0.05 \\ 0.00 & 0.05 & 0.24 & 0.40 & 0.24 \\ 0.00 & 0.00 & 0.05 & 0.24 & 0.40 \end{pmatrix} \begin{pmatrix} x_1 \\ x_2 \\ x_3 \\ x_4 \\ x_5 \end{pmatrix}$$

자, 초점이 맞지 않은 화상 $\boldsymbol{y} = (y_1, \ldots, y_n)^T$에서 본래의 $\boldsymbol{x} = (x_1, \ldots, x_n)^T$를 복원할 수 있을까요? $\boldsymbol{y} = A\boldsymbol{x}$이므로 $\boldsymbol{x} = A^{-1}\boldsymbol{y}$에서 $\boldsymbol{x}$가 구해질 것 같습니만, 과연 잘 될까요? 그림 2-33은 이 방법으로 실제 초점이 맞지 않은 화상을 복원한 예입니다.[76] 그림만 봐서는 매우 잘 된 것처럼 보입니다. 그런데 이 화상에 노이즈가 아주 조금 더해지면 복원 결과의 상태는 나빠집니다. 그림 2-24가 그런 예입니다. 초점이 맞지 않은 화상 $\boldsymbol{y} = A\boldsymbol{x}$에 눈으로 봐도 알 수 없을 정도의 미세한 노이즈가 더해진 것 뿐인데 복원 결과 $A^{-1}(\boldsymbol{y} + \epsilon)$는 원래의 $\boldsymbol{x}$와 완전히 달라집니다.

▼ 그림 2-23 초점이 안 맞은 화상(좌)과 복원된 화상(우)

76 실험 순서는 (1) 초점이 맞은 화상 $\boldsymbol{x}$를 촬영합니다. (2) 전에 서술한 것과 같은 '그라데이션 행렬 A'로 변환하여 초점이 안 맞은 화상 $\boldsymbol{y} = A\boldsymbol{x}$를 작성합니다. (3) 초점이 안 맞은 화상 $\boldsymbol{y}$에 A^{-1}을 곱해 복원 화상 $\boldsymbol{z} = A^{-1}\boldsymbol{y}$를 작성합니다. 현실적으로는 '그라데이션 행렬 A를 알고 있다'는 설정은 반칙입니다만, 지금 다루는 주제가 아니므로 눈감아 주십시오.

▼ 그림 2-24 미세한 노이즈가 들어간 초점이 안 맞은 화상(좌)과 복원된 화상(우)

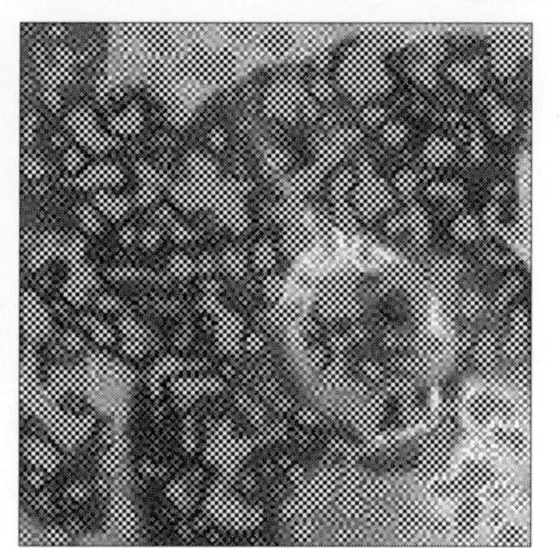

2.33 그림 2-22에서 $y = Ax$라는 것은 알겠습니다. 1열에 나열한 수치를 정리하여 벡터 x나 y로 표현하는 거네요. 그런데 그림 2-23은 어떻게 되나요? x나 y에 들어맞는 데이터가 1열이 아닌 종횡으로 나열되므로 벡터로는 쓸 수 없습니다. 혹시 x나 y가 행렬이 되는 것인가요?

아니오. 일련번호를 붙여 1열로 나열했다고 생각해 주십시오. 3×3의 매우 작은 '화상'으로 예를 제시하면 다음과 같습니다.

$$\begin{array}{|c|c|c|}\hline x_1 & x_2 & x_3 \\ \hline x_4 & x_5 & x_6 \\ \hline x_7 & x_8 & x_9 \\ \hline\end{array} \Rightarrow \begin{pmatrix} x_1 \\ x_2 \\ x_3 \\ x_4 \\ x_5 \\ x_6 \\ x_7 \\ x_8 \\ x_9 \end{pmatrix}, \qquad \begin{array}{|c|c|c|}\hline y_1 & y_2 & y_3 \\ \hline y_4 & y_5 & y_6 \\ \hline y_7 & y_8 & y_9 \\ \hline\end{array} \Rightarrow \begin{pmatrix} y_1 \\ y_2 \\ y_3 \\ y_4 \\ y_5 \\ y_6 \\ y_7 \\ y_8 \\ y_9 \end{pmatrix}$$

그라데이션 행렬의 한 예를 살펴보겠습니다.

$$\begin{pmatrix} y_1 \\ y_2 \\ y_3 \\ \hline y_4 \\ y_5 \\ y_6 \\ \hline y_7 \\ y_8 \\ y_9 \end{pmatrix} = \left(\begin{array}{ccc|ccc|ccc} 0.16 & 0.10 & 0.02 & 0.10 & 0.06 & 0.01 & 0.02 & 0.01 & 0.00 \\ 0.10 & 0.16 & 0.10 & 0.06 & 0.10 & 0.06 & 0.01 & 0.02 & 0.01 \\ 0.02 & 0.10 & 0.16 & 0.01 & 0.06 & 0.10 & 0.00 & 0.01 & 0.02 \\ \hline 0.10 & 0.06 & 0.01 & 0.16 & 0.10 & 0.02 & 0.10 & 0.06 & 0.01 \\ 0.06 & 0.10 & 0.06 & 0.10 & 0.16 & 0.10 & 0.06 & 0.10 & 0.06 \\ 0.01 & 0.06 & 0.10 & 0.02 & 0.10 & 0.16 & 0.01 & 0.06 & 0.10 \\ \hline 0.02 & 0.01 & 0.00 & 0.10 & 0.06 & 0.01 & 0.16 & 0.10 & 0.02 \\ 0.01 & 0.02 & 0.01 & 0.06 & 0.10 & 0.06 & 0.10 & 0.16 & 0.10 \\ 0.00 & 0.01 & 0.02 & 0.01 & 0.06 & 0.10 & 0.02 & 0.10 & 0.16 \end{array}\right) \begin{pmatrix} x_1 \\ x_2 \\ x_3 \\ \hline x_4 \\ x_5 \\ x_6 \\ \hline x_7 \\ x_8 \\ x_9 \end{pmatrix}$$

x_1과 y_4와 같이 가까운 위치에서는 영향이 강하고(행렬의 (4, 1) 성분이 0.10), x_1과 y_3와 같이 떨어진 위치에서는 영향이 약합니다(행렬의 (3, 1) 성분이 0.02). 물론 실제 값은 카메라의 특성에 따라 변합니다.

2.6.2 대책 예: 티호노프의 정칙화

무엇이 곤란한지는 알았습니다. 그럼 어떻게 하면 좋을까요? 2.5.3절에서 최소제곱법을 소개했습니다만, A가 정칙인 경우에는 보통 구한 해가 $\boldsymbol{x} = A^{-1}\boldsymbol{y}$ 같은 결과가 되기 때문에 지금은 도움이 되지 않습니다.

자주 이용하는 방법은 다음과 같습니다.

- $A\boldsymbol{x}$와 $\boldsymbol{y}$의 '차이'를 측정한다.
- $\boldsymbol{x}$ 자체의 '그럴듯함'을 측정한다. 또는 같은 것이지만, $\boldsymbol{x}$의 '부자연스러움'을 측정한다.
- '차이'와 '부자연스러움'의 한계치가 최소가 되는 $\boldsymbol{x}$를 답한다.

초점이 안 맞는 화상의 복원으로 말하면 다음과 같습니다.

> 실패한 것은 '차이' 밖에 고려하지 않았기 때문이다. $\boldsymbol{x} = A^{-1}\boldsymbol{y}$라고 하면 '차이'는 0이지만, 얻어진 화상 $\boldsymbol{x}$의 '부자연스러움'이 심하다. 노이즈가 실린 부정확한 $\boldsymbol{y}$에 대한 '차이'에 구애되어서는 안 된다. '차이'와 '부자연스러움'의 밸런스를 적절하게 잡으면 좀 더 나은 화상을 얻을 수 있다.

'차이', '부자연스러움' 등 정의하지 않은 단어가 또 나왔습니다. 이를 어떻게 재는지가 타당한지는 예마다, 문제마다 다릅니다.

실제로는 다음과 같은 방법을 자주 사용합니다.[77]

- $A\boldsymbol{x} - \boldsymbol{y}$의 '길이' $\| A\boldsymbol{x} - \boldsymbol{y} \|$를 이용하여 '차이'를 잰다.
- $\boldsymbol{x}$의 '길이' $\| \boldsymbol{x} \|$를 이용하여 '부자연스러움'을 잰다.

예를 들어 양의 정수 α를 무언가로 설정하여 $\| A\boldsymbol{x} - \boldsymbol{y} \|^2 + \alpha \| \boldsymbol{x} \|^2$이 최소가 되는 $\boldsymbol{x}$를 구하면 실은 $\boldsymbol{x} = (A^T A + \alpha I)^{-1} A^T \boldsymbol{y}$가 됩니다(티호노프(Tikhonov)의 정칙화). α를 크게 설정할수록 '부자연스러움'을 강하게 억제하게 됩니다. $\alpha = 0.03$으로 복원한 화상의 예를 그림 2-25에 제시합니다(128×128 화소, 원래 화상의 화소값은 0~255).

77 '길이'를 현 단계에서 배우지 않은 것 등은 최소제곱법(2.5.3절)과 같습니다. 다음 단락에서는 정규직교기저를 가정하고, $\boldsymbol{x} = (x_1, ..., x_n)^T$에 대해 $\| \boldsymbol{x} \|^2 = x_1^2 + \ldots + x_n^2$으로 하고 있습니다.

▼ 그림 2-25 미세한 노이즈가 들어간 초점이 안 맞은 화상(좌)과 티호노프의 정칙화로 복원한 화상(우)

자세한 내용은 역문제를 다룬 책을 참고해 주십시오.

3장

컴퓨터에서의 계산 (1) –LU 분해로 가자

3.1 서론

3.1.1 수치 계산을 얕보지 마라

이 장의 주제는 '구체적으로 수치가 주어진 행렬에 컴퓨터를 사용하여 지금까지 배운 행렬 계산을 시행하자'입니다. 특히 크기가 큰 행렬에 대해 효율적으로 각종 계산을 하는 것이 과제입니다. 그래서 무엇보다 먼저 명심했으면 하는 것이 있습니다.

수치 계산을 얕보지 마라

수치 계산은 그 자체만으로 하나의 연구 분야입니다. 선형대수를 공부하는 틈틈이 습득할 수 있는 얕은 내용이 아닙니다. 선형대수를 조금 배웠다고 해서 규모가 큰 행렬을 계산할 수 있다고 생각하는 것은 너무 낙관적인 생각입니다.

종이와 연필로 문자식을 다루는 '수학'과 비교하여 컴퓨터로 구체적인 수치를 계산할 때는 다음과 같은 사항을 신경 쓰지 않으면 안 됩니다.

- 수치의 정도(정밀도)는 유한하다.
- 계산량 · 메모리 소비량을 줄이고 싶다.

이런 요구에 대응하기 위한 큰 기술, 작은 기술이 여러 가지 있습니다. '수학적으로는 근사식 A가 근사식 B보다 정확한 것이 분명해도 수치의 정도가 유한하면 B의 오차가 더 적게 쌓인다', '프로세서의 메모리 캐시를 의식하여 처리에 필요한 수치 한 덩어리가 캐쉬 크기 내에 들어가도록 순서를 궁리한다', '행렬 성분이 대부분 0인 경우[1] 영(0)투성이인 이차원 배열이란 쓸데없는 것은 만들지 말고, '0이 아닌 위치와 그 값'의 일람표를 사용한다' 등 크고 깊은 그 전모는 아무리 해도 커버할 수 없습니다. 이 분야에 관해서 자신이 얼마나 초보인지 뼈저리게 느끼게 해주는 참고서로 참고문헌 [8]을 올려 놓았습니다. '이런 수, 저런 수'의 일부분은 뒤의 고윳값 계산에서도 소개합니다.

---

1 자주 있는 일입니다. 예를 들어 실제로 흥미 있는 물리 현상은 편미분방정식에서 기술되는 것이 많습니다. 그런 현상을 계산기로 시뮬레이션하기 위해서 편미분방정식을 이산화하여 푸는 방법을 자주 실행합니다. 이때 거의 영(0)투성이인 거대한 행렬(대규모 희소행렬)이 나타납니다.

이 장에서는 선형대수 입장에서 행렬 계산의 기본을 설명합니다. 이것을 그대로 구현하여 만족해서는 안 됩니다. 진정한 수치 계산을 위해서는 전문서적을 참고해 주십시오. 이 장은 어디까지나 전문서에서 실마리가 되는 것을 목표로 하고 있습니다.

3.1.2 이 책의 프로그램에 대해

독자의 이해를 돕기 위해 가감승제, LU 분해 등을 실제로 계산하는 프로그램을 제공하고 있습니다. 소스코드 내려받기는 서문 (e)를 참고해 주십시오. 본문에는 전체를 게재하지 않고, 요소의 설명에 집중하겠습니다. 이 프로그램은 어디까지나 '학습용'입니다. 다음 사항에 주의해 주십시오.

- 효율이라던지 에러 회피라던지 하는 실용성보다 단순함이나 알기 쉬움을 우선하고 있습니다. 이 모양 이대로 '본방용'이 되지는 않습니다.
- 프로그래밍 언어는 Ruby입니다만, 언어 특유의 편리한 기능이나 기법은 봉인하고, 좀 더 융통성 없는 전통적인 언어 차원으로 사용되었습니다. 특정 언어로 구현하는 방법을 나타내는 것이 목적이 아니기 때문입니다. 그래서 Ruby 외의 언어를 사용하는 분이라도 유사 코드로서 지장없이 읽을 수 있으므로 걱정 안하셔도 됩니다(서문 (e)). 단, 진짜 Ruby가 이렇게 어색한 언어라고 오해하지 말아 주십시오.
- Ruby에서 '#' 이후는 주석입니다.

또한, '본방용'의 프로그램이 필요한 경우에는 자신이 짠 것이 아닌 기존의 패키지를 사용하는 것이 무난합니다. 수치 분석의 아마추어에게는 쓸 만한 프로그램을 쓰기가 힘들 것입니다. 유명한 선형대수 연산 패키지로서 LAPACK(Linear Algebra PACKage)을 예로 들어 두겠습니다.[2]

또한, Ruby에는 matrix.rb라는 행렬 연산 라이브러리가 첨부되어 있는 것도 덧붙여 두겠습니다.

2 http://www.netlib.org/lapack/

3.2 준비 운동: 덧셈, 뺄셈, 곱셈, 나눗셈

이 장의 주제는 LU 분해입니다만, 그 전에 준비운동으로 덧셈, 뺄셈, 곱셈, 나눗셈을 확인하겠습니다. 1차원 배열이나 2차원 배열은 사전에 준비된 것으로 합니다.[3]

벡터, 행렬의 연산은 for 루프를 돌려서 성분마다 조작하는 것이 기본입니다. 예를 들어 벡터끼지의 합이면 다음과 같습니다.

```
# 합(벡터 a에 벡터 b를 더한다: a ← a+b)
def vector_add(a, b)          # 함수 정의(end까지)
  a_dim = vector_size(a)      # 각 벡터의 차원을 취득
  b_dim = vector_size(b)
  if (a_dim != b_dim)         # 차원이 같지 않으면……(end까지)
    raise 'Size mismatch.'    # 에러
  end
  for i in 1..a_dim           # 루프(end까지): i = 1, 2, ..., a_dim
    a[i] = a[i] + b[i]        # 성분마다 더한다.
  end
end
```

마찬가지로 행렬과 벡터의 곱을 정의대로 구현하면 다음과 같은 이중 루프가 됩니다.

```
# 행렬 a와 벡터 v의 곱을 벡터 r에 넣어둠
def matrix_vector_prod(a, v, r)
  # 크기를 취득
  a_rows, a_cols = matrix_size(a)
  v_dim = vector_size(v)
  r_dim = vector_size(r)
  # 곱이 정의되는지 확인
  if (a_cols != v_dim or a_rows != r_dim)
    raise 'Size mismatch.'
  end
  # 여기부터 중심 내용
  for i in 1..a_rows         # a의 각 행에 대해……
    # a와 v의 대응하는 성분을 곱하여 그 합계를 구한다.
    s = 0
    for k in 1..a_cols
      s = s + a[i,k] * v[k]
    end
    # 결과를 r에 저장
```

3 언어의존성이 높으므로 배열의 선언이나 확보에 대해서는 특정 언어로 자세히 설명해도 그다지 얻는 게 없습니다.

```
    r[i] = s
  end
end
```

행렬끼리의 곱이면 삼중 루프입니다. 큰 행렬끼리 곱하는 데 필요한 계산의 양 및 큰 행렬을 가능한 피하는 것이 중요합니다(1.2.13절 '크기에 구애되라').

```
# 행렬 a와 행렬 b의 곱을 행렬 r에 저장
def matrix_prod(a, b, r)
  # 크기를 취득하고, 곱이 정의되었는지 확인
  a_rows, a_cols = matrix_size(a)
  b_rows, b_cols = matrix_size(b)
  r_rows, r_cols = matrix_size(r)
  if (a_cols != b_rows or a_rows != r_rows or b_cols != r_cols)
    raise 'Size mismatch.'
  end
  # 여기까지가 중심 내용
  for i in 1..a_rows          # a의 각 행, b의 각 열에 대해……
    for j in 1..b_cols
      # a와 b의 대응하는 성분을 곱하여 그 합계를 구한다.
      s = 0
      for k in 1..a_cols
        s = s + a[i,k] * b[k,j]
      end
      # 결과를 r에 저장
      r[i,j] = s
    end
  end
end
```

3.1 이 정도의 계산이라면 본방용을 스스로 짜도 괜찮지요?

'속도가 중요하다', '거대한 행렬을 다룬다'라면 답은 '아니오'입니다. 현명한 사람이 만든 패키지를 사용합시다. 어떻게 만드는 것이 우수한지는 기기의 구조와도 관계가 있으므로 사용하는 기기에 맞춰서 조정된 것을 사용해 주십시오.

3.3 LU 분해

'선형대수'의 '입문서'에는 언급되지 않습니다만, LU 분해라는 편리한 도구가 있습니다. 컴퓨터로 수치 계산을 할 때는 LU 분해가 기본 부품 중 하나로 활용됩니다.

3.3.1 정의

주어진 행렬 A에 대해 A를 **하삼각행렬** L과 **상삼각행렬** U의 곱으로 나타내는 것을 LU 분해라고 합니다.[4] 즉,

$$A = \begin{pmatrix} \blacksquare & 0 & 0 & 0 & 0 \\ \blacksquare & \blacksquare & 0 & 0 & 0 \\ \blacksquare & \blacksquare & \blacksquare & 0 & 0 \\ \blacksquare & \blacksquare & \blacksquare & \blacksquare & 0 \\ \blacksquare & \blacksquare & \blacksquare & \blacksquare & \blacksquare \end{pmatrix} \begin{pmatrix} \blacksquare & \blacksquare & \blacksquare & \blacksquare & \blacksquare \\ 0 & \blacksquare & \blacksquare & \blacksquare & \blacksquare \\ 0 & 0 & \blacksquare & \blacksquare & \blacksquare \\ 0 & 0 & 0 & \blacksquare & \blacksquare \\ 0 & 0 & 0 & 0 & \blacksquare \end{pmatrix} \equiv LU \tag{3.1}$$

이 되도록 ■의 값을 잘 채워주는 것입니다(A는 5×5의 예). 단, 실제는 조금 더 한정하여

$$A = \begin{pmatrix} 1 & 0 & 0 & 0 & 0 \\ \blacksquare & 1 & 0 & 0 & 0 \\ \blacksquare & \blacksquare & 1 & 0 & 0 \\ \blacksquare & \blacksquare & \blacksquare & 1 & 0 \\ \blacksquare & \blacksquare & \blacksquare & \blacksquare & 1 \end{pmatrix} \begin{pmatrix} \blacksquare & \blacksquare & \blacksquare & \blacksquare & \blacksquare \\ 0 & \blacksquare & \blacksquare & \blacksquare & \blacksquare \\ 0 & 0 & \blacksquare & \blacksquare & \blacksquare \\ 0 & 0 & 0 & \blacksquare & \blacksquare \\ 0 & 0 & 0 & 0 & \blacksquare \end{pmatrix} \equiv LU \tag{3.2}$$

와 같은 모양입니다(L의 대각성분을 1로 한다[5]). 세로로 긴 B나 가로로 긴 C에서는

$$B = \begin{pmatrix} 1 & 0 & 0 & 0 \\ \blacksquare & 1 & 0 & 0 \\ \blacksquare & \blacksquare & 1 & 0 \\ \blacksquare & \blacksquare & \blacksquare & 1 \\ \blacksquare & \blacksquare & \blacksquare & \blacksquare \\ \blacksquare & \blacksquare & \blacksquare & \blacksquare \\ \blacksquare & \blacksquare & \blacksquare & \blacksquare \end{pmatrix} \begin{pmatrix} \blacksquare & \blacksquare & \blacksquare & \blacksquare \\ 0 & \blacksquare & \blacksquare & \blacksquare \\ 0 & 0 & \blacksquare & \blacksquare \\ 0 & 0 & 0 & \blacksquare \end{pmatrix}$$

4 LR 분해라고 부르기도 합니다.

5 L을 1로 하는 것은 단지 습관입니다. U의 대각성분을 1로 해도 이론은 같습니다. 덧붙이면 $A = LDU$라는 형태의 LDU 분해도 본질적으로는 같습니다(L은 하삼각, D는 대각, U는 상삼각, L도 U도 대각성분은 모두 1).

$$C = \begin{pmatrix} 1 & 0 & 0 & 0 \\ \blacksquare & 1 & 0 & 0 \\ \blacksquare & \blacksquare & 1 & 0 \\ \blacksquare & \blacksquare & \blacksquare & 1 \end{pmatrix} \begin{pmatrix} \blacksquare & \blacksquare & \blacksquare & \blacksquare & \blacksquare & \blacksquare \\ 0 & \blacksquare & \blacksquare & \blacksquare & \blacksquare & \blacksquare \\ 0 & 0 & \blacksquare & \blacksquare & \blacksquare & \blacksquare \\ 0 & 0 & 0 & \blacksquare & \blacksquare & \blacksquare \end{pmatrix}$$

와 같은 모양입니다. 실제 예를 하나 들어 보겠습니다. $\left(\begin{smallmatrix} 2 & 6 & 4 \\ 5 & 7 & 9 \end{smallmatrix}\right)$의 LU 분해는 다음과 같습니다.

$$\begin{pmatrix} 2 & 6 & 4 \\ 5 & 7 & 9 \end{pmatrix} = \begin{pmatrix} 1 & 0 \\ 2.5 & 1 \end{pmatrix} \begin{pmatrix} 2 & 6 & 4 \\ 0 & -8 & -1 \end{pmatrix}$$

무조건 '이런 분해를 생각한다'라고 해도 쉽게 이해하기는 어렵습니다. 곧바로 다음과 같은 의문이 생길 것입니다.

- 분해해서 무엇이 좋은가
- 처음부터 그런 분해가 되는가
- 분해된다고 해도 계산량은 어떤가

다음 절 이후부터 이런 질문에 대답해가겠습니다.

3.2 식 (3.1)의 무엇이 문제라 식 (3.2)로 했나요?

식 (3.1)의 ■를 전부 조정해도 됩니다만, 거기까지 할 필요는 없습니다. 예를 들어 다음 △를 한 번에 10배하고, 그 대신에 ▽를 모두 1/10해도 A는 변하지 않습니다(행렬의 곱을 떠올리면 바로 확인 가능합니다).

$$A = \begin{pmatrix} \blacksquare & 0 & 0 & 0 & 0 \\ \blacksquare & \triangle & 0 & 0 & 0 \\ \blacksquare & \triangle & \blacksquare & 0 & 0 \\ \blacksquare & \triangle & \blacksquare & \blacksquare & 0 \\ \blacksquare & \triangle & \blacksquare & \blacksquare & \blacksquare \end{pmatrix} \begin{pmatrix} \blacksquare & \blacksquare & \blacksquare & \blacksquare & \blacksquare \\ 0 & \triangledown & \triangledown & \triangledown & \triangledown \\ 0 & 0 & \blacksquare & \blacksquare & \blacksquare \\ 0 & 0 & 0 & \blacksquare & \blacksquare \\ 0 & 0 & 0 & 0 & \blacksquare \end{pmatrix}$$

그러므로 식 (3.1)로 분해된다면 식 (3.2) 형태로 바로 고칠 수 있습니다.[6] 이 말은 반대로 처음부터 식 (3.2) 형태로 단정짓고, 식 (3.2) 형태의 답만 찾아도 되지 않을까란 의미입니다.[7] 그렇게 하면 식 (3.1)의 ■ 30개를 전부 조정하지 않아도, 식 (3.2)의 ■ 25개를 조정하면 끝납니다.

6 정확하게는 대각성분에 0이 있는 경우를 제외합니다.

7 수학에서 무언가를 단정지을 때는 이런 식으로 확실하게 근거를 확인하는 것이 중요합니다. 단정짓는다는 것은 해를 찾는 범위를 한정짓는다는 것이므로 그 범위에 해가 있다는 것을 확인해두어야 합니다. 확인 없이 맘대로 단정짓는다면 '실은 해가 있는데 단정지은 탓에 찾을 수 없어'라는 함정에 빠질 가능성이 있습니다.

3.3.2 분해하면 뭐가 좋나요?

일단 LU 분해를 하면 L이나 U의 형태를 이용하여 행렬식을 구하거나, 일차방정식을 풀거나 하는 것이 간단해집니다(실제로 뒤에서 해봅니다). '간단하게'라는 말은 '적은 계산량으로'라는 의미입니다.

'처음에 시간을 들여 분해해두면 나중에는 여기도, 저기도 편해진다'라는 편리함 때문에 LU 분해는 수치 계산의 기본 부품으로 널리 사용됩니다. 특히 다양한 $\boldsymbol{b}$에 대해 반복하는 연립일차방정식 $A\boldsymbol{x} = \boldsymbol{b}$를 풀 때 $A = LU$로 한 번 분해해두고 나중에 L, U를 다시 사용하면 됩니다.

3.3.3 처음에 분해가 가능한가요?

갑자기 제시하면 매우 이상할지도 모르겠습니다만, 침착하게 생각하면 확실히 L과 U로 분해하는 것을 간단하게 확인할 수 있습니다.[8] 4×5행렬의 예에서 확인해봅시다. 하고 싶었던 것은 다음의 ■를 잘 조정하고, *가 지정된 값이 되도록 하는 것이었습니다.

$$\begin{pmatrix} 1 & 0 & 0 & 0 \\ \blacksquare & 1 & 0 & 0 \\ \blacksquare & \blacksquare & 1 & 0 \\ \blacksquare & \blacksquare & \blacksquare & 1 \end{pmatrix} \begin{pmatrix} \blacksquare & \blacksquare & \blacksquare & \blacksquare & \blacksquare \\ 0 & \blacksquare & \blacksquare & \blacksquare & \blacksquare \\ 0 & 0 & \blacksquare & \blacksquare & \blacksquare \\ 0 & 0 & 0 & \blacksquare & \blacksquare \end{pmatrix} = \begin{pmatrix} * & * & * & * & * \\ * & * & * & * & * \\ * & * & * & * & * \\ * & * & * & * & * \end{pmatrix}$$

우선 1행을 실제로 계산하려고 해보면 다음 '아', '이', '우', '에', '오'가 바로 판명됩니다. 답은 물론 아 = 하, 이 = 히, 우 = 후, 에 = 헤, 오 = 호 입니다.

$$\begin{pmatrix} 1 & 0 & 0 & 0 \\ \blacksquare & 1 & 0 & 0 \\ \blacksquare & \blacksquare & 1 & 0 \\ \blacksquare & \blacksquare & \blacksquare & 1 \end{pmatrix} \begin{pmatrix} \boxed{\text{아}} & \boxed{\text{이}} & \boxed{\text{우}} & \boxed{\text{에}} & \boxed{\text{오}} \\ 0 & \blacksquare & \blacksquare & \blacksquare & \blacksquare \\ 0 & 0 & \blacksquare & \blacksquare & \blacksquare \\ 0 & 0 & 0 & \blacksquare & \blacksquare \end{pmatrix} = \begin{pmatrix} \text{하} & \text{히} & \text{후} & \text{헤} & \text{호} \\ * & * & * & * & * \\ * & * & * & * & * \\ * & * & * & * & * \end{pmatrix}$$

'아'가 정해지면 다음 '가', '사', '다'도 정해집니다. '가 × 아 = 카', '사 × 아 = 자', '다 × 아 = 타' 이므로 '가 = 카/아', '사 = 자/아', '다 = 타/아'가 답입니다. 이것으로 '1행과 1열이 정해졌습니다.

8 '이렇게 분해하는거야'라고 들으면 '확실히 가능하다'고 쉽게 이해한다는 뜻입니다. '이런 분해를 자신이 떠올릴 수 있을까'란 것은 또 다른 이야기입니다.

$$
\begin{pmatrix} 1 & 0 & 0 & 0 \\ \boxed{\text{가}} & 1 & 0 & 0 \\ \boxed{\text{사}} & \blacksquare & 1 & 0 \\ \boxed{\text{다}} & \blacksquare & \blacksquare & 1 \end{pmatrix}
\begin{pmatrix} \text{아} & \text{이} & \text{우} & \text{에} & \text{오} \\ 0 & \blacksquare & \blacksquare & \blacksquare & \blacksquare \\ 0 & 0 & \blacksquare & \blacksquare & \blacksquare \\ 0 & 0 & 0 & \blacksquare & \blacksquare \end{pmatrix}
=
\begin{pmatrix} * & * & * & * & * \\ \text{카} & * & * & * & * \\ \text{자} & * & * & * & * \\ \text{타} & * & * & * & * \end{pmatrix}
$$

다음은 '기', '구', '게', '고'를 구합니다. '가 × 이 + 기 = 키'이므로 '기 = 키 − 카 × 이'로 구해집니다. '키'는 처음부터 지정되어 있고 '가', '이'는 결정된 사항이기 때문에 '구', '게', '고'도 같은 모양으로 구해지는 것을 확인해 주십시오.

$$
\begin{pmatrix} 1 & 0 & 0 & 0 \\ \text{가} & 1 & 0 & 0 \\ \text{사} & \blacksquare & 1 & 0 \\ \text{다} & \blacksquare & \blacksquare & 1 \end{pmatrix}
\begin{pmatrix} \text{아} & \text{이} & \text{우} & \text{에} & \\ 0 & \boxed{\text{기}} & \boxed{\text{구}} & \boxed{\text{게}} & \boxed{\text{고}} \\ 0 & 0 & \blacksquare & \blacksquare & \blacksquare \\ 0 & 0 & 0 & \blacksquare & \blacksquare \end{pmatrix}
=
\begin{pmatrix} * & * & * & * & * \\ * & \text{키} & \text{쿠} & \text{케} & \text{코} \\ * & * & * & * & * \\ * & * & * & * & * \end{pmatrix}
$$

여기까지 구하면 이번에는 '시', '디'가 판명됩니다. 예를 들어 '사 × 이 + 시 × 기 = 지'에서 '시' 이외는 이미 알고 있는 값이므로 '시'가 결정됩니다.

$$
\begin{pmatrix} 1 & 0 & 0 & 0 \\ \text{가} & 1 & 0 & 0 \\ \text{사} & \boxed{\text{시}} & 1 & 0 \\ \text{다} & \boxed{\text{디}} & \blacksquare & 1 \end{pmatrix}
\begin{pmatrix} \text{아} & \text{이} & \text{우} & \text{에} & \text{오} \\ 0 & \text{기} & \text{구} & \text{게} & \text{고} \\ 0 & 0 & \blacksquare & \blacksquare & \blacksquare \\ 0 & 0 & 0 & \blacksquare & \blacksquare \end{pmatrix}
=
\begin{pmatrix} * & * & * & * & * \\ * & * & * & * & * \\ * & \text{지} & * & * & * \\ * & \text{티} & * & * & * \end{pmatrix}
$$

이런 식으로 1행, 1열, 2행, 2열 …… 이라는 순서로 앞이 정해지면 뒤는 줄줄이 식으로 결정됩니다. 즉, 순서만 잘 따지면 간단하게 생각하는 것만으로 ■가 차례차례 결정되는 것입니다(연립방정식이란 것을 생각하지 않아도 하나씩 구해갈 수 있습니다). 단, 지금까지 설명에서 조금 거짓말한 곳이 있습니다. 눈치채셨나요? '가', '사', '다'를 구하는 곳에서 만약 '아'가 0이었다면 어떻게 될까요?[9] 사실 그런 운 나쁜 경우에는 순순히 $A = LU$로 분해되지 않습니다. 할 수 없이 LU에 조금 더 손을 써 분해를 합니다(3.8절). 단, 대부분의 A는 순순히 $A = LU$로 분해되므로 당분간은 그런 '보통의 경우'를 알아봅시다.

3.3.4 LU 분해의 계산량은?

행렬 A를 LU 분해하는데 덧셈, 뺄셈, 곱셈, 나눗셈이 몇 번 필요한지를 셉니다. 간단하기 때문에 A는 정방행렬 $(n \times n)$으로 합니다(뒤의 절에서 보듯이 실제로 활용할 때도 LU 분해의 대상이 되는 것은 주로 정방행렬입니다).

---

9 마찬가지로 '시' '디'를 구할 때 '기'가 0인 경우로 곤란합니다.

우선 $A = (a_{ij})$, $L = (l_{ij})$, $U = (u_{ij})$로 성분에 이름을 붙여둡시다.[10] 좀 전의 순서를 떠올리면 ($i \le j$에 대해) u_{ij}는

$$l_{i1}u_{1j} + \cdots + l_{i,(i-1)}u_{(i-1),j} + u_{ij} = a_{ij} \tag{3.3}$$

에서

$$u_{ij} = a_{ij} - l_{i1}u_{1j} - \cdots - l_{i,(i-1)}u_{(i-1),j} \tag{3.4}$$

로 구해졌습니다($l_{ii} = 1$에 주의). 연산 횟수는 곱셈 $(i - 1)$회, 뺄셈 $(i - 1)$회입니다. 또한, ($i > j$에 대해) l_{ij}는

$$l_{i1}u_{1j} + \cdots + l_{i,(j-1)}u_{(j-1),j} + l_{ij}u_{jj} = a_{ij}$$

에서

$$l_{ij} = (a_{ij} - l_{i1}u_{1j} - \cdots - l_{i,(j-1)}u_{(j-1),j}) / u_{jj}$$

로 구해졌습니다. 연산 횟수는 곱셈 j회, 뺄셈 $(j - 1)$회, 그리고 각 열 j마다 나눗셈 1회입니다.[11]

LU 분해의 각 성분을 구하는 데 필요한 연산 횟수를 보기 쉽게 그 장소에 써 넣으면 다음과 같습니다(4×4행렬의 경우).

$$\begin{aligned}
&\text{나눗셈 횟수:} && \begin{pmatrix} &&& \\ 1 &&& \\ 0 & 1 && \\ 0 & 0 & 1 & \end{pmatrix}\begin{pmatrix} 0 & 0 & 0 & 0 \\ & 0 & 0 & 0 \\ && 0 & 0 \\ &&& 0 \end{pmatrix} \\
&\text{곱셈 횟수:} && \begin{pmatrix} &&& \\ 1 &&& \\ 1 & 2 && \\ 1 & 2 & 3 & \end{pmatrix}\begin{pmatrix} 0 & 0 & 0 & 0 \\ & 1 & 1 & 1 \\ && 2 & 2 \\ &&& 3 \end{pmatrix} \\
&\text{뺄셈 횟수:} && \begin{pmatrix} &&& \\ 0 &&& \\ 0 & 1 && \\ 0 & 1 & 2 & \end{pmatrix}\begin{pmatrix} 0 & 0 & 0 & 0 \\ & 1 & 1 & 1 \\ && 2 & 2 \\ &&& 3 \end{pmatrix}
\end{aligned} \tag{3.5}$$

---

10 L, U의 형태에서 $i < j$이면 $l_{ij} = 0$, $i = j$이면 $l_{ij} = 1$, $i > j$이면 $u_{ij} = 0$이었습니다. 짧게 말하면 '값이 있는 것은 $l_{대소}$, $u_{소대}$뿐'입니다.

11 $1/u_{jj}$를 한 번 구해서 기억해두면 나중에는 '$1/u_{jj}$를 곱하다'라는 곱셈으로 끝납니다. 일반적으로 나눗셈은 곱셈보다 계산하는 데 시간이 걸리므로 이렇게 생각하는 것입니다.

이를 집계하면 다음 결과를 얻을 수 있습니다.

▼ 표 3.1 n차 정방행렬에 대한 LU 분해의 연산 횟수(n이 큰 경우의 어림 계산)

나눗셈	n
곱셈	$n^3/3$
뺄셈	$n^3/3$

덧붙여 2.2절에서 설명한 방법의 연산 횟수는 다음과 같습니다.[12]

▼ 표 3.2 n차 정방행렬에 대한 연산 횟수(n이 클 때의 어림 계산)

	연립일차방정식(변수소거법)	연립일차방정식(가우스 요르단 소거법)	역행렬
나눗셈	n	n	n
곱셈	$n^3/3$	$n^3/2$	n^3
뺄셈	$n^3/3$	$n^3/2$	n^3

LU 분해의 연산 횟수는 이 방법들과 같거나 적다는 것을 알 수 있습니다. 사실 이 방법들과

- LU 분해의 연산 횟수
- 얻어진 L과 U를 사용하여 연립일차방정식을 풀던지, 역행렬을 구하던지 하는 연산 횟수

를 합해서 비교해도 손해보지 않습니다.

3.3 LU 분해만으로 변수소거법과 연산 횟수가 같으므로 L과 U를 사용하여 연립일차방정식을 푸는 만큼 손해 아닌가요?

L과 U를 사용하여 연립일차방정식을 푸는 것은 쉬우므로 LU 분해 자체의 연산 횟수와 비교하면 '우수리(자잘한 푼돈)'에 불과합니다. 표에 나타낸 어림 계산에서 이 정도의 우수리는 무시합니다.

12 각주 11과 같은 방법으로 손을 쓴 경우의 연산 횟수입니다.

3.4 LU 분해의 연산 횟수는 어떻게 계산해서 구한 건가요?

나눗셈은 보이는 그대로니까 곱셈과 뺄셈이 문제네요. 예를 들어 식 (3.5)에서 빈칸이 아닌 부분을 맞추면 이런 표가 만들어집니다.

$$\begin{pmatrix} 0 & 0 & 0 & 0 \\ 0 & 1 & 1 & 1 \\ 0 & 1 & 2 & 2 \\ 0 & 1 & 2 & 3 \end{pmatrix}$$

정육면체 블록을 많이 준비하여 이 표 위에 쌓아올렸다고 생각해 주십시오. 1이라고 쓰인 장소 위에는 한 개, 2라고 쓰인 장소 위에는 두 개라는 모양입니다. 쌓인 블록의 개수가 연산 횟수입니다.

착실하게 세어도 좋습니다만, 연산 횟수가 문제가 되는 것은 n이 큰 경우이므로 너무 세세한 우수리는 신경 쓰지 않아도 되겠지요. 울퉁불퉁한 블록을 직선으로 근사하여 그림 3-1에 나타낸 사각뿔의 부피를 구하면 충분합니다.

▼ 그림 3-1 이 사각뿔의 부피가 연산 횟수

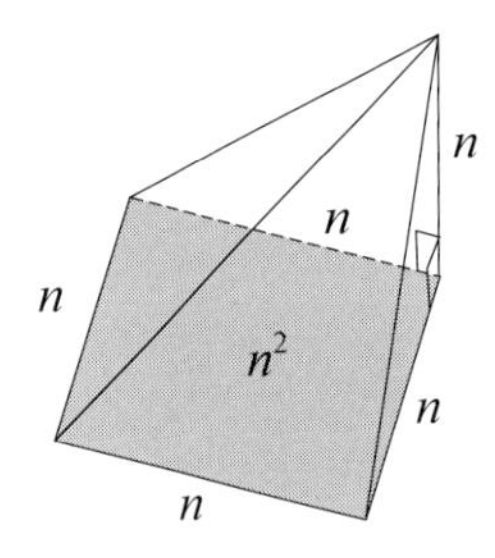

부피를 구하는 공식은 (밑면곱 n^2 × 높이 n)/3 = $n^3/3$입니다. 이렇게 표의 값 $n^3/3$이 얻어집니다.

3.4 LU 분해의 순서 (1) 보통의 경우

앞 절에서 설명한 LU 분해의 순서를 조금 더 형식적으로 고쳐 써봅시다. $m \times n$ 행렬 $A = (a_{ij})$에 대해 $s = \min(m, n)$으로 두고,[13] $A = LU$로 LU 분해하는 것을 생각합니다(L은 $m \times s$의 하삼각행렬, U는 $s \times n$의 상삼각행렬). 또한, 도중 결과를 쓰기 쉽게

$$L = (\boldsymbol{l}_1, \ldots, \boldsymbol{l}_s), \qquad U = \begin{pmatrix} \boldsymbol{u}_1^T \\ \vdots \\ \boldsymbol{u}_s^T \end{pmatrix} \tag{3.6}$$

로 각각 종단락, 횡단락해 둡시다. 이렇게 잘라두면

$$A = \boldsymbol{l}_1 \boldsymbol{u}_1^T + \cdots + \boldsymbol{l}_s \boldsymbol{u}_s^T \tag{3.7}$$

라고 쓸 수 있습니다.[14]

우선은 $A \equiv A(1) = (a_{ij}(1))$에 대해

$$\boldsymbol{l}_1 = \frac{1}{a_{11}(1)} \begin{pmatrix} a_{11}(1) \\ \vdots \\ a_{m1}(1) \end{pmatrix}, \qquad \boldsymbol{u}_1^T = (a_{11}(1), \ldots, a_{1n}(1)) \tag{3.8}$$

로 두면

$$A(1) - \boldsymbol{l}_1 \boldsymbol{u}_1^T = \left(\begin{array}{c|ccc} 0 & 0 & \cdots & 0 \\ \hline 0 & & & \\ \vdots & & A(2) & \\ 0 & & & \end{array}\right), \qquad \text{즉 } A = \boldsymbol{l}_1 \boldsymbol{u}_1^T + \left(\begin{array}{c|ccc} 0 & 0 & \cdots & 0 \\ \hline 0 & & & \\ \vdots & & A(2) & \\ 0 & & & \end{array}\right) \tag{3.9}$$

처럼 '나머지'(잔차)의 1행과 1열을 0으로 만들 수 있습니다. 남은 블록은 행렬 $A(2)$라고 이름을 붙였습니다. $A(2)$를 구체적으로 구하는 것도 $A - \boldsymbol{l}_1 \boldsymbol{u}^T{}_1$를 계산하는 것뿐이므로 가능합니다. 이렇게 하나 작아진 $A(2) = (a_{ij}(2))$에 대해 똑같이

---

13 m과 n에서 작은 쪽을 s로 한다는 의미입니다. $m \le n$이면 $s = m$, $m > n$이면 $s = n$. A가 가로로 긴 때와 세로로 긴 때를 구분하여 쓰는 것은 서로 성가시니까 정리하기 위한 준비입니다. 이해하기 어려울 것 같으면 $m = n = s$라 생각하고 읽어도 상관없습니다.

14 '응?'이라고 한 사람은 블록행렬을 복습합니다(1.2.9절 참고).

$$\boldsymbol{l}(2) = \frac{1}{a_{11}(2)} \begin{pmatrix} a_{11}(2) \\ \vdots \\ a_{m'1}(2) \end{pmatrix}, \quad \boldsymbol{u}(2)^T = (a_{11}(2), \ldots, a_{1n'}(2))$$

로 두면($m' = m - 1$, $n' = n - 1$)

$$A(2) - \boldsymbol{l}(2)\boldsymbol{u}(2)^T = \left(\begin{array}{c|ccc} 0 & 0 & \cdots & 0 \\ \hline 0 & & & \\ \vdots & & A(3) & \\ 0 & & & \end{array}\right),$$

$$\text{즉} \quad A(2) = \boldsymbol{l}(2)\boldsymbol{u}(2)^T + \left(\begin{array}{c|ccc} 0 & 0 & \cdots & 0 \\ \hline 0 & & & \\ \vdots & & A(3) & \\ 0 & & & \end{array}\right)$$

처럼 하여 또 '나머지'의 1행과 1열이 0이 됩니다. 여기서

$$\boldsymbol{l}_2 = \left(\begin{array}{c} 0 \\ \hline \\ l(2) \\ \\ \end{array}\right), \quad \boldsymbol{u}_2^T = (0, \boldsymbol{u}(2)^T)$$

로 머리에 0을 붙여 크기를 돌려놓으면

$$\left(\begin{array}{c|cccc} 0 & 0 & \cdots & \cdots & 0 \\ \hline 0 & & & & \\ \vdots & & A(2) & & \\ \vdots & & & & \\ 0 & & & & \end{array}\right) = \boldsymbol{l}_2\boldsymbol{u}_2^T + \left(\begin{array}{c|cccc} 0 & 0 & 0 & \cdots & 0 \\ 0 & 0 & 0 & \cdots & 0 \\ \hline 0 & 0 & & & \\ \vdots & \vdots & & A(3) & \\ 0 & 0 & & & \end{array}\right)$$

이므로

$$A = \boldsymbol{l}_1\boldsymbol{u}_1^T + \boldsymbol{l}_2\boldsymbol{u}_2^T + \left(\begin{array}{c|cccc} 0 & 0 & 0 & \cdots & 0 \\ 0 & 0 & 0 & \cdots & 0 \\ \hline 0 & 0 & & & \\ \vdots & \vdots & & A(3) & \\ 0 & 0 & & & \end{array}\right) \tag{3.10}$$

까지 올 것입니다. 만약을 위해 하나 더 해두면 원래보다 2개 작아진 $A(3) = (a_{ij}(3))$에 대해

$$\boldsymbol{l}(3) = \frac{1}{a_{11}(3)} \begin{pmatrix} a_{11}(3) \\ \vdots \\ a_{m''1}(3) \end{pmatrix}, \quad \boldsymbol{u}(3)^T = (a_{11}(3), \ldots, a_{1n''}(3))$$

$$
\boldsymbol{l}_3 = \left(\begin{array}{c} 0 \\ 0 \\ \hline \\ l(3) \\ \\ \end{array}\right), \quad \boldsymbol{u}_3^T = (0, 0, \boldsymbol{u}(3)^T)
$$

로 두면($m'' = m - 2$, $n'' = n - 2$)

$$
A = \boldsymbol{l}_1\boldsymbol{u}_1^T + \boldsymbol{l}_2\boldsymbol{u}_2^T + \boldsymbol{l}_3\boldsymbol{u}_3^T + \left(\begin{array}{ccc|ccc} 0 & 0 & 0 & 0 & \cdots & 0 \\ 0 & 0 & 0 & 0 & \cdots & 0 \\ 0 & 0 & 0 & 0 & \cdots & 0 \\ \hline 0 & 0 & 0 & & & \\ \vdots & \vdots & \vdots & & A(4) & \\ 0 & 0 & 0 & & & \end{array}\right)
$$

나머지 행렬 $A(4)$의 크기는 더욱 줄어 원래보다 3개 작아집니다. 이것을 s단계까지 계속해가면

$$
A = \boldsymbol{l}_1\boldsymbol{u}_1^T + \cdots + \boldsymbol{l}_s\boldsymbol{u}_s^T + O
$$

로 나머지가 마침내 영(0)행렬이 되어 식 (3.7)의 모습이 됩니다. 이후에는 $\boldsymbol{l}_i$들과 $\boldsymbol{u}_i^T$들을 식 (3.6)으로 맞춰서 행렬 L, U로 만들면 LU 분해가 완성됩니다.

단, 도중에 나눗셈의 분모가 0이 되면 그대로는 곤란합니다. 그런 경우의 대처 방법은 3.8절 '예외가 발생한 경우'에서 설명합니다.

3.5 그렇군요. 이것을 코딩하면 LU 분해 루틴 완성이네요.

아니오. 궁리해야 할 부분은 여러 가지 있습니다.

- L, U를 제대로 각각 행렬로서 다루는 것은 수고와 메모리의 낭비입니다. 비어 있는 장소나 1로 정해져 있는 장소 등은 기록할 필요 없습니다. 다음처럼 붙여서 행렬 하나에 넣어 두면 충분합니다.

$$
\begin{pmatrix} 1 & & & \\ \square & 1 & & \\ \square & \square & 1 & \\ \square & \square & \square & 1 \end{pmatrix} \begin{pmatrix} \blacksquare & \blacksquare & \blacksquare & \blacksquare & \blacksquare \\ & \blacksquare & \blacksquare & \blacksquare & \blacksquare \\ & & \blacksquare & \blacksquare & \blacksquare \\ & & & \blacksquare & \blacksquare \end{pmatrix} \rightarrow \begin{pmatrix} \blacksquare & \blacksquare & \blacksquare & \blacksquare & \blacksquare \\ \square & \blacksquare & \blacksquare & \blacksquare & \blacksquare \\ \square & \square & \blacksquare & \blacksquare & \blacksquare \\ \square & \square & \square & \blacksquare & \blacksquare \end{pmatrix}
$$

- L, U를 붙여 놓은 행렬의 크기는 분해 전 행렬 A와 완전히 같습니다. 사실 분해 결과를 넣어 두는 행렬을 별도로 준비하지 않아도 A 자신의 기억 영역에 기록하는 것으로 끝낼 수 있습니다. 대각성분을 1로 한 이점입니다. 3.2도 참조합니다.

이러한 궁리를 구현한 것이 다음 샘플 코드입니다.

```
# LU 분해(피보팅 없음)
# 결과는 mat 자신에 기록(왼쪽 아래 부분이 L, 오른쪽 위 부분이 U)
def lu_decomp(mat)
  rows, cols = matrix_size(mat)
  # 행 수(rows)와 열 수(cols) 중 짧은 쪽을 s로 둔다.
  if (rows < cols)
    s = rows
  else
    s = cols
  end
  # 여기부터가 중심 내용
  for k in 1..s                # (a)
    x = 1.0 / mat[k,k]         # (b)
    for i in (k+1)..rows
      mat[i,k] = mat[i,k] * x  # (c)
    end
    for i in (k+1)..rows       # (d)
      for j in (k+1)..cols
        mat[i,j] = mat[i,j] - mat[i,k] * mat[k,j]
      end
    end
  end
end
```

(a) 단계에서의 mat는 다음과 같습니다(u, 1은 U, L의 완성 부분. r은 잔차).

```
u u u u u u
l u u u u u
l l r r r r  ← k행
l l r r r r
l l r r r r
```

U의 k행은 이 단계에서의 잔차 그대로입니다. 그렇기에 이 시점에서도 이미 아무것도 할 필요가 없습니다.

(c)에서는 L의 k열을 계산합니다. 이때 나눗셈의 횟수를 줄이기 위해서 잔재주를 부립니다(mat[i,k] / mat[k,k]가 아닌 mat[i,k] = mat[i,k] * x로 하고 있습니다). 일반적으로 나눗셈은 시간이 걸리기 때문입니다.

그리고 (d)에서 잔차를 갱신합니다.

또한, 본문에서도 서술했듯이 이대로라면 행렬에 따라서는 0으로 나눔(영분할) 에러가 되버립니다(mat[k,k]가 0이면, (b)에서 에러). 이 문제점에 대한 대처법은 3.8절 '예외가 발생한 경우'에서 설명합니다.

3.5 행렬식을 LU 분해로 구하다

정방행렬 A가 $A = LU$ (L은 하삼각, U는 상삼각, 어느 쪽도 정사각)로 LU 분해되어 있으면 행렬식 $\det A$는 바로 구해집니다. 곧바로 구해지지 않는 독자는 행렬식의 성질(1.3.2절)을 복습해 주십시오. 우선 '곱의 행렬식은 행렬식의 곱'이므로

$$\det A = \det(LU) = (\det L)(\det U) \tag{3.11}$$

로 $\det L$과 $\det U$를 구하면 됩니다. 그런데 하삼각행렬이나 상삼각행렬의 행렬식은 대각성분의 곱이었습니다. 즉, $\det L$은 1이고

$$\det A = (U\text{의 대각성분의 곱}) \tag{3.12}$$

이 됩니다.

코드로 쓰면 다음과 같습니다.

```
# 행렬식(원래 행렬은 없어진다).
def det(mat)
  # 정방행렬임을 확인
  rows, cols = matrix_size(mat)
  if (rows != cols)
    raise 'Not square.'
  end
  # 여기부터가 중심 내용. LU 분해하여……
  lu_decomp(mat)
  # U의 대각성분의 곱을 답한다.
  x = 1
  for i in 1..rows
    x = x * mat[i,i]
  end
  return x
end
```

3.6 일차방정식을 LU 분해로 풀다

방향과 계획

2.2절처럼 '성질이 좋은 경우'의 연립일차방정식을 생각합니다. 즉, 정칙인 n차 정방행렬 A와 n차원 벡터 y에 대해 $A\mathbf{x} = \mathbf{y}$가 되는 $\mathbf{x}$를 구하는 문제입니다.

여기서 $A = LU$라고 LU 분해되어 있다면 문제를 두 단계로 나눌 수 있습니다. $LU\mathbf{x} = \mathbf{y}$의 의미는 '$\mathbf{x}$에 우선 U를 곱하고, 거기에 L을 곱하면 $\mathbf{y}$가 된다'는 뜻입니다.

$$\mathbf{y} \overset{L}{\leftarrow} \mathbf{z} \overset{U}{\leftarrow} \mathbf{x}$$

그러한 x는

1. $L\mathbf{z} = \mathbf{y}$가 되는 $\mathbf{z}$를 구한다.
2. $U\mathbf{x} = \mathbf{z}$가 되는 $\mathbf{x}$를 구한다.

라는 순서로 구할 수 있습니다. 이렇게 구한 $\mathbf{x}$는 바라던 대로

$$A\mathbf{x} = LU\mathbf{x} = L(U\mathbf{x}) = L\mathbf{z} = \mathbf{y}$$

가 됩니다.

푸는 방법

분할해서 뭐가 좋은 걸까요? 원래와 크기가 같은 일차방정식을 두 세트나 풀어야 하는 처지가 되었습니다. 사실 L이나 U의 형태가 특별한 덕분에 $L\mathbf{z} = \mathbf{y}$나 $U\mathbf{x} = \mathbf{z}$는 일반적인 $A\mathbf{x} = \mathbf{y}$보다 더 간단하게 풀 수 있습니다. 실제로

$$\begin{pmatrix} 1 & & & \\ \text{가} & 1 & & \\ \text{사} & \text{시} & 1 & \\ \text{다} & \text{디} & \text{드} & 1 \end{pmatrix} \begin{pmatrix} z_1 \\ z_2 \\ z_3 \\ z_4 \end{pmatrix} = \begin{pmatrix} \text{하} \\ \text{히} \\ \text{후} \\ \text{헤} \end{pmatrix} \quad \text{빈칸은 0}$$

라면

$$\begin{aligned} z_1 \quad\quad\quad\quad\quad\quad\quad\quad\quad\quad &= 하 \\ 가 z_1 + z_2 \quad\quad\quad\quad\quad\quad &= 히 \\ 사 z_1 + 시 z_2 + z_3 \quad\quad &= 후 \\ 다 z_1 + 디 z_2 + 드 z_3 + z_4 &= 헤 \end{aligned}$$

이므로 첫 번째 식에서 'z_1 = 하'를 얻습니다. 이를 두 번째 식에 대입하여 z_2를 구하고, 다시 세 번째 식에 대입하여 z_3를 구하고, 다시 네 번째 식에 대입하여 z_4를 구합니다. 상삼각도 마찬가지로

$$\begin{pmatrix} 3 & 8 & 1 & -3 \\ & 7 & 3 & -1 \\ & & 2 & -2 \\ & & & 5 \end{pmatrix} \begin{pmatrix} x_1 \\ x_2 \\ x_3 \\ x_4 \end{pmatrix} = \begin{pmatrix} -1 \\ 3 \\ 4 \\ 10 \end{pmatrix} \quad \text{빈칸은 0}$$

라면 다음과 같은 순서로 구할 수 있습니다(주요 내용은 2.2.2절).

- 마지막 식 $5x_4 = 10$에서 $x_4 = 2$
- 세 번째 식에 대입하여 $2x_3 - 2 \cdot 2 = 4$에서 $x_3 = 4$
- 두 번째 식에 대입하여 $7x_2 + 3 \cdot 4 - 1 \cdot 2 = 3$에서 $x_2 = -1$
- 첫 번째 식에 대입하여 $3x_1 + 8 \cdot (-1) + 1 \cdot 4 - 3 \cdot 2 = -1$에서 $x_1 = 3$

'연립일차방정식의 해법(정칙인 경우)'에서 서술한 변수소거법의 '반환점' 이후와 같습니다.

연산량

앞의 예를 일반화하여 연산 횟수를 세어봅시다. $n \times n$ 상삼각행렬 U와 n차원 벡터 $\boldsymbol{z}$에 대해 $U\boldsymbol{x} = \boldsymbol{z}$를 만족하는 $\boldsymbol{x}$를 구할 때는 맨 뒤에서부터 k개째의 성분을 구하기 위해서 빼셈 $k - 1$회, 곱셈 $k - 1$회, 나눗셈 1회가 필요합니다($k = 1, \ldots, n$). 이것을 합하면 $\boldsymbol{x}$를 구하는 연산 횟수는 대략 빼셈 $n^2/2$회 + 곱셈 $n^2/2$회 + 나눗셈 n회가 됩니다. $L\boldsymbol{z} = \boldsymbol{y}$의 쪽도 비슷합니다. n이 큰 경우 이 연산 횟수를 변수소거법이나 LU 분해와 비교하면 상대적으로 훨씬 적은 것을 알 수 있습니다(n^3은 n^2보다 훨씬 크다).

▼ 표 3.3 n차 정방행렬에 대한 연산 횟수(n이 큰 경우의 어림셈)

	변수소거법	가우스 요르단 소거법($Ax = y$)	LU 분해	$Lz = y$로 풀다	$Ux = z$를 풀다
나눗셈	n	n	n	0	n
곱셈	$n^3/3$	$n^3/2$	$n^3/3$	$n^2/2$	$n^2/2$
빼셈	$n^3/3$	$n^3/2$	$n^3/3$	$n^2/2$	$n^2/2$

특히 같은 A에서 여러 가지 $\mathbf{y}$에 대한 $A\mathbf{x} = \mathbf{y}$를 풀 경우에는 한 번 LU 분해해두면 편합니다.

샘플 코드

앞의 순서를 구현한 예를 제시합니다. 3.5와 마찬가지로 행렬 A의 LU 분해 L과 U는 정리하여 행렬 하나에 넣어 처리합니다.

```
# 방정식 Ax = y를 푼다(A: 정방행렬, y: 벡터)
# A는 파괴되어 해는 y에 덮어씀
def sol(a, y)
  # 크기 확인은 생략
  lu_decomp(a)               #우선 LU 분해
  sol_lu(a, y)               #나머지는 을에게 맡긴다.
end

# (을)방정식 LUx = y를 푼다. 해는 y에 덮어씀
def sol_lu(lu, y)
  n = vector_size(y)         #크기를 획득
  sol_l(lu, y, n)            #Lz = y로 푼다. 해 z는 y에 덮어씀
  sol_u(lu, y, n)            #Ux = y(내용은 z)를 푼다. 해 x는 y에 덮어씀
end

# (병) Lz = y를 푼다. 해 z는 y에 덮어씀. n은 y의 크기
def sol_l(lu, y, n)

  for i in 1..n
    # z[i] = y[i] - L[i,1] z[1] - ... - L[i,i-1] z[i-1]를 계산
    # 이미 구한 해 z[1], ..., z[i-1]은 y[1], ..., y[i-1]에 저장되어 있음

    for j in 1..(i-1)
      y[i] = y[i] - lu[i,j] * y[j]  # 실질적으로는 y[i] - L[i,j] * z[j]
    end
  end
end

# (정) Ux = y를 푼다. 해 x는 y에 덮어씀. n은 y의 크기
def sol_u(lu, y, n)
  # i = n, n-1, ..., 1의 순서로 처리

  for k in 0..(n-1)
    i = n - k
    # x[i] = (y[i] - U[i,i+1] x[i+1] - ... - U[i,n] x[n]) / U[i,i]를 계산
    # 이미 구한 해 x[i+1], ..., x[n]은 y[i+1], ..., y[n]에 저장되어 있음

    for j in (i+1)..n
      y[i] = y[i] - lu[i,j] * y[j]  # 실질적으로는 y[i] - U[i,j] * x[j]
    end
    y[i] = y[i] / lu[i,i]
  end
end
```

3.6 2.2.2절의 손 계산과는 무슨 차이가 있나요?

사실 2.2.2절의 변수소거법과 같은 처리를 한 것입니다. 소거법의 전반(변수소거를 완료하기까지)을 블록행렬로 표기하면 $(A|\boldsymbol{y})$를 좌기본변형하여 상삼각행렬 U가 나타나는 $(U|\boldsymbol{z})$라는 형태로 한 것이 됩니다.[15] 그때는 설명할 때 이 U의 대각성분이 1이 되도록 '어느 행을 c배'라는 조작을 수시로(때때로) 넣었습니다. 그러한 조작 없이 '어느 행의 c배를 다른 행에 더한다'라는 조작만으로도 $(U|\boldsymbol{z})$라는 상삼각 형태로 만드는 것이 가능합니다.[16]

자, 기본변형은 행렬의 곱셈에서도 사용되었던 것을 떠올려 주십시오. 지금 사용한 행렬은 $R_{i,j}(c)$ 타입 뿐입니다. 거기다가 조작은 항상 '위의 행의 c배를 아래 행에 더한다'였습니다. 이는

- $R_{i,j}(c)$는 하삼각행렬
- $R_{i,j}(c)$의 대각성분은 모두 1

이란 성질(임의로 '성질 L'이라 부릅시다)을 지닌 $R_{i,j}(c)$를 A에 차례로 곱하여 상삼각행렬 U로 변형 가능하다는 의미입니다.

(성질 L을 지닌 $R_{i,j}$들의 곱) $A = U$

그러면

$A =$ (성질 L을 지닌 $R_{i,j}(c)$의 역행렬 $R_{i,j}(c)^{-1}$들의 곱)U

가 구해집니다. 여기서

- $R_{i,j}(c)$가 성질 L을 지니면 $R_{i,j}(c)^{-1} = R_{i,j}(1/c)$도 성질 L을 지닌다.
- 성질 L을 지니는 행렬끼리의 곱도 성질 L을 지닌다.

가 간단히 확인됩니다. 그러므로

$A =$ (성질 L을 지닌 행렬)$U \equiv LU$

이란 '분해'를 얻습니다. 바로 LU 분해와 같습니다.

변수소거법에서는 이 L을 명시적으로 구하지 못한 채 일련의 절차로 $\boldsymbol{z} = L^{-1}\boldsymbol{y}$를 직접 계산한(즉, $L\boldsymbol{z} = \boldsymbol{y}$를 푼) 것입니다.

---

15 피보팅은 3.8절까지 보류합니다.

16 U의 대각성분은 1이 아니어도 된다고 하면 방법은 그 때와 같은 요령으로 1열씩 제거해나가면 됩니다. 이 작은 수정이 이해되지 않으면 'A 자체가 아닌 A^T의 LU 분해를 구하여 결과를 또 전치한다'로 해석해도 괜찮습니다.

3.7 서론에서 수치 계산의 깊이를 꽤나 강조했는데, 그렇지도 않네요.

아니오. 연립일차방정식에 한해서도 아직 더 있습니다. 우선 얻어진 해를 바탕으로 거기서부터 더욱 정도를 높이는 '반복개량'은 설명하지 않았고, 적당한 초깃값에서 절차를 반복하여 서서히 해로 수렴시키는 '반복법'을 배우려면 이 책 이상의 수학이 필요합니다. 진심으로 뛰어 들려면 전문서적을 찾아봐 주십시오.

LINEAR ALGEBRA

3.7 역행렬을 LU 분해로 구하다

일차방정식이 풀리면 역행렬도 계산할 수 있습니다. n차 정방행렬 A의 역행렬을 X로 둡시다. $X = (\boldsymbol{x}_1, \ldots, \boldsymbol{x}_n)$과 열벡터들로 분해하면 $AX = I$는

$$A(\boldsymbol{x}_1, \ldots, \boldsymbol{x}_n) = (\boldsymbol{e}_1, \ldots, \boldsymbol{e}_n) \tag{3.13}$$

라고 쓸 수 있습니다. e_i는 i 성분만 1이고, 다른 성분은 0이 벡터입니다. 분해하면 다음과 같습니다.

$$A\boldsymbol{x}_1 = \boldsymbol{e}_1, \quad \cdots, \quad A\boldsymbol{x}_n = \boldsymbol{e}_n \tag{3.14}$$

'A를 곱하면 ○○이 되는 벡터를 구하라'는 바로 조금 전에 푼 문제입니다. A를 LU 분해해두면 $A\boldsymbol{x} = \boldsymbol{b}$가 되는 $\boldsymbol{x}$를 효율적으로 구할 수 있는 것입니다. 그것을 $A\boldsymbol{x}_1 = \boldsymbol{e}_1$부터 $A\boldsymbol{x}_n = \boldsymbol{e}_n$까지 하면 됩니다만, 변하는 것은 우변 ○○만이고, A는 모두 공통입니다. 그러므로 LU 분해는 한 번만 하고, 이후에는 재사용할 수 있습니다. 이것이 LU 분해의 이점입니다. 이렇게 $\boldsymbol{x}_1, \ldots, \boldsymbol{x}_n$을 계산하고, 그것을 나열하면 $A^{-1} = X = (\boldsymbol{x}_1, \ldots, \boldsymbol{x}_n)$을 얻습니다.

그러나 정말로 A^{-1}이 필요합니까? 많은 응용에서 A^{-1} 자체가 아니라 '어느 벡터 $\boldsymbol{y}$에 대한 $A^{-1}\boldsymbol{y}$'를 얻으면 충분합니다. 그런 때는 'A^{-1}을 구하여 $\boldsymbol{y}$에 곱한다'가 아니라 '연립일차방정식 $A\boldsymbol{x} = \boldsymbol{y}$를 푼다'여야 합니다. 계산량 및 정도(오차의 축적을 피하다)의 관점에 따라 후자 쪽이 유리하다고 여겨지고 있습니다.

이처럼 역행렬은 가능한 한 피하는 것이 좋으나, 언어 의존성의 관계로 코드가 보기 어려워지므로 샘플 코드는 게재하지 않겠습니다.

3.8 LU 분해의 순서 (2) 예외가 발생한 경우

3.8.1 정렬이 필요한 상황

3.4절에서는 '도중에 사정이 좋지 않은 상황에는 빠지지 않는다'라는 전제로 LU 분해의 순서를 설명하였습니다. 대부분은 괜찮습니다만, 일부 행렬 A에서는 도중에 '사정이 좋지 않은 상황'이 나오게 됩니다. 구체적으로 3.4절의 순서중에 나오는 행렬 $A(k)$의 (1,1) 성분 $a_{11}(k)$가 0이 되면 $1/a_{11}(k)$를 계산할 수 없습니다($k = 1, \ldots, s$). 그러한 운 나쁜 경우에는 $A = LU$로 분해하는 것이 불가능합니다. 그럼 어떻게 하는가를 이론과 실제로 나눠서 설명합니다.

이론

이런 경우 행렬식(1.3.4절)이나 연립방정식(2.2.2절)에서도 사용한 피보팅이란 수단으로 뛰어넘습니다. 일반적인 경우(3.4절)의 순서와 기호를 떠올려 주십시오. 예를 들어 식 (3.10)까지 와서 나머지 $A(3) = (a_{ij}(3))$의 왼쪽 위 $a_{11}(3)$이 0이 되었다고 합시다. 그러면 다음의 $\boxed{\text{가}}$, $\boxed{\text{사}}$, $\boxed{\text{다}}$행에서 0이 아닌 성분을 찾아 그 행과 $\boxed{0}$의 행을 통째로 바꿔 주십시오(A가 6차 정방행렬인 예).

$$A = \boldsymbol{l}_1\boldsymbol{u}_1^T + \boldsymbol{l}_2\boldsymbol{u}_2^T + \left(\begin{array}{cc|cccc} 0 & 0 & 0 & 0 & 0 & 0 \\ \hline 0 & 0 & 0 & 0 & 0 & 0 \\ \hline 0 & 0 & \boxed{0} & \text{이} & \text{우} & \text{에} \\ \hline 0 & 0 & \boxed{\text{가}} & \text{기} & \text{구} & \text{게} \\ \hline 0 & 0 & \boxed{\text{사}} & \text{시} & \text{스} & \text{세} \\ \hline 0 & 0 & \boxed{\text{다}} & \text{디} & \text{드} & \text{데} \end{array}\right) \tag{3.15}$$

예를 들어 $\boxed{\text{사}}$행과 바꿨다고 합시다. 이야기를 맞추기 위해서는 A, $\boldsymbol{l}_1$, $\boldsymbol{l}_2$의 대응행도 연동하여 바꿔줘야 합니다. 교체한 부분을 사각형으로 표시하면

$$A' = \boldsymbol{l}'_1\boldsymbol{u}_1^T + \boldsymbol{l}'_2\boldsymbol{u}_2^T + \left(\begin{array}{cc|cccc} 0 & 0 & 0 & 0 & 0 & 0 \\ 0 & 0 & 0 & 0 & 0 & 0 \\ \hline 0 & 0 & \boxed{\text{사}} & \text{시} & \text{스} & \text{세} \\ 0 & 0 & \text{가} & \text{기} & \text{구} & \text{게} \\ 0 & 0 & \boxed{0} & \text{이} & \text{우} & \text{에} \\ 0 & 0 & \text{다} & \text{디} & \text{드} & \text{데} \end{array}\right) \tag{3.16}$$

가 됩니다. 전체의 3행과 5행을 바꾼 것이므로 2.2.4절의 기본변형 기호를 사용하면 식 (3.15)의 양변에 왼쪽부터 $S_{3,5}$를 곱한 결과가 식 (3.16)이라고 해석할 수도 있습니다. 즉, $A' = S_{3,5}A$입니다. 여기부터 또 아무일도 없던 것처럼 LU 분해의 순서를 계속해서 끝까지 갔다고 합시다. 결국 $A' = LU$라는 분해가 얻어집니다. 이는

$$A = S_{3,5}LU$$

라고 바꿔 말할 수 있습니다($S_{3,5}^2 = I$이므로, $S_{3,5}^{-1} = S_{3,5}$이기 때문에).

일반적으로는 몇 번이고 피보팅하는 것도 있으므로

$$A = PLU$$

$$P = S_{*,*}S_{*,*}\cdots S_{*,*}$$

라는 형태가 됩니다. 행렬 P는 예를 들면 다음과 같습니다.

$$P = \begin{pmatrix} 0 & 0 & 1 & 0 & 0 & 0 \\ 1 & 0 & 0 & 0 & 0 & 0 \\ 0 & 0 & 0 & 1 & 0 & 0 \\ 0 & 0 & 0 & 0 & 1 & 0 \\ 0 & 1 & 0 & 0 & 0 & 0 \\ 0 & 0 & 0 & 0 & 0 & 1 \end{pmatrix}$$

'어느 행에도 1이 하나씩' 또는 '어느 열에도 1이 하나씩' (나머지는 모두 0)이란 이런 정방행렬 P를 **치환행렬**이라고 합니다. 이 행렬을 벡터에 곱하면 성분의 순서를 정렬(다시 배열)하기 때문입니다. $S_{*,*}$를 곱한 결과가 반드시 치환행렬이 되는 것은 $S_{*,*}$가 무엇이었는지를 떠올려보면 당연하겠지요. 반대로 치환행렬은 반드시 $S_{*,*}$를 곱하여 만들 수 있습니다.

$A = PLU$이라는 분해에서도 행렬식을 구하거나 연립일차방정식을 풀거나 하는 것은 간단합니다. 행렬식은

$$\det A = (\det P)(\det L)(\det U) = (\det P)(U\text{의 대각성분의 곱})$$

입니다만, $\det S_{*,*} = -1$을 떠올리면

$$\det P = \begin{cases} +1 & (\text{피보팅의 횟수가 짝수인 경우}) \\ -1 & (\text{피보팅의 횟수가 홀수인 경우}) \end{cases}$$

이므로 계산은 간단합니다. 또한, 연립일차방정식도 $A\mathbf{x} = \mathbf{y}$에 대입하면 $PLU\mathbf{x} = \mathbf{y}$입니다만, $P^{-1} = P^T$ 이므로[17]

$$LU\mathbf{x} = \mathbf{y}' \quad (\mathbf{y}' \equiv P^T\mathbf{y})$$

를 이전 방법으로 풀면 됩니다($P^T\mathbf{y}$의 '계산'은 실제로는 요소를 정렬(다시 배열)하는 것뿐임에 주의하세요).

구현

식에서는 이상으로 해결입니다만, 구현에 있어서는 생각해야 하는 문제가 아직 남아있습니다.

하나는 '행의 교체'라는 점입니다. 정말로 값을 바꾸려면 손이 많이 가서 좋지 않습니다. 거기서 교체를 한 셈치고, '지금 맞히고 있는 '○행'은 실제로 '△행'이다'라고 바꿔 읽어 처리를 시행하는 방법이 있습니다. 계산기 분야의 언어로 말하면 '간접 참조'로 하는 것입니다. 구체적으로 말하면 몇 행이 몇 행에 대응하는지 일람표를 준비하여 피보팅의 경우는 표를 고쳐쓰기만 하는 것입니다.

또 하나는 '0이 되면'이란 점입니다. 컴퓨터에서 실수는 유한자릿수의 근삿값으로 취급되므로 '딱 0인가'란 판정은 적절하지 않습니다. '적당한 역치를 정하여 그것보다 작으면'이란 방법도 있습니다만, 좀 더 적극적으로 '가장 좋아보이는 행을 매번 고른다'라는 방법도 있습니다. '좋아보인다'의 판단에는 '절댓값이 최대인 것을 고른다'라는 지침이나 조금 더 궁리한 지침이 준비되어 있습니다.

샘플 코드를 나타내봅시다. 다음 코드에 따라 얻을 수 있는 결과는 $A' = LU$(A'는 A의 행을 바꾼 것, L은 상삼각, U는 하삼각)이란 분해입니다. 어떻게 교체했는가는 반환값 p에 기록되어 있습니다. A'의 i행은 원래 A의 p[i]행이 됩니다. 샘플 코드에서는 p_ref(mat, i, j, p)에 따라서 $L(i>j)$ 또는 $U(i \le j)$의 i, j 성분이 얻어집니다.

```
# LU 분해(pivoting 붙어 있음)
# 결과는 mat 그 자체에 덮어쓰고 반환값으로 pivot table(벡터 p)를 돌려준다.

def plu_decomp(mat)
  rows, cols = matrix_size(mat)

  p = make_vector(rows)                        # (a)
```

17 좀 전에 예로든 P에서 $P^TP = I$를 확인해 주십시오. 시험해보면 '어느 행에도 1은 하나', '어느 열에도 1은 하나'라는 성질로부터 $P^TP = I$가 되는 것을 이해할 것입니다.

```
  for i in 1..rows
    p[i] = i                                    # (b)
  end

  # 행 수(rows)와 열 수(cols)에서 짧은 쪽을 s로 둔다.
  if (rows < cols)
    s = rows
  else
    s = cols
  end

  # 여기부터가 중심 주제
  for k in 1..s
    p_update(mat, k, rows, p)                   # (c)
    x = 1.0 / p_ref(mat, k, k, p)
    for i in (k+1)..rows                        # (d)
      y = p_ref(mat, i, k, p) * x
      p_set(mat, i, k, p, y)
    end
    for i in (k+1)..rows                        # (e)
      for j in (k+1)..cols
        y = p_ref(mat, i, j, p) - p_ref(mat, I, k, p)
                                  * p_ref(mat, k, j, p)
        p_set(mat, i, j, p, y)
      end
    end
  end

  return(p)                                     # (f)
end

# 피보팅을 시행한다.

def p_update(mat, k, rows, p)

  max_val = -777
  max_index = 0
  for i in k..rows                              # (g)
    x = abs(p_ref(mat, i, k, p))
    if (x > max_val)
      max_val = x
      max_index = i
    end
  end

  pk = p[k]                                     # (h)
  p[k] = p[max_index]
  p[max_index] = pk
end
```

```
# 피보팅된 행렬의 (i, j) 성분값을 돌려준다.
def p_ref(mat, i, j, p)
  return(mat[p[i], j])
end

# 피보팅된 행렬의 (i, j) 성분값을 val로 변경
def p_set(mat, i, j, p, val)
  mat[p[i], j] = val
end
```

(a)에서는 피보팅된 행렬의 각 행이 원래 어느 행에 대응하고 있는지를 기록하는 피봇 테이블을 준비합니다. mat[i, j]에 직접 접근은 피하고, 꼭 함수 p-ref(값 참조), p_set(값 변경)을 두어 피보팅된 행렬에 접근(액세스)하도록 하면 lu_decomp의 코드를 쓸 수 있습니다. 피봇 테이블의 초깃값은 'i행이 i행'입니다(b).

(c)에서 p_update를 불러들여 피보팅하면 이후의 실제 처리는 lu_decomp를 다음처럼 치환한 것 뿐입니다.

- mat[i, j] → p_ref(mat, i, j, p)
- mat[i, j] = y → p_set(mat, i, j, p, y)

U의 k행은 이 단계의 잔차이므로 아무 것도 할 필요가 없습니다. L의 k열만을 계산하여(d), 잔차를 갱신합니다(e).

마지막으로 피봇 테이블의 처리 'k열의 미처리 장소 중에서 절댓값이 최대인 성분(임시적으로 챔피언이라 부르기도 합니다)을 찾아(g), 현재의 행(k행)과 챔피언의 행(max_index 행)을 교체합니다(h). 챔피언을 결정하기 위해 (g)에서 '후보를 한 명씩 조사하여 현 챔피언을 넘어트리면 그 후보를 새 챔피언으로 한다'를 반복합니다.[18]

18 max_val의 초깃값을 음수로 하여(가장 약한 사람을 초대 챔피언으로 한다) 챔피언 부재인지 아닌지 체크를 생략할 수 있습니다.

3.8.2 정렬해도 앞이 막혀버리는 상황

3.8.1절의 피보팅(행의 교체)만으로는 아직 벽에 부딪치는 경우가 있을 수 있습니다. 식 (3.15)의 '가', '사', '다'가 모두 0인 경우입니다. 그런 경우도 뭔가 하지 않으면 더욱이 열의 교체까지 허용하여 '이'~'데'의 모든 것에서 0이 아닌 것을 가져와야 합니다.[19] 이렇게 하면

$$A = PLUP' \quad (P, P'\text{는 치환행렬})$$

로 분해됩니다. 이 형태까지 허용하면 모든 A를 분해할 수 있습니다. 만약 '이'~'데'의 모두가 0이면 그 시점에서 남는 것이 O, 즉 분해 완료이기 때문입니다.

그러나 실용적으로는 3.8.1절과 같이 행의 교체만으로도 충분히 도움이 됩니다(물론 하고 싶은 것 나름입니다만). A가 (바른 규칙)정칙인 정방행렬이면 분명 $A = PLU$로 분해되기 때문입니다. 정사각인데도 도중에 막히면 정칙이 아니었던 것이 됩니다. 그러므로...

- 행렬식 $\det A$에 대해서는 만약 도중에 막히면 $\det A = 0$라고 답하면 됩니다.
- 연립일차방정식 $A\boldsymbol{x} = \boldsymbol{y}$에 대해서는 만약 도중에 막히면 '성질이 나쁜 경우'(2.3절)라고 답하면 됩니다.

이를 어떻게 보증할 수 있는지는 읽었을 때의 상황을 생각하면 알 수 있습니다. 식 (3.15)에서 '가', '사', '다'가 모두 0이면 $\boldsymbol{l}_1$, $\boldsymbol{l}_2$, (이, 기, 시, 디)^T, (우, 구, 수, 두)^T, (에, 게, 세, 데)^T 다섯 개의 선형결합으로 A의 어느 열로도 만들 수 있습니다. 이것은 $\operatorname{rank} A \leq 5$를 의미하고, A의 크기 6보다 작으므로 정칙이 아닌 것이 판정됩니다.

19 이런 식으로 행, 열의 양쪽을 교체하는 것을 완전 피보팅이라고 합니다. 행만의 교체나 열만의 교체는 이것과 대비하여 부분 피보팅이라고 합니다.

4 장

고윳값, 대각화, 요르단 표준형
—폭주의 위험이 있는지를 판단

4.1 문제 설정: 안정성

어떤 값 u를 입력하면 값 ξ가 나오는 마법의 상자(그림 4-1)를 생각해봅시다.[1] 예를 들어 $u = 2.4$를 넣으면 $\xi = 7.7$이 나옵니다. 시시각각 무언가 u를 넣어 ξ가 나옵니다. 시간 t를 명시하고 싶은 경우는 $u(t)$나 $\xi(t)$라고 쓰기도 합니다.

▼ 그림 4-1 마법의 상자

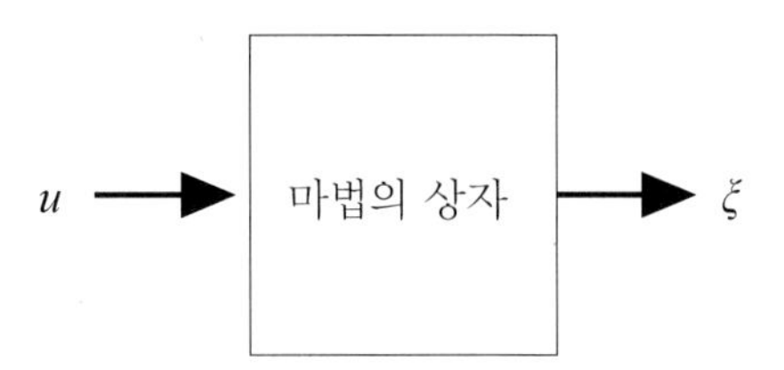

여기서 '지금 넣은 u에 대응한 ξ가 나온다'만이라면 단순한 '함수 $\xi = f(u)$'입니다. 그러나 이 상자의 경우 지금 넣은 $u(t)$만이 아닌 과거의 u에 따라서도 지금의 출력 $\xi(t)$가 달라집니다. 이런 상자에서 얻을 수 있는 것은 다음 예와 같이 세상에 아주 많습니다(각각의 예가 딱 이해되지 않더라도 신경 쓰지 않아도 됩니다. 본격적인 설명은 이 책의 범위를 뛰어넘으므로 흥미가 있다면 각각의 전문 서적를 찾아봐 주십시오).

- 제어 대상의 모델

  u는 액셀을 밟은 상태, ξ는 자동차의 속도

  → 액셀을 놓아 $u = 0$으로 해도 그 순간에 $\xi = 0$이 되는 것이 아니라 ξ는 서서히 줄어듭니다.

- 신호 전달의 모델

  u는 무선통신의 송신 신호, ξ는 수신 신호

  → 이상은 $\xi(t) = u(t)$이지만, 현실은 감쇠, 지연, 변형, 반사파(멀리 돌아서 한 템포 늦게 전달됨) 등의 영향

- 예측

  u는 현재의 주가, ξ는 24시간 후의 주가 예측(이 되도록 상자를 잘 설계)

---

1 그리스 문자 ξ는 '크사이'라고 읽습니다(부록 A). 대문자는 Ξ. 고등학교에서는 배우지 않는 본격적인 '수학'이라는 분위기를 풍기며 멋을 부려 봅시다.

→ 예측에는 현재만이 아니라 과거의 주가도 고려(상자 내 '메모리')

- 필터

  u는 자연 그대로의 음성 신호, ξ는 거기에 에코를 넣은 음성 신호(가 되도록 상자를 잘 설계)

  → 잔향(조금 전의 소리가 겹쳐져 들린다)

또한, 시간 t는 다루는 대상에 따라 해석합니다. 물리 현상을 다루는 경우 시간 t는 연속값(실숫값)이라고 생각하는 것이 자연스럽습니다. 컴퓨터 처리의 경우 시간 t는 이산값(정숫값) 0, 1, 2...라고 하는 편이 적절하겠지요.

자, 이와 같은 상자도 간단한 것부터 복잡한 것까지 여러 가지로 생각할 수 있습니다. 그 중에서도 기초 타입의 상자로 자기회귀모델이라는 것이 있습니다.[2] 예를 들어 이런 것입니다.

- 이산시간의 예 : 오늘의 $\xi(t)$는 어제의 $\xi(t-1)$, 이틀 전의 $\xi(t-2)$, 사흘 전의 $\xi(t-3)$과 오늘의 $u(t)$에 따라 다음과 같이 정해진다[3](그림 4-2 왼쪽).

$$\xi(t) = -0.5\xi(t-1) + 0.34\xi(t-2) + 0.08\xi(t-3) + 2u(t) \tag{4.1}$$

초기 조건 $\xi(0) = 0.78,\ \xi(-1) = 0.8,\ \xi(-2) = 1.5$

- 연속시간의 예 : 마찰과 탄력성이 작용하는 상황에서 물체에 힘 $u(t)$를 가한 경우의 운동이나, 저항과 콘덴서와 코일을 조합한 전기회로에 전압 $u(t)$를 건 경우의 행동은 다음과 같은 모양의 미분방정식에 따른다(그림 4-2 오른쪽)

$$\frac{d^2}{dt^2}\xi(t) = -3\frac{d}{dt}\xi(t) - 2\xi(t) + 2u(t)$$

초기 조건 $t = 0$으로 두고 $\xi = -1,\ \frac{d}{dt}\xi = 3$

이제부터는 당분간 이산시간을 다룹니다. 연속시간은 그 후에 하므로 제시한 미분방정식이 지금 이해되지 않더라도 걱정할 필요 없습니다.

---

2 AR(AutoRegressive) 모델이라고도 불립니다. 신호처리, 제어, 시계열 분석 등을 배우면 바로 만날 수 있습니다.

3 '오늘', '어제'와 같은 표현은 비유입니다. '$(t-1)$ 스텝'이라고 쓰는 것보다 직관적이고 알기 쉽지요? 물론 실제 '1스텝'은 응용프로그램 나름으로 1개월일지도 모르고, 1.4나노초라는 값일지도 모릅니다. 애당초 일정한 폭이 아닐지도 모릅니다.

▼ 그림 4-2 자기회귀모델의 예(좌: 이산시간, 우: 연속시간)

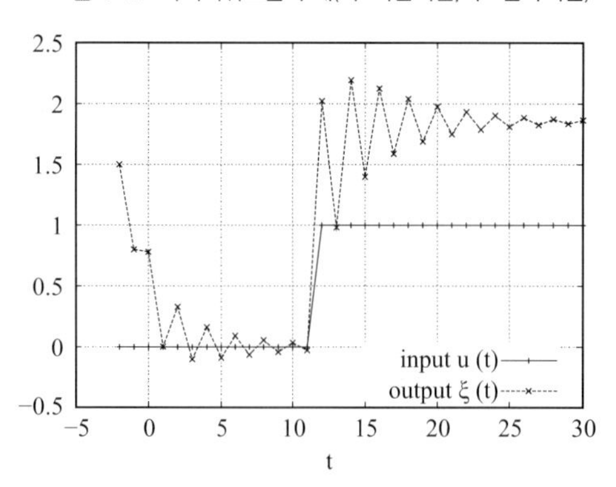

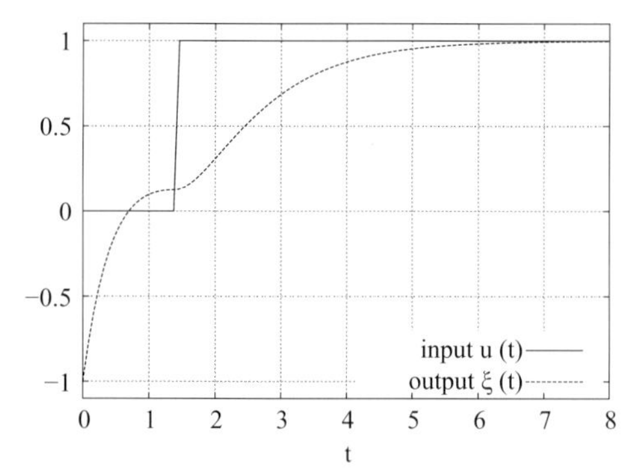

이 책에서는 기초적인 모델의 기초적인 성질로 입력 $u(t)$가 쭉 0인 경우 $\xi(t)$의 행동을 조사합니다. 흥미는 '폭주의 위험이 있는가'. 즉, 어떠한 상황에서 시작해도 $\xi(t)$는 유한한 범위에 머무는가(폭주하지 않음), 아니면 운이 나쁜 상태에서 시작하면 $|\xi(t)|$가 무한대로 커져 버리는가(폭주)를 판정합니다.

폭주하지 않는 시스템의 전형적인 예는 $\xi(t) = 0.5\xi(t-1)$. 이전 값이 반으로 감소하므로 결코 폭주하지 않습니다. 폭주하는 시스템의 전형적인 예는 $\xi(t) = 2\xi(t-1)$. 이전 값이 2배가 되므로 점점 발산해버립니다(그림 4-3).

▼ 그림 4-3 폭주한다, 하지 않는다의 전형적인 예

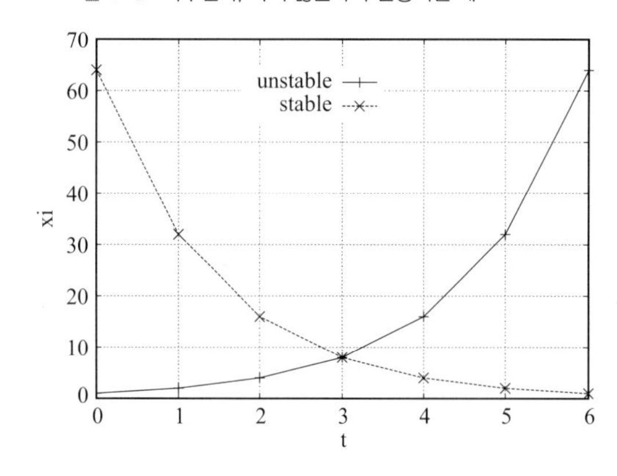

주어진 시스템을 예로 들어 식 (4.1)이 이와 같은 '폭주하는 성질'을 지니고 있는지 아닌지를 판정하는 것이 이 장의 목표입니다. '조금 시험해보면 알지 않나'라고 생각할지도 모릅니다만, '어떤 상태에서 시작해도 폭주하지 않는다'라는 것을 제대로 보증하기 위해서는 '시험한 예에서는 문제 없음'으로 끝나지 않습니다. 보증받지 않으면 안심하고 사용할 수 없습니다.

4.1 폭주하는지, 하지 않는지가 그렇게 신경 쓰이나요?

신경 쓰입니다. 확성기의 하울링을 생각해보십시오. 하울링은 마이크에서 주워 담은 미약한 소리가 앰프에서 확대되어 출력되고, 또 그것을 마이크로 주워 담아 앰프에서 더욱 확대되는 현상입니다. 원자로의 임계사고도 있습니다. 중성자로 원자핵을 두드려 원래보다 많은 중성자가 튀어나오고 그 중성자가 다시 다른 원자핵을 두드리는 것이 반복됩니다. 또한, 지구온난화도 있습니다. 기온이 올라 얼음이 녹으면 빛의 반사율이 낮아지므로 햇볕을 흡수하기 쉬어져 기온이 점점 더 올라갑니다. 이러한 예만으로도 '어제의 값'을 '확대'한 것이 '오늘의 값'이 된다는 상황(양의 피드백)이 얼마나 위험한지 납득할 수 있지 않나요? 이런 노골적인 경우만이 아니라 '어제의 값, 이틀 전의 값, 사흘 전의 값을 이러저러해서 된 것이 오늘의 값이 된다'처럼 언뜻 보기에 잘 모르는 것이라도 조사하면 역시 '확대'되어 있다는 것이 이 장의 내용입니다.

수학으로서 이 장의 테마는 '고윳값, 고유벡터', '대각화', '요르단 표준형'입니다. 기말시험을 대비하여 누구나 '계산법'을 암기해 두는 곳입니다. 그러나 암기만으로는 실속이 없으므로 어떠한 의미, 의의가 있는지에 중점을 두고 진행합니다. 폭주 운운한 내용과 어떻게 엮이는지 기대해주세요.

자, 1.2.10절 '여러 가지 관계를 행렬로 나타내다 (2)'를 떠올려 식 (4.1)을 행렬로 표현하여 무대에 끌어올립시다.[4] $\boldsymbol{x}(t) = (\xi(t), \xi(t-1), \xi(t-2))^T$로 두고, $u(t) = 0$이라고 하면

$$\boldsymbol{x}(t) = \begin{pmatrix} -0.5 & 0.34 & 0.08 \\ 1 & 0 & 0 \\ 0 & 1 & 0 \end{pmatrix} \boldsymbol{x}(t-1), \qquad \boldsymbol{x}(0) = \begin{pmatrix} 0.78 \\ 0.8 \\ 1.5 \end{pmatrix}$$

라고 쓸 수 있네요. '응?'이라고 생각한 사람은 복습해 주십시오. 이 장에서는 이 식을 일반화한

$$\boldsymbol{x}(t) = A\boldsymbol{x}(t-1) \tag{4.2}$$

4 그 형태 그대로 차분방정식을 풀어 폭주하는가를 논의할 수 있습니다. 자기회귀모델을 다룬다면 그 쪽이 간편합니다만, 행렬로 표현해두면 응용이 가능합니다.

이라는 시스템에 대해 생각합니다. $\boldsymbol{x}(t) = (x_1(t), \ldots, x_n(t))^T$는 n차원의 벡터, A는 $n \times n$인 행렬입니다. 이 시스템이 '어떤 초깃값 $\boldsymbol{x}(0)$에서 시작해도 $\boldsymbol{x}(t)$는 유한의 범위에 머무는가(폭주하지 않음)', '운이 나쁜 초깃값 $\boldsymbol{x}(0)$에서 시작하면 $\boldsymbol{x}(t)$의 성분이 무한대까지 치우쳐 버리는가(폭주)'를 판정하는 것이 과제입니다.[5]

조금 앞서 나가서 내용을 예고해두겠습니다. 식 (4.2)를 1장처럼 해석합시다. '이전 상태 $\vec{x}(t-1)$을 지금 상태 $\vec{x}(t)$로 옮기는 사상 f가 (어느 기저 아래에서) 행렬 A에 따라 나타내져 있는 것입니다. 거기서 다른 좋은 기저를 가져와서 $\boldsymbol{x}$를 좌표변환하여 다룹니다. 그 결과 새 좌표로 f를 행렬로 쓰면 매우 간단한 행렬이 됩니다. 1.2.11절에서 나온 그림입니다.

(원래의 기저)	문제	답
	⇕	⇕
(적절한 기저)	문제′	답′

그러한 좋은 기저를 발견하는 데 고유벡터를 활용합니다. 고유벡터가 도움이 되는 전형적인 예입니다.

4.2 '폭주'나 '안정'의 정확한 정의는?

'**폭주**'는 이 책안에서만 통용되는 언어입니다. 의미를 정확히 쓰면 '폭주하지 않는다'란 '어떠한 초깃값 $\boldsymbol{x}(0)$에 대해서도 그것에 따른 충분히 큰(그러나 유한한) 수 M($\boldsymbol{x}(0)$에 따라 다른 값을 선택해도 좋지만, 시간 t에는 기인하지 않는 정수)을 취하면 어느 시간 t라도 항상(특히 아무리 t가 커져도) $|x_i(t)| < M$이 유지된다($i = 1, \ldots, n$)라는 것입니다.

관련된 용어로 '**안정**'이 있습니다. 어느 점 $\boldsymbol{c}$에서 '안정'이란 '$\boldsymbol{c}$의 매우 가까운 곳에서 시작하면 언제까지나 그 점 가까이에 머무른다'라는 의미입니다.[6] 정확히 말하면

> '가까이 머무른다'의 기준 거리로[7] 아무리 작은 $\epsilon > 0$이 지정되어도 그것에 따라 작은 $\delta > 0$을 골라 다음이 성립하도록 할 수 있다: $\boldsymbol{c}$와의 거리가 δ 이하인 점 $\boldsymbol{x}(0)$에서 시작하면 $\boldsymbol{c}$와 $\boldsymbol{x}(t)$의 거리는 어느 시각 t라도 항상 ϵ 이하에 머문다(δ는 ϵ에 따라 다른 값을 선택해도 상관없지만, 시간 t에는 좌우되지 않는 정수가 아니면 안 됩니다).

5 정확하게는 '$\boldsymbol{x}(t)$의 어느 성분의 절댓값이 발산한다'이므로 $x_1(t), \ldots, x_n(t)$ 중 어느 하나라도 발산하면 '폭주'라 부르기도 합니다. 예를 들어 $x_1(t)$가 발산하지 않아도 $x_2(t)$가 발산한다면 전체로서는 '폭주'입니다.

6 '**리아프노프(Lyapunov) 안정**'이라고도 말합니다(뒤에서 설명하는 '점근안정'(각주 11) 등과 확실히 구별짓기 위해).

7 이 책에서는 아직 '거리'가 정의되어 있지 않습니다. 1.1.3절 '기저', 부록 E를 참조해 주십시오.

안정이 아닌 경우는 **불안정**이라 부릅니다.

'폭주하지 않는다'는 포괄적인 개념이고, '안정'은 국소적인 개념인 것이 둘의 큰 차이입니다. 즉, '폭주하지 않는다'는 공간 전체에 관련된 성질이고, '안정'은 한 점 $\boldsymbol{c}$ 근처만의 성질입니다. 실은 $\boldsymbol{x}(t) = A\boldsymbol{x}(t-1)$이나 $\frac{d}{dt}\boldsymbol{x}(t) = A\boldsymbol{x}(t)$라는 형태의 시스템에서는 '폭주하지 않는다'면 '원점 $\boldsymbol{o}$는 안정'이고, 반대로 '원점 $\boldsymbol{o}$가 안정'이면 '폭주하지 않는다'이므로 이 시스템을 생각하는 한 '폭주하지 않는다'와 '원점 $\boldsymbol{o}$가 안정'은 같습니다. 일반적으로 둘이 반드시 일치하는 것은 아닙니다. 이해하기 쉬울 것이므로 이 책에서는 일부러 '폭주하지 않는다'를 주제로 삼았습니다. 실제로는 '폭주하지 않는다'보다 '안정' 쪽을 훨씬 더 많이 사용합니다.

- 단지 '발산하지 않는 것'보다 '노이즈가 발생해도 목표 부근에 머무는 것'이 바람직하다.
- $\boldsymbol{x}(t) = A\boldsymbol{x}(t-1)$의 형태가 아닌 일반 시스템에서는 '안정' 쪽이 조사하기 쉽다('모든 초깃값'이 아닌 '주목점 $\boldsymbol{c}$의 근방'만 조사하는 것이므로 괜찮다. 성질이 좋은 시스템에서는 그 시스템을 $\boldsymbol{x}(t) = A\boldsymbol{x}(t-1)$로 조사하여 안정성을 판별하는 테크닉을 사용한다[8]).

이러한 이유겠지요.

4.3 마법의 상자에서 출력이 그냥 수가 아니라 벡터이고, 게다가 그 값이 과거 시스템에 의존하는 경우는요?

$\xi(t) = A_1\xi(t-1) + A_2\xi(t-2) + A_3\xi(t-3)$와 같은 경우네요. $\xi(t) = (\xi_1(t), \ldots, \xi_n(t))^T$는 n차원 벡터이고, A_1, A_2, A_3는 $n \times n$ 행렬입니다. 이러한 경우라도 블록행렬판으로 하면 OK입니다.

$$\begin{pmatrix} \xi(t) \\ \hline \xi(t-1) \\ \hline \xi(t-2) \end{pmatrix} = \left(\begin{array}{c|c|c} A_1 & A_2 & A_3 \\ \hline I & O & O \\ \hline O & I & O \end{array}\right) \begin{pmatrix} \xi(t-1) \\ \hline \xi(t-2) \\ \hline \xi(t-3) \end{pmatrix} \quad \rightarrow \quad \boldsymbol{x}(t) = A\boldsymbol{x}(t-1)$$

$\xi(t)$, $\xi(t-1)$, $\xi(t-2)$, 세 개를 세로로 나열한 $3n$차원 벡터를 $\boldsymbol{x}(t)$라고 둡니다.

---

8 이러한 근사는 아주 작은 것에 주목합니다. 굽어 있는 것도 '접사하여 극히 일부만 보면' 직선에 가깝다는 이야기였으니까요. 0.2절 '근사 수단으로 사용하기 편리하다'도 참조해 주세요.

4.2 1차원의 경우

이 과제만이 아니라 무언가 문제를 만나면

- 우선 쉬운 경우를 생각한다.
- 일반적인 경우도 어떻게든 변환하여 쉬운 경우로 귀착시킨다.

라는 방침이 유효합니다. 그러므로 1차원의 경우를 먼저 해봅시다. 예를 들어

$$x(t) = 7x(t-1)$$

복잡하므로 일일이 적지 않았습니다만, 이 식이 $t = 1$이라도, $t = 93$이라도, 어떤 t라도 성립한다는 의미입니다. 그렇다는 것은 $x(t-1) = 7x(t-2)$이고, $x(t-2) = 7x(t-3)$이고, 게다가

$$x(t) = 7x(t-1) = 7 \cdot 7x(t-2) = 7 \cdot 7 \cdot 7x(t-3) = \cdots = 7^t x(0)$$

분명히 $x(t) = 7^t x(0)$으로 두면[9] $x(t) = 7x(t-1)$이 성립하네요. 게다가 $7^0 = 1$이므로 $x(0)$의 값도 정확히 설정 그대로입니다. 초깃값 $x(0)$이 주어지면 이것으로 $x(t)$를 계산할 수 있습니다. 여기서 $t \to \infty$인 경우 $7^t \to \infty$인 것에 주목합니다. $x(0) = 0$이 아닌 한 $t \to \infty$이면 $|x(t)| \to \infty$이므로 이 시스템은 폭주합니다. 다른 예로

$$x(t) = 0.2x(t-1)$$

이라면 어떨까요? 똑같이 생각하면 $x(t) = 0.2^t x(0)$입니다. $t \to \infty$일 때 $0.2^t \to 0$인 것에 주목합니다. 어떤 초깃값 $x(0)$라도 $t \to \infty$에서는 $x(t) \to 0$이 되고, 이 시스템은 폭주하지 않습니다.

일반적인

$$x(t) = ax(t-1)$$

9 '7의 전치'가 아니라 물론 '7의 t제곱'입니다. 이 책에서 전치는 대문자로 A^T라고 씁니다.

의 경우도 이제 보이지요? $x(t) = a^t x(0)$이고,[10] $|a| > 1$이면 폭주, $|a| \le 1$이면 폭주하지 않습니다.[11]

4.3 대각행렬의 경우

다음은 겉보기에는 다차원이라도 실제는 속이 빤히 보이는 것에 불과한 경우입니다. 예를 들어 $\boldsymbol{x}(t) = (x_1(t), x_2(t), x_3(t))^T$로 하고

$$\boldsymbol{x}(t) = \begin{pmatrix} 5 & 0 & 0 \\ 0 & -3 & 0 \\ 0 & 0 & 0.8 \end{pmatrix} \boldsymbol{x}(t-1)$$

이라면 어떨까요? 우변은 행렬로 어렵게 쓰여 있지만 계산하면

$$\begin{pmatrix} x_1(t) \\ x_2(t) \\ x_3(t) \end{pmatrix} = \begin{pmatrix} 5x_1(t-1) \\ -3x_2(t-1) \\ 0.8x_3(t-1) \end{pmatrix}$$

일 뿐입니다. 즉,

$$x_1(t) = 5x_1(t-1)$$
$$x_2(t) = -3x_2(t-1)$$
$$x_3(t) = 0.8x_3(t-1)$$

라는 식 세 개를 정리하여 쓴 것뿐입니다. 이 식이라면 각각 바로 풀려서 답은

---

10 $a = 0$인 경우도 $a^0 = 1$이라고 해석합니다(표기를 간단하게 하기 위한 이 책에서만의 약속입니다. 일반적으로는 1.21를 참조해 주십시오).

11 $|a|$는 a의 절댓값입니다($|7| = 7$, $|-3| = 3$과 같이 부호를 제외한 수, a가 복소수인 경우의 $|a|$는 부록 B를 참고합니다). 절댓값의 성질에 따라 $|a^t x(0)| = |a|^t |x(0)|$이므로 $t \to \infty$인 경우 (1) $|a| > 1$이면 $|a^t| \to \infty$, (2) $|a| = 1$이면 $|a^t| = 1$, (3) $0 \le |a| < 1$이면 $|a^t| \to 0$입니다. 또한, $a = -1$인 경우는

$$x(100) = x(0),\quad x(101) = -x(0),\quad x(102) = x(0),\quad x(103) = -x(0),\quad \cdots$$

이란 상태로 팍팍 변합니다. 그러나 '$|x(t)|$가 무한대로 휙 날아가는' 것은 아니므로 '폭주하지 않는다'에 포함됩니다. 점점 일정한 값으로 자리잡아 가는, 제대로된 '안정'만을 가리키고 싶다면 **점근안정**이란 용어가 있습니다. '점 $\boldsymbol{c}$가 점근안정이다'란 '시작점 $\boldsymbol{x}(0)$과 주목점 $\boldsymbol{c}$와의 거리가 어느 정수 $\epsilon > 0$ 이내면 $\boldsymbol{x}(t)$는 반드시 $\boldsymbol{c}$로 수렴한다($t \to \infty$)'라는 의미입니다.

$x_1(t) = 5^t x_1(0)$
$x_2(t) = (-3)^t x_2(0)$
$x_3(t) = 0.8^t x_3(0)$

또는 멋있게

$$\boldsymbol{x}(t) = \begin{pmatrix} 5^t & 0 & 0 \\ 0 & (-3)^t & 0 \\ 0 & 0 & 0.8^t \end{pmatrix} \boldsymbol{x}(0) = \begin{pmatrix} 5 & 0 & 0 \\ 0 & -3 & 0 \\ 0 & 0 & 0.8 \end{pmatrix}^t \boldsymbol{x}(0)$$

라고도 쓸 수 있습니다('응?'이라고 한 사람은 대각행렬(1.2.7절)을 복습하세요. 초깃값 $\boldsymbol{x}(0)$이 $x_1(0) = x_2(0) = 0$이 아닌 한 $t \to \infty$에서는 $x_1(t)$나 $x_2(t)$가 훽 날아가버리므로 이 시스템은 폭주합니다.

4.4 $\boldsymbol{x}(0) = (0, 0, 3)^T$라면 $\boldsymbol{x}(t) = (0, 0, 3 \cdot 0.8^t)^T$이므로 그다지 훽 날아가지 않는데요?

이 장에서 문제 삼고 있는 것은 '어떤 초깃값 $\boldsymbol{x}(0)$에서 시작해도 훽 날아가지 않는다고 보증할 수 있는가'입니다. 그러므로 훽 날아갈 것 같은 어설픈 초깃값이 하나라도 있으면 '폭주할 위험성 있음'이라고 판정합니다. 실제로 이 시스템에서는 훽 날아가지 않는 쪽이 예외입니다($x_1(0)$도 $x_2(0)$도 딱 0인 경우만). 절묘한 $\boldsymbol{x}(0)$을 제외하고 대부분 모두 훽 날아갑니다.

4.5 '풀다'란 $\boldsymbol{x}(0)$으로 나타낸다는 의미인가요?

이 문맥에서는 그 말 그대로 '$\boldsymbol{x}(t)$를 t와 $\boldsymbol{x}(0)$의 함수로써 써내려간다'라는 의미입니다. 이것이 가능하면 알고 싶었던 '어떤 초깃값 $\boldsymbol{x}(0)$에서 시작해도 ~~' 문제가 거의 해결된 것이기 때문입니다. 일반적으로 '주어진 초깃값 $\boldsymbol{x}(0)$에 대해 $\boldsymbol{x}(t)$를 써내려가시오'라는 형태의 문제는 초깃값 문제라고 부릅니다.

간단하게 풀린 특색은 랭크행렬이 대각이었습니다. 실제로

$\boldsymbol{x}(t) = A\boldsymbol{x}(t-1)$
$A = \mathrm{diag}(a_1, \ldots, a_n)$
$\boldsymbol{x}(t) = (x_1(t), \ldots, x_n(t))^T$

이면 $A\boldsymbol{x}$는 단지 $(a_1 x_1, \ldots, a_n x_n)^T$이므로

$$x_1(t) = a_1 x_1(t-1)$$
$$\vdots$$
$$x_n(t) = a_n x_n(t-1)$$

을 정리하여 쓴 것뿐입니다. 그렇다면 바로 풀 수 있어서

$$x_1(t) = a_1^t x(0)$$
$$\vdots$$
$$x_n(t) = a_n^t x(0)$$

입니다. 또는 멋있게

$$\boldsymbol{x}(t) = \begin{pmatrix} a_1^t & & \\ & \ddots & \\ & & a_n^t \end{pmatrix} \boldsymbol{x}(0) = \begin{pmatrix} a_1 & & \\ & \ddots & \\ & & a_n \end{pmatrix}^t \boldsymbol{x}(0)$$ 빈칸은 0

라고도 쓸 수 있습니다. $|a_1|, \ldots, |a_n|$ 중 하나라도 1보다 크면 폭주합니다. $|a_1|, \ldots, |a_n| \le 1$이면[12] 폭주하지 않습니다.

4.4 대각화할 수 있는 경우

LINEAR ALGEBRA

앞 절과 같이 A가 대각행렬이라면 이미 해결입니다. 그렇다면 일반적인 A의 경우도 어떻게 해서든 대각행렬로 귀착할 수는 없는 걸까요? 실은 대부분 잘 귀착할 수 있습니다. 이 내용을 납득하는 것이 이 장의 주제입니다. 세 가지 표현(변수변환, 좌표변환, 거듭제곱계산)으로 설명하므로 가장 이해하기 쉬운 표현을 골라 주십시오.

12 $|a_1| \le 1$이면서 $|a_2| \le 1$이면서……라는 의미입니다.

4.4.1 변수변환

가장 간단한 것은 $x_1, \ldots, x_n$을 여러모로 재배치해본다는 발상이겠지요. 몇 번이고 예고한 이 그림의 실례를 드디어 들어보겠습니다.[13]

(원래의 변수)	문제	답
	⇕	⇕
(괜찮은 변수)	문제′	답′

우선은 구체적인 예

예로

$$\begin{pmatrix} x_1(t) \\ x_2(t) \end{pmatrix} = \begin{pmatrix} 5 & 1 \\ 1 & 5 \end{pmatrix} \begin{pmatrix} x_1(t-1) \\ x_2(t-1) \end{pmatrix}$$

를 생각해봅시다. 분해하여 쓰면

$$x_1(t) = 5x_1(t-1) + x_2(t-1)$$
$$x_2(t) = x_1(t-1) + 5x_2(t-1)$$

입니다. 이대로는 손을 쓸 수 없으므로 힌트:

$$y_1(t) = x_1(t) + x_2(t) \tag{4.3}$$
$$y_2(t) = x_1(t) - x_2(t) \tag{4.4}$$

로 두고 봅시다. 그러면

$$\begin{aligned} y_1(t) &= x_1(t) + x_2(t) \\ &= (5x_1(t-1) + x_2(t-1)) + (x_1(t-1) + 5x_2(t-1)) \\ &= 6x_1(t-1) + 6x_2(t-1) \\ &= 6y_1(t-1) \\ y_2(t) &= x_1(t) - x_2(t) \\ &= (5x_1(t-1) + x_2(t-1)) - (x_1(t-1) + 5x_2(t-1)) \\ &= 4x_1(t-1) - 4x_2(t-1) \\ &= 4y_2(t-1) \end{aligned}$$

y_1은 y_1만의 식이, y_2는 y_2만의 식이 잘 되었습니다. 이거면 이미 4.3절에서 한 그대로

$$y_1(t) = 6^t y_1(0)$$

13 전에 내놓은 그림에서는 '원래 기저' '괜찮은 기저'라고 써 있었습니다만, 같은 이야기입니다. 이유는 1.31을 참고해 주세요.

$$y_2(t) = 4^t y_2(0)$$

이 되어 y_1, y_2는 폭주하는 것이 훤히 들여다보입니다.

나머지는 y_1, y_2에서 x_1, x_2로 되돌리면 완성입니다. 되돌리려면 식 (4.3)과 식 (4.4)를 x_1, x_2에 대해 풀면 됩니다.[14]

$$x_1(t) = \frac{y_1(t) + y_2(t)}{2}$$
$$x_2(t) = \frac{y_1(t) - y_2(t)}{2}$$

에 구한 $y_1(t)$, $y_2(t)$를 대입하면

$$\begin{aligned} x_1(t) &= \frac{6^t y_1(0) + 4^t y_2(0)}{2} \\ &= \frac{6^t (x_1(0) + x_2(0)) + 4^t (x_1(0) - x_2(0))}{2} \\ &= \left(\frac{6^t + 4^t}{2}\right) x_1(0) + \left(\frac{6^t - 4^t}{2}\right) x_2(0) \end{aligned}$$

$$\begin{aligned} x_2(t) &= \frac{6^t y_1(0) + 4^t y_2(0)}{2} \\ &= \frac{6^t (x_1(0) + x_2(0)) - 4^t (x_1(0) - x_2(0))}{2} \\ &= \left(\frac{6^t - 4^t}{2}\right) x_1(0) + \left(\frac{6^t + 4^t}{2}\right) x_2(0) \end{aligned}$$

으로 잘 풀렸습니다. $t \to \infty$에서는 $(6^t \pm 4^t)/2 \to \infty$이므로 x_1, x_2도 역시 폭주합니다.

행렬로 바꿔 말하면

지금 푼 내용을 행렬의 이야기로 바꿔봅시다.

$$\boldsymbol{y}(t) = C\boldsymbol{x}(t), \qquad C = \begin{pmatrix} 1 & 1 \\ 1 & -1 \end{pmatrix}$$

과 같이 변수를 $\boldsymbol{x}(t) = (x_1(t), x_2(t))^T$에서 $\boldsymbol{y}(t) = (y_1(t), y_2(t))^T$로 변환하면 원래의 $\boldsymbol{x}(t) = A\boldsymbol{x}(t-1)$을

14 식 (4.3)과 식 (4.4)를 연립일차방정식이라 생각하고 풀면 됩니다. 식 (4.3)에서 $x_1(t) = y_1(t) - x_2(t)$이므로 이것을 식 (4.4)에 대입하면 $y_2(t) = (y_1(t) - x_2(t)) - x_2(t) = y_1(t) - 2x_2(t)$. 이것이라면 $x_2(t) = (y_1(t) - y_2(t))/2$가 나옵니다. 그러면 x_1도 $x_1(t) = y_1(t) - x_2(t) = y_1(t) - (y_1(t) - y_2(t))/2 = (y_1(t) + y_2(t))/2$로 구해집니다. 좀 더 손쉽게 풀기 위해서는 '식 (4.3)과 식 (4.4)를 변변 더하여 2로 나누면 x_1이 나옵니다. 식 (4.3)에서 식 (4.4)를 변변 빼고 2로 나누면 x_2가 나옵니다.'

$$\boldsymbol{y}(t) = \Lambda \boldsymbol{y}(t-1), \qquad \Lambda = \begin{pmatrix} 6 & 0 \\ 0 & 4 \end{pmatrix}$$

로 바꿔쓸 수 있습니다.[15] 이 Λ는 대각이므로

$$\boldsymbol{y}(t) = \Lambda^t \boldsymbol{y}(0) = \begin{pmatrix} 6^t & 0 \\ 0 & 4^t \end{pmatrix} \begin{pmatrix} y_1(0) \\ y_2(0) \end{pmatrix} = \begin{pmatrix} 6^t y_1(0) \\ 4^t y_2(0) \end{pmatrix}$$

으로 간단하게 풀 수 있습니다. 나머지는 y를 x로 되돌리면 됩니다. 되돌리는 경우에 사용한

$$\begin{pmatrix} x_1(t) \\ x_2(t) \end{pmatrix} = \begin{pmatrix} \frac{y_1(t)+y_2(t)}{2} \\ \frac{y_1(t)-y_2(t)}{2} \end{pmatrix}$$

를 요약하면

$$\boldsymbol{x}(t) = C^{-1} \boldsymbol{y}(t) = \begin{pmatrix} 1/2 & 1/2 \\ 1/2 & -1/2 \end{pmatrix} \begin{pmatrix} y_1(t) \\ y_2(t) \end{pmatrix}$$

입니다. 이 식을 사용하여 x로 되돌리면

$$\begin{aligned} \begin{pmatrix} x_1(t) \\ x_2(t) \end{pmatrix} &= \begin{pmatrix} 1/2 & 1/2 \\ 1/2 & -1/2 \end{pmatrix} \begin{pmatrix} y_1(t) \\ y_2(t) \end{pmatrix} \\ &= \begin{pmatrix} 1/2 & 1/2 \\ 1/2 & -1/2 \end{pmatrix} \begin{pmatrix} 6^t & 0 \\ 0 & 4^t \end{pmatrix} \begin{pmatrix} y_1(0) \\ y_2(0) \end{pmatrix} \\ &= \begin{pmatrix} 6^t/2 & 4^t/2 \\ 6^t/2 & -4^t/2 \end{pmatrix} \begin{pmatrix} y_1(0) \\ y_2(0) \end{pmatrix} \end{aligned}$$

여기서 물론 $\boldsymbol{y}(0) = C\boldsymbol{x}(0)$이므로

$$\begin{aligned} \begin{pmatrix} x_1(t) \\ x_2(t) \end{pmatrix} &= \begin{pmatrix} 6^t/2 & 4^t/2 \\ 6^t/2 & -4^t/2 \end{pmatrix} \begin{pmatrix} 1 & 1 \\ 1 & -1 \end{pmatrix} \begin{pmatrix} x_1(0) \\ x_2(0) \end{pmatrix} \\ &= \begin{pmatrix} \frac{6^t+4^t}{2} & \frac{6^t-4^t}{2} \\ \frac{6^t-4^t}{2} & \frac{6^t+4^t}{2} \end{pmatrix} \begin{pmatrix} x_1(0) \\ x_2(0) \end{pmatrix} \end{aligned}$$

이것이 앞의 식을 행렬로 쓴 결과입니다.

일반화

지금까지의 예를 어떻게 일반화하면 좋을까요? 과정을 되돌아보면

1. 힌트로 주어진 행렬 C를 사용하여 변수 $\boldsymbol{x}(t)$를 다른 변수 $\boldsymbol{y}(t) = C\boldsymbol{x}(t)$로 변환합니다.
2. $\boldsymbol{x}(t)$ 식으로 주어진 차분방정식(그림 4-1 마법의 상자)을 $\boldsymbol{y}(t)$ 식으로 다시 씁니다.

---

15 Λ는 그리스 문자 λ(람다)의 대문자입니다(부록 A 참고).

3. 고쳐 쓴 식은 '대각행렬의 경우'가 되어 간단히 풀립니다.

4. 풀어서 얻은 $\boldsymbol{y}(t)$를 $\boldsymbol{x}(t)$로 되돌리면 답입니다.

포인트는 $\boldsymbol{y}(t)$의 식으로 고쳐 쓰면 '대각행렬의 경우'가 된다는 부분입니다. 그렇게 되는 좋은 C를 스스로 발견하기 위해서는 어떻게 하면 좋을지 지금부터 생각해봅시다.

우선, C는 어떤 행렬이라도 괜찮은 것은 아닙니다. $\boldsymbol{x}$와 $\boldsymbol{y}$가 일대일대응(전단사)이 되어 주지 않으면 $\boldsymbol{x}$와 $\boldsymbol{y}$를 자유자재로 오고갈 수 없어 성가십니다. $\boldsymbol{y}(t)$를 구하고, 나머지는 $\boldsymbol{y}(t)$에 대응하는 $\boldsymbol{x}(t)$로 되돌리는 것뿐이라 '대응하는 $\boldsymbol{x}(t)$따위 없는데요'라거나, '대응하는 $\boldsymbol{x}(t)$가 아주 많은데요'라는 말을 듣게 되면 맥이 풀립니다.[16] 그러므로 일대일대응이 보장되도록 C는 정칙행렬로 합니다. '응?'이라고 한 사람은 2장을 복습합니다. 그리고 죄송합니다만, 여기서 부호를 되살립니다. 여기까지는

$$\boldsymbol{y}(t) = C\boldsymbol{x}(t)$$
$$\boldsymbol{x}(t) = C^{-1}\boldsymbol{y}(t)$$

와 같이 '$\boldsymbol{x} \to \boldsymbol{y}$가 주, $\boldsymbol{y} \to \boldsymbol{x}$가 종'이었던 표현을

$$\boldsymbol{x}(t) = P\boldsymbol{y}(t)$$
$$\boldsymbol{y}(t) = P^{-1}\boldsymbol{x}(t)$$

와 같이 '$\boldsymbol{y} \to \boldsymbol{x}$가 주, $\boldsymbol{x} \to \boldsymbol{y}$가 종'인 표현으로 고칩니다. 물론

$$C = P^{-1}$$
$$P = C^{-1}$$

이라고 바꿔읽으면 되는 것으로 의미는 같습니다. C에서 이야기를 해도 그다지 곤란한 점은 없고 $\boldsymbol{x} \to \boldsymbol{y}$를 주로 보는 쪽이 자연스럽다고 느끼겠지만, 나중에 '이 행렬은 무엇인가'를 해석하기 위해서는 P가 좋습니다.

그렇다면 다시 기운을 내서 원래 변수 $\boldsymbol{x}(t)$에 어떤 정칙행렬 P를 가져와서

$$\boldsymbol{x}(t) = P\boldsymbol{y}(t)$$

에서 다른 변수 $\boldsymbol{y}(t)$로 변환하는 것을 생각해봅시다. 이 경우 $\boldsymbol{x}(t) = A\boldsymbol{x}(t-1)$이라는 차분방정식(마법의 상자)은 어떻게 변환되는 것일까요? $\boldsymbol{x}(t) = P\boldsymbol{y}(t)$라는 변환은 표현을 바꾸면 $\boldsymbol{y}(t) = P^{-1}\boldsymbol{x}(t)$이므로

16 실제로는 그 이전에 '$\boldsymbol{y}(t)$ 식으로 고쳐 쓴다' 단계에서 대부분 좌절하겠지요. 우변을 $\boldsymbol{y}$로 쓸 수 없게 되기 때문입니다.

$$\begin{aligned} \boldsymbol{y}(t) &= P^{-1}\boldsymbol{x}(t) = P^{-1}A\boldsymbol{x}(t-1) \\ &= P^{-1}A(P\boldsymbol{y}(t-1)) = (P^{-1}AP)\boldsymbol{y}(t-1) \end{aligned}$$

즉, $\boldsymbol{y}$로 보면 $\boldsymbol{x}(t) = A\boldsymbol{x}(t-1)$이라는 마법의 상자 시스템이

$$\begin{aligned} \boldsymbol{y}(t) &= \Lambda\boldsymbol{y}(t-1) \\ \Lambda &= P^{-1}AP \end{aligned}$$

로 변합니다.[17]

자, 이 Λ가 만약 대각행렬이면 앞 절에서와 같이

$$\boldsymbol{y}(t) = \Lambda^t\boldsymbol{y}(0)$$

으로 간단하게 $\boldsymbol{y}(t)$가 구해집니다.[18] 나머지는 $\boldsymbol{x}(t) = P\boldsymbol{y}(t)$와 $\boldsymbol{y}(0) = \mathrm{P}^{-1}\boldsymbol{x}(0)$에서

$$\boldsymbol{x}(t) = P\boldsymbol{y}(t) = P\Lambda^t\boldsymbol{y}(0) = P\Lambda^tP^{-1}\boldsymbol{x}(0)$$

으로 $\boldsymbol{x}$도 구해져 무사히 일단락됩니다.[19] '좋은 정칙행렬 P를 골라 $P^{-1}AP$를 대각행렬로 한다'가 가능하면 딱 좋네요.

앞으로는 일일이 '좋은 정칙행렬 P를 골라 $P^{-1}AP$를 대각행렬로 한다'라고 길게 쓰지 않고, 이 작업을 짧게 '대각화'라고 합니다. 선형대수를 한 번 배웠던 사람은 여러 가지가 떠오르지 않을까요? 시험 전에 '대각화'의 순서만 외웠었지 등등. 그때 '왜 양쪽에 P를 곱하고, 게다가 한 쪽은 역행렬이고, 뭐 이런 기묘한 변환을 하는 걸까'라는 의문이 들지 않았나요? 지금에야 의문이 풀리죠.

4.6 $P^{-1}AP$라는 것이 무엇인지 이해되지 않아요.

다음 그림은 어떤가요? $\boldsymbol{y}(t-1)$에서 $\boldsymbol{y}(t)$로 옮기는 것은 P하고, A하여 'P의 역', 즉 $P^{-1}AP$인 것을 납득하겠지요. '어? PAP^{-1}이란 순서가 아니야?'라는 사람은 1.2.4절 '행렬의 곱 = 사상의 합성'을 복습해주세요.

$$\begin{array}{lccc} \text{(원래 변수)} & \boldsymbol{x}(t-1) & \overset{A}{\rightarrow} & \boldsymbol{x}(t) \\ & \Uparrow P & & \Uparrow P \\ \text{(괜찮은 변수)} & \boldsymbol{y}(t-1) & \overset{\Lambda}{\dashrightarrow} & \boldsymbol{y}(t) \end{array}$$

---

17 정방행렬 A에 어떤 정칙행렬 P를 가져와서 $P^{-1}AP$라는 형태의 행렬을 만드는 것을 **닮음변환**(상사변환)이라고 합니다.

18 $\Lambda = \mathrm{diag}(\lambda_1, \ldots, \lambda_n)$인 경우 $\Lambda^t = \mathrm{diag}(\lambda_1^t, \ldots, \lambda_n^t)$인 것은 이미 괜찮지요.

19 $P\Lambda^tP^{-1}$이라고 쓰면 $(P\Lambda^tP)^{-1}$이 아니라 $P(\Lambda^t)(P^{-1})$이란 의미입니다.

4.7 대각화는 한 가지?

얻은 대각행렬은 대각성분의 나열 순서를 제외하고 본질적으로는 한 가지입니다. 예를 들어

$$P^{-1}AP = \begin{pmatrix} 3 & 0 & 0 \\ 0 & 3 & 0 \\ 0 & 0 & 7 \end{pmatrix}$$

였다고 합시다. 이때 다른 좋은 행렬 P'를 취하면

$$P'^{-1}AP' = \begin{pmatrix} 3 & 0 & 0 \\ 0 & 7 & 0 \\ 0 & 0 & 3 \end{pmatrix}$$

와 같이 나열 순서가 다른 대각행렬로 할 수 있습니다.[20] 그러나 어떤 행렬 P''를 가져와도

$$\times \qquad P''^{-1}AP'' = \begin{pmatrix} 2 & 0 & 0 \\ 0 & 3 & 0 \\ 0 & 0 & 4 \end{pmatrix}$$

와 같이 대각성분의 값 그 자체가 다른 대각행렬은 불가능합니다. 왜냐하면, 대각성분은 특성방정식의 해로서 기계적으로 결정되기 때문입니다(4.5.3절 '고윳값의 계산: 특성방정식'). 손을 쓸 여지는 없습니다.

4.8 이미 배운 기본변형으로는 안 되나요? 분명 기본변형에서도 A를 $\mathrm{diag}(1, 1, 1, 0, 0)$ 같은 형태로 만들 수 있었는데요?

좌우의 기본변형을 구사하면 그렇게 할 수 있습니다(2.3.7절). 그러나 지금 문제에 A를 기본변형하는 것이 어떤 의미일까요? 이 내용을 검토하면 2장에서는 만능으로 보였던 기본변형이 왜 이번에는 나오지 않는지 납득할 수 있을 것입니다.

그 전에 본문의 변수변환이 어떤 의미인지 확인해둡시다. 짧게 $\mathbf{x}(t) = P\mathbf{y}(t)$라고 쓰여 있습니다만, 길게 쓰면

---

20 2.2.4절의 기본변형에서 나온 행렬 $S_{i,j}$를 사용하여 $P' = PS_{2,3}$과 같이 만들면 됩니다. $S_{i,j}$는 왼쪽에 곱하면 행의 교환, 오른쪽에 곱하면 열의 교환이 되는 것이었습니다(2.3.7절 '랭크 구하는 법 (2) 손 계산'). 게다가 $S_{i,j}^2 = I$이므로 $S_{i,j}^{-1} = S_{i,j}$입니다(2.10).

$$
\begin{aligned}
\boldsymbol{x}(0) &= P\boldsymbol{y}(0)\\
\boldsymbol{x}(1) &= P\boldsymbol{y}(1)\\
\boldsymbol{x}(2) &= P\boldsymbol{y}(2)\\
&\vdots
\end{aligned}
$$

입니다. $\boldsymbol{x}(0), \boldsymbol{x}(1), \boldsymbol{x}(2), \ldots$ 모두가 같은 P로 일제히 변환됩니다. 따라서 '$\boldsymbol{x}(t) = A\boldsymbol{x}(t-1)$' 좌변의 $\boldsymbol{x}(t)$도, 우변의 $\boldsymbol{x}(t-1)$도 같은 P로 변환되는 것입니다. 기본변형은 어땠었나요? 기본변형은 A의 좌우에 '서로 다른' 정칙행렬 C와 P를 곱하여[21]

$$
CAP = \begin{pmatrix} 1 & 0 & 0 & 0 & 0 \\ 0 & 1 & 0 & 0 & 0 \\ 0 & 0 & 1 & 0 & 0 \\ 0 & 0 & 0 & 0 & 0 \\ 0 & 0 & 0 & 0 & 0 \end{pmatrix} = \Gamma
$$

와 같은 형태로 만드는 기법이었습니다.[22] 이것은 지금의 문제 ($\boldsymbol{x}(t) = A\boldsymbol{x}(t-1)$)에서 다음과 같이 해석됩니다. t라고 쓰면 속기 쉽기 때문에 구체적으로 $t = 7$인 경우를 검토해봅시다.

$\boldsymbol{x}(7) = A\boldsymbol{x}(6)$이란 마법의 상자에 대해 좌변의 $\boldsymbol{x}(7)$은 $\boldsymbol{z}(7) = C\boldsymbol{x}(7)$로, 우변의 $\boldsymbol{x}(6)$은 $\boldsymbol{z}(6) = P^{-1}\boldsymbol{x}(6)$으로 변수변환하면

$$
\begin{aligned}
\boldsymbol{z}(7) &= C\boldsymbol{x}(7)\\
&= CA\boldsymbol{x}(6)\\
&= CAP\boldsymbol{z}(6)\\
&= \Gamma\boldsymbol{z}(6)
\end{aligned}
$$

라는 식으로 변합니다. 마찬가지로 $\boldsymbol{z}(6) = \Gamma\,\boldsymbol{z}(5)$이고, $\boldsymbol{z}(5) = \Gamma\,\boldsymbol{z}(4)$이고, 이하 같습니다. 이 Γ는 단순한 행렬이므로 $\boldsymbol{z}(t)$가 간단하게 구해지……. 어?

무엇에 속았는지 눈치챘나요? $\boldsymbol{z}(7) = \Gamma\,\boldsymbol{z}(6)$이라고 말한 경우에는 $\boldsymbol{z}(6) = P^{-1}\boldsymbol{x}(6)$이란 변환이었는데, $\boldsymbol{z}(6) = \Gamma\,\boldsymbol{z}(5)$인 경우에는 $\boldsymbol{z}(6) = C\boldsymbol{x}(6)$이란 다른 변환으로 바뀌어져 있습니다. 혼란을 피하기 위해

$$
\begin{aligned}
\boldsymbol{z}(t) &= C\boldsymbol{x}(t)\\
\boldsymbol{z}'(t) &= P^{-1}\boldsymbol{x}(t)
\end{aligned}
$$

와 같이 대시를 붙여 구별하기로 합시다. 이젠 속지 않습니다. 얻은 것은

$$
\begin{aligned}
\boldsymbol{z}(7) &= \Gamma\boldsymbol{z}'(6)\\
\boldsymbol{z}(6) &= \Gamma\boldsymbol{z}'(5)\\
\boldsymbol{z}(5) &= \Gamma\boldsymbol{z}'(4)\\
&\vdots
\end{aligned}
$$

21 '응?'이라고 한 사람은 2.3.7절 '랭크 구하는 법(2) 손 계산'을 복습합니다.

22 Γ는 그리스 문자 γ(감마)의 대문자입니다(부록 A 참고).

라는 일련의 식입니다. 좌변의 z와 우변의 z'가 다른 것이므로 나열되어도 '그게 뭐 어쨌어'가 됩니다.

정리하면 지금의 문제에서는 A에 따른 사상 $\boldsymbol{x}(t) = A\boldsymbol{x}(t-1)$의 이동하기 전의 점 $\boldsymbol{x}(t-1)$과 이동점 $\boldsymbol{x}(t)$를 '양쪽이 일제히 같도록' 변환하는 것이 열쇠였습니다. 기본변형은 그런 것이 아니라 원래와 앞으로 각각 따로따로 변환해버립니다. 1단의 $\boldsymbol{x}(6) \to \boldsymbol{x}(7)$에만 흥미가 있다면 그걸로 상관없습니다만, $\boldsymbol{x}(5) \to \boldsymbol{x}(6) \to \boldsymbol{x}(7) \to \cdots\cdots$이라는 다단을 이해하는 데는 도움이 되지 않습니다.

4.4.2 좋은 변환을 구하는 방법

자, '$P^{-1}AP$가 대각'이란 괜찮은 P가 잘 만들어질까요? 답은 '대부분의 정방행렬 A라면 만들 수 있다'입니다.

이 답을 살펴보기 위해서 P를 종벡터로 분해하여 생각해봅시다.

$$P = (\boldsymbol{p}_1, \ldots, \boldsymbol{p}_n)$$

즉, 'n차원의 종벡터를 n개 나열한 것'으로 식 P를 해석합니다.[23]

하고 싶은 것은

$$P^{-1}AP \equiv \Lambda = \mathrm{diag}(\lambda_1, \ldots, \lambda_n)$$

와 같이 대각이 되는 좋은 P를 발견하는 것입니다. 이 식을 조금 변형하면(양변에 왼쪽부터 P를 곱한다) $AP = P\Lambda$, 즉

$$A(\boldsymbol{p}_1, \ldots, \boldsymbol{p}_n) = (\boldsymbol{p}_1, \ldots, \boldsymbol{p}_n)\begin{pmatrix} \lambda_1 & & \\ & \ddots & \\ & & \lambda_2 \end{pmatrix} \quad \text{빈칸은 0}$$

이 됩니다. 블록행렬이라고 생각하고, 좌변도 우변도 계산하면

$$(A\boldsymbol{p}_1, \ldots, A\boldsymbol{p}_n) = (\lambda_1\boldsymbol{p}_1, \ldots, \lambda_n\boldsymbol{p}_n)$$

이 식을 열별로 보면

$$\begin{aligned} A\boldsymbol{p}_1 &= \lambda_1\boldsymbol{p}_1 \\ &\vdots \\ A\boldsymbol{p}_n &= \lambda_n\boldsymbol{p}_n \end{aligned}$$

23 '응?'이라고 한 사람은 1.2.9절 '블록행렬'을 복습해 주십시오.

이므로 이런 좋은 벡터 $\boldsymbol{p}_1, \ldots, \boldsymbol{p}_n$과 수 $\lambda_1, \ldots, \lambda_n$을 구하면 해결입니다. 선형대수를 한 번 배웠던 사람은 이미 이해했지요? 일반적으로 정방행렬 A에 대해

$$A\boldsymbol{p} = \lambda\boldsymbol{p}$$
$$\boldsymbol{p} \neq \boldsymbol{o}$$

를 만족시키는 수 λ, 벡터 $\boldsymbol{p}$를 각각 '**고윳값**', '**고유벡터**'라고 부릅니다.[24]

'좋은 P'를 구하기 위해서는

1. A의 고윳값 $\lambda_1, \ldots, \lambda_n$과 대응하는 고유벡터 $\boldsymbol{p}_1, \ldots, \boldsymbol{p}_n$를 구한다.
2. 고유벡터를 나열하여 $P = (\boldsymbol{p}_1, \ldots, \boldsymbol{p}_n)$으로 둔다.

와 같이 하면

$$P^{-1}AP = \mathrm{diag}(\lambda_1, \ldots, \lambda_n)$$

이 됩니다. 남은 문제는 '고윳값, 고유벡터란 어떻게 구하는 건가?'입니다만, 그 문제는 나중에 설명합니다.

단, 지금의 설명은 사실은 조금 부정확합니다. P가 정칙인지 아닌지를 정확히 확인하지 않으면 P^{-1}란 건 사용해서는 안 됩니다. 만약 A가 n개의 서로 다른 고윳값 $\lambda_1, \ldots, \lambda_n$을 지니면 대응하는 $P = (\boldsymbol{p}_1, \ldots, \boldsymbol{p}_n)$은 반드시 정칙이 되고, 무사히 대각화할 수 있습니다. 그렇지 않은 경우 좋은 P는 만들어지거나 만들어지지 않거나 합니다.[25] 그러한 것도 나중에 슬슬 알아봅시다(4.7절).

예를 하나 봅시다.

$$A = \begin{pmatrix} 5 & 3 & -4 \\ 6 & 8 & -8 \\ 6 & 9 & -9 \end{pmatrix}$$

에 대해 $x(t) = Ax(t-1)$은 폭주 위험이 있을까요? A는 고윳값 $-1, 2, 3$을 지니고

$$\begin{pmatrix} 1 \\ 2 \\ 3 \end{pmatrix}, \begin{pmatrix} 1 \\ 3 \\ 3 \end{pmatrix}, \begin{pmatrix} 1 \\ 2 \\ 2 \end{pmatrix}$$

가 대응하는 고유벡터입니다. 실제로 계산해보면

---

24 $\boldsymbol{p} = \boldsymbol{o}$이면 어떠한 A, λ라도 $A\boldsymbol{o} = \lambda\boldsymbol{o}$이므로 이의는 없지요. 그러므로 $\boldsymbol{p} = \boldsymbol{o}$은 제외합니다.

25 대각화할 수 없는 A의 매우 단순한 예는 $\begin{pmatrix} 0 & 1 \\ 0 & 0 \end{pmatrix}$.

$$\begin{pmatrix} 5 & 3 & -4 \\ 6 & 8 & -8 \\ 6 & 9 & -9 \end{pmatrix}\begin{pmatrix} 1 \\ 2 \\ 3 \end{pmatrix} = -\begin{pmatrix} 1 \\ 2 \\ 3 \end{pmatrix}, \quad \begin{pmatrix} 5 & 3 & -4 \\ 6 & 8 & -8 \\ 6 & 9 & -9 \end{pmatrix}\begin{pmatrix} 1 \\ 3 \\ 3 \end{pmatrix} = 2\begin{pmatrix} 1 \\ 3 \\ 3 \end{pmatrix}, \quad \begin{pmatrix} 5 & 3 & -4 \\ 6 & 8 & -8 \\ 6 & 9 & -9 \end{pmatrix}\begin{pmatrix} 1 \\ 2 \\ 2 \end{pmatrix} = 3\begin{pmatrix} 1 \\ 2 \\ 2 \end{pmatrix}$$

임이 확인됩니다. 그래서 고유벡터 세 개를 나열하여

$$P = \left(\begin{array}{c|c|c} 1 & 1 & 1 \\ 2 & 3 & 2 \\ 3 & 3 & 2 \end{array}\right)$$

로 두면

$$P^{-1} = \begin{pmatrix} 0 & -1 & 1 \\ -2 & 1 & 0 \\ 3 & 0 & -1 \end{pmatrix}$$

이고, $P^{-1}AP$를 계산하면 분명

$$\Lambda \equiv P^{-1}AP = \operatorname{diag}(-1, 2, 3)$$

입니다.[26] 그렇다는 것은 $\boldsymbol{y}(t) = P^{-1}\boldsymbol{x}(t)$에 대해

$$\boldsymbol{y}(t) = \begin{pmatrix} (-1)^t y_1(0) \\ 2^t y_2(0) \\ 3^t y_3(0) \end{pmatrix} = \begin{pmatrix} (-1)^t & 0 & 0 \\ 0 & 2^t & 0 \\ 0 & 0 & 3^t \end{pmatrix}\boldsymbol{y}(0)$$

이고

$$\begin{aligned} \boldsymbol{x}(t) &= \begin{pmatrix} 1 & 1 & 1 \\ 2 & 3 & 2 \\ 3 & 3 & 2 \end{pmatrix}\begin{pmatrix} (-1)^t & 0 & 0 \\ 0 & 2^t & 0 \\ 0 & 0 & 3^t \end{pmatrix}\begin{pmatrix} 0 & -1 & 1 \\ -2 & 1 & 0 \\ 3 & 0 & -1 \end{pmatrix}\boldsymbol{x}(0) \\ &= \begin{pmatrix} 3\cdot 3^t - 2\cdot 2^t & 2^t - (-1)^t & (-1)^t - 3^t \\ 6\cdot 3^t - 6\cdot 2^t & 3\cdot 2^t - 2\cdot(-1)^t & 2\cdot(-1)^t - 2\cdot 3^t \\ 6\cdot 3^t - 6\cdot 2^t & 3\cdot 2^t - 3\cdot(-1)^t & 3\cdot(-1)^t - 2\cdot 3^t \end{pmatrix}\boldsymbol{x}(0) \end{aligned}$$

이 됩니다. 예를 들어 초깃값 $\boldsymbol{y}(0) = (0, 1, 0)^T$을 취하면 $\boldsymbol{y}(t) = (0, 2^t, 0)^T$이므로 $t \to \infty$로 멋지게 발산합니다. $\boldsymbol{x}$쪽에서 해석하면 초깃값 $\boldsymbol{x}(0) = P\boldsymbol{y}(0) = (1, 3, 3)^T$을 취하면 $\boldsymbol{x}(t) = P\boldsymbol{y}(t) = 2^t(1, 3, 3)^T$로 역시 발산합니다. 그러므로 이 시스템(마법의 상자) $\boldsymbol{x}(t) = A\boldsymbol{x}(t-1)$은 폭주 위험이 있습니다.

'고윳값, 고유벡터를 구하면 폭주 여부를 판정할 수 있다'라면 다음으로 고윳값, 고유벡터를 구하는 법이 궁금하겠지요. 그러나 넘어가기 전에 좀 더 이야기하겠습니다. 이는 고윳값을 '구하는

26 어디까지나 '확인을 위한 계산'입니다. 실제로는 P^{-1}나 $P^{-1}AP$의 값을 구체적으로 계산하지 않아도 $P^{-1}AP = \operatorname{diag}(-1, 2, 3)$이 되는 것은 자명합니다. '응?'이라고 한 사람은 현재 절을 한 번 더 복습해 주십시오(역행렬 P^{-1}의 존재에 대해서는 4.5.2절 '고윳값, 고유벡터의 성질'의 '고유벡터의 선형독립성'에서 논의합니다).

법'보다 '의미'가 중요하다는 저의 주장이라고 생각해 주십시오(고윳값, 고유벡터에 대해서는 4.5절에서 의미, 성질 구하는 법의 순으로 설명합니다).

4.4.3 좌표변환으로서의 해석

4.4.1절에서는 '변수변환'으로서 대각화를 설명했습니다. 이어서 '좌표변환'으로서의 해석도 살펴봅시다. 같은 것을 다르게 표현하는 것이므로(1.31) 좋아하는 쪽의 해석으로 즐겨 주십시오.

$\boldsymbol{v} = (v_1, \ldots, v_n)^T$와 같은 좌표(수의 나열)는 암묵적 기저 $(\vec{e}_1, \ldots, \vec{e}_n)$을 생략한 '약기(간략하게 적음)'였다는 것을 떠올려 주십시오(1.1.6절 '좌표에서의 표현'). 실체인 화살표를 제대로 쓰면

$$\vec{v} = v_1\vec{e}_1 + \cdots + v_n\vec{e}_n$$

입니다. 또한, 행렬 A가 나타내는 사상(화살표를 화살표로 옮기는 것)을 $\mathcal{A}(\vec{v})$라고 나타내기로 합니다.[27] 이 표현 방식을 사용하면 지금 생각하는

$$\boldsymbol{x}(t) = A\boldsymbol{x}(t-1) \quad \text{이때} \quad \boldsymbol{x}(t) = (x_1(t), \ldots, x_n(t))^T$$

라는 시스템의 실체는

$$\vec{x}(t) = \mathcal{A}(\vec{x}(t-1)) \quad \text{이때} \quad \vec{x}(t) = x_1(t)\vec{e}_1 + \cdots + x_n(t)\vec{e}_n$$

입니다.[28]

자, $\mathcal{A}$의 고윳값을 $\lambda_1, \ldots, \lambda_n$으로 하고, $\vec{p}_1, \ldots, \vec{p}_n$을 대응하는 고유벡터라 합니다.[29] 이 $(\vec{p}_1, \ldots, \vec{p}_n)$을 기저로 사용하여[30] 화살표 $\vec{x}(t)$를

$$\vec{x}(t) = y_1(t)\vec{p}_1 + \cdots + y_n(t)\vec{p}_n$$

으로 나타내봅시다. 이때

$$\begin{aligned}\mathcal{A}(\vec{x}(t-1)) &= \mathcal{A}(y_1(t-1)\vec{p}_1) + \cdots + \mathcal{A}(y_n(t-1)\vec{p}_n) \\ &= \lambda_1 y_1(t-1)\vec{p}_1 + \cdots + \lambda_n y_n(t-1)\vec{p}_n\end{aligned}$$

---

27 $\boldsymbol{v} = (v_1, \ldots, v_n)^T$에 대해 $A\boldsymbol{v} = \boldsymbol{w} = (w_1, \ldots, w_n)^T$이면 $\mathcal{A}(\vec{v}) = \vec{w}$라는 것입니다($\vec{v} = v_1\vec{e}_1 + \cdots + v_n\vec{e}_n$, $\vec{w} = w\vec{e}_1 + \cdots + w_n\vec{e}_n$). 1.15에서도 말했듯이 $\mathcal{A}(\vec{v} + \vec{v}') = \mathcal{A}(\vec{v}) + \mathcal{A}(\vec{v}')$나 $\mathcal{A}(c\vec{v}) = c\mathcal{A}(\vec{v})$가 성립합니다($c$는 수).

28 행렬과 사상에서 문자 'A'의 형태를 조금 바꿔 구별합니다.

29 $\mathcal{A}(\vec{p}) = \lambda\vec{p}$, $\vec{p} \neq \vec{o}$을 만족시키는 수 λ와 화살표 $\vec{p}_1$가 선형사상 $\mathcal{A}$의 고윳값과 고유벡터입니다. 선형사상이란 용어의 의미는 1.15를 참고합니다.

30 $\vec{p}_1, \ldots, \vec{p}_n$이 선형독립인 것은 가정해둡니다. 대부분의 $\mathcal{A}$라면 선형독립인 $\vec{p}_1, \ldots, \vec{p}_n$이 얻어집니다.

이 됩니다. 즉, $\mathcal{A}$를 적용하면 성분 y_1, ..., y_n이 각각 λ_1, ..., λ_n배가 됩니다.[31] 그렇다는 것은

$$y_1(t) = \lambda^t_1 y_1(0)$$
$$\vdots$$
$$y_n(t) = \lambda^t_n y_n(0)$$

임을 바로 알 수 있습니다. 도대체 무슨 일이 일어난 것인가 애니메이션으로 확인해봅시다(그림 4-4, 그림 4-5). 같은 사상이라도 관점(= 기저를 취하는 법 = 좌표를 넣는 법 = 격자 모양을 그리는 법)에 따라 모습이 다르게 보입니다. 행렬 $A = \begin{pmatrix} 1 & -0.3 \\ -0.7 & 0.6 \end{pmatrix}$으로 나타내는 사상 A는 원래의 기저($\vec{e}_1, \vec{e}_2$)로 보면 '비뚤어지다'입니다만(그림 4-4), 좋은 기저($\vec{p}_1, \vec{p}_2$)로 보면 단지 축을 따르는 신축에 지나지 않습니다(그림 4-5). 그리고 '단지 축을 따르는 신축'이라면 그것을 반복하여 시행한 경우 어떻게 되는지도 간단히 파악할 수 있습니다. '단지 축을 따르는 신축'은 대각행렬의 성질이었음을 떠올려 주십시오(1.2.7절). 이것이 '무슨 일이 일어났는가'의 내막입니다.

▼ 그림 4-4 (애니메이션) 행렬 $A = \begin{pmatrix} 1 & -0.3 \\ -0.7 & 0.6 \end{pmatrix}$에 따른 공간의 변화. 원래 기저($\vec{e}_1, \vec{e}_2$)로 보면 '비뚤어지다' 형태입니다.

```
ruby mat_anim.rb -s=4 | gnuplot
```

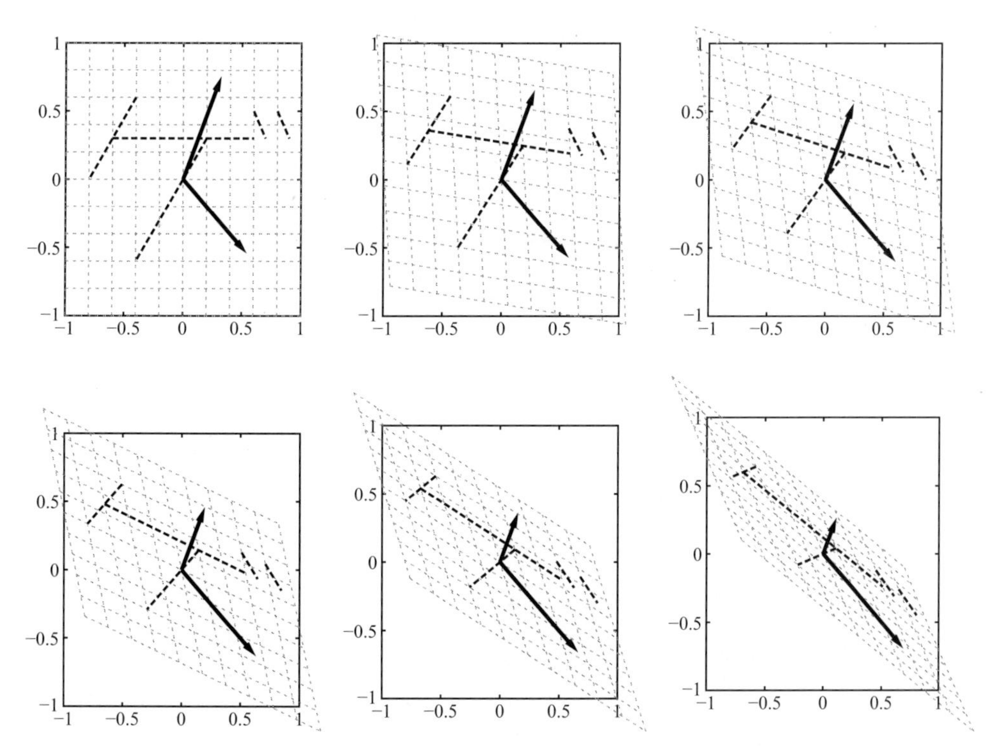

[31] 멋있게 쓰면 $\boldsymbol{y}(t) = \Lambda \boldsymbol{y}(t-1)$, $\Lambda = \mathrm{diag}(\lambda_1, ..., \lambda_n)$, 따라서 $\boldsymbol{y}(t) = \Lambda^t \boldsymbol{y}(0)$, $\Lambda^t = \mathrm{diag}(\lambda^t_1, ..., \lambda^t_n)$

▼ 그림 4-5 (애니메이션) 그림 4-4와 같은 행렬 $A=\begin{pmatrix} 1 & -0.3 \\ -0.7 & 0.6 \end{pmatrix}$에 따른 공간의 변화. 좋은 기저($\vec{p}_1$, $\vec{p}_2$)로 보면(좋은 방향으로 축을 잡고 격자를 그리면) 단지 축을 따르는 신축이 됩니다. 대각행렬이 '축에 따른 신축'이었던 것도 복습해 주십시오(1.2.7절).

```
ruby mat_anim.rb -s=5 | gnuplot
```

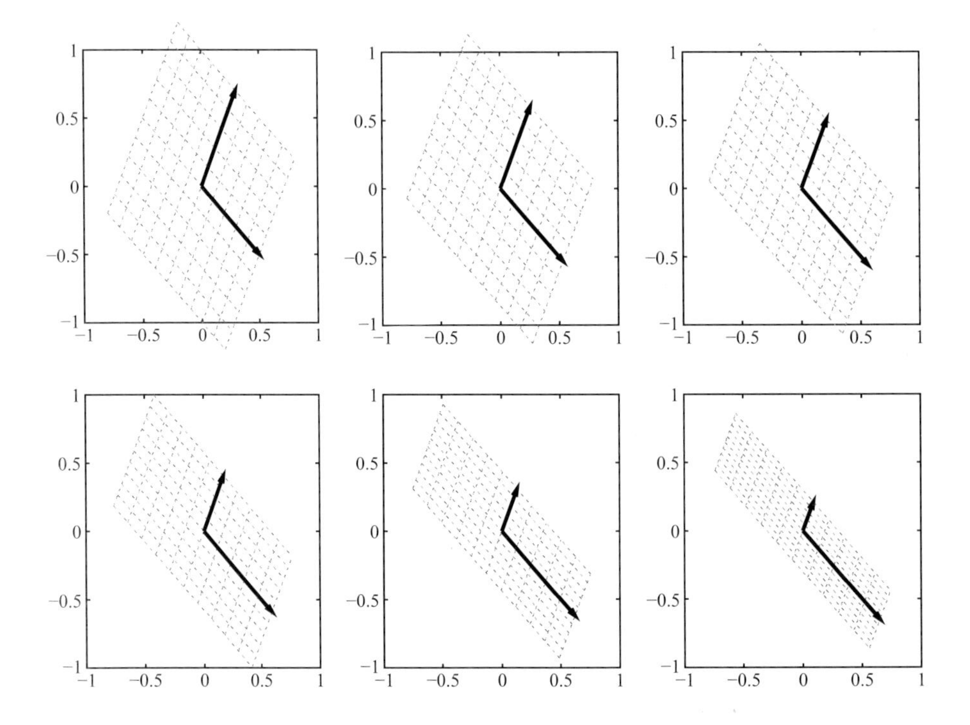

화살표 $\vec{p}_1$, $\vec{p}_2$를 사용하여 '$\vec{p}_1$을 $y_1(0)$보와 $\vec{p}_2$를 $y_2(0)$보'와 같이 초기 위치 $\vec{x}(0)$를 나타내두면 A를 시행한 $\vec{x}(1) = A(\vec{x}(0))$의 위치는 '$(\lambda_1\vec{p}_1)$를 $y_1(0)$보와 $(\lambda_2\vec{p}_2)$를 $y_2(0)$보'. 즉, '$\vec{p}_1$를 $\lambda_1 y_1(0)$보와 $\vec{p}_2$를 $\lambda_2 y_2(0)$보'입니다. A를 시행할 때마다 걸음 수가 각각 λ_1배와 λ_2배가 되는 것이므로 A를 t회 시행한 $\vec{x}(t)$의 위치도 '$\vec{p}_1$을 $\lambda_1^t y_1(0)$보와 $\vec{p}_2$를 $\lambda_2^t y_2(0)$보'라고 알 수 있습니다.

나머지는 얻은 결과를 원래 기저 $(\vec{e}_1, \ldots, \vec{e}_n)$에서의 이야기로 되돌리면 됩니다. 되돌리기 위한 핵심은 $\boldsymbol{x}$와 $\boldsymbol{y} = (y_1, \ldots, y_n)^T$로의 변환입니다. 이 변환을 구하기 위한 단서는 기저 $(\vec{e}_1, \ldots, \vec{e}_n)$과 기저 $(\vec{p}_1, \ldots, \vec{p}_n)$의 관계입니다. 1.2.11절에서 했던 '좌표변환'이 나설 차례입니다.

기저 $(\vec{e}_1, \ldots, \vec{e}_n)$에서 고유벡터의 좌표가 $\boldsymbol{p}_j = (p_{1j}, \ldots, p_{nj})^T$였다면

$$\vec{p}_j = p_{1j}\vec{e}_1 + \cdots + p_{nj}\vec{e}_n$$

가 됩니다($j = 1, \ldots, n$). 즉,

$$\boldsymbol{y} = \begin{pmatrix} 1 \\ 0 \\ 0 \end{pmatrix} \leftrightarrow \boldsymbol{x} = \begin{pmatrix} p_{11} \\ p_{21} \\ p_{31} \end{pmatrix} = \boldsymbol{p}_1$$

$$\boldsymbol{y} = \begin{pmatrix} 0 \\ 1 \\ 0 \end{pmatrix} \leftrightarrow \boldsymbol{x} = \begin{pmatrix} p_{12} \\ p_{22} \\ p_{32} \end{pmatrix} = \boldsymbol{p}_2$$

$$\boldsymbol{y} = \begin{pmatrix} 0 \\ 0 \\ 1 \end{pmatrix} \leftrightarrow \boldsymbol{x} = \begin{pmatrix} p_{13} \\ p_{23} \\ p_{33} \end{pmatrix} = \boldsymbol{p}_3$$

와 같은 대응 관계가 되는 것입니다(n = 3의 예). 1.30을 떠올리면 곧

$$\boldsymbol{x} = P\boldsymbol{y}$$

$$P = (\boldsymbol{p}_1, \boldsymbol{p}_2, \boldsymbol{p}_3) = \left(\begin{array}{c|c|c} p_{11} & p_{12} & p_{13} \\ p_{21} & p_{22} & p_{23} \\ p_{31} & p_{32} & p_{33} \end{array}\right)$$

을 알 수 있습니다. 물론 역방향은 $\boldsymbol{y} = P^{-1}\boldsymbol{x}$입니다. 이미 구해진 $\boldsymbol{y}(t)$에서 이 P로 $\boldsymbol{x}(t) = P\boldsymbol{y}(t)$를 구하고 끝납니다. $\boldsymbol{x}(t) = P\boldsymbol{y}(t) = \mathrm{P}\Lambda^t\boldsymbol{y}(0) = P\Lambda^t P^{-1}\boldsymbol{x}(0)$이고, 결국은 변수변환과 같습니다.

단, 이전 절에서도 서술했듯이 P가 정칙($\boldsymbol{p}_1, \ldots, \boldsymbol{p}_n$이 선형독립)인 것은 확실히 확인하지 않으면 안 됩니다. 대부분 괜찮습니다만, A에 따라서 독립인 고유벡터를 n개도 취하지 못하는 경우가 있습니다.

4.9 이미 배운 기본변형이면 안 되나요? 4.8에서도 들었는데 좌표변환편에서 말하면 어떻게 되나요?

$\mathcal{A}$는 n차원 벡터를 n차원 벡터로 옮기는 사상입니다. 즉, n차원 공간에서 n차원 공간으로의 사상인 것입니다만, 원래 공간(정의역)과 목적지 공간(치역)의 관계가 포인트입니다. 지금 하고 있는 닮음변환에서는 원래 공간과 목적지 공간이 같다고 해석합니다(그렇기 때문에 같은 사상을 몇번이고 반복 적용할 수 있습니다). 즉, n차원 공간 V에서 V 자체로의 사상으로 간주하는 것입니다. 공간 V의 기저를 교환하면 원래도, 목적지도 같아지도록 좌표변환됩니다. 기본변형에서는 원래 공간과 목적지 공간은 구별하여 해석합니다. 즉, n차원 V에서 다른 n차원 공간 W로의 사상으로 간주하는 것입니다. 원래는 원래대로 좌표변환하고, 목적지는 목적지대로 다른 좌표변환이 됩니다. 나머지는 4.8과 동일합니다. 이런 식으로 따로따로 좌표변환되면 다단을 이해하는 데 도움이 되지 않습니다.

4.4.4 거듭제곱으로서의 해석

또 다른 해석입니다. '그런 생각을 어떻게 해'라고 할 만한 이야기입니다만, 배우면 간단하고 알기 쉬울지도 모릅니다.

우리가 $\boldsymbol{x}(t)$를 구하려고 합니다. 거기서 1차원의 경우(4.2절)와 똑같이 생각하면

$$\boldsymbol{x}(t) = A\boldsymbol{x}(t-1) = AA\boldsymbol{x}(t-2) = AAA\boldsymbol{x}(t-3) = \cdots = A^t\boldsymbol{x}(0) \tag{4.5}$$

요컨대 행렬 A의 t제곱(A^t)을 구하면 되는 것입니다.[32] 만약 A가 대각행렬 $\mathrm{diag}(a_1, \ldots, a_n)$이면 $A^t = \mathrm{diag}(a_1^t, \ldots, a_n^t)$이 되는 것은 1장에서 한 그대로입니다. A가 대각이 아닌 경우는 어떨까요? 그럼에도 좋은 정칙행렬 P로 $P^{-1}AP$가 대각행렬 $\Lambda = \mathrm{diag}(\lambda_1, \ldots, \lambda_n)$이 되도록 할 수 있으면 A^t를 구할 수 있습니다. 우선

$$(P^{-1}AP)^2 = (P^{-1}AP)(P^{-1}AP) = P^{-1}APP^{-1}AP = P^{-1}A^2P$$
$$(P^{-1}AP)^3 = (P^{-1}AP)(P^{-1}AP)(P^{-1}AP) = P^{-1}APP^{-1}APP^{-1}AP = P^{-1}A^3P$$

라는 모양으로

$$(P^{-1}AP)^t = P^{-1}A^tP$$

임에 주의합시다. 이 좌변은

$$(P^{-1}AP)^t = \Lambda^t = \mathrm{diag}(\lambda_1^t, \ldots, \lambda_n^t)$$

로 계산할 수 있습니다. 그러면 $\Lambda^t = P^{-1}A^tP$가 되므로 좌우에 P와 P^{-1}을 각각 곱하여

$$P\Lambda^tP^{-1} = A^t$$

이 좌변을 계산하면 A^t가 구해집니다. 결국 답은

$$\boldsymbol{x}(t) = P\Lambda^tP^{-1}\boldsymbol{x}(0)$$

4.4.5 결론: 고윳값의 절댓값 나름

어느 해석에서도 결국 대각화할 수 있는 A라면 대각행렬의 경우로 이야기가 귀착됩니다. 어떠한 대각행렬인가 하면 A의 고윳값 $\lambda_1, \ldots, \lambda_n$이 대각성분에 나열한 $\Lambda = \mathrm{diag}(\lambda_1, \ldots, \lambda_n)$입니다. '원래의 $\boldsymbol{x}(t)$의 휙 날아감($t \to \infty$에서 $\boldsymbol{x}(t)$의 어떤 성분(의 절댓값)이 발산)'과 '변환한 $\boldsymbol{y}(t) = P^{-1}\boldsymbol{x}(t)$이

32 여기서는 $A^0 = I$라고 해석하기로 합시다. 영(0)승이 지니는 문제에 대해서는 1.21을 참고합니다.

휙 날아감'은 동치이므로 대각화할 수 있는 경우의 결론은 다음과 같습니다.[33]

- $|\lambda_1|, \ldots, |\lambda_n|$ 중 하나라도 1보다 크면 '폭주 위험이 있음'
- $|\lambda_1|, \ldots, |\lambda_n| \leq 1$이면 '폭주 위험이 없음'

4.5 고윳값, 고유벡터

앞에서 설명한 바와 같이 폭주 위험을 판정하기 위한 열쇠는 고윳값과 고유벡터입니다. 이 절에서는 고윳값, 고유벡터의 성질과 구하는 방법을 설명합니다. 처음에 고윳값, 고유벡터의 정의를 다시 제시합니다.

일반적으로 정방행렬 A에 대해

$$A\boldsymbol{p} = \lambda\boldsymbol{p} \tag{4.6}$$

$$\boldsymbol{p} \neq \boldsymbol{o} \tag{4.7}$$

을 만족시키는 수 λ와 벡터 $\boldsymbol{p}$를 '**고윳값**', '**고유벡터**'라고 합니다.

4.5.1 기하학적인 의미

고유벡터의 기하학적인 의미는 'A를 곱해도 신축만 되고, 방향은 변하지 않는다'입니다. 이 신축률(몇 배가 되는가)이 고윳값입니다.

애니메이션으로 보면 일목요연합니다. 그림 4-6은 행렬 $A = \begin{pmatrix} 1 & -0.3 \\ -0.7 & 0.6 \end{pmatrix}$에 따라 A의 고유벡터가 어떻게 변하는지를 나타낸 애니메이션 프로그램의 실행 결과입니다.

---

33 대각화를 할 수 있는 경우의 결론입니다. 대각화를 할 수 없는 경우는 $|\lambda_i| = 1$이란 아슬아슬한 경우의 판정에서 미묘한 문제가 발생합니다(4.7.4절).

▼ 그림 4-6 (애니메이션) $A = \begin{pmatrix} 1 & -0.3 \\ -0.7 & 0.6 \end{pmatrix}$를 곱해도 길이의 신축만 되고, 방향은 바뀌지 않는 것이 A의 고유벡터(화살표). 고유벡터의 신축률이 고윳값(늘어나고 있는 쪽은 1.3, 줄고 있는 쪽은 0.3)

```
ruby mat_anim.rb -s=4 | gnuplot
```

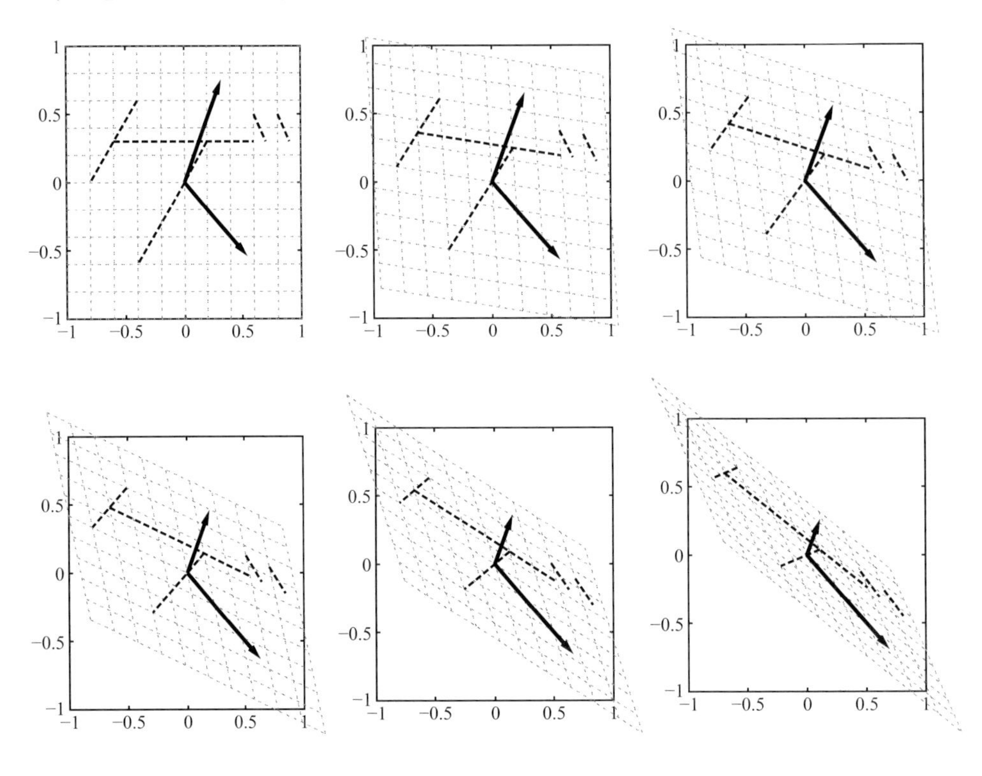

4.10 $A = \begin{pmatrix} 0 & -1 \\ 1 & 0 \end{pmatrix}$이면 고유벡터는 존재하지 않나요?

실수의 범위만 생각한다면 고유벡터는 존재하지 않습니다만, 복소수까지 범위를 넓히면 존재합니다. 우선 행렬 A가 어떤 사상을 나타내고 있는지 확인해둡시다. $(1, 0)^T$가 $(0, 1)^T$로, $(0, 1)^T$가 $(-1, 0)^T$로 이동한다는 것이므로 '원점을 중심으로 반시계 방향 90도 회전'이네요.[34] 어떤 벡터라도 방향이 90도 바뀌는 것이므로 고유벡터(방향이 바뀌지 않는 벡터)란 있을 수 없을 것 같은데…….

34 '응?'이라고 한 사람은 1.2.3절 '행렬은 사상이다'를 복습합니다. 그림 1.14의 '돌려서 넓힌다'나 그림 1.15의 '돌려서 누른다'에서도 이 행렬을 사용했습니다. 단, 현 단계에서 '각도'의 개념은 없습니다. '회전'이라는 것은 지금 생각하는 기저가 정규직교기저(부록 E.1.4절)일 경우입니다.

그런데 복소수까지 허용하면

- 고윳값 $+i$의 고유벡터 $\boldsymbol{p}_+ = (1, -i)^T$
- 고윳값 $-i$의 고유벡터 $\boldsymbol{p}_- = (1, i)^T$

등이 발견됩니다. 이것이 고유벡터가 되는 것은 각자 확인해 주십시오.[35] 이런 식으로 **실행렬** A에서 **복소수가 고윳값, 고유벡터인 경우가 있습니다.** 고윳값, 고유벡터를 스스로 구하는 방법은 4.5.3절, 4.5.4절에서 설명합니다.

4.11 고윳값이 복소수면 이전 절까지의 논의는 어떻게 되나요? 현실의 물리량에 복소수란 건 안 나올 텐데요?

폭주 판정의 결론은 변하지 않습니다. '현실의...'도 걱정할 필요 없습니다. 최종 모양에서 허수 성분은 없어집니다(이하 복소수에 관한 사항은 부록 B를 참조해 주십시오).

실정방행렬 A가 고윳값 λ와 고유벡터 $\boldsymbol{p}$를 지니면 그 복수공역 $\bar{\lambda}$, $\bar{\boldsymbol{p}}$도 역시 A의 고윳값, 고유벡터가 되는 것이 포인트입니다. 실제로 $A\boldsymbol{p} = \lambda\boldsymbol{p}$이면 양변의 복소공역을 취한 $\overline{A\boldsymbol{p}} = \overline{\lambda\boldsymbol{p}}$, 즉 $\bar{A}\bar{\boldsymbol{p}} = \bar{\lambda}\bar{\boldsymbol{p}}$도 성립할 것입니다만, A의 성분은 실수이므로 $\bar{A} = A$. 따라서 $A\bar{\boldsymbol{p}} = \bar{\lambda}\bar{\boldsymbol{p}}$이고, $\bar{\lambda}$, $\bar{\boldsymbol{p}}$도 분명 A의 고윳값, 고유벡터입니다.

예를 들어 3차 실정방행렬 A가 고윳값 $\lambda_1, \lambda_2, \lambda_3$을 지니고

- λ_1은 실수가 아니다
- $\lambda_2 = \overline{\lambda_1}$
- λ_3는 실수

인 경우를 생각해봅시다. 고윳값 λ_1, λ_3에 각각 대응하는 고유벡터를 $\boldsymbol{p}_1$, $\boldsymbol{p}_3$라고 하면 $\boldsymbol{p}_2 = \bar{\boldsymbol{p}}_1$이 고윳값 $\lambda_2 = \overline{\lambda_1}$의 고유벡터입니다. 거기서 행렬 $P = (\boldsymbol{p}_1, \boldsymbol{p}_2, \boldsymbol{p}_3) = (\boldsymbol{p}_1, \bar{\boldsymbol{p}}_1, \boldsymbol{p}_3)$를 만들면

$$AP = A(\boldsymbol{p}_1,\ \bar{\boldsymbol{p}}_1,\ \boldsymbol{p}_3) = (\boldsymbol{p}_1,\ \bar{\boldsymbol{p}}_1,\ \boldsymbol{p}_3)\begin{pmatrix} \lambda_1 & & \\ & \bar{\lambda}_1 & \\ & & \lambda_3 \end{pmatrix} = P\,\mathrm{diag}(\lambda_1,\ \bar{\lambda}_1,\ \lambda_3)$$

35 '응?'이라고 한 사람은 고유벡터의 정의(식 (4.6) (4.7))를 복습합니다. 영벡터가 아닌 것은 보면 알 수 있으므로 나머지는 $A\boldsymbol{p}_+ = +i\boldsymbol{p}_+$와 $A\boldsymbol{p}_- = -i\boldsymbol{p}_-$를 확인하면 됩니다.

라는 등식에서 (복소수를 포함한다) 대각화 $P^{-1}AP = \mathrm{diag}(\lambda_1, \overline{\lambda_1}, \lambda_3)$가 됩니다. 이것을 변형하여 실수만의 식으로 고쳐봅시다. $r = |\lambda_1|$, $\theta = \arg \lambda_1$로 두면

$$\lambda_1 = re^{i\theta} = r\cos\theta + ir\sin\theta$$

라고 쓸 수 있습니다. 게다가 고유벡터 $\boldsymbol{p}_1$을

$$\boldsymbol{p}_1 = \boldsymbol{p}' + i\boldsymbol{p}'' \qquad (\boldsymbol{p}', \boldsymbol{p}''\text{는 실벡터})$$

와 같이 실수성분과 허수성분으로 분해해둡시다. 그러면 $A\boldsymbol{p}_1 = \lambda_1\boldsymbol{p}_1$에서

$$\begin{aligned} A\boldsymbol{p}' + iA\boldsymbol{p}'' &= (r\cos\theta + ir\sin\theta(\boldsymbol{p}' + i\boldsymbol{p}'')) \\ &= \{(r\cos\theta)\boldsymbol{p}' - (r\sin\theta)\boldsymbol{p}''\} + i\{(r\sin\theta)\boldsymbol{p}' + (r\cos\theta)\boldsymbol{p}''\} \end{aligned}$$

이 실수부와 허수부를 각각 비교하는 것으로

$$\begin{aligned} A\boldsymbol{p}' &= (r\cos\theta)\boldsymbol{p}' - (r\sin\theta)\boldsymbol{p}'' \\ A\boldsymbol{p}'' &= (r\sin\theta)\boldsymbol{p}' + (r\cos\theta)\boldsymbol{p}'' \end{aligned}$$

은 알 수 있습니다. 거기서 행렬 $P' = (\boldsymbol{p}'', \boldsymbol{p}', \boldsymbol{p}_3)$를 만들면

$$AP' = A(\boldsymbol{p}'', \boldsymbol{p}', \boldsymbol{p}_3) = (\boldsymbol{p}'', \boldsymbol{p}', \boldsymbol{p}_3)\begin{pmatrix} r\cos\theta & -r\sin\theta & 0 \\ r\sin\theta & r\cos\theta & 0 \\ 0 & 0 & \lambda_3 \end{pmatrix}$$

즉, 실행렬 P'를 사용하여

$$P'^{-1}AP' = \left(\begin{array}{cc|c} r\cos\theta & -r\sin\theta & 0 \\ r\sin\theta & r\cos\theta & 0 \\ \hline 0 & 0 & \lambda_3 \end{array}\right)$$

라는 블록대각인 실행렬로 A를 변환할 수 있습니다.[36]

일반적인 실정방행렬 A라도(A를 대각화할 수 있다면) 실행렬 P'를 잘 취하는 것으로

---

36 P'가 정칙인 것은 다음 식에서 보증됩니다. '정칙행렬 P에 정칙행렬을 곱한 것'은 정칙이므로. '응?'이라고 한 사람은 1.2.8절 '역행렬 = 역사상'을 복습합니다.

$$\boldsymbol{p}' = (\boldsymbol{p}_1 + \boldsymbol{p}_2)/2, \quad \boldsymbol{p}'' = (\boldsymbol{p}_1 - \boldsymbol{p}_2)/(2i), \quad \text{즉 } P' = P\begin{pmatrix} 1/(2i) & 1/2 & 0 \\ -1/(2i) & 1/2 & 0 \\ 0 & 0 & 1 \end{pmatrix}$$

$$P'^{-1}AP' =$$

$$\left(\begin{array}{cc|c|cc|c}
r_1\cos\theta_1 & -r_1\sin\theta_1 & & & & \\
r_1\sin\theta_1 & r_1\cos\theta_1 & & & & \\
\hline
 & & \ddots & & & \\
\hline
 & & & r_k\cos\theta_k & -r_k\sin\theta_k & \\
 & & & r_k\sin\theta_k & r_k\cos\theta_k & \\
\hline
 & & & & & \begin{matrix} * & & \\ & \ddots & \\ & & * \end{matrix}
\end{array}\right) \equiv D$$

란 블록대각인 실행렬 D로 변환할 수 있습니다. * 부분에는 실수의 고윳값이 나열됩니다.

자, $\boldsymbol{x}(t) = A^t\boldsymbol{x}(0)$이었으므로(4.4.4절 '거듭제곱으로서의 해석') 시스템의 행동을 보기 위해서는 A^t의 모양이 알고 싶어집니다. $A^t = P'D^tP'^{-1}$이므로(→ 동항), D^t를 알면 A^t도 알 수 있습니다. 그리고 블록대각행렬 D의 거듭제곱은 대각블록별 거듭제곱으로 구해집니다(→ 1.2.9절 '블록행렬'). 문제는 결국

$$R(\theta) \equiv \begin{pmatrix} \cos\theta & -\sin\theta \\ \sin\theta & \cos\theta \end{pmatrix}$$

라는 행렬의 t제곱이 어떻게 되는가입니다. 사실 이 행렬은 원점 주변의 라디안 회전을 나타내고 있습니다.[37] 다음 그림을 보면 알 수 있겠지요.

▼ 그림 4-7 행렬 $R(\theta)$은 원점 근처의 θ라디안 회전을 나타낸다

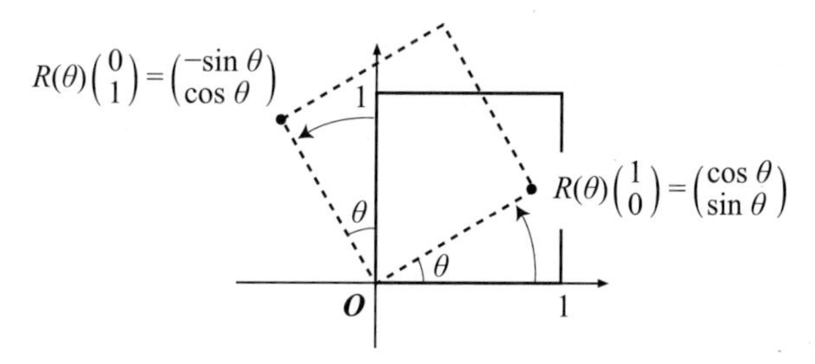

$R(\theta)^t$는 그런 회전을 t회 시행하므로 결과는 $t\theta$ 라디안의 회전, 즉 다음과 같습니다.

$$R(\theta)^t = R(t\theta)$$

그러면 대각 블록은

$$\{r_j R(\theta_j)\}^t = r_j^t R(t\theta_j), \quad j = 1, \ldots, k$$

37 2π 라디안 = 360도. 엄밀히 말하면 현 단계에서 '각도'의 개념은 없습니다. '회전'이라는 것은 지금 생략되어 있는 기저가 정규직교기저(부록 E.1.4절)라고 했을 때의 이야기입니다.

입니다. $\boldsymbol{y}(t) = rR(\theta)\boldsymbol{y}(t-1)$의 행동을 나타내는 것이 다음 그림입니다. $|r| > 1$이면 발산(왼쪽 그림), $r = 1$이면 원점 주변을 회전(가운데 그림), $|r| < 1$이면 원점에 수렴(오른쪽 그림)합니다.

▼ 그림 4-8 $\boldsymbol{y}(t) = rR(\theta)\boldsymbol{y}(t-1)$의 행동

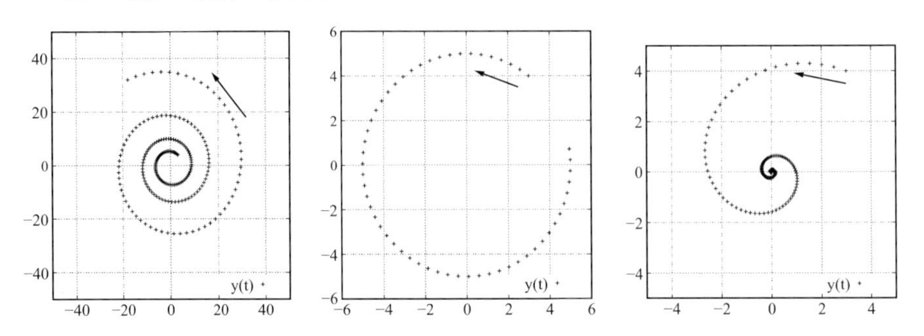

그러니까 실수가 아닌 고윳값 λ가 나온 경우 대응하는 성분(고윳값 λ와 $\bar{\lambda}$의 고유벡터 방향)은

- $|\lambda| > 1$이면 나선 모양으로 발산
- $|\lambda| = 1$이면 원점 주변을 회전
- $|\lambda| < 1$이면 나선 모양으로 원점에 수렴

됩니다.[38]

4.5.2 고윳값, 고유벡터의 성질

한눈에 들어오는 성질

고윳값, 고유벡터의 정의 식 (4.6)과 식 (4.7)이 머릿속에 들어 있으면 다음은 '한눈에' 납득할 수 있겠지요.[39] λ, $\boldsymbol{p}$를 정방행렬 A의 고윳값, 고유벡터로 하고 α를 임의의 수라고 한 경우입니다.

38 이것은 물론 'λ에 대응하는 성분'의 동작입니다. $|\lambda| < 1$이면 '이 성분에 대해서는' 원점에 수렴합니다만, 다른 성분이 발산한다면 시스템 전체가 '폭주'합니다.

39 '암기'할 사항이 아닙니다. 당연하다고 생각될 때까지 정의 식 (4.6)과 식 (4.7)을 몇 번이라도 다시 봐주십시오.

- A가 고윳값 0을 지니는 것과 A가 특이인 것은 동치다.[40] 즉, A가 고윳값 0을 지니지 않는 것과 A가 정칙인 것은 동치다.
- $1.7\boldsymbol{p}$나 $-0.9\boldsymbol{p}$도 A의 고유벡터다.[41] 일반적으로 $\alpha \neq 0$에 대해 $\alpha\boldsymbol{p}$는 A의 고유벡터다(어느 것이나 다 고윳값은 λ)
- 같은 고윳값 λ의 고유벡터 $\boldsymbol{q}$를 가져오면 $\boldsymbol{p} + \boldsymbol{q}$도 A의 고유벡터(고윳값 λ)다. 단, $\boldsymbol{p} + \boldsymbol{q} = 0$의 경우는 제외한다.
- $\boldsymbol{p}$는 $1.7A$나 $-0.9A$의 고유벡터이기도 하다(고윳값은 각각 1.7λ, -0.9λ). 일반적으로 $\boldsymbol{p}$는 αA의 고유벡터이기도 하다(고윳값은 $\alpha\lambda$).
- $\boldsymbol{p}$는 $A + 1.7I$나 $A - 0.9I$의 고유벡터이기도 하다(고윳값은 각각 $\lambda + 1.7$, $\lambda - 0.9$). 일반적으로 $\boldsymbol{p}$는 $A + \alpha I$의 고유벡터이기도 하다(고윳값은 $\lambda + \alpha$).
- $\boldsymbol{p}$는 A^2이나 A^3의 고유벡터이기도 하다(고윳값은 각각 λ^2, λ^3). 일반적으로 $k = 1, 2, 3, \ldots$에 대해 $\boldsymbol{p}$는 A^k의 고유벡터이기도 하다(고윳값은 λ^k).[42]
- $\boldsymbol{p}$는 A^{-1}의 고유벡터이기도 하다(A^{-1}이 존재한다고 하여[43]). 고윳값은 $1/\lambda$.
- 대각행렬 diag(5, 3, 8)의 고윳값은 5, 3, 8이다. $(1, 0, 0)^T$, $(0, 1, 0)^T$, $(0, 0, 1)^T$가 대응하는 고유벡터다. 일반적으로 대각행렬 diag$(a_1, \ldots, a_n)$의 고윳값은 $a_1, \ldots, a_n$. $\boldsymbol{e}_1, \ldots, \boldsymbol{e}_n$이 대응하는 고유벡터($e_i$는 i성분만이 1이고, 나머지는 0인 n차원 벡터)다.[44]

마지막 성질은 블록행렬판도 있습니다.

$$D = \begin{pmatrix} A & O & O \\ O & B & O \\ O & O & C \end{pmatrix}$$

와 같은 블록대각행렬에 대해 $\boldsymbol{p}$를 A의 고유벡터(고윳값 λ), $\boldsymbol{q}$를 B의 고유벡터(고윳값 μ), $\boldsymbol{r}$을 C의 고유벡터(고윳값 υ)라고 하면

---

40 조금만 더 설명합니다. 고윳값 0을 지닌다는 것은 $A\boldsymbol{p} = \boldsymbol{o}$이 되는 벡터 $\boldsymbol{p} \neq 0$이 있다는 것입니다. 영벡터가 아닌데 A를 곱하면 영벡터가 된다는 것은 2.4.3절 '정칙성의 정리'를 복습합니다.

41 실제로 $A(1.7\boldsymbol{p}) = 1.7A\boldsymbol{p} = 1.7\lambda\boldsymbol{p} = \lambda(1.7\boldsymbol{p})$. 이하도 같은 모양이 됩니다.

42 모의시험: $\boldsymbol{p}$는 $A^3 + 4A^2 - A + 7I$의 고유벡터이기도 함을 나타내고, 고윳값을 답하시오. '응?'이라고 한 사람은 고윳값, 고유벡터의 정의 식 (4.6)과 식 (4.7)을 복습합니다.

43 그 경우는 반드시 $\lambda \neq 0$일 것을 각주 40에 서술하였습니다.

44 정의 식 (4.6)을 계산해도 바로 알 수 있습니다만, 대각행렬이 나타내는 사상(1.2.7절)을 마음에 그려보면 '한눈에 알 수 있습니다'

$$\begin{pmatrix} \boldsymbol{p} \\ \boldsymbol{o} \\ \boldsymbol{o} \end{pmatrix}, \begin{pmatrix} \boldsymbol{o} \\ \boldsymbol{q} \\ \boldsymbol{o} \end{pmatrix}, \begin{pmatrix} \boldsymbol{o} \\ \boldsymbol{o} \\ \boldsymbol{r} \end{pmatrix}$$

는 D의 고유벡터입니다(고윳값은 각각 λ, μ, υ). 이것도 고윳값, 고유벡터의 정의에서 바로 확인할 수 있습니다. 짧게 말하면

- 블록대각행렬의 고윳값, 고유벡터는 대각블록별로 생각하면 된다.

또한, '대각성분이 고윳값'은 상삼각행렬이나 하삼각행렬에서도 성립합니다.

- 상삼각행렬이나 하삼각행렬의 고윳값은 대각성분 그 자체다(유감스럽게도 고유벡터는 대각행렬인 경우만큼 단순하지 않습니다).

이것은 특별한 형태의 행렬이므로 그렇게 되는 것이고, 일반 정방행렬에서는 다르므로 오해하지 않도록 주의하세요.

4.12 상삼각행렬이나 하삼각행렬에서 '대각성분이 고윳값'인 것은 왜 그런가요?

정의 그대로 간단하게 해보면 알 수 있습니다. 예를 들어

$$A = \begin{pmatrix} 5 & * & * \\ 0 & 3 & * \\ 0 & 0 & 8 \end{pmatrix}$$

의 고윳값은 λ, 고유벡터를 $\boldsymbol{p} = (p_1, p_2, p_3)^T$라고 합니다(*은 무엇이든 좋다). $A\boldsymbol{p} = \lambda\boldsymbol{p}$가 되려면

$$5p_1 + *p_2 + *p_3 = \lambda p_1 \tag{4.8}$$

$$3p_2 + *p_3 = \lambda p_2 \tag{4.9}$$

$$8p_3 = \lambda p_3 \tag{4.10}$$

이것을 보면 식 (4.10)에 따라

- ▶ $\lambda = 8$
- ▶ 또는 $p_3 = 0$. 이 경우 식 (4.9)는 $3p_2 = \lambda p_2$가 되므로
  - ▶ $\lambda = 3$
  - ▶ 또는 $p_2 = 0$. 이 경우 식 (4.8)은 $5p_1 = \lambda p_1$이 되므로
    - ▶ $\lambda = 5$
    - ▶ 또는 $p_1 = 0$. 이 경우 $\boldsymbol{p} = \boldsymbol{o}$이 되어 버리므로 고유벡터로는 부적절하다.

이므로 $\lambda = 5, 3, 8$을 얻습니다.[45]

하는 김에 그 후에 서술하는 '행렬식은 고윳값의 곱'도 부합하고 있음을 음미해 주십시오. 상삼각행렬이나 하삼각행렬에서 행렬식은 대각성분의 곱이었지요(1.3.2절).

다음도 듣고 보면 당연한 것입니다.

- A와 같은 크기의 정칙행렬 S에 대해 $S^{-1}\boldsymbol{p}$는 $S^{-1}AS$의 고유벡터(고윳값 λ)이다.[46] 따라서 A와 $S^{-1}AS$는 같은 고윳값을 지닌다. - '닮음변환으로 고윳값은 변하지 않는다'.[47]

게다가 다음도 성립합니다.

- 행렬식은 고윳값의 곱이다. 즉, $n \times n$ 행렬 A의 고윳값이 $\lambda_1, \ldots, \lambda_n$인 경우 $\det A = \lambda_1 \cdots \lambda_n$(단, 중해인 경우는 중복도도 포함).[48]

대각화를 할 수 있는 경우라면 이것을 납득하는 것은 간단합니다. 왜냐하면, 전 절까지와 같은 기호를 사용하여

$$\det(P^{-1}AP) = \det(P^{-1})\det A \det P = \frac{1}{\det P}\det A \det P = \det A$$

이고,[49]

$$\det(P^{-1}AP) = \det \Lambda = \lambda_1 \cdots \lambda_n$$

이기 때문입니다. 이것이 대수적인 설명입니다.

---

45 사실은 이 설명으로는 불충분합니다. 아직 '고윳값의 후보는 $\lambda = 5, 3, 8$ 이외에는 없다'라고 말할 수밖에 없기 때문입니다. $A\boldsymbol{p} = 5\boldsymbol{p}$가 되는 $\boldsymbol{p} \neq o$이 존재하는 것은 별도로 제시하지 않으면 안 됩니다만, 더 자세한 설명은 생략합니다(4.5.3절 서두의 특성방정식의 설명).

46 $(S^{-1}AS)(S^{-1}\boldsymbol{p}) = \lambda(S^{-1}\boldsymbol{p})$를 확인해 주십시오.

47 닮음변환이 '좌표변환'이라고 번역된(4.4.3절)' 것을 떠올려 주십시오. '고윳값'의 정의는 좌표에 의존하지 않는다('좌표'따위 내놓지 않아도 '실체로서의 화살표(1.1절)'만으로 정의할 수 있는(각주 29) 것이므로 좌표변환만으로 고윳값이 변하지 않는 것은 당연합니다.

48 예를 들어 $A = \mathrm{diag}(5, 2, 2, 2)$라면 고윳값 5, 2(삼중해). 행렬식은 $5 \cdot 2^3 = 40$. 여기서 말하는 '중복도'는 뒤에서 설명하는 대수적 중복도입니다(4.5.3절).

49 $\det X$는 일반적인 수이므로 곱의 순서를 바꿔도 되는 것에 주의하세요.

기하학적인 설명은 좀 더 직관적입니다. 4.4.3절에서 봤듯이 축을 잘 고쳐잡으면 A에 따른 변환이 단지 '축에 따르는 신축'이 됩니다. 각각의 축의 신축률이 고윳값 $\lambda_1, \ldots, \lambda_n$이었으므로 각 격자의 면적($n$차원판의 부피)이 $\lambda_1 \cdots \lambda_n$배가 되는 것은 당연합니다. '총정리 – 애니메이션으로 보는 선형대수'도 참조해 주십시오.

4.13 대각화를 할 수 없는 경우는 어떻게 납득하면 되나요?

요르단 표준형(4.7.2절)을 배우면 대각화를 할 수 있는 경우(의 대수적인 설명)와 마찬가지로 바로 납득할 수 있습니다. 요르단 표준형은 상삼각행렬이므로 행렬식은 대각성분의 곱이 되는 것이 포인트입니다. 요르단 표준형을 꺼내는 것이 너무 요란스러워서 싫다면 특성다항식 $\phi_A(\lambda)$(4.5.3절)로도 다음과 같이 설명할 수 있습니다(다항식의 지식에 자신이 없다면 건너 뛰고 읽어 주십시오). 고윳값 λ는 $\phi_A(\lambda) = 0$의 해, 예를 들어 3차원 정방행렬 A의 고윳값이 5, 5, 8(5는 중근)이라면, $\phi_A(\lambda) = (\lambda - 5)(\lambda - 5)(\lambda - 8)$로 인수분해될 것입니다.[50] 그러므로 $\phi_A(0)$의 값은 '고윳값의 부호를 반대로 한 것'의 곱 $(-5)(-5)(-8) = (-1)^3 5 \cdot 5 \cdot 8$이 됩니다. $(-1)^3$의 '3'은 행렬 A의 크기입니다. 정의가 $\phi_A(\lambda) = \det(\lambda I - A)$이므로 $\phi_A(0) = \det(-A) = (-1)^3 \det A$일 것입니다. 이 '3'도 역시 A의 크기입니다.[51] 이렇게 하여 $\det A = 5 \cdot 5 \cdot 8$과 같이 고윳값의 곱이 되는 것을 확인했습니다. 요약하면 '해와 계수의 관계'를 이용하여 확인한 것입니다.

고유벡터의 선형독립성

'다른 고윳값에 대응하는 고유벡터는 선형독립이다'라는 성질은 한눈에 알아볼 수 없습니다.

갑자기 이런 말을 들어 쉽게 이해되지 않으므로 우선은 '고윳값이 다르면 고유벡터는 다른 방향'이라는 당연한 사실부터 확인해둡시다. 정확히 말하면 '정방행렬 A의 다른 고윳값 λ에 대응하는 고유벡터 $\boldsymbol{p}$, $\boldsymbol{q}$에서 $\boldsymbol{q} = \alpha\boldsymbol{p}$가 되는 일은 있을 수 없다($\alpha$는 수)'라는 사실입니다. '$\alpha\boldsymbol{p}$도 고윳값 λ의

50 $\phi_A(\lambda) = \square(\lambda - 5)(\lambda - 5)(\lambda - 8)$로 인수분해할 수 있는 것은 당연합니다. 나머지는 계수 □가 무엇이 되는가입니다. $\phi_A(\lambda) = \det(\lambda I - A)$에서 λ^3의 계수가 어떻게 될지 생각하면 □는 1. '응?'이라고 한 사람은 1.3.3절의 '행렬식의 계산법'을 복습합니다.

51 n차 정방행렬 A와 수 c에 대해 $\det(cA) = c^n \det(A)$였지요. '응?'이라고 한 사람은 행렬식의 성질(1.3.2절)을 복습합니다.

고유벡터인데[52] $\alpha \boldsymbol{p}$가 고윳값 μ의 고유벡터가 된다니 이상해'와 같이 생각하면 당연하네요.[53]

지금의 설명은 고윳값이 두 종류일 때의 이야기였습니다. 고윳값이 세 종류, 네 종류……가 되어도 똑같이 성립합니다. 정확히 말하면

- $\lambda_1, \ldots, \lambda_k$가 $n \times n$ 행렬 A의 고윳값이고, $\boldsymbol{p}_1, \ldots, \boldsymbol{p}_k$가 대응하는 고유벡터라고 한다. 만약 $\lambda_1, \ldots, \lambda_k$가 모두 다르면 $\boldsymbol{p}_1, \ldots, \boldsymbol{p}_k$는 선형독립이다. ―――(*)

라는 주장입니다. 좀 전에 설명한 이야기의 k버전입니다.[54] 이제부터 특히

- $n \times n$행렬 A가 n개의 서로 다른 고윳값 $\lambda_1, \ldots, \lambda_n$을 지니면 대응하는 고유벡터 $\boldsymbol{p}_1, \ldots, \boldsymbol{p}_n$을 나열한 행렬 $P = (\boldsymbol{p}_1, \ldots, \boldsymbol{p}_n)$은 정칙이고, $P^{-1}AP = \mathrm{diag}(\lambda_1, \ldots, \lambda_n)$으로 대각화할 수 있다.

를 말할 수 있습니다[55](4.4.2절 '좋은 변환을 구하는 법'에서 이 내용을 슬쩍 설명합니다). 그러나 반대로는 말할 수 없으니까 오해하지 말아 주십시오. 중복고윳값이라도 대각화할 수 있는 경우도 있습니다(극단적인 예: $A = I$).

4.14 같은 내용을 두 번 말하는 것처럼 들리는데 왜 일부러 고쳐 말하나요?

'고윳값이 다르면 고유벡터는 다른 방향'과 '다른 고윳값에 대응하는 고유벡터는 선형독립이다'는 같은 내용이 아닙니다. 후자는 전자보다 강한 주장입니다. 2.3.4절의 "납작하게'를 식으로 나타내다'를 복습하여 선형독립이란 무엇이었는지 떠올려 주십시오. 그림 2.12나 그림 2.13에는 '다른 방향을 향한 세 벡터가 선형독립이 아니다'라는 예가 제시되어 있습니다. '다른 방향'이란 것만으로 '선형독립'이 보증되지 않습니다.

---

52 '응?'이라고 한 사람은 이 절을 처음부터 복습합니다. $\alpha = 0$인 경우가 신경쓰이는 사람은 고유벡터의 정의를 다시 봐주십시오. 만약 $\alpha = 0$이면 $\boldsymbol{q} = \boldsymbol{o}$이 되어 $\boldsymbol{q}$가 고유벡터라는 전제에 반하게 됩니다. 그러므로 $\alpha = 0$인 경우는 애초에 불가능합니다.

53 정식으로 설명하면 다음과 같습니다. 가령 그런 α가 있다고 합시다. 전제에서 $A\boldsymbol{q} = \mu\boldsymbol{q}$. 만약 $\boldsymbol{q} = \alpha\boldsymbol{p}$이면 $A\boldsymbol{q} = \alpha A\boldsymbol{p} = \alpha\lambda\boldsymbol{p} = \lambda\boldsymbol{q}$. 따라서 $\mu\boldsymbol{q} = \lambda\boldsymbol{q}$가 됩니다. 이항하면 $(\mu - \lambda)\boldsymbol{q} = \boldsymbol{o}$. 게다가 $\boldsymbol{q}$는 고유벡터라는 전제이므로 $\boldsymbol{q} \neq 0$일 것입니다. 그러면 $\mu - \lambda = 0$밖에 없지만, 이것은 $\mu \neq \lambda$라는 전제에 반합니다. 그런 이유로 귀류법에 따라 그런 α란 존재할 수 없습니다.

54 '응?'이라고 한 사람은 선형독립의 정의를 복습합니다(2.3.4절).

55 '응?'이라고 한 사람은 2.4.3절 '정칙성의 정의'를 복습합니다.

4.15 (*)의 설명은?

대각화가 가능한 경우라면 대각화해버리는 것이 알기 쉬울 것입니다. 4.4.3절에서 보았듯이 대각화는 좌표변환으로 해석할 수 있습니다. 즉, 같은 것(화살표)을 다른 방향(기저)으로 나타낸 것뿐입니다. 그러므로 이왕이면 보기 쉽게 대각화한 후의 표현에서 (*)을 확인합시다.[56] 행렬 A로 나타냈던 사상 $\mathcal{A}$는 기저를 잘 취하면 대각행렬 Λ로 표현됩니다. 예를 들어

$$\Lambda = \begin{pmatrix} 5 & 0 & 0 & 0 \\ 0 & 3 & 0 & 0 \\ 0 & 0 & 8 & 0 \\ 0 & 0 & 0 & 8 \end{pmatrix}$$

이면 고윳값은 한눈에 5, 3, 8, 8(8은 이중해). 대응하는 고유벡터는 각각 다음과 같습니다(*은 각각 임의의 수. 단, 영벡터는 되지 않도록).

$$p_5 = \begin{pmatrix} * \\ 0 \\ 0 \\ 0 \end{pmatrix}, \quad p_3 = \begin{pmatrix} 0 \\ * \\ 0 \\ 0 \end{pmatrix}, \quad p_8 = \begin{pmatrix} 0 \\ 0 \\ * \\ * \end{pmatrix}$$

이 $\boldsymbol{p}_5$, $\boldsymbol{p}_3$, $\boldsymbol{p}_8$이 선형독립인 것은 한눈에 알 수 있습니다.[57] 대각화해버리면 '다른 고윳값에 대응하는 고유벡터는 영이 아닌 성분의 위치가 다르면 선형독립이다'라고 바로 판단할 수 있을 것입니다.

대각화가 불가능한 경우도 요르단 표준형(4.7.2절)을 배우면 대각화가 가능한 경우와 마찬가지로 납득할 수 있습니다. 행렬 A로 나타내던 사상 $\mathcal{A}$는 기저를 잘 고쳐 잡으면 요르단 표준형 행렬 J로 표현됩니다. 예를 들어

$$J = \left(\begin{array}{cc|ccc} 3 & 1 & & & \\ & 3 & & & \\ \hline & & 5 & 1 & \\ & & & 5 & 1 \\ & & & & 5 \end{array}\right) \quad \text{빈칸은 0}$$

이라면 고윳값은 3과 5입니다. 대응하는 고유벡터는 각각

---

56 고윳값, 고유벡터나 선형독립이란 개념은 기저를 취하는 방법에 좌우되지 않습니다. 이 개념들은 좌표가 아닌 화살표 그 자체의 이야기로 정의할 수 있기 때문입니다.

57 $\square\boldsymbol{p}_5 + \square\boldsymbol{p}_3 + \square\boldsymbol{p}_8 = \boldsymbol{o}$이 되기 위해서 □에 들어가는 수는 모두 0밖에 없기 때문입니다. '응?'이라고 한 사람은 선형독립의 정의나 예(2.3.4절)를 복습합니다.

$$p_3 = \begin{pmatrix} * \\ 0 \\ 0 \\ 0 \\ 0 \end{pmatrix}, \quad p_5 = \begin{pmatrix} 0 \\ 0 \\ * \\ 0 \\ 0 \end{pmatrix}$$

(*은 각각 임의의 수. 단, 영벡터는 되지 않도록)입니다(4.7.3절 '요르단 표준형의 성질'). 이 $\boldsymbol{p}_3$와 $\boldsymbol{p}_5$가 선형독립인 것은 전과 똑같이 한눈에 알 수 있습니다.

4.16 (*)의 증명은?

4.15의 설명은 '아직 배우지 않은 요르단 표준형을 사용하고 있다', '좌표를 전면에 내세우고 있다'라는 부분이 멋없으므로 좀 더 깔끔한 증명도 보여드리겠습니다. 처음 읽을 때는 건너뛰어도 상관없습니다.[58] 귀류법과 귀납법의 조합으로 증명합니다.

가령 $\boldsymbol{p}_1, ..., \boldsymbol{p}_k$가 선형독립이 아니었다고 해봅시다. 선형독립의 정의를 떠올리면 이 가정은

$$c_1\boldsymbol{p}_1 + \cdots + c_k\boldsymbol{p}_k = \boldsymbol{o} \tag{4.11}$$

인 $(c_1, ..., c_k) \neq (0, ..., 0)$이 존재한다는 것입니다. 이 식의 양변에 왼쪽부터 A를 곱하면

$$c_1A\boldsymbol{p}_1 + \cdots + c_kA\boldsymbol{p}_k = \boldsymbol{o}$$

입니다만, $\boldsymbol{p}_1, ..., \boldsymbol{p}_k$는 고유벡터이므로[59]

$$\lambda_1c_1\boldsymbol{p}_1 + \cdots + \lambda_kc_k\boldsymbol{p}_k = \boldsymbol{o} \tag{4.12}$$

입니다. 식 (4.11)과 식 (4.12)도 식이 두 개 있으므로 변수를 하나 소거할 수 있습니다. 어느 것이라도 괜찮습니다만, 기호가 복잡해지지 않도록 마지막 $\boldsymbol{p}_k$를 소거합시다. 구체적으로는 식 (4.11)을 λ_k배 하여 식 (4.12)에서 빼면 $\boldsymbol{p}_k$의 장소가 사라져

$$(\lambda_1 - \lambda_k)c_1\boldsymbol{p}_1 + \cdots + (\lambda_{k-1} - \lambda_k)c_{k-1}\boldsymbol{p}_{k-1} = \boldsymbol{o}$$

을 얻을 수 있습니다. 즉,

$$c_1'\boldsymbol{p}_1 + \cdots + c_{k-1}'\boldsymbol{p}_{k-1} = \boldsymbol{o}$$

라는 모양으로 원래의 가정인 식 (4.11)에서 개수가 하나 줄어들었습니다($c_i' = (\lambda_i - \lambda_k)c_i$). 게다가

58 이런 증명을 잘 따라가서 납득했다고 생각될 때 한 번 더 **자신의 언어**로 고쳐 써보면 '수학'을 훈련하는 데 좋습니다.

59 고유벡터의 정의(4.6)는 기억하고 있습니까?

$(c'_1, ..., c'_{k-1}) \neq (0, ..., 0)$도 성립할 것입니다.[60]

그런 이유로 개수가 하나 줄어든

$$c'_1 \boldsymbol{p}_1 + \cdots + c'_{k-1} \boldsymbol{p}_{k-1} = \boldsymbol{o}$$
$$(c'_1, \ldots, c'_{k-1}) \neq (0, \ldots, 0)$$

이 생겨버렸습니다. 어? 뭔가 이상하네요.

위와 똑같은 논의를 하면 개수가 하나 더 줄은

$$c''_1 \boldsymbol{p}_1 + \cdots + c''_{k-2} \boldsymbol{p}_{k-2} = \boldsymbol{o}$$
$$(c''_1, \ldots, c''_{k-2}) \neq (0, \ldots, 0)$$

도 생기게 됩니다. 계속 반복하면

$$c'''_1 \boldsymbol{p}_1 = \boldsymbol{o}$$
$$c'''_1 \neq 0$$

의 형태까지 가버립니다. 그런데 이것은 $\boldsymbol{p}_1 = \boldsymbol{o}$이므로 '$\boldsymbol{p}_1$은 고유벡터다'라는 전제에 반합니다.[61] 이런 모습이 나오므로 마음대로 가정한 '$\boldsymbol{p}_1, ..., \boldsymbol{p}_k$가 선형독립이 아니었다'는 거짓. 즉, '$\boldsymbol{p}_1, ..., \boldsymbol{p}_k$는 선형독립'이란 결론을 버릴 수밖에 없습니다.

4.5.3 고윳값의 계산: 특성방정식▽

컴퓨터로 고윳값을 구하는 방법은 5장에서 설명합니다. 이 절에서는 종이와 연필로 고윳값을 계산하는 방법을 설명하겠습니다.[62]

벡터 $\boldsymbol{p}$가 $n \times n$ 행렬 A의 고유벡터다(고윳값은 λ)라는 것은 어떤 상황인가요? 정의 식 (4.6)를 이항하면

60 이유는 다음과 같습니다. 만약 $c'_1 = ... = c'_{k-1} = 0$이었다고 해봅시다. $\lambda_1, ..., \lambda_k$는 모두 다르다는 전제이므로 $\lambda_1 - \lambda_k \neq 0$이고, $\lambda_2 - \lambda_k \neq 0$이며, ……라는 것은 $c'_1 = ... = c'_{k-1} = 0$이 되려면 $c_1 = ... = c_{k-1} = 0$밖에 없습니다. 그러나 $c_1, ..., c_k$ 중 0이 아닌 것이 하나 있을 것이므로 $c_k \neq 0$. 그러면 식 (4.11)에서 $c_k \boldsymbol{p}_k = \boldsymbol{o}$. 즉, $\boldsymbol{p}_k = \boldsymbol{o}$이 되어 버려 '$\boldsymbol{p}_k$는 고유벡터다'라는 전제에 반하게 됩니다(고유벡터의 정의(4.7)는 기억하고 있지요?). 이런 모순이 나오므로 멋대로 가정한 $c'_1 = ... = c'_{k-1} = 0$은 거짓이라고 결론내릴 수밖에요.

61 고유벡터의 정의는……. (이제 이해하지요?)

62 컴퓨터인지 연필인지에 따라 다른 계산법을 사용하는 이유는 2.9를 참고합니다.

$$(\lambda I - A)\boldsymbol{p} = \boldsymbol{o}$$

입니다만, 이것은 보통이 아닌 상황입니다(다음 이야기가 이해되지 않는 사람은 2.4.3절 '정칙성의 정리'를 복습해 주십시오). $\boldsymbol{o}$이 아닌 벡터 $\boldsymbol{p}$에 행렬 $(\lambda I - A)$을 곱하면 $\boldsymbol{o}$이 되어 버린, 즉 행렬 $(\lambda I - A)$가 '납작하게 누르는' 특이행렬이 된 것입니다. 그런 특이행렬의 행렬식은 0이 됩니다(행렬식은 부피 확대율. 납작하게라면 확대율 0). 반대로 $\det(\lambda I - A) = 0$이면 $(\lambda I - A)$는 특이행렬이고, 그런 경우는 $\boldsymbol{o}$이 아닌데 $(\lambda I - A)$를 곱하면 $\boldsymbol{o}$이 되어버리는 벡터가 존재합니다. 그런 이유로 λ가 A의 고윳값인 것과

$$\phi_A(\lambda) \equiv \det(\lambda I - A)$$

가 0이 되는 것은 동치입니다. 이 $\phi_A(\lambda)$를 **특성다항식**이라 부르고, λ의 방정식 $\phi_A(\lambda) = 0$을 **특성방정식**이라고 합니다.[63] **고유다항식**, **고유방정식**이라 부르는 사람도 있습니다. 실제로 $\phi_A(\lambda)$는 변수 λ의 n차 **다항식**[64]이 되는 것이 행렬식의 계산법(1.3.3절)의 식 (1.43)에서 보증됩니다.

예를 몇 개 해봅시다.

1. 우선은 대각행렬

$$A = \begin{pmatrix} 5 & 0 & 0 \\ 0 & 3 & 0 \\ 0 & 0 & 8 \end{pmatrix}$$

의 경우

$$\phi_A(\lambda) = \det\begin{pmatrix} \lambda-5 & 0 & 0 \\ 0 & \lambda-3 & 0 \\ 0 & 0 & \lambda-8 \end{pmatrix}$$
$$= (\lambda-5)(\lambda-3)(\lambda-8)$$

이므로 특성방정식 $\phi_A(\lambda) = 0$의 해는 $\lambda = 5, 3, 8$입니다. 앞 절에서 서술한 '대각행렬의 고윳값은 대각성분 그 자체'와 확실히 맞네요.

2. 다음도 대각행렬입니다만,

---

63 $\phi_A(\lambda) = \det(A - \lambda I)$라고 정의하는 교과서도 있습니다. 일관되어 있다면 어느 것이든 본질적인 차이는 없습니다.

64 예를 들어 $7\lambda^3 + 5\lambda^2 - 8\lambda - 2$와 같은 것이 '$\lambda$의 3차 다항식'입니다. '3차'라는 것은 λ^3의 거듭제곱이 최고 $2\lambda^5$까지 나타나는 것을 가리킵니다. 덧붙이면 $2\lambda^5$과 같이 항이 하나밖에 없어도 '다항식'이라고 부르는 게 관습입니다(이것을 싫어한 '정식'이란 호칭도 있습니다만, 현장에서는 아직 '다항식'이라는 용어를 자주 듣습니다). 3^λ과 같은 것은 다항식이라고 부르지 않으니 주의하세요. 어디까지나 $c_n\lambda^n + c_{n-1}\lambda^{n-1} + \cdots + c_1\lambda + c_0$와 같은 형태가 다항식입니다($c_n, \ldots, c_0$는 정수).

$$A = \begin{pmatrix} 5 & 0 & 0 \\ 0 & 3 & 0 \\ 0 & 0 & 5 \end{pmatrix}$$

이면 어떨까요? $\phi_A(\lambda) = (\lambda - 3)(\lambda - 5)^2$이 되어 특성방정식 $\phi_A(\lambda) = 0$의 해는 $\lambda = 3$, 5(이중해). 따라서 고윳값은 3과 5입니다. 단, 중근이 나온 경우는 어떤 상황인지 경계가 필요합니다. 고윳값은 확실히 그래도 괜찮지만, 고유벡터가 어떻게 되어 있는가……(힘드네요. 이 예에서는 이상한 일이 일어나지 않았습니다만). 자세한 내용은 다음 절 '고유벡터의 계산'에서 다루겠습니다.

3. 삼각행렬의 경우도 간단하게 계산할 수 있습니다. 상삼각행렬이나 하삼각행렬의 행렬식은 대각성분의 곱이었으므로.[65] 예를 들어

$$A = \begin{pmatrix} 5 & * & * \\ 0 & 3 & * \\ 0 & 0 & 8 \end{pmatrix}$$

의 경우 *에 각각 무엇이라도

$$\phi_A(\lambda) = \det \begin{pmatrix} \lambda - 5 & * & * \\ 0 & \lambda - 3 & * \\ 0 & 0 & \lambda - 8 \end{pmatrix} = (\lambda - 5)(\lambda - 3)(\lambda - 8)$$

이고 고윳값은 5, 3, 8입니다. 앞 절에서 설명한 '상삼각행렬의 고윳값은 대각성분 그 자체'와 확실히 맞네요. 하삼각행렬에서도 같습니다.

4. 조금 더 상대할 만한 예입니다.[66]

$$A = \begin{pmatrix} 3 & -2 \\ 1 & 0 \end{pmatrix}$$

특성다항식은

$$\phi_A(\lambda) = \det \begin{pmatrix} \lambda - 3 & 2 \\ -1 & \lambda \end{pmatrix} \tag{4.13}$$

$$= (\lambda - 3)\lambda - 2 \cdot (-1) = \lambda^2 - 3\lambda + 2 = (\lambda - 1)(\lambda - 2) \tag{4.14}$$

이므로 고윳값은 1과 2입니다.

5. 마지막은 교훈적인 예입니다.

65 '응?'이라고 한 사람은 1.3.2절 '행렬식의 성질'을 참고합니다.

66 이 행렬은 상삼각행렬이 아닙니다(1.41 참고).

$$A = \begin{pmatrix} 0 & -1 \\ 1 & 0 \end{pmatrix}$$

입니다. 4.10에서도 설명했듯이 '원점 중심에서 반시계 방향으로 90도 회전'이란 사상을 나타내는 이 행렬을 그냥 봐서는 고유벡터(방향이 변하지 않는 벡터)가 없을 것 같죠. 그래도 억지로 계산해보겠습니다. 특성다항식은

$$\begin{aligned}\phi_A(\lambda) &= \det\begin{pmatrix} \lambda & 1 \\ -1 & \lambda \end{pmatrix} \\ &= \lambda^2 - 1 \cdot (-1) = \lambda^2 + 1\end{aligned}$$

이것이 0이 되려면 $\lambda = \pm i$(i는 허수 단위. $i^2 = -1$)입니다. 실제로 $\boldsymbol{p}_+ = (i, +1)^T$, $\boldsymbol{p}_- = (i, -1)^T$라는 벡터에 대해 $A\boldsymbol{p}_+ = +i\boldsymbol{p}_+$, $A\boldsymbol{p}_- = -i\boldsymbol{p}_-$이므로 확실히 고윳값 $\pm i$, 대응하는 고유벡터 $\boldsymbol{p}_\pm$입니다. 뭔가 복소수까지 범위를 넓혀 찾으면 '방향이 변하지 않는 벡터'가 발견됩니다. 이와 같이 **실행렬 A라도 고윳값, 고유벡터는 복소수인 경우가 있습니다.**

n차 정방행렬 A의 특성방정식은 n차 방정식[67]이므로 해는 딱 n개입니다.[68] 단, 중해(중근)도 세었을 때의 이야기입니다. 중해가 나온 경우 '다른 고윳값의 개수'는 n개보다 작아집니다.[69] 그런 이유로 'n차 정방행렬 A의 고윳값은 중해도 세어서 딱 n개(다른 고윳값의 개수는 n개 이하)'라고 결론내렸습니다.

4.17 특성다항식 $\phi_A(\lambda)$의 상수항 $\phi_A(0)$은 $\det A$(에 정당한 부호가 붙은 것)네요. 이에 대해서는 '$\det A$는 고윳값의 곱이다'라고 고윳값, 고유벡터의 성질(4.5.2절)에서 배웠습니다. 자, 다른 항은 뭐죠?

n차 정방행렬 A의 특성방정식을 $\phi_A(\lambda) = \lambda^n - a_{n-1}\lambda^{n-1} + a_{n-2}\lambda^{n-2} - \cdots + (-1)^{n-1}a_1\lambda + (-1)^n a_0$라고 전개했다고 합시다. 이때 나타나는 수 $a_{n-1}, \ldots, a_0$는 닮음변환에 대한 불변량입니다. 즉, A에 닮음변환을 시행해도 이 값은 원래 A에서의 값과 같습니다. A와 같은 크기의 제멋대로인 정칙행렬 P를 가져와도

---

67 좀 더 주의 깊게 표현하면 'n차 **대수방정식**'입니다. 'n차 다항식 = 0'이란 형태의 방정식인 것입니다.

68 '(복소수를 랭크로 하는) n차 대수방정식은 복소수의 범위에서 딱 n개의 해를 지닌다'라는 것은 유명한 사실(**대수학의 기본 정리**)입니다. 단, n개는 중해도 세었을 때의 이야기입니다. 예를 들어 '2와 9가 중해가 아닌 해. 4가 이중해. 7이 사중해'라면 '2, 9, 4, 4, 7, 7, 7, 7로 모두 8개'입니다.

69 λ가 $\phi_A(\lambda) = 0$인 k중해인 경우, '고윳값 λ의 **대수적 중복도**는 k'라고 합니다. 각주 131의 기하적 중복도와 비교해 주십시오.

$$
\begin{aligned}
\phi_{P^{-1}AP}(\lambda) &= \det(\lambda I - P^{-1}AP) \\
&= \det(P^{-1}(\lambda I - A)P) \\
&= \det(P^{-1})\det(\lambda I - A)\det P \\
&= \frac{1}{\det P}\phi_A(\lambda)\det P \\
&= \phi_A(\lambda)
\end{aligned}
$$

으로 특성방정식은 변하지 않습니다. 그렇다는 것은 계수 $a_{n-1}, ..., a_0$도 변하지 않습니다(4.5.2절의 '닮음변환에서 고윳값은 변하지 않는다'도 참조해 주십시오).

불변량 안에서 가장 유명한 것은 상수항 a_0이고, 이것이 행렬식 $\det A$가 됩니다. 실제로 $\phi_A(0) = \det(0I - A) = \det(-A) = (-1)^n \det A$이므로 $a_0 = \det A$입니다.

다음으로 유명한 것은 가장 높은 계수 a_{n-1}로 트레이스(trace)라는 이름이 붙어 있습니다.[70] 기호는

$$
\mathrm{Tr}\,A,\ \mathrm{tr}\,A,\ \mathrm{trace}\,A \tag{4.15}
$$

등입니다. 트레이스의 값은

$$
A = \begin{pmatrix} 3 & 1 \\ 4 & 2 \end{pmatrix} \to \mathrm{Tr}\,A = 3 + 2 = 5 \tag{4.16}
$$

$$
A = \begin{pmatrix} 2 & 9 & 4 \\ 7 & 5 & 3 \\ 6 & 1 & 8 \end{pmatrix} \to \mathrm{Tr}\,A = 2 + 5 + 8 = 15 \tag{4.17}
$$

과 같이 대각성분의 합입니다. 트레이스의 기본 성질을 알아둡시다. 수 c와 행렬 A, B에 대해

- $\mathrm{Tr}(A+B) = \mathrm{Tr}\,A + \mathrm{Tr}\,B$, $\mathrm{Tr}(cA) = c\,\mathrm{Tr}\,A$
- $\mathrm{Tr}(AB) = \mathrm{Tr}(BA)$
- $\mathrm{Tr}\,A$는 A의 전체 고윳값의 합[71](중해도 포함하여 4.5.2절 '고윳값, 고유벡터의 성질'의 각주 48과 같습니다.

---

70 우리말로는 흔적, 궤적이라는 의미입니다만, 우리말보다 외래어로 트레이스라고 더 많이 부르는 것 같습니다.

71 A를 대각화하면 한눈에 알 수 있습니다. 닮음변환에서 불변량 $a_{n-1} = \mathrm{Tr}\,A$는 변하지 않으므로 $P^{-1}AP \equiv \Lambda$가 대각행렬이 되도록 좋은 P를 취하면 $\mathrm{Tr}\,A = \mathrm{Tr}\,\Lambda$. 여기서 Λ란 고윳값이 대각성분에 나열된 것입니다. '응?'이라고 한 사람은 4.4.2절 '좋은 변환을 구하는 법'을 복습합니다. 또한, A가 대각화할 수 없는 행렬인 경우라도 뒤에 설명할 요르단 표준형으로 변환하면 마찬가지입니다.

두 번째 성질에서 $\mathrm{Tr}(ABC) = \mathrm{Tr}(BCA) = \mathrm{Tr}(CAB)$나 $\mathrm{Tr}(ABCD) = \mathrm{Tr}(BCDA) = \mathrm{Tr}(CDAB) = \mathrm{Tr}(DABC)$가 얻어집니다.[72] 특히 정칙행렬 P에 대해 $\mathrm{Tr}(P^{-1}AP) = \mathrm{Tr}(APP^{-1}) = \mathrm{Tr}\,A$. 즉, 닮음변환에서 Tr은 불변인 것을 앞으로도 나타낼 수 있습니다(어떻게든 곱이 정의되고, 전체가 정방행렬이 되도록 행렬의 크기가 맞다는 전제). 세 번째 성질은 고윳값의 검산에 편리합니다. 전체 고윳값의 합이 대각성분의 합과 같지 않으면 계산 미스입니다.

남는 $a_k(k = 1, 2, ..., n-2)$는 det나 Tr 만큼 유명하지 않습니다만, 역시 고윳값과 연결되어 있습니다. 구체적으로 말하면 '고윳값에서 $(n-k)$개 골라 곱한 것'의 전체 조합의 합이 a_k입니다.

4.18 케일리 해밀턴의 정리 $\phi_A(A) = O$를 배웠을 때 '이 정리는 $\det(AI - A) = \det O = 0$이라는 의미가 아니다'라고 주의를 받았는데 뭘 말하는지 잘 모르겠어요.

$\phi_A(A)$의 의미를 오해한 상태에서는 케일리 해밀턴의 정리를 확실하게 이해하기 힘듭니다. 그러므로 정리를 설명하기 전에 우선 오해를 풀어 둡시다. 예를 들어 $f(\lambda) = \det(\lambda I)$를 생각해보겠습니다. I는 n차 단위행렬입니다. 행렬식을 계산하면 $f(\lambda) = \lambda^n$이라는 다항식이 되는 것을 알 수 있습니다.[73] 그래서 이 다항식의 행렬판을 $f(A) = A^n$이라고 쓰기도 합니다. 이것은 $\det(AI) = \det A$와는 전혀 다른 것입니다. 애당초 수를 먹고 수를 뱉는 함수 f에 행렬을 먹인다는 것은(수 λ에 행렬 A를 대입한다는 건) 보통은 허용되지 않습니다. 어디까지나 다항식을 그 행렬판으로 생각했다는 것이므로 $f(\lambda)$를 다항식의 형태로 써두고 그 후에 λ를 A로 치환하여 행렬의 다항식으로 만들어야 합니다. 행렬의 곱, 정수배, 거듭제곱은 정의되어 있으므로 다항식이라면 행렬 버전으로 해석 가능합니다. 또한, 예를 들어 $g(\lambda) = \lambda^3 + 4\lambda^2 + 7$이면 $g(A) = A^3 + 4A^2 + 7I$라고 해석합니다(상수항 $7 \to 7I$).

오해가 풀렸다면 케일리 해밀턴의 정리(Cayley-Hamilton theorem)[74]를 설명하겠습니다. 정방행렬 A의 특성다항식 $\phi_A(\lambda)$에서 λ를 A로 치환한 다항식 $\phi_A(A)$를 생각합니다. 이 $\phi_A(A)$가 반드시 영행렬 O라는 것이 정리의 주장입니다. 예를 하나 들겠습니다.

72 $\because\ \mathrm{Tr}\,(ABC) = \mathrm{Tr}\,(A(BC)) = \mathrm{Tr}\,((BC)A) = \mathrm{Tr}\,(BCA)$라는 상태입니다.

73 '응?'이라고 한 사람은 계산법(1.3.3절)이나 부피 확대율(1.3.1절, 1.3.2절)을 복습합니다. λI라는 행렬이 나타내는 사상은 전체(각축 방향)를 λ배'였으므로 부피는 λ^n배입니다

74 해밀턴 케일리 정리라고 불리는 경우도 있습니다.

$$A = \begin{pmatrix} 2 & -1 \\ 4 & 3 \end{pmatrix}$$

$$\begin{aligned} \phi_A(\lambda) &= \det \begin{pmatrix} \lambda - 2 & 1 \\ -4 & \lambda - 3 \end{pmatrix} \\ &= (\lambda - 2)(\lambda - 3) - 1 \cdot (-4) \\ &= \lambda^2 - 5\lambda + 10 \end{aligned}$$

$$\begin{aligned} \phi_A(A) &= \begin{pmatrix} 2 & -1 \\ 4 & 3 \end{pmatrix}\begin{pmatrix} 2 & -1 \\ 4 & 3 \end{pmatrix} - 5\begin{pmatrix} 2 & -1 \\ 4 & 3 \end{pmatrix} + 10\begin{pmatrix} 1 & 0 \\ 0 & 1 \end{pmatrix} \\ &= \begin{pmatrix} 0 & -5 \\ 20 & 5 \end{pmatrix} + \begin{pmatrix} -10 & 5 \\ -20 & -15 \end{pmatrix} + \begin{pmatrix} 10 & 0 \\ 0 & 10 \end{pmatrix} \\ &= O \end{aligned}$$

A가 대각인 경우는 이 정리가 반드시 성립함을 다음과 같이 간단히 납득할 수 있습니다. 예를 들어 $A = \mathrm{diag}(2, 3, 5)$이면 $\phi_A(\lambda) = (\lambda - 2)(\lambda - 3)(\lambda - 5) = \lambda^3 - (2 + 3 + 5)\lambda^2 + (2 \cdot 3 + 3 \cdot 5 + 5 \cdot 2)\lambda - 2 \cdot 3 \cdot 5$이고

$$\begin{aligned} \phi_A(A) &= A^3 - (2+3+5)A^2 + (2\cdot3+3\cdot5+5\cdot2)A - 2\cdot3\cdot5I \\ &= \begin{pmatrix} 2^3 & 0 & 0 \\ 0 & 3^3 & 0 \\ 0 & 0 & 5^3 \end{pmatrix} - (2+3+5)\begin{pmatrix} 2^2 & 0 & 0 \\ 0 & 3^2 & 0 \\ 0 & 0 & 5^2 \end{pmatrix} \\ &\quad + (2\cdot3+3\cdot5+5\cdot2)\begin{pmatrix} 2 & 0 & 0 \\ 0 & 3 & 0 \\ 0 & 0 & 5 \end{pmatrix} - 2\cdot3\cdot5\begin{pmatrix} 1 & 0 & 0 \\ 0 & 1 & 0 \\ 0 & 0 & 1 \end{pmatrix} \\ &= \begin{pmatrix} \phi_A(2) & 0 & 0 \\ 0 & \phi_A(3) & 0 \\ 0 & 0 & \phi_A(5) \end{pmatrix} \\ &= \begin{pmatrix} (2-2)(2-3)(2-5) & 0 & 0 \\ 0 & (3-2)(3-3)(3-5) & 0 \\ 0 & 0 & (5-2)(5-3)(5-5) \end{pmatrix} \\ &= O \end{aligned}$$

가 됩니다.[75]

A를 대각화할 수 있는 경우도 마찬가지로 확인됩니다. 예를 들어 $D = P^{-1}AP$가 대각행렬이 되었다고 합시다(P는 정칙행렬). 특징은 $\phi_A(\lambda) = \det(\lambda I - A)$가 $\phi_D(\lambda) = \det(\lambda I - D)$와 같습니다(4.17). 대각행렬 D에서 $\phi_D(D) = O$을 이미 확인했으므로 $\phi_A(D) = O$임을 알 수 있습니다. 그런데 여기서 $\phi_A(D) = \phi_A(P^{-1}AP) = P^{-1}\phi_A(A)P$가 성립합니다[76]. 즉, $P^{-1}\phi_A(A)P = O$인 것입니다. 이 식의 좌우에 P와 P^{-1}

75 '응?'이라고 한 사람은 대각행렬을 복습(1.2.7절), $\phi_A(\lambda) = (\lambda - 2)(\lambda - 3)(\lambda - 5)$라는 모습 그대로 다항식이라고 납득할 수 있을 만큼 익숙해진 사람은 직접 $\phi_A(A) = (A - 2I)(A - 3I)(A - 5I) = \cdots$이라고 계산하는 것이 간단합니다.

76 거듭제곱으로서의 해석(4.4.4절)에서 했듯이 $(P^{-1}AP)^k = P^{-1}A^kP$이므로.

을 각각 곱하면 $\phi_A(A) = O$을 얻을 수 있습니다.

게다가 A를 대각화할 수 없는 경우라도 이 정리는 성립합니다. 요르단 표준형(4.7.2절)을 배우면 대각화할 수 있는 경우와 비슷한 상태로 납득하겠지요. 하지만 요르단 표준형을 설명할 때 케일리 해밀턴 정리를 사용하는 방식도 있으므로 다른 방법으로 확인해 둡시다(힘든 사람은 넘어가도 상관없습니다). 1.3.5절의 수반행렬을 사용하는 교묘한 방법입니다.

행렬 $F(\lambda) = (\lambda I - A)$의 수반행렬 adj $F(\lambda)$를 생각해봅시다. 일반적으로 수반행렬을 원래 행렬에 곱하면 (adj $F(\lambda))F(\lambda) = \det(F(\lambda))I$가 됩니다. $\det(F(\lambda))$란 $\phi_A(\lambda)$인 것이므로, 즉 (adj $F(\lambda))F(\lambda) = \phi_A(\lambda) I$입니다. λ의 값이 무엇이라도 성립하므로 주의해 주십시오. 좌변도 우변도 전개하면 $\square\lambda^n + \square\lambda^{n-1} + \cdots + \square\lambda + \square$이란 형태로 쓸 수 있습니다($\square$는 λ를 포함하지 않는 행렬).[77] 이렇게 쓰면 좌변 (adj $F(\lambda))F(\lambda)$도 우변 $\phi_A(\lambda)I$도 λ의 다항식입니다(단, 랭크가 수가 아닌 행렬). 어떤 λ라도 같아지므로 실은 좌변과 우변이 완전히 같은 다항식입니다. 자, '다항식'이므로 수 λ를 행렬 A로 치환해도 제대로 '행렬의 다항식'으로서의 의미를 지닙니다. 그러면 우변은 $\phi_A(A)$입니다만,[78] 좌변은 O입니다.[79] 이렇게 $\phi_A(A) = O$을 나타냈습니다.

4.19 그래서 케일리 해밀턴의 정리는 어떤 도움을 주는 건가요?

우선 행렬의 거듭제곱 계산입니다.[80] 예를 들어 케일리 해밀턴의 정리에서 $A^3 - A + 2I = O$을 알고 있는 상태에서 A^7을 구하고 싶다고 합시다. $A^3 = A - 2I$이므로 3제곱을 묶어내면

$$\begin{aligned} A^7 &= A^3A^3A \\ &= (A-2I)(A-2I)A = (A^2-4A+4I)A = A^3-4A^2+4A \\ &= (A-2I)-4A^2+4A = -4A^2+5A-2I \end{aligned}$$

---

77 adj $F(\lambda)$의 각 성분도 $F(\lambda)$에서 일부분을 잘라낸 행렬식이었으므로 역시 λ의 다항식입니다.

78 $\phi_A(\lambda) = \lambda^n + c_{n-1}\lambda^{n-1} + \cdots + c_1\lambda + c_0$이면 $\phi_A(\lambda)I = I\lambda^n + (c_{n-1}I)\lambda^{n-1} + \cdots + (c_1I)\lambda + (c_0I)$이므로 λ를 A로 치환하면 $\phi_A(A)$와 같습니다.

79 adj $F(\lambda) = C_{n-1}\lambda^{n-1} + \cdots + C_1\lambda + C_0$으로 전개하면($C_{n-1}, \ldots, C_1, C_0$는 행렬), (adj $F(\lambda))F(\lambda) = (C_{n-1}\lambda^{n-1} + \cdots + C_1\lambda + C_0)(\lambda I - A) = (C_{n-1}\lambda^n + \cdots + C_1\lambda^2 + C_0\lambda) - (C_{n-1}A\lambda^{n-1} + \cdots + C_1A\lambda + C_0A)$. 이 λ을 A로 치환하면 $(C_{n-1}A^n + \cdots + C_1A^2 + C_0A) - (C_{n-1}A^n + \cdots + C_1A^2 + C_0A)$로 같은 것끼리의 뺄셈이므로 O입니다.

80 장점은 앞에서 설명한 대각화(4.4절)나 그 확장인 뒤에서 설명할 요르단 표준형(4.7절)을 사용하는 방법과 비교하여 고윳값을 양수로 구하지 않아도 된다는 점입니다. 그러므로 '고윳값이 깔끔하게 떨어지지 않는 행렬'의 '비교적 작은 수' 제곱을 구한다면 케일리 해밀턴의 정리를 사용하는 편이 좋겠지요. '큰 수' 제곱이나 '구체적인 값이 아닌 임의의 수 t' 제곱을 구할 때는 대각화나 요르단 표준형을 사용하는 편이 적절합니다.

를 얻을 수 있습니다.[81] 이러면 귀찮은 행렬곱의 계산은 A^2만으로 끝납니다.

하나 더 도움의 예(힘들면 넘어가도 상관없습니다)를 들면 선형시스템의 제어가능성 판정입니다. 본문에서는 입력을 끈 경우를 살펴보고 있습니다만, 여기에서는 입력 $\boldsymbol{u}(t)$가 추가된 시스템 $\boldsymbol{x}(t) = A\boldsymbol{x}(t-1) + B\boldsymbol{u}(t)$를 생각해봅시다. A는 n차 정방행렬, $\boldsymbol{x}(t)$를 n차원 벡터라고 하고, 간단하도록 초깃값은 $\boldsymbol{x}(0) = \boldsymbol{o}$이라고 합니다. B는 입력이 상태에 어떻게 영향을 미치는가를 나타내는 행렬입니다. 자, 입력 $\boldsymbol{u}(t)$를 잘 조절하여 상태 $\boldsymbol{x}(t)$를 목표값 $\boldsymbol{w}$로 가져가고 싶습니다. 그런데 애초에 그런 일이 가능하긴 할까요? $\boldsymbol{w}$에 따라서는 '아무리 $\boldsymbol{u}(t)$를 잘 조절해도 무리'이거나 하지 않을까요?

'입력 $\boldsymbol{u}(t)$를 잘 조절하면 상태 $\boldsymbol{x}(t)$를 어떤 목표값 $\boldsymbol{w}$로라도 가져갈 수 있다'라는 성질을 **제어가능성**이라고 부릅니다. 제어가 가능한지 아닌지는 다음과 같이 체크할 수 있습니다.

$$\Phi(t) \equiv (B,\ AB,\ A^2B,\ \ldots,\ A^{t-1}B), \qquad \boldsymbol{v}(t) \equiv \begin{pmatrix} \boldsymbol{u}(t) \\ \vdots \\ \boldsymbol{u}(1) \end{pmatrix}$$

로 두면 $\boldsymbol{x}(t) = \Phi(t)\,\boldsymbol{v}(t)$인 것에 주목합시다.[82] '$\boldsymbol{u}(1)$, ..., $\boldsymbol{u}(t)$를 임의로 움직인 경우(즉, $\boldsymbol{v}(t)$를 임의로 움직인 경우)에 $\boldsymbol{x}(t)$를 취할 수 있는 값 전체'는 $\mathrm{Im}\,\Phi(t)$와 일치합니다. 그러므로 't를 충분히 크게 하면 $\mathrm{rank}\,\Phi(t) = n$'이라면 제어 가능입니다.[83]

't를 충분히 크게 하면'이란 어디까지 알아보면 될까요? 실은 케일리 해밀턴의 정리에서 $t = n$으로 충분하다는 것을 알 수 있습니다. 케일리 해밀턴의 정리에 따라 $A^n = c_{n-1}\mathrm{A}^{n-1} + \cdots + c_1A + c_0I$이란 형태의 등식이 성립할 것이고, 이를 사용하면

$$\begin{aligned} \Phi(n+1) &= (B, \cdots, A^{n-1}B,\ A^nB) \\ &= (B, \cdots, A^{n-1}B) \begin{pmatrix} I & & c_0 I \\ & \ddots & \vdots \\ & I & c_{n-1} I \end{pmatrix} \quad \text{빈칸은 } 0 \\ &= \Phi(n)(\text{임의의 행렬}) \end{aligned}$$

---

81 사실은 'A^7을 $(A^3 - A + 2I)$로 나눈 나머지'를 계산하는 편이 적절합니다만, 다항식의 대수에 익숙하지 않은 사람을 위해 간단한 계산을 제시했습니다.

82 $\boldsymbol{x}(1) = A\boldsymbol{o} + B\boldsymbol{u}(1) = B\boldsymbol{u}(1)$, $\boldsymbol{x}(2) = A(B\boldsymbol{u}(1)) + B\boldsymbol{u}(2) = AB\boldsymbol{u}(1) + B\boldsymbol{u}(2)$, $\boldsymbol{x}(3) = A(AB\boldsymbol{u}(1) + B\boldsymbol{u}(2)) + B\boldsymbol{u}(3) = A^2B\boldsymbol{u}(1) + AB\boldsymbol{u}(2) + B\boldsymbol{u}(3)$라는 모양으로 $\boldsymbol{x}(t) = A^{t-1}B\boldsymbol{u}(1) + A^{t-2}B\boldsymbol{u}(2) + \cdots + B\boldsymbol{u}(t)$가 됩니다.

83 이것이 '$\mathrm{Im}\,\Phi(t)$는 전체 공간'을 의미하는 것은 부록 C를 참고합니다.

이란 형태를 얻습니다. 이 형태에서 rank $\Phi(n+1)$ = rank $\Phi(n)$을 알 수 있습니다.[84] 그 다음도 마찬가지로 임의의 A^t는 A^{n-1}, A, I의 선형결합으로 쓸 수 있습니다($t = n, n+1, n+2, \ldots$). 그러므로 rank $\Phi(t)$를 끝없이 조사할 필요는 없으며 rank $\Phi(n)$을 조사하면 충분합니다.

4.5.4 고유벡터의 계산

행렬 A의 고윳값 λ이 구해지면 남은 것은 정의 식 (4.6)과 식 (4.7)을 만족시키는 고유벡터 $\boldsymbol{p}$를 간단하게 찾는 것입니다. 또 몇 개의 예를 들죠.

예제 1: 2×2로 사전 연습

우선 앞 절에서 본 행렬입니다.

$$A = \begin{pmatrix} 3 & -2 \\ 1 & 0 \end{pmatrix}$$

고윳값은 이미 구한 대로 $\lambda = 1, 2$입니다. 고유벡터를 $\boldsymbol{p} = (p_1, p_2)^T$로 두고 $A\boldsymbol{p} = \lambda\boldsymbol{p}$를 만족시키는 p_1, p_2를 찾읍시다.

고윳값 $\lambda = 1$은

$$\begin{pmatrix} 3 & -2 \\ 1 & 0 \end{pmatrix}\begin{pmatrix} p_1 \\ p_2 \end{pmatrix} = \begin{pmatrix} p_1 \\ p_2 \end{pmatrix}$$

즉,

$$\begin{aligned} 3p_1 - 2p_2 &= p_1 \\ p_1 &= p_2 \end{aligned}$$

84 2.3.5절 '랭크의 기본 성질'에서 rank $\Phi(n+1)$ = rank $\Phi(n)$(임의의 행렬) ≤ rank $\Phi(n)$. 한편 $\Phi(n) = (\Phi(n), A^nB)(I, O)^T = \Phi(n+1)(I, O)^T$이므로 마찬가지로 rank $\Phi(n)$ ≤ rank $\Phi(n+1)$. 합치면 rank $\Phi(n+1)$ = rank $\Phi(n)$. 또한, rank $\Phi(n)$ ≤ rank $\Phi(n+1)$의 증명은 다음과 같이 말하는 것이 이해하기 쉬울지 모릅니다 : '$\Phi(n+1)$은 $\Phi(n)$의 우측에 열 몇 개를 추가한 것이다. 그리고 rank X라는 것은 X의 열벡터들을 만드는 데 필요한 재료의 최소 개수였다(2.3.6절 랭크를 구하는 법(1)). 할당량이 추가된 $\Phi(n+1)$에 필요한 재료는 $\Phi(n)$보다 크게 정해져 있다.

아래 식에서 $\boldsymbol{p} = (\alpha, \alpha)^T$의 형태가 아니면 안 됩니다. 한편, 이 형태라면 위 식도 자동으로 성립됩니다. 따라서 고윳값 $\lambda = 1$에 대응하는 고유벡터는

$$\boldsymbol{p} = \alpha \begin{pmatrix} 1 \\ 1 \end{pmatrix} \quad \alpha\text{는 0 이외의 임의의 수}$$

α에서 함정에 주의해 주십시오. 영벡터는 안 되므로 $\alpha \neq 0$이라고 미리 양해를 구해야 합니다.

고윳값 $\lambda = 2$도 마찬가지로

$$\begin{pmatrix} 3 & -2 \\ 1 & 0 \end{pmatrix} \begin{pmatrix} p_1 \\ p_2 \end{pmatrix} = 2 \begin{pmatrix} p_1 \\ p_2 \end{pmatrix}$$

즉,

$$\begin{aligned} 3p_1 - 2p_2 &= 2p_1 \\ p_1 &= 2p_2 \end{aligned}$$

아래 식에서 $\boldsymbol{p} = (2\alpha, \alpha)^T$의 형태입니다. 이 형태라면 위 식도 자동으로 성립됩니다. 따라서 고유벡터는 다음과 같습니다.

$$\boldsymbol{p} = \alpha \begin{pmatrix} 2 \\ 1 \end{pmatrix} \quad \alpha\text{는 0 이외의 임의의 수}$$

예제 2: 3×3으로 실전

다음은 3×3 행렬의 예입니다. 절차는 같습니다.

$$A = \begin{pmatrix} 6 & -3 & 5 \\ -1 & 4 & -5 \\ -3 & 3 & -4 \end{pmatrix}$$

우선 고윳값을 계산합니다. 조금 지칩니다만 힘을 내 특성방정식을 계산하면

$$\begin{aligned} \phi_A(\lambda) &= \det \begin{pmatrix} \lambda - 6 & 3 & -5 \\ 1 & \lambda - 4 & 5 \\ 3 & -3 & \lambda + 4 \end{pmatrix} \\ &= (\lambda - 6)(\lambda - 4)(\lambda + 4) + 3 \cdot 5 \cdot 3 + (-5)1(-3) \\ &\quad - (\lambda - 6)5(-3) - (-5)(\lambda - 4)3 - 3 \cdot 1(\lambda + 4) \\ &= \lambda^3 - 6\lambda^2 + 11\lambda - 6 \\ &= (\lambda - 3)(\lambda - 2)(\lambda - 1) \end{aligned}$$

과 같습니다.[85] 그러면 $\phi_A(\lambda) = 0$에서 고윳값은 $\lambda = 3, 2, 1$인 것을 알 수 있습니다.

다음으로 고유벡터를 계산합니다. 고유벡터는 $\boldsymbol{p} = (p_1, p_2, p_3)^T$로 두면 고윳값 $\lambda = 3$에 대해

$$\begin{pmatrix} 6 & -3 & 5 \\ -1 & 4 & -5 \\ -3 & 3 & -4 \end{pmatrix}\begin{pmatrix} p_1 \\ p_2 \\ p_3 \end{pmatrix} = 3\begin{pmatrix} p_1 \\ p_2 \\ p_3 \end{pmatrix}$$

즉,

$$\begin{aligned} 6p_1 - 3p_2 + 5p_3 &= 3p_1 \\ -p_1 + 4p_2 - 5p_3 &= 3p_2 \\ -3p_1 + 3p_2 - 4p_3 &= 3p_3 \end{aligned}$$

이므로 이항하여 정리하면

$$\begin{aligned} 3p_1 - 3p_2 + 5p_3 &= 0 \\ -p_1 + p_2 - 5p_3 &= 0 \\ -3p_1 + 3p_2 - 7p_3 &= 0 \end{aligned}$$

이 됩니다. 연립일차방정식이므로 2.5.2절과 같이 손 계산 시스템을 적용하면 풀립니다. 그러나 이 정도의 문제라면 간단하게 애드립으로 변수소거를 하면 되겠지요. 계속 주시하여 첫 번째 식과 세 번째 식을 더하면 $-2p_3 = 0$. 즉, $p_3 = 0$이 구해집니다. 이 값을 각 식에 대입하면

$$\begin{aligned} 3p_1 - 3p_2 &= 0 \\ -p_1 + p_2 &= 0 \\ -3p_1 + 3p_2 &= 0 \end{aligned}$$

세 식은 모두 요약하자면 $p_1 = p_2$라는 같은 내용을 말하고 있습니다.[86] 그러므로 $p_1 = p_2$이기만 하면 세 식은 만족됩니다. 따라서 답은 $\boldsymbol{p} = (p_1, p_2, p_3)^T = (\alpha, \alpha, 0)^T$. α는 임의의 수입니다만, $\alpha = 0$이면 $\boldsymbol{p} = \boldsymbol{o}$이 되어버려 고유벡터의 정의와 맞지 않습니다. 결국

---

85 일반다항식의 인수분해는 힘들지만, '깨끗하게 풀리도록 만들어져 있는 문제'에서는 상수항의 약수를 시험해보는 방안이 효과가 좋습니다. 지금의 다항식이면 상수항 6의 약수 6, 3, 2, 1이나 마이너스를 붙인 −6, −3, −2, −1이 후보입니다. 순서대로 대입해보면 3을 대입한 경우 $\phi_A(3) = 3^3 - 6 \cdot 3^2 + 11 \cdot 3 - 6 = 27 - 54 + 33 - 6 = 0$으로 0이 됩니다. 대입하여 0이라면 $\phi_A(\lambda) = (\lambda - 3)(\lambda^2 + c_1\lambda + c_0)$라는 형태일 것입니다. 우변을 전개하여 비교하면 $c_1 = -3$, $c_0 = 2$임을 알 수 있습니다. 나머지는 그 $\lambda^2 - 3\lambda + 2$를 또 인수분해하면 됩니다.

86 2.3절에서 한 '성질이 나쁜 경우'네요. 성질이 나쁜 것은 처음부터 예상한 사태였습니다. 지금 풀려는 방정식은 $A\boldsymbol{p} = 3\boldsymbol{p}$. 즉, $(3I - A)\boldsymbol{p} = \boldsymbol{o}$. 이 행렬 $(3I - A)$가 정칙이 아닌 것은 $\phi_A(3) = \det(3I - A)$로 확인 끝입니다(애초에 $\phi_A(\lambda) = 0$이 될 것 같은 값을 찾아 $\lambda = 3$을 찾았습니다). '응?'이라고 한 사람은 2.4.3절 '정칙성의 정리'를 복습합니다.

$$\boldsymbol{p} = \alpha \begin{pmatrix} 1 \\ 1 \\ 0 \end{pmatrix} \qquad \alpha\text{는 0 이외의 임의의 수}$$

이 고윳값 $\lambda = 3$에 대한 고유벡터입니다.

고윳값 $\lambda = 2$일 때도 마찬가지로

$$\begin{pmatrix} 6 & -3 & 5 \\ -1 & 4 & -5 \\ -3 & 3 & -4 \end{pmatrix} \begin{pmatrix} p_1 \\ p_2 \\ p_3 \end{pmatrix} = 2 \begin{pmatrix} p_1 \\ p_2 \\ p_3 \end{pmatrix}$$

에서

$$\begin{aligned} 4p_1 - 3p_2 + 5p_3 &= 0 \\ -p_1 + 2p_2 - 5p_3 &= 0 \\ -3p_1 + 3p_2 - 6p_3 &= 0 \end{aligned}$$

이 됩니다. 계속 주시하여 첫 번째 식과 세 번째 식을 더하면 $p_1 - p_2 = 0$. 즉 $p_1 = p_3$입니다.

이것을 각 식에 대입하면

$$\begin{aligned} -3p_2 + 9p_3 &= 0 \\ 2p_2 - 6p_3 &= 0 \\ 3p_2 - 9p_3 &= 0 \end{aligned}$$

세 식은 모두 요약하자면 $p_2 = 3p_3$라는 같은 내용을 말하고 있습니다. 그러므로 고윳값 $\lambda = 2$에 대한 고유벡터가 $\boldsymbol{p} = (\alpha, 3\alpha, \alpha)^T$, 즉 다음과 같습니다.

$$\boldsymbol{p} = \alpha \begin{pmatrix} 1 \\ 3 \\ 1 \end{pmatrix} \qquad \alpha\text{는 0 이외의 임의의 수}$$

고윳값 $\lambda = 1$에 대한 고유 벡터도 똑같이

$$\boldsymbol{p} = \alpha \begin{pmatrix} 0 \\ 5 \\ 3 \end{pmatrix} \qquad \alpha\text{는 0 이외의 임의의 수}$$

라고 구할 수 있습니다. 대입하면 확실히

$$A\boldsymbol{p} = \alpha \begin{pmatrix} 6 & -3 & 5 \\ -1 & 4 & -5 \\ -3 & 3 & -4 \end{pmatrix} \begin{pmatrix} 0 \\ 5 \\ 3 \end{pmatrix} = \alpha \begin{pmatrix} 0 \\ 5 \\ 3 \end{pmatrix} = \lambda \boldsymbol{p}$$

이네요.

마지막에 대입한 것처럼 검산하는 습관을 들이세요. 하찮은 실수를 방지하고, '고유벡터란 무엇이었는지'를 항상 떠올릴 수 있습니다.

예제 3: 중복고윳값(성질이 좋은 경우)

중복고윳값이 나온 경우는 주의가 필요합니다. 우선 성질이 좋은 예입니다.

$$A = \begin{pmatrix} 3 & -1 & 1 \\ 0 & 2 & 1 \\ 0 & 0 & 3 \end{pmatrix}$$

상삼각행렬의 고윳값은 대각성분 그 자체였습니다. 그러므로 A의 고윳값은 3(이중해)과 2입니다. 고윳값 2에 대응하는 고유벡터를 $\boldsymbol{p} = (p_1, p_2, p_3)^T$로 두고

$$\begin{aligned} 3p_1 - p_2 + p_3 &= 2p_1 \\ 2p_2 + p_3 &= 2p_2 \\ 3p_3 &= 2p_3 \end{aligned}$$

이것을 풀면[87]

$$\boldsymbol{p} = \alpha \begin{pmatrix} 1 \\ 1 \\ 0 \end{pmatrix} \qquad \alpha\text{는 0 이외의 임의의 수}$$

로 구해지므로 문제 없습니다. 한편, 고윳값 3에 대응하는 고유벡터를 $\boldsymbol{q} = (q_1, q_2, q_3)^T$로 두고

$$\begin{aligned} 3q_1 - q_2 + q_3 &= 3q_1 \\ 2q_2 + q_3 &= 3q_2 \\ 3q_3 &= 3q_3 \end{aligned}$$

이것을 풀면[88]

$$\boldsymbol{q} = \beta \begin{pmatrix} 1 \\ 0 \\ 0 \end{pmatrix} + \gamma \begin{pmatrix} 0 \\ 1 \\ 1 \end{pmatrix} \qquad \beta, \gamma\text{는 임의의 수. 단, } \beta, = \gamma = 0\text{은 제외}$$

로 구해집니다.

---

87 마지막 식에서 $p_3 = 0$이 되면 두 번째 식은 $2p_2 = 2p_2$로 항상 성립합니다. 처음 식은 정리하면 $p_1 = p_2$. 따라서 $\boldsymbol{p} = (\alpha, \alpha, 0)^T$의 형태가 아니면 안 됩니다($\alpha$는 수). 반대로, 이 형태라면 분명히 $A\boldsymbol{p} = 2\boldsymbol{p}$가 됩니다. 나머지는 $\boldsymbol{p} \neq \boldsymbol{o}$이 되기 위해서 $\alpha \neq 0$입니다.

88 마지막 식은 아무것도 말하지 않고 있으므로(q_3가 무엇이라도 성립) 봐 두고, 두 번째 식에서 $q_2 = q_3$. 그러면 처음 식은 $3q_1 = 3q_1$이고, q_1이 무엇이라도 항상 성립합니다. 따라서 $\boldsymbol{q} = (\beta, \gamma, \gamma)^T$의 형태가 아니면 안 됩니다($\beta, \gamma$는 수). 반대로 이 형태라면 분명히 $A\boldsymbol{p} = 3\boldsymbol{p}$가 됩니다. 나머지는 $\boldsymbol{q} \neq \boldsymbol{o}$이 되기 위해서 $\beta = \gamma = 0$만은 제외합니다.

어떤 것이 '성질이 좋은가' 하면, 이중해의 고윳값 3에 대해 **선형독립**인 고유벡터가 정확히 두 개 취해지는 것입니다. 실제로 $(1, 0, 0)^T$와 $(0, 1, 1)^T$는 모두 고윳값 3인 고유벡터이고, 선형독립입니다.[89] 구애되는 이유는 이 성질이 **대각화** 가능성과 직결되기 때문입니다. 이 예에서는 3×3 행렬 A에 대해 선형독립인 고유벡터를 세 개 얻습니다(한 개는 고윳값 2, 두 개는 고윳값 3). 그러므로 고유벡터를 나열한 정방행렬

$$P = \begin{pmatrix} 1 & 1 & 0 \\ 1 & 0 & 1 \\ 0 & 0 & 1 \end{pmatrix}$$

이 정칙이 되고, 대각화가 가능해집니다.[90]

이미 설명한대로 $n \times n$ 행렬 A의 고윳값은 중근을 따로따로 센다고 하면 n개 있습니다. 어느 고윳값이라도 중복도와 같은 개수의 **선형독립**인 고유벡터가 취해지면[91] 합계 n개의 선형독립인 고유벡터가 취해진 것이고, 그것들을 나열한 정방행렬 P는 정칙이 됩니다. 그러면 대각화가 가능해지고, 해피엔드입니다.

4.20 '중복도와 같은 개수의'라고 말하지 않아도 어쨌든 합계 n개가 취해지면 괜찮은 거지요?

이 문맥에서는 그렇습니다. 하지만 사실 k중해에 대해 선형독립인 고유벡터는 겨우 k개밖에 취할 수 없습니다. 이유는 4.7절 '대각화할 수 없는 경우'를 참고해 주세요.

예제 4 : 중복고윳값(성질이 나쁜 경우)

다음은 성질이 나쁜 예입니다.

$$A = \begin{pmatrix} 3 & -1 & 1 \\ 0 & 2 & 0 \\ 0 & 0 & 3 \end{pmatrix}$$

A의 고윳값은 전과 마찬가지로 3(이중해)과 2. 고윳값 2에 대응하는 고유벡터도 같습니다.

---

89 취하는 다른 방법도 얼마든지 있습니다. '$(1, 1, 1)^T$와 $(1, -1, -1)^T$'라도 괜찮고, 좀 더 비뚤어져 '$(7, 8, 8)^T$와 $(8, 7, 7)^T$'라도 상관없습니다. 단 '$(0, 1, 1)^T$와 $(0, 2, 2)^T$'는 안 됩니다. 두 개가 선형독립이 아니기 때문입니다. '응?'이라고 한 사람은 선형독립의 정의를 복습합니다(2.3.4절).

90 '응?'이라고 한 사람은 2.4.3절 '정칙성의 정리'를 복습합니다.

91 고윳값 λ이 k중해였다고 하고, 대응하는 선형독립인 고유벡터가 확실히 k개 취해지면이라는 의미입니다.

$$\boldsymbol{p} = \begin{pmatrix} \alpha \\ \alpha \\ 0 \end{pmatrix} \quad \alpha\text{는 0 이외의 임의의 수}$$

로 문제가 없습니다. 한편, 고윳값 3에 대응하는 고유벡터를 $\boldsymbol{q} = (q_1, q_2, q_3)^T$로 두고

$$\begin{aligned} 3q_1 - q_2 + q_3 &= 3q_1 \\ 2q_2 &= 3q_2 \\ 3q_3 &= 3q_3 \end{aligned}$$

이것을 풀면[92]

$$\boldsymbol{q} = \begin{pmatrix} \beta \\ 0 \\ 0 \end{pmatrix} \quad \beta\text{는 0 이외의 임의의 수}$$

이번에는 이중해의 고윳값 3에 대해 선형독립인 고유벡터를 1개밖에 취할 수 없습니다.[93]

이것으로는 4.4절처럼 대각화가 불가능합니다.

성질이 나쁜 경우에 관한 좀 더 자세한 이야기는 4.7절에서 다룹니다. 대부분의 행렬은 '성질이 좋은 경우'가 됩니다.

4.21 2.3절의 '성질이 나쁜 경우'와 지금의 이야기는 관계가 있나요?

없습니다. 2.3절의 '성질이 나쁜'은 '전단사가 아닌'이란 의미였지만, 이 절의 '성질이 나쁜'은 '고유벡터의 개수가 부족하다'라는 의미입니다. 완전히 다른 이야기입니다. 예를 들어 다음 A는 전단사입니다만, 선형독립인 고유벡터는 하나밖에 없습니다. B는 선형독립인 고유벡터가 두 개(고윳값 7과 0) 있지만, 전단사는 아닙니다. 연습 삼아 단위행렬이나 영행렬의 경우도 검토해 주십시오.

$$A = \begin{pmatrix} 7 & 1 \\ 0 & 7 \end{pmatrix}, \quad B = \begin{pmatrix} 7 & 0 \\ 0 & 0 \end{pmatrix}$$

92 마지막 식은 아무것도 말하지 않으므로(q_3가 무엇이라도 성립) 놔두고, 두 번째 식에서 $q_2 = 0$. 그러면 처음 식에서 $q_3 = 0$입니다.

93 $\boldsymbol{q} = (\beta, 0, 0)^T$와 $\boldsymbol{q}' = (\beta', 0, 0)^T$가 선형독립이 아닌 것은 한눈에 알 수 있지요. '응?'이라고 한 사람은 선형독립의 정의를 복습합니다(2.3.4절).

4.6 연속시간 시스템

지금까지는 시각 t가 이산($t = 0, 1, 2, \ldots$)인 경우를 다뤘습니다. 대부분의 물리 현상은 시각 t가 연속인 미분방정식으로 설명합니다.[94] 예를 들어 그림 4-9의 전기회로에서 콘덴서 C에 전하가 Q만큼 모여 있다고 합시다. 시각 0에 스위치를 연결하면 시각 $t \geq 0$에서 콘덴서 C의 전하 $q(t)$는 다음 미분방정식을 따릅니다.

$$\frac{d^2}{dt^2}q(t) = -\frac{R}{L}\frac{d}{dt}q(t) - \frac{1}{LC}q(t) \quad (t = 0\text{에서 } q = Q,\ dq/dt = 0) \tag{4.18}$$

▼ 그림 4-9 LCR 직렬회로. 코일의 인덕턴스 L, 콘덴서의 전기 용량 C, 저항 R.

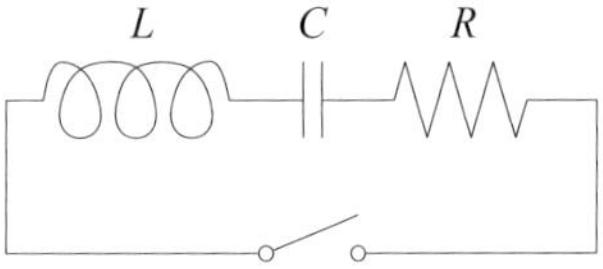

L C R

따라서 물리적인 대상에 관한 제어 문제에서는 연속시간 시스템에 대해서도 폭주를 판정하고 싶어집니다.

연속시간인 경우도 스토리는 이산시간과 같습니다만, 폭주 판정의 조건은 조금 다릅니다.

4.22 그림 4-9의 회로가 폭주하는 경우가 있나요?

L, C, R 값과 관계 없이 폭주하는 경우는 없습니다. 이 회로는 미분방정식의 예로 든 것뿐입니다. 폭주를 걱정하는 것은 증폭기가 들어간 회로(외부에서 에너지를 주입받는 회로)입니다만, 설명이 복잡해지므로 더 이상 자세히 설명하지는 않겠습니다.

94 미분이나 지수함수가 힘겨운 독자는 이 절을 뛰어 넘어도 상관없습니다.

4.6.1 미분방정식

미분방정식에 익숙하지 않은 독자를 위해서 간단히 복습하겠습니다. 우선 '미분방정식이란?'부터겠지요.

보통 방정식은

$$3x - 12 = 0$$

과 같이 미지수 x를 포함하는 등식을 보고, 이 등식이 성립하는 x의 값을 답하는 것입니다. 이 예라면 $x = 4$가 해입니다.

미분방정식은

$$\frac{d}{dt}x(t) = 12 - 3x(t), \qquad x(0) = 9 \tag{4.19}$$

와 같이 미지의 함수 $x(t)$와 그 미분 $\frac{d}{dt}x(t)$를 포함하는 등식을 보고, 이 등식이 성립하는 함수 $x(t)$를 답하는 것입니다.[95] 이 예라면 $x(t) = 5e^{-3t} + 4$가 해입니다. 대입하면

$$\frac{d}{dt}x(t) = 5 \cdot (-3)e^{-3t} = -15e^{-3t}$$
$$12 - 3x(t) = 12 - 3(5e^{-3t} + 4) = -15e^{-3t}$$

로 일치하고, $x(0) = 5e^0 + 4 = 9$입니다(지수함수의 성질 $de^{at}/dt = ae^{at}$나 $e^0 = 1$을 사용했습니다).

이 미분방정식은 다음과 같은 '흐름'의 이야기로도 해석할 수 있습니다.

> 곧게 뻗은 수로를 상상해 주십시오(그림 4-10). 수로의 위치 x에서 유속은 $12 - 3x$라고 합니다(수로의 폭이나 깊이가 일정하지 않거나, 샛길의 유입이나 유출이 있기 때문에 속

95 하나의 변수 t의 함수 $x(t)$에 대한 방정식인 것을 강조하는 경우는 **상미분방정식**이라고도 합니다. 다변수 $t_1, ..., t_k$의 함수 $x(t_1, ..., t_k)$에 대한 **편미분방정식**과 대비한 호칭입니다.
덧붙이면 앞 절까지 이산시간 시스템에서 한 것과 같은

$$x(t) = 12 - 3x(t-1), \qquad x(0) = 9$$

는 **차분방정식**이라고 합니다. 미지수열을 포함하는 등식을 보고, 이것이 성립하는 수열 $x(0), x(1), ...$을 답하는 모양입니다.
차분방정식이라고 부르는 이유는 차분 $\nabla x(t) \equiv x(t) - x(t-1)$을 사용한 식으로써

$$x(t) = 12 - 3x(t) + 3\nabla x(t)$$

즉,

$$\nabla x(t) = \frac{4}{3}x(t) - 4$$

와 같이 써지기 때문입니다. 이렇게 쓰면 제법 미분방정식의 이산 버전이란 느낌이네요.

도가 장소에 따라 다르다'라고 생각해 주십시오). 시각 0, 위치 9에서 나뭇잎 배를 띄워 떠내려 보냈습니다. 시각 t에는 나뭇잎 배가 어느 위치에 있을까요?

시각 t일 때 나뭇잎 배의 위치를 $x(t)$라고 둡시다. 시각 t일 때 나뭇잎 배의 속도 $\frac{d}{dt}x(t)$는 그때의 위치 $x(t)$에서의 유속, 즉 $12 - 3x(t)$입니다. 이것이 식 (4.19)의 해석입니다.

그림 4-10 수로를 떠내려가는 나뭇잎 배

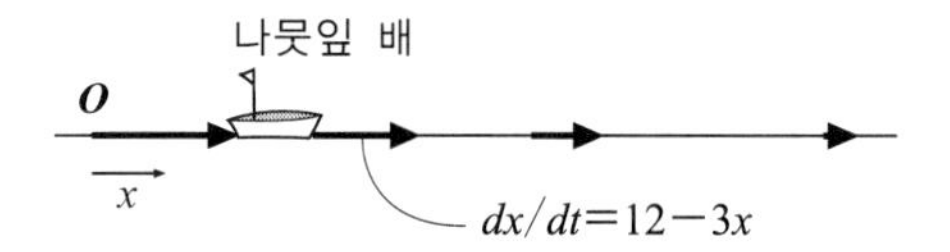

다차원 버전도 생각할 수 있습니다.

크고 넓은 바다를 상상해 주십시오(그림 4-41). 해면의 위치는 '기준점에서 동쪽에 x_1, 북쪽으로 x_2'라는 좌표로 $\boldsymbol{x} = (x_1, x_2)^T$라고 나타내기로 합니다. 각 위치에서의 유속이 $(3x_1 - 2x_2, x_1)^T$였다고 합시다. 동쪽으로 $3x_1 - 2x_2$, 북쪽으로 x_1입니다. 시각 0, 위치 $(4, 6)^T$에서 나뭇잎 배를 띄워 떠내려 보냈습니다. 시각 t에는 나뭇잎 배가 어느 위치에 있을까요?

그림 4-11 크고 넓은 바다를 떠내려가는 나뭇잎 배

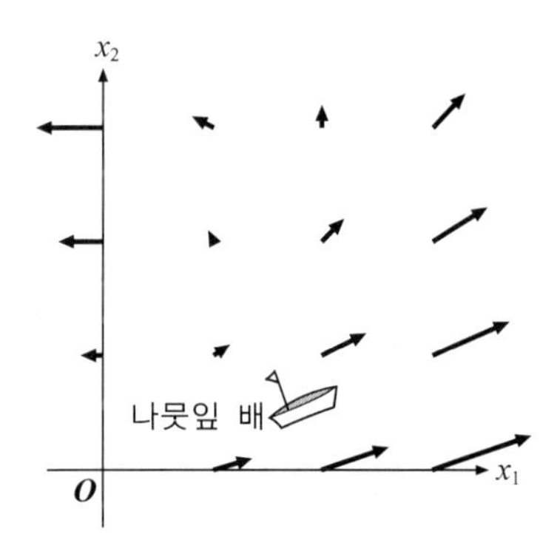

이는 미분방정식

$$\begin{aligned}
\frac{d}{dt}x_1(t) &= 3x_1(t) - 2x_2(t) \\
\frac{d}{dt}x_2(t) &= x_1(t) \\
x_1(0) &= 4 \\
x_2(0) &= 6
\end{aligned}$$

에 대응합니다. 벡터와 행렬로 나타내면

$$\frac{d}{dt}\boldsymbol{x}(t) = \begin{pmatrix} 3 & -2 \\ 1 & 0 \end{pmatrix} \boldsymbol{x}(t)$$

$$\boldsymbol{x}(0) = \begin{pmatrix} 4 \\ 6 \end{pmatrix}$$

이라고도 쓸 수 있습니다.

처음에 예로 든 전기회로의 식 (4.18)는 고계미분 d^2/dt^2를 포함하고 있습니다만, 변수를 잘 취하면 일계미분 d/dt만으로 귀착시킬 수 있습니다. 1.2.10절 '여러 가지 관계를 행렬로 나타내다(2)'에서 했던 것을 기억하고 있습니까? $\boldsymbol{x}(t) = (\frac{d}{dt}q(t), q(t))^T$라 두면

$$\frac{d}{dt}\boldsymbol{x}(t) = \begin{pmatrix} -R/L & -1/(LC) \\ 1 & 0 \end{pmatrix} \boldsymbol{x}(t)$$

와 같이 d/dt만으로 쓸 수 있습니다.

이 책에서는 정방행렬 A에 대한

$$\frac{d}{dt}\boldsymbol{x}(t) = A\boldsymbol{x}(t)$$

라는 형태의 미분방정식을 다룹니다. 이 미분방정식이 폭주의 위험을 지니는가 아닌가 판정하는 것이 목표입니다.

4.6.2 1차원일 때

그러면 다시 1차원일 때부터 해나갑시다. 예를 들어

$$\frac{d}{dt}x(t) = 7x(t)$$

의 해는 $x(t) = e^{7t}x(0)$입니다(부록 D.1). 실제로 대입해보면

$$\frac{d}{dt}x(t) = 7e^{7t}x(0) = 7x(t)$$

가 확인됩니다.

일반적으로 정수 a에 대해

$$\frac{d}{dt}x(t) = ax(t)$$

의 해는 $x(t) = e^{at}x(0)$이라는 지수함수입니다. 공식 $de^{at}/dt = ae^{at}$와 비교하여 확인해 주십시오. $t \to \infty$에서 이 $x(t)$가 어떻게 되는지는 a의 부호 나름입니다(그림 4-12). $a > 0$이면 폭주하고, $a \leq 0$이면 폭주하지 않습니다.

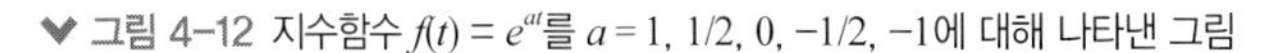
▼ 그림 4-12 지수함수 $f(t) = e^{at}$를 $a = 1, 1/2, 0, -1/2, -1$에 대해 나타낸 그림

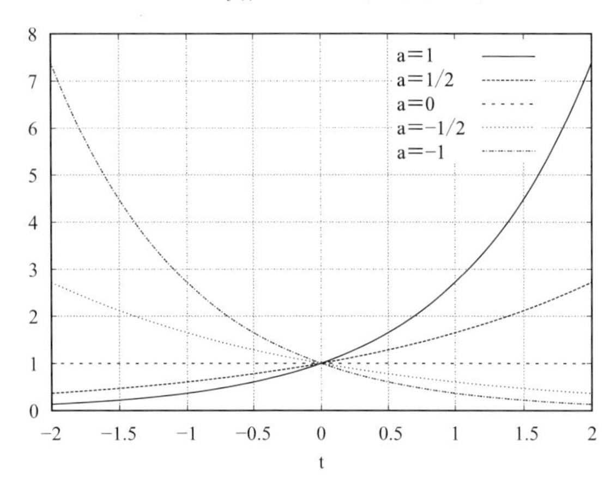

4.6.3 대각행렬일 때

다음은 겉보기에 다차원이라도 실제는 겉치레에 불과한 경우입니다. 예를 들어

$$\frac{d}{dt}\begin{pmatrix} x_1(t) \\ x_2(t) \\ x_3(t) \end{pmatrix} = \begin{pmatrix} 5 & 0 & 0 \\ 0 & 3 & 0 \\ 0 & 0 & -8 \end{pmatrix}\begin{pmatrix} x_1(t) \\ x_2(t) \\ x_3(t) \end{pmatrix}$$

우변은 행렬로 복잡하게 쓰여있습니다만, 계산하면

$$\begin{pmatrix} \frac{d}{dt}x_1(t) \\ \frac{d}{dt}x_2(t) \\ \frac{d}{dt}x_3(t) \end{pmatrix} = \begin{pmatrix} 5x_1(t) \\ 3x_2(t) \\ -8x_3(t) \end{pmatrix}$$

일뿐입니다. 즉, 이 '행렬미분방정식'은

$$\frac{d}{dt}x_1(t) = 5x_1(t)$$

$$\frac{d}{dt}x_2(t) = 3x_2(t)$$

$$\frac{d}{dt}x_3(t) = -8x_3(t)$$

라는 세 미분방정식을 정리하여 쓴 것뿐입니다. 이렇게 정리하면 각각 바로 풀리므로 답은

$$x_1(t) = x_1(0)e^{5t}$$
$$x_2(t) = x_2(0)e^{3t}$$
$$x_3(t) = x_3(0)e^{-8t}$$

여기서 $t \to \infty$인 경우 e^{5t}, $e^{3t} \to \infty$이므로 $x_1(0) = x_2(0) = 0$이 아닌 한 $\boldsymbol{x}(t)$의 성분은 발산합니다. 따라서 이 시스템은 폭주의 위험이 있다고 판단됩니다. 간단하게 풀린 이유는 랭크행렬이 대각이기 때문입니다. 실제로

$$\frac{d}{dt}\boldsymbol{x}(t) = A\boldsymbol{x}(t)$$
$$A = \mathrm{diag}(a_1, \ldots, a_n)$$
$$\boldsymbol{x}(t) = (x_1(t), \ldots, x_n(t))^T$$

이면 $A\boldsymbol{x}$는 단지 $(a_1x_1, \ldots, a_nx_n)^T$이므로

$$\frac{d}{dt}x_1(t) = a_1x_1(t)$$
$$\vdots$$
$$\frac{d}{dt}x_n(t) = a_nx_n(t)$$

를 정리하여 쓴 것뿐입니다. 이 역시 바로 풀려서

$$x_1(t) = x_1(0)e^{a_1t}$$
$$\vdots$$
$$x_n(t) = x_n(0)e^{a_nt}$$

결론은 $a_1, \ldots, a_n$ 중 하나라도 양수라면 폭주, $a_1, \ldots, a_n \leq 0$이라면 폭주하지 않습니다. ……라고 말하고 싶습니다만, 오랫만에 a_i가 복소수인 경우도 생각해둡시다. 지수함수의 성질(부록 B)를 떠올리면 'Re$a_1, \ldots,$ Rea_n 중 하나라도 양수라면 폭주, Re$a_1, \ldots,$ Re$a_n \leq 0$이면 폭주 안 함' 입니다.

4.6.4 대각화할 수 있는 경우

앞에서 설명한 이유로 A가 대각행렬이면 이미 해결입니다. 일반 행렬 A도 어떻게든 변환하여 대각으로 만듭시다. 원래 변수 $\mathbf{x}(t)$에 어떤 정칙행렬 P를 가져와

$$\mathbf{x}(t) = P\mathbf{y}(t)$$

다른 변수 $\mathbf{y}(t)$로 변환해봅시다. 다르게 표현하면 물론 $\mathbf{y}(t) = P^{-1}\mathbf{x}(t)$입니다. 이때 미분방정식 $d\mathbf{x}/dt = A\mathbf{x}(t)$가 어떻게 변환되는가 하면[96]

$$\begin{aligned}\frac{d}{dt}\mathbf{y}(t) &= \frac{d}{dt}(P^{-1}\mathbf{x}(t)) = P^{-1}\frac{d}{dt}\mathbf{x}(t) = P^{-1}A\mathbf{x}(t) \\ &= P^{-1}A(P\mathbf{y}(t)) = (P^{-1}AP)\mathbf{y}(t)\end{aligned}$$

즉, y로 보면 미분방정식은

$$\begin{aligned}\frac{d}{dt}\mathbf{y}(t) &= \Lambda\mathbf{y}(t) \\ \Lambda &= P^{-1}AP\end{aligned}$$

로 바뀝니다.

이 변환법은 이산시간의 경우와 똑같습니다. 그렇기 때문에 나머지 스토리도 같습니다. 대각화할 수 있는 A와 할 수 없는 A가 있는 것도 마찬가지입니다. 대각화할 수 있는 경우에는 A의 고윳값을 $\lambda_1, \ldots, \lambda_n$으로 하고, $\Lambda = \mathrm{diag}(\lambda_1, \ldots, \lambda_n)$으로 할 수 있습니다. 이렇게 대각행렬이 되므로 앞 절처럼 결과를 판정할 수 있습니다. 결론은 다음 절에서 정리합시다.

4.6.5 결론: 고윳값(실수부)의 부호

결국 대각화할 수 있는 경우 A의 고윳값 $\lambda_1, \ldots, \lambda_n$의 실수부가 열쇠로

- $\mathrm{Re}\,\lambda_1, \ldots, \mathrm{Re}\,\lambda_n$ 중 하나라도 양수이면 폭주
- $\mathrm{Re}\,\lambda_1, \ldots, \mathrm{Re}\,\lambda_n \le 0$ (모두 ≤ 0)이면 폭주하지 않음

단, 대각화할 수 있을 때 $\mathrm{Re}\,\lambda_i = 0$이라는 여유 없이 빡빡한 경우에는 판정에 미묘한 문제가 발생합니다(4.7.4절). 그 부근의 사정도 이산시간의 경우와 같습니다.

96 P나 P^{-1}은 t에 좌우되지 않는 '정수행렬'이므로 미분 안에 넣어도, 밖에 내어도 같음에 주의합니다.

4.23 왜 이산시간과 연속시간에서 폭주판정의 조건이 전혀 다른가요?

양쪽의 A가 그대로 대응하지 않기 때문입니다. 다음은 대략적인 설명이므로 이해되지 않으면 훑어봐 주십시오. 연속시간의 $\frac{d}{dt}\boldsymbol{x}(t) = A\boldsymbol{x}(t)$는 바꿔 말하면

$$\boldsymbol{x}(t+\epsilon) \approx \boldsymbol{x}(t) + \epsilon A\boldsymbol{x}(t)$$

입니다. ϵ는 작은 양수이고, $\approx$는 거의 같다는 의미입니다. 'ϵ초 후의 위치 $\boldsymbol{x}(t+\epsilon)$는 현재 위치 $\boldsymbol{x}(t)$에서 초속 $\frac{d}{dt}\boldsymbol{x}(t) = A\boldsymbol{x}(t)$로 ϵ초 나아간 위치'입니다. 실제로는 도중에 속도가 변하므로 엄밀하게는 거짓입니다. 그러나 ϵ가 아주 작은 수라면 근사적으로는 성립하겠지요. 이 식을 변형하면 $\boldsymbol{x}(t+\epsilon) \approx (I+\epsilon A)\boldsymbol{x}(t)$가 됩니다. 그러므로 A 자체가 아니라 $(I+\epsilon A)$가 이산시간의 A의 역할에 대응한다고 해석할 수 있습니다. 각주 95에서 지금과 반대 방향의 설명도 제시했습니다(이산시간의 $x(t) = 12 - 3x(t-1)$을 미분방정식의 모습으로 변형).

4.24 고윳값에 복소수가 나오는 경우는 무슨 일이 일어나나요?

폭주 판정의 결론은 변하지 않습니다. 시스템 동작은 이산시간에서 복소고윳값인 경우(→ 4.11)와 같으며 궤적은 나선형입니다.

A가 실정방행렬이라도 복소수가 되는 고윳값도 있습니다(4.10). 그런 경우 대각화를 할 수 있다면 좋은 실정방행렬 P'를 골라

$$P'^{-1}AP' = \left(\begin{array}{cc|c|cc|c}
r_1\cos\theta_1 & -r_1\sin\theta_1 & & & & \\
r_1\sin\theta_1 & r_1\cos\theta_1 & & & & \\
\hline
 & & \ddots & & & \\
\hline
 & & & r_k\cos\theta_k & -r_k\sin\theta_k & \\
 & & & r_k\sin\theta_k & r_k\cos\theta_k & \\
\hline
 & & & & & \begin{matrix} * & & \\ & \ddots & \\ & & * \end{matrix}
\end{array}\right) \equiv D$$

라는 블록대각인 실행렬 D로 변환할 수 있었습니다(4.11). 고윳값과의 관계는 '실수가 아닌 고윳값 λ_j(와 $\bar{\lambda}_j$)에 대해 $\lambda_j = r_j e^{i\theta_j} = r_j(\cos\theta_j + i\sin\theta_j)$'였습니다($j = 1, \ldots, k$).

이때 미분방정식 $d\boldsymbol{x}(t)/dt = A\boldsymbol{x}(t)$는 어떤 모양을 나타낼까요? 앞에서처럼 $\boldsymbol{x}(t) = P'\boldsymbol{y}(t)$로 변수변환하면 미분방정식은 $d\boldsymbol{y}(t)/dt = D\boldsymbol{y}(t)$라는 간단한 형태로 변환됩니다. D가 블록대각이므로 블록별로

작은 문제를 푸는 것만으로 끝납니다.[97] 구체적으로는

$$\frac{d}{dt}\begin{pmatrix} y_1(t) \\ y_2(t) \end{pmatrix} = rR(\theta)\begin{pmatrix} y_1(t) \\ y_2(t) \end{pmatrix} = r\begin{pmatrix} \cos\theta & -\sin\theta \\ \sin\theta & \cos\theta \end{pmatrix}\begin{pmatrix} y_1(t) \\ y_2(t) \end{pmatrix}$$

라는 형태의 문제를 풀면 됩니다. 해는

$$\begin{pmatrix} y_1(t) \\ y_2(t) \end{pmatrix} = ce^{(r\cos\theta)t}\begin{pmatrix} \cos\{(r\sin\theta)t + d\} \\ \sin\{(r\sin\theta)t + d\} \end{pmatrix} \quad c, d\text{는 임의의 실수}$$

입니다(대입하여 확인해 주십시오). 또한, 이후 모양은 $r\cos\theta$의 부호로 정해집니다. $r\cos\theta > 0$이면 발산(왼쪽 그림), $r\cos\theta = 0$이면 원점 주변을 회전(가운데 그림), $r\cos\theta < 0$이면 원점에 수렴(오른쪽 그림)합니다.

▼ 그림 4-13 $d\mathbf{y}(t)/dt = rR(\theta)\mathbf{y}(t)$의 모양

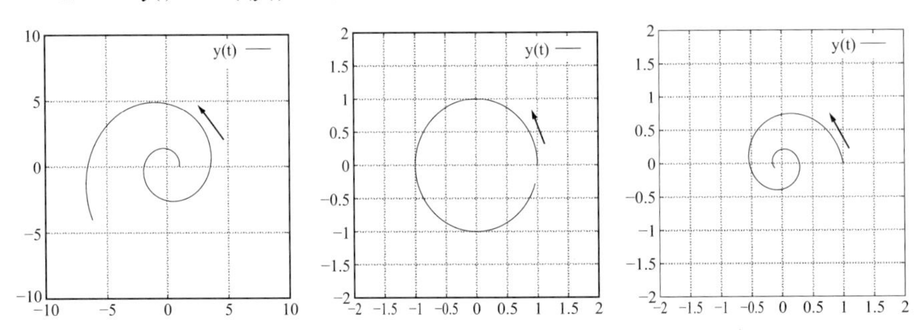

$rR(\theta)$에 대응하는 고윳값은 $\lambda = r(\cos\theta + i\sin\theta)$와 $\bar{\lambda}$ 였으므로 $r\cos\theta = \mathrm{Re}\,\lambda$입니다. 따라서 '실수가 아닌 고윳값 λ에 대응하는 동작은?'이란 질문의 답은 다음과 같습니다.[98]

- Re $\lambda > 0$이면 나선 모양으로 발산
- Re $\lambda = 0$이면 원점 주변을 회전
- Re $\lambda < 0$이면 나선 모양으로 원점에 수렴

97 일반적으로 $D = \mathrm{diag}(D_1, ..., D_m)$이라는 블록대각행렬이라면 $d\mathbf{y}_j(t)/dt = D_j\mathbf{y}_j(t)$를 풀면 됩니다($j = 1, ..., m$). 결과를 모아

$$\mathbf{y}(t) = \begin{pmatrix} \mathbf{y}_1(t) \\ \vdots \\ \mathbf{y}_m(t) \end{pmatrix}$$

를 만들면 원래의 미분방정식 $d\mathbf{y}(t)/dt = D\mathbf{y}(t)$를 만족시킵니다('에'라고 한 사람은 블록행렬을 복습(1.2.9절)). 뒤의 4.7.4절 '요르단 표준형으로 초깃값 문제를 푼다'에서도 이 성질을 사용합니다.

98 물론 'λ에 대응하는 성분'의 동작입니다. Re $\lambda < 0$이면 '이 성분에 대해서는' 원점에 수렴합니다만, 다른 성분이 발산하면 시스템 전체로서는 '폭주'입니다.

4.7 대각화할 수 없는 경우▽

대각화할 수 있는 A의 경우 $\boldsymbol{x}(t) = A\boldsymbol{x}(t-1)$이나 $\frac{d}{dt}\boldsymbol{x}(t) = A\boldsymbol{x}(t)$의 폭주 판정은 '$A$의 고윳값을 보면 됩니다'. 보통 A는 대각화가 가능하므로 대부분 해결됩니다. 하지만 대각화를 할 수 없는 예외적인 A의 경우 이 방법이 통하지 않습니다. 이 절에서는 그런 경우를 조사해 폭주 판정을 완전히 해결합시다.

4.7.1 먼저 결론

폭주 판정의 결론은 거의 변하지 않습니다. 단, $|\lambda| = 1$(이산시간)이나 $\mathrm{Re}\,\lambda = 0$(연속시간)이라는 아슬아슬한 경우에만 미묘한 문제가 발생합니다. 이 경우의 결론은 4.7.4절에서 정리합니다.

이산시간 $\boldsymbol{x}(t) = A\boldsymbol{x}(t-1)$

- A의 고윳값 λ에서 $|\lambda| > 1$인 것이 하나라도 있으면 폭주한다.
- 모든 고윳값 λ가 $|\lambda| < 1$이면 폭주하지 않는다.
- 모든 고윳값 λ가 $|\lambda| \leq 1$이지만, $|\lambda| = 1$이란 아슬아슬한 고윳값도 있는 경우: 고윳값만으로는 판정할 수 없다.

연속시간 $\frac{d}{dt}\boldsymbol{x}(t) = A\boldsymbol{x}(t)$

- A의 고윳값 λ에 $\mathrm{Re}\,\lambda > 0$인 것이 하나라도 있으면 폭주한다.
- 모든 고윳값 λ가 $\mathrm{Re}\,\lambda < 0$이면 폭주하지 않는다.
- 모든 고윳값 λ가 $\mathrm{Re}\,\lambda \leq 0$이지만, $\mathrm{Re}\,\lambda = 0$이란 아슬아슬한 고윳값도 있는 경우: 고윳값만으로는 판정할 수 없다.

이 결론(그림 4-14)을 이끌어내는 것이 이 절의 목표입니다.

▼ 그림 4-14 폭주 판정(A가 대각화 불가능인 경우도 포함). 고윳값이 모두 '안전 영역' 내라면 폭주하지 않는다. 고윳값이 하나라도 '위험 영역'에 있으면 폭주한다. 경계에 있는 경우는 주의한다.

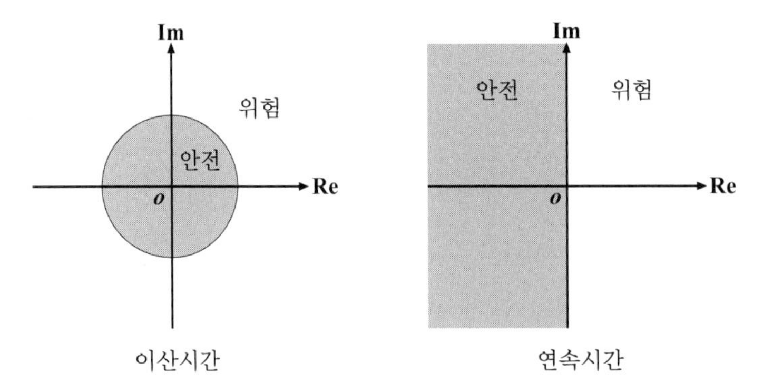

4.7.2 대각까지는 못하더라도 - 요르단 표준형

대각화할 수 없는 정방행렬 A라도 대각에 가까운 **요르단 표준형**이라면 반드시 변환할 수 있습니다. 정확히 말하면 '정방행렬 A에 대해 크기가 같은 좋은 정칙행렬 P를 골라 $P^{-1}AP = J$가 요르단 표준형이 되도록 할 수 있습니다'. 이를 줄여서 'A를 요르단 표준형으로 변환한다'라고 합니다.

요르단 표준형이란 예를 들어 다음과 같은 모양의 J입니다.

$$J = \left(\begin{array}{ccccc|cc|c|ccc} 3 & 1 & & & & & & & & & \\ & 3 & 1 & & & & & & & & \\ & & 3 & 1 & & & & & & & \\ & & & 3 & 1 & & & & & & \\ & & & & 3 & & & & & & \\ \hline & & & & & 3 & 1 & & & & \\ & & & & & & 3 & & & & \\ \hline & & & & & & & 4 & & & \\ \hline & & & & & & & & 5 & 1 & \\ & & & & & & & & & 5 & 1 \\ & & & & & & & & & & 5 \end{array}\right) \tag{4.20}$$

아무것도 없는 부분은 모두 0입니다. 어떻게 되어 있는지 보면……

- 블록대각(블록정방행렬이고, 대각블록 이외는 모두 0)
- 대각블록은 다음과 같은 성질을 지닌다.
  - 대각성분에 같은 수가 나열
  - 하나 오른쪽 위는 1이 비스듬히 늘어선다.

이런 블록을 **요르단 셀**이라고 합니다. 이 예에서는 '크기 5의 요르단 셀', '크기 2인 요르단 셀', '크기 1인 요르단 셀', '크기 3인 요르단 셀'이 늘어서 있습니다.

4.25 대각행렬도 요르단 표준형의 일종인가요?

그렇고 말고요. '크기가 1인 요르단 셀뿐'이라는 상황이 '대각행렬'입니다.

4.26 요약하면 '대각성분에 다양한 수가 나열되고, 하나 오른쪽 위에 1이 늘어선다'이지요?

그 표현은 부정확합니다. 다음 예에서 어느 것이 요르단 표준형이고, 어느 것이 아닌지 나눌 수 있습니까?

$$J_1 = \begin{pmatrix} 8 & 1 & 0 \\ 0 & 8 & 0 \\ 0 & 0 & 2 \end{pmatrix} \quad J_2 = \begin{pmatrix} 8 & 1 & 0 \\ 0 & 8 & 1 \\ 0 & 0 & 2 \end{pmatrix} \quad J_3 = \begin{pmatrix} 8 & 1 & 0 \\ 0 & 2 & 0 \\ 0 & 0 & 2 \end{pmatrix}$$

$$J_4 = \begin{pmatrix} 8 & 1 & 0 \\ 0 & 8 & 0 \\ 0 & 0 & 8 \end{pmatrix} \quad J_5 = \begin{pmatrix} 8 & 1 & 0 \\ 0 & 8 & 1 \\ 0 & 0 & 8 \end{pmatrix} \quad J_6 = \begin{pmatrix} 8 & 0 & 0 \\ 0 & 2 & 0 \\ 0 & 0 & 2 \end{pmatrix}$$

요르단 표준형은 J_1, J_4, J_5, J_6, 아닌 것은 J_2, J_3입니다. J_1, J_4에는 요르단 셀이 두 개, J_5에는 요르단 셀이 한 개, J_6에는 요르단 셀이 세 개 있습니다. 요르단 표준형의 조건을 다시 읽고, 스스로 블록의 단락선을 확인해 주십시오.

4.27 A를 변환하여 생기는 요르단 표준형은 한 가지인가요?

블록의 나열 순을 제외하고, 본질적으로 한 가지입니다. 요르단 블록은 $\mathrm{rank}(A - \lambda I)^K$에서 기계적으로 결정되기 때문입니다(4.7.5절, 각주 139). 다듬을 여지는 없습니다. 4.7에 서술한 '대각화는 본질적으로 한 가지'도 참고합니다.

4.7.3 요르단 표준형의 성질

요르단 표준형으로 변환할 수 있다는 보증이나 요르단 표준형을 구하는 법은 우선 놔두고, 요르단 표준형이 왜 좋은지를 살펴봅시다. 주요 장점은

- 고윳값, 고유벡터의 모양이 보인다
- 거듭제곱을 구체적으로 계산할 수 있다.

라는 두 가지입니다. 여기까지만 들어도 이 두 가지가 폭주 판정과 관련이 있을 것이라고 짐작되지 않나요?

요르단 표준형은 블록대각이므로 고윳값이나 거듭제곱 계산은 블록별로 보면 알 수 있습니다.[99] 그러므로 나머지는 각각의 대각블록(요르단 셀)을 조사하면 충분합니다. 예로 다음 요르단 셀

$$B = \begin{pmatrix} 7 & 1 & 0 & 0 \\ 0 & 7 & 1 & 0 \\ 0 & 0 & 7 & 1 \\ 0 & 0 & 0 & 7 \end{pmatrix}$$

부터 조사하겠습니다.

요르단 표준형의 고윳값

우선 요르단 셀 B의 고윳값은 7밖에 없습니다.[100] $\boldsymbol{p} = (\alpha, 0, 0, 0)^T$가 고윳값 7의 고유벡터($B\boldsymbol{p} = 7\boldsymbol{p}$)인 것은 암산으로 알 수 있겠지요($\alpha \neq 0$). 이 외에 고유벡터는 없습니다.[101]

요르단 표준형 전체에 대해서는 예를 들어 식 (4.20)의 J라면

- 고윳값은 3(5 + 2 = 7중해)과 4와 5(3중해)

99 '응?'이라고 한 사람은 블록대각행렬의 고윳값(4.5.2절)이나 거듭제곱(1.2.9절)을 복습합니다.

100 상삼각행렬이므로 한눈에 알 수 있습니다. '응?'이라고 한 사람은 고윳값, 고유벡터의 성질(4.5.2절)을 복습합니다.

101 2장을 마스터했다면 한눈에 알 수 있습니다. $\boldsymbol{p}$가 고유벡터($B\boldsymbol{p} = 7\boldsymbol{p}$)이므로 $(B - 7I)\boldsymbol{p} = \boldsymbol{o}$임에 주의합니다. $\mathrm{rank}(B - 7I) = 3$이므로 $\mathrm{Ker}(B - 7I)$는 $4 - 3 = 1$차원밖에 없습니다. '응?'이라고 한 사람은 랭크 구하는 법(2.3.6절)을 복습. 차원 정리(2.3.3절). Ker의 정의(2.3.1절)를 복습합니다. 이 내용이 이해되지 않으면 $\boldsymbol{p} = (\alpha, \beta, \gamma, \delta)^T$로 두고, $B\boldsymbol{p} = 7\boldsymbol{p}$를 풀어 봐도 상관없습니다. 좌변이 $(7\alpha + \beta, 7\beta + \gamma, 7\gamma + \delta, 7\delta)$인데 대해 우변은 $(7\alpha, 7\beta, 7\gamma, 7\delta)$이므로 $\beta = \gamma = \delta = 0$.

- 고윳값 3의 고유벡터는 $(\alpha,0,0,0,0,\ \ \beta,0,\ \ 0,\ \ 0,0,0)^T$, 고윳값 4의 고유벡터는 $(0,0,0,0,0,$ $0,0,\ \ \gamma,\ \ 0,0,0)^T$, 고윳값 5의 고유벡터는 $(0,0,0,0,0,\ \ 0,0,\ \ 0,\ \ \delta,0,0)^T$. 여기에 $\alpha, \beta, \gamma, \delta$는 임의의 수(단, $\alpha = \beta = 0$과 $\gamma = 0$과 $\delta = 0$은 제외한다)

를 알 수 있습니다.[102] '고윳값 3은 7중해인데 선형독립인 고유벡터는 두 개 밖에 없다',[103] '고윳값 5는 3중해인데 선형독립인 고유벡터는 한 개밖에 없다'라는 '성질이 나쁜 경우(→ 4.5.4절)'가 되므로 대각화는 불가능합니다.

앞의 설명과 같이 요르단 표준형 J의 고윳값, 고유벡터는 한 눈에 알 수 있습니다. 정리하면

- 대각성분이 고윳값 λ
- 대각성분의 λ 개수가 고윳값 λ가 몇 중해인지(**대수적 중복도**)에 대응
- 대각성분이 λ인 요르단 셀의 개수가 고윳값 λ에 선형독립인 고유벡터 개수(**기하적 중복도**)에 대응

하므로 A가 요르단 표준형으로 변환되면 A의 고윳값, 고유벡터가 어떻게 되어 있는지도 알 수 있습니다.[104]

특히 고윳값에 중해가 없을 경우 요르단 표준형은 대각행렬이 될 수밖에 없습니다. 즉,

- 고윳값에 중해가 없으면 대각화할 수 있다

4.4.2절 '좋은 변환을 구하는 법'에서 나온 주장 'n차 정방행렬 A가 n개의 다른 고윳값을 지니면 A는 대각화 가능'에도 부합합니다.[105] 단, 고윳값에 중해가 있어도 대각화할 수 있는 경우가 있으므로 오해하지 말아 주십시오. 중해가 있어도 대수적 중복도와 기하적 중복도가 일치하면 대각화 가 가능합니다. 이 경우 요르단 셀의 크기가 모두 1(즉, 대각행렬)이기 때문입니다.

---

102 고윳값 3의 고유벡터에 어리둥절한 사람은 4.5.2절 '고윳값, 고유벡터의 성질(특히 같은 고윳값의 고유벡터 합도 고유벡터가 되는 것)'이나 4.5.4절 '고유벡터의 계산'을 복습합니다.

103 예를 들어 $(1,0,0,0,0,\ \ 0,0,\ \ 0,\ \ 0,0,0)^T$와 $(0,0,0,0,0,\ \ 1,0,\ \ 0,\ \ 0,0,0)^T$. 요약하면 '$\boldsymbol{p}$의 방정식 $(J-3I)\boldsymbol{p} = o$을 푸시오' 또는 '$\mathrm{Ker}(J-3I)$의 기저를 구하시오'입니다. 잘 이해되지 않는 사람은 2장을 복습합니다.

104 '응?'이라고 한 사람은 4.5.2절의 '닮음변환에서 고윳값은 변하지 않는다'를 복습합니다. 구체적인 계산보다 이론적인 고찰을 위해서 이해해 주십시오(구체적인 계산에서는 A에 대응하는 요르단 표준형을 구하는 준비로 A의 고윳값, 고유벡터가 필요하므로 이야기가 역순이 됩니다).

105 n차 정방행렬 A에 대해 'A의 고윳값에 중해가 없다'와 'A가 n개의 다른 고윳값을 지닌다'는 같은 말이네요. 4.5.3절 '고윳값의 계산: 특성방정식'도 참조해 주십시오.

요르단 표준형의 거듭제곱

다음으로 요르단 표준형의 거듭제곱을 관찰해봅시다. 우선 요르단 셀의 거듭제곱부터. 요르단 셀 B의 거듭제곱은 평범하게 계산해도 괜찮습니다만,

$$B = 7I + Z$$

$$Z = \begin{pmatrix} 0 & 1 & 0 & 0 \\ 0 & 0 & 1 & 0 \\ 0 & 0 & 0 & 1 \\ 0 & 0 & 0 & 0 \end{pmatrix}$$

와 같이 분해해 두면 계산할 때 예측하기 쉽습니다. 특징은 Z가 '왼쪽에 곱하면 1행 밀기', '오른쪽에 곱하면 1열 밀기'라는 작용을 하는 것입니다.[106] 즉,

$$\begin{pmatrix} 0 & 1 & 0 & 0 \\ 0 & 0 & 1 & 0 \\ 0 & 0 & 0 & 1 \\ 0 & 0 & 0 & 0 \end{pmatrix} \begin{pmatrix} 가 \\ 나 \\ 다 \\ 라 \end{pmatrix} = \begin{pmatrix} 나 \\ 다 \\ 라 \\ 0 \end{pmatrix}$$

$$\begin{pmatrix} 가 & 갸 & 거 & 겨 \\ 나 & 냐 & 너 & 녀 \\ 다 & 댜 & 더 & 뎌 \\ 라 & 랴 & 러 & 려 \end{pmatrix} \begin{pmatrix} 0 & 1 & 0 & 0 \\ 0 & 0 & 1 & 0 \\ 0 & 0 & 0 & 1 \\ 0 & 0 & 0 & 0 \end{pmatrix} = \begin{pmatrix} 0 & 가 & 갸 & 거 \\ 0 & 나 & 냐 & 너 \\ 0 & 다 & 댜 & 더 \\ 0 & 라 & 랴 & 러 \end{pmatrix}$$

라는 모양입니다.

이 성질을 사용하면 Z의 거듭제곱은 간단합니다.

$$Z^2 = \begin{pmatrix} 0 & 0 & 1 & 0 \\ 0 & 0 & 0 & 1 \\ 0 & 0 & 0 & 0 \\ 0 & 0 & 0 & 0 \end{pmatrix}, \quad Z^3 = \begin{pmatrix} 0 & 0 & 0 & 1 \\ 0 & 0 & 0 & 0 \\ 0 & 0 & 0 & 0 \\ 0 & 0 & 0 & 0 \end{pmatrix}, \quad Z^4 = Z^5 = \cdots = O$$

과 같은 식으로 2제곱, 3제곱……으로 늘릴 때마다 1의 위치가 오른쪽 위로 밀리는 것을 알 수 있습니다.

여기까지 확인하면 $B^2 = (7I + Z)^2 = 7^2 I + 2 \cdot 7Z + Z^2$에서

$$B^2 = \begin{pmatrix} 7^2 & 2 \cdot 7 & 1 & 0 \\ 0 & 7^2 & 2 \cdot 7 & 1 \\ 0 & 0 & 7^2 & 2 \cdot 7 \\ 0 & 0 & 0 & 7^2 \end{pmatrix}$$

---

106 이런 것은 외우지 않아도 됩니다. 생각하면 바로 알 수 있으니까요.

$B^3 = (7I + Z)^3 = 7^3I + 3 \cdot 7^2Z + 3 \cdot 7Z^2 + Z^3$에서

$$B^3 = \begin{pmatrix} 7^3 & 3\cdot7^2 & 3\cdot7 & 1 \\ 0 & 7^3 & 3\cdot7^2 & 3\cdot7 \\ 0 & 0 & 7^3 & 3\cdot7^2 \\ 0 & 0 & 0 & 7^3 \end{pmatrix}$$

$B^4 = (7I + Z)^4 = 7^4I + 4 \cdot 7^3Z + 6 \cdot 7^2Z^2 + 4 \cdot 7Z^3 + Z^4$에서($Z^4 = O$도 떠올려)

$$B^4 = \begin{pmatrix} 7^4 & 4\cdot7^3 & 6\cdot7^2 & 4\cdot7 \\ 0 & 7^4 & 4\cdot7^3 & 6\cdot7^2 \\ 0 & 0 & 7^4 & 4\cdot7^3 \\ 0 & 0 & 0 & 7^4 \end{pmatrix}$$

좀 더 큰 t제곱에서도 $B^t(7I + Z)^t = 7^tI + t7^{t-1}Z + {}_tC_2 \cdot 7^{t-2}Z^2 + {}_tC_3 \cdot 7^{t-3}Z^3 + {}_tC_4 \cdot 7^{t-4}Z^4 + \cdots$ $+ {}_tC_{t-2} \cdot 7^2Z^{t-2} + t \cdot 7Z^{t-1} + Z^t$에서($Z^4 = Z^5 = Z^6 = \cdots = O$도 떠올려)

$$B^t = \begin{pmatrix} 7^t & t\cdot7^{t-1} & {}_tC_2\cdot7^{t-2} & {}_tC_3\cdot7^{t-3} \\ 0 & 7^t & t\cdot7^{t-1} & {}_tC_2\cdot7^{t-2} \\ 0 & 0 & 7^t & t\cdot7^{t-1} \\ 0 & 0 & 0 & 7^t \end{pmatrix}$$

도 구해집니다($t = 1, 2, \ldots$).

4.28 ${}_tC_s$란 뭐였죠?

'이항랭크'나 '조합'이라고 부르는 수입니다. 의미는 't개의 다른 것에서 순서를 신경 쓰지 않고 s개를 고르는 조합이 몇 가지 있는가'. 예를 들어 '가, 나, 다, 라, 네 문자에서 순서를 신경 쓰지 않고 두 문자를 고른다'라면 가나, 가다, 가라, 나다, 나라, 다라, 총 여섯 가지입니다. 즉, ${}_4C_2 = 6$입니다. ${}_tC_s$의 값은 계승[107]을 사용하여

$${}_tC_s = \frac{t!}{s!(t-s)!}$$

로 나타냅니다.[108] 특히 ${}_tC_0 = {}_tC_t = 1$, ${}_tC_1 = {}_tC_{t-1} = t$.

---

107 $7! = 7 \cdot 6 \cdot 5 \cdot 4 \cdot 3 \cdot 2 \cdot 1$이라는 모양. 또한, $0! = 1$이라고 약속합니다.

108 순서를 신경 쓰고 고르는 조합(순열, permutation)이 ${}_tP_s = t(t-1)(t-2) \cdots (t-s+1) = t!/(t-s)!$가지($\because$ 첫 번째는 t가지, 두 번째는 그 나머지에서 고르므로 $(t-2)$가지. 그 중에 '순서가 다른 것뿐이고, 고른 물건은 같다'인 선택법이 $s!$가지씩 있으므로 ${}_tC_s = {}_tP_s/s!$.

본문에서는 ${}_tC_s$에 관련된 중요한 정리, **이항정리**를 사용하고 있습니다.

$$(x+y)^t = {}_tC_0x^t + {}_tC_1x^{t-1}y + {}_tC_2x^{t-2}y^2 + \cdots + {}_tC_{t-1}xy^{t-1} + {}_tC_ty^t$$
$$= x^t + tx^{t-1}y + \frac{t(t-1)}{2}x^{t-2}y^2 + \cdots + txy^{t-1} + y^t$$

이 등식은 $t = 1, 2, \ldots$에 대해 성립합니다.[109]

4.29 ${}_tC_s$를 계산하는 좋은 방법은 없나요?

계산한다면 다음과 같이 파스칼의 삼각형을 쓰는 것이 좋겠지요.

$$\begin{array}{ccccccccc} & & & 1 & & 1 & & & \\ & & 1 & & 2 & & 1 & & \\ & \underline{1} & & \underline{3} & & 3 & & 1 & \\ 1 & & \boxed{4} & & 6 & & 4 & & 1 \end{array} = \begin{array}{ccccccccc} & & & {}_1C_0 & & {}_1C_1 & & & \\ & & {}_2C_0 & & {}_2C_1 & & {}_2C_2 & & \\ & {}_3C_0 & & {}_3C_1 & & {}_3C_2 & & {}_3C_3 & \\ {}_4C_0 & & {}_4C_1 & & {}_4C_2 & & {}_4C_3 & & {}_4C_4 \end{array}$$

$\underline{1} + \underline{3} = \boxed{4}$와 같이 왼쪽 위의 수와 오른쪽 위의 수를 더한 답을 아래에 써 가는 것이 파스칼의 삼각형이라는 그림입니다. 그림에서 ${}_4C_1 = 4$나 ${}_4C_2 = 6$을 읽어낼 수 있습니다.

이 그림으로 어떻게 ${}_tC_s$를 구하는가, 설명은 두 가지로 하겠습니다.

[설명 1] 4.28의 이항정리에서 서술했듯이 ${}_4C_s$는 $(x+y)^4$를 전개한 경우의 x^sy^{4-s}의 랭크. 지금 $(x+y)^3 = x^3 + 3x^2y + 3xy^2 + y^3$이 계산의 끝이라면

$$(x+y)^4 = (x+y)(x+y)^3 = x(x+y)^3 + y(x+y)^3$$
$$= x(x^3 + 3x^2y + 3xy^2 + y^3) + y(x^3 + 3x^2y + 3xy^2 + y^3)$$

즉,

$$\begin{array}{cccccc} & x^4 & +3x^3y & +3x^2y^2 & +xy^3 & \\ & & +x^3y & +3x^2y^2 & +3xy^3 & +y^4 \\ \hline = & x^4 & +4x^3y & +6x^2y^2 & +4xy^3 & +y^4 \end{array}$$

이렇게 3단은 1, 3, 3, 1이, 4단은 1, 4, 6, 4, 1이 나옵니다.

109 이유는 다음과 같습니다. 예를 들어 $(x+y)^5$을 전개하면 $xyyxy$나 $yyyxy$와 같은 'x, y로 이루어진 다섯 문자의 문자열'항이 전 패턴에 한 번씩 나옵니다. 그 안에 'x가 3번이고 y가 2번'인 것이 몇 개였느냐는 '다섯 가지 위치 중 y가 나오는 두 위치를 고르는 것이 몇 가지 있는가'와 같습니다. 그러므로 x^3y^2의 랭크는 ${}_5C_2$입니다.

[설명 2] 핵심을 요약하면 ${}_tC_s = {}_{t-1}C_{s-1} + {}_{t-1}C_s$라는 공식입니다. 이 공식이 성립하는 것을 이해할 수 있으면 좋습니다. 예를 들어 $t = 4$개의 다른 문자 '가, 나, 다, 라'에서 $s = 2$개를(순서를 신경 쓰지 않고) 고르는 경우를 생각해봅시다. 선택하는 방법은 ${}_4C_2$가지입니다만, 가를 고르는 경우와 고르지 않는 경우로 나누어 세기로 합니다. 가를 고르는 경우, 나머지는 $t - 1 = 3$개의 문자 '나, 다, 라' 중에서 $s - 1 = 1$개를 골라야 합니다(고르는 방법은 ${}_3C_1$가지). 가를 고르지 않는 경우, 가를 제외한 $t - 1 = 3$개의 문자 '나, 다, 라' 중에서 $s = 2$개를 골라야 합니다(고르는 방법은 ${}_3C_2$가지). 따라서 그 합계는 ${}_4C_2 = {}_3C_1 + {}_3C_2$입니다.

따라서 대각성분이 λ인 요르단 셀 B에 대해 B^t를 계산하면 ${}_tC_s\lambda^{t-s}$ 항이 나타납니다(단, $s > t$인 경우는 ${}_tC_s\lambda^{t-s} = 0$으로 간주하고, $\lambda^0 = 1$이라 간주하기로 합니다. 이것은 간단한 표기를 위한 이 책에서만의 약속입니다. 1.21절 참조). 좀 더 멋을 내보면 다음과 같이 말할 수도 있습니다.

$f(\lambda) = \lambda^t$로 두고, f를 λ로 s회 미분한 식을

$$f^{(s)}(\lambda) = \frac{d^s}{d\lambda^s} f(\lambda)$$

로 두면 크기 m의 요르단 셀

$$B = \begin{pmatrix} \lambda & 1 & & \\ & \ddots & \ddots & \\ & & \ddots & 1 \\ & & & \lambda \end{pmatrix}$$

의 t제곱은

$$\begin{pmatrix} f(\lambda) & f^{(1)}(\lambda) & \frac{1}{2}f^{(2)}(\lambda) & \frac{1}{3!}f^{(3)}(\lambda) & \cdots & \frac{1}{(m-1)!}f^{(m-1)}(\lambda) \\ & f(\lambda) & f^{(1)}(\lambda) & \frac{1}{2}f^{(2)}(\lambda) & \cdots & \frac{1}{(m-2)!}f^{(m-2)}(\lambda) \\ & & \ddots & \ddots & \ddots & \vdots \\ & & & \ddots & \ddots & \frac{1}{2}f^{(2)}(\lambda) \\ & & & & \ddots & f^{(1)}(\lambda) \\ & & & & & f(\lambda) \end{pmatrix} \tag{4.21}$$

이유는 $f^{(s)}(\lambda) = t(t-1) \cdots (t-s+1)\lambda^{t-s}$이기 때문입니다. 4.28의 ${}_tC_s$ 정의와 비교하여 $\frac{1}{s!}f^{(s)}(\lambda) = {}_tC_s\lambda^{t-s}$를 확인해 주십시오.[110]

---

110 테일러 전개를 배운 사람이라면 여기에 나오는 $\frac{1}{s!}f^{(s)}(\lambda)$을 본 기억이 있겠지요. **테일러 전개** $f(x) = f(\lambda) + f^{(1)}(\lambda)(x-\lambda) + \frac{1}{2}f^{(2)}(\lambda)(x-\lambda)^2 + \frac{1}{3!}f^{(3)}(\lambda)(x-\lambda)^3 + \cdots$의 각 항 랭크와 같은 모양입니다.

하는 김에 같이 설명합니다. 예를 들어 $C = 3B^7 - 2B^5 + 8I$와 같은 다항식(→ 4.18)이라도 $f(\lambda) = 3\lambda^7 - 2\lambda^5 + 8$로 두면 $C =$ (4.21)입니다. B^7이나 B^5를 위와 같이 계산해두고 더했다고 생각하면 이해할 수 있겠지요. '3(λ^7의 미분) $-$ 2(λ^5의 미분) $+$ 8(1의 미분) $=$ ($3\lambda^7 - 2\lambda^5 + 8$)의 미분'인 것이 핵심입니다.

지금까지 요르단 셀을 설명했습니다. 요르단 표준형 전체에 대해서는 예를 들어 식 (4.20)의 J라면 각 요르단 셀

$$B_1 = \begin{pmatrix} 3 & 1 & 0 & 0 & 0 \\ 0 & 3 & 1 & 0 & 0 \\ 0 & 0 & 3 & 1 & 0 \\ 0 & 0 & 0 & 3 & 1 \\ 0 & 0 & 0 & 0 & 3 \end{pmatrix}, \quad B_2 = \begin{pmatrix} 3 & 1 \\ 0 & 3 \end{pmatrix}, \quad B_3 = (4), \quad B4 = \begin{pmatrix} 5 & 1 & 0 \\ 0 & 5 & 1 \\ 0 & 0 & 5 \end{pmatrix}$$

에 대해 각각 t제곱을 구해두면

$$J^t = \begin{pmatrix} B_1^t & O & O & O \\ O & B_2^t & O & O \\ O & O & B_3^t & O \\ O & O & O & B_4^t \end{pmatrix}$$

로 구해집니다.

마지막으로 요르단 표준형이 아닌 정방행렬 A의 거듭제곱 A^t는 계산할 수 있을까요? A를 요르단 표준형 J로 변환하면 전과 같이 A^t를 계산할 수 있습니다. $P^{-1}AP = J$라는 것은 $A = PJP^{-1}$이고, 그 t제곱은

$$A^t = (PJP^{-1})^t = PJ^tP^{-1}$$

입니다.[111] 우변은 계산할 수 있네요. 요르단 표준형 J의 t제곱은 위에서 했던 것처럼 계산할 수 있으니까요.

111 '응?'이라고 한 사람은 대각화 경우의 이야기(4.4.4절 '거듭제곱으로서의 해석')을 복습합니다.

4.7.4 요르단 표준형으로 초깃값 문제를 풀다(폭주 판정의 최종 결론)

4.7.2절 서두에서 설명했듯이 어떤 정방행렬 A라도 요르단 표준형으로 변환할 수 있습니다(아직 증명은 하지 않았습니다만). 즉, 어떤 $\mathbf{x}(t) = A\mathbf{x}(t-1)$나 $\frac{d}{dt}\mathbf{x}(t) = A\mathbf{x}(t)$라도 좋은 변수변환(좌표 변환)을 하면 A가 요르단 표준형이 됩니다.[112]

예를 들어

$$J = \left(\begin{array}{cc|ccc} 3 & 1 & & & \\ & 3 & & & \\ \hline & & 7 & 1 & \\ & & & 7 & 1 \\ & & & & 7 \end{array}\right) \quad \text{빈칸은 } 0$$

과 같은 요르단 표준형에서 $\mathbf{y}(t) = J\mathbf{y}(t-1)$이라는 시스템은

$$\mathbf{v}(t) = \begin{pmatrix} 3 & 1 \\ 0 & 3 \end{pmatrix} \mathbf{v}(t-1)$$

$$\mathbf{w}(t) = \begin{pmatrix} 7 & 1 & 0 \\ 0 & 7 & 1 \\ 0 & 0 & 7 \end{pmatrix} \mathbf{w}(t-1)$$

$$\mathbf{y}(t) = \left(\begin{array}{c} \mathbf{v}(t) \\ \hline \mathbf{w}(t) \end{array}\right) = \left(\begin{array}{c} y_1(t) \\ y_2(t) \\ \hline y_3(t) \\ y_4(t) \\ y_5(t) \end{array}\right)$$

와 같이 요르단 셀마다 서브 시스템으로 분해됩니다.[113] 분해되면

- 서브 시스템 중 하나라도 '폭주의 위험이 있다'면 전체도 '폭주의 위험이 있다'
- 서브 시스템이 모두 '폭주하지 않는다'면 전체도 '폭주하지 않는다'

로 판정할 수 있습니다.[114]

---

112 '응?'이라고 한 사람은 우선 '요르단 표준형으로의 변환'이란 의미를 확인(4.7.2절 '대각까지는 할 수 없더라도' 서두), 그리고 $P^{-1}AP$가 무엇을 의미했었는지 4.4절 '대각화할 수 있는 경우'를 복습합니다. $\mathbf{x}(t) = P\mathbf{y}(t)$로 변환하여 $\mathbf{x}(t) = A\mathbf{x}(t-1)$에 대입하면 $\mathbf{y}(t) = (P^{-1}AP)\mathbf{y}(t-1)$이란 형태가 되므로 본문과 같은 좋은 P를 고르면……이란 모양입니다.

113 요르단 표준형은 블록대각이기 때문입니다. '응?'이라고 한 사람은 1.2.9절에서 블록행렬을 복습합니다. $\mathbf{v}$의 추이와 $\mathbf{w}$의 추이가 독립인 것($\mathbf{v}$의 추이는 $\mathbf{v}$만으로 결정되고, $\mathbf{w}$는 등장하지 않습니다. $\mathbf{w}$의 추이도 마찬가지)이 포인트입니다. 덕분에 $\mathbf{v}$와 $\mathbf{w}$를 각각 별개로 조사하는 것으로 끝납니다.

114 '응?'이라고 한 사람은 이 장의 '폭주'라는 용어의 의미를 복습(4.1절 '문제 설정: 안정성')합니다.

따라서 이제부터는 요르단 셀

$$B = \begin{pmatrix} \lambda & 1 & & \\ & \ddots & \ddots & \\ & & \ddots & 1 \\ & & & \lambda \end{pmatrix}$$

에 이야기를 한정합니다. B의 크기는 $m \times m$으로 하고 $\boldsymbol{y}(t) = (y_1(t), \ldots, y_m(t))^T$로 둡시다. 주어진 $\boldsymbol{y}(0)$에 대해

- 이산시간: $\boldsymbol{y}(t) = B\boldsymbol{y}(t-1)$
- 연속시간: $\frac{d}{dt}\boldsymbol{y}(t) = B\boldsymbol{y}(t)$

를 만족시키는 $\boldsymbol{y}(t)$를 구하는 것이 목표입니다.

이산시간 시스템

이산시간 시스템 $\boldsymbol{y}(t) = \mathrm{B}\boldsymbol{y}(t-1)$에서는

$$\boldsymbol{y}(t) = B^t \boldsymbol{y}(0) \qquad (t \geq 1)$$

이므로[115] 요르단 셀의 거듭제곱(4.7.3절)을 구한 시점에서 거의 해결입니다. 식 (4.21)의 $t \to \infty$에서의 행동을 보면

- $|\lambda| > 1$이면 폭주한다.
- $|\lambda| = 1$인 경우는 B의 크기 m 나름이다.
    - $m \geq 2$이면 폭주한다.
    - $m = 1$이면 폭주하지 않는다.
- $|\lambda| < 1$이면 폭주하지 않는다.

115 '응?'이라고 한 사람은 식 (4.5)를 참고합니다.

4.30 '$t \to \infty$에서의 행동'은 그렇게 한눈에 알 수 있는 것입니까?

극한에 대한 기초 지식이 있다면 한눈에 알 수 있습니다만, 좀 더 설명하겠습니다.

다음 사실은 이미 사용했습니다(4.2절): $t \to \infty$인 경우

- $|\lambda| > 1$이면 $|\lambda^t| \to \infty$
- $|\lambda| = 1$이면 $|\lambda^t| = 1$
- $|\lambda| < 1$이면 $|\lambda^t| \to 0$

B^t의 대각성분은 위와 같이 예측할 수 있습니다. 특히 '$|\lambda| > 1$이면 폭주'는 위의 첫 번째만으로 말할 수 있습니다.[116]

$|\lambda| = 1$인 경우라면 B^t의 대각성분은 $|\lambda^t| = 1$인 그대로입니다. 그러나 비대각성분의 절댓값이

$$|t\lambda^{t-1}| = |t||\lambda|^{t-1} = |t| \to \infty$$
$$|{}_tC_2\lambda^{t-2}| = |{}_tC_2||\lambda|^{t-2} = |{}_tC_2| = \left|\frac{1}{2}t(t-1)\right| \to \infty$$
$$\vdots$$

와 같이 발산해 버리기 때문에 역시 '폭주'합니다.[117] 단, B의 크기 m이 1인 경우는 예외입니다. 이 경우 $\mathbf{y}(t)$ 성분은 유한값에 머무르므로 '폭주하지 않습니다.'[118]

남는 것은 $|\lambda| < 1$인 경우입니다. '지수함수는 다항식보다 세다'라는 이야기를 들은 적이 있나요? $|\lambda| < 1$인 경우는 $t \to \infty$에서

$$t\lambda^t \to 0$$
$$t^2\lambda^t \to 0$$
$$t^3\lambda^t \to 0$$
$$\vdots$$

이 성립합니다. 다음 그림과 같이 t^2이나 t^3이 커지는 속도보다 $a^t (a > 0)$이 커지는 속도가 훨씬 더 빠르기 때문입니다($|\lambda| = 1/a$로 두면 $t \to \infty$에서 $|t^k \lambda^t| = t^k/a^t \to 0$).

116 예를 들어 $\mathbf{y}(0) = (\alpha, 0, ..., 0)^T$에서 시작하면 $|y_1(t)| = |\alpha\lambda^t| \to \infty$로 발산합니다($\alpha \neq 0$).

117 예를 들어 $\mathbf{y}(0) = (0, \alpha, 0, ..., 0)^T$에서 시작하면 $|y_1(t)| = |\alpha t| \to \infty$로 발산합니다($\alpha \neq 0$).

118 이 경우 비대각성분이라는 것은 없고, $y_1(t) = \lambda^t y_1(0)$이란 것뿐이므로 성분의 절댓값은 $|y_1(t)| = |\lambda^t y_1(0)| = |\lambda|^t |y_1(0)| = |y_1(0)|$으로 일정합니다.

▼ 그림 4-15 $t \to \infty$인 경우 t^k이 커지는 것보다 a^t이 커지는 것이 훨씬 빠르다($a > 1$)

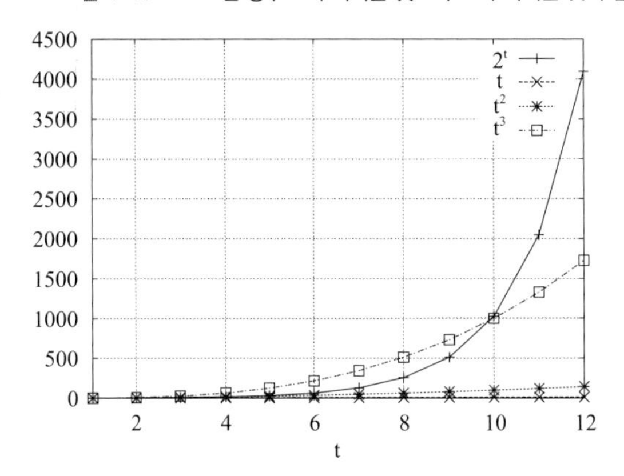

따라서 B^t의 성분은 모두 0으로 수렴합니다.[119] 그렇다는 것은 어떤 $\boldsymbol{y}(0)$에서 시작해도 $\boldsymbol{y}(t) \to \boldsymbol{o}$이고, '폭주하지 않습니다.'

각 셀에 대한 지금까지의 판정을 합쳐보면 요르단 표준형 J 전체에 대한 $\boldsymbol{y}(t) = J\boldsymbol{y}(t-1)$의 폭주 판정은 4.7.4절의 서두에서 설명한 그대로입니다. J의 각 요르단 셀에 대해서 폭주 판정을 하여 하나라도 폭주하는 경우가 'J 자신도 폭주'였지요.

좀 더 구체적으로 말하면 다음과 같습니다.

- 대각성분 λ가 $|\lambda| > 1$인 요르단 셀이 하나라도 있으면 '폭주'
- 그렇지 않더라도 $|\lambda| = 1$인 동시에 크기 2이상인 요르단 셀이 하나라도 있으면 '폭주'
- 어느 쪽도 아니라면 '폭주하지 않는다'

마지막으로 (요르단 표준형이 아닌) 일반 정방행렬 A에 대해 $\boldsymbol{x}(t) = A\boldsymbol{x}(t-1)$의 폭주 판정을 정리해둡시다.[120] 대부분 A의 고윳값 λ을 보는 것만으로 판정할 수 있습니다.

---

119 예를 들어 ${}_tC_2\lambda^{t-2} = \frac{1}{2}t(t-1)\lambda^t / \lambda^2 = \frac{1}{2\lambda^2}(t^2\lambda^t - t\lambda^t) =$(정수)(0에 수렴 − 0에 수렴) → 0.

120 대략 다음과 같은 절차로 A의 고윳값에서 폭주를 판정합니다.

1. 어떤 정방행렬 A라도 요르단 표준형 J로 변환할 수 있다($P^{-1}AP = J$).
2. 이때 $\boldsymbol{y}(t) = J\boldsymbol{y}(t-1)$의 폭주와 원래 $\boldsymbol{x}(t) = A\boldsymbol{x}(t-1)$의 폭주는 동치($\because\ \boldsymbol{x} = P\boldsymbol{y}$). 그러므로 J에 대해서 폭주 판정을 한다.
3. J가 폭주인지 아닌지는 기본적으로 고윳값 나름이다.
4. J의 고윳값은 A의 고윳값과 일치(4.5.2절 '고윳값, 고유벡터의 성질')한다.

- $|\lambda| > 1$인 고윳값 λ를 하나라도 지니면 '폭주'
- 모든 고윳값 λ이 $|\lambda| < 1$이면 '폭주하지 않는다'
- 모든 고윳값 λ이 $|\lambda| \le 1$이지만, $|\lambda| = 1$이란 아슬아슬한 고윳값도 있는 경우: 고윳값만으로는 판정할 수 없다.
  - 다음 조건을 모두 만족시키는 고윳값 λ이 하나라도 있으면 '폭주'한다.
    1. $|\lambda| = 1$
    2. 고윳값 λ은 k중해$(k \ge 2)$[121]
    3. 고윳값 λ에 대응하는 고유벡터에서 선형독립인 것을 k개 취할 수 없다.[122]
  - 그렇지 않으면 '폭주하지 않는다'. 예를 들어 $|\lambda| = 1$의 고윳값 λ에 중해가 하나도 없는 경우는 '폭주하지 않는다'.

연속시간 시스템

연속시간의 경우도 요르단 셀 B의

$$\frac{d}{dt}\boldsymbol{y}(t) = B\boldsymbol{y}(t)$$

에서 시작합시다. 분해하면

$$\begin{aligned}\frac{d}{dt}y_1(t) &= \lambda y_1(t) + y_2(t)\\ &\vdots\\ \frac{d}{dt}y_{m-1}(t) &= \lambda y_{m-1}(t) + y_m(t)\\ \frac{d}{dt}y_m(t) &= \lambda y_m(t)\end{aligned}$$

입니다. 마지막 식은 이미 잘 알고 있는 식으로

$$y_m(t) = y_m(0)e^{\lambda t}$$

121 고윳값의 계산법(4.5.3절) 참조. 특히 각주 69의 '대수적 중복도'.

122 이것은 '고윳값 λ에 대응하는 요르단 셀이고 크기가 2이상인 것이 있다'라는 조건과 동치입니다. 왜냐하면, A를 요르단 표준형으로 변환한 경우

- 대각성분에는 λ가 k개 있을 것($\because$ λ는 중해)
- 그런데 λ에 대응하는 요르단 셀은 k개도 없다(요르단 셀 한 개에 대해 독립인 고유벡터가 한 개 취해질 것).

로 풀 수 있지요. 풀린 $y_m(t)$를 하나 앞의 식에 대입하면

$$\frac{d}{dt} y_{m-1}(t) = \lambda y_{m-1}(t) + y_m(0) e^{\lambda t}$$

이 됩니다. 사실 이 미분방정식의 해는

$$y_{m-1}(t) = \left(y_m(0) t + y_{m-1}(0) \right) e^{\lambda t}$$

입니다(부록 D.2 참고). 대입하여 확인해 보십시오.[123] 여기까지 이해가 된다면 또 그 앞의 식은

$$\frac{d}{dt} y_{m-2}(t) = \lambda y_{m-2}(t) + \left(y_m(0) t + y_{m-1}(0) \right) e^{\lambda t}$$

이 되어 해는

$$y_{m-2}(t) = \left(\frac{1}{2} y_m(0) t^2 + y_{m-1}(0) t + y_{m-2}(0) \right) e^{\lambda t}$$

입니다. 이것도 대입하여 확인해 주십시오. 다음은

$$\frac{d}{dt} y_{m-3}(t) = \lambda y_{m-3}(t) + \left(\frac{1}{2} y_m(0) t^2 + y_{m-1}(0) t + y_{m-2}(0) \right) e^{\lambda t}$$

이고, 해는

$$y_{m-3}(t) = \left(\frac{1}{3 \cdot 2} y_m(0) t^3 + \frac{1}{2} y_{m-1}(0) t^2 + y_{m-2}(0) t + y_{m-3}(0) \right) e^{\lambda t}$$

입니다. 이런 모양이 이어집니다. 해는 정리하여 다음과 같이 쓸 수 있습니다(m = 6의 예).

$$\begin{pmatrix} y_1(t) \\ y_2(t) \\ y_3(t) \\ y_4(t) \\ y_5(t) \\ y_6(t) \end{pmatrix} = e^{\lambda t} \begin{pmatrix} 1 & t & \frac{1}{2}t^2 & \frac{1}{3!}t^3 & \frac{1}{4!}t^4 & \frac{1}{5!}t^5 \\ & 1 & t & \frac{1}{2}t^2 & \frac{1}{3!}t^3 & \frac{1}{4!}t^4 \\ & & 1 & t & \frac{1}{2}t^2 & \frac{1}{3!}t^3 \\ & & & 1 & t & \frac{1}{2}t^2 \\ & & & & 1 & t \\ & & & & & 1 \end{pmatrix} \begin{pmatrix} y_1(0) \\ y_2(0) \\ y_3(0) \\ y_4(0) \\ y_5(0) \\ y_6(0) \end{pmatrix} \quad \text{행렬의 빈칸은 0} \qquad (4.22)$$

123 $\frac{d}{dt} y_{m-1}(t) = \frac{d}{dt} \left\{ (\cdots) e^{\lambda t} \right\} = \left\{ \frac{d}{dt} (\cdots) \right\} e^{\lambda t} + (\cdots) \left\{ \frac{d}{dt} e^{\lambda t} \right\}$와 같이 '곱의 미분'으로 보고 계산하는 것을 추천합니다. 이전 항이 $y_m(0)e^{\lambda t}$, 뒷 항이 $\lambda y_{m-1}(t)$로 일치합니다.

$t \to \infty$의 극한으로 시스템이 발산하는가 수렴하는가는 역시 λ나름입니다. λ가 실수인 경우로 말하면 $\lambda > 0$이면 발산,[124] $\lambda < 0$이면 수렴[125]입니다. λ가 복소수인 경우도 생각하면 $\mathrm{Re}\,\lambda > 0$이면 발산, $\mathrm{Re}\,\lambda < 0$이면 수렴입니다(부록 B). $\mathrm{Re}\,\lambda = 0$이란 아슬아슬한 경우 B^t의 대각성분의 절댓값은 $|e^{\lambda t}| = 1$로 일정한 값 그대로입니다만, 비대각성분이 $|te^{\lambda t}| = |t||e^{\lambda t}| = t \to \infty$와 같이 발산해 버립니다. 이 때문에 $\mathrm{Re}\,\lambda = 0$인 경우도 역시 발산합니다.[126] 단, B의 크기 m이 1인 경우는 예외입니다('비대각성분'이 없으므로). 정리하면 요르단 셀 B에 대한 $\frac{d}{dt}\boldsymbol{y}(t) = B\boldsymbol{y}(t)$의 폭주 판정은,

- $\mathrm{Re}\,\lambda > 0$이면 폭주한다.
- $\mathrm{Re}\,\lambda = 0$인 경우는 B의 크기 m나름이다.
  - $m \geq 2$이면 폭주한다.
  - $m = 1$이면 폭주하지 않는다.
- $\mathrm{Re}\,\lambda < 0$이면 폭주하지 않는다.

뒤의 절차는 이산시간의 경우와 같습니다. 요르단 표준형 J에 대한 $\frac{d}{dt}\boldsymbol{y}(t) = J\boldsymbol{y}(t)$의 폭주 판정은,

- 대각성분 λ이 $\mathrm{Re}\,\lambda > 0$인 요르단 셀이 하나라도 있으면 폭주한다.
- 그렇지 않더라도 $\mathrm{Re}\,\lambda = 0$인 동시에 크기 2 이상인 요르단 셀이 하나라도 있으면 폭주한다.
- 어느 쪽도 아니라면 폭주하지 않는다.

(요르단 표준형이 아닌) 일반 정방행렬 A에 대한 $\frac{d}{dt}\boldsymbol{x}(t) = A\boldsymbol{x}(t)$의 폭주판정은 다음과 같습니다.

- $\mathrm{Re}\,\lambda > 0$인 고윳값 λ이 하나라도 있으면 폭주한다.
- 모든 고윳값 λ이 $\mathrm{Re}\,\lambda < 0$이면 폭주하지 않는다.
- 모든 고윳값 λ이 $\mathrm{Re}\,\lambda \leq 0$이지만, $\mathrm{Re}\,\lambda = 0$이라는 아슬아슬한 경우도 있는 경우는 고윳값만으로 판정할 수 없다.
  - 다음 조건을 모두 만족시키는 고윳값 λ가 하나라도 있으면 폭주한다.

124 $\boldsymbol{y}(0) = \boldsymbol{o}$이 아닌 한

125 u/e^u, u^2/e^u, u^3/e^u 등은 $u \to \infty$에서 0으로 수렴했습니다(그림 4-15). 예를 들어 $\lambda = -3$이면 $u = 3t$로 두면 $te^{-3t} = t/e^{3t} = \frac{1}{3}u/e^u \to 0$. 이와 같이 B^t의 모든 성분이 0으로 수렴합니다.

126 $\boldsymbol{y}(0) = (\alpha, 0, \ldots, 0)^T$이 아닌 한($\alpha$는 임의의 수).

1. Re $\lambda = 0$

2. 고윳값 λ는 k중해($k \geq 2$)

3. 고윳값 λ에 대응하는 고유벡터에서 선형독립인 것을 k개 취할 수 없다.

- 그렇지 않으면 폭주하지 않는다. 예를 들어 Re $\lambda = 0$인 고윳값 λ에 중해가 하나도 없는 경우는 폭주하지 않는다.

4.31 식 (4.22)의 특징을 가진 행렬은 뭔가요?

식 (4.22)에서 $\boldsymbol{y}(0)$에 곱하는 것을 e^{tB}(또는 $\exp(tB)$)라는 기법으로 나타내고, **행렬의 지수함수**라고 합니다.

$$B = \begin{pmatrix} \lambda & 1 & & & & \\ & \lambda & 1 & & & \\ & & \lambda & 1 & & \\ & & & \lambda & 1 & \\ & & & & \lambda & 1 \\ & & & & & \lambda \end{pmatrix} \text{에 대해}$$

$$e^{tB} = e^{\lambda t} \begin{pmatrix} 1 & t & \frac{1}{2}t^2 & \frac{1}{3!}t^3 & \frac{1}{4!}t^4 & \frac{1}{5!}t^5 \\ & 1 & t & \frac{1}{2}t^2 & \frac{1}{3!}t^3 & \frac{1}{4!}t^4 \\ & & 1 & t & \frac{1}{2}t^2 & \frac{1}{3!}t^3 \\ & & & 1 & t & \frac{1}{2}t^2 \\ & & & & 1 & t \\ & & & & & 1 \end{pmatrix}$$

'수 e의 행렬 tB제곱'과 같이 영문을 알 수 없는 기법입니다만, 이 기법을 사용하는 이유는 지수함수와 '공통의 성질'을 지니기 때문입니다.

수 e^{tb}	행렬 e^{tB}
$dy/dt = by$의 해가 $y(t) = e^{tb}y(0)$	$d\boldsymbol{y}/dt = B\boldsymbol{y}$의 해가 $\boldsymbol{y}(t) = e^{tB}\boldsymbol{y}(0)$
수 s, t에 대해 $e^{(s+t)b} = e^{sb}e^{tb}$	수 s, t에 대해 $e^{(s+t)B} = e^{sB}e^{tB}$
$e^{tb} = 1 + tb + \frac{t^2b^2}{2} + \frac{t^3b^3}{3!} + \frac{t^4b^4}{4!} + \cdots$	$e^{tB} = I + tB + \frac{t^2B^2}{2} + \frac{t^3B^3}{3!} + \frac{t^4B^4}{4!} + \cdots$

이상은 요르단 셀 B에 대한 e^{tB}의 설명입니다. 일반 정방행렬 A에 대해서는

$$e^{tA} = I + tA + \frac{t^2A^2}{2} + \frac{t^3A^3}{3!} + \frac{t^4A^4}{4!} + \cdots$$

으로 정의됩니다. 위에 든 '공통의 성질'은 이 e^{tA}에서도 성립합니다.

단, 크기가 같은 정방행렬 A, A'라도 일반적으로는 $e^{t(A+A')}$와 $e^{tA}e^{tA'}$는 일치하지 않습니다. $e^{t(A+A')}$는 A와 A'를 교체해도 결과가 같지만, $e^{tA}e^{tA'}$는 A와 A'를 교체하면 결과가 바뀌어 버리기 때문입니다. $AA' \neq A'A$가 근본 요인입니다.[127] 이 점은 일반적인 수에 대한 지수함수와 다릅니다.

4.7.5 요르단 표준형 구하는 법

앞 절에서는 '어떤 정방행렬도 요르단 표준형으로 변환할 수 있다'라는 사실을 확인하며 폭주 판정을 해결했습니다. 여기서부터는 요르단 표준형에서 보류해 두었던 '구하는 법', '변환 가능성의 증명'을 이야기하겠습니다.

가령 구했다면

'가령 구했다면 어떤 성질을 지닐 것인가'를 살펴보면서 요르단 표준형 구하는 법을 생각해보겠습니다. 예를 들어 11차 정방행렬 A와 크기가 같은 좋은 정칙행렬 P를 골라

$$P^{-1}AP = J = \left(\begin{array}{ccccc|cc|c|ccc}
3 & 1 & & & & & & & & & \\
 & 3 & 1 & & & & & & & & \\
 & & 3 & 1 & & & & & & & \\
 & & & 3 & 1 & & & & & & \\
 & & & & 3 & & & & & & \\
\hline
 & & & & & 3 & 1 & & & & \\
 & & & & & & 3 & & & & \\
\hline
 & & & & & & & 4 & & & \\
\hline
 & & & & & & & & 5 & 1 & \\
 & & & & & & & & & 5 & 1 \\
 & & & & & & & & & & 5
\end{array}\right) \quad \text{빈칸은 } 0 \qquad (4.23)$$

이 되었다고 합시다. A, P, J의 사이에는 어떤 관련이 있을까요?[128]

$P^{-1}AP = J$는 왼쪽에 P를 곱하면 $AP = PJ$라는 의미입니다. $P = (\boldsymbol{p}_1, \ldots, \boldsymbol{p}_{11})$과 같이 열벡터에 단락을 짓고 $A(\boldsymbol{p}_1, \ldots, \boldsymbol{p}_{11}) = (\boldsymbol{p}_1, \ldots, \boldsymbol{p}_{11})J$를 분해하여 쓰면[129]

---

127 만약 우연히 $AA' = A'A$라면 $e^{t(A+A')}$와 $e^{tA}e^{tA'}$가 성립합니다.

128 복습: 대각화가 가능한 경우라면 $P^{-1}AP = \mathrm{diag}(\lambda_1, \ldots, \lambda_n)$인 경우 $P = (\boldsymbol{p}_1, \ldots, \boldsymbol{p}_n)$의 각 열벡터 $\boldsymbol{p}_k$는 A의 고유벡터(고윳값 λ_k)였습니다(4.4.2절 '좋은 변환 구하는 법'). 이것이 어떻게 확장되는 것일까요?

129 '응?'이라고 한 사람은 블록행렬(1.2.9절)을 복습합니다.

$$
\begin{array}{lllll}
A\boldsymbol{p}_1 &= 3\boldsymbol{p}_1 & \text{즉,} & (A-3I)\boldsymbol{p}_1 &= \boldsymbol{o} \\
A\boldsymbol{p}_2 &= \boldsymbol{p}_1+3\boldsymbol{p}_2 & \text{즉,} & (A-3I)\boldsymbol{p}_2 &= \boldsymbol{p}_1 \\
A\boldsymbol{p}_3 &= \boldsymbol{p}_2+3\boldsymbol{p}_3 & \text{즉,} & (A-3I)\boldsymbol{p}_3 &= \boldsymbol{p}_2 \\
A\boldsymbol{p}_4 &= \boldsymbol{p}_3+3\boldsymbol{p}_4 & \text{즉,} & (A-3I)\boldsymbol{p}_4 &= \boldsymbol{p}_3 \\
A\boldsymbol{p}_5 &= \boldsymbol{p}_4+3\boldsymbol{p}_5 & \text{즉,} & (A-3I)\boldsymbol{p}_5 &= \boldsymbol{p}_4 \\
\hline
A\boldsymbol{p}_6 &= 3\boldsymbol{p}_6 & \text{즉,} & (A-3I)\boldsymbol{p}_6 &= \boldsymbol{o} \\
A\boldsymbol{p}_7 &= \boldsymbol{p}_6+3\boldsymbol{p}_7 & \text{즉,} & (A-3I)\boldsymbol{p}_7 &= \boldsymbol{p}_6 \\
\hline
A\boldsymbol{p}_8 &= 4\boldsymbol{p}_8 & \text{즉,} & (A-4I)\boldsymbol{p}_8 &= \boldsymbol{o} \\
\hline
A\boldsymbol{p}_9 &= 5\boldsymbol{p}_9 & \text{즉,} & (A-5I)\boldsymbol{p}_9 &= \boldsymbol{o} \\
A\boldsymbol{p}_{10} &= \boldsymbol{p}_9+5\boldsymbol{p}_{10} & \text{즉,} & (A-5I)\boldsymbol{p}_{10} &= \boldsymbol{p}_9 \\
A\boldsymbol{p}_{11} &= \boldsymbol{p}_{10}+5\boldsymbol{p}_{11} & \text{즉,} & (A-5I)\boldsymbol{p}_{11} &= \boldsymbol{p}_{10}
\end{array}
\qquad (4.24)
$$

이 됩니다. 가령 '$(A-\lambda I)$를 곱하다'를 $\xleftarrow{\lambda}$로 나타내어 쓰면

$$
\begin{cases}
\boldsymbol{o} \xleftarrow{3} \boldsymbol{p}_1 \xleftarrow{3} \boldsymbol{p}_2 \xleftarrow{3} \boldsymbol{p}_3 \xleftarrow{3} \boldsymbol{p}_4 \xleftarrow{3} \boldsymbol{p}_5 \\
\boldsymbol{o} \xleftarrow{3} \boldsymbol{p}_6 \xleftarrow{3} \boldsymbol{p}_7 \\
\boldsymbol{o} \xleftarrow{4} \boldsymbol{p}_8 \\
\boldsymbol{o} \xleftarrow{5} \boldsymbol{p}_9 \xleftarrow{5} \boldsymbol{p}_{10} \xleftarrow{5} \boldsymbol{p}_{11}
\end{cases}
\qquad (4.25)
$$

이 식을 쭉 살펴봅시다.

- $(A-\lambda I)$를 반복하여 곱하면 $\boldsymbol{o}$이 된다는 벡터 계열
- λ는 요르단 셀의 대각성분에 대응
- 한 계산의 흐름이 요르단 셀 한 개와 대응. 그러므로 계열의 개수와 요르단 셀의 개수가 일치
- 계열의 길이($\boldsymbol{o}$은 세지 않고)가 요르단 셀의 크기에 대응. 그러므로 계열 길이의 합계와 A의 크기가 일치

라는 사실을 눈치챌 것입니다. 특히

- 각 계열의 좌단 $\boldsymbol{p}_1$, $\boldsymbol{p}_6$, $\boldsymbol{p}_8$, $\boldsymbol{p}_9$이 고유벡터.[130] 그러므로 요르단 셀 한 개가 고유벡터 한 개와 대응
- λ에 대응하는 계열이 l개 있으면 고윳값 λ의(선형독립인) 고유벡터가 l개 있다.[131] 지금 예에

---

130 $(A-\lambda I)\boldsymbol{p}=\boldsymbol{o}$는 전개하여 이항하면 $A\boldsymbol{p}=\lambda\boldsymbol{p}$입니다. '응?'이라고 한 사람은 고유벡터의 정의를 복습합니다(4.4.2절).

131 애초에 P가 정칙행렬이라는 전제이므로 $\boldsymbol{p}_1, \ldots, \boldsymbol{p}_{11}$이 선형독립임은 당연합니다. 그 중에서 n개 끄집어내도 선형독립입니다. 이 수 l을 고윳값 λ의 **기하적 중복도**라고 불렀습니다. 즉, λ에 대응하는 요르단 셀의 개수가 기하적 중복도이고, 요르단 셀의 개수는 '고윳값 λ의 선형독립인 고유벡터의 최대 개수'와 일치합니다.

서는 $\boldsymbol{p}_1$, $\boldsymbol{p}_6$ 두 개가 고윳값 $\lambda = 3$의 선형독립인 고유벡터

- λ에 대응하는 계열의 길이($\boldsymbol{o}$은 세지 않고)가 합계 k라면 고윳값 λ는 k중해.[132] 지금 예에서는 고윳값 $\lambda = 3$은 $5 + 2 = 7$중해

반대로 11차 정방행렬 A에서 식 (4.25)와 같은 $\boldsymbol{p}_1, \ldots, \boldsymbol{p}_{11}$을 발견하면 $AP = PJ$인 것이므로 '$P^{-1}AP = J$가 요르단 표준형이 되도록 하는 좋은 P'가 구해집니다. 따라서

1. A의 고윳값 λ를 구한다.
2. $(A - \lambda I)$를 반복하여 곱하면 $\boldsymbol{o}$이 되는 벡터 $\boldsymbol{p}$를 구한다.

라는 순서로 요르단 표준형을 구할 수 있습니다.

……라고 단정지으면 사실 거짓말입니다. 눈치채셨나요? $\boldsymbol{p}_1 = \cdots = \boldsymbol{p}_{11} = \boldsymbol{o}$와 같이 알맹이가 없는 것도 식 (4.25)라면 만족해버립니다. 위의 설명에서는 'P의 정칙성'의 확인이 쏙 빠져 있습니다. 역행렬 P^{-1}이 존재하려면 $\boldsymbol{p}_1, \ldots, \boldsymbol{p}_{11}$이 선형독립이어야 합니다.[133] 영벡터는 논외입니다. 정확히 선형독립인 $\boldsymbol{p}_1, \ldots, \boldsymbol{p}_{11}$을 찾을 수 있는 순서를 이후에 설명하겠습니다. 그런데 '$(A - \lambda I)$를 반복하여 곱하면 $\boldsymbol{o}$이 되버리는 벡터 $\boldsymbol{p}$'라고 매번 길게 말하지 말고 이름을 붙입시다. 이와 같은 $\boldsymbol{p}$를 A의 고윳값 λ에 대한 **일반화 고유벡터**라고 하겠습니다. 단, $\boldsymbol{o}$ 자신은 예외로 일반화 고유벡터라고 부르지 않습니다. 고유벡터의 경우도 그랬었지요.

4.32 일반화 고유벡터의 'λ'는 일반화 고윳값이라 하나요?

아니오. 그냥 '고윳값'으로 괜찮습니다. λ에 $(A - \lambda I)$를 h번 곱하면 처음으로 $\boldsymbol{o}$가 되는 일반화 고유벡터 $\boldsymbol{p}$가 있다고 합시다. 이 λ는 반드시 고윳값입니다. 실제로 $\boldsymbol{o}$이 되기 직전의 $\boldsymbol{q} \equiv (A - \lambda I)^{h-1}\boldsymbol{p}$가 고윳값 λ의 고유벡터가 됩니다. $(A - \lambda I)\boldsymbol{q} = \boldsymbol{o}$이므로 $A\boldsymbol{q} = \lambda\boldsymbol{q}$이고, 전제에서 $\boldsymbol{q} \neq \boldsymbol{o}$이기 때문입니다.

132 요르단 표준형은 상삼각행렬(1.3.2절 '행렬식의 성질')입니다. 그러므로 대각성분이 고윳값(4.5.2절 '고윳값, 고유벡터의 성질')입니다. 닮음변환으로 고윳값은 변하지 않으므로(동항) 요르단 표준형의 고윳값은 A 자신의 고윳값과 일치합니다. 이 k를 고윳값 λ의 대수적 중복도라고 부릅니다(→ 각주 69). 즉, λ에 대응하는 요르단 셀 크기의 합계가 대수적 중복도입니다. 기하적 중복도와 비교해 주십시오.

133 '응?'이라고 한 사람은 2.4.3절 '정칙성의 정리'를 복습합니다.

4.33 내가 들은 '일반화 고유벡터'와는 다른 것 같은데요?

같은 이름으로 불리는 다른 용어가 있으므로 주의해 주십시오. LAPACK이나 MATLAB의 '일반화 고유벡터' 루틴은 다른 용어입니다. 그 용어는 패턴인식의 기본 방법인 선형판별분석(LDA, Linear Discriminant analysis) 등에 쓰입니다.

구하는 법

계속해서 11차 정방행렬 A가 주어진 경우를 예로 하여 대표 사례를 살펴봅시다. 우선 A의 고윳값을 구해야 합니다. 그러려면 특성방정식 $\phi_A(\lambda) \equiv \det(\lambda I - A) = 0$의 해 λ를 구해야 합니다(4.5.3절). $\phi_A(\lambda) = (\lambda - 3)^7(\lambda - 4)(\lambda - 5)^3$으로 인수분해되었다고 합시다. 이 경우 고윳값은

- $\lambda = 3$ (7중해)
- $\lambda = 4$
- $\lambda = 5$ (3중해)

그 결과에서

- $\lambda = 3$에 대응하는 일반화 고유벡터 7개($\boldsymbol{p}_1, \ldots, \boldsymbol{p}_7$로 둔다)
- $\lambda = 4$에 대응하는 고유벡터[134] 1개($\boldsymbol{p}_8$로 둔다)
- $\lambda = 5$에 대응하는 일반화 고유벡터 3개($\boldsymbol{p}_9, \ldots, \boldsymbol{p}_{11}$로 둔다)

로 이루어진 계열을 찾는 것이 목표가 됩니다.

간단한 쪽부터, 우선 고윳값 $\lambda = 4$는 중해가 아니므로 그저 대응하는 고유벡터 $\boldsymbol{p}_8$을 구하면 됩니다. 만약을 위해 말해두면 '$(A - 4I)\boldsymbol{p}_8 = \boldsymbol{o}$이 되는 $\boldsymbol{p}_8 \neq \boldsymbol{o}$을 구하면 됩니다'.

다음으로 고윳값 $\lambda = 5$는 3중해이므로 가능성이 몇 개 있습니다. 만약 고윳값 5의 고유벡터(이고 선형독립인 것)를 세 개 구하면 그 세 개를 $\boldsymbol{p}_9$, $\boldsymbol{p}_{10}$, $\boldsymbol{p}_{11}$로 두면 됩니다. 그러나 여기서는 고유벡터를 한 개밖에 구할 수 없었다고 합시다. 전에 설명했듯이 '대각성분이 5인 요르단 셀이 한 개밖에 없다'라는 의미입니다. 또한, 고윳값은 3중해이므로 요르단 셀의 크기는 3일 것입니다. 따라서

134 $\lambda = 4$는 중해가 아니므로 단순한 고유벡터로 상관없습니다.

$$(A - 5I)\boldsymbol{p}_9 = \boldsymbol{o}$$

$$(A - 5I)\boldsymbol{p}_{10} = \boldsymbol{p}_9$$

$$(A - 5I)\boldsymbol{p}_{11} = \boldsymbol{p}_{10}$$

이란 $\boldsymbol{p}_9, \boldsymbol{p}_{10}, \boldsymbol{p}_{11} \neq \boldsymbol{o}$을 구해야 합니다. 이 식 세 개를 합치면 $(A - 5I)^3\boldsymbol{p}_{11} = \boldsymbol{o}$을 얻을 수 있으므로 우선 이 식을 만족시키는 $\boldsymbol{p}_{11} \neq \boldsymbol{o}$을 구하세요. 그다음에 $\boldsymbol{p}_{10} = (A - 5I)\boldsymbol{p}_{11}$과 $\boldsymbol{p}_9 = (A - 5)\boldsymbol{p}_{10}$을 구하면 완성입니다.[135]

4.34 반대 순서로 구하면 더 쉽지 않나요? $(A - 5I)p_9 = o$에서 p_9를 구하고, 그것을 대입하여 $(A - 5I)p_{10} = p_9$에서 p_{10}을 구하고, 그것을 대입하여 $(A - 5I)p_{11} = p_{10}$에서 p_{11}을 구하면 안 되나요?

(그 고윳값에 대응하는) 요르단 셀이 한 개밖에 없는 경우라면 괜찮습니다. 고유벡터가 한 가지밖에 없기 때문입니다. (정수배를 제외하고) 요르단 셀이 두 개 이상인 경우에는 '가까운 쪽부터 순서대로 구하는 방법'은 잘 되지 않습니다. 고유벡터를 구하는 여러 가지 방법 중에 '먼 쪽의 사정에 맞는 것'을 선택해야 하기 때문입니다. 이 구분을 깜빡하면 잘 되지 않기 때문에 본문에서는 언제라도 사용할 수 있는 안전한 순서를 이용했습니다.

마지막으로 고윳값 $\lambda = 3$은 7중해이고, 좀 더 가능성이 여러 가지입니다. 여기서는 고윳값 3인 고유벡터(이고 선형독립인 것)가 두 개밖에 구해지지 않았다고 합시다.[136] 고유벡터의 개수에서 요르단 셀의 개수는 두 개. 7중해이므로 요르단 셀 크기의 합계는 7. 따라서 고윳값 3에 대한 요르단 셀의 구조는

---

135 $(A - 5I)^3\boldsymbol{p}_{11} = \boldsymbol{o}$의 해는 많습니다. 절묘하게 운이 나쁜 예외를 제외하면 어느 것을 골라도 상관없습니다. 정확하게 말하면 $\boldsymbol{p}_{10}$도 $\boldsymbol{p}_9$도 $\boldsymbol{o}$이 되지 않으면 OK입니다. 만일 $\boldsymbol{p}_{10}$이나 $\boldsymbol{p}_9$이 $\boldsymbol{o}$이 되어 버린 경우는 다른 $\boldsymbol{p}_{11}$을 골라주십시오(확실한 보증을 원한다면 '지금까지 고른 것과는 선형독립이 되도록 다시 골라'주십시오. 적절한 해는 언젠가 반드시 발견됩니다).

136 몇 개까지 구해지는지(기하적 중복도)는 $\mathrm{rank}(A - 3I)$에서 알 수 있습니다. 예를 들어 $\mathrm{rank}(A - 3I) = 9$라면 차원정리(2.3.3절)에 따라서 $\dim \mathrm{Ker}(A - 3I) = 11 - 9 = 2$입니다. 그러므로 $(A - 3I)\boldsymbol{p} = \boldsymbol{o}$이 되는 $\boldsymbol{p}$로 선형독립인 것을 두 개까지 됩니다. '$(A - 3I)\boldsymbol{p} = \boldsymbol{o}$'이 '$A\boldsymbol{p} = 3\boldsymbol{p}$'라는 고윳값의 조건이 되어 있는 것은 보이시지요?

$$\left(\begin{array}{cccccc|c} 3 & 1 & & & & & \\ & 3 & 1 & & & & \\ & & 3 & 1 & & & \\ & & & 3 & 1 & & \\ & & & & 3 & 1 & \\ & & & & & 3 & \\ \hline & & & & & & 3 \end{array}\right)\left(\begin{array}{ccccc|cc} 3 & 1 & & & & & \\ & 3 & 1 & & & & \\ & & 3 & 1 & & & \\ & & & 3 & 1 & & \\ & & & & 3 & & \\ \hline & & & & & 3 & 1 \\ & & & & & & 3 \end{array}\right)\left(\begin{array}{cccc|ccc} 3 & 1 & & & & & \\ & 3 & 1 & & & & \\ & & 3 & 1 & & & \\ & & & 3 & & & \\ \hline & & & & 3 & 1 & \\ & & & & & 3 & 1 \\ & & & & & & 3 \end{array}\right)$$

중에서 하나까지 좁혀졌습니다.[137] 각각 화살표로 쓰면

$$\begin{cases} \boldsymbol{o} \xleftarrow{3} \boldsymbol{p}_1 \xleftarrow{3} \boldsymbol{p}_2 \xleftarrow{3} \boldsymbol{p}_3 \xleftarrow{3} \boldsymbol{p}_4 \xleftarrow{3} \boldsymbol{p}_5 \xleftarrow{3} p_6 \\ \boldsymbol{o} \xleftarrow{3} \boldsymbol{p}_7 \end{cases} \tag{4.26}$$

$$\begin{cases} \boldsymbol{o} \xleftarrow{3} \boldsymbol{p}_1 \xleftarrow{3} \boldsymbol{p}_2 \xleftarrow{3} \boldsymbol{p}_3 \xleftarrow{3} \boldsymbol{p}_4 \xleftarrow{3} \boldsymbol{p}_5 \\ \boldsymbol{o} \xleftarrow{3} \boldsymbol{p}_6 \xleftarrow{3} \boldsymbol{p}_7 \end{cases} \tag{4.27}$$

$$\begin{cases} \boldsymbol{o} \xleftarrow{3} \boldsymbol{p}_1 \xleftarrow{3} \boldsymbol{p}_2 \xleftarrow{3} \boldsymbol{p}_3 \xleftarrow{3} \boldsymbol{p}_4 \\ \boldsymbol{o} \xleftarrow{3} \boldsymbol{p}_5 \xleftarrow{3} \boldsymbol{p}_6 \xleftarrow{3} \boldsymbol{p}_7 \end{cases} \tag{4.28}$$

이 계열의 각 한 개가 요르단 셀 각 한 개에 대응하고, 계열의 길이가 요르단 셀 크기와 대응합니다. 또한, 이런 것도 성립합니다.

> 예를 들어 식 (4.27)과 같다고 합시다. $\boldsymbol{p}_1, \ldots, \boldsymbol{p}_7$ 중에 $(A-3I)^2\boldsymbol{p}_i = 0$이 되는(즉, 2스텝 이내에 $\boldsymbol{o}$이 되는) 것은 $\boldsymbol{p}_1, \boldsymbol{p}_2, \boldsymbol{p}_6, \boldsymbol{p}_7$ 4개. 이 4라는 개수가 $\dim \operatorname{Ker}\{(A-3I)^2\}$와 일치한다.[138]

이 사실을 사용하여 $K_i = \dim \operatorname{Ker}(A-3I)^i$를 $i = 1, 2, 3, \ldots$으로 구하면[139] 세 가지 후보 중 어느 것이 진짜인지 판정할 수 있습니다. 지금의 예라면 k_i에 따라

K_1	K_2	K_3	K_4	K_5	K_6	판정
2	3	4	5	6	7	(4.26)
2	4	5	6	7	7	(4.27)
2	4	6	7	7	7	(4.28)

137 블록의 순서는 신경쓰지 않습니다. 대각화의 경우도 그렇습니다(4.7 참고).

138 이유는 뒤의 4.7.6절을 참고. 대충 말해두면 '$(A-3I)$를 몇 번이고 곱하면 언젠가 $\boldsymbol{o}$이 되버리는 벡터 $\boldsymbol{x}$'를 모으면 선형 부분공간 $W(3)$이 생깁니다. 그리고 $(\boldsymbol{p}_1, \ldots, \boldsymbol{p}_7)$이 $W(3)$의 기저가 됩니다.

139 차원정리(2.3.3절)에 따라 $K_i = 11 - \operatorname{rank}\{(A-3I)^i\}$이므로 $(A-3I)^i$의 랭크를 구하면 K_i를 알 수 있습니다. 11은 A의 크기입니다. 또한, 이 K_i라는 기호는 dim이나 Ker처럼 '어디서도 통하는 기호'는 아닙니다. 다른 사람에게 보여 줄 답안 자료에 쓸 때는 'OO를 K_i로 해둔다'라고 미리 양해를 구해야 합니다.

이라고 판정합니다[140](4.36도 참조해 주십시오). 예를 들어 식 (4.27)이라는 것을 알았습니다. 나머지는 $\boldsymbol{p}_1$, ..., $\boldsymbol{p}_7$을 '먼 쪽부터 순서대로' 구합니다. 가장 '먼' 것은 $\boldsymbol{p}_5$이므로 방정식

$$(A - 3I)^5\boldsymbol{p}_5 = \boldsymbol{o}$$

의 해(이고 $\boldsymbol{o}$이 아닌 것)를 하나 구합니다.[141] 해는 많이 있습니다만, 절묘하게 운이 나쁜 예외를 제외하면 어느 것을 골라도 상관없습니다. 각주 135와 같습니다. 이렇게 $\boldsymbol{p}_5$가 정해지면 연달아서

$$\boldsymbol{p}_4 = (A - 3I)\boldsymbol{p}_5$$
$$\boldsymbol{p}_3 = (A - 3I)\boldsymbol{p}_4$$
$$\boldsymbol{p}_2 = (A - 3I)\boldsymbol{p}_3$$
$$\boldsymbol{p}_1 = (A - 3I)\boldsymbol{p}_2$$

도 정해집니다. $\boldsymbol{p}_4$, $\boldsymbol{p}_3$, $\boldsymbol{p}_2$, $\boldsymbol{p}_1$이 모두 $\boldsymbol{o}$이 아니라면 성공입니다. 여기서 만일 $\boldsymbol{p}_4$, ..., $\boldsymbol{p}_1$이 도중에 $\boldsymbol{o}$이 되버린 경우는 안타깝지만 '절묘하게 운이 나쁜 예외'입니다. 각주 135와 마찬가지로 $\boldsymbol{p}_5$를 다시 골라 주십시오. 이것으로 첫 번째 계열을 완성합니다.

다음으로 나머지에서 가장 먼 $\boldsymbol{p}_7$을 방정식

$$(A - 3I)^2\boldsymbol{p}_7 = \boldsymbol{o}$$

의 해(이고 $\boldsymbol{o}$이 아닌 것)로 결정합니다. 나머지는 또 연속으로 $\boldsymbol{p}_6 = (A - 3I)\boldsymbol{p}_7$라고 정해집니다. 만일 $\boldsymbol{p}_6$이 $\boldsymbol{o}$이 되거나 $\boldsymbol{p}_1$, ..., $\boldsymbol{p}_7$이 선형종속이 되는 경우는 '절묘하게 운이 나쁜 예외'이므로 $\boldsymbol{p}_7$을 다시 골라 주십시오. 이렇게 두 번째 계열도 완성합니다.

완성된 $\boldsymbol{p}_1$, ..., $\boldsymbol{p}_{11}$을 나열하여 정방행렬 $P = (\boldsymbol{p}_1, \ldots, \boldsymbol{p}_{11})$를 만들면 $P^{-1}AP$가 요르단 표준형(식 (4.23))이 됩니다.

4.35 '절묘하게 운이 나쁜 예외'란 어떤 상황입니까?

실패 예를 제시해보겠습니다. 혼란스럽지 않도록 적절하게 고른 것을 $\boldsymbol{p}_1$, ..., $\boldsymbol{p}_7$이라고 쓰고, 부적절한 것은 $\boldsymbol{p}'_7$ 등으로 쓰기도 합니다.

[실패 예 1] 맨 처음 $\boldsymbol{p}_5$를 고를 때 $\boldsymbol{p}'_5 = \boldsymbol{p}_2$ 등을 취하면 '절묘하게 운이 나쁜 예외'입니다. 확실히 $(A - 3I)^5\boldsymbol{p}'_5 = \boldsymbol{o}$은 만족시키지만, $\boldsymbol{p}'_5$부터 $\boldsymbol{p}'_4 = (A - 3I)\boldsymbol{p}'_5$, $\boldsymbol{p}'_3 = (A - 3I)\boldsymbol{p}'_4$ 등으로 계속 정하면 도중에 $\boldsymbol{p}'_3 = \boldsymbol{o}$이 됩니다.

140 K_1, ..., K_6을 전부 구할 필요는 없습니다. 어느 경우인지 판정이 나면 충분합니다.

141 식 (4.27)을 눈여겨보면 $\boldsymbol{p}_5$는 '$(A - 3I)$를 5번 곱하면 $\boldsymbol{o}$이 되는 것'이라고 알아차릴 수 있습니다. 해를 구하는 방법은 2.5.2절을 복습합니다.

[실패 예 2] $\boldsymbol{p}_5$는 잘 골라서 $\boldsymbol{o}$이 아닌 제대로 된 $\boldsymbol{p}_4$, ..., $\boldsymbol{p}_1$을 얻었다고 합시다. 다음으로 $\boldsymbol{p}_7$을 고를 때 여기서 $\boldsymbol{p}'_7 = \boldsymbol{p}_2 + \boldsymbol{p}_6$ 등을 취한다면 역시 '절묘하게 운이 나쁜 예외'입니다. 확실히 $(A - 3I)^2\boldsymbol{p}'_7 = \boldsymbol{o}$은 만족시키고, 연속으로 정한 $\boldsymbol{p}'_6 = (A - 3I)\boldsymbol{p}'_7$도 분명히 $\boldsymbol{o}$이 아닌 벡터를 얻을 수 있습니다. 그러나 잘 보면 $\boldsymbol{p}'_6 = \boldsymbol{p}_1$이므로, $\boldsymbol{p}_1$, ..., $\boldsymbol{p}_5$, $\boldsymbol{p}'_6$, $\boldsymbol{p}'_7$이 선형독립이 아닙니다.

4.36 다중해의 까다로운 경우를 알았는지 의심스러우므로 한 번 더 설명해 주십시오.

7중해의 고윳값 8에 대해 고유벡터(이고 선형독립인 것)가 세 개밖에 구해지지 않은 경우를 예로 들어보겠습니다. $K_i \equiv \dim \mathrm{Ker}\{(A-8I)^i\}$를 구하면

$$K_1 = 3, \quad K_2 = 6, \quad K_3 = 7$$

이라고 합시다. 이에 맞도록 계열을 구성해 주십시오. 7중해이므로 7인의 일반화 고유벡터 $\boldsymbol{p}_1$, ..., $\boldsymbol{p}_7$이 등장합니다. 고유벡터의 개수(= K_1)에서 K_1, K_2, K_3 세 개와 계열을 맞추면

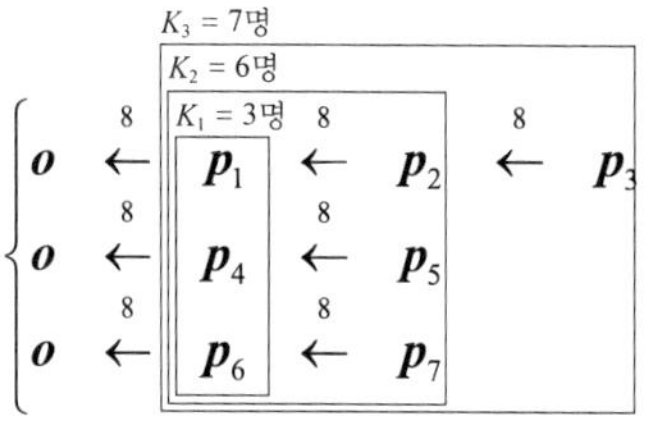

K_3 = 7명, K_2 = 6명, K_1 = 3명

$$\begin{cases} \boldsymbol{o} \overset{8}{\leftarrow} \boldsymbol{p}_1 \overset{8}{\leftarrow} \boldsymbol{p}_2 \overset{8}{\leftarrow} \boldsymbol{p}_3 \\ \boldsymbol{o} \overset{8}{\leftarrow} \boldsymbol{p}_4 \overset{8}{\leftarrow} \boldsymbol{p}_5 \\ \boldsymbol{o} \overset{8}{\leftarrow} \boldsymbol{p}_6 \overset{8}{\leftarrow} \boldsymbol{p}_7 \end{cases}$$

이 얻어집니다.

- 1스텝 이내에 $\boldsymbol{o}$이 되는 것이 $\boldsymbol{p}_1$, $\boldsymbol{p}_4$, $\boldsymbol{p}_6$의 3명(= K_1)
- 2스텝 이내에 $\boldsymbol{o}$이 되는 것이 $\boldsymbol{p}_1$, $\boldsymbol{p}_2$, $\boldsymbol{p}_4$, $\boldsymbol{p}_5$, $\boldsymbol{p}_6$, $\boldsymbol{p}_7$의 6명(= K_2)
- 3스텝 이내에 $\boldsymbol{o}$이 되는 것이 $\boldsymbol{p}_1$, $\boldsymbol{p}_2$, $\boldsymbol{p}_3$, $\boldsymbol{p}_4$, $\boldsymbol{p}_5$, $\boldsymbol{p}_6$, $\boldsymbol{p}_7$의 7명(= K_3)

으로 분명히 맞습니다. 이것으로 고윳값 8인 요르단 셀은

$$\left(\begin{array}{ccc|cc|cc} 8 & 1 & & & & & \\ & 8 & 1 & & & & \\ & & 8 & & & & \\ \hline & & & 8 & 1 & & \\ & & & & 8 & & \\ \hline & & & & & 8 & 1 \\ & & & & & & 8 \end{array}\right) \quad \text{빈칸은 } 0$$

이라는 모양인 것을 알 수 있습니다.

나머지는 먼 쪽부터 순서대로, 가장 먼 $(A-8I)^3\boldsymbol{p}_3=\boldsymbol{o}$의 해 $\boldsymbol{p}_3 \neq \boldsymbol{o}$을 하나 구해서

줄줄이 :

$$\boldsymbol{p}_2 = (A-8I)\boldsymbol{p}_3$$
$$\boldsymbol{p}_1 = (A-8I)\boldsymbol{p}_2$$

$(A-8I)^2\boldsymbol{p}_5=\boldsymbol{o}$의 해 $\boldsymbol{p}_5 \neq \boldsymbol{o}$를 하나 구하여 줄줄이 :

$$\boldsymbol{p}_4 = (A-8I)\boldsymbol{p}_5$$

$(A-8I)^2\boldsymbol{p}_7=\boldsymbol{o}$의 해(에서 $\boldsymbol{p}_5$와 다른 방향인 것) $\boldsymbol{p}_7 \neq \boldsymbol{o}$을 하나 구하여 줄줄이 :

$$\boldsymbol{p}_6 = (A-8I)\boldsymbol{p}_7$$

이것으로 $\boldsymbol{p}_1, \ldots, \boldsymbol{p}_7$이 정해졌습니다. 또한, '줄줄이'인 경우 영벡터가 나오거나, 전체가 선형종속이 되면 다른 해를 다시 골라주십시오.

4.37 위와 같이 프로그램을 짜면 요르단 표준형을 구하는 루틴이 생기겠네요?

아니오. 컴퓨터에서 계산할 때는 항상 오차를 생각하지 않으면 안 됩니다. 컴퓨터에서 실숫값은 유한자릿수의 근삿값으로 표현되기 때문입니다. 그리고 요르단 표준형은 아주 작은 오차로 결과가 확 바뀌어 버립니다. 예를 들어

$$A=\begin{pmatrix}7 & 0\\0 & 7\end{pmatrix},\quad B=\begin{pmatrix}7 & 0.000001\\0 & 7\end{pmatrix},\quad C=\begin{pmatrix}7 & 0.000001\\0 & 7.000001\end{pmatrix}$$

는 매우 작은 차이인데도

- ▶ A: 그 자체로 대각행렬. 굳이 쓰면

$$I^{-1}AI=\begin{pmatrix}7 & 0\\0 & 7\end{pmatrix},\quad I=\begin{pmatrix}1 & 0\\0 & 1\end{pmatrix}$$

- ▶ B: 요르단 표준형은

$$P^{-1}BP=\begin{pmatrix}7 & 0\\0 & 7\end{pmatrix},\quad P=\begin{pmatrix}1 & 0\\0 & 1000000\end{pmatrix}$$

▶ C: 대각화 가능[142]

$$Q^{-1}CQ = \begin{pmatrix} 7 & 0 \\ 0 & 7.000001 \end{pmatrix}, \quad Q = \begin{pmatrix} 1 & 1 \\ 0 & 1 \end{pmatrix}$$

로 요르단 표준형은 심하게 바뀝니다.

애당초 간단한 대각화로 끝나지 않고 요르단 표준형이 나오는 것은 중복고윳값(특성방정식의 중해)인 경우입니다. 그러나 유동소수점으로 표현되는 수끼리가 '완전히 같은가'하면 대부분 그렇지 않습니다. 오차를 포함하는 근삿값밖에 없는 수끼리 완전히 일치한다는 것은 기대할 수 없습니다. 이 부근은 프로그래밍 초보자 시기에 누구나 한 번은 따끔한 맛을 보는 경우가 아닐까요. 요르단 표준형은 그런 어려운 것에 바탕을 두고 있습니다. 그러므로 정말 요르단 표준형이 필요한가를 우선 잘 재고해 주십시오. 그리고 반드시 필요하다면 수치계산 전문가에게 상담해 주십시오.

4.7.6 요르단 표준형으로 변환할 수 있는 것의 증명

이 절의 목적은 n차 정방행렬 A에 대해 '$P^{-1}AP$가 요르단 표준형이 되도록 하는 좋은 정칙행렬 P가 반드시 있다'를 나타내는 것입니다. 그러려면 n개의 n차원벡터 $\boldsymbol{p}_1, \ldots, \boldsymbol{p}_n$을 잘 만들어서

- $\boldsymbol{p}_1, \ldots, \boldsymbol{p}_n$은 다음의 예와 같은 계열을 이룬다. 즉, '$(A-\lambda I)$을 반복하여 곱하면 영벡터가 된다'라는 몇 개인가의 계열을 나열한 것이 $\boldsymbol{p}_1, \ldots, \boldsymbol{p}_n$이다.[143]

$$\begin{cases} \boldsymbol{o} \xleftarrow{3} \boldsymbol{p}_1 \xleftarrow{3} \boldsymbol{p}_2 \xleftarrow{3} \boldsymbol{p}_3 \xleftarrow{3} \boldsymbol{p}_4 \xleftarrow{3} \boldsymbol{p}_5 \\ \boldsymbol{o} \xleftarrow{3} \boldsymbol{p}_6 \xleftarrow{3} \boldsymbol{p}_7 \\ \boldsymbol{o} \xleftarrow{4} \boldsymbol{p}_8 \\ \boldsymbol{o} \xleftarrow{5} \boldsymbol{p}_9 \xleftarrow{5} \boldsymbol{p}_{10} \xleftarrow{5} \boldsymbol{p}_{11} \end{cases}$$

- $\boldsymbol{p}_1, \ldots, \boldsymbol{p}_n$은 선형독립이다. 즉, $\boldsymbol{p}_1, \ldots, \boldsymbol{p}_n$은 기저를 이룬다.[144]

라는 조건을 만족시키면 됩니다. 앞 절에서 설명했듯이 $P = (\boldsymbol{p}_1, \ldots, \boldsymbol{p}_n)$로 취하는 것으로 $P^{-1}AP$가 요르단 표준형이 되기 때문입니다.

142 상삼각행렬이므로 고윳값은 대각성분 7, 7.000001(4.5.2절 '고윳값, 고유벡터의 성질'). 고윳값이 모두 다르므로 대각화가 가능합니다(4.4.2절 '좋은 변환을 구하는 법'이나 4.7.3절 '요르단 표준형의 성질' 참고).

143 $\xleftarrow{\lambda}$ 는 '$(A-\lambda I)$를 왼쪽에 곱하다'라는 임시 기호입니다.

144 차원과 같은 개수의 선형독립인 벡터는 기저를 이룹니다. 기저에 관한 보충(부록 C)을 참조합니다.

우선 $\boldsymbol{p}_1, \ldots, \boldsymbol{p}_n$의 후보를 한정합시다. 자격이 있는 후보는 '$(A - \lambda I)$를 몇 번인가 곱하면 $\boldsymbol{o}$이 된다'라는 특별한 성질을 지닌 벡터뿐입니다. 그런 벡터를 모아서 '유파' $W(\lambda)$을 만들기도 합니다. 예를 들어 $W(3)$이란 '$(A-3I)$을 몇 번인가 곱하면 $\boldsymbol{o}$이 되는 n차원벡터의 집합'입니다. 위의 예라면 $\boldsymbol{p}_1, \ldots, \boldsymbol{p}_7$이 $W(3)$에 속합니다($W(3)$의 멤버는 이외에도 있습니다). $\boldsymbol{o}$ 자신도 '0번 곱하면 $\boldsymbol{o}$이 되는'이라고 해석하여 유파에 속한다고 간주합니다. 어느 유파에도 속하지 않는 벡터는 후보 자격이 없습니다.

유파의 크기에 대해

앞에서 설명했듯이 어느 유파 $W(\lambda)$에도 $\boldsymbol{o}$은 들어 있습니다. 그러나 '기저'를 만들기 위해서는 $\boldsymbol{o}$으로는 도움이 안되므로 이외의 멤버가 필요합니다.[145] 사실 $\boldsymbol{o}$ 이외의 멤버가 있는 유파는 특별한 λ뿐입니다. 왜 그럴까요? $\boldsymbol{o}$ 이외의 $\boldsymbol{p}$에 $(A - \lambda I)$를 반복하여 곱해서 $\boldsymbol{o}$이 되기 직전인 벡터 $\boldsymbol{p}'$를 생각해 주십시오. 벡터 $\boldsymbol{p}'$는 아직 영벡터가 아니지만 앞으로 한 번 $(A - \lambda I)$를 곱하면 $\boldsymbol{o}$이 됩니다. 이것은 $\boldsymbol{p}'$가 고윳값 λ의 고유벡터라는 의미입니다. 따라서 **$\boldsymbol{o}$이외의 멤버가 있는 유파 $W(\lambda)$는 λ가 A의 고윳값인 것뿐입니다.**

4.38 '유파'라는 용어가 진짜 있나요?

없습니다. 제대로된 용어로는 고윳값 λ에 대한 $W(\lambda)$를 **일반화 고유공간**이라고 합니다. 덧붙여서 고윳값 λ에 대한 (보통) **고유공간**이란 '$A\boldsymbol{x} = \lambda\boldsymbol{x}$가 되는 벡터의 집합'. 요컨대 $\mathrm{Ker}(A - \lambda I)$입니다. 고유공간이 일반화 고유공간에 포함되는 것은 정의에 따라 당연하죠.

고윳값 λ마다 유파 $W(\lambda)$가 있고, 거기에서 $\boldsymbol{p}_1, \ldots, \boldsymbol{p}_n$을 잘 골라 기저를 만들어야 한다는 것은 알 수 있습니다. 그러면 각 유파에서 몇 명을 고르면 될까요?

이 문제를 생각하기 위해서 우선 유파 $W(\lambda)$에 인재가 얼마나 모여 있는지 조사합니다. 구체적으로는 $W(\lambda)$의 안에서 선형독립인 벡터를 몇 개 취할 수 있는가를 조사합니다. 실은 고윳값 λ가 특성방정식 $\phi_A(\lambda) = 0$의 k중해라면[146] $W(\lambda)$의 안에서 k개의 선형독립인 벡터를 취할 수 있음이 보증됩니다.

145 '기저'의 의미(1.1.3절)를 떠올리면 어딘가를 가리키는데 '$\boldsymbol{o}$를 몇 보'라고 해도 소용이 없습니다. 어렵게 말하면 기저는 선형독립이 아니면 안되는데 $\boldsymbol{o}$은 누구와도(자신 1명조차도) 선형독립이 아닙니다. '응?'이라고 한 사람은 '납작하게'를 식으로 나타내다(2.3.4절)를 복습합니다.

146 k를 대수적 중복도라고 불렀지요(4.5.3절).

예를 들어 A가 고윳값 $\lambda = 7$을 지니고, 그 값이 특성 방정식 $\phi_A(\lambda) = 0$의 3중해라고 합니다. $W(7)$ 안에서 선형독립인 벡터를 세 개 발견해봅시다(이런 계산을 정말로 하라는 것이 아닙니다. 증명을 위해서 '이렇게 하면 원리적으로는 가능합니다'라는 것을 나타내고 있습니다). 고윳값 7의 고유벡터 $\boldsymbol{p}'_1$를 골라내고, 다시 나머지 $\boldsymbol{p}'_2, \ldots, \boldsymbol{p}'_n$을 적당히 골라 $\boldsymbol{p}'_1, \boldsymbol{p}'_2, \ldots, \boldsymbol{p}'_n$이 선형독립이도록 합니다.[147] 이것들을 나열한 행렬 $P_1 = (\boldsymbol{p}'_1, \boldsymbol{p}'_2, \ldots, \boldsymbol{p}'_n)$을 만들면

$$AP_1 = P_1U_1, \quad U_1 = \left(\begin{array}{c|ccc} 7 & ? & \cdots & ? \\ \hline 0 & & & \\ \vdots & & A_1 & \\ 0 & & & \end{array}\right)$$

라는 모양이 됩니다.[148] 우변에 나온 행렬의 1열에 0이 나열된 부분을 주목해 주십시오. '?' 부분은 관심없습니다. 여기까지가 1스텝. 2스텝은 A_1 부분에 주목합니다. $P_1^{-1}AP_1 = U_1$에서 $\phi_A(\lambda) = \phi_{U_1}(\lambda) = (\lambda - 7)\phi_{A_1}(\lambda)$인 것은 보이시나요?[149] 전체에서 $\phi_A(\lambda) = (\lambda - 7)^3(\cdots)$로 인수분해될 것이므로 $\phi_{A_1} = (\lambda - 7)^2(\cdots)$일 것입니다. 즉, A_1도 아직 고윳값 7(2 중해)를 지니고 있을 것입니다. 거기서 A_1에 대해 고윳값 7인 고유벡터 $\boldsymbol{p}''_2$를 골라 내고, 다시 나머지 $\boldsymbol{p}''_3, \ldots, \boldsymbol{p}''_n$을 적당히 골라 $\boldsymbol{p}''_2, \ldots, \boldsymbol{p}''_n$이 선형독립이 되도록 합니다. 이 고유벡터들을 나열한 행렬 $P_2 = (\boldsymbol{p}''_2, \ldots, \boldsymbol{p}''_n)$을 만들면 전과 마찬가지로

$$A_1P_2 = P_2U_2, \quad U_2 = \left(\begin{array}{c|ccc} 7 & ? & \cdots & ? \\ \hline 0 & & & \\ \vdots & & A_2 & \\ 0 & & & \end{array}\right)$$

라는 모양이 됩니다. 여기까지가 2스텝. 마찬가지로 3스텝까지 계속하여

$$A_2P_3 = P_3U_3, \quad U_3 = \left(\begin{array}{c|ccc} 7 & ? & \cdots & ? \\ \hline 0 & & & \\ \vdots & & A_3 & \\ 0 & & & \end{array}\right)$$

---

147 선형독립이 되도록 $\boldsymbol{p}'_2, \ldots, \boldsymbol{p}'_n$를 고르는 것은 부록 C '기저에 관한 보충'에서 증명합니다.

148 $A\boldsymbol{p}'_1 = 7\boldsymbol{p}'_1$이므로 '응?'이라고 한 사람은 블록행렬(1.2.9절)을 복습합니다. $(A\boldsymbol{p}'_1, A\boldsymbol{p}'_2, \ldots, A\boldsymbol{p}'_n) = (\boldsymbol{p}'_1, \boldsymbol{p}'_2, \ldots, \boldsymbol{p}'_n)U_1$으로 분해하여 생각해 주십시오.

149 '응?'이라고 한 사람은 특성다항식의 정의(4.5.3절 '고윳값의 계산')과 블록 상삼각행렬의 행렬식(각주 78)을 복습합니다.

를 얻습니다. 논리를 따라가면 알 수 있듯이 고윳값 7은 A에서 3중해, A_1에서 2중해, A_2에서 1중해. A_3는 이미 고윳값 7을 지니지 않으므로 이 이상 지속할 수 없습니다. 다음으로 얻은 결과를 정리합시다. 1스텝에서는 $Q_1 = P_1$으로 둡니다. 물론 $Q_1^{-1}AQ_1 = U_1$입니다. 2스텝에서는 Q_1과 P_2를 합쳐서

$$Q_2 = Q_1 \left(\begin{array}{c|ccc} 1 & 0 & \cdots & 0 \\ \hline 0 & & & \\ \vdots & & P_2 & \\ 0 & & & \end{array}\right)$$

를 만듭니다. Q_1과 P_2가 정칙이므로 Q_2도 정칙인 것에 주의해 주십시오.[150]

이 Q_2를 사용하면

$$\begin{aligned} Q_2^{-1}AQ_2 &= \left(\begin{array}{c|ccc} 1 & 0 & \cdots & 0 \\ \hline 0 & & & \\ \vdots & & P_2^{-1} & \\ 0 & & & \end{array}\right) Q_1^{-1}AQ_1 \left(\begin{array}{c|ccc} 1 & 0 & \cdots & 0 \\ \hline 0 & & & \\ \vdots & & P_2 & \\ 0 & & & \end{array}\right) \\ &= \left(\begin{array}{c|ccc} 1 & 0 & \cdots & 0 \\ \hline 0 & & & \\ \vdots & & P_2^{-1} & \\ 0 & & & \end{array}\right) \left(\begin{array}{c|ccc} 7 & ? & \cdots & ? \\ \hline 0 & & & \\ \vdots & & A_1 & \\ 0 & & & \end{array}\right) \left(\begin{array}{c|ccc} 1 & 0 & \cdots & 0 \\ \hline 0 & & & \\ \vdots & & P_2 & \\ 0 & & & \end{array}\right) \\ &= \left(\begin{array}{c|ccc} 7 & ? & \cdots & ? \\ \hline 0 & & & \\ \vdots & & P_2^{-1}A_1P_2 & \\ 0 & & & \end{array}\right) \\ &= \left(\begin{array}{c|ccc} 7 & ? & \cdots & ? \\ \hline 0 & & & \\ \vdots & & U_2 & \\ 0 & & & \end{array}\right) \end{aligned}$$

150 믿지 못하겠다면

$$\left(\begin{array}{c|ccc} 1 & 0 & \cdots & 0 \\ \hline 0 & & & \\ \vdots & & P_2^{-1} & \\ 0 & & & \end{array}\right) Q_1^{-1}$$

를 Q_2에 곱하여 단위행렬이 되는 것을 확인해 주십시오. '$(AB)^{-1} = B^{-1}A^{-1}$'이나 '블록대각행렬의 역행렬은 각 대각블록에 대해서 역행렬을 취하면 된다'등은 이 절을 학습하는 사람이라면 이해할 수 있을 것입니다.

$$
= \left(\begin{array}{c|cccc}
7 & ? & ? & \cdots & ? \\
\hline
0 & 7 & ? & \cdots & ? \\
0 & 0 & & & \\
\vdots & \vdots & & A_2 & \\
0 & 0 & & &
\end{array}\right)
$$

$$
= \left(\begin{array}{cc|ccc}
7 & ? & ? & \cdots & ? \\
0 & 7 & ? & \cdots & ? \\
\hline
0 & 0 & & & \\
\vdots & \vdots & & A_2 & \\
0 & 0 & & &
\end{array}\right)
$$

으로 정리됩니다. 3스텝에서는 Q_2와 P_3를 합쳐서

$$
Q_3 = Q_2 \left(\begin{array}{cc|ccc}
1 & 0 & 0 & \cdots & 0 \\
0 & 1 & 0 & \cdots & 0 \\
\hline
0 & 0 & & & \\
\vdots & \vdots & & P_3 & \\
0 & 0 & & &
\end{array}\right)
$$

를 만듭니다. Q_3를 사용하면

$$
Q_3^{-1} A Q_3 = U, \quad U = \left(\begin{array}{ccc|ccc}
7 & ? & ? & ? & \cdots & ? \\
0 & 7 & ? & ? & \cdots & ? \\
0 & 0 & 7 & ? & \cdots & ? \\
\hline
0 & 0 & 0 & & & \\
\vdots & \vdots & \vdots & & A_3 & \\
0 & 0 & 0 & & &
\end{array}\right)
$$

을 얻을 수 있습니다. 자, 이제 한 고비 남았습니다. $Q_3 = (\boldsymbol{q}_1, \ldots, \boldsymbol{q}_n)$과 종벡터로 분해합시다. 전과 마찬가지로 Q_3도 정칙이므로 $\boldsymbol{q}_1, \ldots, \boldsymbol{q}_n$은 선형독립입니다. 게다가 $\boldsymbol{q}_1$, $\boldsymbol{q}_2$, $\boldsymbol{q}_3$가 유파 $W(7)$의 멤버입니다. 확인해봅시다. 위의 $Q_3^{-1}AQ_3 = U$, 즉 $AQ_3 = Q_3U$를 예에 따라서 $(A\boldsymbol{q}_1, \ldots, A\boldsymbol{q}_n) = (\boldsymbol{q}_1, \ldots, \boldsymbol{q}_n)$와 블록행렬로 분해하여 생각해 주십시오. $\boldsymbol{q}_1$은 $A\boldsymbol{q}_1 = 7\boldsymbol{q}_1$이므로 한 방에 $(A - 7\mathrm{I})\boldsymbol{q}_1 = \boldsymbol{o}$이 되고, 분명히 W(7)의 멤버입니다. $\boldsymbol{q}_2$는 $A\boldsymbol{q}_2 = ?\boldsymbol{q}_1 + 7\boldsymbol{q}_2$에서 $(A - 7\mathrm{I})\boldsymbol{q}_2 = ?\boldsymbol{q}_1$의 형태이므로 $(A - 7\mathrm{I})^2\boldsymbol{q}_2 = ?(A - 7\mathrm{I})\boldsymbol{q}_1 = \boldsymbol{o}$이고, 역시 $W(7)$의 멤버입니다. $\boldsymbol{q}_3$도 $A\boldsymbol{q}_3 = ?\boldsymbol{q}_1 + ?\boldsymbol{q}_2 + 7\boldsymbol{q}_3$에서 $(A - 7\mathrm{I})\boldsymbol{q}_3 = ?\boldsymbol{q}_1 + ?\boldsymbol{q}_2$의 형태이므로 $(A - 7\mathrm{I})^3\boldsymbol{q}_3 = \boldsymbol{o}$이고, 역시 $W(7)$의 멤버입니다. 이렇게 약속대로 유파 $W(7)$에서 선형독립인 벡터를 세 개 찾았습니다.

유파 간의 관계에 대해서

둘 이상의 유파에 속한 사람(겸임)은 없을까요? 이미 보았듯이 영벡터 $\boldsymbol{o}$은 모든 유파에 소속되어 있습니다. 사실 영벡터 $\boldsymbol{o}$만 예외고, 다른 벡터는 결코 겸임이 허용되지 않습니다. 귀류법을 사용해 증명해보겠습니다. 어느 벡터 $\boldsymbol{p} \neq 0$이 두 유파 $W(\lambda)$, $W(\lambda')$에 속해 있다고 합시다($\lambda \neq \lambda'$). 유파 $W(\lambda)$에 속하므로 $(A - \lambda I)$를 $\boldsymbol{p}$에 반복하여 곱하면 $\boldsymbol{o}$이 됩니다. h번째에 처음으로 $\boldsymbol{o}$이 된다고 합시다. 마찬가지로 $(A - \lambda' I)$를 $\boldsymbol{p}$에 반복하여 곱하면 h'번째에 처음으로 $\boldsymbol{o}$이 된다고 합니다. 이때 $\boldsymbol{o}$이 되기 직전을 생각하면 $\boldsymbol{q} = (A - \lambda I)^{h-1}\boldsymbol{p}$는 A의 고윳값 λ에 대한 고유벡터인 것에 주의해 주십시오.[151] 마찬가지로 $\boldsymbol{q}' = (A - \lambda' I)^{h'-1}\boldsymbol{p}$는 A의 고윳값 λ'에 대한 고유벡터입니다. 그러면 $\boldsymbol{r} = (A - \lambda I)^{h-1}(A - \lambda' I)^{h'-1}\boldsymbol{p}$를 생각하면 어떻게 될까요? $\boldsymbol{r} = (A - \lambda I)^{h-1}\boldsymbol{q}'$인 것이므로 $A\boldsymbol{q}' = \lambda'\boldsymbol{q}'$를 대입하면 $\boldsymbol{r} = (\lambda' - \lambda)^{h-1}\boldsymbol{q}'$을 얻을 수 있습니다.[152] 따라서 $\boldsymbol{r}$은 $\boldsymbol{q}'$과 같은 방향이 됩니다. 한편,

$$(A - \lambda I)^{h-1}(A - \lambda' I)^{h'-1} = (A - \lambda' I)^{h'-1}(A - \lambda I)^{h-1}$$

와 같이 교환할 수 있으므로[153] $\boldsymbol{r} = (A - \lambda' I)^{h'-1}\boldsymbol{q}$라고 고쳐쓸 수도 있습니다. 거기에 $A\boldsymbol{q} = \lambda\boldsymbol{q}$를 대입하면 $\boldsymbol{r} = (\lambda - \lambda')^{h'-1}\boldsymbol{q}$. 따라서 $\boldsymbol{r}$은 $\boldsymbol{q}$와도 같은 방향이 됩니다. 아무래도 상태가 이상하네요. 이러면 $\boldsymbol{q}$도 $\boldsymbol{q}'$도 같은 방향이 되어버립니다. '다른 고윳값의 고유벡터는 방향이 다르다'라는 사실(4.5.2절 '고윳값, 고윳값의 성질')과 모순됩니다. 그런 이유로 귀류법에 따라 '같은 사람이 두 가지 다른 유파에 속하는 경우는 없다(0은 제외하고)'는 사실을 증명했습니다.

좀 더 강한 사실도 말할 수 있습니다. 다른 유파는 다음과 같은 의미로 서로 독립입니다.

> A의 서로 다른 고윳값 $\lambda_1, \ldots, \lambda_r$에 대해 각 유파 $W(\lambda_1), \ldots, W(\lambda_r)$에서 $\boldsymbol{o}$이외의 벡터를 하나씩 골랐다고 합시다. 고른 벡터 $\boldsymbol{p}_1, \ldots, \boldsymbol{p}_r$은 반드시 선형독립입니다.

증명 방법은 좀 전과 같습니다. 각 $\boldsymbol{p}_i$는 $W(\lambda_i)$에 속해 있으므로 $(A - \lambda_i I)$를 반복하여 곱하면 언젠가 $\boldsymbol{o}$이 됩니다($i = 1, \ldots, r$). 여기서는 h_i번째에 처음으로 $\boldsymbol{o}$이 되었다고 합시다. 이것은 '$\boldsymbol{q}_i \equiv (A - \lambda_i I)^{h_i - 1}\boldsymbol{p}_i$는 A의 고윳값 λ_i에 대응하는 고유벡터다'를 의미합니다. 자, 만약 좋은 수 $c_1, \ldots, c_r$를 골라

$$c_1\boldsymbol{p}_1 + \cdots + c_r\boldsymbol{p}_r = \boldsymbol{o}$$

---

151 $(A - \lambda I)\boldsymbol{q} = 0$. 즉 $A\boldsymbol{q} = \lambda\boldsymbol{q}$이므로 $\boldsymbol{q} \neq \boldsymbol{o}$도 잊지 마시기 바랍니다.

152 $\boldsymbol{p}$가 정방행렬 A의 고윳값 λ에 대응하는 고유벡터일 때 다항식 $f(x)$에 대해 $f(A)\boldsymbol{p} = f(\lambda)\boldsymbol{p}$입니다. 예를 들어 $(A^2 - 2A - 3I)\boldsymbol{p} = (\lambda^2 - 2\lambda - 3)\boldsymbol{p}$라는 모양. $A\boldsymbol{p} = \lambda\boldsymbol{p}$, $A^j\boldsymbol{p} = \lambda^j\boldsymbol{p}$이므로 당연합니다($j = 1, 2, \ldots$).

153 두 정방행렬 A, B에서 AB와 BA는 대개 다른 행렬입니다. 그러나 지금 경우는 특별합니다. 다항식 $f(x)$, $g(x)$에 대해 $f(A)g(A) = g(A)f(A)$입니다. 어느 쪽도 결국은 '다항식 $f(x)g(x)$의 x를 A로 교체한 것'이므로 특징은 다항식에서 $f(x)g(x) = g(x)f(x)$인 것과 정방행렬에 대해서 $A^iA^j = A^jA^i (= A^{i+j})$인 것입니다.

이 되었다고 합시다. '이때 반드시 $c_1 = \cdots = c_r = 0$밖에 없다'라고 나타낼 수 있다면 선형독립이 보증됩니다.[154] 식 양변의 왼쪽에

$$(A - \lambda_1 I)^{h_1 - 1} \cdots (A - \lambda_r I)^{h_r - 1}$$

를 곱하면

$$d_1 \boldsymbol{q}_1 + \cdots + d_r \boldsymbol{q}_r = \boldsymbol{o}$$

$d_i = (\lambda_i - \lambda_1)^{h_1 - 1} \cdots (\lambda_i - \lambda_r)^{h_r - 1} c_i$, '$\cdots$'에서 i번째의 $(\lambda_i - \lambda_i)$는 제외

$i = 1, \ldots, r$

이란 형태로 바뀝니다.[155] $\boldsymbol{q}_1, \ldots, \boldsymbol{q}_r$은 '다른 고윳값에 대한 고유벡터'이므로 선형독립일 것(4.16절 참고). 즉, $d_1 = \cdots = d_r = 0$이 아니면 안 됩니다. 그렇게 되기 위해서는 $c_1 = \cdots = c_r = 0$밖에 없습니다. $\lambda_1, \ldots, \lambda_r$이 모두 다르므로 $(\lambda_i - \lambda_j) \neq 0$이기 때문입니다$(i \neq j)$. 이렇게 $\boldsymbol{p}_1, \ldots, \boldsymbol{p}_r$은 선형독립이라고 보증되었습니다.

유파의 추가 성질로

1. 벡터 $\boldsymbol{p}$, $\boldsymbol{p}'$가 유파 $W(\lambda)$에 속하면 $\boldsymbol{p} + \boldsymbol{p}'$도 $W(\lambda)$에 속한다. 또한, 임의의 수 c에 대해 $c\boldsymbol{p}$도 $W(\lambda)$에 속한다(2.15의 언어를 사용하면 '$W(\lambda)$ 선형부분공간이 되어 있다').
2. 벡터 $\boldsymbol{p}$가 유파 $W(\lambda)$에 속하면 $A\boldsymbol{p}$도 $W(\lambda)$에 속한다.

를 지적해 두겠습니다. 유파가 무엇이었는지를 떠올려 보면 1번은 당연하겠지요. 2번의 이유는 다음과 같습니다. 유파의 정의에 따라 $\boldsymbol{q} \equiv (A - \lambda I)\boldsymbol{p}$도 $W(\lambda)$에 속하는 것은 당연합니다. 그러면 $A\boldsymbol{p} = \boldsymbol{q} + \lambda\boldsymbol{p}$이고 1번에 따라 역시 $W(\lambda)$에 속합니다.

지금까지의 결과를 정리하면 다음과 같이 말할 수 있습니다. n차 정방행렬 A의 고윳값을 $\lambda_1, \ldots, \lambda_r$이라 하고, λ_i가 특성방정식 $\phi_A(\lambda) = 0$의 k_i 중해$(i = 1, \ldots, r)$라고 합시다. 이때 좋은 정칙행렬 Q를 취하면 $Q^{-1}AQ$를 다음과 같은 특별한 블록대각행렬로 만들 수 있습니다.

---

154 '응?'이라고 한 사람은 선형독립의 정의(2.3.4절)를 참고합니다.

155 예를 들어

$$\begin{aligned}
&(A - \lambda_1 I)^{h_1 - 1} \cdots (A - \lambda_r I)^{h_r - 1} c_1 \boldsymbol{p}_1 \\
&= (A - \lambda_2 I)^{h_2 - 1} \cdots (A - \lambda_r I)^{h_r - 1} (A - \lambda_1 I)^{h_1 - 1} c_1 \boldsymbol{p}_1 \\
&= (A - \lambda_2 I)^{h_2 - 1} \cdots (A - \lambda_r I)^{h_r - 1} c_1 \boldsymbol{q}_1 \\
&= (\lambda_1 - \lambda_2)^{h_2 - 1} \cdots (\lambda_1 - \lambda_r)^{h_r - 1} c_1 \boldsymbol{q}_1
\end{aligned}$$

이므로 $d_1 = (\lambda_1 - \lambda_2)^{h_2 - 1} \cdots (\lambda_1 - \lambda_r)^{h_r - 1}$입니다. 식 변형에는 '다항식 $f(x)$, $g(x)$에 대해 $f(A)\,g(A) = g(A)\,f(A)$', '다항식 $h(x)$에 대해 $h(A)\boldsymbol{q}_1 = h(\lambda_1)\boldsymbol{q}_1$'를 사용했습니다(각주 152, 각주 153).

$$Q^{-1}AQ = \begin{pmatrix} D_1 & & & \\ & D_2 & & \\ & & \ddots & \\ & & & D_r \end{pmatrix} \equiv D \qquad \text{빈칸은 } 0 \tag{4.29}$$

D_i: k_i차 정방행렬

$(D_i - \lambda_i I)^h$는 h를 점점 크게 하면 언젠가 O이 된다.

$(i = 1, \cdots, r)$

이제 왜 이렇게 말할 수 있는지를 설명하겠습니다. 일반적으로 적으면 기호가 엄청나게 많아지므로 또 예로 설명합니다. 11차 정방행렬 A의 고윳값이 3(7중해), 4(1중해), 5(3중해)라고 합시다.[156] 앞 절에서 설명했듯이 유파 $W(3)$에서는 일곱 개의 선형독립인 벡터 $\boldsymbol{p}_1, \ldots, \boldsymbol{p}_7$을 골라낼 수 있습니다. 마찬가지로 유파 $W(4)$에서는 $\boldsymbol{p}_8 \neq \boldsymbol{o}$을 고르고,[157] 유파 $W(5)$에서는 세 개의 선형독립인 벡터 $\boldsymbol{p}_9, \boldsymbol{p}_{10}, \boldsymbol{p}_{11}$을 골라낼 수 있습니다. 그러면 전부 합친 $\boldsymbol{p}_1, \ldots, \boldsymbol{p}_{11}$도 자동으로 선형독립이 됩니다.[158] 11개의 11차원 벡터가 선형독립이므로 $(\boldsymbol{p}_1, \ldots, \boldsymbol{p}_{11})$은 기저를 이룹니다(부록 C '기저에 관한 보충'). 게다가 각 유파 내에서도

- $\boldsymbol{p}_1, \ldots, \boldsymbol{p}_7$은 $W(3)$의 기저
- $\boldsymbol{p}_8$은 $W(4)$의 기저
- $\boldsymbol{p}_9, \boldsymbol{p}_{10}, \boldsymbol{p}_{11}$은 $W(5)$의 기저

입니다.[159] 자, 선형독립인 $\boldsymbol{p}_1, \ldots, \boldsymbol{p}_{11}$을 나열하여 만든 정방행렬 $Q = (\boldsymbol{p}_1, \ldots, \boldsymbol{p}_{11})$은 정칙입니다.

---

156 특성다항식 $\phi_A(\lambda)$는 11차식이 되므로 그 고윳값, 즉 특성방정식 $\phi_A(\lambda) = 0$의 해는 중해까지 포함하여 딱 11개입니다(각주 67 '대수학의 기본 정리'). $7 + 1 + 3 = 11$로 분명히 맞습니다.

157 선형독립의 정의(2.3.4절)을 바로 읽으면 '한 개의 선형독립인 벡터 $\boldsymbol{p}_8$'은 '$\boldsymbol{p}_8 \neq \boldsymbol{o}$'이란 의미임을 알 것입니다.

158 증명은 다음과 같습니다. 수 $c_1, \ldots, c_{11}$을 가져와 $c_1\boldsymbol{p}_1 + \cdots + c_{11}\boldsymbol{p}_{11} = \boldsymbol{o}$이 되었다고 합시다. 그것을 $\boldsymbol{q} \equiv c_1\boldsymbol{p}_1 + \cdots + c_7\boldsymbol{p}_7$, $\boldsymbol{r} \equiv c_8\boldsymbol{p}_8$, $\boldsymbol{s} \equiv c_9\boldsymbol{p}_9 + c_{10}\boldsymbol{p}_{10} + c_{11}\boldsymbol{p}_{11}$로 유파별로 모아봤습니다. 이 $\boldsymbol{q}, \boldsymbol{r}, \boldsymbol{s}$는 각각 $W(3)$, $W(4)$, $W(5)$에 속하고, $\boldsymbol{q} + \boldsymbol{r} + \boldsymbol{s} = 0$입니다. $W(3)$, $W(4)$, $W(5)$의 ($\boldsymbol{o}$이 아닌) 멤버는 '독립'이므로 더해서 $\boldsymbol{o}$이 되기 위해서는 $\boldsymbol{q} = \boldsymbol{r} = \boldsymbol{s} = \boldsymbol{o}$밖에 없습니다. 그렇게 되면 $\boldsymbol{q} = c_1\boldsymbol{p}_1 + \cdots + c_7\boldsymbol{p}_7 = \boldsymbol{o}$이고, $\boldsymbol{p}_1, \ldots, \boldsymbol{p}_7$이 선형독립이란 전제에 따라 $c_1 = \cdots = c_7 = 0$입니다. 마찬가지로 $c_8 = 0$이고, $c_9 = c_{10} = c_{11} = 0$입니다. 이렇게 해서 결국 $c_1 = \cdots = c_{11} = 0$이 됩니다. 그러므로 $\boldsymbol{p}_1, \ldots, \boldsymbol{p}_{11}$은 선형독립입니다.

159 이유를 설명합니다. 예를 들어 $W(3)$에 속하는 벡터 $\boldsymbol{q}$를 생각해봅시다. $(\boldsymbol{p}_1, \ldots, \boldsymbol{p}_{11})$이 기저이므로 수 $c_1, \ldots, c_{11}$을 조정하여 $\boldsymbol{q} = c_1\boldsymbol{p}_1 + \cdots + c_{11}\boldsymbol{p}_{11}$이라고 쓸 수 있습니다. 이것을 이항하여 정리하면 $(-\boldsymbol{q} + c_1\boldsymbol{p}_1 + \cdots + c_7\boldsymbol{p}_7) + (c_8\boldsymbol{p}_8) + (c_9\boldsymbol{p}_9 + c_{10}\boldsymbol{p}_{10} + c_{11}\boldsymbol{p}_{11}) = \boldsymbol{o}$이 됩니다. 이 $(\cdots)$는 각각 $W(3)$, $W(4)$, $W(5)$에 속하고 $W(3)$, $W(4)$, $W(5)$의 (0이 아닌) 멤버는 전에 서술한 것과 같이 '독립'입니다. 그럼에도 더해서 $\boldsymbol{o}$이 되기 위해서는 각 $(\cdots)$가 $\boldsymbol{o}$이 되는 수밖에 없습니다. 그러면 $\boldsymbol{q} = c_1\boldsymbol{p}_1 + \cdots + c_7\boldsymbol{p}_7$이라 쓸 수 있어야 합니다. $\boldsymbol{p}_1, \ldots, \boldsymbol{p}_{11}$을 전원 동원하지 않아도 $W(3)$의 멤버 $\boldsymbol{q}$에 대해서는 $\boldsymbol{p}_1, \ldots, \boldsymbol{p}_7$만으로 나타낼 수 있음이 보증되었습니다. 기저의 조건인 '어느 토지라도 번지가 붙는다'는 이것으로 만족하고, '하나의 토지에 번지는 하나'도 $\boldsymbol{p}_1, \ldots, \boldsymbol{p}_7$이 선형독립인 것에 따라 만족됩니다. 이렇게 $\boldsymbol{p}_1, \ldots, \boldsymbol{p}_7$이 $W(3)$의 기저가 되는 것을 확인했습니다.

사실 이 Q를 사용하는 $Q^{-1}AQ$가 식 (4.29)와 같은 블록대각행렬 D가 됩니다. 지금부터 그것을 나타냅시다. $A\boldsymbol{p}_1, \ldots, A\boldsymbol{p}_7$은 $W(3)$에 속하므로

$$\begin{aligned} A\boldsymbol{p}_1 &= \square\boldsymbol{p}_1 + \cdots + \square\boldsymbol{p}_7 \\ &\vdots \\ A\boldsymbol{p}_7 &= \square\boldsymbol{p}_1 + \cdots + \square\boldsymbol{p}_7 \end{aligned}$$

라는 형태로 쓸 수 있습니다(□에는 무언가 수가 들어갑니다). 나머지도 마찬가지로

$$\begin{aligned} A\boldsymbol{p}_8 &= \square\boldsymbol{p}_8 \\ A\boldsymbol{p}_9 &= \square\boldsymbol{p}_9 + \square\boldsymbol{p}_{10} + \square\boldsymbol{p}_{11} \\ A\boldsymbol{p}_{10} &= \square\boldsymbol{p}_9 + \square\boldsymbol{p}_{10} + \square\boldsymbol{p}_{11} \\ A\boldsymbol{p}_{11} &= \square\boldsymbol{p}_9 + \square\boldsymbol{p}_{10} + \square\boldsymbol{p}_{11} \end{aligned}$$

이라고 쓸 수 있습니다. 이를 행렬 형태로 나타내면

$$A\left(\begin{array}{ccc|c|ccc} \boldsymbol{p}_1 & \cdots & \boldsymbol{p}_7 & \boldsymbol{p}_8 & \boldsymbol{p}_9 & \boldsymbol{p}_{10} & \boldsymbol{p}_{11} \end{array}\right)$$

$$= \left(\begin{array}{ccc|c|ccc} \boldsymbol{p}_1 & \cdots & \boldsymbol{p}_7 & \boldsymbol{p}_8 & \boldsymbol{p}_9 & \boldsymbol{p}_{10} & \boldsymbol{p}_{11} \end{array}\right)\left(\begin{array}{ccc|c|ccc} \square & \cdots & \square & 0 & 0 & 0 & 0 \\ \vdots & & \vdots & \vdots & \vdots & \vdots & \vdots \\ \square & \cdots & \square & 0 & 0 & 0 & 0 \\ \hline 0 & \cdots & 0 & \square & 0 & 0 & 0 \\ \hline 0 & \cdots & 0 & 0 & \square & \square & \square \\ 0 & \cdots & 0 & 0 & \square & \square & \square \\ 0 & \cdots & 0 & 0 & \square & \square & \square \end{array}\right)$$

$$\equiv Q\left(\begin{array}{c|c|c} D_1 & & \\ \hline & D_2 & \\ \hline & & D_3 \end{array}\right)$$

즉, $AQ = QD$입니다. 나머지는 양변의 왼쪽에 Q^{-1}을 곱하여 $Q^{-1}AQ = D$까지 나타냈습니다. 마지막으로 '$(D_i - \lambda_i I)^h$는 h를 점점 크게 하면 언젠가 O이 된다'의 증명이 남아 있습니다. 이 증명을 검토하기 위해 $(D - 3I)^h$를 생각해봅시다.

$$(D-3I)^h = \left(\begin{array}{c|c|c} D_1 - 3I & & \\ \hline & D_2 - 3I & \\ \hline & & D_3 - 3I \end{array}\right)^h$$

$$= \left(\begin{array}{c|c|c} (D_1 - 3I)^h & & \\ \hline & (D_2 - 3I)^h & \\ \hline & & (D_3 - 3I)^h \end{array}\right)$$

이므로 $(D - 3I)^h$를 조사하여 결과적으로 $(D_1 - 3I)^h$를 알아내려는 방법입니다. 그러면 조사를 시작합니다. 1.2.3절 '행렬은 사상이다'에서 설명했듯이 $\boldsymbol{e}_1 = (1, 0, \ldots, 0)^T$의 목적지 $(D - 3I)^h\boldsymbol{e}_1$를 구하면 $(D - 3I)^h$의 1열과 일치합니다. 여기서 $Q^{-1}AQ = D$에서 $D - 3I = Q^{-1}(A - 3I)Q$인 것을 사용하는

$$\begin{aligned}(D - 3I)^h\boldsymbol{e}_1 &= \{Q^{-1}(A - 3I)Q\}^h\boldsymbol{e}_1 \\ &= Q^{-1}(A - 3I)^h Q\boldsymbol{e}_1 \\ &= Q^{-1}(A - 3I)^h\boldsymbol{p}_1\end{aligned}$$

으로 변형할 수 있습니다. $\boldsymbol{p}_1$은 $W(3)$에 속하므로 $(A - 3I)^h\boldsymbol{p}_1$은 h를 점점 크게 하면 언젠가 $\boldsymbol{o}$이 됩니다. 이렇게 '$(D - 3I)^h$의 1열은 h를 점점 크게 하면 언젠가 $\boldsymbol{o}$이 된다'라고 말할 수 있습니다. 2열부터 7열도 같습니다. 그러면 $(D_1 - 3I)^h = O$을 말할 수 있습니다. 같은 모양으로 $(D_2 - 4I)^h = O$이나 $(D_3 - 5I)^h = O$도 나타낼 수 있습니다.

유파 내의 구조에 대해

앞 절에서는 A에 대해 좋은 정칙행렬 Q를 만들어 블록 대각행렬 $Q^{-1}AQ = D = \mathrm{diag}(D_1, \ldots, D_r)$로까지 변환했습니다. 꽤 요르단 표준형에 가까워졌습니다. 요르단 표준형까지 더 변환하는 것이 이 절의 목표입니다. 사용할 방법은 '블록별로 생각하자'. 블록 D_i마다 $R_i^{-1}D_iR_i \equiv J_i$가 요르단 표준형이 되도록 하는 좋은 정칙행렬 R_i을 찾아내 보겠습니다. 그러면 $R = \mathrm{diag}(R_1, \ldots, R_r)$로 두어

$$R^{-1}DR = \left(\begin{array}{c|c|c} R_1^{-1} & & \\ \hline & \ddots & \\ \hline & & R_r^{-1} \end{array}\right)\left(\begin{array}{c|c|c} D_1 & & \\ \hline & \ddots & \\ \hline & & D_r \end{array}\right)\left(\begin{array}{c|c|c} R_1 & & \\ \hline & \ddots & \\ \hline & & R_r \end{array}\right)$$

$$= \left(\begin{array}{c|c|c} J_1 & & \\ \hline & \ddots & \\ \hline & & J_r \end{array}\right) \equiv J$$

라는 요르단 표준형에 다다르게 됩니다.[160]

160 '응?'이라고 한 사람은 블록 대각행렬을 복습합니다(1.2.9절).

좋은 R_i는 어떻게 찾을까요? D_i의 특징이 열쇠가 됩니다. 앞 절의 결론은 각 블록이 유파 $W(\lambda_i)$에 대응하고, 'h를 충분히 크게 하면 $(D_i - \lambda_i I)^h$는 O이 된다'였습니다. 이런 식으로 '몇 제곱인가 하면 O이 된다' 행렬을 거듭제곱 영행렬이라고 합니다. 거듭제곱 영행렬의 구조를 이 절에서 조사합니다.

4.39 그렇군요. 고윳값 λ_i마다 유파 $W(\lambda_i)$가 있고, 유파가 각 대각 블록 D_i에 대응하여 요르단 셀 J_i로 변환되는 것이네요.

마지막은 다릅니다. 다음과 같이 하나의 J_i 안에 요르단 셀이 여러 개 생기는 경우도 있기 때문입니다.

$$J_i = \left(\begin{array}{cc|ccc} 7 & 1 & & & \\ & 7 & & & \\ \hline & & 7 & 1 & \\ & & & 7 & 1 \\ & & & & 7 \end{array}\right) \quad \text{빈칸은 } 0$$

정방행렬 Z를 몇 제곱하여 O이 되었다고 합시다. 구체적으로는 m차 정방행렬 Z의 제곱, 3제곱……을 계산하여 $(h-1)$제곱까지는 O이 되지 않고 h제곱에서 처음으로 $Z^h = O$이었다고 합시다(h는 양의 정수).[161] Z에 따른 변환을 정리하는 것이 목표입니다. 자, m차원 벡터 $\boldsymbol{x}$에 대해 벡터 $Z\boldsymbol{x}$를 '$\boldsymbol{x}$의 스승'이라 부르기로 합니다. 물론 정식 용어가 아니고, 이 책의 이 절에서만 사용하는 비유입니다. m차원 벡터라면 누구나 스승이 한 명 있습니다. 당연히 $\boldsymbol{x}$의 스승의 스승은 $Z(Z\boldsymbol{x}) = Z^2\boldsymbol{x}$, 스승의 스승의 스승은 $Z^3\boldsymbol{x}$, 7대 위의 스승은 $Z^7\boldsymbol{x}$입니다. 이렇게 훌륭한 스승이 여럿 있는 중에서도 영벡터 $\boldsymbol{o}$은 각별합니다. 자신의 스승이 자기 자신 $(Z\boldsymbol{o} = \boldsymbol{o})$이기 때문입니다. 경외의 마음을 담아 $\boldsymbol{o}$을 '대스승'이라고 부릅시다.[162] 더욱이 대스승의 제자를 '초대(일대)', 초대의 제자를 '이대', 이대의 제자를 '삼대'와 같이 부릅니다(그림 4-16).

---

161 단, Z 자신이 O인 경우는 $h = 1$이라고 합니다. $Z = O$이면 이런 고찰 따위는 불필요합니다.

162 사제 관계가 순환하는 것은 대스승뿐입니다. '$\boldsymbol{x}$의 스승의 스승의……가 $\boldsymbol{x}$ 자신이 된다'라는 것은 $(\boldsymbol{x} = 0$을 제외하고) 있을 수 없습니다. 이유는 다음과 같습니다. 만약 $\boldsymbol{x}$의 s대 위$(s > 0)$의 스승이 $\boldsymbol{x}$ 자신이면, $Z^s\boldsymbol{x} = \boldsymbol{x}$. 그러면 $Z^{2s}\boldsymbol{x} = Z^s(Z^s\boldsymbol{x}) = \boldsymbol{x}$이고, 마찬가지로 $Z^{3s}\boldsymbol{x}$라도 $Z^{4s}\boldsymbol{x}$라도 언제까지나 $\boldsymbol{x}$와 같아집니다. 만약 $\boldsymbol{x} \neq 0$이면 전제인 $Z^h = O$에 반합니다. 왜냐하면, $Z^h = O$이면 다음은 모두 $Z^{h+1} = Z^{h+2} = \cdots = O$일 것입니다($\because Z^{h+1} = ZZ^h = O$이란 모양). 그러므로 $Z^{h+1}\boldsymbol{x} = Z^{h+2}\boldsymbol{x} = \cdots = \boldsymbol{o}$과 같이 어디서부터인가 모두 $\boldsymbol{o}$이 아니면 이상합니다(보충하면 '$\boldsymbol{x}$의 s대 위의 스승이 $\boldsymbol{y}$이고, $\boldsymbol{y}$의 t대 위 스승이 $\boldsymbol{x}$'라는 것은 있을 수 없습니다. 연결하면 '$\boldsymbol{x}$의 $(s+t)$대 위 스승이 $\boldsymbol{x}$ 자신'이기 때문입니다.

❤ 그림 4-16 일대, 이대, 삼대(멤버 수가 무한이므로 사실은 그림으로 그릴 수 없지만, 이런 이미지를 떠올려두면 머릿속이 편합니다)

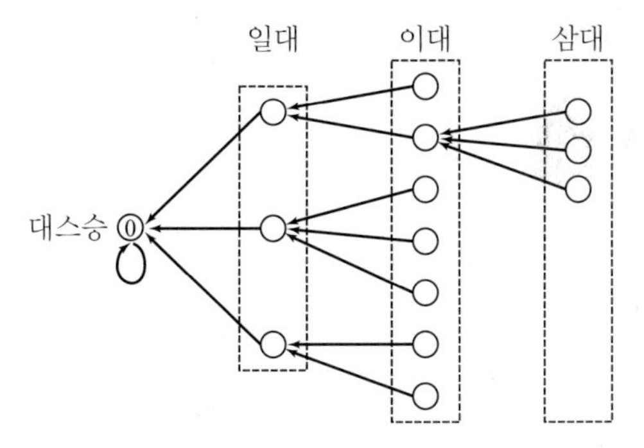

즉, 스승의 스승의 ……로 몇 대 추적하면 대스승에 도달하는가라는 세대 구분입니다.

정확히 말하면

$$Z^s \boldsymbol{x} = \boldsymbol{o}$$
$$Z^{s-1} \boldsymbol{x} \neq \boldsymbol{o} \quad (\text{단, } Z^0 \boldsymbol{x} = \boldsymbol{x})$$

그러면 $\boldsymbol{x}$는 s대입니다.[163] 그러므로

- 대스승과 초대 전원을 합친 '초대까지의 모임 V_1'이 Ker Z와 같다.
- 대스승과 초대와 이대를 전원 합친 '이대까지의 모임 V_2'가 $\mathrm{Ker}(Z^2)$과 같다.
- 대스승부터 삼대까지를 전원 합친 '삼대까지의 모임 V_3'이 $\mathrm{Ker}(Z^3)$과 같다.
- ……
- 'h대까지의 모임 V_h'는 결국 '전원'

과 같습니다. 당연히 V_1은 V_2의 일부이고, V_2는 V_3의 일부이고……. 게다가 각 모임 $V_1, V_2, \ldots$는 선형부분공간입니다(Ker는 선형부분공간이므로 → 2.15). 특히 각 차원은

$$0 < \dim V_1 < \dim V_2 < \cdots < \dim V_h = m \tag{4.30}$$

입니다.[164]

163 $Z^h = O$이므로 어떤 $\boldsymbol{x}$라도 $Z^h \boldsymbol{x} = \boldsymbol{o}$. 즉, 누구라도 h대 이내에 대스승을 뒤따라 갈 것입니다.

164 ≤가 아니고 < 인 이유는 다음과 같습니다. 예를 들어 만약 $\dim V_2 = \dim V_3$라고 합시다. V_2는 V_3의 일부이므로 Lemma C.5에 따라 $V_2 = V_3$라고 결론내려집니다. 이대까지의 모임 V_2와 삼대까지의 모임 V_3가 같다는 것은 '삼대'는 한 명도 없다는 의미입니다. 그러면 사대, 오대……도 없습니다. 이와 같이 만약 $\dim V_i = \dim V_{i+1}$이 되면 거기까지로 이 유파는 끝입니다. 그러므로 '도중에' =이 되는 일은 없습니다. 또한, 식 (4.30)에서의 부산물로 $h \leq m$인 것도 알 수 있습니다.

자, 각 모임 V_1, V_2, ...에서 대표(복수명)를 고르게 되었습니다. 어떻게 고르냐면 대표가 그 모임의 기저가 되도록 고릅니다(그림 4-17).

▼ 그림 4-17 각 모임의 대표 선발

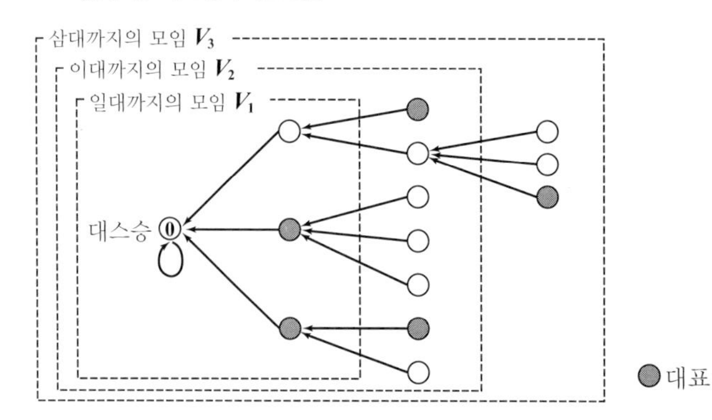

우선 일대까지의 모임 V_1에서 V_1의 기저(dim V_1 사람)를 '초대 대표'로 선출합니다. 다음으로 이대까지의 모임 V_2에서 기저(dim V_2 사람)를 선출합니다만, V_1은 V_2의 일부였다는 것을 떠올려 주십시오. 이미 선출된 초대 대표 dim V_1은 자동으로 V_2 대표를 겸임합니다. 그러면 남는 '이대 대표[165]'의 자리는 (dim V_2 − dim V_1) 사람. 이것을 잘 골라 초대 대표와 이대 대표를 합친 dim V_2 사람이 V_2의 기저가 되도록 합니다.[166] 나머지는 똑같습니다. 삼대까지의 모임에 대해서는 이미 선택된 초대 대표와 이대 대표가 V_3 대표를 겸임. 남는 '삼대 대표'(dim V_3 − dim V_2) 사람을 잘 골라 초대 대표, 이대 대표, 삼대 대표의 합계 dim V_3 사람이 V_3의 기저가 되도록 합니다.

- 각 대에서 대표(복수명)를 선출한다.
- 일대 대표부터 j대 대표까지 합치면 dim V_j 사람. 이 dim V_j 사람이 'j대까지의 모임' V_j의 기저를 이룬다(j = 1, ..., h).

그러나 대표 선출에 불만의 목소리가 나옵니다. '누군가가 대표를 맡는다면 그 사람의 스승도 대표가 되어야 한다'라는 것입니다. 거기서 대표를 재선택하게 됩니다. 이번에는 가장 끝의 h대부터 순서대로 생각해갑니다. 우선 h대 대표는 전에 고른 (dim V_h − dim V_{h-1}) 사람이 그대로 남습니다. 다음으로 (h − 1)대 대표의 재선택입니다만, 좀 전의 h대 대표의 스승은 모두 제자의 덕으

165 초대에서 그 이상 골라도 소용 없습니다. 이유: 초대 대표는 V_1의 기저이므로 V_1의 멤버는 모두 초대 대표의 선형결합으로 쓸 수 있습니다. 이는 초대 대표에 V_1의 어느 멤버를 추가해도 선형종속이 되는 것을 의미합니다.

166 기저가 잘 되도록 이대 대표를 고르는 것이 다음과 같이 보증됩니다: 초대 대표는 (V_1의 기저였으므로) 선형독립. 거기서 '선형독립인 벡터가 주어지면 확장하여 기저로 할 수 있습니다'(Lemma C.2)를 V_2에서 적용하면 됩니다.

로 $(h-1)$대 대표로 확정됩니다(그림 4-18).

▼ 그림 4-18 삼대 대표의 스승은 제자 덕분에 이대 대표로 확정

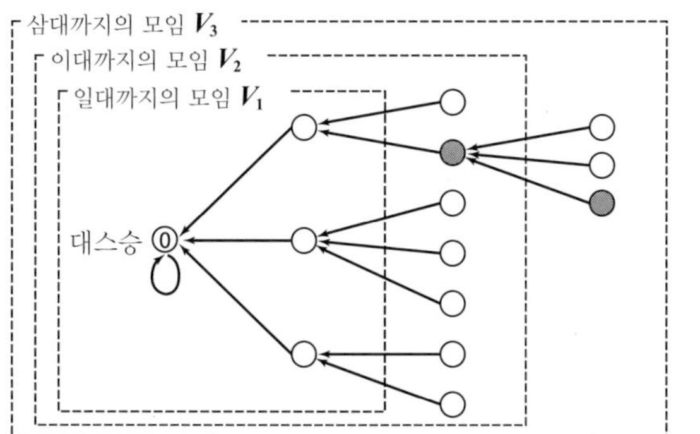

스승은 $(h-1)$대이므로 확실히 자격이 있네요.[167] 그리고 아직 정원($\dim V_{h-1} - \dim V_{h-2}$)) 사람이 채워지지 않았으면 나머지의 $(h-1)$대 대표를 다시 고릅니다. 물론 '일대 대표부터 $(h-1)$대 대표까지 합치면 V_{h-1}의 기저가 된다'라는 조건에 맞춰야 합니다. 다음으로 $(h-2)$대 대표의 재선택. 좀 전에 재선택된 $(h-1)$대 대표의 스승이 모두 제자의 덕으로 $(h-2)$대 대표로 확정. 그리고 아직 정원이 채워지지 않았으면 나머지의 $(h-2)$대 대표를 다시 고릅니다. 역시 '초대 대표부터 $(h-2)$대 대표까지 합치면 V_{h-2}의 기저가 된다'라는 조건에 맞춥니다. 다음에도 마찬가지로 일대 대표까지 재선택. 이런 과정을 통해 다음과 같이 대표를 선출했습니다.

- 각 대에서 대표(복수명)을 선출
- 초대 대표부터 j대 대표까지 합치면 $\dim V_j$ 사람. 이 $\dim V_j$ 사람이 'j대까지 모임'의 기저를 이룬다($j = 1, \ldots, h$) —(*)
- j대 대표의 스승은 모두 $(j-1)$대 대표($j = 2, \ldots, h$).

4.40 왜 일부러 '재선택'이라고 빙 돌려서 설명했나요? 올바른 선택법을 말해줬으면 좋았을 텐데…….

4.7.5절 '요르단 표준형을 구하는 법'에서 '절묘하게 운이 나쁜 예외를 제외하면'이라는 단서가 몇 번이고 나왔습니다(4.35). 이런 예외를 교묘히 피하기 위해서 '재선택'이란 절차를 밟는 것입니다. 갑자기 올바른 대표 선출을 하는 것도 가능하지만, '상공간'이라든지 '직합'이라는 개념을 준비해야 합니다. 이 이상 준비를 계속하는 것은 이 책에 어울리지 않는다고 생각했습니다.

---

167 얼버무렸습니다. 올바른 자격 확인은 4.41에서.

'교묘히'라는 부분을 조금 더 보충하겠습니다. 단지 '($s+1$)대 대표를 선형독립에 선택해두고, 그 스승을 (제자의 덕으로) s대 대표로 한다'로는 막장이 되기 쉬운 함정에 빠집니다. 예를 들어 $s=1$로 하고, $\boldsymbol{q}$가 이대였습니다. 여기에 일대 멤버 z를 데려와 $\boldsymbol{q}'=7\boldsymbol{q}+z$를 만들면 $\boldsymbol{q}'$도 이대고, 게다가 $\boldsymbol{q}, \boldsymbol{q}'$는 선형독립입니다. 그렇다고 해서 $\boldsymbol{q}, \boldsymbol{q}'$를 이대 대표로 고르는 것은 부적절합니다. 왜냐하면, 스승 $Z\boldsymbol{q}, Z\boldsymbol{q}'$가 선형독립이 되지 않기 때문에 ($Z\boldsymbol{q}'=Z(7\boldsymbol{q}+z)=7Z\boldsymbol{q}$), '제자의 덕으로 본 대표 취임'에서 기저가 되지 못한 채 전체 줄거리가 박살납니다. '스승의 스승의 스승..'으로 더듬어가도 독립성을 유지하기 위해서는 ($s+1$)대의 대표를 고를 때 s대까지와도 '독립'이 요청됩니다. 그 요청을 만족시키는 절차가 본문에 나온 '재선택'입니다.

4.41 다시 고른 대표가 (*)을 만족시킨다는 보증은 있나요?

본문에서는 얼버무렸습니다. 제대로된 이야기는 다음과 같습니다. 혼란스럽지 않게 처음 정한 사람을 임시대표, 불만이 생겨 다시 정한 사람을 본대표라 부르기로 합니다. 기호로는 j대의 임시대표를 T_j, 본대표를 R_j라고 쓰겠습니다.

임시대표가 (*)을 만족시키는 것은 이미 본 그대로입니다. 임시대표를 바탕으로 h대부터 순서대로 본대표로 교체해가는 것입니다만, 교체해도 (*)을 만족시키고 있음을 확인하고 싶습니다.

그러면 s대의 교체에 주목해봅시다($s=h-1, h-2, ..., 1$). 여기까지 (h대, ($h-1$)대, ..., ($s+1$)대)의 교체에서는 (*)이 유지되었다고 하고, s대를 교체하면 (*)은 유지될까요? (*)은 '$j=1, ..., h$에서 이것이것이 성립'이라는 주장이므로 초대에서 h대까지 모두를 체크해야 합니다. 이것을

- 스승 측: 초대에서 ($s-1$)대까지
- 당사자: s대
- 제자 측: ($s+1$)대부터 h대까지

세 개로 나눠 각각 체크합니다.

우선 스승 측의 체크인데 조사할 것도 없습니다. 지금 단계에서 초대 대표부터 ($s-1$)대 대표까지는 아직 임시대표이므로 '임시대표가 (*)을 만족시키고 있다'라는 것이 애초의 전제였습니다.

다음으로 당사자의 체크입니다. 우선 제자 덕분에 본대표가 되고, 나머지의 본대표는 기저가 되도록 골랐다. 즉, '$j=s$에 대해 (*)이 성립하도록 골랐으므로 성립하는 건 당연하다로 끝인 것은 아닙니다. 무작위로 s대 본대표가 된 '제자의 덕'(S라고 둡니다)이 이상하지 않은지 걱정되기 때문입니다. 만약 제자의 덕이 '겸임'하고 있다면 그 시점에서 기저의 자격을 잃고, 나머지의 본대표를 '기저가 되도록' 고를 수 없습니다. –'실은 안심해도 된다'라는 것을 지금부터 증명하겠습니다. 스승 측의 임시대표와

지금 제자의 덕을 합쳐도 선형독립이 되는 것이 다음과 같이 보증됩니다. 그렇게 되면 반드시 앞으로 몇 명 추가하여 V_s의 기저를 만들 수 있습니다.[168]

Lemma 4.1 $T_1, ..., T_{s-1}, S$를 합쳐도 선형독립

Proof: 덕이 있는 사람들 S는 제자가 $(s+1)$대의 본대표였던 덕분에 고생하지 않고 본대표로 취임했습니다. 이 제자, 즉 R_{s+1}의 멤버 $\boldsymbol{r}_1, ..., \boldsymbol{r}_q$가 지니는 다음 성질이 열쇠가 됩니다. 제자들 자신은 물론 $(s+1)$대입니다만, 제자들의 선형결합도 반드시 $(s+1)$대입니다($\boldsymbol{o}$은 제외). 즉, 수 $c_1, ..., c_q$를 어떻게 골라도($c_1 = \cdots = c_q = 0$이 아닌 한은) $\boldsymbol{w} \equiv c_1\boldsymbol{r}_1 + \cdots + c_q\boldsymbol{r}_q$는 $(s+1)$대가 됩니다. $\boldsymbol{w}$가 '$(s+1)$대까지가 되는 (V_{s+1}에 속한다) 것은 당연합니다만(V_{s+1}는 선형부분공간), 여기서 주장하는 것은 딱 $(s+1)$대, 즉 'V_s에는 속하지 않는다'라는 부분이 중요합니다.[169] 이 성질에 따라 $\boldsymbol{w}$의 스승 $Z\boldsymbol{w} = c_1Z\boldsymbol{r}_1 + \cdots + c_qZ\boldsymbol{r}_q$는 s대입니다($c_1 = \cdots = c_q = 0$이 아닌 한). 바꿔 말하면 'S의 멤버의 선형결합은(랭크가 모두 0이 아닌 한) s대'라는 것입니다.[170] 여기까지 파악하면 $T_1, ..., T_{s-1}, S$를 합쳐도 선형독립임을 나타낼 수 있습니다. $T_1, ..., T_{s-1}, S$의 멤버의 선형결합이 $\boldsymbol{o}$이 되었다고 합시다. 스승 측과 당사자로 나누면

($T_1, ..., T_{s-1}$의 멤버의 선형결합) + (S의 멤버의 선형결합) = $\boldsymbol{o}$

이라는 모양입니다. 이항하면

(S의 멤버의 선형결합) = −($T_1, ..., T_{s-1}$의 멤버의 선형결합)

입니다만, 우변은 어떻게 봐도 '$(s-1)$대까지' (V_{s-1}에 속한다)에 따르고 있지 않습니다. 지금 파악한 성질에 따라 좌변의 계수는 모두 0이 아니면 안 되고, 그러면 우변의 계수도 모두 0. 따라서 $T_1, ..., T_{s-1}, S$를 합쳐도 선형독립임이 증명되었습니다. ■

---

168 Lemma C.2 참조. 단, 정확히 말하면 추가하는 몇 명인가가 s대일 것(초대부터 $(s-1)$대까지가 아니라)도 확인해야 합니다. 그러나 이것은 당연한 일입니다. 스승 측의 임시 대표는 $(s-1)$대까지의 모임 V_{s-1}의 기저였으므로 V_{s-1}에서 누구를 데려가도 그 사람을 선형결합으로 쓸 수 있습니다. 즉, 그 사람을 추가해도 선형종속이 됩니다. 그런 이유로 기저를 만들기 위해서 추가된 사람은 V_{s-1} 이외에서 선택합니다.

169 다음과 같이 증명합니다. $\boldsymbol{w}$가 V_s에 속한다고 합시다. $T_1, ..., T_s$를 합치면 V_s의 기저라는 전제에 따라

$\boldsymbol{w}$ = ($T_1, ..., T_s$의 멤버의 선형결합)

으로 쓸 수 있습니다. 그런데 $\boldsymbol{w}$는 원래 R_{s+1}의 멤버의 선형결합으로 쓰여 있었습니다. 즉,

($T_1, ..., T_s$ 멤버의 선형결합) − (R_{s+1}의 멤버의 선형결합) = $\boldsymbol{o}$

이란 상황. $T_1, ..., T_s, R_{s+1}$은 선형독립($\because$ V_{s+1}의 기저를 이룬다는 전제)이므로 이렇게 되기 위해서는 어느 쪽의 (...)도 $\boldsymbol{o}$ 밖에는 없습니다. 따라서 $\boldsymbol{w}$가 V_s에 속하는 것은 $c_1 = \cdots = c_q = 0$인 경우뿐입니다.

170 $Z\boldsymbol{r}_1, ..., Z\boldsymbol{r}_q$는 마치 '$S$의 멤버(제자 $\boldsymbol{r}_1, ..., \boldsymbol{r}_q$의 덕 있는 스승들)' 그 자체이기 때문입니다.

마지막으로 제자 측의 체크입니다. $j = s + 1, \ldots, h$에 대해 재선택 전은 $T_1, \ldots, T_{s-1}, T_s, R_{s+1}, \ldots, R_j$라는 상황이고, 합치면 V_j의 기저가 되었습니다. 재선택 후는 T_s가 R_s로 교체되어 $T_1, \ldots, T_{s-1}, R_s, R_{s+1}, \ldots, R_j$라는 상황입니다만, 합치면 역시 V_j의 기저가 될까요? 답은 yes임을 다음 Lemma에서 알 수 있습니다.

Lemma 4.2 V를 선형공간, U를 V의 선형부분공간이라고 한다. 게다가 $(\boldsymbol{v}_1, \ldots, \boldsymbol{v}_n)$를 V의 기저라 하고, 그 선두 m개를 끄집어 낸 $(\boldsymbol{v}_1, \ldots, \boldsymbol{v}_m)$이 U의 기저라고 한다. 이때 U의 다른 기저 $(\boldsymbol{v}'_1, \ldots, \boldsymbol{v}'_m)$를 가져와도 $(\boldsymbol{v}'_1, \ldots, \boldsymbol{v}'_m, \boldsymbol{v}_{m+1}, \ldots, \boldsymbol{v}_n)$는 역시 V의 기저가 된다.[171]

Proof: 기저의 조건을 확인합니다. 우선 'V 내의 어떤 벡터 $\boldsymbol{x}$도 나타낼 수 있다'. $(\boldsymbol{v}_1, \ldots, \boldsymbol{v}_n)$은 V의 기저라는 전제이므로 좋은 수 $c_1, \ldots, c_n$을 가져와서

$$\boldsymbol{x} = c_1\boldsymbol{v}_1 + \cdots + c_m\boldsymbol{v}_m + c_{m+1}\boldsymbol{v}_{m+1} + \cdots + c_n\boldsymbol{v}_n$$

로 나타낼 수 있습니다. 우변 중 선두 부분 $\boldsymbol{u} \equiv c_1\boldsymbol{v}_1 + \cdots + c_m\boldsymbol{v}_m$은 U에 속하는 것에 주의해 주십시오. $(\boldsymbol{v}'_1, \ldots, \boldsymbol{v}'_m)$은 U의 기저라는 전제이므로 좋은 수 $c'_1, \ldots, c'_m$를 가져와서

$$\boldsymbol{u} = c'_1\boldsymbol{v}'_1 + \cdots + c'_m\boldsymbol{v}'_m$$

으로 나타낼 수 있을 것. 그렇게 하면

$$\boldsymbol{x} = c'_1\boldsymbol{v}'_1 + \cdots + c'_m\boldsymbol{v}'_m + c_{m+1}\boldsymbol{v}_{m+1} + \cdots + c_n\boldsymbol{v}_n$$

이므로 임의의 $\boldsymbol{x}$가 $\boldsymbol{v}'_1, \ldots, \boldsymbol{v}'_m, \boldsymbol{v}_{m+1}, \ldots, \boldsymbol{v}_n$의 선형결합으로 나타내집니다. 한편, '그 표현은 유일' 쪽은 다음과 같이 증명할 수 있습니다.

$$c'_1\boldsymbol{v}'_1 + \cdots + c'_m\boldsymbol{v}'_m + c_{m+1}\boldsymbol{v}_{m+1} + \cdots + c_n\boldsymbol{v}_n = \boldsymbol{o} \tag{4.31}$$

이라고 합시다. 선두 부분 $\boldsymbol{u}' \equiv c'_1\boldsymbol{v}'_1 + \cdots + c'_m\boldsymbol{v}'_m$은 U에 속해 있는 것에 주의해 주십시오. $(\boldsymbol{v}_1, \ldots, \boldsymbol{v}_m)$은 U의 기저라는 전제이므로 좋은 수 $c_1, \ldots, c_m$를 가져와서

$$\boldsymbol{u}' = c_1\boldsymbol{v}_1 + \cdots + c_m\boldsymbol{v}_m$$

로 나타낼 수 있을 것입니다. 그렇게 하면

$$c_1\boldsymbol{v}_1 + \cdots + c_m\boldsymbol{v}_m + c_{m+1}\boldsymbol{v}_{m+1} + \cdots + c_n\boldsymbol{v}_n = \boldsymbol{o}$$

---

171 다음과 같이 적용하여 '제자 측'을 체크합니다.

- $V \to V_j$
- $U \to V_s$
- $\boldsymbol{v}_1, \ldots, \boldsymbol{v}_m \to$ '$T_1, \ldots, T_{s-1}, T_s$를 합친 멤버'
- $\boldsymbol{v}'_1, \ldots, \boldsymbol{v}'_m \to$ '$T_1, \ldots, T_{s-1}, R_s$를 합친 멤버'
- $\boldsymbol{v}_{m+1}, \ldots, \boldsymbol{v}_n \to$ '$R_{s+1}, \ldots, R_j$를 합친 멤버'

이므로 $(\boldsymbol{v}_1, ..., \boldsymbol{v}_n)$이 V의 기저라는 전제에 따라

$$c_1 = \cdots = c_m = c_{m+1} = \cdots = c_n = 0$$

밖에 없습니다. 그러면 $\boldsymbol{u}' = \boldsymbol{o}$이고, $(\boldsymbol{v}'_1, ..., \boldsymbol{v}'_m)$이 U의 기저라는 전제이므로 $c'_1 = \cdots = c'_m = 0$밖에 없습니다. 결국 식 (4.31)의 랭크는 모두 0이라고 판명되었습니다. 이것으로 기저가 되기 위한 조건이 양방 모두 나타내졌으므로 증명 완료입니다. '응?'이라고 한 사람은 기저가 되기 위한 조건(1.1.4절)을 복습해 주십시오. ■

이런 비유를 들면 뭐가 좋은 것일까요? 실은 이 이야기를 행렬로 바꿔 말하면 대각성분의 하나 오른쪽 위에 비스듬히 1이 나열'이란 요르단 셀의 '형태'가 나옵니다. 일반적인 경우에서는 기호가 귀찮으므로 예제로 살펴봅시다.

다음과 같이 대표가 정해졌다고 합니다.

		일대 대표		이대 대표		삼대 대표
$\boldsymbol{o}$	←	$\boldsymbol{p}$	←	$\boldsymbol{q}$	←	$\boldsymbol{r}$
$\boldsymbol{o}$	←	$\boldsymbol{p}'$	←	$\boldsymbol{q}'$		
$\boldsymbol{o}$	←	$\boldsymbol{p}''$				

'←'는 'Z를 곱하다'라는 의미입니다. 다시 말해

$$\boldsymbol{o} = Z\boldsymbol{p}, \quad \boldsymbol{p} = Z\boldsymbol{q}, \quad \boldsymbol{q} = Z\boldsymbol{r} \tag{4.32}$$

$$\boldsymbol{o} = Z\boldsymbol{p}', \quad \boldsymbol{p}' = Z\boldsymbol{q}' \tag{4.33}$$

$$\boldsymbol{o} = Z\boldsymbol{p}'' \tag{4.34}$$

입니다. 이를 정리하여

$$Z(\boldsymbol{p}, \boldsymbol{q}, \boldsymbol{r}) = (\boldsymbol{o}, \boldsymbol{p}, \boldsymbol{q}) = (\boldsymbol{p}, \boldsymbol{q}, \boldsymbol{r})\begin{pmatrix} 0 & 1 & 0 \\ 0 & 0 & 1 \\ 0 & 0 & 0 \end{pmatrix}$$

$$Z(\boldsymbol{p}', \boldsymbol{q}') = (\boldsymbol{o}, \boldsymbol{p}') = (\boldsymbol{p}', \boldsymbol{q}')\begin{pmatrix} 0 & 1 \\ 0 & 0 \end{pmatrix}$$

$$Z\boldsymbol{p}'' = \boldsymbol{o} = \boldsymbol{p}''0$$

이라고도 쓸 수 있는 것에 주목해 주십시오. 더욱이 전 대표를 나열한 행렬 $P = (\boldsymbol{p}, \boldsymbol{q}, \boldsymbol{r}, \boldsymbol{p}', \boldsymbol{q}', \boldsymbol{p}'')$를 만들면 블록행렬로 정리하여

$$
\begin{aligned}
ZP &= Z\left(\begin{array}{c|c|c|c|c|c} \boldsymbol{p} & \boldsymbol{q} & \boldsymbol{r} & \boldsymbol{p}' & \boldsymbol{q}' & \boldsymbol{p}'' \end{array}\right) \\
&= \left(\begin{array}{c|c|c|c|c|c} \boldsymbol{o} & \boldsymbol{p} & \boldsymbol{q} & \boldsymbol{o} & \boldsymbol{p}' & \boldsymbol{o} \end{array}\right) \\
&= \left(\begin{array}{c|c|c|c|c|c} \boldsymbol{p} & \boldsymbol{q} & \boldsymbol{r} & \boldsymbol{p}' & \boldsymbol{q}' & \boldsymbol{p}'' \end{array}\right)\begin{pmatrix} 0 & 1 & 0 & 0 & 0 & 0 \\ 0 & 0 & 1 & 0 & 0 & 0 \\ 0 & 0 & 0 & 0 & 0 & 0 \\ 0 & 0 & 0 & 0 & 1 & 0 \\ 0 & 0 & 0 & 0 & 0 & 0 \\ 0 & 0 & 0 & 0 & 0 & 0 \end{pmatrix} \\
&= PF
\end{aligned}
$$

라고 씁니다(마지막 행렬을 F라고 두었습니다). P^{-1}을 왼쪽에 곱하면[172]

$$P^{-1}ZP = F$$

를 얻습니다. 즉, 좋은 행렬 P로 Z를 변환하면 F라는 특징적인 행렬이 될 수 있다라는 것입니다. 알기 쉽도록 단락을 넣으면

$$
F = \left(\begin{array}{ccc|cc|c} 0 & 1 & 0 & 0 & 0 & 0 \\ 0 & 0 & 1 & 0 & 0 & 0 \\ 0 & 0 & 0 & 0 & 0 & 0 \\ \hline 0 & 0 & 0 & 0 & 1 & 0 \\ 0 & 0 & 0 & 0 & 0 & 0 \\ \hline 0 & 0 & 0 & 0 & 0 & 0 \end{array}\right)
$$

입니다. 특징은

- 블록 대각행렬
- 대각블록에서 대각성분의 하나 오른쪽 위에 1이 비스듬히 나열
- 한 개의 계열($\boldsymbol{p} \leftarrow \boldsymbol{q} \leftarrow \boldsymbol{r}$ 등)이 하나의 대각블록에 대응
- 계열의 길이가 대각블록의 크기에 대응

---

172 P가 정칙인 것을 확인해야 합니다. 이는 대표 $\boldsymbol{p}, \boldsymbol{q}, \boldsymbol{r}, \boldsymbol{p}', \boldsymbol{q}', \boldsymbol{p}''$가 V_3(= 전 공간)의 기저임에 따라 보증됩니다. 기저이므로 그 개수는 차원과 같습니다. 따라서 우선 P가 정방행렬이라고 보증할 수 있습니다. 게다가 기저이므로 선형독립이고, P가 정칙행렬이라고 보증할 수 있습니다.

요컨대 '고윳값 0인 요르단 표준형'의 모양입니다.

지금까지 '거듭제곱 영행렬의 구조'를 분석했습니다. 이를 적용시키면 이 절의 서두에서 선언한

> 블록 D_i마다 $R_i^{-1}D_iR_i \equiv J_i$가 요르단 표준형이 되는 것과 같은 좋은 정칙행렬 R_i를 발견해 내겠습니다.

라는 목표를 달성할 수 있습니다. $D_i - \lambda_i I$가 거듭제곱 영행렬이었다는 것을 떠올려 주십시오. 위의 분석에서 좋은 정칙행렬 R_i이 취해져

$$R_i^{-1}(D_i - \lambda_i I)R_i \equiv F_i$$

라는 모양으로 좀 전과 같이 변환됩니다. 좌변은

$$R_i^{-1}(D_i - \lambda_i I)R_i = R_i^{-1}D_iR_i - R_i^{-1}(\lambda_i I)R_i = R_i^{-1}D_iR_i - \lambda_i I_i$$

이므로

$$R_i^{-1}D_iR_i = F_i + \lambda_i I$$

우변은 고윳값 λ_i에 대한 요르단 표준형입니다. 실제로 예를 들면 다음과 같은 모양입니다.

$$F_i = \left(\begin{array}{ccc|cc|c} 0 & 1 & 0 & 0 & 0 & 0 \\ 0 & 0 & 1 & 0 & 0 & 0 \\ 0 & 0 & 0 & 0 & 0 & 0 \\ \hline 0 & 0 & 0 & 0 & 1 & 0 \\ 0 & 0 & 0 & 0 & 0 & 0 \\ \hline 0 & 0 & 0 & 0 & 0 & 0 \end{array}\right) \quad \to \quad F_i + \lambda_i I \left(\begin{array}{ccc|cc|c} \lambda_i & 1 & 0 & 0 & 0 & 0 \\ 0 & \lambda_i & 1 & 0 & 0 & 0 \\ 0 & 0 & \lambda_i & 0 & 0 & 0 \\ \hline 0 & 0 & 0 & \lambda_i & 1 & 0 \\ 0 & 0 & 0 & 0 & \lambda_i & 0 \\ \hline 0 & 0 & 0 & 0 & 0 & \lambda_i \end{array}\right)$$

요르단 표준형이므로 목표는 달성되었습니다.

증명의 정리

일반화 고유벡터나 유파를 고찰하여 '좋은 정칙행렬 Q를 골라, $Q^{-1}AQ = \mathrm{diag}(D_1, \ldots, D_r) \equiv D$라는 블록대각행렬로 변환할 수 있다'라는 것을 증명했습니다. 그리고 각 유파 내 거듭제곱 영행렬이라든지 스승이라든지를 고찰하여 '좋은 정칙행렬 R을 골라 $R^{-1}DR \equiv J$를 요르단 표준형으로 변환할 수 있다'는 것을 나타내었습니다. 이를 합쳐서 $P \equiv QR$라고 두면 $P^{-1}AP = R^{-1}Q^{-1}AQR = R^{-1}DR = J$라는 요르단 표준형으로 변환됩니다. 해피엔드.

5장

컴퓨터에서의 계산 (2) -고윳값 계산 방법

5.1 개요

5.1.1 손 계산과 차이점

5장에서는 크기 100×100이나 1000×1000 행렬의 고윳값을 컴퓨터에서 수치적으로 계산하는 방법에 대해 생각해봅니다. '고윳값을 계산하는 법이라면 이미 4장에서 공부했습니다. 크기가 커져봤자 원리적으로 같은 것을 프로그래밍하는 것뿐이겠죠'라고 생각하는 사람도 있을지 모릅니다. 그러나 컴퓨터에서 고윳값을 수치적으로 계산할 때 사용하는 방법은 4장에서 공부한 고윳값 계산법과는 꽤 다릅니다. 각 성분이 정수나 분수의 4×4 정도 크기인 행렬의 고윳값을 종이와 연필로 계산하는 경우라면 4장에서 공부한 것처럼

1. 우선 행렬 A에서 특성다항식 $\det(\lambda I - A)$를 계산한다.
2. 다음으로 특성다항식 $\det(\lambda I - A) = 0$을 풀어 고윳값 λ을 구한다.

라는 순서를 따르겠죠. 그러나 크기가 큰 행렬의 고윳값을 컴퓨터에서 수치적으로 계산할 때는 '특성방정식을 만들어 푼다'라는 순서는 거의 사용하지 않습니다. 주된 이유는 차수가 높은 대수방정식[1]의 해를 컴퓨터로 구하는 경우 대수방정식의 랭크에 조금이라도 오차가 있으면 구해진 해(여기서는 고윳값)의 정확가 상당히 나쁘게 되어버리는 것입니다. 주어진 행렬에서 특성방정식의 랭크를 정밀하게 구하는 것이 그렇게 어려울까요?

잠시 침착하게 생각해보면 애당초 행렬에서 특성방정식을 구하는 프로그램(행렬의 n^2개의 성분에서 특성방정식의 랭크 $(n + 1)$개를 구하는 프로그램)을 짜는 것 자체가 조금 어려울 것 같습니다. 3×3행렬에만 대응한다면 $\det(\lambda I - A)$를 그림 1-37 사라스의 방법으로 전개하여 정리한 결과를 프로그램으로 만들고, 임의의 크기의 행렬에 대응한다면 조금 복잡한 프로그램이 될 것 같습니다. 그리고 특성방정식의 특히 차수가 낮은 쪽 랭크는 상당한 계산을 한 결과 구해지는 것을 아시겠지요.

일반적으로 $n \times n$행렬 A의 특성방정식을 수치적으로 구하는 비교적 현명한 방법은 행렬 A를 닮음변환(각주 17)으로

1 $a_n x^n + a_{n-1} x^{n-1} + \cdots + a_1 x + a_0 = 0$과 같은 n차방정식을 정리한 호칭입니다.

$$\begin{pmatrix} 0 & 0 & \cdots & 0 & -a_0 \\ 1 & 0 & \cdots & 0 & -a_1 \\ 0 & 1 & \ddots & \vdots & \vdots \\ \vdots & \ddots & \ddots & 0 & -a_{n-2} \\ 0 & \cdots & 0 & 1 & -a_{n-1} \end{pmatrix}$$

와 같은 형태로 변형하는 것입니다.[2] 뒤에 서술하겠지만 이 행렬의 특성방정식은

$$\lambda^n + a_{n-1}\lambda^{n-1} + a_{n-2}\lambda^{n-2} + \cdots + a_1\lambda + a_0 = 0$$

입니다. 이처럼 행렬을 닮음변환해도 특성방정식은 변하지 않습니다(4.17). 따라서 이것이 행렬 A의 특성방정식이기도 함을 알 수 있습니다.

그러나 이와 같이 특성방정식을 구해도 앞서 서술했듯이 높은 정밀도로 푸는 것이 어려우므로 결국 현실적이지 않습니다.

'특성방정식을 만들어 둔다'라는 방법이 잘 안 되면 어떠한 방법으로 고윳값을 구하면 좋을까요? 고윳값과 고유벡터의 정의로 돌아가 생각해보면 행렬 A에 적당한 정칙행렬 P를 사용하여

$$P^{-1}AP = (\text{대각행렬 또는 상삼각행렬})$$

로 변형하면 우변 행렬의 대각성분이 고윳값입니다(4.5.2절). '고윳값, 고유벡터의 성질'). 컴퓨터에서 행렬의 고윳값을 수치적으로 구할 때는 주어진 행렬 A를 대각화 또는 상삼각화하는 방법을 사용합니다. 그러면 고차랭크방정식을 푸는 스텝이 필요 없기 때문입니다.

5.1.2 갈루아 이론

다음으로 행렬의 고윳값 계산에 필요한 계산 횟수를 논의할 때 포인트가 되는 갈루아 이론에 대해 간단하게 다루겠습니다. 갈루아 이론은 5차 미만의 대수방정식에는 해의 공식이 존재한다는 이론입니다만, 중요한 결론으로서 '5차 이상의 대수방정식에는 해의 공식이 존재하지 않는다'라는 사실이 증명되어 있습니다. 대수방정식이란 다음과 같은 n차방정식의 총칭이고, 해의 공식이란 랭크 a, b, ...의 값에서 방정식을 만족시키는 x를 가감승제와 거듭제곱(제곱근, 세제곱근 등)으로 구하는 공식입니다.

2 실제로 옛날에는 이런 형태로 변형하여 특성방정식을 구하고, 거기서 고윳값을 구하는 알고리즘을 사용하기도 했습니다. 또한, 이 형태와 본질적으로 같은 것은 1.2.2절이나 4.1절에도 나와 있습니다.

$$
\begin{aligned}
ax + b &= 0 \\
ax^2 + bx + c &= 0 \\
ax^3 + bx^2 + cx + d &= 0 \\
ax^4 + bx^3 + cx^2 + dx + e &= 0 \\
&\vdots
\end{aligned}
$$

일차방정식 해의 공식은 다음과 같습니다.

$$x = -\frac{b}{a}$$

이차방정식 해의 공식은 다음과 같습니다.

$$x = \frac{-b \pm \sqrt{b^2 - 4ac}}{2a}$$

삼차방정식의 해는 카르다노의 방법(타르탈리아의 방법)이라고 부르는 절차로, 사차방정식의 해는 페라리의 방법이라고 부르는 절차로 구할 수 있습니다(재미있는 과제입니다만, 본 문제와는 거리가 있으므로 생략합니다).

자, 여기서 '해를 구하는 절차가 존재한다'와 '해의 공식이 존재한다'는 같은 의미라는 사실을 확인해둡시다. '공식'이 있다면 공식에 랭크의 값을 대입하는 것이 하나의 '절차'이므로, 지금부터는 반대로 '절차'가 있다면 '공식'을 만들 수 있음을 확인해 두겠습니다. 예를 들어 일차방정식은 '정수항 b를 우변으로 이항하고 양변을 a로 나눈다'라는 절차로 풀 수 있는데 이 절차에 따라 일차방정식을 변형해가면 해의 공식이 됩니다.

$$ax + b = 0 \quad \Rightarrow \quad ax = -b \quad \Rightarrow \quad x = -\frac{b}{a}$$

이차방정식의 해의 공식은 '양변을 a로 나누고, 좌변을 제곱완성하여 좌변의 정수항을 우변으로 이항하고, 양변의 제곱근을 취하여 좌변의 정수를 우변으로 이항한다'라는 절차를 공식의 형태로 나타낸 것입니다.

$$ax^2 + bx + c = 0 \quad \Rightarrow \quad x^2 + \frac{b}{a}x + \frac{c}{a} = 0 \quad \Rightarrow \quad \left(x + \frac{b}{2a}\right)^2 - \frac{b^2}{4a^2} + \frac{c}{a} = 0$$

$$\Rightarrow \quad \left(x + \frac{b}{2a}\right)^2 = \frac{b^2 - 4ac}{4a^2} \quad \Rightarrow \quad x + \frac{b}{2a} = \frac{\pm\sqrt{b^2 - 4ac}}{2a} \quad \Rightarrow \quad x = \frac{-b \pm \sqrt{b^2 - 4ac}}{2a}$$

카르다노의 방법이나 페라리의 방법은 '절차'의 형태로 나타내고, '공식'의 형태로는 나타내지 않습니다만, 이는 공식의 형태로 나타낼 수 없는 것이 아니라 공식의 형태로 나타내면 너무나도 번잡스러워지기 때문입니다.

'절차'가 있다면 '공식'이 만들어지므로 '오차 이상의 대수 방정식에는 해의 공식이 존재하지 않는다'라는 말은 '오차 이상의 대수 방정식을 푸는 순서는 존재하지 않는다'라는 말입니다.[3]

5.1 오차방정식의 해의 공식을 발견했습니다. 예를 들어 k가 정수인 경우 오차방정식 $x^5 - k = 0$의 해는 $x = \sqrt[5]{k}$ 로 주어질 수 있습니다. 나는 갈루아를 이겼습니다.

여기서 논의하고 있는 해의 공식이란 일반적으로 대수방정식, 즉 랭크에 아무런 조건도 붙어 있지 않은 대수방정식의 해의 공식입니다. 제시한 공식은 사차에서 일차까지 항의 랭크가 0이라는 특별한 조건을 만족시키는 오차방정식의 해의 공식으로 이론이 그 존재를 부정하는 것은 아닙니다. 무언가의 조건을 만족시키는 대수방정식이라면 오차 이상이라도 해의 공식이 존재할 가능성이 있습니다. 예를 들어 육차방정식 $ax^6 + bx^4 + cx^2 + d = 0$은 푸는 순서, 또는 해의 공식이 있음을 바로 알 수 있지요($y = x^2$으로 두면 y의 삼차방정식이 됩니다).

5.1.3 5×5 이상 행렬의 고윳값을 구하는 순서는 존재하지 않는다!

자, 갈루아 이론의 결론은 행렬의 고윳값 계산과도 관련이 있습니다. 오차 이상의 대수방정식을 푸는 순서가 존재하지 않으므로 '5×5 이상 행렬의 고윳값을 구하는 순서는 존재하지 않는다'는 것도 증명됩니다.

우선 다음과 같은 형태의 행렬 A를 생각합니다.

$$A = \begin{pmatrix} 0 & 0 & \cdots & 0 & -a_0 \\ 1 & 0 & \cdots & 0 & -a_1 \\ 0 & 1 & \ddots & \vdots & \vdots \\ \vdots & \ddots & \ddots & 0 & -a_{n-2} \\ 0 & \cdots & 0 & 1 & -a_{n-1} \end{pmatrix}$$

3 정확하게는 '가감승제와 제곱근으로 푸는 순서는 존재하지 않는다'여도 같습니다.

이 행렬의 특성방정식은

$$\lambda I - A = \begin{pmatrix} \lambda & 0 & \cdots & 0 & a_0 \\ -1 & \lambda & \cdots & 0 & a_1 \\ 0 & -1 & \ddots & \vdots & \vdots \\ \vdots & \ddots & \ddots & \lambda & a_{n-2} \\ 0 & \cdots & 0 & -1 & \lambda + a_{n-1} \end{pmatrix}$$

의 행렬식에서

$$\lambda^n + a_{n-1}\lambda^{n-1} + a_{n-2}\lambda^{n-2} + \cdots + a_1\lambda + a_0 = 0$$

이 됩니다. 행렬 A는 이 대수방정식의 **동반 행렬**(companion matrix)이라고 부릅니다.

여기서 '5×5 이상 행렬의 고윳값을 구하는 순서'가 존재한다고 가정해봅시다. 그러면 다음과 같이 '오차 이상의 대수방정식을 푸는 순서'를 만들 수 있습니다. 우선 주어진 임의의 대수방정식의 양변을 최고차 항의 랭크[4]로 나누고, 앞에서 제시한 대수방정식의 형태로 만듭니다. 다음으로 그 대수방정식의 동반 행렬로 만듭니다. 마지막으로 동반 행렬의 고윳값을 처음에 존재한다고 가정한 '5×5 이상 행렬의 고윳값을 구하는 순서'로 구하면 주어진 대수 방정식의 해입니다.

이처럼 '5×5 이상 행렬의 고윳값을 구하는 순서'가 존재한다고 가정하면 '오차 이상의 대수방정식을 푸는 순서'를 만들 수 있으므로 갈루아 이론의 결론과 모순됩니다. 따라서 '5×5 이상 행렬의 고윳값을 구하는 순서'가 존재하지 않음을 알 수 있습니다.

5.1.4 대표적인 고윳값 계산 알고리즘

지금까지 제시한 설명으로 유한법의 계산으로 고윳값을 딱 구하는 일반적 순서는 없음이 판명되었습니다. 하는 수 없이 고윳값을 구하는 데는 '닮음변환을 반복하여 행렬을 차차 대각행렬(또는 상삼각행렬)에 근접해간다'라는 반복계산을 사용합니다. 물론 무한히 지속할 수는 없으므로 충분히 근접했다고 판단한 시점에서 계산을 중단하고, 그 시점에서의 근삿값을 답합니다.

이와 같은 고윳값 계산 알고리즘의 대표로 이 책에서는 야코비(Jacobi)법과 QR법을 설명합니다.

---

4 만약 이것이 0이면 '최고차'가 아니므로 0이 아닙니다.

5.2 야코비법

그럼 바로 야코비(Jacobi)법부터 살펴보겠습니다. 야코비법은 1846년 야코비가 발표한 실대칭행렬의 '모든 고윳값을 구한다'는 알고리즘입니다(즉, 컴퓨터를 사용하여 고윳값을 계산하는 방법의 원리가 최초의 컴퓨터가 만들어 지기보다 훨씬 먼 옛날에 생각된 것입니다(실대칭행렬은 E.2절 '대칭행렬과 직교행렬-실행렬의 경우'). 야코비법은 현재에도 10×10 정도의 큰 행렬이라면 다른 방법과 비교해도 손색 없는 스피드로 계산할 수 있는 방법입니다. 야코비법이라면 알고리즘 전체가 뒤에서 설명할 QR법만큼 복잡하지 않으므로 원리를 이해하여 자력으로 프로그램을 만드는 것도 현실적으로 가능합니다.

더욱이 최근의 연구에서는 큰 행렬의 고윳값 계산에 사용한 경우 계산 속도에서는 QR법만 못하지만, 구하는 고윳값의 정도는 야코비법이 높다는 보고서도 있습니다. 또한, 야코비법의 알고리즘은 QR법에 비해 유연하고, 목적에 따라 수정하기 쉬우며, 동시 대각화의 문제(복수의 대칭행렬을 하나의 직교행렬로 근사적으로 대각화하는 문제) 등 고윳값 계산 외의 문제에 응용된다는 점도 특징입니다.

5.2.1 평면 회전

우선 다음과 같은 $n \times n$ 행렬을 정의합니다.

$$
R(\theta, p, q) = \begin{pmatrix}
1 & & & & & & & & & \\
& \ddots & & & & & & & & \\
& & 1 & & & & & & & \\
& & & \cos\theta & & & -\sin\theta & & & \\
& & & & 1 & & & & & \\
& & & & & \ddots & & & & \\
& & & & & & 1 & & & \\
& & & \sin\theta & & & \cos\theta & & & \\
& & & & & & & 1 & & \\
& & & & & & & & \ddots & \\
& & & & & & & & & 1
\end{pmatrix}
$$

(cos θ, −sin θ가 있는 행: p행, sin θ, cos θ가 있는 행: q행 / cos θ, sin θ가 있는 열: p열, −sin θ, cos θ가 있는 열: q열)

단, 지정된 성분 이외는 모두 0입니다. 즉, $R(\theta, p, q)$는 대부분 $n \times n$ 단위행렬이지만, (p, p) 성분, (p, q) 성분, (q, p) 성분, (q, q) 성분, 네 성분만 2×2 회전 행렬

$$R(\theta) = \begin{pmatrix} \cos\theta & -\sin\theta \\ \sin\theta & \cos\theta \end{pmatrix}$$

의 (1, 1) 성분, (1, 2) 성분, (2, 1) 성분, (2, 2) 성분으로 치환된 것입니다. 이 행렬은 n차원 공간이 p축과 q축이 만드는 평면 내의 회전(pq 평면 회전)을 나타내고 있습니다.

3차원 공간의 경우 다음 세 가지의 평면 회전을 생각할 수 있습니다.

$$R(\theta, 1, 2) = \begin{pmatrix} \cos\theta & -\sin\theta & 0 \\ \sin\theta & \cos\theta & 0 \\ 0 & 0 & 1 \end{pmatrix}$$

$$R(\theta, 2, 3) = \begin{pmatrix} 1 & 0 & 0 \\ 0 & \cos\theta & -\sin\theta \\ 0 & \sin\theta & \cos\theta \end{pmatrix}$$

$$R(\theta, 1, 3) = \begin{pmatrix} \cos\theta & 0 & -\sin\theta \\ 0 & 1 & 0 \\ \sin\theta & 0 & \cos\theta \end{pmatrix}$$

각각에 대해 단위벡터 세 개 $x = (1, 0, 0)^T$, $y = (0, 1, 0)^T$, $z = (0, 0, 1)^T$가 어떻게 그려지는지 그림을 그려보면 다음과 같습니다.

▼ 그림 5-1 평면 회전(3차원의 예)

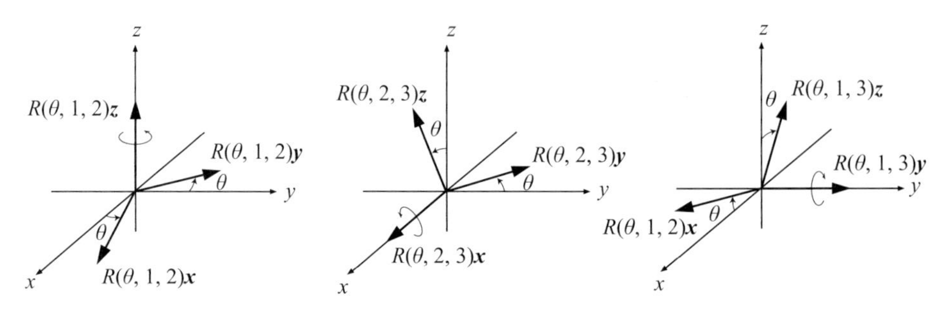

예를 들어 $R(\theta, 1, 2)$의 경우는 xy평면의 점은 2×2 회전 행렬 $R(\theta)$에 의한 변환을 적용받습니다. 그 이외의 점도 $z = c$(c는 정수)라는 평면을 생각하면 각 평면의 점이 2×2 회전 행렬 $R(\theta)$에 의한 변환을 적용받고 있습니다. $R(\theta, 2, 3)$의 경우는 $x = c$ 위의 점이 $R(\theta, 1, 3)$의 경우는 평면 $y = c$ 위의 점이 2×2 회전 행렬 $R(\theta)$에 의한 변환을 적용받고 있습니다.

일반 n차원 벡터는 $R(\theta, p, q)$를 곱하면 다음과 같이 p 성분과 q 성분만 변합니다.

$$R(\theta,\ p,\ q) = \begin{pmatrix} x_1 \\ \vdots \\ x_p \\ \vdots \\ x_q \\ \vdots \\ x_n \end{pmatrix} = \begin{pmatrix} x_1 \\ \vdots \\ x_p \cos\theta - x_q \sin\theta \\ \vdots \\ x_p \sin\theta + x_q \cos\theta \\ \vdots \\ x_n \end{pmatrix} \tag{5.1}$$

n차원 공간에서

$$\begin{aligned} x_1 &= c_1,\ \ldots,\ x_{p-1} = c_{p-1}, \\ x_{p+1} &= c_{p+1},\ \ldots,\ x_{q-1} = c_{q-1}, \\ x_{q+1} &= c_{q+1},\ \ldots,\ x_n = c_n \end{aligned}$$

라는 조건(x_p와 x_q를 제외한 모든 점이 지정된 정수와 같다)을 만족시키는 점의 집합은 평면을 이룹니다만, 평면 위의 점이 2×2 회전행렬 $R(\theta)$에 의한 변환을 받습니다.

자, 2×2 회전행렬 $R(\theta)$과 그 전치 $R(\theta)^T$를 곱하면

$$\begin{aligned} R(\theta)R(\theta)^T &= \begin{pmatrix} \cos\theta & -\sin\theta \\ \sin\theta & \cos\theta \end{pmatrix} \begin{pmatrix} \cos\theta & \sin\theta \\ -\sin\theta & \cos\theta \end{pmatrix} \\ &= \begin{pmatrix} \cos^2\theta + \sin^2\theta & \cos\theta\sin\theta - \sin\theta\cos\theta \\ \sin\theta\cos\theta - \cos\theta\sin\theta & \sin^2\theta + \cos^2\theta \end{pmatrix} = \begin{pmatrix} 1 & 0 \\ 0 & 1 \end{pmatrix} \end{aligned}$$

과 같이 단위행렬이 되므로 $R(\theta)$는 직교행렬[5]입니다. 즉, 전치를 취하면 역행렬이 됩니다. n차원의 평면 회전 $R(\theta, p, q)$도 마찬가지로 그 전치 $R(\theta, p, q)^T$를 곱하면

$$R(\theta,\ p,\ q)R(\theta,\ p,\ q)^T = I_n$$

과 같이 $n\times n$ 단위행렬 I_n이 되므로(실제로 확인해보십시오), 직교행렬입니다.

즉, 전치가 역행렬이 되는 셈입니다.

5 직교행렬은 E.2절 '대칭행렬과 직교행렬–실행렬의 경우'를 참고합니다.

5.2.2 평면 회전에 의한 닮음변환

야코비법은 주어진 실대칭행렬 A에 대해 평면 회전에 의한 닮음변환

$$A' = R(\theta, p, q)^T A\ R(\theta, p, q)$$

을 p, q, θ를 선택하면서 반복 시행하여 대각행렬에 다가가는 알고리즘입니다. 그러면 평면 회전에 의한 닮음변환으로 행렬 A가 어떻게 변하는지 조사해봅시다.

우선 $R(\theta, p, q)^T$를 A의 왼쪽부터 곱하면 A는 어떻게 변할까요? $R(\theta, p, q)$를 A의 왼쪽부터 곱하면 A의 각 열이 식 (5.1)과 같은 변환을 받아 p, q행만 변합니다. $R(\theta, p, q)^T$는 $R(\theta, p, q)$의 두 $\sin\theta$의 부호를 반대로 한 것이므로 $R(\theta, p, q)^T$를 A의 왼쪽부터 곱한 경우도 다음과 같이 p, q행만 변합니다.

$$\begin{pmatrix} a'_{p1} & \cdots & a'_{pn} \\ a'_{q1} & \cdots & a'_{qn} \end{pmatrix} = R(\theta, p, q)^T \begin{pmatrix} a_{p1} & \cdots & a_{pn} \\ a_{q1} & \cdots & a_{qn} \end{pmatrix}$$

각 성분의 구체적인 값은 다음과 같습니다.

$$\begin{aligned} a'_{pj} &= a_{pj} \cos\theta + a_{qj} \sin\theta \\ a'_{qj} &= -a_{pj} \sin\theta + a_{qj} \cos\theta \end{aligned} \quad (j = 1, \ldots, n) \tag{5.2}$$

식 (5.2) 양변의 전치를 취한 것을 생각해보면(두 행렬의 곱의 전치는 $(XY)^T = Y^T X^T$이 되는 것을 떠올립시다), $R(\theta, p, q)$를 A의 오른쪽부터 곱하면 p, q열만 변하는 것을 알 수 있습니다.

$$\begin{pmatrix} a'_{1p} & a'_{1q} \\ \vdots & \vdots \\ a'_{np} & a'_{nq} \end{pmatrix} = \begin{pmatrix} a_{1p} & a_{1q} \\ \vdots & \vdots \\ a_{np} & a_{nq} \end{pmatrix} R(\theta, p, q)$$

각 성분의 값은 다음과 같습니다.

$$\begin{aligned} a'_{ip} &= a_{ip} \cos\theta + a_{iq} \sin\theta \\ a'_{iq} &= -a_{ip} \sin\theta + a_{iq} \cos\theta \end{aligned} \quad (i = 1, \ldots, n) \tag{5.3}$$

이에 따라 A에 $R(\theta, p, q)^T$를 왼쪽에서 곱하여 $R(\theta, p, q)$를 오른쪽부터 곱하면 다음과 같이 p, q행과 p, q열로 이루어진 우물 모양 부분만 변하는 것을 알 수 있습니다.

$$
\begin{pmatrix}
 & a'_{1p} & & a'_{1q} & \\
 & \vdots & & \vdots & \\
a'_{p1} \cdots & a'_{pp} & \cdots & a'_{pq} & \cdots a'_{pn} \\
 & \vdots & & \vdots & \\
a'_{q1} \cdots & a'_{qp} & \cdots & a'_{qq} & \cdots a'_{qn} \\
 & \vdots & & \vdots & \\
 & a'_{np} & & a'_{nq} &
\end{pmatrix}
$$

$$
= R(\theta, p, q)^T
\begin{pmatrix}
 & a_{1p} & & a_{1q} & \\
 & \vdots & & \vdots & \\
a_{p1} \cdots & a_{pp} & \cdots & a_{pq} & \cdots a_{pn} \\
 & \vdots & & \vdots & \\
a_{q1} \cdots & a_{qp} & \cdots & a_{qq} & \cdots a_{qn} \\
 & \vdots & & \vdots & \\
 & a_{np} & & a_{nq} &
\end{pmatrix}
R(\theta, p, q)
$$

변환 후 우물 모양의 교점 외 성분의 값은 식 (5.2)와 (5.3)대로입니다. 교점의 네 성분은 식 (5.2)와 (5.3) 양변의 변환을 받으므로 변환 후의 값은 다음과 같습니다.

$$
\begin{aligned}
a'_{pp} &= (a_{pp}\cos\theta + a_{qp}\sin\theta)\cos\theta + (a_{pq}\cos\theta + a_{qq}\sin\theta)\sin\theta \\
&= a_{pp}\cos^2\theta + a_{qq}\sin^2\theta + (a_{pq} + a_{qp})\sin\theta\cos\theta \\
a'_{pq} &= -(a_{pp}\cos\theta + a_{qp}\sin\theta)\sin\theta + (a_{pq}\cos\theta + a_{qq}\sin\theta)\cos\theta \\
&= a_{pq}\cos^2\theta - a_{qp}\sin^2\theta + (a_{qq} - a_{pp})\sin\theta\cos\theta \\
a'_{qp} &= (-a_{pp}\sin\theta + a_{qp}\cos\theta)\cos\theta + (-a_{pq}\sin\theta + a_{qq}\cos\theta)\sin\theta \\
&= a_{qp}\cos^2\theta - a_{pq}\sin^2\theta + (a_{qq} - a_{pp})\sin\theta\cos\theta \\
a'_{qq} &= -(-a_{pp}\sin\theta + a_{qp}\cos\theta)\sin\theta + (-a_{pq}\sin\theta + a_{qq}\cos\theta)\cos\theta \\
&= a_{pp}\sin^2\theta + a_{qq}\cos^2\theta - (a_{pq} + a_{qp})\sin\theta\cos\theta
\end{aligned}
$$

여기서 A가 대칭행렬이므로 $a_{pq} = a_{qp}$가 성립함을 이용하면 이들의 갱신식은 좀 더 간단해집니다. 교점 이외의 부분도 정리하여 쓰면 평면 회전에 의한 닮음변환의 갱신식은 다음과 같습니다.

$$
\begin{aligned}
a'_{pj} &= a_{pj}\cos\theta + a_{qj}\sin\theta \\
a'_{qj} &= -a_{pj}\sin\theta + a_{qj}\cos\theta
\end{aligned}
\qquad (j \neq p, q)
$$

$$
\begin{aligned}
a'_{ip} &= a_{ip}\cos\theta + a_{ip}\sin\theta \\
a'_{iq} &= -a_{ip}\sin\theta + a_{ip}\cos\theta
\end{aligned}
\qquad (i \neq p, q)
$$

$$
\begin{aligned}
a'_{pp} &= a_{pp}\cos^2\theta + a_{qq}\sin^2\theta + 2a_{pq}\sin\theta\cos\theta \\
a'_{pq} &= a_{pq}(\cos^2\theta - \sin^2\theta) + (a_{qq} - a_{pp})\sin\theta\cos\theta
\end{aligned}
\qquad (5.4)
$$

자, 평면 회전의 회전각 θ입니다만, 야코비법에서는 닮음변환한 결과 $a'_{pq} = 0$이 되는 회전각 θ를 골라 닮음변환을 시행합니다. 그러한 회전각 θ를 구해봅시다. 식 (5.4)에서 $a'_{pq} = 0$이라고 하면

$$
\begin{aligned}
& a_{pq}(\cos^2\theta - \sin^2\theta) + (a_{qq} - a_{pp})\sin\theta\cos\theta = 0 \\
& \Rightarrow \frac{a_{pq}}{a_{pp} - a_{qq}} = \frac{\sin\theta\cos\theta}{\cos^2\theta - \sin^2\theta}
\end{aligned}
$$

가 되고, 우변에 2배각의 공식 $\sin 2\theta = 2\sin\theta\cos\theta$, $\cos 2\theta = \cos^2\theta - \sin^2\theta$을 대입하면

$$
\frac{a_{pq}}{a_{pp} - a_{qq}} = \frac{1}{2}\frac{\sin 2\theta}{\cos 2\theta} = \frac{1}{2}\tan 2\theta
$$

가 되므로 $a'_{pq} = 0$이 되는 θ는

$$
\theta = \frac{1}{2}\tan^{-1}\frac{2a_{pq}}{a_{pp} - a_{qq}}
$$

입니다.

여기서 평면 회전에 의한 닮음변환 한 번으로 A가 대각행렬에 얼마나 가까워졌는지 알아보기 위해서 행렬 A에 대해 다음과 같은 두 함수를 정의합니다.

$$
f(A) = \sum_{i \neq j} a_{ij}^2, \quad g(A) = \sum_{i} a_{ii}^2
$$

즉, $f(A)$는 행렬 A의 비대각성분[6]의 제곱합, $g(A)$는 대각성분의 제곱합입니다. 닮음변환마다 $f(A)$를 작게 하여 $f(A) = 0$이 되면 대각화가 완성된 것입니다. 평면 회전에 의한 닮음변환 한 번으로 $f(A)$가 얼마나 작아지는지 알아봅시다.

$R(\theta, p, q)^T$를 A의 왼쪽부터 곱한 경우 갱신식

$$
\begin{aligned}
a'_{pj} &= a_{pj}\cos\theta + a_{pj}\sin\theta \\
a'_{qj} &= -a_{pj}\sin\theta + a_{qj}\cos\theta
\end{aligned}
$$

에서 갱신 후 두 성분의 제곱합을 계산하면

$$
\begin{aligned}
a'^2_{pj} + a'^2_{qj} &= (a_{pj}\cos\theta + a_{pj}\sin\theta)^2 + (-a_{pj}\sin\theta + a_{pj}\cos\theta)^2 \\
&= a_{pj}^2 + a_{qj}^2
\end{aligned}
$$

6 대각성분 이외의 모든 성분

이 되고, 대응하는 성분의 제곱합은 변하지 않음을 알 수 있습니다. 마찬가지로 오른쪽부터 곱한 경우의 갱신식에서도 대응하는 성분의 제곱합은 변하지 않는 것을 알 수 있으므로 전체로서는 대각성분과 비대각성분이 대응하는 곳, 즉 pq평면 회전에 의한 닮음변환의 경우 a_{pq}의 제곱합만 $f(A)$에서 $g(A)$로 이동함을 알 수 있습니다. 이와 같은 곳이 a_{pq}와 a_{qp} 두 군데 있으므로 $f(A)$의 값은 닮음변환 한 번으로

$$f(A') = f(A) - 2a_{pq}^2$$

와 같이 감소합니다.

이상의 고찰에 따라 '$|a_{pq}|$가 최대인 p, $q(p \neq q)$를 선택하여 pq 평면 회전'을 반복하는 것으로 $f(A)$를 0에 가깝게 할 수 있음을 알 수 있습니다. $|a_{pq}|^2 \geq \frac{f(A)}{n^2-n}$에서 $f(A') \leq Cf(A)$가 보증되기 때문입니다(C는 $0 < C < 1$을 만족시키는 정수). $f(A)$가 0으로 향한다는 것은 A가 대각행렬로 향한다는 것이므로 충분히 가까워진 때 그 대각성분을 답하면 됩니다.

5.2.3 계산 공부

실제로 우물 모양 부분의 갱신(평면 회전에 의한 닮음변환)을 계산할 때 필요한 것은 $\sin\theta$와 $\cos\theta$ 값뿐, θ 값은 필요없습니다. 다음과 같이 하면 θ 값을 거치지 않고, $\sin\theta$와 $\cos\theta$의 값을 구할 수 있습니다. 우선

$$1 + \tan^2 2\theta = \frac{\cos^2 2\theta + \sin^2 2\theta}{\cos^2 2\theta} = \frac{1}{\cos^2 2\theta}$$

이고, $0 \leq \theta \leq 1/4$인 경우 $\cos 2\theta \geq 0$이므로 양변의 제곱근을 취하여

$$\frac{1}{\sqrt{1 + \tan^2 2\theta}} = \cos 2\theta$$

임을 알 수 있습니다. 더욱이 이배각 공식 $\cos 2\theta = \cos^2\theta - \sin^2\theta = 2\cos^2\theta - 1$과 $0 \leq \theta \leq 1/4$인 경우 $\cos\theta > 0$을 사용하면

$$\cos\theta = \sqrt{\frac{1}{2}\left(1 + \frac{1}{\sqrt{1 + \tan^2 2\theta}}\right)}$$

와 같이 가감승제와 두 번의 제곱근만으로 $\cos\theta$가 구해집니다. 이를 토대로 $\sin\theta$도 가감승제와 한 번의 제곱근으로 구할 수 있습니다.

또한, p, q의 선택도 일일이 최대를 찾는 것보다 '닥치는 대로 차례차례 해 나간다(괜찮다면 역치 이하는 날린다)' 쪽이 실제로 계산량을 줄일 수 있습니다.

LINEAR ALGEBRA

5.3 거듭제곱의 원리

이 절에서는 거듭제곱법이란 알고리즘을 설명합니다. 거듭제곱법은 기본적으로는 '절댓값 최대의 고윳값을 구하는' 알고리즘입니다만, 응용하여 '절댓값 최소의 고윳값을 구하는' 경우나 '모든 고윳값을 구하는'경우에도 사용할 수 있습니다. 거듭제곱법의 원리를 이해해두면 이후에 나오는 QR법과 역반복법의 원리도 원활하게 이해할 수 있습니다. 거듭제곱법을 설명하는 이유는 주로 이 때문이므로 설명은 원리적인 부분만 하고, 알고리즘으로서의 자세한 부분은 생략합니다. 5.3.2절 '절댓값 최소의 고윳값을 구하는 경우'가 역반복법의 기초, 5.3.4절 '모든 고윳값을 구하는 경우'가 QR법의 기초입니다.

5.3.1 절댓값 최대의 고윳값을 구하는 경우

거듭제곱의 기본이 되는 것은 '절댓값 최대의 고윳값을 구하는 경우'로 적당히 고른 초깃값 벡터 $\boldsymbol{v}$에 대해 A를 반복하여 곱하면 A의 절댓값 최대의 고윳값에 대응하는 고유벡터 $\boldsymbol{x}_1$의 방향에 다가가는 것을 이용합니다.

$$\boldsymbol{v},\ A\boldsymbol{v},\ A^2\boldsymbol{v},\ A^3\boldsymbol{v},\ \cdots \rightarrow (\boldsymbol{x}_1\text{의 방향})$$

왜 이렇게 되는지 생각해봅시다. 행렬 $A(\neq O)$가 대각화 가능한 경우를 생각하며 그 고윳값 λ_1, λ_2, ..., λ_n에 대응하는 고유벡터가 $\boldsymbol{x}_1$, $\boldsymbol{x}_2$, ..., $\boldsymbol{x}_n$이라 합니다. 단, 고윳값은 절댓값의 대소순으로 나열되어 있습니다.

$$\begin{cases} A\boldsymbol{x}_1 &= \lambda_1\boldsymbol{x}_1 \\ A\boldsymbol{x}_2 &= \lambda_2\boldsymbol{x}_2 \\ &\vdots \\ A\boldsymbol{x}_n &= \lambda_n\boldsymbol{x}_n \end{cases} \qquad |\lambda_1| \geq |\lambda_2| \geq \cdots \geq |\lambda_n|$$

적당히 고른 초깃값 벡터 $\boldsymbol{v}$가 A의 고유벡터의 선형결합으로서

$$\boldsymbol{v} = v_1\boldsymbol{x}_1 + v_2\boldsymbol{x}_2 + \cdots + v_n\boldsymbol{x}_n$$

이라고 나타내어지면 v에 A를 k번 곱한 경우

$$\begin{aligned} A^k\boldsymbol{v} &= v_1A^k\boldsymbol{x}_1 + v_2A^k\boldsymbol{x}_2 + \cdots + v_nA^k\boldsymbol{x}_n \\ &= v_1\lambda_1^k\boldsymbol{x}_1 + v_2\lambda_2^k\boldsymbol{x}_2 + \cdots + v_n\lambda_n^k\boldsymbol{x}_n \end{aligned}$$

이 됩니다. 우변을 $\lambda^k{}_1$로 나누면

$$A^k\boldsymbol{v} \,//\, v_1\boldsymbol{x}_1 + v_2\left(\frac{\lambda_2}{\lambda_1}\right)^k \boldsymbol{x}_2 + \cdots + v_n\left(\frac{\lambda_n}{\lambda_1}\right)^k \boldsymbol{x}_n$$

이 됩니다. 단, //는 두 벡터가 평행(같은 방향)이란 의미입니다. 우변의 형태에서 $|\lambda_1| > |\lambda_2|$이면 $\left(\frac{\lambda_2}{\lambda_1}\right)^k, \ldots, \left(\frac{\lambda_n}{\lambda_1}\right)^k$의 각 항은 k가 커짐에 따라 급속하게 0에 가까워집니다. 그러므로 정말 운 나쁘게 $v_1 = 0$이 되는 $\boldsymbol{v}$를 고르게 된 경우를 제외하고 $A^k\boldsymbol{v}$는 $\boldsymbol{x}_1$의 방향에 가까워짐을 알 수 있습니다.

$A^k\boldsymbol{v}$가 충분히 $\boldsymbol{x}_1$에 가까워진 후 여기에 A를 한 번 곱하면 몇 배로 늘어나는지를 알아보면 대응하는 절댓값 최대의 고윳값 λ_1의 값을 알 수 있습니다. 이것이 거듭제곱법의 원리입니다.

실제로 계산할 때 $|\lambda_1| > 1$인 경우는 계산 중에 $A^k\boldsymbol{v}$의 각 성분이 너무 커지고, 반대로 $|\lambda_1| < 1$인 경우는 너무 작아져 수치의 정도라는 점에서 적합하지 않은 경우가 발생하므로 다음과 같이 각 스텝에서 길이가 1이 되도록 조절하면서 계산합니다. $\|\boldsymbol{v}\|$는 $\boldsymbol{v}$의 길이입니다(부록 E).

$$\begin{aligned} \boldsymbol{q}_1 = \frac{\boldsymbol{v}}{\|\boldsymbol{v}\|} \quad &\Rightarrow \quad \boldsymbol{v}_2 = A\boldsymbol{q}_1 \quad \Rightarrow \quad \boldsymbol{q}_2 = \frac{\boldsymbol{v}_2}{\|\boldsymbol{v}_2\|} \\ &\Rightarrow \quad \cdots \\ &\Rightarrow \quad \boldsymbol{v}_{k+1} = A\boldsymbol{q}_k \quad \Rightarrow \quad \boldsymbol{q}_{k+1} \frac{\boldsymbol{v}_{k+1}}{\|\boldsymbol{v}_{k+1}\|} \\ &\Rightarrow \quad \cdots \end{aligned}$$

5.3.2 절댓값 최소의 고윳값을 구하는 경우

앞 절의 기본형 거듭제곱법을 응용하여 행렬의 절댓값 최소의 고윳값을 구하는 것도 가능합니다. 이 경우는 적당히 고른 초깃값 벡터 $\boldsymbol{v}$에 행렬 A의 역행렬 A^{-1}를 반복하여 곱하면 A의 절댓값 최소의 고윳값에 대응하는 고유벡터 $\boldsymbol{x}_n$의 방향에 가까워짐을 이용합니다.

$$\boldsymbol{v},\ A^{-1}\boldsymbol{v},\ (A^{-1})^2\boldsymbol{v},\ (A^{-1})^3\boldsymbol{v},\ \cdots \rightarrow (\boldsymbol{x}_n\text{의 방향})$$

왜 이렇게 되는지 생각해봅시다. 행렬 A가 대각화 가능한 경우를 생각하며 변환행렬 P에 따라

$$A = P\begin{pmatrix} \lambda_1 & & & \\ & \lambda_2 & & \\ & & \ddots & \\ & & & \lambda_n \end{pmatrix}P^{-1}$$

과 같이 대각화된다고 합시다. 그러면 A의 역행렬 A^{-1}은

$$A^{-1} = P\begin{pmatrix} \frac{1}{\lambda_1} & & & \\ & \frac{1}{\lambda_2} & & \\ & & \ddots & \\ & & & \frac{1}{\lambda_n} \end{pmatrix}P^{-1}$$

이 됩니다.[7] 이에 따라 A의 절댓값 최소의 고윳값 λ_n은 A^{-1}의 절댓값 최대의 고윳값 $1/\lambda_n$과 대응하고, 고유벡터는 동시에 변환행렬 P의 n열이어서 공통인 것을 알 수 있습니다.[8] 따라서 $|\lambda_{n-1}| > |\lambda_n|$이면 앞 절과 같은 논의로 정말 운이 나쁜 $\boldsymbol{v}$를 골라버린 경우를 제외하고 $(A^{-1})^k\boldsymbol{v}$가 $\boldsymbol{x}_n$의 방향에 가까워짐을 알 수 있습니다. $(A^{-1})^k\boldsymbol{v}$가 충분히 $\boldsymbol{x}_n$에 가까워지면 이것을 토대로 절댓값 최소의 고윳값 λ_n을 구하는 것이 가능합니다.

실제로 계산할 때는 역행렬 A^{-1}을 구하는 데 계산량이 많이 필요하므로 우선 역행렬 A^{-1} 대신에 LU 분해 $A = LU$를 구합니다. 예를 들어 벡터 $\boldsymbol{y}$에 A^{-1}을 곱하는 계산 $\boldsymbol{x} = A^{-1}\boldsymbol{y}$는 '$L\boldsymbol{z} = \boldsymbol{y}$를 푼다 $\Rightarrow U\boldsymbol{x} = \boldsymbol{z}$를 푼다'라는 두 단계[9]로 계산합니다. 더욱이 절댓값 최대의 고윳값을 구하는 경우와 마찬가지로 각 스텝에서 벡터의 길이를 1이 되도록 조정하면서 계산합니다.

$$\begin{aligned} \boldsymbol{q}_1 = \frac{\boldsymbol{v}}{\|\boldsymbol{v}\|} &\Rightarrow L\boldsymbol{z} = \boldsymbol{q}_1\text{를 푼다} \Rightarrow U\boldsymbol{v}_2 = \boldsymbol{z}\text{를 푼다} \Rightarrow \boldsymbol{q}_2 = \frac{\boldsymbol{v}_2}{\|\boldsymbol{v}_2\|} \\ &\Rightarrow \cdots \\ &\Rightarrow L\boldsymbol{z} = \boldsymbol{q}_k\text{를 푼다} \Rightarrow U\boldsymbol{v}_{k+1} = \boldsymbol{z}\text{를 푼다} \Rightarrow \boldsymbol{q}_{k+1} \frac{\boldsymbol{v}_{k+1}}{\|\boldsymbol{v}_{k+1}\|} \\ &\Rightarrow \cdots \end{aligned}$$

---

7 위의 A의 A^{-1}를 놓고 AA^{-1}과 $A^{-1}A$를 암산으로 계산해보십시오.

8 P의 n열에 A와 A^{-1}을 곱하는 계산을 해보십시오.

9 이것으로 A^{-1}을 얻은 경우에 A^{-1}을 $\boldsymbol{y}$에 곱하는 것과 계산량은 같습니다. 자세한 내용은 3장 'LU 분해로 시행하자 – 컴퓨터에서의 계산 (1)'을 참고합니다.

5.3.3 QR 분해

다음 절 '모든 고윳값을 구하는 경우'에서 필요한 QR 분해를 설명합니다. 또한, 그 후에 나오는 QR법은 이름 그대로 QR 분해를 토대로 한 알고리즘입니다. QR 분해 $A = QR$을 한마디로 표현하면 'Q는 A의 열벡터의 그람-슈미트(Gram-Schmidt) 정규직교화, R은 A의 열벡터의 정규직교기저에 관한 성분 표시'입니다.

n개의 선형독립인 n차원 종벡터 $\boldsymbol{a}_1, \boldsymbol{a}_2, \ldots, \boldsymbol{a}_n$를 그람-슈미트 방법으로 정규직교화하여 정규직교기저 $\boldsymbol{q}_1, \boldsymbol{q}_2, \ldots, \boldsymbol{q}_n$를 얻는 순서는 다음과 같습니다. $\boldsymbol{x} \cdot \boldsymbol{y}$는 $\boldsymbol{x}$와 $\boldsymbol{y}$의 내적입니다(부록 E).

$$
\begin{aligned}
\boldsymbol{q}_1 &= \boldsymbol{p}_1 / \|\boldsymbol{p}_1\|, \quad \boldsymbol{p}_1 = \boldsymbol{a}_1 \\
\boldsymbol{q}_2 &= \boldsymbol{p}_2 / \|\boldsymbol{p}_2\|, \quad \boldsymbol{p}_2 = \boldsymbol{a}_2 - (\boldsymbol{a}_2 \cdot \boldsymbol{q}_1)\boldsymbol{q}_1 \\
\boldsymbol{q}_3 &= \boldsymbol{p}_3 / \|\boldsymbol{p}_3\|, \quad \boldsymbol{p}_3 = \boldsymbol{a}_3 - (\boldsymbol{a}_3 \cdot \boldsymbol{q}_1)\boldsymbol{q}_1 - (\boldsymbol{a}_3 \cdot \boldsymbol{q}_2)\boldsymbol{q}_2 \\
&\vdots \qquad\qquad\qquad \vdots \\
\boldsymbol{q}_n &= \boldsymbol{p}_n / \|\boldsymbol{p}_n\|, \quad \boldsymbol{p}_n = \boldsymbol{a}_n - (\boldsymbol{a}_n \cdot \boldsymbol{q}_1)\boldsymbol{q}_1 - (\boldsymbol{a}_n \cdot \boldsymbol{q}_{n-1})\boldsymbol{q}_{n-1}
\end{aligned}
$$

각 스텝에서 $\boldsymbol{a}_k$를 $\boldsymbol{q}_1, \boldsymbol{q}_2, \ldots, \boldsymbol{q}_{k-1}$과 직교하도록 수정한 것을 $\boldsymbol{p}_k$라 하고, 이것을 정규화(길이를 1로 한다)하여 $\boldsymbol{q}_k$라고 합니다. 종벡터 $\boldsymbol{a}_1, \boldsymbol{a}_2, \ldots, \boldsymbol{a}_n$를 나열하여 생기는 행렬을 A, $\boldsymbol{q}_1, \boldsymbol{q}_2, \ldots, \boldsymbol{q}_n$를 나열하여 생기는 행렬을 Q라고 쓰기로 합니다.

$$
A = \begin{pmatrix} a_{11} & a_{12} & \cdots & a_{1n} \\ a_{21} & a_{22} & \cdots & a_{2n} \\ \vdots & \vdots & \ddots & \vdots \\ a_{n1} & a_{n2} & \cdots & a_{nn} \end{pmatrix}, \quad \boldsymbol{a}_1 = \begin{pmatrix} a_{11} \\ a_{21} \\ \vdots \\ a_{n1} \end{pmatrix}, \quad \boldsymbol{a}_2 = \begin{pmatrix} a_{12} \\ a_{22} \\ \vdots \\ a_{n2} \end{pmatrix}, \quad \cdots, \quad \boldsymbol{a}_n = \begin{pmatrix} a_{1n} \\ a_{2n} \\ \vdots \\ a_{nn} \end{pmatrix}
$$

$$
Q = \begin{pmatrix} q_{11} & q_{12} & \cdots & q_{1n} \\ q_{21} & q_{22} & \cdots & q_{2n} \\ \vdots & \vdots & \ddots & \vdots \\ q_{n1} & q_{n2} & \cdots & q_{nn} \end{pmatrix}, \quad \boldsymbol{q}_1 = \begin{pmatrix} q_{11} \\ q_{21} \\ \vdots \\ q_{n1} \end{pmatrix}, \quad \boldsymbol{q}_2 = \begin{pmatrix} q_{12} \\ q_{22} \\ \vdots \\ q_{n2} \end{pmatrix}, \quad \cdots, \quad \boldsymbol{q}_n = \begin{pmatrix} q_{1n} \\ q_{2n} \\ \vdots \\ q_{nn} \end{pmatrix}
$$

이 경우 두 행렬 A와 Q의 관계는 어떻게 될까요?

그람-슈미트 방법으로 $\boldsymbol{a}_1, \boldsymbol{a}_2, \ldots, \boldsymbol{a}_n$에서 $\boldsymbol{q}_1, \boldsymbol{q}_2, \ldots, \boldsymbol{q}_n$을 얻는 정규직교화의 순서를 바라보면 $\boldsymbol{a}_1$은 $\boldsymbol{q}_1$의 정수배이고, $\boldsymbol{a}_2$는 $\boldsymbol{q}_1$과 $\boldsymbol{q}_2$의 선형결합, $\boldsymbol{a}_3$은 $\boldsymbol{q}_1$과 $\boldsymbol{q}_2$와 $\boldsymbol{q}_3$의 선형결합, $\boldsymbol{a}_4$는 $\boldsymbol{q}_1$과 $\boldsymbol{q}_2$와 $\boldsymbol{q}_3$와 $\boldsymbol{q}_4$의 선형결합…… 관계임을 알 수 있습니다. 구체적으로 살펴보겠습니다.

$$
\begin{aligned}
r_{ii} &= \|\boldsymbol{p}_1\| \qquad (1 \le i \le n) \\
r_{ij} &= \boldsymbol{a}_j \cdot \boldsymbol{q}_i \qquad (1 \le i < j \le n)
\end{aligned}
$$

이 식의 정규직교화 순서는

$$\boldsymbol{q}_1 = \frac{1}{r_{11}}\boldsymbol{a}_1$$

$$\boldsymbol{q}_2 = \frac{1}{r_{22}}(\boldsymbol{a}_2 - r_{12}\boldsymbol{q}_1)$$

$$\boldsymbol{q}_3 = \frac{1}{r_{33}}(\boldsymbol{a}_3 - r_{13}\boldsymbol{q}_1 - r_{23}\boldsymbol{q}_2)$$

$$\vdots$$

$$\boldsymbol{q}_n = \frac{1}{r_{nn}}(\boldsymbol{a}_n - r_{1n}\boldsymbol{q}_1 - \cdots - r_{n-1,\ n}\boldsymbol{q}_{n-1})$$

이고, $\boldsymbol{a}_1$, $\boldsymbol{a}_2$, ..., $\boldsymbol{a}_n$과 $\boldsymbol{q}_1$, $\boldsymbol{q}_2$, ..., $\boldsymbol{q}_n$의 관계를 나타내는 형태로 정리하면

$$\boldsymbol{a}_1 = r_{11}\boldsymbol{q}_1$$

$$\boldsymbol{a}_2 = r_{12}\boldsymbol{q}_1 + r_{22}\boldsymbol{q}_2$$

$$\vdots$$

$$\boldsymbol{a}_n = r_{1n}\boldsymbol{q}_1 + r_{2n}\boldsymbol{q}_2 + \cdots + r_{nn}\boldsymbol{q}_n$$

이 됩니다. 이를 행렬 A와 Q의 관계로 나타내면

$$\begin{pmatrix} a_{11} & a_{12} & \cdots & a_{1n} \\ a_{21} & a_{22} & \cdots & a_{2n} \\ \vdots & \vdots & & \vdots \\ a_{n1} & a_{n2} & \cdots & a_{nn} \end{pmatrix} = \begin{pmatrix} q_{11} & q_{12} & \cdots & q_{1n} \\ q_{21} & q_{22} & \cdots & q_{2n} \\ \vdots & \vdots & & \vdots \\ q_{n1} & q_{n2} & \cdots & q_{nn} \end{pmatrix} \begin{pmatrix} r_{11} & r_{12} & \cdots & r_{1n} \\ 0 & r_{22} & \cdots & r_{2n} \\ \vdots & \ddots & \ddots & \vdots \\ 0 & \cdots & 0 & r_{nn} \end{pmatrix}$$

이 됩니다. 이것이 행렬 A의 QR 분해이고, 보통 가장 오른쪽 우상삼각행렬을 R로 두고

$$A = QR$$

이라 나타냅니다. 행렬 Q의 각 열벡터는 정규직교화되어 있으므로

$$Q^T Q = I$$

가 성립하고, 직교행렬입니다. 따라서 열벡터가 선형독립인 임의의 행렬 A는 직교행렬 Q와 우상삼각행렬 R의 곱으로 분해되는 것을 알 수 있습니다. 실제 수치적으로 QR 분해를 계산하는 경우 앞에서 설명에 사용한 그람-슈미트의 정규직교화에 의거한 방법이 아니라, 평면 회전(5.2.1절)이나 거울변환(5.4.3절)을 응용한 알고리즘을 사용합니다. 그람-슈미트 방법에는 오차가 축적되는 결점이 있기 때문입니다.

5.2 '직교행렬의 집합은 Lie군'이라는 이야기를 들은 적이 있는데요?

두 직교행렬의 곱은 반드시 직교행렬입니다.[10] 또한, 직교행렬의 역행렬도 직교행렬입니다. 따라서 '$n \times n$ 직교행렬의 집합'이라는 '$n \times n$ 행렬전체의 집합'의 부분집합은, 이들 조작으로는 이 부분집합의 밖에 나와서는 안 되는 '닫힌 세계'로 되어 있습니다. 이러한 '닫힌' 부분집합은 '군을 이룬다'[11]라고 합니다. '행렬의 군' 외에도 '치환의 군' 등 군의 예는 얼마든지 있습니다만, '행렬의 군'에 한해서 정의를 서술해보면 다음과 같습니다.

> '$n \times n$ 행렬 전체의 집합'의 어느 부분집합이 세 조건을 만족할 때, 이 부분집합은 '군을 이룬다' 라고 합니다.
>
> 1. 이 부분집합에 단위행렬이 포함된다.
> 2. 이 부분집합에 포함되는 행렬의 역행렬은 반드시 이 부분집합에 포함된다.
> 3. 이 부분집합에 포함되는 두 행렬의 곱은 반드시 이 부분집합에 포함된다.

'$n \times n$ 직교행렬의 집합'이 군의 정의를 만족하는 것을 확인합시다. 이 집합에 단위행렬이 포함되어 있는 것은 분명하므로,

$$(\text{직교행렬})^{-1} = (\text{직교행렬})$$

$$(\text{직교행렬}) \times (\text{직교행렬}) = (\text{직교행렬})$$

을 만족시키는 것을 확인하면 충분하며 실제로 계산해보면 확인할 수 있습니다.

다른 예를 들면 '정규 $n \times n$ 우상삼각행렬의 집합'도 군의 정의를 만족시킵니다. 이 경우도 이 집합에 단위행렬이 포함되는 것은 분명하므로

$$(\text{우상삼각행렬})^{-1} = (\text{우상삼각행렬})$$

$$(\text{우상삼각행렬}) \times (\text{우상삼각행렬}) = (\text{우상삼각행렬})$$

을 만족시키는 것을 확인하면 충분하며 실제로 계산해보면 확인할 수 있습니다.

예를 들어, 다음과 같이 2×2 행렬로 이루어진 세 집합도 군의 정의를 만족시킵니다.

$$\left\{ \begin{pmatrix} 1 & 0 \\ 0 & 1 \end{pmatrix}, \begin{pmatrix} \cos 120^\circ & -\sin 120^\circ \\ \sin 120^\circ & \cos 120^\circ \end{pmatrix}, \begin{pmatrix} \cos 240^\circ & -\sin 240^\circ \\ \sin 240^\circ & \cos 240^\circ \end{pmatrix} \right\}$$

---

10 확인하려면 A, B가 직교행렬인 ($A^T A = AA^T = I$, $B^T B = BB^T = I$) 경우 AB도 직교행렬이다, 즉 $(AB)^T(AB)$와 $(AB)(AB)^T$가 단위행렬 I가 됨을 나타내면 됩니다.

11 '무리를 이룬다'고 읽는 사람이 자주 있습니다만, 아닙니다. '군을 이룬다'라고 읽습니다.

이는 이산적인(띄엄띄엄 있는) 행렬의 군입니다. 앞에서 제시한 두 가지 예는 연속적입니다. 연속적인 행렬의 군은 Lie군의 한 예입니다.

자, 지금까지 나온 행렬의 부분집합은 모두 군을 이룹니다만, 어떤 행렬의 부분집합이라도 반드시 군이 되는 것이 아니라, 예를 들어 '$n \times n$ 대칭행렬의 집합' 등 오히려 군을 이루지 않는 행렬의 부분집합 쪽을 간단하게 만들 수 있습니다. 예에서 보았듯이 '직교행렬의 집합'과 '우상삼각행렬의 집합'이 그 집합의 행렬을 아무리 곱해도 그 집합의 밖으로 나올 수 없는 '닫힌 세계'임은 나중에 QR법을 생각하는 포인트가 됩니다.

5.3.4 모든 고윳값을 구하는 경우

거듭제곱법으로 모든 고윳값을 구하는 경우 '적당히 고른 n개의 선형독립인 초깃값 벡터 $\boldsymbol{v}_1, \boldsymbol{v}_2, \ldots, \boldsymbol{v}_n$에 대해 A를 반복하여 곱하면 이들을 그람-슈미트 방법으로 정규직교화한 것이 A의 고유벡터가 만드는 계층적인 부분공간의 정규직교기저에 가까워진다'는 것을 이용합니다. 구체적으로 A의 고윳값을 절댓값의 대소순으로[12] $\lambda_1, \lambda_2, \ldots, \lambda_n$, 대응하는 고유벡터를 $\boldsymbol{x}_1, \boldsymbol{x}_2, \ldots, \boldsymbol{x}_n$로 하여 $A^k\boldsymbol{v}_1, A^k\boldsymbol{v}_2, \ldots, A^k\boldsymbol{v}_n$를 정규직교화한 것을 $\boldsymbol{q}_1(k), \boldsymbol{q}_2(k), \ldots, \boldsymbol{q}_n(k)$라고 합시다. k의 증가에 따라

$$\begin{aligned}
&\mathrm{span}\{\boldsymbol{q}_1(k)\} \to \mathrm{span}\{\boldsymbol{x}_1\} \\
&\mathrm{span}\{\boldsymbol{q}_1(k), \boldsymbol{q}_2(k)\} \to \mathrm{span}\{\boldsymbol{x}_1, \boldsymbol{x}_2\} \\
&\mathrm{span}\{\boldsymbol{q}_1(k), \boldsymbol{q}_2(k), \boldsymbol{q}_3(k)\} \to \mathrm{span}\{\boldsymbol{x}_1, \boldsymbol{x}_2, \boldsymbol{x}_3\} \\
&\quad\vdots \\
&\mathrm{span}\{\boldsymbol{q}_1(k), \boldsymbol{q}_2(k), \ldots, \boldsymbol{q}_n(k)\} \to \mathrm{span}\{\boldsymbol{x}_1, \boldsymbol{x}_2, \ldots, \boldsymbol{x}_n\}
\end{aligned} \tag{5.5}$$

이 됩니다.

왜 이렇게 되는지 생각해봅시다. 적당히 고른 초깃값 벡터 n개가 A의 고유벡터의 선형결합으로

$$\begin{aligned}
\boldsymbol{v}_1 &= v_{11}\boldsymbol{x}_1 + v_{12}\boldsymbol{x}_2 + \cdots + v_{1n}\boldsymbol{x}_n \\
\boldsymbol{v}_2 &= v_{21}\boldsymbol{x}_1 + v_{22}\boldsymbol{x}_2 + \cdots + v_{2n}\boldsymbol{x}_n \\
&\ \ \vdots \\
\boldsymbol{v}_n &= v_{n1}\boldsymbol{x}_1 + v_{n2}\boldsymbol{x}_2 + \cdots + v_{nn}\boldsymbol{x}_n
\end{aligned}$$

이라 나타내어진다고 하면 여기에 A를 k번 곱한 경우

12 여기서는 $|\lambda_1| > |\lambda_2| > \cdots > |\lambda_n|$, 즉 절댓값이 같은 고윳값이 없는 경우를 생각합니다.

$$
\begin{aligned}
A^k \boldsymbol{v}_1 &= v_{11}\lambda_1^k \boldsymbol{x}_1 + v_{12}\lambda_2^k \boldsymbol{x}_2 + \cdots + v_{1n}\lambda_n^k \boldsymbol{x}_n \\
A^k \boldsymbol{v}_2 &= v_{21}\lambda_1^k \boldsymbol{x}_1 + v_{22}\lambda_2^k \boldsymbol{x}_2 + \cdots + v_{2n}\lambda_n^k \boldsymbol{x}_n \\
&\vdots \\
A^k \boldsymbol{v}_n &= v_{n1}\lambda_1^k \boldsymbol{x}_1 + v_{n2}\lambda_2^k \boldsymbol{x}_2 + \cdots + v_{nn}\lambda_n^k \boldsymbol{x}_n
\end{aligned}
$$

이 됩니다. 이를 그람-슈미트 방법으로 정규직교화하여 $\boldsymbol{q}_1$, $\boldsymbol{q}_2$, ..., $\boldsymbol{q}_n$을 얻는 순서는 다음과 같습니다.

$$
\begin{aligned}
&\boldsymbol{q}_1(k) = \boldsymbol{p}_1(k)/\|\boldsymbol{p}_1(k)\|, && \boldsymbol{p}_1(k) = A^k \boldsymbol{v}_1 \\
&\boldsymbol{q}_2(k) = \boldsymbol{p}_2(k)/\|\boldsymbol{p}_2(k)\|, && \boldsymbol{p}_2(k) = A^k \boldsymbol{v}_2 - (A^k \boldsymbol{v}_2 \cdot \boldsymbol{q}_1)\boldsymbol{q}_1 \\
&\boldsymbol{q}_3(k) = \boldsymbol{p}_3(k)/\|\boldsymbol{p}_3(k)\|, && \boldsymbol{p}_3(k) = A^k \boldsymbol{v}_3 - (A^k \boldsymbol{v}_3 \cdot \boldsymbol{q}_1)\boldsymbol{q}_1 - (A^k \boldsymbol{v}_3 \cdot \boldsymbol{q}_2)\boldsymbol{q}_2 \\
&\qquad\vdots && \qquad\vdots \\
&\boldsymbol{q}_n(k) = \boldsymbol{p}_n(k)/\|\boldsymbol{p}_n(k)\|, && \boldsymbol{p}_n(k) = A^k \boldsymbol{v}_n - (A^k \boldsymbol{v}_n \cdot \boldsymbol{q}_1)\boldsymbol{q}_1 - \cdots - (A^k \boldsymbol{v}_n \cdot \boldsymbol{q}_{n-1})\boldsymbol{q}_{n-1}
\end{aligned}
$$

'절댓값 최대의 고윳값을 구하는 경우'의 순서를 떠올리면 $A^k\boldsymbol{v}_1$, $A^k\boldsymbol{v}_2$, ..., $A^k\boldsymbol{v}_n$은 모두 $\boldsymbol{x}_1$ 방향에 가까워지고 있음을 알 수 있습니다. 따라서 $\boldsymbol{q}_1(k)$도 $\boldsymbol{x}_1$ 방향에 가까워지므로

$$
\mathrm{span}\{\boldsymbol{q}_1(k)\} \to \mathrm{span}\{\boldsymbol{x}_1\}
$$

이 됩니다.

다음으로 $A^k\boldsymbol{v}_1$과 $A^k v_2$에서 정규직교화의 순서로 $\boldsymbol{q}_2(k)$를 구하는 부분을 생각해보겠습니다. $A^k\boldsymbol{v}_1$과 $A^k\boldsymbol{v}_2$는 동시에 $\boldsymbol{x}_1$ 방향에 가까워집니다만, 초깃값 벡터 $\boldsymbol{v}_1$, $\boldsymbol{v}_2$, ..., $\boldsymbol{v}_n$을 선형독립이 되도록 골라야 하므로 완전히 같은 방향이 되지 않고, 따라서 $\boldsymbol{p}_2(k) = \boldsymbol{o}$이 되는 일은 없습니다. 그러면 $\boldsymbol{q}_1(k)$과 $\boldsymbol{q}_2(k)$는 $A^k\boldsymbol{v}_1$과 $A^k\boldsymbol{v}_2$가 만드는 2차원 부분공간의 정규직교기저가 됩니다만, 2차원 부분공간은 k가 커짐에 따라 어떠한 2차원 부분공간에 가까워지는 것일까요?

$A^k\boldsymbol{v}_1$이 만드는 1차원 부분공간을 생각하는 경우 $A^k\boldsymbol{v}_1$을 다음과 같이 근사했습니다.

$$
A^k \boldsymbol{v}_1 \approx \boldsymbol{v}_{11}\lambda_1^k \boldsymbol{x}_1
$$

이것은 $|\lambda_1| > |\lambda_2| > \cdots > |\lambda_n|$이라 가정한 경우 k가 커지면 각각의 k곱의 비가 매우 커져서 큰 것에 비해 작은 것은 무사할 수 있게 되어 있기 때문입니다. 마찬가지로 $A^k\boldsymbol{v}_1$과 $A^k\boldsymbol{v}_2$가 만드는 2차원 부분공간을 생각하는 경우 $A^k\boldsymbol{v}_1$과 $A^k\boldsymbol{v}_2$를 다음과 같이 근사할 수 있습니다.[13]

13 $A^k\boldsymbol{v}_1$도 $A^k\boldsymbol{v}_2$도 $\boldsymbol{x}_1$ 방향에 가까워지는 것은 1항만으로도 알 수 있습니다. 그러나 그것만으로는 $A^k\boldsymbol{v}_1$과 $A^k\boldsymbol{v}_2$가 만드는 부분공간이 어디를 향하는지는 알 수 없습니다. 그러므로 다음 2항까지는 성실하게 조사해야 합니다. 나머지는 1, 2항에 비하면 사소한 먼지이므로 $k \to \infty$의 고찰에서는 무시합니다.

$$A^k \boldsymbol{v}_1 \approx \boldsymbol{v}_{11}\lambda_1^k \boldsymbol{x}_1 + \boldsymbol{v}_{12}\lambda_2^k \boldsymbol{x}_2$$
$$A^k \boldsymbol{v}_2 \approx \boldsymbol{v}_{21}\lambda_1^k \boldsymbol{x}_1 + \boldsymbol{v}_{22}\lambda_2^k \boldsymbol{x}_2$$

따라서 $\boldsymbol{q}_1(k)$와 $\boldsymbol{q}_2(k)$가 만드는 2차원 부분공간은 $\boldsymbol{x}_1$과 $\boldsymbol{x}_2$가 만드는 2차원 부분공간에 가까워집니다.

$$\text{span}\{\boldsymbol{q}_1(k), \boldsymbol{q}_2(k)\} \to \text{span}\{\boldsymbol{x}_1, \boldsymbol{x}_2\}$$

마찬가지로 $A^k \boldsymbol{v}_1$과 $A^k \boldsymbol{v}_2$와 $A^k \boldsymbol{v}_3$가 만드는 3차원 부분공간을 생각하는 경우 $A^k \boldsymbol{v}_1$과 $A^k \boldsymbol{v}_2$와 $A^k \boldsymbol{v}_3$를 다음과 같이 근사합니다.

$$A^k \boldsymbol{v}_1 \approx \boldsymbol{v}_{11}\lambda_1^k \boldsymbol{x}_1 + \boldsymbol{v}_{12}\lambda_2^k \boldsymbol{x}_2 + \cdots + \boldsymbol{v}_{13}\lambda_3^k \boldsymbol{x}_3$$
$$A^k \boldsymbol{v}_2 \approx \boldsymbol{v}_{21}\lambda_1^k \boldsymbol{x}_1 + \boldsymbol{v}_{22}\lambda_2^k \boldsymbol{x}_2 + \cdots + \boldsymbol{v}_{23}\lambda_3^k \boldsymbol{x}_3$$
$$A^k \boldsymbol{v}_3 \approx \boldsymbol{v}_{31}\lambda_1^k \boldsymbol{x}_1 + \boldsymbol{v}_{32}\lambda_3^k \boldsymbol{x}_2 + \cdots + \boldsymbol{v}_{33}\lambda_3^k \boldsymbol{x}_3$$

따라서

$$\text{span}\{\boldsymbol{q}_1(k), \boldsymbol{q}_2(k), \boldsymbol{q}_3(k)\} \to \text{span}\{\boldsymbol{x}_1, \boldsymbol{x}_2, \boldsymbol{x}_3\}$$

이후에도 똑같이 반복하여 식 (5.5)가 성립함을 알 수 있습니다.

자, 초깃값 벡터 $\boldsymbol{v}_1, \boldsymbol{v}_2, \ldots, \boldsymbol{v}_n$을 나열하여 생기는 행렬을 V라 하면 $A^k V$의 QR 분해 $A^k V = Q(k) R(k)$에서 $Q(k)$의 각 열이 $\boldsymbol{q}_1(k), \boldsymbol{q}_2(k), \ldots, \boldsymbol{q}_n(k)$입니다. 여기서 가령 k를 끝없이 크게 하여 다음과 같이 되었다고 가정해봅시다.

$$\begin{aligned}
&\text{span}\{\boldsymbol{q}_1(k)\} = \text{span}\{\boldsymbol{x}_1\}\\
&\text{span}\{\boldsymbol{q}_1(k), \boldsymbol{q}_2(k)\} = \text{span}\{\boldsymbol{x}_1, \boldsymbol{x}_2\}\\
&\text{span}\{\boldsymbol{q}_1(k), \boldsymbol{q}_2(k), \boldsymbol{q}_3(k)\} = \text{span}\{\boldsymbol{x}_1, \boldsymbol{x}_2, \boldsymbol{x}_3\}\\
&\vdots\\
&\text{span}\{\boldsymbol{q}_1(k), \boldsymbol{q}_2(k), \ldots, \boldsymbol{q}_n(k)\} = \text{span}\{\boldsymbol{x}_1, \boldsymbol{x}_2, \ldots, \boldsymbol{x}_n\}
\end{aligned} \tag{5.6}$$

이때 $Q(k)$에서 A를 닮음변환한 $Q(k)^T AQ(k)$가 우상삼각행렬이 되는 것을 다음과 같이 하여 알 수 있습니다. 우선 $Q(k)^T AQ(k)$의 (i, j) 성분은 $q_i(k)^T Aq_j(k)$입니다만, 분명히 $q_j(k) \in \text{span}\{\boldsymbol{q}_1(k), \boldsymbol{q}_2(k), \ldots, \boldsymbol{q}_j(k)\}$입니다.[14] $\text{span}\{\boldsymbol{q}_1(k), \boldsymbol{q}_2(k), \ldots, \boldsymbol{q}_j(k)\} = \text{span}\{\boldsymbol{x}_1, \boldsymbol{x}_2, \ldots, \boldsymbol{x}_j\}$이라 가정하므로 이 부분공간은 A를 곱해도 변하지 않습니다. 이로부터 $A\boldsymbol{q}_j(k) \in \text{span}\{\boldsymbol{q}_1(k), \boldsymbol{q}_2(k), \ldots, \boldsymbol{q}_j(k)\}$가 성립합니다. 그러면 $\boldsymbol{q}_i(k)^T A\boldsymbol{q}_j(k)$는 $\boldsymbol{q}_i(k)$와 $A\boldsymbol{q}_j(k) \in \text{span}\{\boldsymbol{q}_1(k), \boldsymbol{q}_2(k), \ldots, \boldsymbol{q}_j(k)\}$의 내적이 됩니다. 이것은 i가 $1 \le i \le j$의 범위에 있을 때는 0이외의 값이 될 수 있습니다만, $i > j$가 되면 반드시 0이 됩니다($\because$ $\boldsymbol{q}_1, \boldsymbol{q}_2, \ldots, \boldsymbol{q}_n$는 서로 직교). 따라서 $Q(k)^T AQ(k)$가 우상삼각행렬임을 알 수 있습니다.

---

14 기호 $\in$는 '속하다'라는 의미입니다.

실제로는 식 (5.6)이 엄밀하게 성립하는 것이 아니라, k를 크게 하면 가까워지는 것이었습니다. 지금까지의 논의를 정리하면 다음과 같습니다.

$$A^kV = Q(k)R(k) \Rightarrow A_k = Q(k)^TAQ(k) \rightarrow \text{(우상삼각행렬)}$$

목표는 '행렬 A가 닮음변환으로 우상삼각행렬로 변환된 것'이므로 고윳값은 변화하지 않습니다. 우상삼각행렬은 대각성분이 고윳값이므로 이것으로 행렬 A의 모든 고윳값이 구해집니다.

5.4 QR법

QR법은 1961년에 프란시스(Francis)가 발표한, 대칭행렬에도 비대칭행렬에도 사용할 수 있는 '모든 고윳값을 구하는' 알고리즘으로 야코비 법과 비교하면 비교적 새로운 방법입니다. QR법은 원리적으로는 대칭행렬에도 비대칭행렬에도 그대로 적용하면 고윳값을 구할 수 있습니다. 그러나 실제로 사용할 때는 비대칭행렬의 경우 뒤에 설명할 헤센버그(Hessenberg) 행렬로, 대칭행렬의 경우 뒤에 설명할 3중대각행렬로 우선 닮음변환하고나서 QR법을 적용합니다. 또한, 뒤에 설명할 원점이동이나 감차라는 처리도 함께 사용하므로 전체로 보면 꽤 복잡한 알고리즘입니다. 그 대신 야코비법으로는 현실적으로 대응할 수 없는 큰 행렬의 고윳값을 구할 수 있습니다. 이 절에서는 QR법 외에 하우스홀더(Householder) 법, 원점이동, 감차 등을 QR법과 함께 사용하는 방법도 설명합니다.

5.4.1 QR법의 원리

QR법의 반복

QR법으로 행렬의 고윳값을 구하는 순서는 다음을 반복하면 됩니다.

- 고윳값을 구하고 싶은 행렬을 QR 분해한다.
- 분해한 결과를 역순으로 곱한다.
- 곱한 결과를 또 QR 분해한다.

- 분해한 결과를 역순으로 곱한다.

……

고윳값을 구하고 싶은 행렬을 A_0라고 하고, 식으로 나타내면 다음과 같습니다.

$$
\begin{aligned}
A_0 = Q_0 R_0 \quad &\rightarrow \quad A_1 = Q_0 R_0 \\
A_1 = Q_1 R_1 \quad &\rightarrow \quad A_2 = R_1 Q_1 \\
&\vdots \\
A_k = Q_k R_k \quad &\rightarrow \quad A_{k+1} = R_k Q_k \\
&\vdots
\end{aligned}
$$

이를 계속 반복하면 A_k는 A_0의 고윳값을 대각성분으로 지니는 우상삼각행렬에 가까워집니다. 뒤에서 그 이유를 설명합니다. 또한, 절댓값이 같은 고윳값이 있으면 거듭제곱법의 전체를 만족시키지 못하여 그대로는 사용할 수 없습니다. 예를 들어 실행렬에서 복소고윳값인 경우는 안 됩니다(4.11). 이런 경우는 제외하기로 합니다.

QR법의 반복은 닮음변환

우선 k스텝의 A_k가 $A_k = Q_k R_k$로 QR 분해되면 k+1스텝은 다음과 같습니다.

$$A_{k+1} = R_k Q_k = Q_k^{-1}(Q_k R_k) Q_k = Q_k^{-1} A_k Q_k$$

따라서 A_{k+1}은 A_k를 직교행렬 Q_k로 닮음변환한 것입니다. 즉, 행렬을 QR 분해하여 역순으로 곱하는 것은 행렬을 QR 분해하여 얻은 직교행렬을 닮음변환하는 것입니다. 따라서 QR법의 각 스텝의 변환에서 고윳값은 변하지 않습니다. 이렇게 우상삼각행렬(에 충분히 가까운 행렬)이 되면 그 대각성분은 A_0의 고윳값(에 충분히 가까운 값)이 됩니다.

왜 우상삼각행렬로 향하는가

이와 같은 닮음변환을 A_0에서 시작하여 k번 반복하면

$$A_k = Q_{k-1}^{-1} \cdots Q_1^{-1} Q_0^{-1} A_0 Q_0 Q_1 \cdots Q_{k-1}$$

이 됩니다. 단, 각 Q_i는 각 스텝의 A_i를 QR 분해하여 얻어진 직교행렬입니다. 여기서 $(AB)^{-1} = B^{-1}A^{-1}$, $(ABC)^{-1} = C^{-1}B^{-1}A^{-1}$,...이 됨을 사용해보겠습니다.

$$A_k = (Q_0 Q_1 \cdots Q_{k-1})^{-1} A_0 (Q_0 Q_1 \cdots Q_{k-1})$$

그러면 이와 같이 고쳐 쓸 수 있습니다. 따라서 k스텝의 A_k는 A_0를 $Q_0Q_1 \cdots Q_{k-1}$라는 변환행렬로 닮음변환한 것임을 알 수 있습니다.

그런데 실은 이 변환행렬 $Q_0Q_1 \cdots Q_{k-1}$은 A_0^k(A_0의 k곱)를 QR 분해하여 얻은 직교행렬입니다.

$$A_0^k = QR \Rightarrow Q = Q_0Q_1 \cdots Q_{k-1}$$

예로 A_0^3의 경우에서 이 내용을 확인해봅시다. 우선 $A_0 = Q_0R_0$이므로 이것을 양변 세제곱합니다. 우변의 안쪽에 R_0Q_0이 두 개 나타나므로 $R_0Q_0 = A_1 = Q_1R_1$을 사용하여 고쳐쓰면 다음과 같습니다.

$$\begin{aligned} A_0^3 &= (Q_0R_0)(Q_0R_0)(Q_0R_0) \\ &= Q_0(R_0Q_0)(R_0Q_0)R_0 \\ &= Q_0(Q_1R_1)(Q_1R_1)R_0 \end{aligned}$$

더욱이 안쪽에 나타나는 R_1Q_1을 $R_1Q_1 = A_2 = Q_2R_2$을 사용하여 고쳐 쓰면 다음과 같아집니다.

$$\begin{aligned} &= Q_0Q_1(R_1Q_1)R_1R_0 \\ &= Q_0Q_1(Q_2R_2)R_1R_0 \\ &= (Q_0Q_1Q_2)(R_2R_1R_0) \end{aligned}$$

직교행렬은 몇 개 곱해도 직교행렬, 우상삼각행렬은 몇 개 곱해도 우상삼각행렬이므로(→ 5.2) $Q_0Q_1Q_2$는 직교행렬, $R_2R_1R_0$은 우상삼각행렬이고 이것이 A_0^3의 QR 분해임을 알 수 있습니다. 일반적인 A_0^k의 경우도 이와 같은 순서를 반복하여

$$A_0^k = (Q_0Q_1 \cdots Q_{k-1})(R_{k-1} \cdots R_1R_0)$$

로 변형할 수 있습니다. 따라서 A_0을 A_k로 만드는 변환행렬 $Q_0Q_1 \cdots Q_{k-1}$은 A_0^k를 QR 분해하여 얻을 수 있는 직교행렬임을 알 수 있습니다.

앞 절의 거듭제곱법에서 '모든 고윳값을 구하는 경우' 순서를 떠올리면 A_0^k의 QR 분해는 단위행렬을 초깃값으로 하는 거듭제곱법의 변환행렬을 구하는 스텝으로 볼 수 있습니다.

$$A_0^k I = Q(k)R(k) \;\Rightarrow\; Q(k) = Q_0Q_1 \cdots Q_{k-1}$$

그러면 QR법의 k스텝 A_k는 단위행렬을 초깃값으로 하는 거듭제곱법의 k스텝과 같고, 거듭제곱법의 절에서 본대로 우상삼각행렬을 향합니다.

$$A_k = Q(k)^{-1} A_0 Q(k) \to (\text{우상삼각행렬})$$

즉, QR법과 거듭제곱법의 '모든 고윳값을 구하는 경우'에서 단위행렬을 초깃값으로 한 경우는 (알고리즘으로서 순서는 다르지만) k스텝의 값 A_k는 같습니다.

5.4.2 헤센버그 행렬

실제 QR법에서는 주어진 행렬에 직접 QR 반복을 시행하는 것이 아니라, 우선 닮음변환으로 헤센버그(Hessenberg) 행렬이라는 형태로 변환하고 나서 QR 반복을 시행합니다. 헤센버그 행렬은 QR 반복을 시행해도 헤센버그 행렬 그대로이므로 이렇게 하면 계산량을 줄일 수 있습니다. 우선 헤센버그 행렬의 정의부터 살펴봅시다.

다음과 같은 우상삼각행렬의 대각성분보다 하나 아래 위치까지 0이 아닌 성분이 있는 정방행렬을 헤센버그 행렬이라고 합니다.[15] 대각성분보다 하나 아래 위치의 성분을 부대각성분이라고 합니다.

$$\begin{pmatrix} * & * & * & * & * \\ * & * & * & * & * \\ 0 & * & * & * & * \\ 0 & 0 & * & * & * \\ 0 & 0 & 0 & * & * \end{pmatrix}$$

일반 $n \times n$ 행렬의 경우라면 그 성분이

$$i \geq j + 2 \Rightarrow a_{ij} = 0$$

을 만족시키는 정방행렬이 헤센버그 행렬입니다.[16]

헤센버그 행렬에 QR 반복을 시행해도 헤센버그 행렬 그대로인 것은 다음과 같이 하여 알 수 있습니다. 우선 헤센버그 행렬을 QR 분해한 부분을 생각합니다. 그람-슈미트의 정규직교화에서 QR 분해를 시행하는 순서를 떠올려보면 직교행렬 Q 쪽이 재차 헤센버그 행렬이 되는 것은 간단하게 알 수 있습니다.

---

15 왜 이 형태의 행렬만 이런 이름이 붙었는가 하면 아마 '우상삼각행렬'처럼 간단한 이름을 붙일 수가 없었기 때문이라고 생각합니다. '헤센버그'는 사람 이름입니다.

16 같은 서식을 취하면 그 성분이 $i \geq j + 1 \Rightarrow a_{ij} = 0$을 만족시키는 정방행렬이 우상삼각행렬입니다.

$$\begin{pmatrix} * & * & * & * & * \\ * & * & * & * & * \\ 0 & * & * & * & * \\ 0 & 0 & * & * & * \\ 0 & 0 & 0 & * & * \end{pmatrix} = \begin{pmatrix} * & * & * & * & * \\ * & * & * & * & * \\ 0 & * & * & * & * \\ 0 & 0 & * & * & * \\ 0 & 0 & 0 & * & * \end{pmatrix} \begin{pmatrix} * & * & * & * & * \\ 0 & * & * & * & * \\ 0 & 0 & * & * & * \\ 0 & 0 & 0 & * & * \\ 0 & 0 & 0 & 0 & * \end{pmatrix}$$

다음으로 이것을 역순으로 곱하면 헤센버그 행렬이 되는 것도 간단히 확인할 수 있습니다(우변의 헤센버그 행렬에서 0이 되는 위치의 성분의 계산 순서를 생각하면 0이 아닌 성분의 곱의 상대는 반드시 0이 됩니다).

$$\begin{pmatrix} * & * & * & * & * \\ 0 & * & * & * & * \\ 0 & 0 & * & * & * \\ 0 & 0 & 0 & * & * \\ 0 & 0 & 0 & 0 & * \end{pmatrix} \begin{pmatrix} * & * & * & * & * \\ * & * & * & * & * \\ 0 & * & * & * & * \\ 0 & 0 & * & * & * \\ 0 & 0 & 0 & * & * \end{pmatrix} = \begin{pmatrix} * & * & * & * & * \\ * & * & * & * & * \\ 0 & * & * & * & * \\ 0 & 0 & * & * & * \\ 0 & 0 & 0 & * & * \end{pmatrix}$$

따라서 헤센버그 행렬에 QR법을 계속 반복하면 헤센버그 행렬 그대로인 채로 아래 측의 부대각 성분이 0에 가까워지고, 우상삼각행렬에 가까워집니다.

헤센버그 행렬은 성분의 거의 반이 0이므로 QR법을 반복하는 데 필요한 계산량도 적습니다. 따라서 일반 비대칭행렬의 고윳값을 QR법으로 계산하는 경우 주어진 행렬을 적당한 닮음변환으로 헤센버그 행렬로 변환하고 나서 QR법을 반복하면 계산량을 줄일 수 있습니다. 행렬을 헤센버그 행렬로 변환하는 방법으로는 다음 절에서 설명할 하우스홀더 법 등이 있습니다.

5.4.3 하우스홀더 법

하우스홀더(Householder) 법은 거울변환이라는 변환을 교묘히 이용하여 일반 비대칭행렬을 헤센버그 행렬에 닮음변환하는 방법입니다. 우선 거울변환에 대해 알아보겠습니다.

거울변환

공간의 임의의 점 $\boldsymbol{x}$를 원점을 지나는 초평면[17]에 대해 대칭인 점 $\boldsymbol{x}'$으로 옮기는 변환을 거울변환이라고 합니다. 원점을 지나는 초평면의 단위법선 벡터[18]를 $\boldsymbol{u}$라고 하면 그림 5-2와 같이 됩니다.

17 n차원 공간에서 $a_1x_1+a_2x_2+\cdots+a_nx_n = 0$의 형태의 조건을 만족시키는 $n-1$차원의 집합을 '원점을 지나는 초평면'이라고 합니다. 요약하면 $(n-1)$차원의 선형부분공간입니다.

18 초평면 내의 모든 벡터와 직교할 것 같은 벡터를 **법선벡터**라고 하고, 길이가 1인 벡터를 **단위벡터**라고 합니다.

여기서 $\boldsymbol{u}^T\boldsymbol{x}$는 수, $\boldsymbol{u}$는 종벡터이므로 순서를 바꿔서 $\boldsymbol{u}\boldsymbol{u}^T\boldsymbol{x}$로 나타낼 수도 있습니다. 이때 $\boldsymbol{u}\boldsymbol{u}^T$는 다음과 같이 대칭은 $n \times n$ 행렬이고, 임의의 벡터 $\boldsymbol{x}$를 단위벡터 $\boldsymbol{u}$ 방향의 직선에 사영 또는 투영하는[19] 선형변환을 나타냅니다.

$$\boldsymbol{u}\boldsymbol{u}^T = \begin{pmatrix} u_1 \\ u_2 \\ \vdots \\ u_n \end{pmatrix} (u_1, u_2, \cdots, u_n) = \begin{pmatrix} u_1u_1 & u_1u_2 & \cdots & u_1u_n \\ u_2u_1 & u_2u_2 & \cdots & u_2u_n \\ \vdots & \vdots & \ddots & \vdots \\ u_nu_1 & u_nu_2 & \cdots & u_nu_n \end{pmatrix}$$

▼ 그림 5-2 거울변환(3차원의 예)

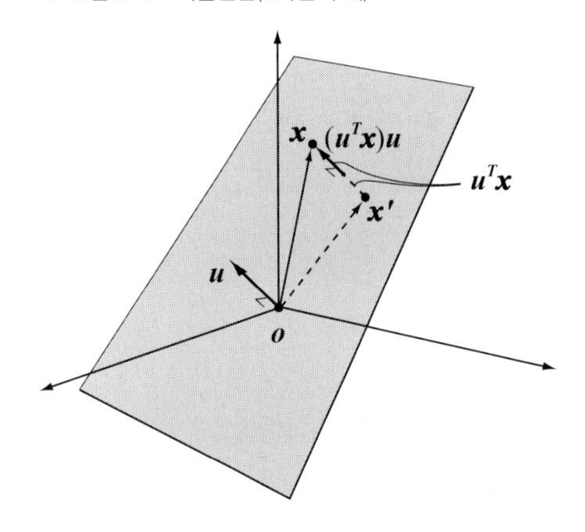

그림 5-2에서 알 수 있듯이 임의의 점 $\boldsymbol{x}$를 '$\boldsymbol{u}$를 법선벡터로 하는 초평면'에 대해 대칭인 점 $\boldsymbol{x}'$로 옮기는 변환은 다음과 같습니다.

$$\begin{aligned} \boldsymbol{x}' &= \boldsymbol{x} - \boldsymbol{u}\boldsymbol{u}^T\boldsymbol{x} - \boldsymbol{u}\boldsymbol{u}^T\boldsymbol{x} \\ &= (I - 2\boldsymbol{u}\boldsymbol{u}^T)\boldsymbol{x} \end{aligned}$$

이 선형변환을 나타내는 행렬은 다음과 같습니다.

$$H = I - 2\boldsymbol{u}\boldsymbol{u}^T$$

이 거울변환을 나타내는 행렬 H는 재미있는 성질을 몇 개 지니고 있습니다. 우선 I와 uu^T가 대칭행렬이므로 H도 대칭행렬임을 알 수 있습니다. 다음으로 이 변환을 두 번 연속하여 시행하면 임의의 벡터가 원래 벡터로 돌아오는 것에 따라 $H^2 = I$임을 알 수 있습니다(물론 직접 계산하여 확인할 수 있습니다. 해보십시오). 이것은 H가 자기 자신의 역행렬일 것, 즉 $H^{-1} = H$인 것과 같습니다. 더욱이 H가 대칭행렬일 것, 즉 $H^T = H$인 것과 합쳐 보면 $H^T = H^{-1}$이 되고, H가 직교행렬

19 $\boldsymbol{x} - \boldsymbol{v}$가 $\boldsymbol{v}$와 직교할 것 같은 $\boldsymbol{v} = c\boldsymbol{u}$를 구하는 것입니다($c$는 수).

인임을 알 수 있습니다(H가 직교행렬인 것은 도형으로 생각하여 임의의 벡터 x에 대해 $\|Hx\| = \|x\|$가 되는 것에서도 알 수 있습니다).

이러한 H의 성질 중 뒤에서는 주로 $H^{-1} = H$인 것을 사용합니다. 또한, $H\boldsymbol{x}$를 실제로 계산하는 경우는 '$H = I - 2\boldsymbol{u}\boldsymbol{u}^T$를 구하여 $\boldsymbol{x}$에 곱한다'가 아니라, '$c = \boldsymbol{u}^T\boldsymbol{x}$를 구하여 $\boldsymbol{x} - 2c\boldsymbol{u}$를 답한다'라는 순서로 계산합니다(1.2.13절 '크기에 구애되라').

4×4행렬의 경우로 생각한다

그러면 주어진 행렬을 닮음변환으로 헤센버그 행렬로 변환하는 방법을 4×4행렬의 경우에서 생각해봅시다. 4×4행렬의 경우라면 일반 $n \times n$행렬의 경우도 쉽게 알 수 있습니다.

두 벡터 $\boldsymbol{x}$, $\boldsymbol{y}$가 있고, 둘의 길이가 같은 경우(즉, $\|\boldsymbol{x}\| = \|\boldsymbol{y}\|$ 인 경우) 서로 옮기는 거울변환이 있습니다. 구체적으로 $\boldsymbol{x} - \boldsymbol{y}$를 법선벡터로 하는 초평면에 관한 거울변환에서

$$H = I - 2\boldsymbol{u}\boldsymbol{u}^T, \ \boldsymbol{u} = \frac{\boldsymbol{x} - \boldsymbol{y}}{\|\boldsymbol{x} - \boldsymbol{y}\|}$$

라 하면

$$H\boldsymbol{x} = \boldsymbol{y}, \ H\boldsymbol{y} = \boldsymbol{x}$$

이 되는 것은 도형으로 생각해도 알 수 있고, 직접 계산해도 확인할 수 있습니다.

행렬이 헤센버그일 때는 거울변환 중 옮긴 곳의 벡터의 1성분 외에 모두 0인 것, 즉

$$\boldsymbol{y} = (\pm\|\boldsymbol{x}\|, 0, \ldots, 0)^T$$

가 되는 거울변환을 이용합니다. $\|\boldsymbol{x}\| = \|\boldsymbol{y}\|$ 라는 조건이 붙어있으므로 1성분 외에 모두 0이 되는 것과 같은 $\boldsymbol{y}$의 가능성은 위의 두 가지밖에 없습니다. $\boldsymbol{x} - \boldsymbol{y}$의 형태로 이용되므로 보통 수치 오차를 줄이기 위해 $\boldsymbol{x}$의 1성분 부호와 반대인 부호를 선택합니다. 3차원 벡터 $\boldsymbol{x} = (x, y, z)^T$를 $\boldsymbol{y} = (\|\boldsymbol{x}\|, 0, 0)^T$로 옮기는 거울변환을 나타내는 행렬 H는 다음과 같습니다.

$$H = I - 2\boldsymbol{u}\boldsymbol{u}^T, \ \boldsymbol{u} = \frac{(x - \sqrt{x^2 + y^2 + z^2}, \ y, \ z)^T}{\left\|(x - \sqrt{x^2 + y^2 + z^2}, \ y, \ z)^T\right\|} \tag{5.7}$$

그러면 4×4행렬을 헤센버그화 하는 경우 거울변환 H가 어떻게 이용되는지 살펴봅시다.

1스텝

우선 다음과 같이 헤센버그화 하는 4×4행렬의 1열 아래 측 세 성분을 x, y, z라 하고, 앞에 제시한 식을 사용하여 만든 거울변환 행렬 H를 오른쪽 아래 블록의 행렬 왼쪽부터 곱합니다.

$$\left(\begin{array}{c|ccc}1 & 0 & 0 & 0\\ \hline 0 & & & \\ 0 & & H & \\ 0 & & & \end{array}\right)\begin{pmatrix}* & * & * & *\\ x & * & * & *\\ y & * & * & *\\ z & * & * & *\end{pmatrix}=\begin{pmatrix}* & * & * & *\\ \|\boldsymbol{x}\| & * & * & *\\ 0 & * & * & *\\ 0 & * & * & *\end{pmatrix}$$

이 행렬을 왼쪽부터 곱하는 것은 헤센버그화 하는 행렬의 각 열에 대해 1성분은 그대로 2~4성분에 대해 식 (5.7)의 변환을 행하는 것이므로 결과는 우변과 같은 형태가 되고, 우선 1열만 헤센버그 행렬의 조건을 만족시키는 상태가 됩니다. 현재 목적은 주어진 행렬을 닮음변환으로 헤센버그 행렬로 만드는 것입니다. 그런데 왼쪽에 행렬을 곱하는 것만으로는 닮음변환이 아닙니다. 닮음변환으로 하기 위해서 오른쪽에 같은 행렬의 역행렬을 곱합니다. $H^{-1} = H$이므로 diag(1, H)의 역행렬도 diag(1, H)임을 알 수 있습니다.

$$\begin{pmatrix}* & * & * & *\\ \|\boldsymbol{x}\| & * & * & *\\ 0 & * & * & *\\ 0 & * & * & *\end{pmatrix}\left(\begin{array}{c|ccc}1 & 0 & 0 & 0\\ \hline 0 & & & \\ 0 & & H & \\ 0 & & & \end{array}\right)=\begin{pmatrix}* & * & * & *\\ \|\boldsymbol{x}\| & * & * & *\\ 0 & * & * & *\\ 0 & * & * & *\end{pmatrix}$$

오른쪽에도 diag(1, H)를 곱한 결과 1열의 헤센버그 상태가 무너져 버린다면 의미는 없습니다만, diag(1, H) 형태의 행렬을 오른쪽부터 곱해도 1열은 그대로 유지되고 2~4열이 변합니다. 따라서 행렬의 형태는 유지되고 닮음변환에 의한 1열의 헤센버그화가 종료됩니다.

2스텝

1스텝이 종료된 행렬 2열의 아래 측 두 성분을 다음과 같이 다시 x, y로 둡니다.

$$\begin{pmatrix}* & * & * & *\\ * & * & * & *\\ 0 & x & * & *\\ 0 & y & * & *\end{pmatrix}$$

그리고 다음과 같은 2차원의 거울변환을 나타내는 행렬을 구합니다.

$$H = I - 2\boldsymbol{u}\boldsymbol{u}^T, \quad \boldsymbol{u} = \frac{(x-\sqrt{x^2+y^2+z^2}, y)^T}{\left\|(x-\sqrt{x^2+y^2+z^2}, y)^T\right\|}$$

1스텝을 종료한 행렬 양측에 diag(I_2, H)를 곱하면 2열도 헤센버그 상태가 됩니다.

$$\left(\begin{array}{cc|cc}1 & 0 & 0 & 0\\ 0 & 1 & & \\ \hline 0 & 0 & & \\ 0 & 0 & & H\end{array}\right)\begin{pmatrix}* & * & * & *\\ * & * & * & *\\ 0 & x & * & *\\ 0 & y & * & *\end{pmatrix}\left(\begin{array}{cc|cc}1 & 0 & 0 & 0\\ 0 & 1 & 0 & 0\\ \hline 0 & 0 & & \\ 0 & 0 & & H\end{array}\right)=\begin{pmatrix}* & * & * & *\\ * & * & * & *\\ 0 & \|\boldsymbol{x}\| & * & *\\ 0 & 0 & * & *\end{pmatrix}$$

4×4행렬의 경우 2열까지 헤센버그 상태가 되면 헤센버그 행렬이므로 2스텝에서 헤센버그화가 종료됩니다.

5.4.4 헤센버그 행렬의 QR 반복

QR 분해 절의 마지막에서 다뤘듯이 실제 QR법의 반복계산에서는 그람-슈미트 방법에 기초한 QR 분해 계산은 하지 않습니다. 이 절에서는 헤센버그 행렬의 QR법 반복계산을 실제로 어떤 방법으로 하고 있는지 4×4행렬을 예로 들어 설명합니다.

또한, 간단하게 설명하기 위해 실고윳값밖에 없다고 생각합니다.

우선 다음과 같이 왼쪽에 (1, 2) 평면 회전행렬(의 전치)을 곱하여 (2, 1) 성분을 0으로 합니다.[20]

$$A_k = \begin{pmatrix} * & * & * & * \\ * & * & * & * \\ 0 & * & * & * \\ 0 & 0 & * & * \end{pmatrix} \quad \Rightarrow \quad Q(1, 2, \theta_1)^T A_k = \begin{pmatrix} * & * & * & * \\ 0 & * & * & * \\ 0 & * & * & * \\ 0 & 0 & * & * \end{pmatrix}$$

구체적으로 계산해보면

$$\begin{pmatrix} \cos\theta_1 & \sin\theta_1 & 0 & 0 \\ -\sin\theta_1 & \cos\theta_1 & 0 & 0 \\ 0 & 0 & 1 & 0 \\ 0 & 0 & 0 & 1 \end{pmatrix} \begin{pmatrix} x & * & * & * \\ y & * & * & * \\ 0 & * & * & * \\ 0 & 0 & * & * \end{pmatrix} = \begin{pmatrix} x\cos\theta_1 + y\sin\theta_1 & * & * & * \\ -x\sin\theta_1 + y\cos\theta_1 & * & * & * \\ 0 & * & * & * \\ 0 & 0 & * & * \end{pmatrix}$$

이 되고, $-x\sin\theta_1 + y\cos\theta_1 = 0$, 즉 $x\sin\theta_1 = y\cos\theta_1$이 되는 회전각 θ_1을 고르면 실제로 (2, 1) 성분을 0으로 할 수 있음을 알 수 있습니다. 이어서 (2, 3) 평면 회전행렬을 곱하여 (3, 2) 성분을 0으로 하고

$$Q(2, 3, \theta_2)^T Q(1, 2, \theta_1)^T A_k = \begin{pmatrix} * & * & * & * \\ 0 & * & * & * \\ 0 & 0 & * & * \\ 0 & 0 & * & * \end{pmatrix}$$

(3, 4) 평면 회전행렬을 곱하여 (4, 3) 성분을 0으로 하고, 완성된 우상삼각행렬을 R이라고 둡니다.

20 지금까지 $R(1, 2, \theta_1)$로 써 온 행렬입니다만, QR법으로 말하면 Q 쪽이 어울리므로 여기서는 $Q(1, 2, \theta_1)$이라고 쓰기로 합니다.

$$Q(3, 4, \theta_3)^T Q(2, 3, \theta_2)^T Q(1, 2, \theta_1)^T A_k = \begin{pmatrix} * & * & * & * \\ 0 & * & * & * \\ 0 & 0 & * & * \\ 0 & 0 & 0 & * \end{pmatrix} = R$$

여기서 양변의 왼쪽에 $Q(3, 4, \theta_3)$, $Q(2, 3, \theta_2)$, $Q(1, 2, \theta_1)$을 순서대로 곱하면 다음과 같고,[21] $Q = Q(1, 2, \theta_1)Q(2, 3, \theta_2)Q(2, 3, \theta_3)$로 두면 이것도 직교행렬이므로[22] 이것이 A_k의 QR 분해임을 알 수 있습니다.

$$A_k = Q(1, 2, \theta_1)Q(2, 3, \theta_2)Q(3, 4, \theta_3)R = QR$$

따라서 A_{k+1}은 Q와 R을 역순으로 곱한 것이고

$$R = Q(3, 4, \theta_3)^T Q(2, 3, \theta_2)^T Q(1, 2, \theta_1)^T A_k$$
$$Q = Q(1, 2, \theta_1)Q(2, 3, \theta_2)Q(3, 4, \theta_3)$$

이므로

$$A_{k+1} = Q(3, 4, \theta_3)^T Q(2, 3, \theta_2)^T Q(1, 2, \theta_1)^T A_k Q(1, 2, \theta_1)Q(2, 3, \theta_2)Q(3, 4, \theta_3)$$

이 됩니다.

이러한 순서로 계산하면 4×4 행렬의 경우 3번, 일반 $n \times n$ 행렬의 경우에 $(n - 1)$번의 평면 회전에 의한 닮음변환으로 QR법의 1스텝을 계산할 수 있습니다.

5.4.5 원점이동, 감차

실제로 QR법을 반복 시행하는 경우 적당한 방법으로 고윳값의 추정값 $\hat{\lambda}$을 하나 준비하고, A가 아니라 $A - \hat{\lambda}I$에 대해 QR법을 반복 시행합니다. 이것을 **원점이동**이라고 합니다. 고윳값의 추정값 $\hat{\lambda}$이 A의 실제 고윳값의 어느 것인가를 잘 근사하고 있는 경우 $A - \hat{\lambda}I$는 0에 매우 가까운 고윳값을 지닙니다. QR법의 반복은 실질적으로 거듭제곱법의 '모든 고윳값을 구하는 경우'의 반복과 같아서 A에 0에 매우 가까운 고윳값이 있는 경우 $(n - 1)$차원 부분공간이 $\boldsymbol{x}_1, \boldsymbol{x}_2, \ldots, \boldsymbol{x}_{n-1}$이 만드는 부분공간에 가까워지는

$$\text{span}\{\boldsymbol{q}_1(k), \boldsymbol{q}_2(k), \ldots, \boldsymbol{q}_{n-1}(k)\} \to \text{span}\{\boldsymbol{x}_1, \boldsymbol{x}_2, \ldots, \boldsymbol{x}_{n-1}\}$$

---

21 평면 회전행렬은 직교행렬이고, 전치를 취하면 역행렬이 됨을 사용했습니다.

22 직교행렬은 몇 개 곱해도, 직교행렬입니다(→ 5.2).

의 속도가 늘어가는 것에 대응하여[23] 행렬 쪽에서는 n행의 비대각성분이 0에 가까워지는 속도가 늘어납니다. 특히 헤센버그 행렬의 경우 $(n, n-1)$ 성분이 0에 가까워지는 속도가 늘어납니다. 예를 들어 다음 4×4 행렬이라면 (4, 3) 성분 (□)이 급속히 0에 가까워집니다.

$$\begin{pmatrix} * & * & * & * \\ * & * & * & * \\ 0 & * & * & * \\ 0 & 0 & \square & * \end{pmatrix} \rightarrow \begin{pmatrix} * & * & * & * \\ * & * & * & * \\ 0 & * & * & * \\ 0 & 0 & 0 & \blacksquare \end{pmatrix}$$

가까워진 곳의 (n, n) 성분 (■)은 추정했던 고윳값이고, 남은 세 고윳값은 마지막 행과 열을 제외한 3×3 행렬의 고윳값입니다. 따라서 마지막 행과 마지막 열을 제외한 3×3 행렬에 대한 계산을 속행합니다. 이것을 **감차**라고 합니다. 감차하는 것에 따라 계산량을 줄일 수 있습니다. 감차는 남은 3×3행렬의 고윳값의 추정값 $\hat{\lambda}$을 적당한 방법으로 만들어 같은 순서를 반복합니다.

$$\begin{pmatrix} * & * & * & - \\ * & * & * & - \\ 0 & \square & * & - \\ - & - & - & - \end{pmatrix} \rightarrow \begin{pmatrix} * & * & * & - \\ * & * & * & - \\ 0 & 0 & \blacksquare & - \\ - & - & - & - \end{pmatrix}$$

이 순서를 반복하여 최종적으로 모든 고윳값을 구할 수 있습니다.

5.4.6 대칭행렬의 경우

지금까지는 일반 비대칭행렬의 고윳값을 QR법으로 계산하는 순서를 설명했습니다. 여기서는 이 순서를 대칭행렬에 적용하면 어떻게 되는지 생각해봅시다.

대칭행렬을 직교행렬로 닮음변환하면 대칭행렬이 됩니다.[24] 하우스홀더법도, QR법의 반복도 직교행렬에 의한 닮음변환이므로 이들을 대칭행렬에 대해 시행하면 종시대칭행렬 그대로입니다. 우선 일반 대칭행렬에 대해 하우스홀더법을 적용하면 대칭인 헤센버그 행렬, 즉 삼중대각행렬이 됩니다. 삼중대각행렬이란 다음과 같은 대각성분과 그 상하 위치의 성분만 0인 행렬입니다.

23 '응?'이라고 한 사람은 거듭제곱법의 '모든 고윳값을 구하는 경우'를 복습합니다.

24 A가 대칭행렬 $(A^T = A)$. U가 직교행렬 $(U^T = U^{-1})$인 경우 A를 U로 닮음변환한 $U^{-1}AU = U^TAU$의 전치를 계산해보면 $(U^TAU)^T = U^TA^TU = U^TAU$가 되고 변하지 않으므로 대칭행렬임을 알 수 있습니다.

$$\begin{pmatrix} * & * & 0 & \cdots & 0 \\ * & * & * & \ddots & \vdots \\ 0 & * & * & \ddots & 0 \\ \vdots & \ddots & \ddots & \ddots & * \\ 0 & \cdots & 0 & * & * \end{pmatrix}$$

삼중대각행렬에 대해 QR법을 반복 시행하면 대칭인 우상삼각행렬, 즉 대각행렬에 가까워집니다. 가까워진 곳의 대각행렬의 대각성분이 고윳값입니다.

예를 들어 크기가 1000×1000인 대칭행렬의 경우를 생각해보면 원래 행렬에서 100만 개 있던 성분[25]이 하우스홀더 변환 후의 삼중대각행렬에서는 실질적으로 1999개로 줄어 들고, 그 후의 QR 반복의 계산량이 줄어드는 것을 알 수 있습니다.

비대칭행렬, 대칭행렬 각각에 대해 QR법의 흐름을 정리하면 다음과 같습니다.

$$\text{비대칭행렬} \xrightarrow{\text{하우스 홀더 변환}} \text{헤센버그 행렬} \xrightarrow{\text{QR법}} \text{우상삼각행렬}$$

$$\text{대칭행렬} \xrightarrow{\text{하우스 홀더 변환}} \text{삼중대각행렬} \xrightarrow{\text{QR법}} \text{대각행렬}$$

5.5 역반복법

LINEAR ALGEBRA

역반복법은 이 장에서 지금까지 소개한 다른 알고리즘과는 조금 다르고, 주로 다른 알고리즘으로 구한 고윳값이나 고유벡터의 정도를 개선하기 위해 사용하는 방법입니다. 역반복법은 대칭행렬에도 비대칭행렬에도 사용할 수 있습니다.

행렬 A에 대해 어떤 고윳값 λ_k의 정밀도가 낮은 근삿값 $\hat{\lambda}_k$이 얻어진 상황을 생각해봅시다.[26] 이때

$$A - \hat{\lambda}_k I$$

라는 행렬을 생각하면 이 행렬은 $\lambda_k - \hat{\lambda}_k$이라는 0에 매우 가까운 고윳값을 지닙니다. 거듭제곱의 '절댓값 최소의 고윳값을 구하는 경우'를 떠올리면 위의 행렬의 역행렬

25 대칭이므로 실질적으로는 50만 500개입니다.

26 예를 들어 야코비법에서 반복을 불충분한 횟수에서 중단하면 이와 같은 상황이 됩니다.

$$(A-\hat{\lambda}_k I)^{-1}$$

은 $\frac{1}{\lambda_k-\hat{\lambda}_k}$이란 절댓값이 매우 큰 고윳값을 지닙니다. 또한, 이 고윳값에 대응하는 고유벡터는 행렬 $A-\hat{\lambda}_k I$의 고윳값 $\lambda_k-\hat{\lambda}_k$에 대응하는 고유벡터와 같고, 더욱이 행렬 A의 고윳값 λ_k에 대응하는 고유벡터와 같음을 알 수 있습니다.

따라서 $A-\hat{\lambda}_k I$에 대해 거듭제곱법의 '절댓값 최소의 고윳값을 구하는 경우'의 방법을 적용함에 따라 A의 λ_k에 대응하는 고유벡터를 구하고, 이를 토대로 $\hat{\lambda}_k$보다 정밀도가 높은 λ_k의 값을 구할 수 있습니다. 이것을 역반복법이라고 합니다.

부록

A. 그리스 문자

소문자	대문자	읽는 법	소문자	대문자	읽는 법
α	A	알파	ν	N	뉴
β	B	베타	ξ	Ξ	크시
γ	Γ	감마	o	O	오미크론
δ	Δ	델타	π	Π	파이
$\epsilon(\varepsilon)$	E	엡실론	ρ	P	로
ζ	Z	지타	σ	Σ	시그마
η	H	이타	τ	T	타우
$\theta(\vartheta)$	Θ	시타	υ	Y	웝실론
ι	I	요타	$\phi(\varphi)$	Φ	피(파이)
κ	K	카파	χ	X	카이
λ	Λ	람다	ψ	Ψ	프사이
μ	M	뮤	ω	Ω	오메가

B. 복소수

$i^2 = -1$이라는 **허수단위** i를 도입하여 실수(1.2)를 확장한 것이 복소수입니다. 구체적으로는 실수 x, y를 사용하여

$$z = x + yi$$

로 나타내는 수 z입니다. 이렇게 나타낸 경우 x를 z의 **실수부**(real part), y를 **허수부**(imaginary part)라 부르고, 기호로는 각각 다음과 같이 표기합니다.

$$\mathrm{Re}\, z = x$$
$$\mathrm{Im}\, z = y$$

복소수 $z = x + yi$, $z' = x' + y'i$ (x, y, z', y'는 실수)의 합과 차는 각각 다음과 같습니다.

$$z + z' = (x + x') + (y + y')i$$
$$z - z' = (x - x') + (y - y')i$$

곱은

$$zz' = (xx' - yy') + (xy' + yx')i$$

인데, 이는

$$\begin{aligned} zz' &= (x + yi)(x' + y'i) \\ &= xx' + x(y'i) + (yi)x' + (yi)(y'i) \\ &= xx' + xy'i + yx'i + yy'i^2 \\ &= xx' + xy'i + yx'i - yy' \\ &= (xx' - yy') + (xy' + yx')i \end{aligned}$$

와 같이 생각하면 이야기가 맞습니다. 실수를 수직선의 점으로 나타낸 것과 마찬가지로 **복소수**는 그림 B-1과 같은 복소평면의 점으로 나타냅니다. 그림의 가로축을 **실수축**, 세로축을 **허수축**이라고 부릅니다.

▼ 그림 B-1 복소평면

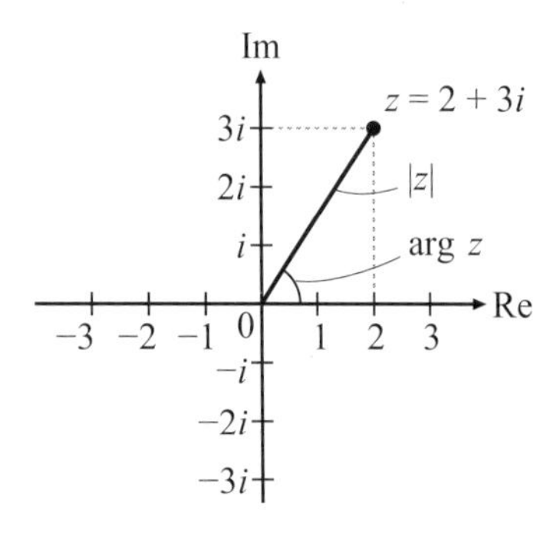

이렇게 나타낸 경우 원점 0과의 거리를 복소수 z의 절댓값이라 정의하고, 기호 $|z|$로 표기합니다.

$$|x+yi| = \sqrt{x^2+y^2} \qquad x, y\text{는 실수}$$

또한, 실수축과의 각도를 z의 편각(argument)이라 정의하고, 기호 $\arg z$로 표기합니다.[1]

복소평면에서 보면 복소수의 곱은 다음과 같습니다(그림 B−2)

$$|zz'| = |z||z'|$$
$$\arg(zz') = \arg z + \arg z'$$

▼ 그림 B-2 곱의 절댓값과 편각

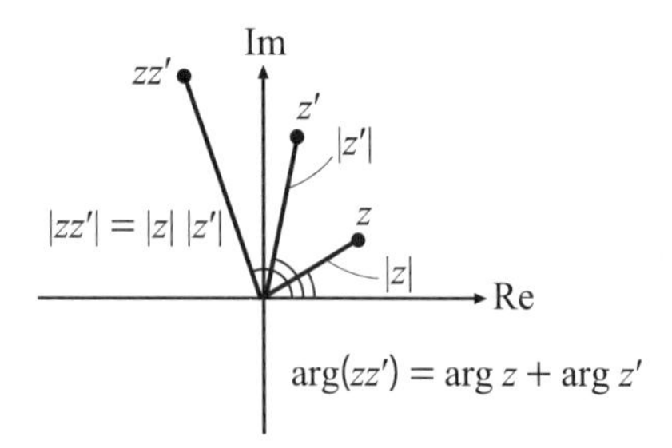

거듭제곱은 다음과 같습니다(n = 1, 2, ...).

$$|z^n| = |z|^n$$
$$\arg(z^n) = n \arg z$$

1 실수축 양의 방향에서 반시계 방향으로 측정합니다. 단위는 라디안입니다(2π 라디안 = 360도). '270도와 −90도는 같다'와 같은 부정성의 문제는 필요 이상으로 깊이 다루지 않겠습니다.

특히 $n \to \infty$인 경우는

$$\left|z^n\right| \to \begin{cases} 0 & (|z|<1) \\ 1 & (|z|=1) \\ \infty & (|z|>1) \end{cases}$$

입니다. 또한, 지수함수는 다음과 같습니다. x, y를 실수로 하고

$$e^{x+iy} = e^x(\cos y + i\sin y)$$

즉,

$$\begin{aligned} \left|e^{x+iy}\right| &= e^x \\ \arg(e^{x+iy}) &= y \end{aligned}$$

입니다. 특히 실수 $t \to \infty$인 경우는 다음과 같습니다.

$$\left|e^{zt}\right| = \left|e^z\right|^t \to \begin{cases} 0 & (\mathrm{Re}\, z < 0) \\ 1 & (\mathrm{Re}\, z = 0) \\ \infty & (\mathrm{Re}\, z > 0) \end{cases}$$

B.1 왜 $e^{x+iy} = e^x(\cos y + i\sin y)$?

실수축에서 정의된 함수 $f(x) = e^x$를 복소평면 전체에 '자연스럽게' 확장하면 이렇게 됩니다. 분석학 교과서에서 테일러 전개(테일러 급수)나 해석적 연속을 알아보십시오. 여기서는 증명이 아닌 '얼마나 자연스러운가'를 관찰해보죠. t를 실수로 하고, 다음 미분방정식을 생각합니다.

$$\frac{d}{dt}w(t) = iw(t), \qquad w(0) = 1 \tag{B.1}$$

지수함수의 낯익은 성질 $de^{at}/dt = ae^{at}$이 $a = i$에 대해서도 성립한다고 믿으면 $w(t) = e^{it}$가 식 (B.1)의 해라는 것을 바로 확인할 수 있습니다.

$w(t) = \cos t + i \sin t$를 생각하면 이것도 해입니다. 실제로

$$\begin{aligned} w(0) &= \cos 0 + i\sin 0 = 1 + i \cdot 0 = 1 \\ \frac{d}{dt}w(t) &= -\sin t + i\cos t = iw(t) \end{aligned}$$

라는 것은, 이 미분방정식의 해가 유일하다고 믿으면 $e^{it} = \cos t + i \sin t$가 얻어집니다. 또한, x, y를 실수라 하고, 낯익은 성질 $e^{a+b} = e^a e^b$가 $a = x$, $b = iy$에 대해 성립한다고 믿으면 $e^{x+iy} = e^x e^{iy} = e^x(\cos y + i \sin y)$도 간단하게 얻을 수 있습니다. 구멍투성이라 증명이라고 할 수는 없지만, 자연스럽다는 것에는 동의하겠지요.

또한, $z = x + yi$의 **켤레복소수**를 $\bar{z} = x - yi$라고 정의하면 복소수 z, w에 대해

$$\overline{z+w} = \bar{z} + \bar{w}$$
$$\overline{zw} = \bar{z}\,\bar{w}$$
$$z\bar{z} = |z|^2$$

이 되는 것을 계산하여 확인할 수 있습니다.

C. 기저에 관한 보충

여기서는 기저를 본격적으로 이야기할 때 필요한 부명제[2]를 설명하겠습니다. 또한, 이 책에서는 공간이 유한 차원이라고 봅니다(1.13).

Lemma C.1 기저를 취하는 법은 여러 가지지만, 어느 기저라도 기저 벡터의 개수는 같습니다. 직관적으로는 당연한 것입니다만, '직관에 기대지 말고 차원을 정의'하자는 취지였으니까 제대로 증명해야지……이네요. 그렇지만 1장의 용어만으로 증명하려면 꽤 복잡합니다.

Proof: 귀류법[3]을 사용하여 증명합니다. $(\vec{e}_1, \ldots, \vec{e}_n)$이 기저였다고 합시다. 그리고 이와 별개로 $(\vec{e}'_1, \ldots, \vec{e}'_{n'})$도 기저라고 합시다. 여기서 $n < n'$이라면 다음과 같은 모순이 발생합니다. 작은 '대시(′) 없는 팀'을 큰 '대시 있는 팀'이 서서히 빼앗아가는 내용입니다.

우선 '대시가 없는 팀' $(\vec{e}'_1, \ldots, \vec{e}'_n)$이 기저이므로 선형결합에서 벡터 $\vec{e}'_1$을

$$\vec{e}'_1 = a_1\vec{e}_1 + a_2\vec{e}_2 + \cdots + a_n\vec{e}_n \tag{C.1}$$

이라 쓸 수 있습니다($a_1, \ldots, a_n$는 수). 그러면

$$\vec{e}_1 = b_1\vec{e}'_1 + b_2\vec{e}_2 + \cdots + b_n\vec{e}_n \tag{C.2}$$

이라고도 쓸 수 있습니다($b_1 = 1/a_1,\ b_2 = -a_2/a_1,\ \ldots,\ b_n = -a_n/a_1$이라고 하면 된다)[4].

---

2 부명제(Lemma)는 무언가를 증명하기 위해 사용하는 보조 명제입니다. 프로그래밍으로 말하자면 '길고 어지럽게 뒤섞인 하나의 함수'는 읽기 어려우니까 정리된 처리를 하청 함수로 끄집어내어 구조를 깔끔하게 만드는 것과 상응합니다. 덧붙여서 Lemma에 대한 증명(Proof)의 말미에 붙어 있는 기호 ■는 '증명 끝'이란 의미입니다.

3 '○○이다'를 증명하고 싶은 경우에 사용하는 상투적인 방법 중 하나입니다. '가령 ○○가 아니라고 해보자. 그러면 ……와 같이 생각하면 모순이 발생한다. 따라서 이 가정은 잘못되었고, 역시 ○○가 아니고서는 안 된다'와 같은 논법입니다.

4 거짓말입니다. $a_1 = 0$인 경우는 어떻게 해줄래? 그런 경우는 $\vec{e}_1$ 대신에 $\vec{e}_2$를 집어 내어 $\vec{e}_2 = \square\vec{e}'_1 + \square\vec{e}_1 + \square\vec{e}_3 + \cdots + \square\vec{e}_n$의 형태로 합니다. 번호를 표시하는 것이 귀찮을 뿐이지 추후 논의에는 지장이 없습니다. 그러면 만약 a_2도 0이라면? 그 경우는 물론 $\vec{e}_3$을 집어냅니다. 만약 a_3도 0이면? ……이하 마찬가지입니다. 만약 a_1부터 a_n까지 전부 0이면? 그 경우는 $\vec{e}'_1 = \vec{o}$이 되므로 '대시 있는 팀' $(\vec{e}'_1, \ldots, \vec{e}'_{n'})$이 기저를 이루지 않고, 애초에 약속 위반이므로 상대할 필요가 없습니다.

거기서 $\vec{e}_1$을 방출하고, 대신 $\vec{e}'_1$을 맞아들이는 트레이드를 결행합니다. 이와 같이 한 사람을 트레이드한 새로운 팀 $(\vec{e}'_1, \vec{e}_2, \ldots, \vec{e}_n)$도 기저가 됩니다.[5]

새로운 팀 $(\vec{e}'_1, \vec{e}_2, \ldots, \vec{e}_n)$이 기저이면 다음으로 벡터 $\vec{e}'_2$를

$$\vec{e}'_2 = d_1\vec{e}'_1 + d_2\vec{e}_2 + d_3\vec{e}_3 + \cdots + d_n\vec{e}_n$$

이라는 형태로 쓸 수 있습니다. 그렇다면 반대로

$$\vec{e}_2 = f_1\vec{e}'_1 + f_2\vec{e}'_2 + f_3\vec{e}_3 + \cdots + f_n\vec{e}_n$$

라고도 쓸 수 있습니다.[6] 거기서 $\vec{e}_2$도 방출하고 대신 $\vec{e}'_2$을 맞아들이는 트레이드를 결행합니다. 이와 같이 또 한 사람을 트레이드한 새로운 팀 $(\vec{e}'_1, \vec{e}'_2, \vec{e}_3, \ldots, \vec{e}_n)$도 전과 마찬가지로 기저가 됩니다.

이렇게 트레이드를 계속하면 기저를 유지하면서 결국에는 오리지널 멤버가 모두 방출되어 $(\vec{e}'_1, \ldots, \vec{e}'_n)$이라는 인수당하는 팀이 됩니다. 그래도 아직 대기하고 있는 트레이드 후보가 있네요. $\vec{e}'_{n+1}, \ldots, \vec{e}'_{n'}$입니다. 이들의 처우는 어떻게 될까요? 인수당한 팀도 기저이므로 벡터 $\vec{e}'_{n+1}$을

$$\vec{e}'_{n+1} = \square\vec{e}'_1 + \cdots + \square\vec{e}'_n \tag{C.3}$$

이라는 형태로 쓸 수 있습니다. 이래서는 $\vec{e}'_{n+1}$ 따위 없어도 $\vec{e}'_1, \ldots, \vec{e}'_n$이 협력하면 대역이 임무를 완수합니다. 남은 대기자 $\vec{e}'_{n+2}, \ldots, \vec{e}'_{n'}$도 마찬가지입니다. 즉, '대시 있는 팀'도 처음부터 n명만으로 충분했던 것입니다. 팀 안에 쓸데 없는 멤버가 있다는 것은 $(\vec{e}'_1, \ldots, \vec{e}'_{n'})$이 기저라는 전제에 위반됩니다. 이와 같이 $n < n'$이라는 가정은 모순을 발생시킵니다. $n > n'$인 경우도 두 팀의 역할을 바꾸면 똑같습니다. 따라서 $n = n'$이어야 합니다. ■

---

5 기저가 되기 위한 두 가지 조건을 확인하면 됩니다. 어떤 벡터 $\vec{x}$라도 $\vec{x} = \square\vec{e}_1 + \square\vec{e}_2 + \cdots + \square\vec{e}_n$의 형태로 쓸 수 있다는 것은 보장되어 있습니다. 여기에 (C.2)를 대입하면 $\vec{x} = \square\vec{e}'_1 + \square\vec{e}_2 + \cdots + \square\vec{e}_n$의 형태가 됩니다. 그러므로 '어느 토지에도 번지가 붙는다'는 OK입니다. '번지가 다르면 다른 토지'는 다음과 같이 귀류법으로 나타냅니다. $c_1\vec{e}'_1 + c_2\vec{e}_2 + \cdots + c_n\vec{e}_n = o$이었다고 합시다. 게다가 '$c_1 = c_2 = \cdots = c_n = 0$'이 아니었습니다. 여기서 $c_1 = 0$은 있을 수 없습니다. 그러면 $(\vec{e}_1, \ldots, \vec{e}_n)$이 기저라는 전제에 어긋나기 때문입니다. 그러면 $\vec{e}'_1 = \square\vec{e}_2 + \cdots + \square\vec{e}_n$이라 쓸 수 있습니다. 어머나, '같은 토지' $\vec{e}'_1$에 이것과 (C.1)라는 번지가 붙어버렸습니다($\vec{e}'_1$에 붙어 있는 수가 한 쪽은 0, 한 쪽은 $a_1 \neq 0$). 결국 $(\vec{e}_1, \ldots, \vec{e}_n)$이 기저라는 전제에 반합니다. 즉, $c_1 = c_2 = \cdots = c_n = 0$이란 결론에 다다릅니다. '번지가 다르면 다른 토지'를 의미하는 것은 본문에서 서술한 대로입니다.

6 전과 마찬가지로 거짓입니다. $d_2 = 0$인 경우는 $\vec{e}_2$의 대신에 $\vec{e}_3$를 집어낸다. d_3도 0이면 $\vec{e}_4$를 집어낸다. 만약 d_2부터 d_n도까지 전부 0이라면 $\vec{e}'_2 = d_1\vec{e}'_1$이 되어 '대시 있는 팀' $(\vec{e}'_1, \ldots, \vec{e}'_{n'})$이 기저라는 전제에 위반됩니다.

Lemma C.2 선형독립인 벡터 $\vec{u}_1, \dots, \vec{u}_m$이 주어졌다면 이를 확장하면 기저가 됩니다. 즉, 필요한 개수의 좋은 벡터 $\vec{v}_1, \dots, \vec{v}_k$를 추가하여 $(\vec{u}_1, \dots, \vec{u}_m, \vec{v}_1, \dots, \vec{v}_k)$가 기저가 되도록 할 수 있습니다.[7]

Proof: '팀의 후보'라는 문맥에서 이야기하겠습니다. 팀의 초기 멤버는 $\vec{u}_1, \dots, \vec{u}_m$입니다. 그러나 초기 멤버만으로는 모두를 커버하기는 부족합니다. 그래서 멤버를 추가로 모집하여 팀을 보강합니다. 후보자로 어떤 기저 $(\vec{e}_1, \dots, \vec{e}_n)$를 한 팀 준비해둡니다. 후보자가 한 명씩 시험을 보러 옵니다. 1단계로 팀에 $\vec{e}_1$을 추가해봅니다. 추가해서 생긴 $\vec{u}_1, \dots, \vec{u}_m, \vec{e}_1$이 선형독립이면 $\vec{e}_1$은 합격이고, 그대로 팀에 들어갑니다. 선형종속이 되면 $\vec{e}_1$은 불합격이고, 쫓겨납니다. '너가 와도 팀의 총합 능력은 올라가지 않으므로 오지 않아도 된다'입니다. 2단계는 그 팀에 새로 $\vec{e}_2$를 추가해봅니다. 추가한 결과가 선형독립이면 $\vec{e}_2$도 팀에 넣고, 선형종속이면 팀에 넣지 않고 방출합니다. 이후에도 마찬가지로 마지막 후보자 $\vec{e}_n$까지 이 순서를 반복하여 보강을 마칩니다. 이러면 실은 보강 후의 팀이 기저가 되어 있습니다. 그러므로 후보자 중에서 합격한 것을 $\vec{v}_1, \dots, \vec{v}_k$로 대답하면 됩니다.

왜 보강 후의 팀이 기저가 될까요? 기저의 조건,[8] 즉 선형독립인 것은 시험에서 보증됩니다. 남은 것은 '어느 벡터 $\vec{x}$라도 선형결합으로 나타낸다'입니다.

이를 나타낼 준비로 후보자 $(\vec{e}_1, \dots, \vec{e}_n)$이 보강 후 팀의 선형결합으로 나타남을 보여줍시다. 임의의 i스텝을 돌아봐주십시오. 만약 e_i가 합격이면 e_i 자체가 팀에 들어가므로 문제 없습니다. e_i가 불합격이면 그 시점까지의 팀($\vec{w}_1, \dots, \vec{w}_p$로 둡시다)에서 e_i가 나타납니다. 왜냐하면, 불합격이라면 $\vec{w}_1, \dots, \vec{w}_p, e_i$이 선형종속, 즉 좋은 수 $c_1, \dots, c_p, d$(적어도 하나는 0이 아닌 것이 있다)를 선택하면

$$c_1\vec{w}_1 + \cdots + c_n\vec{w}_p + d\vec{e}_i = \vec{o}$$

이 되기 때문입니다. 이를 변경하면

$$\vec{e}_i = (-c_1 / d)\vec{w}_1 + \cdots + (-c_p / d)\vec{w}_p$$

$\vec{w}_1, \dots, \vec{w}_p$의 선형결합으로 e_i를 쓸 수 있습니다.[9] '우리가 협력하면 너와 동등할 수 있다'라는 것입니다. 그러므로 '너는 필요 없다'라고 불합격시킨 것입니다. 이런 식으로 시험을 실시하므로 보강 후 팀의 선형결합으로 $(\vec{e}_1, \dots, \vec{e}_n)$이 나타난다는 것이 보증됩니다.

자, 후보자는 원래부터 기저였으므로 임의의 벡터 $\vec{x}$는 $(\vec{e}_1, \dots, \vec{e}_n)$의 선형결합으로 쓸 수 있습니다. 그리고 후보자는 보강 후의 팀 $\vec{u}_1, \dots, \vec{u}_m, \vec{v}_1, \dots, \vec{v}_k$의 선형결합으로 쓸 수 있습니다. 둘을 합치면 임

7 $(\vec{u}_1, \dots, \vec{u}_m)$ 자체가 그것만으로 기저인 경우 '필요한 개수는 0개'라고 해석합니다.

8 1.1.4절 '기저가 되는 조건'이나 2.3.4절 "납작하게"를 식으로 나타내다'를 참고합니다.

9 $d = 0$은 있을 수 없습니다. 만약 $d = 0$이면 $c_1\vec{w}_1 + \cdots + c_p\vec{w}_p = \vec{o}$이므로 $\vec{w}_1, \dots, \vec{w}_p$ 자체가 선형종속이 됩니다. 그러나 시험에 따라 팀은 항상 선형독립을 유지하고 있으므로, 선형종속은 있을 수 없습니다.

의의 벡터 $\vec{x}$는 보강 후 팀의 선형결합으로 쓸 수 있습니다. 혹시 모르니 좀더 설명해둘까요?

$$\vec{x} = a_1\vec{e}_1 + \cdots + a_n\vec{e}_n$$

이라 하고

$$\begin{aligned}
\vec{e}_1 &= b_{11}\vec{u}_1 + \cdots + b_{1m}\vec{u}_m + b'_{11}\vec{v}_1 + \cdots + b'_{1k}\vec{v}_k \\
&\vdots \\
\vec{e}_n &= b_{n1}\vec{u}_1 + \cdots + b_{nm}\vec{u}_m + b'_{n1}\vec{v}_1 + \cdots + b'_{nk}\vec{v}_k
\end{aligned}$$

라 합니다. 후자를 전자에 대입하여 정리하면

$$\begin{aligned}
\vec{x} &= c_1\vec{u}_1 + \cdots + c_m\vec{u}_m + c'_1\vec{v}_1 + \cdots + c'_k\vec{v}_k \\
c_i &= a_1 b_{1i} + \cdots + a_n b_{ni} \qquad (i = 1, \ldots, m) \\
c'_j &= a_1 b'_{1j} + \cdots + a_n b'_{nj} \qquad (j = 1, \ldots, n)
\end{aligned}$$

이므로 분명히 $\vec{x}$가 보강 후의 팀 $\vec{u}_1, \ldots, \vec{u}_m, \vec{v}_1, \ldots, \vec{v}_k$의 선형결합입니다. ■

Lemma C.3 차원의 n과 동일한 개수의 선형독립인 벡터는 기저를 이룬다.

Proof: 이전의 Lemma를 사용하면 간단합니다. 선형독립이므로 몇 개인가 벡터를 추가해도 기저를 이룹니다. 기저 벡터의 개수는 어느 기저라도 반드시 n이어야 합니다. 이것은 추가할 벡터 수가 0. 즉, 아무것도 추가하지 않아도 그대로 기저였던 것이 됩니다. ■

Lemma C.4 선형독립인 벡터가 최대 n개까지 얻어진다면 그 공간은 n차원이다.

Proof: 선형독립인 벡터를 n개 얻었다면 그 n개에 벡터를 몇 개 더 추가해도 기저가 됩니다. 그런데 기저는 선형독립이므로 전제에 따라 합계 개수는 고작 n입니다.[10] 이것은 추가한 개수가 0이라는 의미가 됩니다. 즉, 원래 n개가 그대로 기저였던 것으로 차원(=기저 벡터의 개수)은 n이라는 결론에 이릅니다. ■

Lemma C.5 V를 선형 공간, W를 V의 선형부분공간(2.15)이라고 하는 경우 V와 W의 차원이 같다면 $V = W$이다.

---

10 '고작 기껏' = '고작 겨우' 식으로 쓰면 $\leq n$입니다. '……는 n 이하'라고 말해도 의미는 물론 같습니다만, '고작 기껏'이라고 말하면 '아무리 노력해도 여기까지밖에 닿지 않아'라는 뉘앙스를 강조할 수 있습니다. 수학에서 즐겨 사용되는 표현입니다.

Proof: V도 W도 n차원이었다고 합시다. 차원의 정의에 따라 W의 기저 $(\vec{e}_1, \dots, \vec{e}_n)$이 얻어질 것입니다. 기저이므로 $(\vec{e}_1, \dots, \vec{e}_n)$은 선형독립입니다. 그러면 Lemma C.3에서 $(\vec{e}_1, \dots, \vec{e}_n)$은 V의 기저이기도 합니다. 즉, V의 멤버 $\vec{x}$는 누구라도 $(\vec{e}_1, \dots, \vec{e}_n)$의 선형결합으로 나타낼 수 있습니다. 여기서 $(\vec{e}_1, \dots, \vec{e}_n)$은 W에 속해 있으므로 선형결합인 $\vec{x}$도 W에 속합니다(선형부분공간의 정의 참고). 이렇게 V의 멤버는 전원이 W의 멤버인 것이 보증됩니다. ■

또한, 본문에서는 '화살표 $\vec{u}_i$'보다도 '좌표 $\boldsymbol{u}_i$'를 주로 사용하여 기술했습니다. 내용은 같으므로 걱정하지 않아도 됩니다.[11] '$(\boldsymbol{u}_1, \dots, \boldsymbol{u}_n)$이 기저다'는 '좌표 $\boldsymbol{u}_i$로 나타내는 화살표를 $\vec{u}_i$로 $(\vec{u}_1, \dots, \vec{u}_n)$이 기저다'를 줄인 것입니다(그림 C-1).

▼ 그림 C-1 좌표가 기저라는 것은? $\boldsymbol{u}_1 = (2, 1)^T, \boldsymbol{u}_2 = (1, 3)^T$와 같이 좌표를 쓴 경우는 암묵의 기저($(\vec{e}_1, \vec{e}_2)$라고 합니다)가 생략되어 있어 실체로서의 화살표는 $\vec{u}_1 \equiv 2\vec{e}_1 + 1\vec{e}_2, \vec{u}_2 \equiv 1\vec{e}_1 + 3\vec{e}_2$입니다. '$(\boldsymbol{u}_1, \boldsymbol{u}_2)$가 기저다'란 $(\vec{u}_1, \vec{u}_2)$가 기저라는 것입니다.

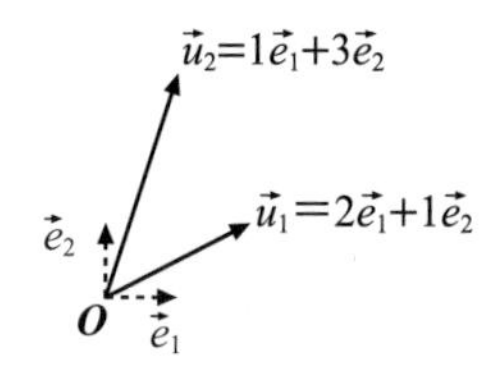

하지만 일일이 의식하지 않아도 다음과 같이 해석해주면 좋습니다.

- 어떤 벡터 $\boldsymbol{x}$라도 $\boldsymbol{u}_1, \dots, \boldsymbol{u}_n$의 선형결합[12]으로 나타낼 수 있습니다. 즉, 수 $c_1, \dots, c_n$을 잘 조절하면 $\boldsymbol{x} = c\boldsymbol{u}_1 + \cdots + c\boldsymbol{u}_n$으로 반드시 표현할 수 있습니다.
- 게다가 그 표현법은 유니크[13]합니다.

---

11 '좌표와 화살표는 일대일대응하므로 어느 것으로 이야기해도 괜찮잖아'라는 입장입니다. 1.1.6절 '좌표에서의 표현'이나 1.11 '벡터는 숫자를 나열한 것이라 생각해도 되는가'를 참고합니다.

12 정의는 1.1.4절 '기저가 되기 위한 조건'에 있습니다.

13 의미는 각주 25를 참고합니다. 익숙해졌으면 하는 표현이라 한 번 더 사용해보았습니다.

D. 미분방정식의 해법

이 책에서 필요한 지극히 기초적인 미분방정식의 해법을 설명합니다.

D.1 $dx/dt = f(x)$ 형

미분 방정식

$$\frac{d}{dt}x(t) = -7x(t)$$

는 다음 순서로 풀 수 있습니다.[14] 공식 $\frac{dx}{dt} = 1/\frac{dt}{dx}$ 에서

$$\frac{dt}{dx} = -\frac{1}{7x}$$

양변을 적분하면

$$t = -\int \frac{1}{7x} dx$$

를 얻습니다.[15] 우변의 적분을 실행하면

$$t = -\frac{1}{7}\log|7x| + C \qquad (C\text{는 적분상수})$$

변형하여

$$\log|7x| = -7(t - C)$$

양변을 지수함수에 넣으면

$$|7x| = e^{-7(t-C)}$$

---

14 $x = 0$의 걱정은 우선 놔둡니다.

15 미분과 적분은 서로 역연산이었지요. t를 x로 미분하고 적분하면 t로 돌아갑니다. 좌변은 정확하게 $t + C'$(C'는 적분상수) 입니다만, 어차피 우변에도 적분상수 C''가 나오므로 여기서는 생략합니다. '$t + C' = \cdots + C''$ (C', C''는 적분상수)'도 '$t = \cdots + C$ (C는 적분상수)'도 같으므로($C = C'' - C'$로 취하면).

즉,

$$|x| = \frac{1}{7} e^{7C} e^{-7t}$$

랭크를 $D \equiv \frac{1}{7} e^{7C}$ 로 두면

$$|x| = De^{-7t} \quad D\text{는 임의의 양의 정수}$$

로 정리됩니다. C가 임의의 정수이므로 D는 임의의 양의 정수가 됩니다. 이렇게 $|x(t)|$를 구합니다.

특히 $t = 0$인 경우를 생각하면 $|x(0)| = D$이므로 대입하면

$$|x(t)| = |x(0)| e^{-7t}$$

를 얻습니다. 사실 이것은

$$x(t) = x(0) e^{-7t}$$

를 의미합니다. $x(t)$는 t에 관하여 연속이므로

- $x(0) > 0$이면 $x(t) > 0$
- $x(0) < 0$이면 $x(t) < 0$

이기 때문입니다.[16] 이렇게 해 $x(t) = x(0)e^{-7t}$를 구했습니다.

D.2 $dx/dt = ax + g(t)$ 형

다음 미분방정식은

$$\frac{d}{dt} x(t) = -7x(t) + e^{-7t} \tag{D.1}$$

세 단계로 풀 수 있습니다. 1단계에서는 $x(t)$를 포함하지 않는 항 e^{-7t}를 제외한 미분방정식(제차 미분방정식)

$$\frac{d}{dt} \tilde{x}(t) = -7\tilde{x}(t)$$

의 해를 모두 (일반해) 구합니다. 앞 절에서 했던 것처럼 일반해는

16 $x(0) = 0$인 경우 $x(t) = 0$이고, 역시 문제 없습니다.

$$\tilde{x}(t) = \tilde{D}e^{-7t} \qquad \tilde{D} = \tilde{x}(0)\text{은 임의의 정수}$$

입니다.

2단계에서는 원래 미분방정식의 해를 어떻게든 하나 구합니다(특해). 방법은 '어떻게든 힘을 내줘'라고밖에 일말 못합니다만, 이 문제에서는 **정수변화법**이라는 테크닉을 사용할 수 있습니다. 정수변화법은

- 제차미분방정식의 일반해에서 정수를 t의 함수로 변경한 $x(t) = D(t)e^{-7t}$라는 형태의 식을 생각한다.
- 이 식을 해의 후보로 놓고, 미분방정식이 성립하도록 함수 $D(\cdot)$를 잘 설정한다.

라는 방법입니다. $x(t) = D(t)e^{-7t}$를 원래 미분방정식 (D.1)에 대입하면

$$\left(\frac{d}{dt}D(t)\right)e^{-7t} - 7D(t)e^{-7t} = -7D(t)e^{-7t} + e^{-7t}$$

정리하여

$$\frac{d}{dt}D(t) = 1$$

이므로 $D(t) = t$라고 설정하면 됩니다. 이렇게 특해 $x(t) = te^{-7t}$를 얻습니다.

3단계에서는 '(특해) + (제차미분방정식의 일반해)'에 따라 원래 미분방정식 (D.1)의 일반해를 구합니다. 이것으로 일반해

$$x(t) = te^{-7t} + \tilde{D}e^{-7t} \qquad \tilde{D}\text{는 임의의 정수}$$

를 얻습니다. 특히 $t = 0$을 대입하면 $x(0) = \tilde{D}$이 되므로

$$x(t) = te^{-7t} + x(0)e^{-7t}$$

라고 풀 수 있습니다.

D.1 '(특해) + (제차의 일반해)'는 연립일차방정식에서도 했는데 관계가 있나요?

있습니다. 지금의 미분방정식은 연립일차방정식의 무한차원판이라 해석할 수 있습니다. 2.5.1절의 '해를 모두 찾자'와 비교해 주십시오. 1.4에서 서술한 다음 내용의 좋은 예이기도 합니다.[17]

> 언뜻 보아 '벡터'라 보이지 않는 대상이라도 1.4에서 서술한 성질만 확인하면 벡터에 관한 기존의 정리가 모두 적용된다.

함수 $x(t)$에서 만들어지는 새로운 함수

$$w(t) \equiv \frac{d}{dt} x(t) + 7x(t)$$

를 $w = \mathcal{A}[x]$라고 쓰기로 합시다. $\mathcal{A}$는 함수를 먹고 함수를 뱉는 연산자[18]입니다. $\mathcal{A}$를 사용하면 미분 방정식 (D.1)은

$$\mathcal{A}[x] = y \qquad (y(t) = e^{-7t}\text{로 둔다})$$

라고 쓸 수 있습니다. 연립일차방정식 $A\boldsymbol{x} = \boldsymbol{y}$를 방불케하는 모습이 되었습니다. 실은 그 직관은 다음과 같이 근거가 붙을 수 있습니다.

우선 함수 $x(t)$와 벡터 $\boldsymbol{x}$의 대응에 대해. 함수 $x(t)$, $\tilde{x}(t)$와 수 c에 대해 합 $x(t) + \tilde{x}(t)$나 정수배 $cx(t)$를 생각하면 1.4의 직관에서 든 성질은 모두 성립합니다. 이에 따라 '함수' $x(t)$를 '벡터'로 해석할 수 있습니다.

다음으로 연산자 $\mathcal{A}$와 행렬 A의 대응에 대해

$$\mathcal{A}[x + \tilde{x}] = \mathcal{A}[x] + \mathcal{A}[\tilde{x}] \tag{D.2}$$

$$\mathcal{A}[cx] = c\mathcal{A}[x] \tag{D.3}$$

가 포인트입니다. 각각

$$\begin{aligned} &\frac{d}{dt}\{x(t) + \tilde{x}(t)\} + 7\{x(t) + \tilde{x}(t)\} \\ &= \left\{\frac{d}{dt} x(t) + 7x(t)\right\} + \left\{\frac{d}{dt}\tilde{x}(t) + 7\tilde{x}(t)\right\} \end{aligned}$$

---

17 거짓말은 아니지만 조금 오해를 부르는 표현입니다. 이 책에서는 대부분 유한차원을 가정하기 때문입니다. 뒤에 서술하는 '충고'를 참고해 주십시오.

18 함수를 먹고 수를 뱉는 것을 범함수, 함수를 먹고 함수를 뱉는 것을 연산자라고 합니다(정확하게는 조금 더 한정된 정의도 있습니다).

$$\frac{d}{dt}\{cx(t)\} + 7\{cx(t)\}$$
$$= c\left\{\frac{d}{dt}x(t) + 7x(t)\right\}$$

라는 의미이므로 당연히 성립하지요. $\mathcal{A}$가 선형사상이라고 간주되기 때문입니다. 즉, '벡터에 행렬을 곱한다'와 같은 성질[19]을 지니는 것을 의미합니다(1.15).

이렇게 미분방정식 $\mathcal{A}x = y$는 연립일차방정식 $A\mathbf{x} = \mathbf{y}$의 무한차원판[20]이라고 설명했습니다. 그러면 같은 '(특해) + (제차의 일반해)'가 나오는 것도 납득하겠지요.

그래도 '왜 함수가 벡터라고 간주되는지 이해되지 않는다'는 사람에게는 다음과 같은 설명이 어떨까요? 함수는 다음 왼쪽 그림과 같이 그래프로 나타냅니다. 벡터도 오른쪽 그림과 같이 성분 플롯으로 나타낼 수 있습니다. 가로축이 연속인지 이산인지를 제외하면 둘은 같다고 생각되지 않나요? 대략 '함수'는 '벡터'의 성분수가 무한이 된 것이라 간주하는 것입니다. 그런 식으로 함수를 무한차원의 벡터라 보고 미분 · 적분을 추상적으로 다루는 분야가 **함수해석**이라는 분야입니다. 미분방정식 이외에도 푸리에 변환, 웨이블릿 변환, 양자역학 등을 응용할 때 함수해석의 도움을 받고 있습니다. 또 간단히 말하자면 푸리에 변환, 웨이블릿 변환은 좌표변환의 무한차원판, 양자역학은 고윳값 문제의 무한차원판입니다.

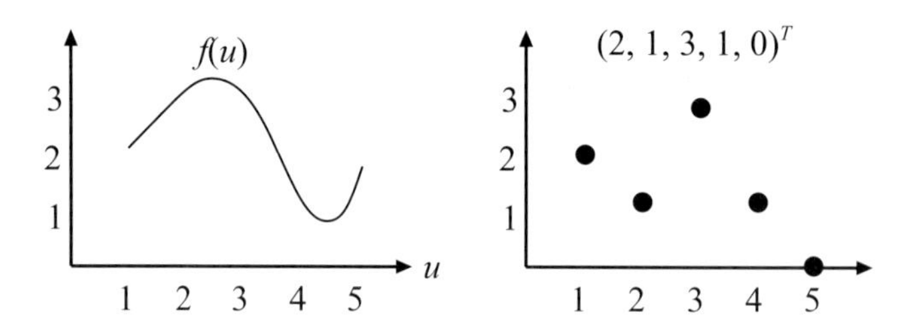

마지막으로 충고를 들어 주십시오. 1.13에서도 설명합니다만, 무한차원은 무서운 것입니다. 직관은 중요하고 앞에서 했던 간단한 관찰도 매우 유익합니다만, '위험한 일을 하고 있구나' 라는 것을 잊지 마십시오. 또한, 이 책에서는 미리 말해두지 않는 한 벡터는 모두 유한차원입니다.

---

19 '와 같은'이란 표현으로 피하는 이유는 미묘한 사정이 있기 때문입니다. 자세한 내용은 마지막 '충고'에서 설명합니다.

20 '무한차원'이라고 한 이유는 지금 대상으로 생각하는 x의 범위(함수공간)가 유한차원에서 끝나지 않기 때문입니다. 예를 들어 $k = 0, 1, 2, \ldots$에 대해 함수 $x_k(t) = \cos kt$를 생각하면 $x_0, x_1, x_2, \ldots$에서 몇 개를 가져와도 '선형독립'이 됩니다. 이것으로는 유한차원이라고 할 수 없습니다.

E. 내적과 대칭행렬 · 직교행렬

E.1 내적공간

원래의 선형공간에는 길이나 각도라는 개념이 없습니다. 이 개념을 부여하려면 방법을 추가해야 합니다.

E.1.1 길이

이미지하기 쉽게 당분간은 실수(실벡터, 실행렬)만 가지고 이야기합니다. 우선 '눈금이 없는 화살표의 세계'(1.1.3절 '기저')를 떠올려 주십시오. 길이나 각도의 개념이 없고, 서로 다른 방향의 벡터끼리 비교하는 방법도 없습니다. 이 절에서는 여기에 '길이'라는 수단을 추가합니다. '길이'는 벡터를 입력하면 실수를 출력하는 함수입니다. 벡터 $\vec{x}$의 길이를 $\|\vec{x}\|$로 나타내기도 합니다.

자, 그런 함수를 뭐든지 가져와서 '길이다'라고 부른다한들 그다지 도움이 되지 않습니다. 현실 공간의 어느 측면을 추상화하고 싶으므로 현실과 완전히 어긋난 것을 가져오면 소용이 없습니다. 현실의 '길이'가 지니는 성질 중 몇 개를 골라 '이것을 만족시키지 않으면 안 된다'고 요청합시다. 여기서는 우선 다음 성질을 요청합니다.

- $\|\vec{x}\| \geq 0$
- $\|\vec{x}\| = 0$ **iff**[21] $\vec{x} = \vec{o}$
- 수 c에 대해 $\|c\vec{x}\| = |c|\,\|\vec{x}\|$

곧바로 추가 요청이 있습니다.

---

21 'if and only if'의 약자로 수학책에서 설명 없이 사용되는 경우가 있습니다. 의미는 '$\vec{x} = \vec{o}$이면 $\|\vec{x}\| = 0$이다. 게다가 반대로 $\|\vec{x}\| = 0$이 되는 것은 $\vec{x} = \vec{o}$뿐이다'입니다. 즉, 둘 다 같은 값입니다.

E.1.2 직교

길이의 다음은 각도, 그것도 매우 기본적인 '직각'을 생각해봅시다. 현실 공간에서는 직각삼각형에 관한 피타고라스의 정리가 성립합니다. 이를 통하여 '길이'와 '각도'가 관련되어 있습니다.

우리가 지금 구축하고 있는 세계에는 아직 직각(직교)이라는 개념이 없습니다. 역으로 피타고라스의 정리가 성립할 때 직교라고 합시다. 벡터 $\vec{x}$, $\vec{y}$가

$$\|\vec{x}+\vec{y}\|^2 = \|\vec{x}\|^2 + \|\vec{y}\|^2$$

를 만족시키는 경우 $\vec{x}$와 $\vec{y}$가 직교한다고 합니다. 더욱이 현실 공간에서 성립하는 성질에서 다음 요청을 추가합니다.

- 직교는 연장 · 중단해도 직교: $\vec{x}$와 $\vec{y}$가 직교하면 임의의 수 c에 대해 $\vec{x}$와 $c\vec{y}$도 직교한다.
- $\vec{x}$와 직교하는 벡터끼리의 합도 $\vec{x}$와 직교: $\vec{x}$와 $\vec{y}$가 직교하고, $\vec{x}$와 $\vec{y}'$가 직교하면 $\vec{x}$와 $(\vec{y}+\vec{y}')$도 직교한다.
- 그림 E-1과 같이 수직선을 내리그을 수 있다: 임의의 $\vec{x}$와 $\vec{y}$에 대해 $\vec{y} = \vec{u} + \vec{v}$라고 잘 분해하여 '$\vec{u} = a\vec{x}$', '$\vec{v}$와 $\vec{x}$는 직교'가 되도록 할 수 있다(a는 수).

이상으로 요청은 끝입니다.

그림 E-1 수직선

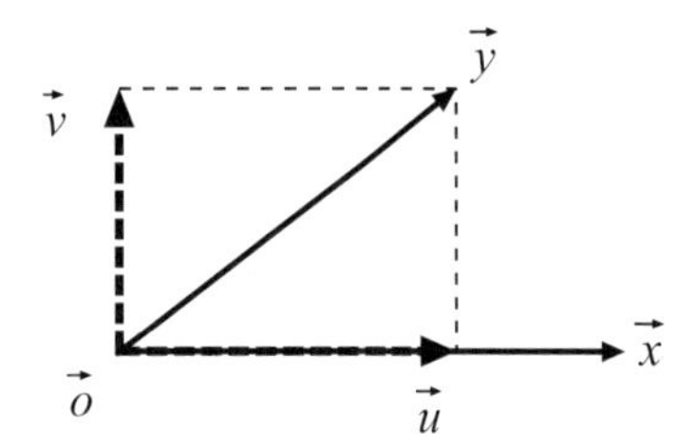

E.1.3 내적

$\vec{x}$와 $\vec{y}$가 직교하면 $\|\vec{x}+\vec{y}\|^2 = \|\vec{x}\|^2 + \|\vec{y}\|^2$였습니다만, 직교하지 않는 경우에는 양변이 같지 않습니다. 여기서 양변이 얼마나 다른지에 주목하여 다음 식을 생각해봅시다.

$$F(\vec{x}, \vec{y}) = \|\vec{x}+\vec{y}\|^2 - \|\vec{x}\|^2 - \|\vec{y}\|^2$$

직교하는 경우는 $F(\vec{x}, \vec{y}) = 0$이 됩니다. 게다가 $F(\vec{x}, \vec{y}) = \|2\vec{x}\|^2 - \|\vec{x}\|^2 - \|\vec{x}\|^2 = 2\|\vec{x}\|^2$이므로

$\|\vec{x}\|^2 = F(\vec{x}, \vec{y})/2$와 같이 길이를 F로 나타내는 것도 가능합니다.

이대로라도 괜찮습니다만, 분모의 2가 눈에 거슬립니다. 말끔하게 하려면 처음부터 2로 나눈 $\frac{1}{2}(\|\vec{x}+\vec{y}\|^2 - \|\vec{x}\|^2 + \|\vec{y}\|^2)$을 사용합니다. 더욱이 이 양은 중요하므로 전용기호 $\vec{x}\cdot\vec{y}$를 준비합니다.

$$\vec{x}\cdot\vec{y} = \frac{1}{2}(\|\vec{x}+\vec{y}\|^2 - \|\vec{x}\|^2 - \|\vec{y}\|^2)$$

이러면 $\|\vec{x}\|^2 = \vec{x}\cdot\vec{x}$가 깔끔해집니다. 이 $\vec{x}\cdot\vec{y}$를 $\vec{x}$와 $\vec{y}$의 내적이라 합니다. 정의에 따라 다음과 같이 말할 수 있습니다.

- $\vec{x}\cdot\vec{y} = 0$이면 $\vec{x}$와 $\vec{y}$는 직교한다.
- $\vec{x}\cdot\vec{y} \neq 0$이면 $\vec{x}$와 $\vec{y}$는 직교하지 않는다.

내적에는 다음 성질이 있습니다($\vec{x}$, $\vec{y}$, $\vec{x}'$, $\vec{y}'$는 벡터, c는 수).

- $\vec{x}\cdot\vec{x} = \|\vec{x}\|^2 \geq 0 \quad (\vec{x}\cdot\vec{x} = 0 \text{ iff } \vec{x} = \vec{o})$
- $\vec{x}\cdot\vec{y} = \vec{y}\cdot\vec{x}$ – 대칭성
- $\vec{x}\cdot(c\vec{y}) = c(\vec{x}\cdot\vec{y}), \quad \vec{x}\cdot(\vec{y}+\vec{y}') = \vec{x}\cdot\vec{y} + \vec{x}\cdot\vec{y}'$ – (가)

마지막 항목에서 대칭성에 따라 다음 내용도 성립합니다.

- $(c\vec{x})\cdot\vec{y} = c(\vec{x}\cdot\vec{y}), \quad (\vec{x}+\vec{x}')\cdot\vec{y} = \vec{x}\cdot\vec{y} + \vec{x}'\cdot\vec{y}$ – (나)

(가)와 (나)를 합쳐 쌍선형성이라 부릅니다. '$\vec{x}$에 대해서도, $\vec{y}$에 대해서도 선형'이란 의미입니다.

E.1 쌍선형성은 왜 성립하나요? 다른 것은 정의에 따라 자명합니다만…….

다음과 같이 확인할 수 있습니다. 수직선을 그어 '$\vec{y} = \vec{u} + \vec{v}$, $\vec{u} = a\vec{x}$ (a는 수), $\vec{v}$와 $\vec{x}$는 직교'가 되도록 분해해봅시다(그림 E-1). 그러면 다음과 같이 얻을 수 있습니다.

$$\begin{aligned}\vec{x}\cdot\vec{y} &= \vec{x}\cdot(\vec{u}+\vec{v}) = \vec{x}\cdot(a\vec{x}+\vec{v}) \\ &= \frac{1}{2}\{\|\vec{x}+a\vec{x}+\vec{v}\|^2 - \|\vec{x}\|^2 - \|a\vec{x}+\vec{v}\|^2\} \\ &= \frac{1}{2}\{\|(1+a)\vec{x}+\vec{v}\|^2 - \|\vec{x}\|^2 - \|a\vec{x}+\vec{v}\|^2\} \\ &= \frac{1}{2}\{((1+a)^2\|\vec{x}\|^2 + \|\vec{v}\|^2) - \|\vec{x}\|^2 - (a^2\|\vec{x}\|^2 + \|\vec{v}\|^2)\} \\ &= \frac{1}{2}\{((1+2a+a^2)\|\vec{x}\|^2 - \|\vec{x}\|^2 - a^2\|\vec{x}\|^2) + (\|\vec{v}\|^2 - \|\vec{v}\|^2)\} = a\|\vec{x}\|^2\end{aligned}$$

$\vec{x}\cdot(c\vec{y})$를 똑같이 계산하면 $\vec{x}\cdot(c\vec{y}) = ca\|\vec{x}\|^2$입니다. 그러므로 $\vec{x}\cdot(c\vec{y}) = c(\vec{x}\cdot\vec{y})$입니다. 또한, $\vec{y}'$에 대해서도 똑같이 수직선을 그어 '$\vec{y}' = \vec{u}' + \vec{v}'$, $\vec{u}' = a'\vec{x}$ (a'는 수), $\vec{v}'$와 $\vec{x}$는 직교'가 되도록 분해해두면 $\vec{x}\cdot\vec{y}' = a'\|\vec{x}\|^2$이랑 $(\vec{y}+\vec{y}') = (a+a')\|\vec{x}\|^2$을 얻습니다. 그러면 $\vec{x}\cdot(\vec{y}+\vec{y}') = \vec{x}\cdot\vec{y} + \vec{x}\cdot\vec{y}'$도 알 수 있습니다.

여기까지 정리하면 벡터 공간에 '길이'를 도입 → '길이'에서 '내적'을 정의하는 흐름입니다. 그러나 내적을 사용하면 길이도 나타낼 수 있으므로 길이와 내적은 닭과 달걀의 관계입니다. 어느 쪽을 사용해도 이야기가 가능합니다. 실제로는 내적이 쓰기 편리하고, 길이보다 내적이 전면에 나와 있습니다. 내적이 주어진[22] 선형공간을 **내적공간**이라 부릅니다. **계량선형공간**이나 **계량벡터공간**이라 부르기도 합니다.

E.1.4 정규직교기저

화살표 이야기를 너무 길게 하면 마음이 놓이지 않을지도 모릅니다. 다루기 익숙한 좌표 이야기로 슬슬 돌아갑시다. 기저를 하나 지정하면 화살표 $\vec{x}$와 좌표 $\boldsymbol{x}$를 똑같이 생각할 수 있습니다.

원래 선형공간을 이야기하는 한 어느 기저도 대등합니다만, 내적을 도입하면 '그 내적에 맞는 괜찮은 기저'라는 구별이 생깁니다. 만약 기저 $(\vec{e}_1, \ldots, \vec{e}_n)$이

- 모든 길이는 1
- 모두 서로 직교

라면, 즉

$$\vec{e}_i \cdot \vec{e}_j = \begin{cases} 1 & (i = j) \\ 0 & (i \neq j) \end{cases} \quad (i,\ j = 1, \cdots, n)$$

이라면 $\boldsymbol{x} = (x_1, \ldots, x_n)^T$와 $\boldsymbol{y} = (y_1, \ldots, y_n)^T$의 내적은

$$\boldsymbol{x} \cdot \boldsymbol{y} = x_1 y_1 + \cdots + x_n y_n = \boldsymbol{x}^T \boldsymbol{y} \tag{E.2}$$

입니다. 성분끼리 곱하여 합한다는 단순한 모양입니다. $n = 2$로 확인해두면

---

22 '벡터를 두 개 먹고 수를 뱉는 함수로 지금 설명한 '내적의 성질'을 만족시키는 함수가 하나 지정되었다'는 것입니다.

$$
\begin{aligned}
&(x_1\vec{e}_1 + x_2\vec{e}_2)\cdot(y_1\vec{e}_1 + y_2\vec{e}_2) \\
&= (x_1\vec{e}_1)\cdot(y_1\vec{e}_1) + (x_1\vec{e}_1)\cdot(y_2\vec{e}_2) + (x_2\vec{e}_2)\cdot(y_1\vec{e}_1) + (x_2\vec{e}_2)\cdot(y_2\vec{e}_2) \\
&= x_1y_1(\vec{e}_1\cdot\vec{e}_1) + x_1y_2(\vec{e}_1\cdot\vec{e}_2) + x_2y_1(\vec{e}_2\cdot\vec{e}_1) + x_2y_2(\vec{e}_2\cdot\vec{e}_2) = x_1y_1 + x_2y_2
\end{aligned}
$$

라는 장치로 대응하는 성분끼리만 남습니다. 길이도 당연히

$$
\|\boldsymbol{x}\| = \sqrt{\boldsymbol{x}\cdot\boldsymbol{x}} = \sqrt{x_1^2 + \cdots + x_n^2} \tag{E.3}
$$

입니다. 이런 괜찮은 기저를 **정규직교기저**라고 합니다.

부록

E.2 정규직교기저를 구하면 분명 편리하지만, 구하지 못하면 어떻게 하죠?

정규직교기저는 반드시 구해야 합니다. 실제로 뭐든지 좋으니까 기저가 하나 있으면 거기에서 그램 슈미트의 직교화 순서로 정규직교기저를 만들 수 있습니다. 5장의 'QR 분해'를 참고해 주십시오.

E.3 정규직교기저가 아닌 일반 기저에서 내적이나 길이 식은 어떤가요?

$n = 3$으로 해봅시다. 기저 $(\vec{e}_1, \vec{e}_2, \vec{e}_3)$를 사용하여 $\vec{x} = x_1\vec{e}_1 + x_2\vec{e}_2 + x_3\vec{e}_3$, $\vec{y} = y_1\vec{e}_1 + y_2\vec{e}_2 + y_3\vec{e}_3$이라 좌표를 표시하면 쌍선형성에 따라

$$
\begin{aligned}
\vec{x}\cdot\vec{y} &= (x_1\vec{e}_1 + x_2\vec{e}_2 + x_3\vec{e}_3)\cdot(y_1\vec{e}_1 + y_2\vec{e}_2 + y_3\vec{e}_3) \\
&= x_1y_1(\vec{e}_1\cdot\vec{e}_2) + x_1y_2(\vec{e}_1\cdot\vec{e}_2) + x_1y_3(\vec{e}_1\cdot\vec{e}_3) \\
&\quad + x_2y_1(\vec{e}_2\cdot\vec{e}_1) + x_2y_2(\vec{e}_2\cdot\vec{e}_2) + x_2y_3(\vec{e}_2\cdot\vec{e}_3) \\
&\quad + x_3y_1(\vec{e}_3\cdot\vec{e}_1) + x_3y_2(\vec{e}_3\cdot\vec{e}_2) + x_3y_3(\vec{e}_3\cdot\vec{e}_3) \\
&= (x_1,\ x_2,\ x_3)\begin{pmatrix} \vec{e}_1\cdot\vec{e}_1 & \vec{e}_1\cdot\vec{e}_2 & \vec{e}_1\cdot\vec{e}_3 \\ \vec{e}_2\cdot\vec{e}_1 & \vec{e}_2\cdot\vec{e}_2 & \vec{e}_2\cdot\vec{e}_3 \\ \vec{e}_3\cdot\vec{e}_1 & \vec{e}_3\cdot\vec{e}_2 & \vec{e}_3\cdot\vec{e}_3 \end{pmatrix}\begin{pmatrix} y_1 \\ y_2 \\ y_3 \end{pmatrix} \\
&= \boldsymbol{x}^T G \boldsymbol{y}
\end{aligned}
$$

이라 쓸 수 있습니다.

$$
\boldsymbol{x} = \begin{pmatrix} x_1 \\ x_2 \\ x_3 \end{pmatrix}, \quad \boldsymbol{y} = \begin{pmatrix} y_1 \\ y_2 \\ y_3 \end{pmatrix}, \quad G = \begin{pmatrix} \vec{e}_1\cdot\vec{e}_1 & \vec{e}_1\cdot\vec{e}_2 & \vec{e}_1\cdot\vec{e}_3 \\ \vec{e}_2\cdot\vec{e}_1 & \vec{e}_2\cdot\vec{e}_2 & \vec{e}_2\cdot\vec{e}_3 \\ \vec{e}_3\cdot\vec{e}_1 & \vec{e}_3\cdot\vec{e}_2 & \vec{e}_3\cdot\vec{e}_3 \end{pmatrix}
$$

로 두었습니다. 길이도 당연히 $\|\boldsymbol{x}\| = \sqrt{\boldsymbol{x}^T G \boldsymbol{x}}$입니다.

또한, '이 G가 장소에 따라 다르다'라는 것이 일반상대성이론의 세계입니다. 그런 세계는 굽어 있어 이미 선형공간이 아닙니다.

내적이나 길이를 처음 배울 때는 식 (E.2)나 식 (E.3)을 먼저 보게 됩니다만, 이는 정규직교기저를 암묵적으로 가정한 이야기였습니다. 이뿐만이 아니라 정규직교기저를 암묵적으로 가정한 이야기는 많으므로 조심해 주십시오. 이 장도 여기부터는 정규직교기저로 좌표표현된 것으로 합니다. 5장도 같습니다.

E.1.5 전치행렬

1.2.12절에서는 전치행렬의 의미를 알 수 없어서 답답했을 것입니다. 본래 의미는 선형사상 $\mathcal{A}$에 대해

$$\vec{x} \cdot \mathcal{A}(\vec{y}) = \mathcal{A}^\dagger(\vec{x}) \cdot \vec{y} \qquad (\vec{x}, \vec{y}\text{는 임의의 벡터})$$

가 성립하는 것과 같은 사상 $\mathcal{A}^\dagger$인 것입니다.

정규직교기저를 구해 사상 A를 행렬 A로 표현하면 $\mathcal{A}^\dagger$의 행렬 표현은 꼭 A^T가 됩니다(정규직교기저가 아닌 경우에는 E.3에서 나온 행렬 G를 포함하는 식이 됩니다).

$(AB)^T = B^T A^T$는 다음과 같이 해석합니다. '본래 의미'를 반복하여 적용하면

$$\boldsymbol{x} \cdot (AB\boldsymbol{y}) = \boldsymbol{x} \cdot (A(B\boldsymbol{y})) = (A^T \boldsymbol{x}) \cdot (B\boldsymbol{y}) = (B^T (A^T \boldsymbol{x})) \cdot \boldsymbol{y} = (B^T A^T \boldsymbol{x}) \cdot \boldsymbol{y}$$

가 임의의 $\boldsymbol{x}, \boldsymbol{y}$에서 성립합니다. 이는 '본래 의미'에서 $(AB)^T = B^T A^T$를 의미합니다.

E.1.6 복소내적공간

복소판도 지금까지의 이야기와 같습니다만, 복소공역 부분만 주의가 필요합니다.

우선 내적을 먼저 정의합니다. 정의는 '(복소) 벡터를 두 개 먹고 복소수를 뱉는 함수이고, 다음 조건을 만족시키는 것'입니다($\vec{x}, \vec{y}, \vec{x}', \vec{y}'$는 벡터, c는 수).

- $\vec{x} \cdot \vec{x}$는 실수이고, $\vec{x} \cdot \vec{x} \geq 0 \quad (\vec{x} \cdot \vec{x} = 0 \text{ iff } \vec{x} = \vec{o})$
- $\vec{x} \cdot \vec{y} = \overline{\vec{y} \cdot \vec{x}}$
- $\vec{x} \cdot (c\vec{y}) = c(\vec{x} \cdot \vec{y}), \quad \vec{x} \cdot (\vec{y} + \vec{y}') = \vec{x} \cdot \vec{y} + \vec{x} \cdot \vec{y}'$

마지막 항목에서 두 번째 항목과 맞춰보면

- $(c\vec{x}) \cdot \vec{y} = \bar{c}(\vec{x} \cdot \vec{y}), \quad (\vec{x} + \vec{x}') \cdot \vec{y} = \vec{x} \cdot \vec{y} + \vec{x}' \cdot \vec{y}$

인 것에 주의해 주십시오. $\bar{c}$는 c의 복소공역입니다. 내적에서 벡터 $\vec{x}$의 길이 $\|\vec{x}\| = \sqrt{\vec{x} \cdot \vec{x}}$가 정의됩니다. 이와 같은 내적이 주어진 복소선형공간을 복소내적공간이라고 합니다.

정규직교기저도 전과 똑같이 정의됩니다. 정규직교기저의 좌표 표현에서 $\boldsymbol{x} = (x_1, \ldots, x_n)^T$와 $\boldsymbol{y} = (y_1, \ldots, y_n)^T$의 내적은 다음과 같습니다.

$$\boldsymbol{x} \cdot \boldsymbol{y} = \bar{x}_1 y_1 + \cdots + \bar{x}_n y_n = \boldsymbol{x}^* \boldsymbol{y}$$

한 쪽이 복소공역(공역전치[23])이 되는 것에 주의해 주십시오.

선형사상 $\mathcal{A}$에 대해

$$\vec{x} \cdot \mathcal{A}(\vec{y}) = \mathcal{A}^\dagger(\vec{x}) \cdot \vec{y} \qquad (\vec{x}, \vec{y}\text{는 임의의 벡터})$$

가 되는 사상 $\mathcal{A}^\dagger$의 표현도 같은 주의가 필요합니다. 정규직교기저를 취하여 사상 A를 행렬 A로 표현했다면 $\mathcal{A}^\dagger$의 행렬 표현은 공역전치 A^*가 됩니다.

E.4 내적의 정의에 왜 복소공역이 나오나요?

공식적인 대답은 '정의이므로 질문받아도 곤란해. 이런 것을 이렇게 부른다는 약속이야. 왜냐고 묻는 것은 수학 조직을 모르기 때문'

진심으로 한 대답은 우선 복소공역을 취하지 않으면 길이 $\|\vec{x}\|$가 '양의 실수'가 되지 않아서 난처합니다. 실수 u에서는 $u^2 = |u|^2 \geq 0$이었지만, 복소수 z에서는 일반적으로 z^2과 $|z|^2$은 다르니까요. 대신에 $z\bar{z} = |z|^2$이 되네요(부록 B).

E.5 내적의 정의가 내 교과서랑 다릅니다.

내적의 정의에 있어서 $\boldsymbol{x}, \boldsymbol{y}$의 어느 것을 복소공역으로 하는가는 사람에 따라 다릅니다. 처음부터 끝까지 꾸준히 하기만 하면 어느 것의 정의라도 문제 없습니다.

23 정의는 1.2.12절 '전치행렬 = ???'를 참고합니다.

E.2 대칭행렬과 직교행렬 – 실행렬의 경우

전치의 의미를 잡은 참에 전치와 관련된 행렬의 이야기를 소개합니다. 이 절에서는 실행렬(1.2)을 생각합니다.

$V^T = V$를 만족시키는 정방행렬 V를 **대칭행렬**이라 부릅니다. $V = (v_{ij})$가 대칭행렬인 것은 $v_{ij} = v_{ji}$가 모든 i, j에서 성립하는 것과 같습니다. 대칭행렬에 관해 다음 사실이 알려져 있습니다.

- 대칭행렬의 고윳값은 실수
- 대칭행렬의 서로 다른 고윳값 λ, λ'에 대응하는 고유벡터 $\boldsymbol{p}, \boldsymbol{p}'$는 $\boldsymbol{p}^T \boldsymbol{p}' = 0$이 된다.
- λ가 대칭행렬의 특성방정식의 k 중근이라면 고윳값 λ에 대해 선형독립인 고유벡터가 k개 얻을 수 있다.[24]

$Q^T = Q^{-1}$을 만족시키는 정방행렬, 즉 $Q^T Q = QQ^T = I$가 되는 Q를 **직교행렬**이라고 합니다. $Q = (\boldsymbol{q}_1, \ldots, \boldsymbol{q}_n)$과 열벡터로 나눠서 생각하면

$$Q^T Q = \begin{pmatrix} q_1^T q_1 & q_1^T q_2 & \vdots & q_1^T q_n \\ q_2^T q_1 & q_2^T q_2 & \vdots & q_2^T q_n \\ \vdots & \vdots & \ddots & \vdots \\ q_n^T q_1 & q_n^T q_2 & \cdots & q_n^T q_n \end{pmatrix} = I$$

라는 것은

$$\boldsymbol{q}_i^T \boldsymbol{q}_j = \begin{cases} 1 & i = j \\ 0 & i \neq j \end{cases} \quad (i, j = 1, \ldots, n)$$

이라는 의미입니다. 즉, $Q = (\boldsymbol{q}_1, \ldots, \boldsymbol{q}_n)$이 직교행렬이면 $\boldsymbol{q}_1, \ldots, \boldsymbol{q}_n$은

- 모든 길이가 1
- 모두 서로 직교

를 만족시킵니다.

---

24 멋있게 말하면 '대수적 중복도(4.5.3절)와 기하적 중복도(4.7.5절)는 일치한다.'

반대로 이 내용을 만족시키면 Q는 직교행렬입니다.[25]

이러한 사실을 합쳐 보면 다음과 같은 중요한 정리를 얻을 수 있습니다.

> 대칭행렬 V가 주어지면 좋은 직교행렬 Q를 취함에 따라 Q^TVQ를 실대각행렬로 만들 수 있습니다.

E.3 에르미트 행렬과 유니타리 행렬 – 복소행렬의 경우

이 절에서는 복소행렬(1.2절)을 생각합니다. 이야기는 앞 절과 같습니다. $H^* = H$를 만족시키는 정방행렬 H를 **에르미트 행렬**이라 하고, 다음과 같은 사실이 알려져 있습니다.

- 에르미트 행렬의 고윳값은 실수
- 에르미트 행렬의 서로 다른 고윳값 λ, λ'에 대응하는 고유벡터 $\boldsymbol{p}$, $\boldsymbol{p}'$는 $\boldsymbol{p}^* \boldsymbol{p}' = 0$이 된다.
- λ가 에르미트 행렬의 특성방정식의 k중근이면 고윳값 λ에 대해 선형독립인 고유벡터를 k개 얻을 수 있다.

$U^* = U^{-1}$을 만족시키는 정방행렬 U를 **유니타리 행렬**이라고 합니다. 위의 사실에서 다음과 같은 중요한 정리를 얻을 수 있습니다.

> 에르미트 행렬 H가 주어졌다면 좋은 유니타리 행렬 U를 취함에 따라 U^*HU를 실대각행렬로 만들 수 있습니다.

---

25 직교행렬의 전형적인 예는 다음 회전행렬(그림 4-7)입니다.

$$R(\theta) = \begin{pmatrix} \cos\theta & -\sin\theta \\ \sin\theta & \cos\theta \end{pmatrix}$$

일반적으로 직교행렬 Q는 '내적(이나 길이)를 보존한다'라는 성질을 지닙니다. '$\boldsymbol{x}' = Q\boldsymbol{x}$, $\boldsymbol{y}' = Q\boldsymbol{y}$인 경우 $\boldsymbol{x}' \cdot \boldsymbol{y}' = \boldsymbol{x} \cdot \boldsymbol{y}$'라는 의미입니다. 이는 간단히 나타낼 수 있습니다. $\boldsymbol{x}' \cdot \boldsymbol{y}' = \boldsymbol{x}'^T \boldsymbol{y}' = (Q\boldsymbol{x})^T \cdot (Q\boldsymbol{y}) = \boldsymbol{x}^T Q^T Q \boldsymbol{y}$로 변형하면 $Q^TQ = I$이므로 $\boldsymbol{x}' \cdot \boldsymbol{y}' = \boldsymbol{x}^T \boldsymbol{y} = \boldsymbol{x} \cdot \boldsymbol{y}$를 얻습니다. 반대로 길이를 보존하는(모든 $\boldsymbol{x}$에서 $\|Q\boldsymbol{x}\| = \|\boldsymbol{x}\|$가 되는) 행렬 Q는 직교행렬밖에 없습니다.

F. 애니메이션 프로그램 사용법

F.1 결과 보는 법

결과 보는 법을 먼저 설명해둡니다.

명령을 실행하면 '사상 $\boldsymbol{y} = A\boldsymbol{x}$에 따라 각 점 $\boldsymbol{x}$가 어떠한 $\boldsymbol{y}$로 옮겨지는가'가 애니메이션으로 표시됩니다. 예를 들어 그림 안의 화살표 '↑'의 끝에 주목해 주십시오. 처음에는 좌표 $\begin{pmatrix} 0 \\ 1 \end{pmatrix}$에 있던 것이 마지막에는 $\begin{pmatrix} -0.3 \\ 0.6 \end{pmatrix}$으로 이동하였습니다. 이는

$$A\begin{pmatrix} 0 \\ 1 \end{pmatrix} = \begin{pmatrix} -0.3 \\ 0.6 \end{pmatrix}$$

을 의미합니다. 그런 식으로

- 원래 그림의 점 $\boldsymbol{x}$에 대해 $\boldsymbol{y} = A\boldsymbol{x}$가 어디인지를 구한다.
- $\boldsymbol{x}$가 그 $\boldsymbol{y}$에 이동하도록 도중에 순조롭게 모핑한다.

를 여러 가지 점 $\boldsymbol{x}$에 대해 실행한 결과가 그림 F-1 애니메이션입니다.

F.2 준비

다음 순서대로 준비해 주십시오.

1. Ruby[26]와 Gnuplot[27]을 사용할 수 있는 환경을 준비한다.
2. Ohmsha의 웹사이트[28]에서 mat_anim.rb를 다운로드하여 작업 디렉터리에 둔다.

26 http://www.ruby-lang.org/ja/
27 http://www.gnuplot.info/
28 http://www.ohmsha.co.jp/

▼ 그림 F-1 행렬 $A=\begin{pmatrix} 1 & -0.3 \\ -0.7 & 0.6 \end{pmatrix}$에 의한 선형사상 애니메이션

```
ruby mat_anim.rb -s=3 ¦ gnuplot
```

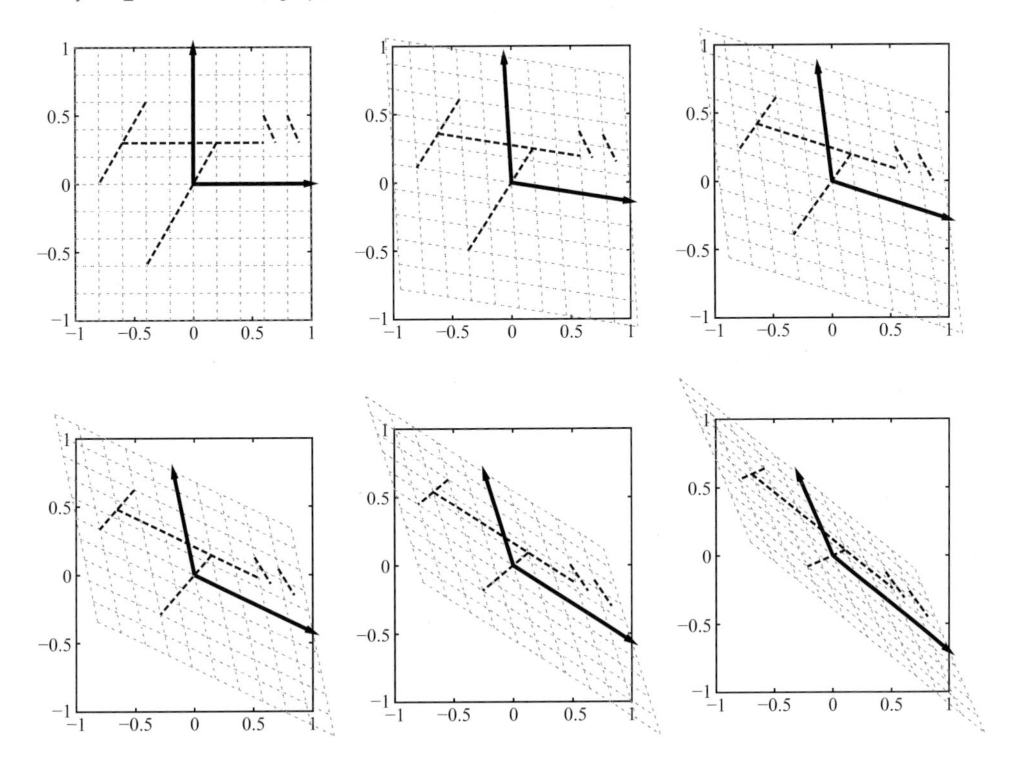

F.3 사용법

지시된 명령을 입력하면 애니메이션이 표시됩니다. 예를 들어 다음을 시험해보십시오.

```
ruby mat_anim.rb ¦ gnuplot
```

엔터키로 다시 한 번 반복하여 q를 입력하면 종료입니다.

표시가 너무 빠르거나 너무 느리면 다음과 같이 조절합니다.

```
ruby mat_anim.rb -frame=20 ¦ gnuplot
```

숫자가 클수록 원활하고, 느려집니다.

그 밖의 옵션 설명은 다음에서 표시됩니다.

```
ruby mat_anim.rb -h
```

G. Ruby 코드 실행 방법

이 책을 통해 제공하는 Ruby 코드는 `mat_anim.rb`와 `mymatrix.rb`가 있습니다. 각각의 실행 방법에 대해 설명하겠습니다. 먼저, 두 파일 모두 특정 Ruby 버전 이상을 요구하지는 않습니다만, 1.9 이상에서 테스트하여 이상 없음을 확인했습니다.

G.1 mat_anim.rb

본문에도 나와있습니다만, `mat_anim.rb`는 단독 실행이 아니라 결과를 그누플롯(gnuplot)에 파이프라인으로 연결해서 출력합니다. 따라서 그누플롯을 먼저 설치합니다.

Window

그누플롯 홈페이지에서 자신의 환경에 맞는 버전을 내려받습니다.

http://www.gnuplot.info/

macOS

패키지 관리자인 홈브루(Homebrew)를 사용할 것을 권합니다. 홈페이지에서 홈브루를 내려받습니다.

http://brew.sh/index_ko.html

터미널에서

```
brew install gnuplot --with-qt
```

을 실행하여 그누플롯을 설치합니다.

Windows와 macOS 모두 이후 실행 방법은 부록 F를 참고합니다.

G.2 mymatrix.rb

원서에서 제공하는 웹 사이트에서 받는 파일은 실행이 안 될 수도 있으므로 (주) 도서출판 길벗에서 제공하는 파일을 받아 실행하세요. 실행 자체는 터미널에서

```
ruby mymatrix_u.rb -t=make
```

과 같이 -t=옵션으로 원하는 기능을 실행하면 됩니다. 어떤 기능이 있는지는

```
ruby mymatrix_u.rb
```

으로 확인하세요.

[1] 斎藤正彦: 線形代数入門, 東京大学出版社, 1966.

[2] 伊理正夫: 線形代数 I, 岩波講座応用数学 [基礎1], 岩波書店, 1993.

[3] 伊理正夫: 線形代数 II, 岩波講座応用数学 [基礎1], 岩波書店, 1994.

[4] 森正武, 杉原正顕, 室田一雄: 線形計算, 岩波講座応用数学 [方法2], 岩波書店, 1994.

[5] 伊理正夫, 韓太舜: ベクトルとテンソル第 I 部ベクとル解析, シリーズ新しい応用の数学 1－I, 教育出版, 1973.

[6] 伊理正夫, 韓太舜: ベクトルとテンソル第 II 部テンソ解析入門, シリーズ新しい応用の数学 1－II, 教育出版, 1973.

[7] 甘利俊一, 金谷健一: 理工学者が書いた数学の本 線形代数, 講談社, 1987.

[8] 伊理正夫, 藤野和建: 数値計算の常識, 共立出版, 1985.

[9] 佐藤文広: 数学ビギナーズマニュアル, 日本評論社, 1994.